AF854678

© L'Harmattan, 2020

5-7, rue de l'École-Polytechnique, 75005 Paris
www.harmattan.fr

ISBN : 978-2-343-19750-0
EAN : 9782343197500

# Les plantes médicinales
# de la Charité

Guy DUCOURTHIAL

# Les plantes médicinales de la Charité

## Des Simples pour les Simples

L'Harmattan

## DU MÊME AUTEUR

*La pomme, Bibliothèque des symboles*, Pardes, 1996.

*Flore magique et astrologique de l'Antiquité*, Editions Belin, 2003.

*Atlas de la flore magique et astrologique de l'Antiquité*, ouvrage numérisé consultable sur le site de la Bibliothèque interuniversitaire de médecine de Paris 5. www.biusante.parisdescartes.fr/ducourthial/debut.htm

*Recueil de recettes pour remèdes et autres secrets, un manuscrit inédit du XVIII^e^ siècle. Présentation et commentaires*, Éditions Belin, 2007.

*La botanique selon Jean-Jacques Rousseau*, Éditions Belin, 2009.

*Petite flore mythologique*, Éditions Belin, 2014.

*Flore médicale des signatures*, L'Harmattan, 2016.

*La théorie des signatures végétales au regard de la science*, L'Harmattan, 2017.

En préparation : *Le jardin médicinal d'Olivier de Serres pour se soigner soi-même.*

Illustration de couverture : Millepertuis
Chaumeton (François Pierre) Flore médicale,
Paris, Panckoucke 1818, Volume 5, planche 238, page 29

*A mes Ancêtres,*
*paysans pauvres et isolés des Combrailles*
*en Auvergne*

# INTRODUCTION

Le pauvre ou l'habitant d'un hameau retiré était-il condamné à rester sans soin lorsqu'il tombait malade aux siècles des Temps Modernes ? Les honoraires d'un médecin et le prix des remèdes vendus par l'apothicaire n'étaient pas à la portée du premier. Quant au second, le trop grand éloignement d'une ville ou même d'un village, lui en rendait l'accès impossible. Il ne pouvait s'y déplacer pour consulter un médecin et ce dernier ne pouvait pas davantage se rendre à son chevet, tant la trop grande distance à parcourir pour y parvenir, lui paraissait dissuasive.

Sans doute pouvait-il recourir aux remèdes de la médecine traditionnelle, dont les formules étaient transmises oralement au sein d'une même famille ou d'une communauté villageoise, et que pouvaient lui administrer ses proches. Mais que faire quand ces médications tenues plus ou moins secrètes se révélaient inopérantes ?

Pourquoi ne pas tenter alors de recourir à des médicaments plus élaborés dont l'efficacité, à ce qu'on disait parfois çà et là, était garantie par une autorité médicale ? D'autant que ceux-ci pouvaient être administrés par des personnes pieuses, dévouées et disponibles, pour lesquelles le devoir de tout chrétien est de porter secours gratuitement aux pauvres et aux malades.

Afin d'aider celles-ci dans l'accomplissement de leur bénévolat, paraissent à cette époque, sous la plume de médecins, soucieux de pratiquer une "médecine charitable", différents ouvrages qui leur sont tout particulièrement destinés. Certains parmi ces derniers, se montrent toutefois conscients que ces personnes sont sans formation médicale et qu'il est donc indispensable de leur fournir une formation livresque suffisante pour qu'elles puissent accomplir leur devoir avec succès, sans trop grand risque d'erreur. Leurs œuvres qui se veulent de modestes livres de vulgarisation ont pour but principal de les initier à la connaissance des substances qui entrent dans la composition des remèdes, essentiellement des plantes, ainsi qu'à une pratique élémentaire de la confection des remèdes.

Ces auteurs ont donc privilégié dans leurs ouvrages une "Médecine des pauvres", où ne trouvent théoriquement place que des formules de remèdes faciles à confectionner, faisant appel à un nombre restreint de substances, peu chères et aisées à se procurer. La majorité d'entre elles sont en effet composées de plantes que l'on peut identifier sans trop de difficultés et qu'il est même souvent possible de trouver dans son environnement immédiat. Ce sont des "simples" destinées à des "Simples", c'est-à-dire des "gens de conditions modestes".

Si les ethnobotanistes ont pour l'heure, essentiellement fait porter leurs recherches sur les remèdes en usage dans les campagnes "au temps de nos grands-mères", il ne semble pas que leur curiosité les ait incités à les diriger vers ceux qui étaient proposés par les personnes charitables aux malades pauvres ou isolés, loin des villes et des villages. Les différents recueils pratiques publiés à l'intention de celles-ci sont pourtant loin d'être dépourvus d'intérêt. Ils présentent en effet une sélection de plantes auxquelles ils reconnaissent un certain nombre de propriétés thérapeutiques ainsi que leurs modes de préparation et d'emploi. Ils nous permettent ainsi d'entrevoir ce que pouvait être cette flore médicale composée des "plantes de la charité" dont les emplois paraissent s'insérer entre les recettes de la médecine populaire et ceux de la médecine et des pharmacopées savantes, hors de la portée des pauvres.

Nous avons tenté dans les pages qui suivent d'en dresser un premier inventaire.

# CHAPITRE 1

## L'offre de soins en France aux Temps modernes (XVII^e^ et XVIII^e^ siècles)

Au XVII^e^ siècle, comme de nos jours, il est recommandé à la personne souffrante de faire appel à un médecin pour diagnostiquer sa maladie, en pronostiquer l'évolution et lui prescrire les médicaments nécessaires à sa guérison. Mais il n'est alors pas toujours possible d'avoir recours à un médecin, soit parce qu'il ne s'en trouve aucun à une distance raisonnable du malade, soit parce que celui-ci n'a pas les moyens de rémunérer son intervention. Leur savoir et leur compétence sont d'ailleurs d'étendue et de niveau très variable selon la Faculté de Médecine qui leur a délivré leur diplôme[1]. A la rigueur, il est possible de s'adresser à un chirurgien barbier, mais on peut souvent se heurter aux mêmes difficultés.

En outre le prix des médicaments prescrits par les médecins, dont les apothicaires ont le monopole de la préparation et de la vente, est généralement jugé par trop élevé pour être à la portée d'une grande partie de la population. Il en va de même pour les produits vendus par les épiciers et les droguistes.[2]

---

[1] Cf. F. Lebrun : *Se soigner autrefois, Médecins, saints et sorciers aux XVII^e^ et XVIII^e^ siècles*, 1995, Paris, Editions du Seuil.

[2] Les rôles de chacun d'eux sont théoriquement les suivants :

– L'Apothicaire : "La Pharmacie ou Apothicairerie est un Art qui enseigne à connoître, choisir, préparer et mêler les médicamens. La connoissance des drogues simples est cette partie de l'*Histoire Naturelle* que l'on nomme *Matière Médicale ;* elle apprend à connoître toutes les drogues simples qui sont d'usage en Médecine. L'*Election,* ou le choix des médicamens, enseigne comment on doit les choisir ; en quel tems on doit se les procurer ; la manière de les sécher, et celle de les conserver. La *Préparation* enseigne comment il faut préparer les médicamens simples avant de les employer. Enfin, la *Mixion* est cette partie de la Pharmacie qui enseigne à mêler les drogues simples, pour en former des médicamens composés. Ce sont là les quatre objets de la Pharmacie : ils exigent beaucoup de connoissances et de capacité de la part de ceux qui embrassent cette profession." (*Dictionnaire portatif des Arts et Métiers*, (1767. L'article que leur consacre l'Encyclopédie de Diderot ajoute qu'il vend les remèdes ordonnés par le Médecin.

– L'Épicier, "est le Marchand qui fait commerce d'épicerie et de droguerie simple : mais il a aussi le droit de vendre une quantité d'autres choses qui ne peuvent pas être réputées épicerie ou droguerie....Il vend en gros et en détail toutes les épices et toutes les drogues simples qui s'emploient dans les aliments, dans la Médecine et dans les Arts. Sous le nom d'épices, on comprend toutes les substances végétales étrangères qui ont une saveur et une odeur propres à les rendre d'un usage utile ou agréable."

Dès lors, le pauvre est-il condamné à attendre que la maladie le quitte au terme d'une période plus ou moins longue selon la nature de la maladie, ou que la mort y mette un terme ?

Une telle alternative n'est pas inéluctable ![3]

Il peut tout d'abord s'en remettre à une automédication traditionnelle, voire à la grâce divine en priant les saints d'intercéder pour lui auprès de Dieu afin d'obtenir la guérison de ses maux. Si de telles thérapies s'avèrent inefficaces, il peut s'adresser à des "guérisseurs" qui dispensent une médecine parallèle ou faire confiance aux remèdes dont les formules figurent dans des opuscules de santé distribués par des colporteurs itinérants qui parcourent les provinces. Il peut aussi se rendre dans un établissement hospitalier ou encore s'en remettre aux bons soins des hommes et femmes de bonne volonté, animés par l'esprit de charité qui s'est alors répandu dans la société sous diverses formes et qui, pour l'essentiel recommandent aux pauvres malades, d'utiliser des plantes sélectionnées, des "simples", aux vertus curatives reconnues à l'époque par les médecins, pour traiter des affections courantes assez facile à diagnostiquer.

## 1. Le recours à la médecine officielle et le désert médical

Si elle est souhaitable et recommandée, la consultation d'un médecin n'est pas toujours possible : la localisation de celui-ci par rapport au malade limite en effet considérablement la possibilité d'y avoir recours. L'étendue de son rayon d'action dépend de la densité et de l'état du réseau des voies de communication, mais aussi de son mode de déplacement qui implique la possession et l'entretien d'un cheval ou plus modestement d'un mulet. Compte tenu des distances qu'il est physiquement possible de parcourir en une journée, le nombre de consultations quotidiennes est ainsi nécessairement limité. Certains territoires demeureront donc inaccessibles et les habitants de hameaux relativement isolés resteront inéluctablement livrés à eux-mêmes.

---

– Le Droguiste n'est pas distinct de l'épicier ; la vente des drogues fait partie de l'activité de l'épicier qui est d'ailleurs appelé "épicier droguiste" pour cette raison." Sous le nom de drogues et de droguerie, on comprend principalement celles des substances des trois règnes de la Nature qui sont employés pour les usages de la Médecine et des Arts et qui nous viennent pour la plupart des pays étrangers, surtout du Levant et des Indes orientales."

– Le Grainetier "vend en détail et à petites mesures toutes sortes de grains, graines et légumes, même du foin et de la paille". Il doit être distingué du Blattiers qui fait le commerce des grains en gros.

– L'Herboriste est spécialisé dans la vente des plantes indigènes, concurrençant ainsi les apothicaires. L'auteur de l'article consacré à ces derniers dans le *Dictionnaire des Arts et Métiers* note en effet : "La Pharmacie est encore à la veille de perdre une partie de son domaine (après l'art du parfumeur, celui du confiturier et celui du vinaigrier) si les Apothicaires ne surveillent pas sérieusement les Herboristes qui, depuis plusieurs années, ont fait des tentatives et des efforts pour s'ériger en Communauté et pour s'emparer de toutes les plantes indigènes, fraîches ou sèches, à l'exclusion des Apothicaires : ce qui pourrait devenir préjudiciable pour le Public, par le défaut d'éducation nécessaire pour acquérir toutes les connaissances de Botanique qu'exige cette partie de la matière médicale".

[3] Cf. M. Bouteiller, *Médecine populaire d'hier et d'aujourd'hui*, Paris, 1966, Editions G-P Maisonneuve et Larose.

Un autre obstacle s'oppose à toute intervention systématique d'un médecin, notamment pour traiter des affections qui ne paraissent pas revêtir un caractère de gravité inquiétant. Le montant des horaires demandés, souvent élevé, apparaît rapidement dissuasif aux yeux de malades aux revenus modestes, a fortiori à de paysans pauvres, même s'ils ne résident pas à une trop grande distance de la résidence du praticien.

La compétence des médecins est d'ailleurs très inégale et dépend pour une large part de la Faculté qui leur a délivré leur diplôme. Si celles de Paris et de Montpellier bénéficient d'une prestigieuse réputation, certaines Facultés de province dispensent un enseignement de moindre qualité et le niveau des connaissances des médecins qu'elles forment s'en ressent évidemment, ce qui ne sera pas sans conséquence sur leur réputation lorsqu'ils exerceront leur profession.

Quelle que soit leur formation, les modalités d'examen clinique adoptées par les médecins lors de la consultation de leurs malades, apparaissent d'une bien faible pertinence. Leur diagnostic repose en effet essentiellement sur une observation relativement superficielle du patient, parfois d'un examen de ses urines et d'un bref interrogatoire de ce dernier ainsi que des personnes de son entourage. L'auscultation selon Laennec ainsi que l'usage du thermomètre médical ne se diffuseront en France qu'au XIX$^{e}$ siècle.

Hormis la saignée, ils prescrivent le plus souvent une diète, une purgation, ou encore un médicament qui pourra revêtir différentes formes et qu'il appartiendra à l'apothicaire de préparer. Ces remèdes se caractérisent généralement par le nombre et l'étonnante variété de leurs composants et leur absence de véritable spécificité. Ils sont en fait peu nombreux et peu différents de ceux recommandés par les guérisseurs illégaux, d'autant que la pharmacopée des XVIII$^{e}$ et XIX$^{e}$ siècles reste essentiellement galénique, c'est-à-dire à base de plantes, auxquelles s'ajoutent quelques produits d'origine animale et de rares minéraux.

On ne saurait oublier la présence dans la plupart des villes et les villages de chirurgiens, qui sont des artisans spécialisés exclusivement dans le traitement des affections externes et ne sauraient donc concurrencer les médecins officiels. Ils y tiennent boutiques, mais peuvent aussi se déplacer pour dispenser leurs soins aux malades qui entrent dans le champ de leurs attributions. Leurs possibilités d'interventions se heurtent donc aux mêmes obstacles que ceux rencontrés par les médecins.

Quant à la préparation et la vente des médicaments, elles appartiennent exclusivement aux apothicaires qui sont contrôlés et étroitement surveillés, à la fois par les médecins et par les membres élus de leur corporation. Leur niveau de connaissances et par suite de compétences sont généralement assez médiocres. En revanche, les prix de leurs produits atteignent généralement des niveaux élevés, voire dissuasifs. Leur réputation d'âpres au gain est d'ailleurs largement répandue. Ils se trouvent en outre souvent *de facto* en concurrence avec les épiciers, les droguistes, les herboristes, les grainetiers, les marchands ambulants et les religieuses hospitalières.

## 2. Automédication, médecine populaire et traditions orales

En première urgence, lorsque la maladie frappe un membre d'une famille résidant dans un petit village, voire dans un hameau à l'écart et notamment si ses moyens financiers sont modestes, on tente de le soigner en ayant recours à des recettes transmises oralement en son sein, scrupuleusement conservées de génération en génération. Elles sont essentiellement destinées à un usage domestique, limité aux membres de la famille, parfois étendu à des malades extérieurs à celle-ci, mais demeurant dans la même communauté villageoise. Un certain nombre de plantes constitue l'essentiel de ces recettes de remèdes. La tradition leur attribue des propriétés thérapeutiques particulières, qui ont acquis la réputation d'être efficaces au fil du temps pour guérir des maladies bien définies. Il s'agit le plus souvent de plantes qu'il est aisé de récolter localement, ou bien, pour certaines d'entre elles, que l'on peut facilement cultiver dans une partie des jardins proches de l'habitat consacrés généralement pour l'essentiel aux plantes potagères. À la rigueur, il faudra chercher à se les procurer à bas prix lors du passage d'un colporteur. (cf. *infra*).

Ces "remèdes domestiques" dont la préparation et le mode d'emploi sont fondés sur de nombreuses expériences couronnées de succès sont faciles à réaliser, et n'exigent pour les confectionner que des ustensiles déjà utilisés dans les cuisines pour la préparation des repas.

Différentes recettes exigent toutefois de mettre en œuvre des formules ou des procédés qui ressortent du domaine de la magie et des superstitions. On croit en effet parfois que certaines plantes pour garder toute leur efficacité curative doivent avoir été récoltées à des moments privilégiés de l'année, voire même du jour ; pour quelques-unes, il est impératif de les récolter en respectant un rite plus ou moins précis au cours duquel il faut prononcer certaines formules, réciter des prières ou se livrer à des incantations. Il peut aussi être nécessaire de respecter de telles obligations lors de leur préparation ou encore de leur absorption ou de leur application sur le corps.

L'ensemble de ces recettes qui constitue cette médecine domestique que l'on peut aussi qualifier de médecine populaire, ou de médecine traditionnelle[4] s'impose dès lors que les ressources du malade ne lui permettent pas de faire face au règlement des honoraires d'un médecin ou lorsqu'il réside dans une région par trop retirée pour que l'intervention d'un praticien soit possible. Elle sera longtemps méprisée par les médecins qui n'hésitent pas en outre à la considérer comme dangereuse.

[4] L'Organisation Mondiale de la Santé, en donne la définition suivante : "La médecine traditionnelle est la somme totale des connaissances, compétences et pratiques qui reposent sur les théories, croyances et expériences propres à une culture et qui sont utilisées pour maintenir les êtres humains en bonne santé ainsi que pour prévenir, diagnostiquer, traiter et guérir des maladies physiques et mentales."
Les pratiques de la médecine populaire sont traditionnellement regroupés en quatre catégories : procédés manuels (reboutage), procédés empiriques (phytothérapie), procédés magiques (amulettes, incantations, lever des sorts, recours aux saints), procédés mystiques (ou la personnalité du guérisseur intervient, imposition des mains).

E. Littré, par exemple, note dans son *Dictionnaire de Médecine*[5] que ces "remèdes populaires sont ceux auxquels le vulgaire attache une valeur curative, toujours exagérée qui les fait employer inutilement ou mal à propos et souvent avec danger." et il définit cette médecine populaire comme "une pratique de la médecine par ceux qui ne savent rien en médecine, pratique dangereuse pour eux et pour ceux qui les entourent. Le péril est double ; d'abord l'emploi de moyens qui ne conviennent pas, puis la perte d'un temps précieux dans les affections graves et marchant rapidement". Certains médecins ne manqueront pas cependant de s'intéresser à cette médecine populaire, comme, par exemple, F J Cazin, qui n'hésitera pas à transcrire dans son *Traité pratique des plantes médicinales indigènes* les observations qu'il avait pu recueillir lors de ses visites chez les familles des malades de sa région qu'il était appelé à soigner.[6]

La connaissance de ces recettes médicamenteuses demeure embryonnaire. Leur transmission ne pouvait en effet s'effectuer que par voie orale, l'écrasante majorité de la population étant alors illettrée. Ajoutons qu'une grande partie de la France ne parlant pas le français[7], c'est dans la langue pratiquée localement que les recettes sont formulées et que les plantes y sont désignées. L'identification de celles-ci doit donc être recherchée hors des ouvrages savants des XVII<sup>e</sup> et XVIII<sup>e</sup> siècles qui répertorient les plantes sous leur nom latin ou en français courant. Elle suppose la connaissance des flores locales et celle des noms vernaculaires utilisés au fil du temps pour en désigner les sujets.[8]

On en trouve néanmoins quelques traces dans les Recueils de remèdes publiés en français, comme ceux de Madame Fouquet ou d'Anne-Marie d'Auvergne ou encore certains Livres de Secrets (cf. *infra*) qui précisent parfois la source de leurs prescriptions.[9]

L'inventaire de ces remèdes traditionnels n'a été tenté qu'au XIX<sup>e</sup> siècle, lorsque se sont développées les études sur les folklores régionaux fondées à

---

[5] Cf. l'article consacré à la "*médecine des gens du monde* ou *médecine domestique* p 971, et l'article "*erreur*" p 575.

[6] Cf. la Préface de la première édition (1858) de son *Traité pratique des plantes médicinales indigènes* où Cazin (1788- 1864) déplore que les campagnes soient privées des avantages dont bénéficient les citadins en matière de soins médicaux et rapporte comment il s'est trouvé contraint de pratiquer une "médecine à bon marché", accessible aux pauvres (entre 1832 et 1846), où les plantes locales occupent la plus grande place.

[7] Cf. Halleux, R. et Opsomer, C., *L'insaisissable médecine populaire* in *La transmission des savoirs au M A et à la Renaissance*, 2005, Vol .1, PUF de Franche Comté, p. 331 à 348.

[8] Cf. E. Rolland, Flore *populaire de France* ou *Histoire naturelle des plantes dans leurs rapports avec la linguistique et le folklore* (11 volumes), 1896-1914, Paris, Maisonneuve et Larose.

[9] On peut aussi relever des conseils de santé et des recommandations de remèdes dans certaines correspondances de l'époque. Madame de Sévigné, par exemple, en livre quelques-unes qui ne sont pas dénuées d'intérêt. Cf. G. Dillemann et R., Lemay *Les médicaments de Mme de Sévigné, in* : Revue d'histoire de la pharmacie, 54<sup>e</sup> année, n°189, 1966. pp. 97-110, n°190, 1966. pp. 161-184. n°191, 1966. pp. 273-293. On y trouve notamment des passages qui portent sur différentes drogues animales, minérales et végétales. En ce qui concerne ces dernières, les auteurs des articles ont relevé dans la correspondance de la Marquise l'emploi des suivantes : Bétoine, Casse, Chicorée. Coriandre, Cotignac, Hièble, Opium, Pervenche, Quinquina, Rhubarbe, Séné ainsi que celui de quelques compositions : Eau d'arquebusade, Eau de cerises, Eau de lin, Eau de mauve, Eau de la reine de Hongrie, Poudre à vers (*Semencontra*).

la fois sur des enquêtes orales réalisées localement et parfois sur le dépouillement des quelques cahiers de remèdes conservés dans les familles.[10] Les recherches actuelles en ethnobotanique et ethnopharmacologie, conduites dans différentes régions françaises tentent de sauver ce patrimoine culturel encore détenu par quelques rares personnes, souvent âgées.[11]

## 3. Recours aux Saints guérisseurs et à leurs herbes

Dès l'Antiquité, la maladie est généralement présentée à la population chrétienne comme un avertissement ou un châtiment envoyé par Dieu, en punition par exemple, d'un mauvais penchant ou d'un comportement fautif. Ainsi définie comme une épreuve envoyée par Dieu, il n'est pas étonnant que les remèdes soient sans effet pour en apporter la guérison. Tout au plus, pourraient-ils soulager les souffrances du malade. Il est donc enseigné aux fidèles que la maladie doit être combattue en priorité par la pénitence et la prière. Si celle-ci doit être adressée à Dieu, il est toutefois admis que l'on peut également solliciter l'intercession de la Vierge Marie et des Saints pour en obtenir la guérison. Certains d'entre eux sont d'ailleurs réputés pour leur efficacité et même spécialisés pour guérir des affections déterminées. Il est donc important pour le malade de savoir "à quel saint se vouer" pour qu'il intercède auprès de Dieu afin d'être guéri de sa maladie.

Le choix du Saint guérisseur nécessite souvent la consultation d'un devin, ou d'une devine, qui "tire le Saint", c'est-à-dire détermine celui qu'il faudra solliciter, en ayant recours à des gestes, des actes et des paroles qui appartiennent généralement au vaste champ de la magie et des superstitions.

Toutefois certains Saints sont perçus comme des Saints dispensateurs de maux, agissant en cela au nom de Dieu pour réprimer les mauvais penchants des humains ou ceux qui contestent sa toute puissance. Pour faire cesser les troubles résultant de tels maux, il faut s'adresser directement à eux pour oser espérer la guérison. Le Saint à l'origine du mal, intercesseur de la volonté de Dieu pour éprouver le patient, peut se laisser convaincre et revenir sur l'affection qu'il a envoyée et la faire disparaître.

Le malade peut aussi participer à un pèlerinage au sanctuaire où le Saint est vénéré, soit pour lui demander la guérison de sa maladie, soit pour le remercier de sa guérison.

---

[10] Cf. A. van Gennep, *Manuel de Folklore français contemporain*, Tome IV, Bibliographie méthodique, Médecine populaire, p 596 à 620, Paris, 1937, Éditions Auguste Picard ; P. Sebillot, *Le Folklore de France*, Tome 3, La Faune et la Flore, p 365 à 533, Paris, 1905, rééd. 1968, Éditions G-P Maisonneuve et Larose.

[11] On trouvera en Bibliographie quelques monographies régionales qui restituent les résultats d'enquêtes menées localement par leurs auteurs. Notons que de nombreux ouvrages qui paraissent notamment sous le titre "Remèdes de grand-mère" manquent souvent de références sérieuses sur les sources de leurs citations. L'un des plus connus est celui de Jean Palaiseul "*Nos grands-mères savaient*" 1972, Paris, Robert Lafont.

Il peut également aller boire de l'eau d'une source, parfois dédiée avant la christianisation de la région à une divinité païenne ou celle d'une fontaine consacrée à un saint guérisseur, s'en asperger tout ou partie du corps, voire s'y baigner.

Il s'est ainsi créé une sorte de panthéon des Saints thaumaturges généralement en référence à une particularité physique de chacun de ceux qui y sont admis ou d'un épisode de sa vie légendaire, mais aussi à partir de son nom parfois soumis à des déformations ou qui a servi de point de départ à des jeux de mots et à des calembours.

En voici quelques exemples :

Sainte Agathe pour le tarissement du lait car elle eut les seins coupés,

Saint Aignan (avec la liaison) pour guérir de la teigne,

Sainte Apolline pour les maux de dents,

Saint Aurélien pour les maux d'oreilles,

Saint Blaise pour les maux de gorge, car il délivra un enfant d'une arête de poisson,

Saint Clair pour voir clair,

Saint Clair ou Sainte Claire pour les maux d'yeux,

Saint Cloud pour les clous et les anthrax,

Saint Eutrope ou Ytrope pour l'hydropisie,

Saint Genou pour les inflammations des articulations,

Saint Laurent pour les brûlures,

Saint Léonard pour la paralysie (le lien repose ici sur la forme ancienne ou dialectale du nom, Lienart, et le calembour avec le mot lien),

Saint Loup pour chasser la peur des animaux sauvages,

Saint Mammert pour les ulcères du sein,

Saint Méen ou Main pour la gale des mains,

Saint Quentin ou Quintin pour chasser la toux (car son nom évoque les quintes de toux),

Saint Sébastien pour la peste (car les blessures des flèches de son martyr évoquent les bubons).

Certaines affections sont même désignées par le nom du saint qui est plus spécialement réputé pour les guérir. Ainsi, par exemple :

– le mal de St Antoine (ou feu de St Antoine) désigne l'ergotisme provoqué par la farine de seigle contaminée par l'ergot,

– le mal de St Claude désigne la méningite,

– le mal de St Denis ou de St Eustache désigne les troubles du comportement, et notamment les possessions diaboliques,

– le mal de St Fiacre désigne les hémorroïdes,

– le mal de St Gilles désigne les terreurs nocturnes des enfants,

– le mal de St Gildas ou de St Hubert désigne la rage,

– la danse de St Guy désigne la chorée,

– le mal de St Jean désigne l'épilepsie ou haut mal ou mal caduc,

– le mal de St Maur désigne la goutte,

– le mal ou gril de St Laurent désigne diverses affections dermatologiques accompagnées de sensations de brûlures,

– le mal de St Mathurin ou St Mathelin désigne la folie et autres troubles psychiques,

– le mal de St Marcoul désigne les écrouelles que les rois de France passaient pour avoir le pouvoir de guérir,

– le mal de St Zacharie ou St Acaire désigne les maux de dents,

Le moyen utilisé par le Saint pour répondre favorablement à la demande de guérison qui lui est adressée parait très souvent être une plante. On utilisera dès lors pour la désigner une expression qui l'associera à ce dernier. Mais une telle relation entre une plante médicinale et le saint ou la sainte dont elle porte le nom a été différemment interprétée. Ce peut être parce que la plante fleurit ou donne des fruits à une époque proche du jour où l'on célébrait leur fête. Ce peut être aussi parce que les propriétés curatives qui sont attribuées à celle-ci sont en étroite relation avec la vie du Saint ou de la Sainte dont elle porte le nom. Ce peut être encore parce que le nom du saint peut prêter à un simple jeu de mot.

De telles appellations sont souvent employées dans les recettes de médecine populaire. On notera toutefois que dans de nombreux cas, la plante désignée par le mot "herbe" associée à un même saint peut désigner des végétaux différents, mais aux vertus thérapeutiques comparables.

On se limitera à n'en citer que quelques-unes[12] :

– Herbe de Saint Antoine appelé aussi laurier de saint Antoine (*Epilobium angustifolium*, *Chamerion angustifolium*), le saint ayant acquis la réputation de guérir l'ergotisme - désigné également par les expressions "mal des ardents", "feu sacré", "feu saint Antoine"-, à la suite de guérisons qui auraient été observées à l'abbaye de Saint Antoine (Isère) où sont conservées ses reliques. Par extension, on attribua par la suite à la plante la propriété de guérir les inflammations, voire, plus généralement, les maladies de peau. L'expression herbe de Saint Antoine désigne aussi l'hellébore vert (*Helleborus viridis* L.).

– Herbe de Sainte Barbe (*Barbarea vulgaris* L.) qui était utilisée en usage externe pour ses propriétés vulnéraires, notamment pour soigner les blessures provoquées par les armes à feu. Sans doute, en référence à l'histoire de la sainte dont le père fut mortellement frappé par la foudre, une punition divine, pour avoir décapité sa propre fille appelée Barbe qui avait refusé de lui obéir.

– Herbe de Saint Fiacre (*Verbascum thapsus* L.) (*Heliotropium europaeum* L.) qui passait pour guérir les hémorroïdes, en référence, dit-on, à la pierre creusée sur laquelle le saint s'assit pour se reposer et qui s'amollit aussitôt, un miracle qui se produisit après qu'il eût creusé en une seule

[12] Y. Vanopdenbosch, *Saints et Simples, Plantes médicinales entre terre et ciel,* 2014,, Bruxelles, Editions Amyris. G. Cosson, *Guérir par les saints*, Paris, 2000, Éditions du Cerf. On trouvera dans le *Manuel de Folklore* de van Gennep (op. cit. *supra* note 8) un recensement des saints classés par provinces et par ordre alphabétique (Tome III, p 449 à 506 ainsi que Tome IV p 617 à 620).

journée un sillon pour délimiter le terrain qu'il demandait à l'évêque de Meaux afin d'y réaliser un ermitage où il cultiva des plantes médicinales destinées à soigner lui-même les malades qui venaient le consulter.

– Herbe de Saint Innocent ou Herbe des Saints Innocents (*Polygonum aviculare* L. et *Persicaria hydropiper* L.) qui aurait des propriétés hémostatiques. Celles-ci font sans doute en référence au sang versé par les Innocents assassinés sur ordre d'Hérode, selon les Évangiles de Matthieu et de Luc.

– Herbe de Saint Jacques (*Senecio jacobae* L.) à laquelle on a autrefois attribué de nombreuses propriétés, et qui fut notamment utilisée comme vulnéraire, vermifuge, emménagogue, veinotonique ou expectorant. Elle doit peut-être son attribution à Saint Jacques parce qu'elle fleurit à un moment proche de la fête du Saint, soit parce que ce dernier périt en martyre par l'épée, et que la plante était réputée pour guérir les blessures subies au combat par cette arme.

– Herbe de Saint Jean (le Baptiste), expression qui désigne différentes plantes, notamment l'armoise (*Artemisia vulgaris* L.) et le millepertuis (*Hypericum perforatum* L.) qui sont associées aux fêtes de la Saint Jean célébrées le jour du solstice d'été.[13]

– Herbe de Saint Laurent (*Ajuga reptans* L.) réputée au Moyen-Age comme vulnéraire, probablement en relation avec le martyre du Saint qui périt brulé vif sur un gril.

Pour faciliter les demandes de guérison, certains éditeurs n'hésiteront pas à publier des livrets spéciaux réunissant des textes de prières à adresser aux saints guérisseurs et seront largement distribués par les colporteurs.

## 4. Les médecines parallèles des "gens sans titre"

Lorsque les maladies n'ont pu être guéries par les seuls moyens connus au sein de la famille, et que les prières adressées à Dieu ou aux Saints et Saintes n'ont pas été exhaussées, il est jugé nécessaire de faire appel à des "*spécialistes*". Ce ne sont ni des médecins, ni des chirurgiens, ni des apothicaires et leur intervention n'est généralement pas gratuite, mais leur rémunération, qui est sans commune mesure avec celle des médecins, peut être en espèce ou en nature, comme le don de produits de la ferme ou un échange de services. Contrairement aux remèdes proposés par la médecine populaire, les traitements qu'ils prescrivent sont généralement couverts par le secret et ne sont donc pas discutés ouvertement. Ils ne peuvent d'ailleurs être transmis qu'au sein de leur propre famille, de génération en génération. Ils sont généralement considérés avec un certain respect mêlé de crainte ou de méfiance, car ils font parfois intervenir des forces spirituelles, invoquées par des prières ou des formules connues d'eux seuls. Souvent, leur intervention ne se limite pas à traiter strictement des affections physiques.

[13] L. Ardissone, *Nos bonnes herbes de la Saint Jean*, Marseille, s d, Les Presses Universelles.

Leur traitement peut en effet impliquer une démarche sociale ou religieuse, dans la mesure où les conflits entre les personnes ou les relations difficiles que les hommes peuvent entretenir avec Dieu ou celles qu'ils ont engagées à des titres divers avec les démons sont considérées comme étant à l'origine des maladies.

Ces "*spécialistes*" peuvent être schématiquement répartis en empiriques, charlatans, guérisseurs, rebouteux, conjureurs de sorts ou encore sorciers. On pourrait y ajouter les sages-femmes traditionnelles, présentes dans la plupart des villages.

On rappellera succinctement les caractéristiques des principaux d'entre eux :

### 4.1. Les empiriques

Ils exercent une profession dont l'objet est de soigner et de guérir les malades qui ont recours à eux, mais leurs connaissances thérapeutiques n'ont été validées par aucune autorité médicale et n'ont été sanctionnés par aucun diplôme. Ils ne portent donc aucun titre. Ce sont des autodidactes, qui ont acquis leur savoir par la pratique et la fréquentation des malades dont ils avaient obtenu la guérison. Ils pouvaient aussi le tenir d'un membre de leur famille ou d'un ami déjà expérimentés. Les traitements qu'ils prescrivent appartiennent aussi bien à ceux qui sont enseignés dans les Facultés de Médecine qu'aux recettes de la médecine populaire. Leurs prestations ne sont pas gratuites et leur rémunération est fixée à leur guise. Exerçant illégalement la médecine et la pharmacie, ils tombent sous le coup de la loi et peuvent être poursuivis en justice.

### 4.2. Les charlatans

Ils n'ont évidemment pas bonne presse, mais ils exploitent habilement la naïveté de ceux qui les écoutent et les consultent. C'est un "faux médecin, écrit Furetière dans son *Dictionnaire*, qui monte sur le théâtre en place publique pour vendre de la thériaque et autres drogues et qui amasse le peuple par des tours de passe-passe et des bouffonneries pour en avoir plus facilement le débit". Ils sont souvent présents dans les foires et les marchés. Les plus célèbres d'entre eux sont les bateleurs du Pont neuf à Paris dont les démonstrations attirent de nombreux curieux.

### 4.3. Les rebouteux ou rhabilleurs

Ils réduisent luxations, fractures et entorses. Instruits et formés par leurs ainés, et souvent doués pour leur habileté à palper les corps meurtris, ils ont généralement complété par eux-mêmes le savoir ainsi transmis, par celui qu'ils ont acquis progressivement au cours de leur pratique. Ils sont en majorité recrutés chez les maréchaux-ferrants ou les bergers. Ils utilisent des baumes et des huiles, le plus souvent de leur propre composition, qu'ils appliquent sur les parties du corps qu'ils réparent, en accompagnant généralement leurs gestes de formules plus ou moins teintées de magie, de prières ou d'invocations aux Saints,

### 4.4. Les sorciers et les conjureurs ou leveurs de sorts

La méconnaissance des causes d'une maladie, l'impossibilité d'en obtenir sa guérison, la croyance en son origine surnaturelle, incite à croire que sa cause réelle peut provenir d'un mauvais sort jeté par un sorcier ou une sorcière. Celui-ci ou celle-ci sont suspectés d'avoir des relations privilégiées avec le Diable ou Satan, d'où ils ou elles tirent leur pouvoir et la puissance de leurs interventions maléfiques. Cette conception de la sorcellerie qui eut pour conséquence de condamner au bûcher celui ou celle qui s'y livrait, tendra toutefois à s'effacer progressivement au cours du XVIIIe siècle au profit d'une opinion éclairée qui tendra à ne plus considérer les sorciers que comme des exploiteurs de l'inépuisable crédulité humaine. Mais l'image du sorcier dangereux et qu'il faut craindre demeurera longtemps vivace. Ils resteront soupçonnés de pratiquer des envoutements et de composer des philtres aux propriétés magiques pouvant avoir de redoutables effets chez celui qui les absorbe, souvent à son insu. Une telle crainte sera d'autant plus partagée que rien ne permet de distinguer un sorcier dans la société. Cette absence de signe distinctif conduit à suspecter tout un chacun, surtout s'il exerce certains métiers comme colporteur, meunier, forgeron, bûcheron, berger ou encore s'il présente certaines infirmités corporelles ou mentales.

S'il existe des parades, des manœuvres préventives, pour se protéger des interventions secrètes et nuisibles des sorciers, celles-ci s'avèrent souvent inefficaces et il faut alors avoir recours pour être désensorcelé à l'intervention bénéfique d'un conjureur ou leveur de sorts, parfois considéré comme un "panseur de secrets". Il lui appartiendra de déterminer si le consultant est bien victime d'un sort, quelle en est l'origine, et plus particulièrement quelle est la personnalité de celui qui l'a jeté. Il lui appartiendra alors, grâce à des actions, des gestes, des formules plus ou moins magiques et surtout des prières conjuratoires dont il garde jalousement le secret, de lui renvoyer le sort et libérer ainsi celui qui en a été victime. Mais une telle thérapie ne s'accompagne généralement pas de prise de remèdes ou d'applications cutanées de préparations particulières.[14]

### 4.5. Les sages-femmes

Pour être autorisées à pratiquer des accouchements, elles doivent théoriquement avoir subi un examen de moralité devant le curé de la

[14] Cf. R. Mandrou, *Magistrats et Sorciers en France au 17 ème siècle,* J-B., 1968, Paris, Plon, J-B., Thiers, *Traité des superstitions*, 1679, Paris, A.Dezallier ; J. Michelet, *La sorcière* 1862, Paris, Hachette, rééd. 1966, G F Flammarion ; H., Pourrat : *Les sorciers du canton*, 1933, Paris, Gallimard ; D. Camus, La *sorcellerie en France aujourd'hui*, 2001, Rennes, Ouest-France.

paroisse où elles sont appelées à exercer leur métier, et avoir été reçues par la communauté des chirurgiens la plus proche, après avoir suivi un apprentissage théorique et pratique de deux années, sanctionné par un examen à son issue. En fait, dans de nombreux villages, ce sont des matrones qui assistent les parturientes, après avoir été agréées par le curé qui doit s'assurer qu'elles sont de bonnes catholiques, à la moralité irréprochable, qui seront capables d'ondoyer le nouveau-né en danger de mort, et ne se livreront jamais à des pratiques abortives. Mais sans aucune formation, elles se révéleront incapables de gérer efficacement les accouchements difficiles.[15]

## 5. Les colporteurs ou "contre-porteurs"

Les fermes et les hameaux isolés, voire les petits villages à l'écart des grands chemins sont parfois visités par des colporteurs qui peuvent proposer à leurs habitants quelques remèdes dont ils vantent l'efficacité pour guérir leurs affections les plus courantes.

Selon l'*Encyclopédie Universelle* de Diderot et d'Alembert, on appelait colporteur "des gens qui font métier de porter dans les maisons des marchandises, comme étoffes, pommades, linge, etc." ou encore "de petits marchands qui les crient dans les rues qu'on appelle ainsi, parce qu'ils portent et étalent ce qu'ils ont à vendre dans une petite manne ou cassette pendue à leur cou, avec une large courroie de cuir, ou une sangle" et aussi "des gens qui font métier de porter des livres dans les maisons, ou de vendre des papiers publics dans les rues."

Si ces "marchands forains", "porte-boîtes", "contre-porteurs", "coureurs" et autres "marchands passants" étaient que tolérés par les autorités, leur activité n'était pas pour autant dépourvue de contrôle. Ainsi, par exemple, celui des drogues qu'ils vendaient était-il confié aux apothicaires, les produits défectueux étant en principe confisqués et détruits.

Si les colporteurs vendaient des articles de mercerie (fil, aiguilles, rubans, dentelles...), de la quincaillerie (ustensiles de cuisine, vaisselle, couverts), des bijoux de pacotille, ils proposaient aussi des graines appelées à donner des fleurs rares ou étranges. Pour les vendre plus facilement, il pouvait parfois donner un aperçu de ce que serait le végétal une fois adulte en

---

[15] Ce n'est que dans la deuxième moitié du XVIIIe siècle que seront publiés de véritables manuels d'obstétrique destinés à l'instruction des sages-femmes et des matrones de village. Comme, par exemple celui de J-L. Baudelocque : *Principes sur l'art des accouchements par demandes et réponses, en faveur des sages-femmes de la campagne,* 1775, Paris. C'est aussi à la même époque que Madame Angélique Marguerite Le Boursier du Coudray, (1712- 1790), maîtresse sage-femme, fut nommée par le Roi en 1767, pour enseigner l'art des accouchements sur toute l'étendue du Royaume. Elle s'y consacrera durant 25 ans, dispensant ses cours pratiques de formation, qu'elle illustrait en utilisant la "machine" de son invention qui est un mannequin grandeur nature figurant un tronc de femme, grâce auquel ses élèves peuvent s'exercer aux différentes tâches de leur futur métier. Un exemplaire de ce mannequin est conservé au Musée Flaubert et d'histoire de la Médecine de Rouen.
La matrone, c'est celle qui est devenue mère et qui a acquis l'expérience de l'accouchement et de la naissance et qui l'a transmise aux autres femmes. Il fallait avoir éprouvé toutes les étapes de la gestation et avoir effectué son cycle biologique complet pour assumer ce rôle.

exhibant des gravures aux couleurs vives, qui ne reflétaient pas toujours la réalité, mais qui avaient pour objet de rendre encore plus attrayants les végétaux proposés. Ils vendaient aussi des plantes médicinales, des préparations pharmaceutiques, et il pouvait même donner quelques conseils pour soigner gens et bêtes. Le pauvre malade ou son entourage pouvaient en s'adressant à lui, espérer trouver ceux qui lui feraient recouvrer la santé....

Les colporteurs proposaient aussi à la vente de petits ouvrages bon marché[16] parmi lesquels figurent en bonne place des calendriers et des almanachs[17]. Ils proposaient aussi des ouvrages exclusivement consacrés à la médecine et tout particulièrement destinés à la campagne "où le plus grand nombre de personnes n'ont pas les moyens d'appeler les médecins." Ce sont des recueils de recettes simples, peu coûteuses, où les plantes médicinales tiennent une grande place.[18]

Comme la population des campagnes est largement illettrée, ne parle le français que dans une partie limitée du territoire, elle ne peut avoir accès au contenu de ces livrets que par l'intermédiaire d'un lecteur. C'est sans doute essentiellement au cours des veillées que celui-ci portera à la connaissance des participants le savoir qui y est publié, ajoutant ainsi quelques recettes de remèdes à celles qui étaient couramment utilisées localement au sein des familles.

## 6. Le recours aux remèdes secrets.

Parmi les remèdes que pouvaient offrir aux malades les différents "gens sans savoir" ainsi que les colporteurs, on pouvait aussi compter sur des "remèdes secrets" qui se distinguaient des remèdes prescrits par les médecins

---

[16] Parmi ces petits ouvrages, qui se présentant généralement comme de petits livres *in-* 12 ou *in-* 16, parfois même in-32 de 8 à 120 pages, une grande partie est constituée par ce que l'on a appelé la *Bibliothèque bleue*, ainsi nommée à cause de la couleur de la couverture de papier souvent bleu-gris (comme le papier servant à emballer les pains de sucre), adopté par leur éditeur à Troyes. Ce sont des publications bon marché imprimées sur un papier grossier, avec des caractères ordinaires et déjà usés, mal rognées, mal brochées, offrant quelques rares illustrations généralement provenant de bois déjà employés. Les uns sont des ouvrages religieux qui contiennent des prières, des cantiques, des passages de la Bible, des récits hagiographiques, les autres des contes ou des récits racontant la vie légendaire de personnages populaires, d'autres des recueils de conseils pratiques parmi lesquels les recueils de remèdes figurent en bonne place.

Cf. G. Bollème, La *bibliothèque bleue*, 1971, Paris, Archives Julliard ; *Almanachs populaires aux XVII^e^ et XVIII^e^ siècles*, 1969, Paris, Mouton ; Paris ; Mandrou (Robert) *Littérature de colportage et mentalités paysannes*, XVII-XVIII^e^ siècles *in* : Études rurales, N°15, 1964. pp. 72-85.

[17] Le *Grand calendrier et compost des bergers* est sans doute le plus ancien. Les Almanachs vont devenir, à partir des XV^e^ et XVI^e^ siècles, les instruments essentiels de la popularisation et de la vulgarisation du savoir. On y pouvait trouver de très nombreux renseignements qui appartiennent aux domaines les plus divers, notamment des informations météorologiques, astronomiques, agricoles, culinaires ou encore des prières, des invocations aux saints, des maximes, des bons mots, des informations pratiques comme les dates et heures des marchés, celles des fêtes et des foires, mais aussi parfois quelques formules de médicaments courants et des recettes de remèdes d'où la magie et les superstitions n'étaient pas toujours exclues.

[18] Ainsi, par exemple, "*Le Médecin charitable enseignant les manières de faire et préparer en sa maison avec facilité et peu de frais les remèdes propres à toutes maladies*" (sans nom d'auteur et faussement attribué au médecin Philibert Guybert).

et préparés par les apothicaires, car la formule de leur composition était tenue secrète ; c'était pour son inventeur le seul moyen d'en conserver le bénéfice, car il n'existait alors aucun dépôt de brevet susceptible de protéger ce dernier de toute copie. Ils se distinguaient aussi des médicaments officiellement autorisés par une autre particularité : ils étaient fabriqués par toutes sortes d'individus qui n'étaient pas juridiquement qualifiés pour le faire : charlatans, religieux, chirurgiens, herboristes, marchands de toute sorte, auxquels des ordonnances royales signifiaient fréquemment qu'il leur était interdit de préparer de tels remèdes[19]. Le droit de les fabriquer n'appartenait pas davantage aux apothicaires et aux médecins : aux premiers il était interdit de préparer et de vendre des médicaments en dehors d'une prescription médicale, et les seconds ne pouvaient prescrire de remèdes qu'en faveur d'un malade déterminé. L'emploi de ces remèdes n'était en effet pas sans risque, car aucune autorité compétente ne pouvait en garantir l'efficacité ou signaler le danger de leur prise. Ajoutons toutefois qu'à cette époque, la préparation de remèdes secrets était nécessairement limitée du simple fait qu'il fallait obtenir des autorisations spéciales pour construire les fourneaux et alambics généralement indispensables à leur fabrication. Leur diffusion devait donc être nécessairement limitée et réservée à une minorité d'utilisateurs, parmi lesquels on ne saurait compter les pauvres malades, dépourvus de ressources, et donc dans l'impossibilité de les acquérir.

On remarquera que l'expression "remèdes secrets" était également utilisée à la même époque pour servir de titre à divers ouvrages dont les auteurs prétendaient dévoiler à leurs lecteurs des formules de remèdes infaillibles pour guérir un certain nombre d'affections courantes ou que les praticiens ne parvenaient pas traiter efficacement[20]. Certaines ne sont que des

---

[19] Cf. Bonnemain, H., *Remèdes secrets, in* : Revue d'histoire de la pharmacie, 89e année, N. 332, 2001, pp. 471-476. Quelques religieux avaient toutefois la réputation d'en proposer quelques-uns parmi lesquels ceux des Capucins du Louvre qui bénéficiaient de la protection du roi, le Père Rousseau et le Père Aignan, surnommé le "Père Tranquille". Le premier s'était rendu célèbre par différentes préparations, comme l'essence de vipères, l'eau d'émeraude et surtout un vin d'opium obtenu par fermentation auquel on donna par la suite le surnom de "*Laudanum de Rousseau*", le second par un baume connu sous l'appellation de "*Baume tranquille*", réputé pour avoir de puissantes propriétés calmantes et apaisantes. Il était composé d'une dissolution dans l'huile d'olive de feuilles fraîches de Belladone, de Jusquiame noire, de Pavot, de Morelle noire, de Nicotiane et de Datura stramoine, des sommités sèches de Millepertuis, d'Hysope, de Sureau et de Sauge auxquelles on ajoutait encore des huiles volatiles d'Absinthe, de Lavande, de Menthe, de Marjolaine, de Rue, de Romarin et de Thym ainsi que de gros crapauds entiers et vivants !

[20] On peut citer, par exemple, les ouvrages suivants dont le titre porte le nom de "secrets" : Dumontverd, *Les Fleurs et Secrets de Médecine*, 1602, Rouen, chez Jean Osmont ; Pierre Erresalde, *Nouveaux secrets rares et curieux contenant divers remèdes éprouvés* 1602 Paris ; Joseph Du Chesne, *Recueil des plus curieux et rares secrets*, 1648, Paris, chez Simeon Piget ; Jean-Jacques Wecker, *Les secrets et merveilles de nature* 1653, Lyon, chez Simon Rigaud ; Nicolas de Blégny, *Secrets concernant la Beauté et la Santé*, 1688, Paris, (2 vol.), chez Laurent d'Houry ; Nicolas Lémery ou L'Emery (?), (qui n'est pas l'auteur de la célèbre *Pharmacopée Universelle*), *Nouveau Recueil des plus beaux Secrets de Médecine*, 1694, Paris, chez Thomas Guilain ; Abbé Rousseau, *Secrets et remèdes éprouvés* 1708 Paris, chez Jombert ; Pons Augustin Alletz, *L'Albert moderne ou Nouveaux Secrets éprouvés et licites*, 1769, Paris, chez la Veuve Duchesne ; Bruhier d'Ablaincourt, *Secrets utiles et éprouvés de la Médecine et de la Chirurgie*, 1771, Paris, chez Humaire.

copies de passages d'ouvrages de médecine ou de pharmacopée, d'autres des transcriptions de confidences de malades qui vantent l'efficacité des remèdes proposés, ou encore de recettes de préparation recueillies sur place auprès d'empiriques ou de membres de familles qui en étaient les dépositaires

## 7. Le recours à l'aide de l'État : les remèdes du Roi ou Médicaments de la Cour

Il faut attendre le début du XVIII^e^ siècle pour que l'État décide de faire bénéficier de son aide les pauvres malades, en leur distribuant gratuitement sur place, les remèdes nécessaires au traitement de leurs maladies. Il appartint en effet au roi Louis XIV, vers 1706, "touché de compassion pour les pauvres malades de la campagne qui périssaient la plupart, faute de secours", d'instituer une distribution annuelle de médicaments dans les campagnes, sous la responsabilité des intendants. C'est le médecin Jean Adrien Helvétius, puis son fils, qui furent chargés de la conception de ces boîtes "de remèdes du Roi", auxquelles ils donnèrent leur nom.[21]

En fait, l'initiative d'Helvétius connaît, à partir de 1740 environ, une importante limitation : les boîtes de remèdes ne seront distribuées gratuitement aux paroisses de la campagne que lorsque celles-ci seront victimes d'une maladie épidémique. Dans un tel cas, l'intendant réclame des boîtes d'Helvétius au contrôleur général, s'efforce de coordonner les efforts entrepris sur place, accorde des secours en aliments ou en argent, promet éventuellement des dégrèvements d'impôts. Cette intervention, inégale selon les provinces et le plus souvent sporadique et insuffisante, se renforce considérablement vers 1750 avec la nomination, dans chaque intendance, d'un "médecin correspondant des épidémies", chargé, sous l'autorité de l'intendant, de jouer le rôle que celui-ci tentait d'assumer jusque-là. Peu à peu l'institution se met en place dans toutes les provinces, et les attributions

---

Certains de ces ouvrages parurent sans nom d'auteur ; quelques-uns bénéficièrent de suffisamment de succès pour être réédités à plusieurs reprises, parfois en 2 Tomes, car largement augmentés.

[21] Jean-Adrien Helvétius est un médecin d'origine hollandaise, né à Leyde en 1661, mort en 1727. A l'âge de vingt ans, il s'établit à Paris et y exerce la médecine. En 1686, Antoine d'Aquin, médecin du Roi, fait appel à lui pour soigner le Dauphin, fils de Louis XIV, qui souffrait de dysenterie, car il était devenu célèbre pour avoir obtenu de nombreuses guérisons de cette maladie en la traitant avec succès avec de la poudre d'ipécacuana. Ayant ainsi obtenu la guérison du Dauphin, Helvétius gagna la confiance du Roi. C'est ainsi, que s'appuyant en outre, sur ses relations avec des familiers de la Cour, il eut la possibilité de lui proposer de contribuer à la lutte contre les maladies dont souffraient les populations pauvres du Royaume en leur faisant distribuer gratuitement par l'intermédiaire des Intendants, des médicaments de son choix, dont il garantissait l'efficacité, regroupés dans des boîtes, dont il conservait l'exclusivité. À sa mort, en 1727 son fils Jean-Claude-Adrien, Docteur-régent de la Faculté de Médecine de Paris et premier médecin de la reine, fut chargé à son tour de la composition et de l'envoi aux Intendants des "remèdes du roi". Leur contenu est fixé par leur concepteur. Leur fortune est assurée puisqu'ils ont le monopole de la vente des remèdes. Les boîtes sont composées de 373 prises. Son cousin Diest lui succède en 1756, puis Lassone en 1762.

Cf. F., Trépardoux : *Les médicaments de la Cour, chronologie, mise en œuvre et résultats humanitaires in* : Revue d'histoire de la pharmacie, 84e année, N. 312, 1996. Actes du XXXI^e^ Congrès International d'Histoire de la Pharmacie (Paris, 25-29 septembre 1995) pp. 374-377. L'auteur y donne un inventaire du contenu des boîtes effectué par Helvétius fils en 1742 et un autre inventaire dû à Lassone, réalisé en 1780.

du médecin correspondant se précisent et se renforcent à la lumière de l'expérience. Il doit notamment exercer un contrôle rigoureux sur la distribution de ces remèdes, effectuée par les curés et les personnes charitables de sa province afin de s'assurer qu'ils ont bien été exclusivement réservés aux pauvres des campagnes et dissuader ainsi tout détournement frauduleux de leur destination[22]. Mais on manque de comptes rendus pour savoir si l'expérience a été couronnée de succès et si les pauvres qui ont pu en bénéficier ont été nombreux ou non.

## 8. Bureaux des pauvres, Hospices, Hôpitaux, Charités et Hôtels Dieu

L'offre de soins prodigués aux malades hors de leur domicile par un certain nombre d'établissements est une possibilité dont pourraient bénéficier les plus pauvres, à condition évidemment qu'ils puissent se déplacer. Elle est plus ou moins variée selon la région où ils résident.

### 8.1. Les bureaux des pauvres, une charité sélective

Le malade pauvre qui réussit à gagner une grande ville dans l'espoir de trouver un établissement de soins pourrait-il espérer d'être pris en charge par les "bureaux des pauvres" créés par un certain nombre de municipalités qui se sont préoccupées de venir en aide aux plus démunis ? Rien n'est moins sûr, car les édiles ont jugé qu'ils ne pouvaient attribuer leurs secours à tous les pauvres de leur commune. Une indispensable sélection des personnes à assister s'est imposée à eux, de crainte d'être submergé par le nombre des demandeurs d'aide et d'encourager les bénéficiaires à l'oisiveté. C'est ainsi qu'ils en étaient arrivés à réserver leur charité à ceux qu'ils considéraient comme de "bons pauvres" : les sains qui recevaient une invitation à

---

[22] Certaines Municipalités ont créé des "bureaux des pauvres". cf. par exemple, G.Viard : *Bureaux des pauvres et confréries de charité en Champagne méridionale* (XVI^e^-XVII^e^ siècles in Histoire, économie et société, 1991, 10e année, n°3. Prières et charité sous l'Ancien Régime pp. 317-330. Un exemple de cette charité sélective nous est donné, par exemple, par l'auteur du "*Discours chrétiens sur l'établissement du bureau des pauvres de Beauvais*" (1675) :
"N'étant pas juste d'exclure de la charité publique, écrit son auteur, les malades qui sortent de l'Hôtel Dieu, il fut ordonné qu'ils seroient assistés de quelque argent jusqu'à ce qu'ils fussent en état de travailler. Et quant aux pauvres du Bureau qui tombent malades, on jugea qu'il seroit dur de les transporter incontinent à l'Hôtel Dieu. C'est pourquoi on attend cinq ou six jours pour voir la suite du mal, pendant lequel tems, non seulement on leur donne les premiers remèdes, mais même on les nourrit comme des malades. Et c'est ce qui a fait établir pôur une règle constante qu'il y eut toujours pour eux un pot exprès avec de bonne viande, afin de ne pas manquer de bouillon qui fut propre à des infirmes."
Dans son *De subventione pauperum* (1526, trad. J. Girard Lyon 1553), Jean Louis Vivès propose une méthode encore plus radicale aux magistrats de la ville de Bruges, où la misère et le chômage s'étalaient dans les rues. Il estime en effet que la charité encourage les pauvres à ne pas chercher de travail. Aussi, propose-t-il de limiter l'aide publique financière aux malades et aux handicapés, mais de mettre au travail les inactifs en bonne santé, ou de les expulser de la cité.
Ajoutons que dans certaines villes, les pauvres secourus par les Municipalités devaient coudre un insigne sur leur vêtement pour être reconnus. (cf. D.Turrel : *Une identité imposée : les marques des pauvres dans les villes des XVI^e^ et XVII^e^ siècles*, 2003, Cahiers de la Méditerranée n° 66.

travailler, les malades qui étaient secourus à domicile, les prisonniers auxquels on apportait une consolation dans leur geôle et les passants auxquels on donnait une "passade" (obole) en les invitant à passer leur chemin. (cf. Annexe 1, "Ordre à tenir pour la visite des pauvres"). Quant aux vagabonds, fainéants et "gens sans aveu", malades ou non, qui continuaient à demander l'aumône dans les rues, ils risquaient de se retrouver en prison et d'être fouettés en public. Ainsi, par exemple, à Paris, le Grand Bureau des pauvres, fondé en 1544, répond à un double objectif : la contribution au soulagement des pauvres et le recul de la mendicité. Il distribue des secours en argent et en nature aux nécessiteux ; il organise un service médical à domicile ; il hospitalise les malades et les infirmes de la ville et de ses faubourgs dans les deux maisons hospitalières qu'il gère : la Trinité pour les enfants, l'Hospice des Petites Maisons pour les vieillards nécessiteux, les malades aliénés, vénériens ou teigneux. Mais il n'a aucun service d'accueil ou de soins pour les malades pauvres non-résidents.

Soucieuses d'apporter des soins à ceux-ci, sans critère de sélection, quelques initiatives privées se sont toutefois manifestées dans la capitale, comme celle du médecin Théophraste Renaudot, qui, soutenu par Richelieu y ouvrit en 1630, un *Bureau des adresses* où les malades pauvres pouvaient venir consulter gratuitement un médecin et obtenir des médicaments. Mais sa généreuse entreprise se heurta à l'opposition de la Faculté de Médecine et dût cesser toute activité en 1644.[23]

### 8.2. Abbayes et moines apothicaires

Les abbayes disposaient généralement d'une infirmerie, mais celle-ci était réservée aux moines ou aux novices faibles ou malades et nullement conçue pour y soigner les malades qui venaient frapper à leur porte. Les plus importantes pouvaient cependant posséder des infirmeries plus ou moins grandes, parfois situées à l'écart de l'abbaye elle-même, largement ouvertes au monde extérieur où les pauvres malades pouvaient donc être accueillis et soignés. Un moine infirmier en avait la charge, qui pouvait d'ailleurs être également responsable de l'apothicairerie à laquelle était souvent associé un jardin des simples.[24] Mais leurs implantations étaient loin de couvrir tout le territoire.

---

[23] Théophraste Renaudot (1586-1683), médecin diplômé de la Faculté de Médecine de Montpellier, établi en 1609 à Loudun, sa ville natale. Profondément troublé par la grand pauvreté qui touche une importante partie de la population, il n'hésite pas à faire parvenir au Conseil de Régence de Marie de Médicis un mémoire *Sur la condition des pauvres*. Devenu proche du cardinal de Richelieu, et par suite un de ses protégé, il ouvrit à Paris un "*Bureau d'adresses*", destiné à accueillir offres et demandes d'emplois, une sorte de "Pôle emplois" comme remède apporté à la pauvreté et au vagabondage. L'établissement comprenait aussi un dispensaire où les pauvres pouvaient être soignés gratuitement. Renaudot est surtout resté célèbre pour avoir été l'un des précurseurs de la presse écrite, en créant en 1631, un journal, *La Gazette*, qui remporta rapidement un grand succès.

[24] Le nombre et la diversité des plantes qui sont cultivées dans ces jardins abbatiaux, aménagés à l'intérieur de l'abbaye, varient selon les conditions climatiques locales et l'espace qui leur est accordé ; celui-ci est souvent trop modeste pour assurer la totalité de l'approvisionnement de l'abbaye en médicaments et il est probable que le moine apothicaire devait compléter ce dernier en cultivant les

## 8.3. Établissements de soins et devoir de charité

Faute d'avoir été guéries de leurs maladies par les remèdes qui leur avaient été prodigués sur place, les personnes malades et dénuées de ressources pouvaient-elles compter sur une admission dans un des nombreux établissements de soins alors ouverts en France ? Ils étaient loin d'en être assurés. En effet, tous n'acceptaient pas d'accueillir et de soigner des malades venus de je-ne-sais-où et pour quelques-uns appelés à de longs séjours, car difficilement curables ?

L'organisation et le fonctionnement des établissements hospitaliers en France sous l'Ancien Régime est en effet particulièrement complexe[25]. Ils portent des appellations diverses et remplissent des missions différentes, mais qui répondent toutes au même devoir de charité qui anime la communauté chrétienne. On y trouve ainsi des Hospices, des Hôtels-Dieu, des Maisons Dieu, des Maisons de Charité, des Hôpitaux généraux, sans compter de très nombreux établissements de soins de taille modeste, qui se sont ouverts sous des noms divers dans des bourgades ou à la campagne, ainsi que des "maisons de ville" comparables à des dispensaires qui comprennent une infirmerie et une apothicairerie. Les Maladreries réservées aux lépreux sont les seuls établissements à être clairement spécialisés.

La création des premiers de ces établissements remonte au Moyen-Âge, à l'initiative de l'Église, généralement des évêques, ainsi qu'à celle de personnes pieuses locales, nobles ou bourgeois aisés et pieux. Ils assuraient l'assistance sous toutes ses formes de la paroisse où ils étaient situés,

---

plantes qui lui étaient nécessaires pour la préparation de ses remèdes dans des jardins situés hors de l'abbaye, mais aussi en allant les récolter dans la nature aux alentours de celle-ci. Le plan de l'abbaye de Saint-Gall, créée au IXe siècle, qui peut être considéré comme un modèle du genre, permet de se faire une idée de ces jardins abbatiaux. On y distingue trois espaces consacrés à la culture des végétaux : un potager (*hortus*), un jardin de plantes médicinales (*herbularius*) et un verger (*pomarius*) qui est aménagé dans le cimetière des moines. Le premier comprend 18 planches distinctes, ou figurent 18 végétaux : alias (ail), anethum (aneth), apium (ache ou céleri), ascolonias (échalotes), betas (bettes), caulas (chou), cepas (oignons), cerefolium (cerfeuil), coliandrum (coriandre), gitto (nigelle), lactuca (laitue), magones (pavot ?), papaver (pavot), pastinachus (panais), petrosilinum (persil), porros (poireaux), radices (radis noir ou raifort), sataregia (sariette), le second est composé de 16 planches où sont présentes 16 plantes : costo (menthe coq ou menthe Notre Dame), cumino (cumin), faena graeca (fenugrec), fasiolo (haricot ou fève), feniculum (fenouil), gladiola (glaïeul), lilium (lis), lubestico (livèche), mentha (menthe), pulegium (menthe pouliot, herbe aux puces), rosa (rose), rosmarino (romarin), ruta (rue), salvia (sauge), sata regia (sariette), sisimbria (sisymbre), le troisième abrite 14 arbres fruitiers : amendelarius (amandier), avellinarius (noisetier), castenarius (châtaignier), ficus (figuier), gudunarius (cognassier), laurus (laurier), malus (pommier), mispolarius (néflier), murarius (mûrier), nugarius (noyer). perarius (poirier), persicus (pêcher), prunarius (prunier), sorbarius (sorbier),

[25] Sur l'organisation et le fonctionnement des établissements de soins en France aux Temps Modernes, on pourra consulter : C. Bloch, *L'Assistance et l'État en France à la veille de la Révolution* 1908, Paris, Picard ; M. Candille, *Les mots hôpital et hospices dans la terminologie du XVIIIe siècle in* L'Hôpital *et l'aide sociale à Paris*, 1964, Paris n° 30 ; M. Jeorger, *La structure hospitalière de la France sous l'Ancien Régime*, Annales. Économies, sociétés, civilisations. 32e année, N. 5, 1977. pp. 1025-1051 ; J. Imbert, Histoire *des hôpitaux en France*, 1982, Toulouse : 1982, Privat ; M-Cl Dinet-Lecomte, Les *Hôpitaux sous l'Ancien Régime, des entreprises difficiles à gérer ? in* : Histoire, économie et société, 1999, (18e année, n° 3) : I., Duhau, P-L Laget, Cl. Laroche (dir.) *L'Hôpital en France, Histoire et Architecture*, Cahier du patrimoine 2012, n° 99, Lyon, Lieux-Dits. Le mémoire de Tenon (*Mémoires sur les hôpitaux de Paris*, 1788), donne une idée de l'état alarmant dans lequel se trouvait es hôpitaux de la capitale.

recueillant, la plupart du temps, les malades, les invalides, les blessés, les vieillards ainsi que les enfants abandonnés, voire des incurables, organisant aussi des secours et des soins à domicile ainsi que des distributions de vivres et de vêtements aux plus déshérités.

On assiste toutefois à la fin du Moyen-Âge à une relative spécialisation de ces établissements : dans les villes, les hospices accueillent de préférence les pèlerins, les voyageurs, les personnes vivant dans le dénuement, les vieillards non assistés par leur famille, les incurables, tandis que les malades sont le plus souvent dirigés vers les Hôtels-Dieu, ouverts généralement à tous, sans distinction d'origine géographique, mais qui excluaient en revanche les incurables, et suivant les établissements, les vénériens, les galeux, les filles ou femmes enceintes. Le plan des bâtiments, et notamment la disposition des salles des malades par rapport à la chapelle rappelle à ceux-ci leur état de péché, cause de leurs maladies, et la nécessité pour eux de soigner à la fois leur corps et leur âme.

Quant aux Hôpitaux généraux, créés au XVII^e^ siècle pour renfermer les mendiants, ils apparaissaient comme un lieu d'enfermement, une façon de faire disparaître du paysage urbain, les marginaux indésirables, les malades refoulés des Hôtels-Dieu, les vieillards isolés à la rue, les prostituées, les mendiants, les malades mentaux et les enfants abandonnés.[26]

Les membres des congrégations caritatives, et notamment les Sœurs, jouent un rôle majeur dans le fonctionnement de ces établissements de soins, répondant à la fois à celui d'infirmières et d'apothicaires, tout en soulignant que ce sont des institutions chrétiennes par leur seule présence et les obligations de leur engagement religieux, qui y rythme leur vie. Elles appartiennent à des communautés qui exigent de leurs membres non seulement les trois vœux traditionnels d'obéissance, de chasteté et de pauvreté, mais en outre, pour la plupart d'entre elles, conformément à la réhabilitation des œuvres voulue par le Concile de Trente (1542 – 1563), un quatrième vœu spécial de charité envers les pauvres considérés comme "les membres souffrants de Jésus-Christ".

Parmi la vingtaine de congrégations qui se consacrent en priorité à soigner les malades, les religieuses de Saint Augustin occupent une place prépondérante suivies par les Filles de la Charité, mais des congrégations de taille plus modeste et créées localement jouent un rôle comparable dans les établissements de soins ouverts dans de petites villes de province.

Les activités des sœurs hospitalières sont plus ou moins importantes et diversifiées selon les établissements où elles ont été recrutées. Elles les exercent très généralement sous le contrôle du médecin qui y est attitré pour

[26] En France, le concept de grand renfermement et la notion d'hôpital général sont imaginés sous Louis XIV. En 1662, un édit royal ordonne la création d'un hôpital dans chaque ville et gros bourgs du royaume "pour y loger, enfermer et nourrir les pauvres mendiants invalides, natifs des lieux ou qui auront demeurés pendant un an, comme aussi les enfants orphelins ou nés de parents mendiants". Dès lors, la charité ne se manifeste plus par l'accueil généreux des pauvres, assumé par l'Église, mais plutôt par leur enfermement, pris en charge par l'État, censé résoudre le problème de la pauvreté qui sévit dans le Royaume et assurer l'ordre public, car le pauvre est jugé dangereux et susceptible de le perturber.

se rendre au chevet des malades, diagnostiquer leurs maladies, prescrire les remèdes en conséquence, en surveiller les préparations, avec l'assistance d'un apothicaire.

Après de longues années passées dans la même apothicairerie, l'utilisation des ustensiles et des appareils, la confection et le rangement des différents médicaments n'ont plus de secrets pour ces sœurs et certaines d'entre elles deviennent même irremplaçables dans de nombreux établissements. Elles se procuraient généralement les substances nécessaires à la préparation des médicaments auprès des apothicaires et droguistes locaux. Toutefois, quand l'établissement possédait un jardin de plantes médicinales et alimentaires, celui-ci pouvait également les approvisionner en végétaux, mais ce ne pouvait sans doute n'être qu'en appoint[27]. Elles pouvaient parfois aussi vendre leurs remèdes à l'extérieur, concurrençant ainsi les apothicaires, ce qui provoquait évidemment l'hostilité de ces derniers.

En principe, elles devaient limiter leur activité aux préparations des remèdes prescrits par les médecins et sous le contrôle d'un apothicaire. Certaines d'entre elles se risquaient cependant parfois à créer des médicaments nouveaux, à moins que ce ne soit par une heureuse erreur de préparation[28].

Il est parfois possible de connaître les plantes qu'elles utilisaient grâce aux livres de compte de l'apothicairerie où sont consignés et détaillés les achats des substances médicamenteuses avec l'indication de leur poids et de leur prix. On peut aussi en avoir quelque idée grâce aux livrets de recettes où les sœurs en charge de l'apothicairerie ont notés avec soin les formules des remèdes qu'elles confectionnaient ainsi qu'aux herbiers qui accompagnaient parfois ces livrets dont certaines planches sont annotées, précisant le mode d'emploi de la plante conservée, l'indication des affections qu'elle avait la propriété de guérir et les formules de sa préparation.[29] Pour garder chacune des substances médicamenteuses qu'elles s'étaient procurées, les sœurs apothicaires disposaient de différents récipients, souvent ornés et portant

---

[27] Certains établissements de soins disposaient d'un jardin de plantes médicinales, comme, par exemple, l'Hôpital Saint Louis, à Paris, créé sous Henri IV. Des jardins botaniques consacrés aux plantes médicinales existaient aussi à proximité des Hôpitaux militaires de la marine, comme à Toulon, Brest et Rochefort. Cf. C-Y Roussel et A Gallozi, *Jardins botaniques de la Marine en France*, 2004, Spézet, Coop Breizh.

[28] Un des exemples les plus connus de ces découvertes fortuites est celui de "l'onguent de la Mère Thècle", (en fait un emplâtre), une religieuse de l'Hôtel-Dieu de Paris dont l'efficacité fut reconnue par les médecins de l'époque, et selon lesquels il est "à nul autre pareil pour tirer les humeurs mauvaises".

[29] Le dépouillement des livres de compte, quand ils ont été conservés et que les listes des achats y sont suffisamment détaillées, mériterait une étude particulière qui reste à entreprendre. Il en va de même du recensement et de l'analyse des livres où les sœurs ont consigné les formules précises des remèdes qu'elles préparaient ainsi que des herbiers dans lesquels elles conservaient des exemplaires des plantes utilisées. Il serait tout aussi souhaitable de procéder à l'inventaire des quelques ouvrages conservés dans leur apothicairerie que les sœurs pouvaient consulter afin de vérifier et d'approfondir leurs connaissances médicales, tels la *Pharmacopée* de Charas ou celle de N. Lémery ou plutôt quelques ouvrages d'un prix plus abordable comme ceux de Guybert, de Dubé, de Mme Fouquet ou de Dom Alexandre (cf. Chapitre 2)

l'indication de leur contenu[30], rassemblés dans de magnifiques meubles, dont de nombreux exemplaires ont été conservés jusqu'à nos jours dans un certain nombre d'apothicaireries.[31]

L'action charitable et désintéressée des sœurs hospitalières, animées par un profond sentiment de compassion et de dévouement envers les pauvres malades, et plus précisément les malades pauvres, ne manqua pas de susciter jalousie et critiques plus ou moins malveillantes et agressives, notamment de la part des apothicaires et des droguistes ainsi que des anticléricaux.

Les soins qu'elles prodiguaient et leurs propres remèdes, dispensés gratuitement, venaient en effet en concurrence non seulement avec les apothicaires qui avaient le monopole de la confection et de la vente des remèdes, souvent proposés à des prix élevés inabordables pour une large part de la population, mais encore avec les différents circuits parallèles mentionnés plus haut comme les charlatans ou les empiriques. En outre, les remèdes qu'elles proposaient pouvaient aussi se heurter aux croyances transmises oralement au sein des familles ou des communautés villageoises qui avaient attribué aux plantes des propriétés thérapeutiques, voire magiques ainsi qu'aux superstitions qui entouraient la récolte et l'emploi de la plupart d'entre elles.

### 8.4. Les Charités : les Frères de la charité ou Frères Saint Jean de Dieu

Les malades pauvres qui n'avaient pu être guéris à son domicile, et n'avaient pas été admis aisément dans un des établissements de soins évoqués ci-dessus, pouvaient encore espérer être accueillis dans une des Charités récemment ouvertes dans le Royaume.

Celles-ci appartiennent à une congrégation religieuse fondée par le portugais Jean Ciudad, sous le nom de Saint Jean de Dieu, reconnue le 1er janvier 1572 par le Pape Pie V qui s'est donné pour principale mission de venir en aide aux pauvres et aux malades. Aux environs de 1601, quelques Frères gagnent Paris, à l'appel de la reine Marie de Médicis qui avait apprécié en Toscane leur action charitable. Ils sont chargés par le roi Henri IV et l'évêque de Paris d'y fonder un couvent-hôpital pour soigner les pauvres malades. Ce sera l'hôpital de la Charité construit rue des Saints Pères dans la première moitié du XVIIe siècle. Les novices y sont formés aussi bien à la vie religieuse qu'à la médecine et à la chirurgie, disciplines pour lesquelles les cours durent trois ans.

---

[30] Cf. P. Dorvault, *Les pots de Pharmacie*, 1923, Toulouse, Marqueste. L'auteur y a publié un précieux *Dictionnaire des inscriptions figurant sur les pots de pharmacie* (textes, traductions et explications). Le recensement des inscriptions portées sur chacun des pots ou des boîtes (silènes) d'une apothicairerie permettrait de connaître avec une relative précision les substances médicamenteuses qui y étaient utilisées (hors indication de leurs doses et de leurs associations dans les préparations).

[31] J D Picard, *Voyage vers les Apothicaireries françaises,* 2004, Paris, Les Éditions de l'Amateur. L'auteur y a recensé la plupart des apothicaireries de France.

Aux XVII^e et XVIII^e siècles, les Frères fondent une quarantaine d'établissements hospitaliers au gré des demandes qui peuvent émaner du Roi, de l'Armée, des Évêques ou des aristocrates locaux.[32]

### 8.5. La "Confrérie de la charité des servantes des pauvres malades des paroisses"

Le malade pauvre pouvait aussi espérer être secouru par une sœur appartenant à la toute nouvelle confrérie dont l'activité caritative et médicale se développe rapidement dans tout le Royaume, au service des plus démunis et des malades isolés.

En 1617, Vincent de Paul, curé de la paroisse de Châtillon sur Chalaronne, dans les Dombes, réunit quelques femmes pieuses pour secourir les pauvres malades et crée la première "confrérie de la Charité", une association volontaire de femmes, de milieux relativement aisés, qui se livrent en commun, sous la conduite d'une règle, à des exercices de piété ou à des œuvres charitables. Et le 29 novembre 1633, il fonde, avec Louise de Marillac, la "Confrérie des Filles de la Charité" ou "Confrérie de la Charité des servantes des pauvres malades des paroisses" dont le règlement sera finalement approuvé par M^gr de Gondi, dit le cardinal de Retz, archevêque de Paris, le 18 janvier 1655 et par le pape Clément IX, le 8 juin 1668[33].

---

[32] Ceux-ci sont de tailles variées ; ils comprennent des hôpitaux urbains assez importants (60 à 200 lits) comme à Paris et à Grenoble où sont annexées des écoles de chirurgie, des hôpitaux destinés aux militaires, comme à Saintes ou à La Rochelle ainsi que de petits hôpitaux, proches de dispensaires ruraux, d'une dizaine de lits. Ils annexent parfois aussi à certains de leurs Hôpitaux (Cadillac, Pontorson ou Château-Thierry) des pensionnats où ils reçoivent et soignent les malades mentaux. Ils fondent deux établissements particulièrement destinés au traitement de ces derniers à Senlis et à Charenton. A la Révolution, les Frères de Saint Jean de Dieu sont chassés des 36 hôpitaux qu'ils possédaient alors en métropole et dans les colonies. L'Ordre hospitalier de Saint Jean de Dieu disparaît alors de France. Ce n'est que 30 ans plus tard, en 1819, que Paul de Magallon, ancien soldat de l'armée napoléonienne, décide de rétablir l'Ordre hospitalier dans son pays. Sous le nom de Frère Jean de Dieu, il se consacrera à cette mission jusqu'à sa mort en 1859 et laissera derrière lui une Province de France restaurée, composée de 6 Maisons et de plus de 200 frères.

[33] Cf. M. Bréjon de Lavergnée, *Histoire des Filles de la Charité*, 2005, Paris, Fayard. Quand ces Confréries ont vu le jour à Paris, des Dames de la noblesse ou de la haute bourgeoisie s'y sont engagées, entraînées par le zèle et l'enthousiasme apostolique de Monsieur Vincent. Mais les modestes services dont elles devaient se charger dans les maisons des pauvres, apparurent sans doute à beaucoup d'entre elles difficilement compatibles avec leur rang social et les obligations qu'il impliquait. Certaines n'hésitèrent donc pas à se décharger de ces tâches ingrates sur leurs servantes que celles-ci accomplirent dès lors plus souvent par contrainte que par charité... Les six premières "Filles", c'est-à-dire ces servantes des "Dames de la Charité", furent reçues chez elle, à Paris, par Louise de Marillac qui devait en assurer la formation. C'est dans le même temps que Marguerite Naseau (1594 - 1633), une jeune fille pauvre de Suresnes (près de Paris), une vachère, se présenta à Monsieur Vincent qu'elle avait connu lors d'une mission dans sa paroisse, lui déclarant qu'elle désirait servir gratuitement les pauvres, pour l'amour de Dieu. Intelligente et courageuse, elle fut mise au service de la Confrérie de Saint Nicolas du Chardonnet, à Paris, et fut bientôt suivie d'autres jeunes filles, pour la plupart, issues comme elle, de milieu rural. Atteinte de la peste qu'elle avait contracté en soignant des malades, elle mourut très jeune, peu avant que fut officiellement fondée la Confrérie des Filles de la Charité ou Sœurs de Saint Vincent de Paul, consacrant leur vie, avec abnégation, au service des malades, à domicile ou dans les hôpitaux, aux soins aux personnes handicapées, aux personnes âgées dans des maisons de retraite, aux orphelins, aux foyers pour femmes et enfants en difficulté, et à l'enseignement. Durant tout le XIX^e siècle, et jusqu'aux années 1960, elles ont été des auxiliaires de santé, assumant des fonctions d'infirmières et d'aides-soignantes

Elles constituèrent la première congrégation féminine à obtenir d'échapper à la règle de la clôture. Pour leurs fondateurs, Vincent de Paul et Louise de Marillac, leur monastère devait être les cellules des malades, leur cloître les rues de la ville ou les salles des hôpitaux. En un temps où les vœux de religion entraînaient pour une femme l'obligation de vivre enfermée dans un cloître, Vincent de Paul, tout en établissant pour les sœurs des règles de vie assez austères, s'appliqua fermement à maintenir le caractère séculier de la Confrérie. C'est comme groupement séculier qu'elle reçut l'approbation royale en 1657, celle du Saint-Siège en 1668.

Si ses membres, - appelés par la suite les "sœurs grises" (à cause de la couleur de leur robe) - prononcent les quatre vœux de pauvreté, de chasteté, d'obéissance et de service des pauvres, elles s'engagent également à mettre en pratique les trois vertus d'humilité, de charité et de simplicité. Elles se consacrent au service corporel et spirituel des pauvres et des malades. Leur recrutement, largement rural, est fondé sur leur vocation, mais les postulantes doivent savoir lire et écrire.

La maison mère située à Paris rue du Faubourg Saint- Denis abrite une petite apothicairerie doublée d'un laboratoire destiné aux soins des pauvres passants, ainsi qu'une grande apothicairerie qui dispose également d'un laboratoire, mais celui-ci est équipé de tous les appareils et ustensiles nécessaires à la préparation des médicaments destinés prioritairement aux pauvres. De nombreux établissements sont ouverts en province, de taille très variée.

On remarquera que la compassion qui guide leur action les pousse à apporter prioritairement leurs soins, parmi les pauvres malades, aux malades pauvres abandonnés et sans ressources. Leur activité est largement diversifiée : visite des prisonniers, instruction de la jeunesse, distribution de vêtements, de pain, de viande aux pauvres, livraison de bouillon ou "portion" ou "marmite des pauvres" au domicile des malades, en outre les sœurs dispensent leurs soins aux malades : prioritairement elles pansent leurs plaies mais elles leurs délivrent aussi des médicaments.

A la campagne, notamment quand il n'y a pas de médecin, elles se rendent au domicile des malades, évaluent les affections dont ils souffrent et, quand il s'agit de maladies courantes et aisées à diagnostiquer, leur appliquent les remèdes qu'elles jugent appropriés. Une telle action suppose évidemment un minimum de formation. Outre les conseils que peuvent leur prodiguer leur ainées, les ouvrages de vulgarisation médicale dont nous traiterons au chapitre suivant leur seront d'une aide précieuse, car ils visent à favoriser une médecine des pauvres, peu coûteuse, par le recours à des remèdes simples à base de plantes locales. Il n'est donc pas exclu qu'elles puissent herboriser.

---

dans les hôpitaux, les hospices et les asiles. Elles furent progressivement remplacées par du personnel laïque.

Aujourd'hui, l'institution des Filles de la Charité de Saint Vincent de Paul se définit comme une société de vie apostolique féminine de droit pontifical membre de la Fédération des Sœurs de la Charité.

Les sœurs de la Charité jouent également un rôle important dans de nombreux établissements hospitaliers où elles sont largement recrutées pour y exercer de multiples fonctions. Elles sont notamment très souvent chargées de l'apothicairerie.

## 9. L'assistance aux malades et le dévouement des personnes charitables

L'assistance aux plus démunis ainsi qu'aux malades a toujours été un des devoirs majeurs du chrétien. Cette offre de soins charitables s'inscrit dans une longue tradition chrétienne qui est fondée sur les paroles du Christ rapportées dans les Évangiles. Car si le Christ a bien rappelé que le premier de tous les commandements est "d'aimer le Seigneur ton Dieu de tout ton cœur, de toute ton âme, de toute ta pensée et de toute ta force", Il a affirmé que le second est "d'aimer son prochain comme soi-même" (Marc 12, 29-31). Un tel commandement s'accompagne notamment d'une exhortation du Christ à secourir les pauvres et à soigner les malades, qui est rappelée dans de nombreux passages du Nouveau Testament.[34]

Dès lors, pour le chrétien, aider les humbles, les faibles, les malheureux, les malades c'est à la fois rendre grâce à Dieu et assurer son propre salut. Cet impératif de charité est mis en pratique non seulement par un certain nombre de communautés religieuses, mais aussi par des laïcs regroupés au sein d'associations caritatives comme les Confréries de charité ou des personnes isolées comme les Dames de charité.

---

[34] Parmi les nombreux passages des Évangiles où le Christ fait l'éloge de la pauvreté et affirme avec force que l'on ne peut être son disciple si l'on n'a pas renoncé aux richesses de ce monde (cf. Luc, 6, 20), l'épisode de la rencontre entre Jésus et le jeune homme riche est sans doute l'un des plus souvent cités : "Si tu veux être parfait, dit le Christ, vends ce que tu possèdes, donne-le aux pauvres et tu auras un trésor dans les cieux. Puis, viens et suis-moi." (Matthieu 19, 21). Suivi de cette réflexion quelque peu désabusée et imagée qui reste à méditer : "Un riche entrera difficilement dans le Royaume des cieux. Il est plus facile à un chameau de passer par un trou d'aiguille qu'à un riche d'entrer dans le Royaume de Dieu." Quant à l'obligation de prodiguer des soins indispensables à la guérison des malades, les Évangiles rapportent de nombreux passages de la vie du Christ ou Celui-ci a donné lui-même l'exemple en guérissant des malades à de nombreuses occasions. Et quand il envoie ses apôtres ou ses disciples en mission, Il leur demande parmi d'autres obligations, de guérir les malades (Matthieu 10, 6, Luc 10, 9). De même, lorsqu'Il évoque le Jugement dernier, Il déclare à ceux qui auront donné à manger à un affamé, à boire à un assoiffé, un vêtement à un homme nu, accueilli un étranger, visité un malade ou un prisonnier, "ce que vous avez fait à l'un de ces plus petits, c'est à moi que vous l'avez fait". (Matthieu, 25, 34-40) En observant ces commandements, les personnes charitables espèrent qu'elles obtiendront ainsi leur salut et que les pauvres et les malades qu'elles ont secourus intercéderont en leur faveur lors de leur jugement personnel. Ajoutons qu'elles ne manqueront pas de rappeler toujours au malade que la cause principale de sa maladie est son état de péché, et de l'inciter à se convertir et à prier, car les soins qu'elles lui dispensent lui seront souvent présentés comme des palliatifs, qui, même s'ils soulagent son corps, sont insuffisants pour sauver son âme.

### 9.1. Les confréries de charité ou compagnies de charité

Elles se sont instaurées dans de nombreuses villes. Composées de laïcs d'une même paroisse, et placés sous la direction de leur curé, elles étaient financées par la générosité de leurs membres. Le règlement de la Confrérie de Saint Paul à Paris rappelle que ses membres

> "se souviendront toujours en voyant les pauvres, que ce sont leurs frères et les membres de Jésus-Christ, qu'ils ne doivent jamais abandonner d'assistance, parce que l'état du christianisme ne souffre point de mendicité, quoi que sa bénédiction principale soit la pauvreté." (Règlement § XVI)

En général, elles avaient principalement pour but de combattre l'impiété, de veiller au respect des bonnes mœurs dans la cité et de répandre la "bonne nouvelle" par la diffusion d'une instruction religieuse chrétienne auprès des populations les plus déshéritées ; elles avaient aussi pour mission de venir en aide aux "pauvres honteux", en leur distribuant de la nourriture et en pourvoyant à leur entretien ainsi qu'en soutenant les orphelins dans l'apprentissage d'un métier. Mais elles n'avaient pas vocation à dispenser des soins aux malades. Leur intervention en ce domaine est limitée :

> "Ils feront en sorte que les malades ne manquent point d'assistance, qu'on leur donne tous les remèdes et tous les soulagemens dont ils auront besoin tant pour la santé de leur corps que pour le salut de leur âme." (Règlement de la Confrérie de St Paul à Paris)

Il est toutefois demandé à ses membres de visiter les malades de l'Hôtel Dieu.

### 9.2. Les personnes charitables : les Dames de la charité

Mais, il est parfois possible au malade pauvre de bénéficier du secours de personnes charitables, appartenant à une famille aisée et pieuse. Ce sont généralement des femmes dévotes qui se placent bénévolement au service des pauvres malades des campagnes. Elles pratiquent *de facto* une "médecine charitable" qui s'est ainsi insérée en marge de la médecine savante ou scientifique et réglementée exercée par des praticiens diplômés et de la médecine domestique ou populaire qui est tolérée, mais n'est garantie par aucun pouvoir et même souvent dénoncée. On leur donne fréquemment le nom de "Dames de Charité", une expression qui ne désignait à l'origine que "des assemblées de Dames pieuses qui s'intéressent au soulagement des pauvres et leur distribuent avec prudence des aumônes qu'elles font elles-mêmes ou qu'elles recueillent." (Encyclopédie Universelle de Diderot)

Comme elles n'avaient reçu aucune formation médicale, elles purent combler cet handicap en acquérant un certain nombre d'ouvrages rédigés en français par quelques médecins humanistes. Consacrés à "la médecine et à la pharmacie des pauvres", ils se présentent comme des recueils de conseils et de formules simples pour réaliser des médicaments peu coûteux, et par là même, à la portée du plus grand nombre. Ils ne s'adressent évidemment pas aux pauvres eux-mêmes qui sont généralement illettrés. Quelques ouvrages ont toutefois été rédigés par des personnes éclairées, qui ont ne sont pas médecins, mais ont jugé utile de mettre des recettes de remèdes faciles à préparer et peu coûteux, à la portée de ceux et celles qui s'engageaient à soigner les malades les plus démunis. Elles les ont recueillies tant auprès de médecins de leur connaissance, que de personnes de leur région réputées pour leur connaissance empirique des soins à apporter aux affections les plus courantes, sans qu'elles aient oublié pour autant de consulter à l'occasion des pharmacopées savantes de référence comme celles de Moyse Charas ou de Nicolas Lémery.[35]

[35] On trouvera dans le *Voyage fait en 1787 et 1788 dans la ci-devant Haute et Basse Auvergne par le citoyen Legrand* (Tome 3, p 299 à 323) une description détaillée des offres de soins que celui-ci a pu observer sur place. Son précieux reportage porte notamment sur l'inventaire des maladies les plus couramment diagnostiquées dans la Province, le rôle des médecins et des chirurgiens locaux, celui des personnes charitables, des rebouteux, des matrones, ou encore l'organisation de la distribution des boîtes de remèdes aux plus pauvres par les Intendants.

# CHAPITRE 2

## Une *Médecine pratique et charitable* au service des plus pauvres

Si le malade était isolé, résidant dans un petit village, un hameau ou une modeste ferme à l'écart de tout, et *a fortiori* dépourvu de ressources, et qu'il n'avait pu être admis dans un établissements de soins, il ne lui restait plus qu'à espérer bénéficier du secours de personnes charitables, ayant acquis un minimum de connaissances médicales, et toutes dévouées au service des malades pauvres.

Celles-ci lui apparaissaient comme l'ultime recours quand les remèdes traditionnels s'étaient montrés inefficaces pour le guérir de ses maux,

Mais de telles interventions n'étaient pas sans risque pour le malade, et les personnes charitables allaient vite se trouver confrontées à de nombreuses difficultés sur lesquelles les médecins attiraient l'attention et mettaient en garde : sauraient-elles poser le bon diagnostic des maladies, choisir les remèdes appropriés et les plus efficaces pour leur traitement, les préparer ainsi que prescrire leur posologie ? Autant de sources potentielles d'erreurs qui pouvaient être fatales… !

### 1. Se soigner et vaincre la maladie en l'absence d'un médecin

Savoir se soigner soi-même, surtout lorsque l'on pense qu'il s'agit de maux bénins, est sans doute un désir largement partagé dans les populations qui remonte à la nuit des temps. Aussi, des ouvrages de vulgarisation médicale ont-ils été proposés dès l'Antiquité, à un public relativement large pour lui permettre de satisfaire ce désir. Il n'est donc pas surprenant que de telles publications aient également été répandues aux Temps Modernes pour permettre à tout un chacun, aux malades comme à leurs proches, mais aussi, plus largement, à des personnes dévouées extérieures au milieu familial, d'agir à bon escient en attendant l'arrivée du médecin, ou même en se substituant à lui, quand celle-ci était improbable.

De tels manuels pratiques avaient pour objet de leur permettre de traiter un certain nombre de maladies relativement aisées à diagnostiquer, ne demandant que des médications simples à préparer et peu chères, utilisant essentiellement les ressources de la flore locale, qu'il s'agisse de plantes cultivées ou sauvages. Les soins qui y sont proposés s'appuient sur les connaissances médicales enseignées dans les Facultés de Médecine pour les substituer avec un succès garanti aux médications traditionnellement employées dans les familles, aux pratiques de la médecine populaire, à celles des guérisseurs et des charlatans du coin, aux recettes de remèdes conseillés dans les ouvrages anonymes diffusés par les colporteurs, ainsi qu'aux superstitions locales.

L'accueil et la diffusion de ces ouvrages furent favorisés par le faible taux de médicalisation de la société française, la grande disparité de l'implantation des médecins entre villes et campagnes, le faible nombre de consultations journalières qu'un médecin ne pouvait effectuer dans un rayon relativement faible autour de la ville ou du bourg où il était installé compte tenu notamment de la lenteur des moyens de déplacements qu'il était condamné à utiliser.

Les auteurs ont largement emprunté leurs conseils et leurs prescriptions aux pharmacopées savantes ainsi qu'aux traités de médecine et aux flores médicales des siècles précédents. On y relève des références aux ouvrages grecs et latins de l'Antiquité (Hippocrate, Galien, Dioscoride, Théophraste, Pline), à ceux des médecins arabes traduits en latin (Avicenne, Rhazès) ainsi qu'à différents traités du Moyen-âge et du début du XVI^e siècle qui pouvaient se présenter sous diverses formes. Ce pouvait être en effet :

– des ouvrages de *Pratique médicale* dénommés généralement *Practicae*, qui contiennent de brefs exposés sur les maladies et les remèdes à utiliser pour les traiter, présentés le plus souvent *a capite ad calcem* selon une tradition héritée de l'Antiquité, mais aussi, en fonction de l'enrichissement des connaissances médicales, selon d'autres critères notamment étiologiques, sémiologiques ou encore les thérapies à prescrire par maladies.

– des ouvrages spécialisés dans les "règles de vie" (*Regimina*) ou régimes à suivre pour conserver la santé.

– des Antidotaires ou Pharmacopées c'est-à-dire des livres rédigés par des médecins et destinés aux apothicaires, donnant des listes médicaments ainsi que les formules de leur préparation que ceux-ci devaient impérativement respecter.

L'inventaire des œuvres qui ont pu servir de sources aux auteurs d'ouvrages de vulgarisation médicale au cours des Temps Modernes, ne saurait trouver place ici. On en a donné en annexe un court répertoire limité aux plus connus (Annexe 2).

Parmi les ouvrages de vulgarisation médicale, nombreux sont ceux qui se présentent sous la forme de dictionnaires de médecine ou de santé "abrégés", "domestiques" ou "portatifs". Ces dictionnaires dont les éditions se multiplient aux alentours de 1760, s'adressent aussi bien aux étudiants en médecine, aux médecins diplômés d'une médiocre faculté et de ce fait au savoir limité, aux médecins de campagnes isolés qui veulent avoir sous la main un aide-mémoire pratique, mais surtout à tous ceux qui appartenant à la noblesse ou à la bourgeoisie aisée et éclairée désirent disposer d'un manuel simple leur permettant d'avoir accès aux connaissances médicales les plus élémentaires et les plus récentes, mais aussi compréhensible pour un usage pratique.

Soucieux de mettre la médecine à la portée de tous, leurs auteurs y excluent toute digression qui leur semble inutile, comme l'évocation de théories médicales diverses adoptées ou combattues pour expliquer une maladie, ou encore l'emploi de vocabulaire latin pour désigner les plantes. Ils présentent généralement la liste des affections ainsi que celle des substances et de leurs différentes formes de préparation pour les traiter. Mais ils se gardent aussi de prescrire des remèdes qui pourraient être dangereux pour le malade, s'ils étaient donnés mal à propos, et ils s'attachent à donner une description des symptômes des maladies avec suffisamment de précision pour qu'elle ne puisse pas induire en erreur sur son diagnostic.

Ce sont généralement des ouvrages maniables, de format restreint (*in* 8° ou *in* 12°), faciles à emporter avec soi lors des déplacements pour se rendre au chevet des malades, le plus souvent édités en un seul volume, plus rarement en deux. Ils le sont assez souvent sous couvert d'anonymat, peut-être pour se garder de toute polémique avec des confrères qui verraient dans ce genre d'ouvrage un concurrent sérieux dans l'exercice de leur profession.

Leur succès est indéniable si l'on en juge par le nombre de rééditions de la plupart d'entre eux ainsi que par les nombreuses contrefaçons dont ils firent l'objet.

On se limitera à n'en citer que trois :

– Le *Dictionnaire Portatif de Santé* attribué à Ch. Augustin Vandermonde[1], "*dans lequel tout le monde peut prendre une connaissance suffisante de toutes les maladies, des différents signes qui les caractérisent*

---

[1] **Charles-Augustin Vandermonde**, né à Macao (Chine) en 1727, mort à Paris en 1762._Il obtient son diplôme de Docteur en Médecine de la Faculté de Paris en 1750. Professeur de chirurgie et médecin des Armées du Roi, il figure parmi les premiers journalistes médicaux, en fondant un journal à but médical s'adressant à un public précis, le *Journal de Médecine, Chirurgie, Pharmacie*. Il serait l'auteur d'un *Dictionnaire Portatif de Santé* (1759), plusieurs fois réédité. Celui-ci sera complété par un *Dictionnaire portatif de Chirurgie à l'usage non seulement des Étudiants en Chirurgie, mais même des Personnes charitables de Province, qui voudront être utiles aux pauvres"* (1783) paru à Paris, chez Delalain, dont l'auteur est Pierre Sue (1739-1816). Il est également complété par un *Dictionnaire portatif des Herborisants ou Manuel de Botanique à l'usage des Étudiants en Médecine, en Chirurgie, en Histoire Naturelle et des Amateurs*, paru en 2 volumes à Paris, chez A. Didot en 1772. Son auteur dont le nom n'est pas indiqué, écrit dans sa Préface qu'il est destiné à rendre les plantes familières aux étudiants en médecine et en chirurgie qu'ils doivent toujours le porter sur eux :
"Ce Dictionnaire peut très bien servir de suite au Dictionnaire de Santé : on indique à chaque page de ce dernier, des plantes pour la cure des maladies ; comment pouvoir s'en servir, si on ne les connoît pas ? C'est précisément dans cette vue qu'on a dirigé celui-ci. Il est par conséquent du plus grand intérêt pour tout Père de famille, pour les Seigneurs, Curés et Habitants des campagnes : on ne peut assez en conseiller l'usage."
Les plantes y sont présentées par ordre alphabétique de leur nom latin, avec leur description et l'indication de leurs propriétés thérapeutiques .Le Tome 2 contient une Table des noms français et latins des plantes ainsi qu'un Lexique des définitions des termes usités en médecine pour désigner leurs vertus (439 à 443)

*chacune en particulier, des moyens les plus sûrs de s'en préserver ou des remèdes les plus efficaces pour se guérir et enfin de toutes les instructions nécessaires pour être soi-même son propre médecin le tout recueilli des ouvrages des Médecins les plus fameux, et composé d'une infinité de Recettes particulières et de Spécialités pour plusieurs Maladies." par M*** Ancien Médecin des Armées du Roi et M de B*** Médecin des Hôpitaux,* (Paris, 1759).". Dans son Avertissement, l'auteur reconnaît que si seul le médecin a la capacité de diagnostiquer une maladie avec assurance, son Dictionnaire doit permettre à ceux qui le consulteront d'y parvenir dans de nombreux cas, car il s'est efforcé d'en décrire les signes avec précision. Le Tome 1 contient une Table alphabétique avec le prix de tous les remèdes, une Table des noms latins, une liste alphabétique des maladies qui contient pour chacune d'elles, sa définition, les caractères auxquels on peut la reconnaître, ses causes, la manière la plus avantageuse de la traiter. Le Tome 2 en est la continuation et présente en outre une Table des médicaments avec l'indication des pages où chacun d'eux est mentionné.

– Le *Dictionnaire Médecinal Portatif* de Jean Guyot "*contenant une méthode sûre pour connaître et guérir les Maladies critiques et chroniques, par des remèdes simples et proportionnés à la connaissance de tout le monde, et plusieurs remèdes particuliers.*"[2]

Cet ouvrage est avantageusement complété par un *Dictionnaire portatif des Herborisants* en 2 volumes paru en 1772, à Paris, chez A. Didot, "*à l'usage des Étudiants en médecine, en Chirurgie, en Histoire Naturelle et des Amateurs.* Son auteur note dans sa Préface :

> "Que peut-on de plus intéressant qu'un pareil Dictionnaire ? La Botanique y est développée dans son plus grand jour et mise à la portée de tout le monde. Rien n'est donc plus commode que cet ouvrage pour rendre les plantes familières aux étudiants en Médecine et en Chirurgie. C'est une espèce de Manuel qu'ils doivent toujours porter avec eux. Ce Dictionnaire peut aussi très bien servir de suite au Dictionnaire de Santé ; on indique à chaque page de ce dernier, des plantes pour la cure des maladies : comment pouvoir s'en servir si on ne les connaît pas. C'est principalement dans cette vue qu'on a dirigé celui-ci. Il est par conséquent du plus grand intérêt pour tout Père de famille, pour les Seigneurs, Curés et Habitants des campagnes." (Préface)

Il contient un inventaire des plantes utiles en médecine, donne la description de chacune d'elles, celle de son habitat, ses propriétés

---

2 On ignore à peu près tout de ce médecin. Dans la préface de son *Dictionnaire Médecinal Portatif*, paru à Bruxelles (1742) et à Paris (1757 et 1763), il fait référence à son expérience durant les 3 ans qu'il a passé à l'Hôtel Dieu de Paris "où il voyait chaque jour mille à deux mille malades parmi un plus grand nombre"! ainsi que celle qu'il a acquise pendant vingt ans dans différentes villes d'Europe. Il insiste tout particulièrement sur le rôle de l'alimentation et celui de la qualité de l'air dans l'apparition et le développement des maladies. Cet ouvrage comprend un Dictionnaire médical donnant la liste alphabétique des principales maladies avec l'indication des remèdes à leur apporter, suivi d'un précieux Dictionnaire abrégé des plantes les plus connues et les plus en usage, fort utile pour ceux qui veulent utiliser les remèdes prescrits dans l'ouvrage, et qui n'ont aucune connaissance des végétaux.

médicinales, les principes chimiques qu'elle contient, les préparations dans lesquelles elle entre.

Le Tome 2 compte en outre un précieux lexique des définitions des termes usités en médecine pour désigner les vertus médicinales des végétaux.

– On peut ajouter à cette liste un ouvrage intitulé "*Le Médecin des campagnes*" qui est assez proche des Dictionnaires portatifs de santé. Leurs auteurs, restés anonymes, se déclarent appartenir à une Société de Médecins, Chirurgiens et Apothicaires de la Ville de Paris (1791) et annoncent qu'il s'agit d'une "*Méthode sûre pour se soigner soi-même par des remèdes simples, faciles à préparer et proportionnés à la connaissance de tout le monde.*" Ils précisent au début de leur ouvrage : "*Bons et respectables habitants des campagnes. Le désir de soulager les maux qui vous affligent et la difficulté de trouver à votre portée ou à peu de distance, des personnes capables de vous administrer les remèdes et les soins qu'ils peuvent exiger, nous ont fait entreprendre cet ouvrage.*" Ils affirment qu'ils se sont efforcés d'avoir exposé leurs idées avec la plus grande simplicité pour les mettre à la portée de toutes personnes qui savent lire." et que leur "but, en publiant cet ouvrage, est de secourir les habitants de la campagne, que leur éloignement des médecins, met dans le cas d'être privés de leurs secours, de les rendre expérimentés pour eux-mêmes, et de leur montrer le moyen sûr de jouir d'une bonne santé."[3]

## 2. La médecine charitable ou médecine des pauvres

Parmi les ouvrages de vulgarisation médicale, qui ne sont nullement destinés à des professionnels de santé, médecins ou apothicaires, certains se veulent plus particulièrement destinés aux personnes charitables, religieuses ou laïques, qui se sont fait un devoir de soigner bénévolement les malades qui, parce qu'ils sont trop pauvres, n'ont pas les moyens de consulter un

[3] *Le Médecin des campagnes* est divisé en quatre parties. La première est consacrée aux maladies chroniques et aigues avec la vraie manière de traiter chacune d'elles par des remèdes simples que l'on peut préparer sur le champ ; avantages d'autant plus grand que les maladies aigues ne permettent pas d'attendre les secours éloignés. La seconde partie traite des maladies particulières du sexe (*i e* des femmes). La troisième partie indique la manière d'élever les enfants et de les soigner dans leurs maladies. La quatrième partie est un recueil de remèdes peu connus. L'ouvrage contient à la suite un traité des maladies des chevaux et bestiaux nécessaires à la culture des terres. Il comprend également (p 177 à 217) un "Recueil des plantes les plus usités en médecine et les maladies où elles peuvent être employées, suivant leurs vertus, afin qu'un chacun soit à portée de profiter de celles que la nature présente dans les lieux qu'il habite." Les plantes y sont répertoriées selon leurs propriétés thérapeutiques et qu'elles sont qu'elles sont des remèdes anodins, apéritifs, astringents intérieurs, astringents extérieurs, carminatifs, cordiaux, diarétiques chauds, diarétiques froids, emménagogues, émollients, fébrifuges, humectants, narcotiques, pectoraux, purifiants, rafraîchissants, relachants, sternutatoires, stomachiques, sudorifiques, vermifuges, ainsi que selon certaines affections qu'elles ont la réputation de guérir : apoplexie, asthme, bouche, épilepsie, foie, hydropisie, gravelle, paralysie, plaies, pleurésie, poumon, scorbut, suppuratifs, tête, vapeurs hystériques, yeux, jaunisse.

*Le Médecin des campagnes* se termine par une Explication sur la composition des remèdes (p 218 à 222) : apozème ou décoction, bols ou pilules, cataplasmes, collyres, épithèmes ou topiques, gargarismes, juleps, injections, fomentations, loochs, lotions, mucilages, pessaires, suppositoires, tisanes, lavements.

médecin ou de se procurer des remèdes chez un apothicaire, qu'ils résident dans les campagnes ou en ville.

Outre les ecclésiastiques, en particulier les modestes curés ou pasteurs de village, celles-ci étaient des personnes pieuses, relativement cultivées, notamment des épouses de notables qui étaient supposées disposer d'assez de temps et d'être suffisamment fortunées pour pouvoir assumer les frais occasionnés par une telle activité caritative, consistant pour une large part, outre leur présence réconfortante au chevet des malades, à la fourniture gratuite de remèdes efficaces à ceux-ci.et à les leur administre.

Les titres choisis par la plupart de leurs auteurs parlent souvent d'eux-mêmes : Le Médecin charitable, Le Samaritain charitable, L'Apothicaire charitable, le Chirurgien charitable.

Ils présentent des aspects communs que l'on peut résumer ainsi :

– Approuvés généralement par les Autorités qui leur accordent un Privilège, les ouvrages de charité ne reprennent pas intégralement les formules de compositions des médicaments décrites dans les pharmacopées savantes de référence de l'époque. Leurs auteurs les simplifient, car ils s'adressent à des personnes qui n'ont pas de formation particulière et non à des "professionnels de santé", médecins, chirurgiens ou apothicaires.

– Ils sont vendus à un prix relativement peu élevé, à la différence des ouvrages "savants" de médecine et de matière médicale de référence.

– Ils sont rédigés en français courant et non en latin, comme les traités scientifiques, dans une langue aisément compréhensible par un lecteur qui n'a reçu aucune formation médicale préalable, De plus, des notes y accompagnent souvent le texte pour en expliquer certains termes propres à la médecine, la pharmacie ou la botanique.

– Ils sont d'un petit format, généralement *in* 12, permettant ainsi de les éditer au moindre coût, ce qui est loin d'être négligeable pour en assurer la diffusion la plus large possible.

– Un tel format en fait de petits livres maniables que l'on peut emporter sur soi quand on se rend au chevet des malades, rendant ainsi possible de confectionner certains remèdes sur place. Ils dépassent rarement 400 pages.

– Les médicaments dont ils préconisent l'emploi sont constitués de substances peu coûteuses et faciles à se procurer, généralement des plantes, ce qui exclut tout produit d'importation et toutes denrées rares ; les flores locales y jouent donc un rôle majeur.

– Ils proposent des procédés de fabrication des remèdes relativement simples, ne nécessitant pas l'emploi d'ustensiles et de matériels coûteux ; certains ouvrages contiennent d'ailleurs des tableaux des poids et mesures ainsi que les tarifs des ingrédients utilisés dans les recettes des remèdes qu'ils ont sélectionnés,

– Les modes d'emploi des médicaments décrits doivent être simples.

– Ils doivent néanmoins se révéler rapidement efficaces et prouver ainsi qu'ils sont à préférer aux remèdes de la médecine domestique, dont la nature, la préparation et le mode d'emploi étaient transmis de bouche à oreille au sein des familles, voire de la communauté villageoise, où les femmes jouent un rôle majeur.

Les auteurs de tels manuels pratiques répondent généralement à une exigence religieuse. Dans la grande majorité des cas, ce sont des médecins ou des personnes pieuses qui veulent ainsi répondre au devoir de charité qui doit animer tout homme se voulant fidèle à l'enseignement du Christ. Ils se sont d'ailleurs généralement attachés à préciser au début de leur ouvrage à qui celui-ci était destiné et dans quel but ils l'avaient écrit. De telles indications figurent parfois sur la page du titre de leur ouvrage, mais sont le plus souvent explicitées dans un Avis au Lecteur, une Épître dédicatoire, un Avertissement ou encore une Introduction, accompagnée parfois d'une Préface de l'éditeur.

Ce sont généralement des médecins, mais parfois aussi des personnes qui n'ont reçu aucune formation médicale. On peut schématiquement les répartir en trois groupes :

– les premiers sont des médecins qui appartiennent à la tradition du "Médecin des pauvres"

– d'autres sont des philanthropes marqués par le mouvement charitable et hospitalier du 17 ème siècle, comme Madame Fouquet ou Dom Nicolas Alexandre.

– quelques-uns sont des auteurs anonymes qui se sont livrés à la compilation de recettes de remèdes publiées ou non, comme Mademoiselle d'Auvergne.

### 2.1. Les ouvrages des Médecins des pauvres ou "Médecins charitables"

Parmi les plus connus, nous avons retenu ceux dont les ouvrages ont été maintes fois réédités, ce qui en dit long sur l'estime qu'ils avaient suscitée à leur époque.

#### – Samuel Auguste Tissot (1728-1797)[4]

Il est l'auteur d'un "*Avis au Peuple sur sa santé*" paru en 1761, au succès immédiat, traduit dans plusieurs langues et suivi de nombreuses éditions revues

[4] **Samuel Auguste Tissot** est un médecin suisse, né en 1728 à Grancy dans le canton de Vaud, mort à Lausanne en 1797. Après des études médicales à la Faculté de Médecine de Montpellier, il accède au grade de docteur le 18 avril 1749, à l'âge de 22 ans. Il s'établit alors à Lausanne, en Suisse. Il devient rapidement célèbre à la suite de la parution de deux ouvrages, le premier intitulé "*L'onanisme ou Dissertation sur les maladies produites par la masturbation*" publié d'abord en latin en 1758, puis en français en 1760, le second au titre plus bref "*Avis au Peuple sur sa santé* paru en 1761 qui lui firent acquérir une réputation européenne. On remarquera son originale *Table des substitutions ou succédanés*, qui figure dans plusieurs éditions dont celle de 1763 p 609 à 618, et donne pour chacune des plantes médicinales qu'il a inventoriées, celles qui peuvent leur être substituées quand on n'a pas pu se les procurer. Prônant une médecine douce, essentiellement pratique, fondée sur un régime de vie en accord avec la nature, et sur des remèdes à base de plantes, il apparait à la fois comme un médecin charitable et un philosophe des Lumières qui récuse aussi bien les errances de la médecine populaire que les excès de la médecine savante, qu'il juge trop dure et interventionniste.

et corrigées par l'auteur lui-même. Tissot précise dans sa Préface que les soins à apporter aux malades ne sauraient être du seul ressort des médecins, mais qu'un certain nombre de maladies pourraient fort bien être traitées par des personnes qui n'ont pas suivi de formation médicale en Faculté. Il constate d'ailleurs dans la Préface de la seconde édition de son livre : "J'ai eu la satisfaction de voir que des personnes charitables et intelligentes avoient fait usage de ce Livre avec un succès marqué, même dans les maladies très-graves, et je serai au comble de mes vœux, si je continue à apprendre qu'il contribue à adoucir les maux et à prolonger les jours de mes semblables." Il précise dans son Introduction, le but qu'il s'est fixé en écrivant son ouvrage :

> "Le titre d'*Avis au Peuple* n'est point l'effet d'une illusion, qui me persuade que ce livre va devenir une piece de ménage dans la maison de chaque paysan. Les dix-neuf vingtième ne sauront sans doute jamais qu'il existe ; plusieurs ne sauroient pas le lire, un plus grand nombre, quelque simple qu'il soit, ne le comprendroit pas ; mais je le destine aux personnes intelligentes et charitables qui vivent dans les campagnes. J'ai en vue premièrement Messieurs les Pasteurs ; il n'y a point de village, de hameau, de maison foraine dans tout le pays qui n'ait droit à la bienfaisance d'un d'entre eux... J'ose en second lieu compter sur les Seigneurs de Place, dont les conseils, extrêmement respectés par leurs paroissiens, sont si propres à décréter une mauvaise méthode et en accréditer une nouvelle dont ils saisiront aisément tous les avantages....En troisième lieu, les personnes riches, ou au moins aisées, que leur goût, leurs emplois, ou la nature de leurs fonds fixent à la campagne où elles se réjouissent en faisant du bien, seront charmées d'avoir quelques directions dans l'emploi de leurs soins charitables."

Il ajoute plus loin que "les maîtres d'école doivent encore être tous supposés avoir un degré d'intelligence suffisant pour tirer parti de cet ouvrage." sans oublier "les laboureurs qui liront avec plaisir ce livre et la répandront avec empressement, les chirurgiens répandus dans les campagnes et qui exercent la médecine dans leur voisinage qui en adopteront les conseils" et même "les sages-femmes qui pourront rendre leurs soins plus efficaces, dès qu'elles voudront bien s'éclairer."

Après avoir exposé les différentes causes des principales maladies aiguës, Tissot en décrit les symptômes et énumère les remèdes qu'il convient d'employer pour les guérir. La composition de ceux-ci, au nombre de 94, figure dans une Table, en fin d'ouvrage. Cette dernière est suivie d'une liste de remèdes de substitutions au cas où il s'avérerait impossible de se procurer ceux qu'il a mentionnés dans la préparation de ses remèdes. Son souci constant est de proposer les remèdes les plus simples à préparer et dont les composants, peu nombreux, sont le moins cher possible. Il s'élève par contre avec vigueur contre les charlatans passants qui, "sans visiter des malades, débitent des remèdes dont quelques-uns ne sont qu'extérieurs, et souvent ne font point de mal, mais dont les intérieurs sont souvent pernicieux" et qui "nuisent encore en emportant une grande quantité d'argent comptant".

Mais il s'en prend surtout aux "Maîges" qu'il fustige comme "faux médecins de village, tant mâles que femelles qui sans aucune connaissance quelconque, sans aucune expérience, armés de deux ou trois remèdes dont ils ignorent aussi profondément la nature que celle des maladies dans lesquelles ils les emploient, et qui, étant presque tous violens, sont véritablement un glaive dans la main d'un furieux". (édition de 1763, Tome I, chapitre XXXIV, p 560)

Il consacre enfin quelques pages au choix, à la récolte, au dessèchement et à la conservation des plantes. Celles-ci constituent en effet la plus grande partie des remèdes qu'il prescrit.

### – William Buchan (1729-1805)[5]

Médecin écossais, qui s'est rendu célèbre à la suite de la publication en 1770 d'un ouvrage intitulé : *la Médecine domestique,* ou *Traité sur les moyens de prévenir et de guérir les maladies par le régime et les remèdes communs. Ouvrage utile aux personnes de tout état et mis à la portée de tout le monde.* Traduit dans la plupart des langues de l'Europe, et notamment en français par J.D. Duplanil, médecin à Montpellier, il fut édité en 5 volumes entre 1775 et 1778, accompagné de nombreuses notes du traducteur. Après avoir fait l'éloge de Tissot, il lui reproche de n'avoir traité que les maladies aigües, négligeant les maladies chroniques et ne parlant que très superficiellement de la médecine prophylactique. Son ouvrage répond au même but que celui de Tissot, mais il se veut plus complet et en quelque sorte complémentaire. Ainsi, le Tome 1 est-il consacré à des sujets que Tissot avaient négligés : maladies des enfants, maladies professionnelles, hygiène de vie, évacuations diverses (selles, urines...). Ajoutons que J.D. Duplanil ne s'est pas contenté de traduire le texte de Buchan ; il l'a complété par de nombreuses notes explicatives et on lui doit a rédaction intégrale du dernier Tome où l'on trouve une importante Table des Matières qui donne l'explication de tous les termes employés en Médecine, la description des plantes et des médicaments simples prescrits dans les autres Tomes, ainsi que "la recette et la préparation des remèdes composés qui y sont ordonnés."

L'Avertissement du Traducteur qu'il a rédigé et publié au début du Tome 2 précise quels sont les destinataires de son ouvrage :

> "Toutes personnes intelligentes et charitables, dans les villes ou dans les campagnes, qui, par une espèce de vocation naturelle, se font un devoir d'aider de leurs conseils et leurs bonnes œuvres les pauvres qui les environnent, trouveront dans cet Ouvrage, un guide sûr et invariable, qui exaltera leur inclinaison à faire le bien, en éloignant

---

[5] **Buchan William** (Guillaume) **(1729 – 1805)**, médecin écossais, membre du Collège royal d'Édimbourg, né à Ancran, dans le Roxburghshire, en 1729, mort à Londres en 1805. Il dirigea l'hôpital des enfants trouvés d'Ackworth (Yorkshire), puis s'établit à Édimbourg en 1770. Il a publié plusieurs ouvrages qui furent très appréciés de son temps, plusieurs fois réédités et traduits en de nombreuses langues : *la Médecine domestique,* ou *Traité sur les moyens de prévenir et de guérir les maladies par le régime et les remèdes communs,* Edimbourg, 1770, dont la traduction en français et les commentaires par le médecin Duplanil furent publiés en 5 volumes en 1775. On doit aussi à Buchan un *Avis aux mères sur leur santé, et sur les moyens d'entretenir la santé, la force et la beauté de leurs enfants,* paru à Londres, en 1803, traduit en français et publié à Paris en 1804 par Duverne de Presle, sous ce titre : *le Conservateur de la santé des mères et des enfants,* suivi d'un extrait d'un ouvrage du docteur Cadogan, sur le même sujet, revu et augmenté de notes par le docteur Mallet.

d'eux la crainte, qu'ils ont souvent, de faire le mal. M. M. les Curés, Vicaires et autres Ecclésiastiques, qui, par un zèle bien estimable, et, par pur amour pour leurs ouailles, désirent souvent d'être à portée de leur donner des secours au corps, comme ils les donnent à l'âme, sentiront que le principal but de cet ouvrage, est de les mettre dans le cas de pouvoir satisfaire leurs vues paternelles."

Cet Avertissement de J.D Duplanil présente par ailleurs différentes observations particulièrement intéressantes sur l'accès aux remèdes à son époque.

Le tableau qu'il en dresse a pour but de mettre en garde sur la dangerosité des remèdes falsifiés ou périmés ainsi que des erreurs commises par des spécialistes incompétents. Il distingue ainsi, en les jugeant sévèrement, les rôles respectifs des herboristes, des droguistes et des apothicaires. Selon lui,

"Les Herboristes ignorent également et les caractères distinctifs des plantes et la manière de les conserver. Aussi voit-on tous les jours qu'ils les confondent les unes avec les autres ; qu'ils rapportent plusieurs genres de plantes sous une même dénomination, quelque différence qu'elles offrent par leurs vertus ; et qu'ils les vendent l'une pour l'autre, lorsque par le port, elles se ressemblent à peu près...Et si, à cette ignorance, ils joignent la mauvaise foi, comme il n'arrive que trop souvent, ils ne s'assortissent que de plantes les plus communes. Trente ou quarante espèces qu'ils achètent à vil prix aux paysans qui les leur apportent, composent tout leur magasin."

A l'appui, il déclare avoir vu apporter ainsi à une garde-malade de la *poirée* pour de la *scabieuse* et de la *pimprenelle* pour de la *germandrée* ou du *petit chêne*.

Il critique également les Droguistes malhonnêtes qui falsifient les dogues qu'ils commercialisent et illustre son propos en citant un savoureux passage du *Traité de l'anarchie médicale* de Gilibert (cf *infra*) où celui-ci avait sévèrement fustigé ceux de Marseille, principaux importateurs de drogues étrangères qui se livraient à de frauduleuses manipulations pour tirer le plus grand profit possible de leurs ventes.

Quant aux Apothicaires, il fait la distinction entre ceux qui "sont très exacts sur les méthodes de triturer, pulvériser et peser les drogues, apportent la plus grande attention à la préparation des remèdes composés, dont la probité leur fait une loi de ne jamais laisser sortir de chez eux un remède qu'ils ne soient prêts à prendre eux-mêmes" et ceux qui "peu scrupuleux sur les devoirs de leur état, et peu inquiets de la santé des malades, préparent les remèdes à leur fantaisie .... Comme ils ignorent les qualités et les attributs extérieurs des plantes, ils se laissent abuser par ceux qui les leur apportent. Quant aux remèdes étrangers, ils n'en connoissent point les vrais caractères et les Droguistes les trompent facilement. Et l'Art de préparer les médicaments chymiques leur est parfaitement inconnu." Il en conclut que de telles négligences peuvent être fatales au malade qui absorbe leurs remèdes et en mentionne plusieurs exemples qu'il a pu constater lui-même. Et il en appelle à une réglementation et un contrôle plus strict de ces professions et de la validité des médicaments, y compris ceux qui sont distribués par les soins des Intendants dans les boîtes (dites d'Helvétius) qui leur sont confiées et qui risquent trop souvent d'être altérés et donc dangereux.

Regrettant de n'avoir pu joindre à son ouvrage les dessins des plantes médicinales dont il prescrit l'emploi car une telle insertion eut été d'un prix trop élevé, il incite ses lecteurs à vérifier les remèdes simples qu'ils achèteront en consultant les articles qui les concernent dans la Table des matières (publiée dans le Tome 5) et de consulter aussi les planches de plantes coloriées parues dans les recueils de Regnault[6] et surtout de Bulliard[7].

Ce Tome contient en outre un Tableau des symptômes des maladies générales internes qui doit aider à leur diagnostic.

Les Tomes 3 et 4 donnent la liste alphabétique des maladies et le Tome 5 qui est consacré aux contrepoisons, contient en outre une Table des matières donnant *l'explication des termes de l'Art, la description des plantes et des médicaments simples, les recettes et préparations des médicaments composés.*

**– Pierre- Joseph Buchoz (1731-1807)[8]**

Médecin ordinaire de Stanislas Leszczynski, ancien roi de Pologne et duc nominal de Lorraine et de Bar, à Nancy. Il s'intéressa très tôt à l'Histoire Naturelle et tout particulièrement à la Botanique. Il fut d'ailleurs Démonstrateur de Botanique au Collège royal des médecins de Nancy, où il

---

[6] **Nicolas François Regnault** (1746-1810) est l'auteur de *La Botanique mise à la portée de tout le monde*, parue en fascicules entre 1769 et 1781 représentant plus de 400 plantes. Sur cet ouvrage, cf. le chapitre VII de notre *Botanique selon Jean-Jacques Rousseau* qui est consacré au livre de Regnault annoté par ce dernier.

[7] **Pierre Bulliard** est un botaniste français, né en 1752 à Aubepierre-sur-Aube (Haute-Marne) et mort en 1793 à Paris. Duplanil renvoie ses lecteurs aux planches de son *Herbier de la France, ou Collection complète des plantes indigènes de ce royaume* (en sept volumes, comprenant plus de six cents planches colorées), paru entre 1780 et 1793.

[8] **Pierre- Joseph Buchoz** est né à Metz en 1731, mort à Paris en 1807. Après avoir exercé à Nancy, il se fixe à Paris en 1717, animé à la fois par le désir de mieux se faire connaître et par la nécessité de promouvoir la vente ses publications, car il est criblé de dettes. Auteur prolifique, il a en effet publié plus de 300 volumes, sans compter un très grand nombre de brochures qu'il appelait *Dissertations*. En dépit de cette extraordinaire production, il n'obtint pas tout le succès qu'il en espérait et il termina les dernières années de sa vie dans une extrême pauvreté. Le plus grand nombre de ses ouvrages tomba dans l'oubli. On se limitera à ne citer que quelques-unes de ses publications consacrées aux plantes médicinales, à leurs propriétés et à leur emploi. La plupart furent plusieurs fois réédités, souvent sous des formats différents, généralement revus, corrigés et parfois abondamment complétés. Parmi les plus connus, on relèvera les titres suivants : *Médecine rurale et pratique... ou Pharmacopée végétale et régime de santé indigène* (Paris, 1768) ; *Dictionnaire des plantes, arbres et arbustes de la France contenant une description raisonnée de tous les végétaux du Royaume, considérés relativement à l'Agriculture, au Jardinage, aux Arts et à la Médecine des Hommes et des Animaux* (Paris, 1770) ; *Manuel médical et usuel des plantes, tant exotiques qu'indigènes* (Paris 1769 - 1770) ; *Médecine végétale tirée uniquement des plantes usuelles, appliquées aux différentes maladies qui règnent dans les campagnes* (Yverdon, 1770) ; *Manuel de médecine pratique royale et bourgeoise ou Pharmacopée tirée des trois règnes appliquée aux maladies des habitants des villes* (Paris, 1771) ; - *Histoire naturelle des végétaux considérée relativement aux différents usages qu'on peut en tirer pour la médecine et l'économie domestique, ouvrage utile à tous les seigneurs de la campagne, curés, pères de famille et cultivateurs* (Paris, 1772) ; *Histoire universelle du règne végétal ou Nouveau dictionnaire physique, naturel et économique de toutes les plantes qui croissent sur la surface du globe* (Paris 1775) ; *Manuel vétérinaire des plantes* (Paris, 1799).

A ces ouvrages, il faut ajouter une série de *Planches gravées d'après nature et tirées des meilleurs ouvrages de Botanique pour servir d'intelligence à l'Histoire universelle et raisonnée des végétaux connus sous les différents aspects possibles*, dont la publication débuta en octobre 1771, avec l'annonce d'une parution par fascicules de dix planches tous les 15 jours. Ce sont essentiellement les œuvres des peintres naturalistes Nicolas Robert et Claude Aubriet qui sont reproduites dans cette série qui devait comprendre 1200 reproductions.

contribua à la fondation du Jardin des Plantes. Parmi ses très nombreuses publications, dont certaines ne sont d'ailleurs que des brochures qu'il appelait souvent *Dissertations*, on compte plusieurs ouvrages consacrés aux plantes médicinales et à la médecine charitable. On se limitera à ne citer ici que sa *Médecine rurale et pratique... ou Pharmacopée végétale et régime de santé indigène, ouvrage également utile aux Seigneurs des campagnes, aux Curés et aux cultivateurs tirée uniquement des plantes usuelles de la France, appliquées aux différentes Maladies qui règnent dans les Campagnes,* (Paris, Lacombe, 1768). Buchoz l'a dédié à une Dame charitable dont il tait le nom. Il fut réédité sous le titre *Médecine végétale tirée uniquement des plantes usuelles, appliquée aux différentes maladies qui règnent dans les campagnes* (Yverdon, 1770). Cet ouvrage ne connut qu'une diffusion modeste. Il est pourtant loin d'être sans intérêt, car il y exprime ce que l'on pourrait appeler la "profession de foi" de nombreux médecins charitables, bien qu'il n'emploie pas cette expression qui sera fréquemment utilisée par d'autres.

Dans sa Préface, Buchoz explique que :

> "Le bien de l'humanité est le motif qui nous a engagé à publier cet Ouvrage ; ce n'est pas pour les habitants des villes, qui ont toutes les ressources nécessaires dans leurs maladies, c'est pour les pauvres gens de la campagne qui périssent la plûpart faute de secours que nous travaillons ; ces malheureux ont autour d'eux tous les remèdes qui peuvent guérir leurs maux, sans avoir le bonheur de les connoître ; les végétaux leur fournissent à chaque instant ce qui est nécessaire à leur vie ; les médicaments qu'on en tire sont même plus analogues à leurs tempéraments et à leurs climats ; pourquoi aller chercher à grands frais chez l'étranger des remèdes inférieurs en vertus, tandis que nous foulons aux pieds ceux que la nature toujours bienfaisante et même prodigue, si l'on peut se servir de ce terme, nous offre presque à chaque pas."

Reprochant à Tissot d'avoir recours à une petite pharmacie qu'on est obligé de se procurer en campagne et qui ne laisse pas d'être dispendieuse pour de pauvres habitants, il déclare :

> "Nous annonçons dans cette Médecine rurale, les propriétés des plantes et nous faisons voir que les pharmacies peuvent devenir inutiles pour les campagnes, puisqu'on y trouve dans toutes saisons, soit parmi les racines, soit parmi les feuilles et fleurs, des médicamens simples que la nature a mis partout à la portée des plus pauvres habitants, pourvu qu'on sache l'endroit où croissent les plantes et qu'on les connoisse, il est facile de se les procurer...."

Après avoir indiqué qu'il s'était refusé à toute "phrase botanique" et à tout emploi de mots latins pour nommer les plantes, il note qu'il s'en est tenu à les désigner par des noms français et précise qu'il a destiné son livre aux Curés et principaux habitants des villages : "Souvent par l'éloignement des villes et la misère des malades, ils sont engagés à faire eux-mêmes l'office de médecins. La nature a besoin quelquefois d'être aidée ; par le moyen de remèdes simples que nous indiquons, ils pourront y parvenir."

Il annonce que son livre est divisé en trois parties : La 1ère partie réunit des formules ou recettes de médicaments composés avec des plantes." Les formules en Médecine, écrit-il, ne sont autre chose que l'art d'ordonner et de doser les remèdes conformément aux maladies auxquelles ils conviennent", la 2ème partie qui contient 292 notices, assez courtes, traite des principales vertus de chaque plante et est accompagnée de renvois aux formules où elles sont utilisées dans la 1ère partie, la 3ème partie comprend les définitions symptomatiques des maladies qui règnent dans les campagnes avec la méthode à suivre pour les guérir.

Il précise que son ouvrage offre le résultat de différentes observations qu'il a faites dans les hôpitaux où il a traité un grand nombre de malades ; les remèdes qu'il mentionne dans son livre sont ceux qu'il a employés avec succès pour soulager les pauvres malheureux de Nancy qui ont eu recours à lui et qu'il a guéris. Les végétaux du pays y occupent la plus grande place. Il ajoute qu'il a aussi tenu compte de l'expérience qu'il a acquise au cours de ses différents voyages dans toute la France.

Si Buchoz ne se considère pas expressément comme un "médecin charitable", il en est d'autres qui poursuivent le même but que lui, c'est-à-dire de soigner efficacement les plus pauvres de leurs concitoyens avec des remèdes peu coûteux et faciles à se procurer, n'hésitent pas à utiliser l'adjectif "charitable" dans le titre même de leurs ouvrages.

Parmi les plus connus, on retiendra les suivants :

### – Philibert Guybert (vers 1575-1633)[9]

Il est l'auteur d'un petit livre de 47 pages intitulé *Le Médecin charitable*, paru à Paris en 1623, maintes fois réédité et largement complété par la suite, dans lequel il invite ses lecteurs à préparer eux-mêmes les médicaments qui leur seront nécessaires pour leur propre usage, au lieu de se les procurer chez les apothicaires et il met en avant le gain financier appréciable qu'ils pourront ainsi en tirer. Les préparations qu'il propose à ses lecteurs sont faciles à réaliser et ne demande qu'un petit nombre d'ingrédients, principalement des plantes, qu'on pourra aisément se procurer chez les

[9] **Philippe Guybert** est né à Paris, probablement en 1575 ; il est fils d'un avocat au Parlement de Paris. Au terme de ses études à la Faculté de Médecine, il est reçu bachelier vers 1607, Docteur en Médecine en 1611. Docteur-Régent, il est nommé professeur de Pharmacie en 1626. Il est l'auteur d'un ouvrage intitulé *Le Médecin charitable*, paru à Paris en 1623, dans lequel il invite ses lecteurs à préparer eux-mêmes les médicaments qui leur seront nécessaires pour leur propre usage, au lieu de se les procurer chez les apothicaires.
Cet ouvrage paraît d'ailleurs à un moment où un vif conflit oppose la Faculté de Médecine de Paris aux Apothicaires de la capitale, à la suite d'un différend sur la composition du jury de l'examen d'obtention du diplôme de Maitre Apothicaire.
L'ensemble des ouvrages de Guybert fut publié sous le titre *Les Œuvres charitables de Guybert* qui rassemble la plupart de ses écrits, parmi lesquels on citera *Du choix et élection des principaux simples médicaments qui sont tous les jours en usage* où il traite des vertus d'une trentaine de végétaux. Sous ce titre parurent des éditions plagiées et aussi des éditions simplifiées, dont le nombre de pages, et par conséquent celui des recettes de préparations, étaient considérablement réduits.

épiciers droguistes et les herboristes. Dans son Avis au Lecteur, Guybert conseille à celui-ci

> "d'acheter les médicamens chez les espissiers et droguistes, estant choisis par le Médecin. Et les racines, herbes, semences, fleurs, etc., chez les herboristes, au poteau des Halles, à la place Maubert, ou autre lieu, le tout à fort bon marché, de sorte qu'en préparant les-dits remèdes chez vous, cognoistrez la grande espargne de bourse que ferez, et leur opération tres bonne et tres asseuree, comme plusieurs communautez de Religieux, Religieuses de bonnes et nobles familles, et aussi les pauvres gens le sçavent bien dire et témoigner au grand soulagement de leurs maladies et grande espargne des frais excessifs qu'ils faisoient auparavant que leurs médecins ordinaires leur eussent enseigné la manière de faire lesssdits remèdes chez eux, lesquels leur coustent peu de chose."

En dépit de son titre, il n'évoque nullement dans son ouvrage qu'il a destiné celui-ci aux personnes charitables qui désireraient préparer des remèdes pour les distribuer aux malades pauvres. Il est vrai que cet ouvrage est principalement dirigé contre les apothicaires, leur privilège, leur appât du gain et les prix jugés abusifs auxquels ils vendent les médicaments. Guybert publie en 1625 un ouvrage intitulé *Le prix et la valeur des médicaments* qui fait en quelque sorte suite au précédent dans la mesure où il y poursuit implicitement son dénigrement des apothicaires. Il y donne une liste d'environ 200 médicaments simples, en majorité des plantes, mais sans en indiquer les propriétés, et d'environ 200 médicaments composés, avec leurs prix de vente à Paris. Cet inventaire est destiné à ceux qui voudraient se constituer une petite apothicairerie personnelle au moindre coût. Le *Médecin charitable* ne donnait aucune recette de remèdes composés, laissant donc les lecteurs en partie sous la dépendance des apothicaires. Cette lacune est comblée en 1625 avec la publication de *L'Apothicaire charitable,* où sont décrits environ 150 remèdes composés, tels que des sirops, des conserves, des électuaires, des trochisques, des pilules, des onguents, des emplâtres, mais aucun remède chimique, la Faculté de Médecine de Paris y étant fermement opposée, à la différence de celle de Montpellier qui était toute acquise à la médecine spagirique. Il espère que son ouvrage sera grandement profitable à tous, "notamment aux Communautés des religieux et religieuses, aux grandes familles, aux Seigneurs et Dames des villages, lesquels demeurant sur les lieux, aydent charitablement à leurs pauvres sujets." Mais ce vœu risque de n'être qu'un vœu pieux, car les préparations qui y sont décrites exigent de posséder pour les réaliser tout un ensemble d'ustensiles que ne peuvent raisonnablement posséder que des professionnels. En outre, sa liste des médicaments que l'on doit avoir chez soi avec l'indication de leurs quantités laisse supposer que l'on dispose de moyens financiers loin d'être modestes pour se les procurer.

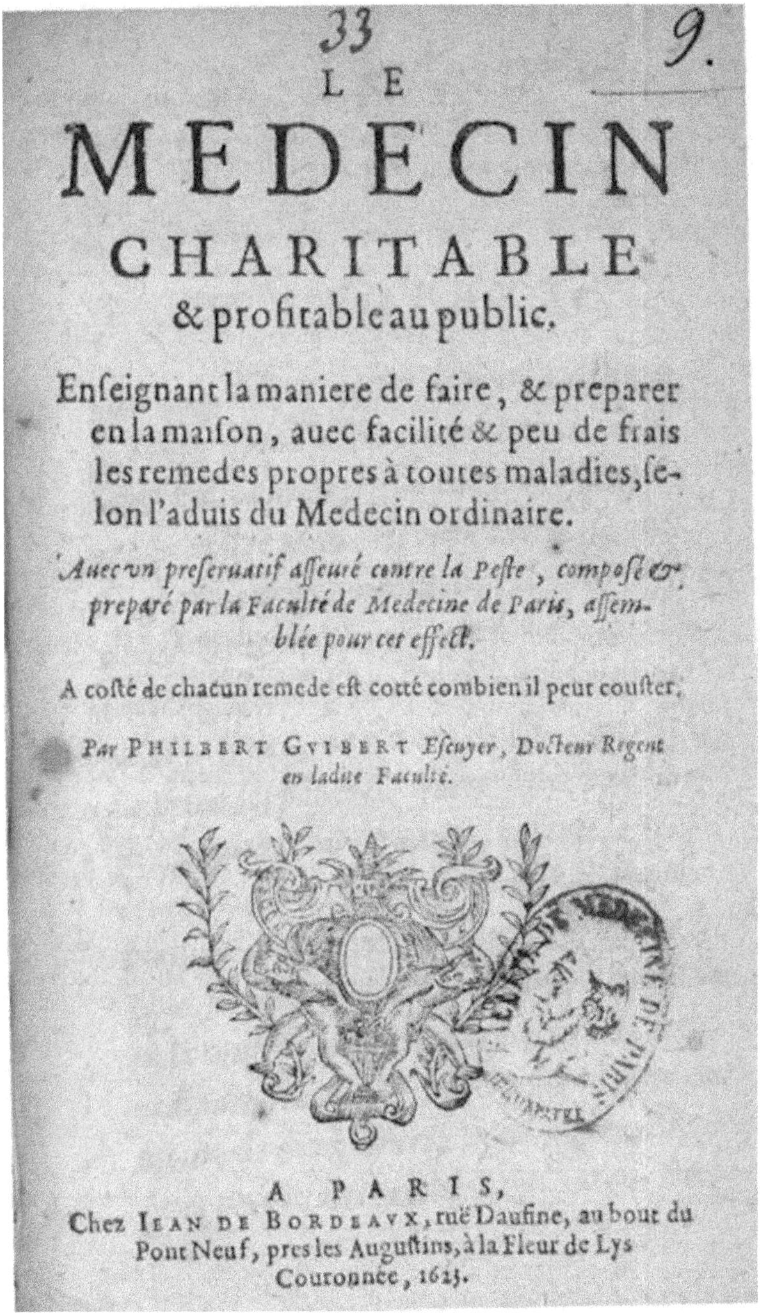

LE

MEDECIN

CHARITABLE

& profitable au public.

Enseignant la maniere de faire, & preparer en la maison, auec facilité & peu de frais les remedes propres à toutes maladies, selon l'aduis du Medecin ordinaire.

*Auec vn preseruatif asseuré contre la Peste, composé & preparé par la Faculté de Medecine de Paris, assemblée pour cet effect.*

A costé de chacun remede est cotté combien il peut couster.

*Par* PHILBERT GVIBERT *Escuyer, Docteur Regent en ladite Faculté.*

A PARIS,
Chez IEAN DE BORDEAVX, ruë Daufine, au bout du Pont Neuf, pres les Augustins, à la Fleur de Lys Couronnée, 1623.

Guybert, Toutes les Œuvres Charitables de Philippe Guybert.

**– Paul Dubé (1612-1698)**[10]

Ce médecin est l'auteur de deux ouvrages "*Le Médecin des pauvres qui enseigne le moyen de guérir les maladies par des remèdes faciles à trouver dans le pays et à préparer à peu de frais par toutes sortes de personnes* et *Le Chirurgien des pauvres qui enseigne le moyen de guérir les Maladies externes par remèdes faciles à trouver et préparer, en faveur de ceux qui sont éloignés des Villes"*. A de nombreuses occasions, il y évoque le message du Christ, exalte les devoirs de la Charité chrétienne et invite instamment les médecins à les mettre en pratique." Elle veut, écrit-il, que nous portions à ces pauvres malades le cœur, l'esprit et la main ; le cœur pour les aimer, l'esprit pour les consoler, la main pour les aider et les assister." Profondément croyant, il se montra lui-même guidé par une foi profonde dans l'exercice de la médecine. Toute sa vie fut consacrée à soigner les plus déshérités de la ville de Montargis où il résidait, si bien qu'il fut surnommé *"le père des pauvres"*.

Après avoir décrit brièvement les maladies et les remèdes à prescrire aux pauvres pour chacune d'entre elles, il consacre la plus grande partie de son ouvrage aux maladies en suivant l'ordre habituel de leur présentation "de la tête au talon." Les remèdes qu'il propose pour les traiter sont simples à préparer, font majoritairement appel aux plantes locales, mais aussi parfois également aux remèdes chimiques. Malheureusement, Dubé n'a pas cru devoir établir un inventaire des plantes médicinales qu'il prescrit accompagné de leurs propriétés, se contentant de publier une Table latine et française des Simples compris dans l'ouvrage qui répertorie une centaine de plantes médicinales classées par ordre alphabétique, sans aucun commentaire. Contrairement à ceux de Guybert, son livre ne fait preuve d'aucune animosité à l'égard des apothicaires auxquels il n'hésite pas à conseiller de s'adresser dans les cas difficiles.

Considérant par ailleurs que la plupart des maladies des pauvres proviennent d'une mauvaise alimentation, et de la pénibilité de leurs conditions de travail, il invite "les Curés, les Seigneurs et Dames des lieux et toutes les personnes charitables à leurs fournir les bouillons à la viande et les œufs en un temps où à peine ont-ils de gros pain pour arroser leurs larmes".

---

[10] **Paul Dubé**, né en 1612, à Bléneau, petite ville du Gâtinais, fils d'un marchand tanneur. Il étudia la médecine à Montpellier et y obtint sa licence, puis son Doctorat en 1633. Il s'établit à Montargis, fut médecin des Ursulines de cette ville, mais se consacra également à soulager les maladies des pauvres gens, ce qui lui valut le surnom de "Père des pauvres". Profondément croyant, il jugeait que la médecine ne pouvait se limiter à soigner les maladies du corps, mais qu'elle devait également s'attacher à guérir les âmes, à l'exemple du Christ qui est pour lui, le plus grand des médecins. Fidèle à son idéal, il joua un rôle de premier plan dans la création en 1680 de l'Hôpital de Montargis dont il assura l'administration durant sept ans. Il est mort en 1698. Ses deux ouvrages *Le Médecin des Pauvres* et *Le Chirurgien des Pauvres* furent réédités plusieurs fois, souvent réunis en un seul volume. On remarque dans l'édition de 1693 une Apologie de l'auteur par son fils contre les censures dont il était l'objet. En effet, "il excita la mauvaise humeur de ses confrères qui lui reprochèrent de multiplier les empiriques et les charlatans en mettant la pratique de la médecine à la portée du vulgaire. C'est le même reproche qu'on a fait depuis à Tissot et à Buchan", peut-on lire dans la Biographie universelle ancienne et moderne, (Michaud, éditeur, 1837, vol 63).

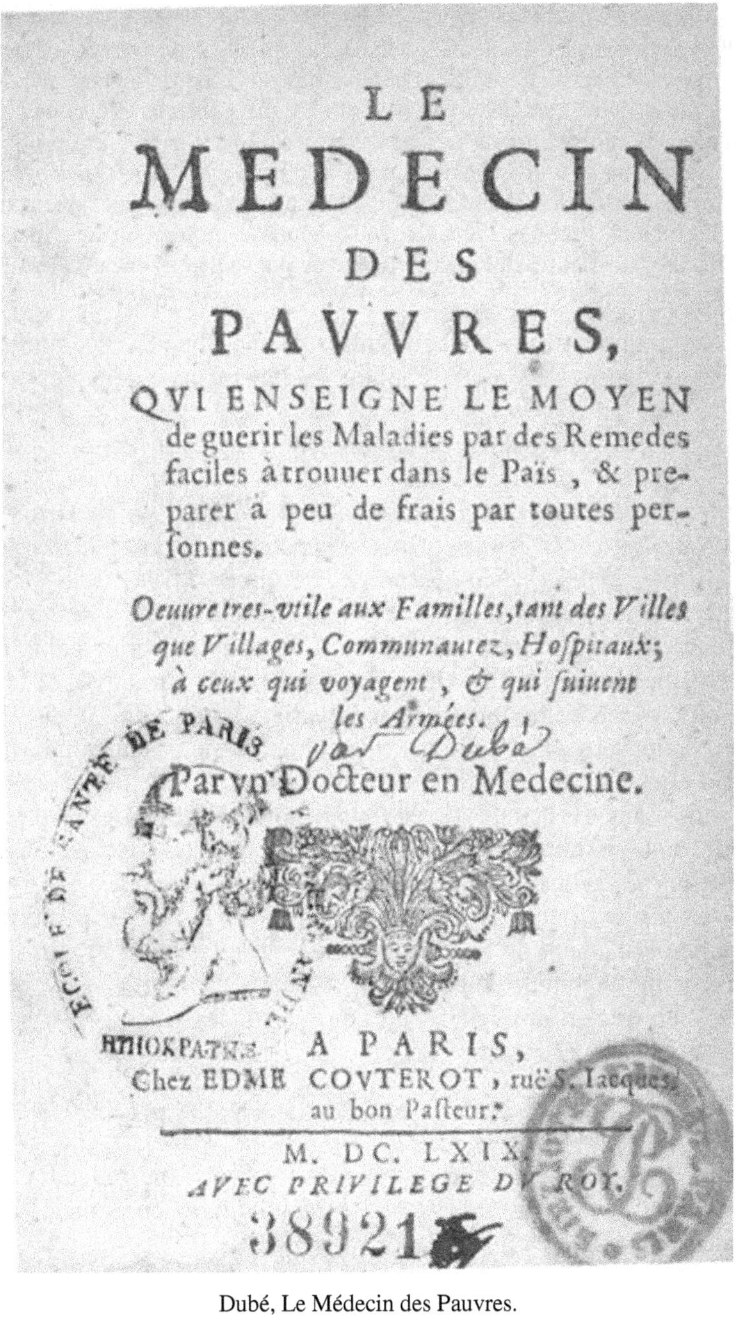
LE
MEDECIN
DES
PAVVRES,
QVI ENSEIGNE LE MOYEN de guerir les Maladies par des Remedes faciles à trouuer dans le Païs, & preparer à peu de frais par toutes personnes.

*Oeuure tres-vtile aux Familles, tant des Villes que Villages, Communautez, Hospitaux; à ceux qui voyagent, & qui suiuent les Armées.*

par Dubé

Par vn Docteur en Medecine.

A PARIS,
Chez EDME COVTEROT, ruë S. Iacques, au bon Pasteur.

M. DC. LXIX.
*AVEC PRIVILEGE DV ROY.*

ECOLE DE SANTÉ DE PARIS
ΙΠΠΟΚΡΑΤΗΣ
38921

Dubé, Le Médecin des Pauvres.

Au début de l'édition de 1774 qui réunit ses deux ouvrages, Dubé s'adresse aux "Dames riches et charitables". Se refusant à exiger d'elles qu'elles préparent elles-mêmes les remèdes qu'il prescrit et se rendent au chevet des malades pauvres pour les soigner, il leur demande de les financer par leurs aumônes, faisant ainsi preuve de leur charité envers ces derniers :

"Je suis persuadé que la Piété et la Charité qui sont les saintes œconomes de vostre famille, sont si ingenieuses qu'elles éloignent le superflu de vos tables, le luxe de vos habits, la vanité de vostre train, le nombre des domestiques inutiles et le tout en faveur des Pauvres, par une si sage conduite que l'épargne d'une juppe, d'une collation ou d'un festin (dont les Dames du siecle sont si prodigues) peut suffire à assister plus d'un an tous les Pauvres malades d'une Province, par les moyens et les remèdes proposés. Ainsi, Mesdames, le retranchement d'une vanité, le sacrifice du superflu sera tout le fonds que je vous demande et fournira aux malades de merveilleuses assistances qui seront comme de merveilleuses embassades que vous envoirez vers Dieu..."

Elles sont donc financièrement mises à contribution, ce qui ne leur interdit évidemment pas de s'impliquer elles-mêmes dans les soins à apporter aux malades.

Dubé crut devoir publier une version simplifiée de son Médecin charitable. Ce sera "*La Médecine abrégée en faveur des pauvres, fondée sur trois pastes purgatives ou vomitives données à propos et sur plusieurs autres remèdes, faciles et à peu de frais, concourans à la guerison ou au soulagement de leurs principales maladies internes, avec une chirurgie, abrégée également propre à guerir ou à soulager leurs maux externes.* Cet abrégé, paru en 1692, s'avère très différent de l'ouvrage principal, puisqu'il repose essentiellement sur la promotion de trois pâtes purgatives différentes, censées efficaces pour traiter une grande variété de maladies, que l'on peut aisément distinguer par leur couleur, mais il ne donne pas la composition de chacune d'elles. La première de ces pâtes est blanche, elle purge doucement les humeurs, sans exciter le vomissement, La seconde qui est jaune purge plus fortement les humeurs que la Pâte blanche, car "elle ne purge pas seulement par les selles, mais elle est aussi un peu vomitive". La troisième Pâte qui est noire, "purge avec assez de force par le haut et par le bas les humeurs non seulement de l'estomac et de tout le ventre inférieur, mais du cerveau & toute l'habitude du corps."

Dubé s'en remet aux curés et aux personnes charitables pour les distribuer et les donner gratuitement aux malades pauvres.

### – Philippe Hecquet (1661-1737)[11]

Auteur de nombreux ouvrages, parmi lesquels on retiendra ici *La Médecine, la Chirurgie et la Pharmacie des pauvres* en 3 ou 4 volumes selon la date d'édition.

---

[11] **Philippe Hecquet** est né à Abbeville en 1661, mort à Paris en 1737 ; il est le fils d'un marchand cordier ; après avoir suivi ses études de médecine à Abbeville, puis à Paris ; il est reçu docteur à Reims en 1684 ; il exerce alors à Abbeville. Appelé à l'Hermitage de Port Royal des Champs, il y soigne les religieuses, les malades sur place et à l'extérieur entre 1688 et 1693. Revenu à Paris, il est nommé Docteur Régent de la Faculté de Médecine, et y donne des cours de médecine. Il devient médecin du prince et de la princesse de Condé (1709 – 1723), et aussi des carmélites du faubourg Saint Jacques, chez lesquelles il se retire et passe les dix dernières années de sa vie. Il est l'auteur de nombreux ouvrages dont les plus connus restent *La Médecine, la Chirurgie et la Pharmacie des Pauvres.*

Une réédition de cet ouvrage parue en 1839, revue et complétée par un auteur anonyme précise que celui-ci est "à l'usage des Curés de campagne, des Sœurs et des Dames de charité, des Sœurs hospitalières et de toutes les personnes bienfaisantes "

Après avoir exposé au début de sa *Médecine des Pauvres*, quelles sont les causes des maladies, Hecquet consacre un chapitre au bon usage des médicaments. Il s'y élève contre les médecins qui prescrivent trop de médicaments et des médicaments trop puissants. Il prône donc la *paucité* des remèdes, mais il juge que lorsque ceux-ci sont absolument nécessaires, il n'en faut point donner de violents, "parce que le trop de vertus médicamenteuses tient du poison plus que du remède."

> "Ordinairement, écrit-il, il faudroit peu de remèdes, parce que l'effort de la nature fait seul la meilleure partie de l'ouvrage d'un sage Praticien ; il ne craint pas même de s'y reposer, persuadé qu'un Médecin intérieur et domestique, né avec le corps qu'il traite, fait par ce méchanisme et sourdement dans le sang et les viscères, tout ce qu'il a dessein de faire. C'est la doctrine d'Hippocrate, qu'il y a dans le corps une nature qui opère les guérisons (*Natura morborum medicatrix*) *;* et l'observation journalière, sans plus de connoissance ou de Physique, démontre souvent que cette nature guérit avec le tems seul et la patience, des maux que la Médecine la plus éclairée jugeoit incurables."

> "Il est donc du devoir d'un sage Médecin d'être très-ménager dans l'usage des forts médicaments. On a appelé autrefois la Médecine la Science de peu de remèdes, (*Paucarum herbarum scientia*), parce qu'avec peu de plantes maniées suivant les règles de la sagesse, elle faisoit des cures surprenantes. Ce n'étoit pourtant que des choses qui étoient bien plus médicamenteuses que médicamens, parce qu'ordinairement elles étaient prises dans les alimens..." (Tome 1, p 23 à 26)

Dans son Tome 2, Hecquet consacre plusieurs chapitres aux maladies qui lui paraissent plus particulièrement contractées par ceux qui exercent certains métiers. Il en recense plus d'une trentaine et il les attribue "au peu d'attention que ces derniers apportent soit dans les aliments dont ils se nourrissent, soit dans certaines précautions qui pourraient les garantir de mille accidents". Après avoir analysé les causes de chacune de ces "maladies professionnelles", Hecquet donne des conseils pour les prévenir. Médecin des pauvres, il se montre ici de surcroît un précurseur des Médecins du Travail. Il termine son ouvrage par les maladies des femmes, celles des enfants et celles des vieillards dont il explique les causes et auxquelles il propose d'apporter des remèdes simples.

Quant au Tome 3, il est plus particulièrement consacré à la Chirurgie et à la Pharmacie des Pauvres. Il comprend en outre "une vie de M. Hecquet" ainsi qu'une "Table générale des matières" contenues dans les trois volumes, avec une "Explication des termes de médecine". Les principales plantes citées y sont répertoriées.

Hecquet déclare en introduction de la quatrième partie de son ouvrage consacré à la Pharmacie des Pauvres qu'il s'agit d'un "recueil de remèdes simples, aisés à trouver, faciles à préparer, à la portée des pauvres ou de leurs facultés." Il s'est refusé à y faire figurer de "ces compositions rares, travaillés à grands frais et avec appareil."

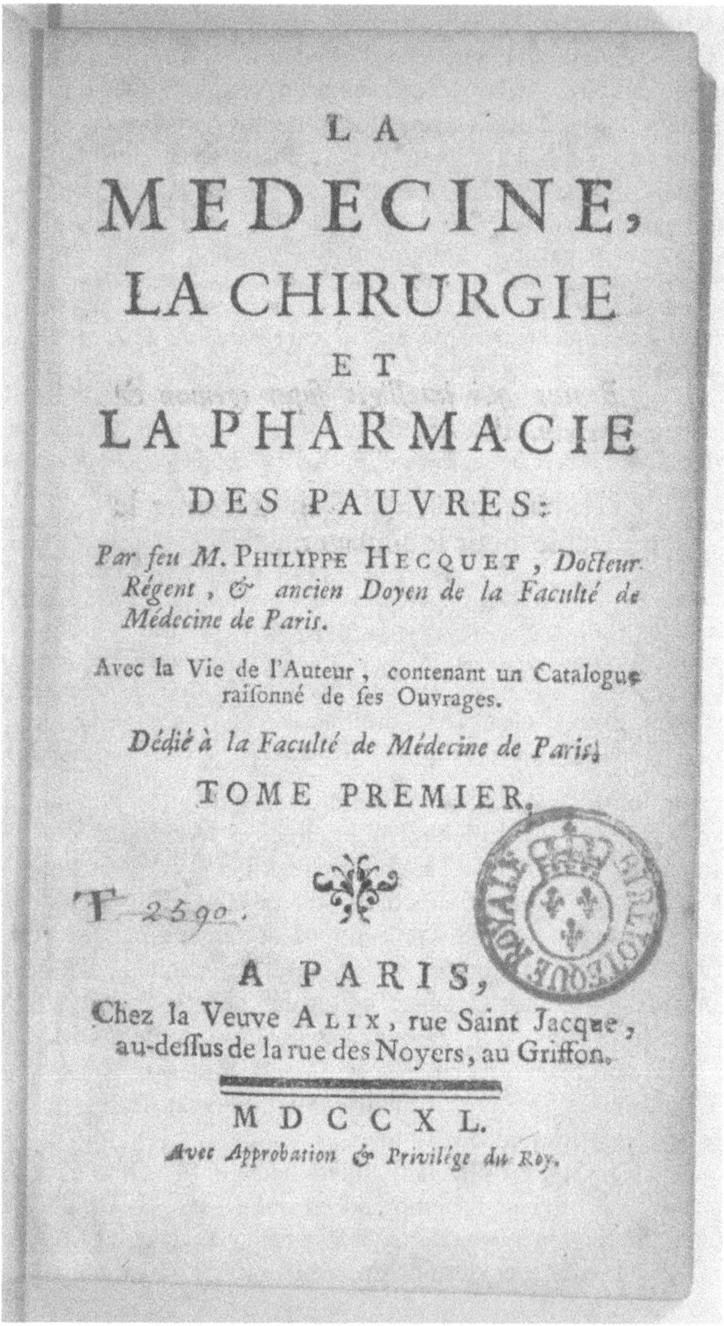

LA

MEDECINE,

LA CHIRURGIE

ET

LA PHARMACIE

DES PAUVRES:

*Par feu M.* PHILIPPE HECQUET, *Docteur-Régent, & ancien Doyen de la Faculté de Médecine de Paris.*

Avec la Vie de l'Auteur, contenant un Catalogue raisonné de ses Ouvrages.

*Dédié à la Faculté de Médecine de Paris.*

TOME PREMIER.

T 2590.

BIBLIOTHEQUE ROYALE

A PARIS,

Chez la Veuve ALIX, rue Saint Jacque, au-dessus de la rue des Noyers, au Griffon.

MDCCXL.

*Avec Approbation & Privilége du Roy.*

Source gallica.bnf.fr / Bibliothèque nationale de France

Hecquet, La Médecine, la Chirurgie et la Pharmacie des Pauvres.

Après avoir affirmé qu'il est préférable de préserver la santé avant de guérir les maladies, il remarque que Le Créateur a donné les plantes qui guérissent dans chaque pays afin que les habitants les utilisent pour se soigner et, ce faisant, Il n'a fait aucune distinction entre les riches et les pauvres, car les uns et les autres sont également les créatures du Tout-Puissant. Les plantes médicinales sont donc des remèdes universels.

"C'est pour toutes ces raisons, écrit-il, que je me suis dispensé de donner ici de ces compositions aussi longues que le nombre des ingrédients qui y entrent, qu'incertaines dans leurs vertus. Cette multiplicité de *plantes, de feuilles, de racines, de semences, de fleurs et de fruits* ; les minéraux encore simples ou préparés dont ces compositions sont chargées, sont suivant la pensée du grand médecin déjà cité (Fréderic Hoffman), autant de titres d'ignorance ou d'incertitude sur les facultés de tant d'ingrédiens ramassés et confus.

Ne pourroit-on pas dire que toutes ces recherches extraordinaires ont été la cause du peu de connoissance que l'on a acquis en Médecine sur les véritables vertus des plantes, parce que cette *panspermie* de drogues accumulées dont l'on a confondu la vertu des compositions, a fait que l'on est resté à sçavoir à laquelle de ces drogues l'on était redevable du succès qu'elles avoient eu ; le doute subsistant, s'il falloit en savoir gré aux racines ou aux feuilles, aux fleurs, aux semences ou aux fruits des plantes qui y sont employées. C'est pourquoi on ne donne ici que des *Formules* très simples pour le nombre des plantes qu'on choisit et pour la qualité des autres ingrédiens, afin de conserver en gros aux plantes principales et usuelles, la réputation qu'elles se sont faites avec sujet (= succès) dans la pratique de la Médecine. Cependant, comme il est plusieurs plantes dont les vertus paroissent, sinon spécifiques, du moins singulières pour la cure de certaines maladies, ou en particulier pour remédier à quelques-uns de leurs symptomes les plus graves et les plus importans, l'on ne fait ici mention que de la partie de la plante qui passe parmi les grands Praticiens pour procurer ces bons effets." (Tome 3, 1740, p 137 à 138)

Et d'ajouter dans un autre passage (p 279 à 280) :

"Si l'on veut penser sérieusement, peut-on approuver la manière de faire cuire, bouillir, griller, brûler et comme calciner des plantes pour en faire des emplâtres, des onguents ou des baumes ? 1° On détruit les rapports que le Créateur a mis entre le tissu des plantes et le tissu de la peau, parce que le feu change et ruine le tissu des plantes ; 2° Dans ce mêlange de plusieurs plantes, de gommes, de minéraux, de racines, de feuilles, de fleurs, de fruits et le tout confondu avec des graisses, des esprits volatils, des baumes (souvent artificiels eux-mêmes), les vertus propres des mixtes, ne sont-elles point infiniment altérées, pour ne rien dire de plus, dans de tels assortiments mis et unis pêle -mêle par le moyen des graisses et des huiles? Ce sont tous ces inconvénients qui ne se trouvent point dans la Pharmacie naturelle-Chirurgicale dont il s'agit ici. De plus, que de tems, de feu et de bois et de peine en coute-t-il pour la préparation des onguents, ou pour la cuisson des emplâtres, dans celles-ci surtout où les plus habiles artistes trouvent tant de difficultés.

Au contraire une expression de sucs de plantes, un broyment de leurs racines ou de leurs feuilles pour leur donner de la consistance et en développer la vertu, non en l'exaltant, mais en les délayant et en les mettant au large, avant que de les appliquer sur la peau : tout cela est un travail très facile, qui est à la portée de tout le monde. Les *Sœurs de la Charité*, par exemple, épargneront par ce moyen bien des dépenses considerables que l'on fait pour des remèdes composés et recherchés, parce qu'elles trouveront dans la Pharmacie naturelle tout ce qui est nécessaire en fait de remèdes."

Hecquet reconnaît qu'il a néanmoins intégré dans sa Pharmacie quelques compositions anciennes comme la thériaque, le mithridat et le philonium, particulièrement réputées pour leur efficacité thérapeutique, ainsi que "quelques confections qui contiennent des choses précieuses comme celles d'*hiacinthe* et d'*alchermes*, car on leur donne un si grand poids dans le public qu'il faudrait se brouiller avec lui, si on voulait absolument lui retrancher ces secours auxquels il s'est accoutumé".

S'il considère qu'une bonne alimentation ainsi que la diète sont les meilleurs des remèdes, il reconnaît qu'un régime diététique est insuffisant pour traiter les maladies graves, opiniâtres et douloureuses. Il juge en outre que vis-à-vis des pauvres, on ne saurait se limiter à prescrire des aliments comme médicaments. En agissant ainsi, écrit-il, "les pauvres auraient pu penser qu'on leur refuse de vrais secours et les personnes qui les secourent dans leurs maladies auraient pu croire qu'il manque quelque chose à leur charité quand ils n'ont pas quelque remèdes à leur offrir ou à leur fournir." Il s'est donc cru obligé de donner une liste de formules simples de remèdes surtout des plantes et des graines d'où est exclue "toute drogue rare et précieuse qui engagerait une dépense inutile par la raison que l'on peut y substituer des choses plus communes et aussi profitables". Il les présente sous différentes formes (poudre, potion, pilule, opiate...) "afin que 'on ne puisse douter que l'on n'a rien négligé, non seulement pour les besoins, mais encore pour la consolation des Pauvres et la satisfaction de ceux qui leur font cette sorte de charité".

> "Le soin que l'on a eu de *simplifier* les ordonnances autant qu'il a été possible, ajoute-t-il, mettra les *Sœurs de la Charité* et autres personnes charitables qui se chargent de pareils détails, d'exécuter elles-mêmes la plupart des formules." (p 143)

S'il reconnaît qu'il y a des cas où il est nécessaire de prendre l'avis d'un Médecin, d'autant que l'inobservation des doses qu'il prescrit peut avoir de graves conséquences, il juge que ses formules faciliteront l'intervention de celui-ci, qui

> "n'aura qu'à marquer le nom de la formule qu'il jugera à propos, avec la dose, et la manière, le tems et l'occasion de placer ces remèdes. Autre avantage, ajoute-t-il, c'est qu'en conséquence, les personnes chargées du soin des pauvres malades pourront conduire l'administration des remèdes. Mais ceci ne sera guère que pour des cas extraordinaires ; car l'habitude de ces personnes parmi les malades les mettra à portée de conduire bien des remèdes." (p 142)

## – Louis Daniel Arnault de Nobleville (1701-1778)[12]

Esprit curieux, il s'intéressa de bonne heure à la chimie et à la botanique, et plus tard à la Médecine, mais n'obtint son diplôme de Docteur en Médecine qu'à la quarantaine, à Reims, avant de s'établir à Orléans, sa ville natale. Profondément croyant, il se consacra tout particulièrement à soigner les pauvres malades." Que mes confrères, disait-il selon l'auteur de son *Éloge*, se chargent des personnes opulentes, je me dévoue entièrement à celles qui sont dans l'indigence et l'on ne me disputera pas cette part que je me suis faite." C'est ainsi qu'il acheta dans Orléans une maison destinée à tenir les Assemblées du Collège des médecins de la ville et à y donner des consultations hebdomadaires gratuites aux malades pauvres. Il en fit don en 1751 au Collège des médecins à condition qu'on continuerait à perpétuité ces consultations gratuites, et en stipulant qu'au cas où celles-ci seraient abandonnées, la maison reviendrait de plein droit à l'Hôpital général de la

[12] **Louis Daniel Arnault de Nobleville** est né à Orléans en 1701, mort à Orléans en 1778. Après des études classiques, son père qui le destinait au commerce, l'envoya en stage chez un ami à Nantes où il séjourna deux ans. De retour à Orléans, il seconda son père dans la gestion de la raffinerie de sucre que celui-ci avait créée, tout en consacrant une partie de son temps à l'étude des mathématiques. Il quitta Orléans pour gagner Paris afin d'y compléter ses connaissances scientifiques. Il y suivit en 1732 au Jardin du Roi les cours de Chimie de Louis Lémery, le fils de Nicolas et il s'y initia à la botanique en suivant les leçons d'Antoine et de Bernard de Jussieu, puis à la médecine en assistant assidument aux leçons de médecins célèbres, en particulier Astruc et Ferrein. Il s'attacha durant les onze années de son séjour à Paris à compléter ses connaissances médicales "dans les amphithéâtres, les bibliothèques et les hôpitaux auprès du lit des malades", notamment à l'Hôtel Dieu et à l'Hôpital de la Charité. De retour à Orléans, sa famille et ses amis l'incitèrent à achever ses études par le diplôme de docteur en médecine, ce qu'il obtint de la Faculté de médecine à Reims, en 1743, alors qu'il était âgé de 42 ans, un âge avancé pour obtenir ce diplôme. En 1744 il est agrégé au Collège de Médecine d'Orléans, y exerce la médecine et l'année suivante l'Intendant le pria d'accepter la place de médecin de sa Généralité et de se charger ainsi de prévenir et de combattre les épidémies. Il s'y signala surtout comme le "médecin des pauvres", soucieux, sans aucun doute, de mettre en application la citation de l'Ecclésiaste (ou Siracide 4, 4), en latin et en français : "Ne rejetez point la prière de l'Affligé et ne détournez point votre visage du Pauvre", qu'il a fait figurer au dos de la page de Titre de la 5 ème édition du *Manuel des Dames de Charité* (1765). Son biographe, Beauvais de Préau, Syndic du Collège de Médecine d'Orléans lui rend ainsi hommage dans un Mémoire pour servir à son Éloge : "Naturellement laborieux, écrit-il, il quittoit rarement son cabinet, et à l'exception des pauvres de sa paroisse qu'il visitoit avec assiduité dans leurs infirmités, il n'alloit point en ville pour des malades, si ce n'est pour quelques amis particuliers. Sa maison était cependant ouverte à tout le monde et on venoit le consulter de toutes parts.il partageoit les moments que la confiance publique lui laissoit libres entre la prière et le travail. Sa piété étoit exemplaire et sa charité sans bornes. Il partageoit tout l'excédent d'une dépense très modérée pour sa personne, en faveur des pauvres. Seulement il s'étoit forgé une bibliothèque assez nombreuse et bien choisie, surtout en livres de son art, mais que depuis longtemps il n'augmentait plus. Son délassement le plus ordinaire était la promenade et la culture de quelques plantes qu'il avoit rassemblées dans un vaste jardin où il pasoait toute la belle saison. Il y joignoit des conversations édifiantes ou instructives avec sa sœur qui vivoit avec lui depuis bien des années et qui partageoit son zèle ardent et sa bienfaisance éclairée pour les pauvres." Le célèbre médecin Vicq d'Azir loue également son dévouement en faveur des pauvres, dans son *Éloge à Arnault de Nobleville*, tout en se montrant toutefois assez sévère dans le bref commentaire qu'il rédigea sur le *Manuel des Dames de Charité* : "Ce Manuel devoit servir de base aux consultations gratuites du Collège de médecine d'Orléans, et l'on peut le regarder comme le fruit du zèle de M. de Nobleville pour le soulagement des pauvres. Ce médecin s'étoit proposé de mettre chaque citoyen en état de leur donner des secours dans leurs maladies ; il espéroit, comme le titre de l'ouvrage l'indique, pouvoir communiquer des lumières suffisantes à ce sexe compatissant, qui, par sa sensibilité et la douceur de son caractère, paroît plutôt destiné à consoler les indigents qu'à les guérir. On ne peut qu'applaudir aux intentions de M de Nobleville et à celle de tous les auteurs qui ont fait des efforts pour mettre ainsi la médecine à la portée de tout le monde ; mais une entreprise de ce genre ne peut avoir de succès. Comment en effet ne voit-on pas que de semblables traités, outre l'inconvénient qu'ils ont de multiplier cette classe d'hommes très dangereuse, surtout en médecine, qui se croient savans sans étude, ne renferment que la moindre partie de ce qu'ils devraient contenir pour remplir leur but ? Quel avantage peut-on tirer de l'exposition des médicaments lorsque l'on ignore les circonstances dans lesquelles on doit les prescrire. Sans cette connoissance, la première est non seulement inutile ; elle est encore d'autant plus dangereuse qu'elle donne moins de ressources aux citoyens honnêtes pour bien mériter des hommes qu'elle n'en fournit aux ignorans pour les tromper." (Œuvres de Vicq d'Azir recueillies et publiées par J. L. Moreau, 1805, Tome second, p 175)

ville. Il fut nommé administrateur de l'Hôtel-Dieu d'Orléans et devient correspondant de la Société royale de Médecine peu après sa fondation.

Lié d'amitié avec son confrère orléanais François Salerne (1705-1760), correspondant de l'Académie des Sciences, il entreprit avec celui-ci de donner une *Suite au Traité de Matière médicale* du médecin Etienne François Geoffroy (1672-1731) (cf. Annexe 2)

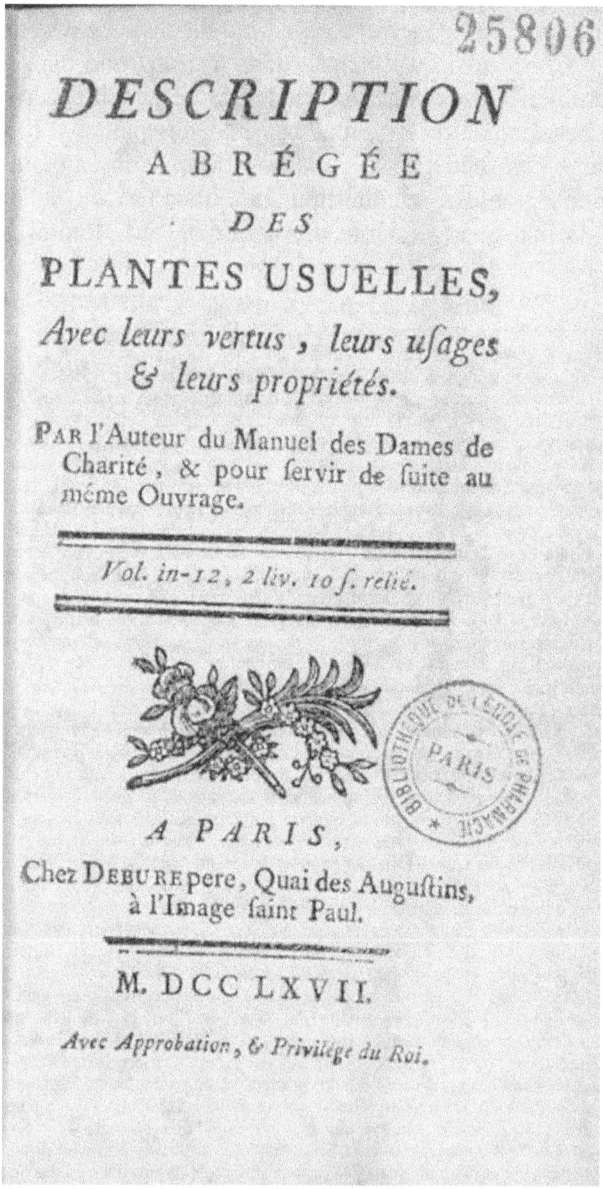

25806

DESCRIPTION
ABRÉGÉE
DES
PLANTES USUELLES,
*Avec leurs vertus, leurs uſages & leurs propriétés.*

PAR l'Auteur du Manuel des Dames de Charité, & pour ſervir de ſuite au même Ouvrage.

*Vol. in-12, 2 liv. 10 ſ. relié.*

A PARIS,
Chez DEBURE pere, Quai des Auguſtins, à l'Image ſaint Paul.

M. DCC LXVII.

*Avec Approbation, & Privilége du Roi.*

BIBLIOTHÈQUE DE L'ÉCOLE DE PHARMACIE PARIS

Arnault de Nobleville, Description abrégée des Plantes usuelles.

Il est l'auteur du *Manuel des Dames de Charité* ou *Formules de médicaments faciles à préparer, dressées en faveur des personnes charitables qui distribuent les remèdes aux pauvres dans les villes et dans les campagnes, avec des remarques pour faciliter la juste application des remèdes qui y sont contenus* paru en 1746 et réédité de nombreuses fois jusqu'en 1786. Une nouvelle version, largement augmentée fut même éditée en 1816 par médecin Joseph Capuron (1767-1850).

Arnault dédia l'ouvrage à "Mademoiselle Angélique Arnault, ma sœur Dame de Charité" (1711-1780), qui était en effet elle-même une Dame de Charité.

Conscient qu'il était nécessaire d'avoir une bonne connaissance des plantes médicinales pour mettre en pratique les conseils qu'il dispensait dans son Manuel, pour soigner efficacement les pauvres malades, il compléta celui-ci en publiant en 1767 un petit traité de botanique destiné aux personnes désireuses de dispenser leurs soins aux malades pauvres, constituant ainsi à leur usage "une petite bibliothèque de médecine pratique ." Il l'intitula modestement *Description abrégée des plantes usuelles, avec leurs vertus, leurs usages et leurs propriétés.* Une réédition du texte, revu, corrigé et complété parut en 1774.

Jugeant par ailleurs qu'il était également indispensable de donner aux Dames de Charité un minimum de connaissances médicales, et à tout le moins, mettre à leur portée un ouvrage aisément accessible, il invitera les lecteurs de son Manuel, dans les éditions de ce dernier postérieures à 1760, à consulter le *Tableau des maladies ou Description exacte de toutes les maladies qui attaquent le corps humain, avec leurs signes, diagnostics et pronostics*, un ouvrage du médecin Josse van Lommius (vers 1500 - après 1562 ?) qu'Arnault jugeait fort estimé car il contenait "une description exacte des signes diagnostiques et prognostiques des maladies". Une opinion élogieuse qu'il faudrait sans doute nuancer quand on sait qu'il avait lui-même contribué à sa traduction entreprise par un certain Abbé Le Mascrier. Il ira d'ailleurs jusqu'à faire figurer sur la page de titre du livre édité en 1760 "*Ouvrage servant d'introduction au Manuel des Dames de Charité*,

Il jugea également utile de faire éditer en 1769 - peut-être aussi à l'intention implicite des Dames de Charité -, un *Cours de Médecine pratique* rédigé d'après les principes du médecin Antoine Ferrein (1693-1769) dont il avait lui-même suivi l'enseignement lors de son séjour à Paris.

Dans la Préface de son *Manuel*, Arnault note d'abord que plusieurs ouvrages ont déjà été publié avant le sien sur le même sujet, mais, écrit-il,

> "les uns sont pleins de remèdes très composés, difficiles à préparer et fort chers ; ce qui jette dans beaucoup de dépense, embarrasse les personnes charitables, qui par leur état ne sont point Artistes et demandent un tems considérable, que d'autres occupations ne permettent pas quelquefois de donner. D'ailleurs toutes ces Préparations composées et fort cheres, tournent le plus souvent en pure perte, car, pour peu qu'on soit au service des Pauvres, on sait combien il est difficile de les assujettir à prendre aucun remède et qu'ils n'en demandent que pour obtenir

d'autres charités qu'ils n'auraient point sans cela, de sorte qu'ils les laissent perdre lorsqu'ils peuvent le faire sans qu'on s'en aperçoive ou lorsqu'ils n'en reçoivent pas un soulagement assez prompt. On doit donc avoir attention de ne rechercher pour eux que des Remèdes faciles à préparer, faciles à prendre et de peu de dépense. Ces derniers n'en sont pas pour cela moins bons et l'expérience prouve tous les jours que les plus communs produisent souvent les meilleurs effets."

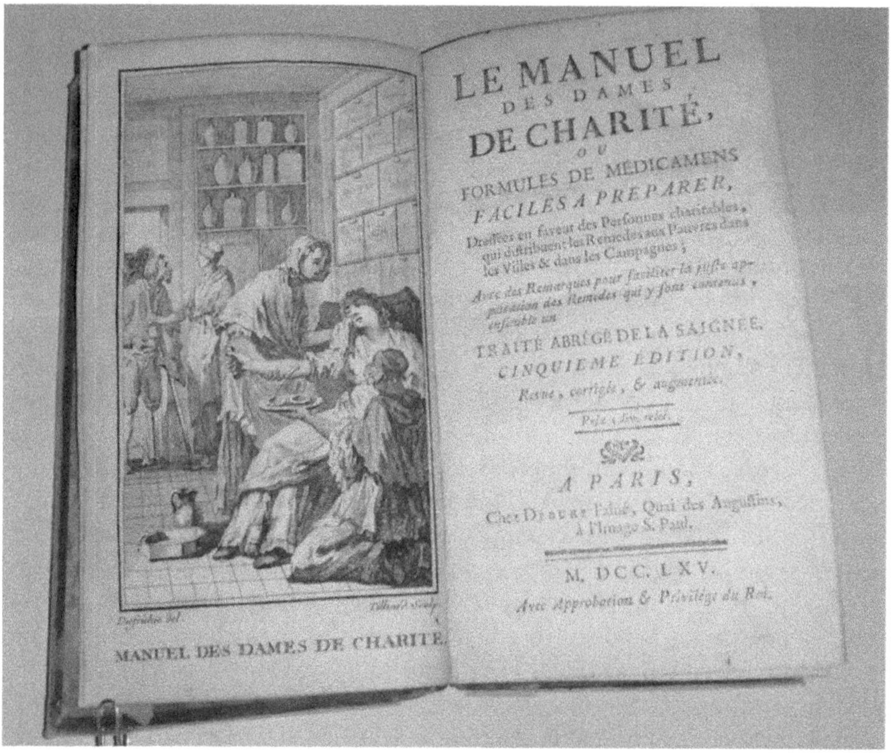


Manuel des Dames de Charité.

Aussi, poursuit-il, tous les remèdes qu'il propose se trouvent aisément "sous la main" ou leur préparation est commune chez les apothicaires. De plus, note-t-il, il les a décrits d'une façon si claire que les personnes les moins versées dans l'Art de la Pharmacie pourront en préparer chez elles la plus grande partie et il s'est en outre attaché à ne donner qu'un seul remède pour chaque maladie, alors que la plupart des auteurs d'ouvrages sur le même sujet en présentent plusieurs "embarrassant si fort pour le choix qu'on ne sait auquel donner la préférence." Il déclare qu'il a toutefois jugé prudent d'ajouter des notes en bas de certaines formules qui pouvaient souffrir des réserves afin que leur usage ne fût jamais suivi d'aucun accident. Il se justifie par ailleurs d'avoir banni de son manuel toute théorie médicale qui aurait supposé que ses lecteurs aient possédé de solides connaissance d'anatomie et de physique, car il faut à ceux-ci "une médecine sensible, exacte et de pure pratique ; leur en proposer davantage, ce serait les embarrasser et leur faire perdre le fruit de ce petit ouvrage".

Il a toutefois jugé utile de compléter celui-ci par un *Traités de la saignée* car, note-t-il, la saignée et la purgation sont les deux principaux remèdes de la médecine et "presque les seuls qu'on puisse employer auprès des Pauvres."

De même, a-t-il jugé opportun de joindre à ses formules de remèdes une *liste alphabétique des médicaments tant simples que composés* qui entrent dans celles-ci, accompagnée du *Tarif du prix des drogues simples étrangères et des médicaments composés* afin "que tout le monde puisse savoir aisément ce que telle ou telle drogue doit coûter, sans qu'on puisse la surfaire, ce qui est d'autant plus nécessaire qu'il s'agit de ménager les charités destinées aux pauvres" .

Arnault de Nobleville termine sa Préface en précisant que :

> "quoique son Ouvrage ne suppose point de Médecins, il ne faut pas s'imaginer qu'on doive se passer de leur avis lorsqu'on peut l'avoir facilement. Ce seroit tenter Dieu, sortir de l'ordre que de ne les point consulter, car c'est ordinairement par leur moyen qu'il opère la guérison des maladies." Seules les personnes ignorantes et orgueilleuses qui par une routine de quelques années de mauvaise Pratique s'imaginent être en droit de décider affirmativement dans les cas même les plus épineux."

Et de conclure ainsi :

> "Ce livre a été fait pour ces âmes simples et charitables qui craignent toujours de mal faire, qui demandent toujours des avis et les suivent volontiers. On est persuadé que le Seigneur, qu'elles ne perdent jamais de vue, les dirigera dans les cas difficiles et qu'elles réussiront dans une œuvre qu'elles n'exercent que par amour pour le Prochain, et dans la vue d'accomplir la Loi, dont la plénitude est la Charité."

Sans doute interrogé par certaines de ses lectrices, s'est-il cru obligé de leur répondre ainsi dans l'*Avertissement* suivant publié dans la 4 ème édition de son Manuel, datée de 1758 :

> "Nous finirons cet Avertissement en répondant à la plainte que quelques personnes nous ont faites, que nos Remèdes étoient trop souvent chargés d'ingrédiens, quoique nous eussions promis de n'en donner que de simples et de faciles à préparer ; nous leur répondrons que ce que nous en avons fait a été pour la commodité du Public. Si nous n'eussions mis que deux Plantes dans les Ptisanes, Apozèmes, Bouillons, etc. où souvent nous en mettons quatre, on n'aurait peut-être pas trouvé facilement ces deux Plantes, ce qui aurait embarrassé pour faire le Remède ; mais en en mettant plusieurs qui ont à peu près la même vertu, on peut ne prendre que celles qu'on trouve aisément sous sa main et le médicament aura toujours le même effet. Il faudra seulement augmenter les doses des Plantes dont on se servira, à proportion de celles qu'on aura retranchées. Il en est de même des Potions et des Juleps dans lesquels entrent des Eaux distillées ; si l'on manque de ces Eaux, on pourra y substituer l'infusion d'une pincée des Plantes qui les composent ; cela reviendra à peu près

au même ; les Malades seraient heureux si les Ordonnances des Médecins n'étaient jamais falsifiées plus dangereusement."

L'édition de 1765 qui comprend deux parties, précédées par une Table alphabétique des Formules, est organisée en suivant un plan généralement adopté par les ouvrages similaires : la première est consacrée aux remèdes internes, la seconde aux remèdes externes.

### 2.2. Les anonymes et ceux qui ne sont pas médecins

Différents ouvrages dont le titre évoque "*Le Médecin des Pauvres*" parurent tout au long des Temps modernes. Si certains furent rédigés par des médecins, d'autres le furent sous le couvert de l'anonymat ou sous la signature d'un auteur qui ne revendiquait aucunement le titre de Docteur en Médecine. Quelques-uns ne contiennent que des prières pour implorer Dieu ou certains Saints afin d'obtenir la guérison des maladies. Ils furent largement diffusés par les colporteurs. D'autres se présentent comme des recueils de remèdes recopiés dans des ouvrages de médecine ou des pharmacopées, voire recueillis auprès de personnes qui les ont utilisés avec succès. Parmi ces ouvrages, nous avons retenus ceux de Dom Nicolas Alexandre, de Madame Fouquet et de Mademoiselle Anne-Marie d'Auvergne.

#### – Dom Nicolas Alexandre (1654-1728)[13]

On ignore à peu près tout de la vie de ce Bénédictin de la Congrégation de Saint-Maur, né à Paris en 1654, mort à Saint Denis en 1728. Il est surtout connu pour être l'auteur de deux manuels, maintes fois réédités jusqu'au XIX^e^ siècle :

– "*La Médecine et la Chirurgie des Pauvres, qui contiennent des remèdes choisis, faciles à préparer & sans dépense pour la plupart des maladies*

---

[13] **Dom Nicola Alexandre** (1654- 1728). Les quelques renseignements dont nous disposons sur sa vie sont publiés dans *l'Histoire littéraire de la Congrégation de Saint Maur, Ordre de Saint Benoit* 1770, p 488 à 492. On y apprend qu'il est né à Paris "de parents distingués dans le monde, qu'il fut élevé dans la piété et les sciences humaines, que sa famille consentit à son entrée dans la Congrégation de Saint Maur et qu'il fit profession âgé de 24 ans dans l'abbaye St Faron de Meaux. On peut y lire son éloge, sans aucun doute largement mérité :
"La dernière place dans le monastère était toute son ambition. Sa modestie étoit alarmée quand on lui parloit d'emplois qui auroit pu l'élever au-dessus de ses confrères. Aussi a-t-il passé toute sa vie dans la simplicité de son état de Religieux particulier et dans la pratique constante de ses devoirs. Pour ne laisser aucun temps de sa vie oisif, il s'occupa à la culture des simples, dont il acquit une connoissance très étendue. Il en fit un saint usage pour le soulagement de ses frères, et surtout des pauvres, qu'il aimoit comme les membres les plus chéris de Jesus-Christ. Ce fut pour leur utilité qu'il étudia la médecine et la pratiqua autant que la sainteté de son état pouvoit le permettre. Il lui survint un mal de jambes, qui lui fit garder une retraite rigoureuse à l'infirmerie pendant six mois. Lorsqu'il se disposoit à reprendre les grands exercices de la Communauté de Saint Denys où il demeuroit, on le trouva mort dans la ruelle de son lit le 10 Avril 1728."
À la fin des commentaires sur ses ouvrages de médecine, l'auteur de la notice qu'il lui a consacrée a noté que "son petit Dictionnaire est d'un grand usage pour les Curés de campagne".

*internes & externes qui attaquent le corps humain"*, paru pour la première fois en 1714 et

– Le "*Dictionnaire Botanique et Pharmaceutique, contenant les principales propriétés des Minéraux, des Végétaux et des Animaux d'usage, avec les préparations de pharmacie internes et externes les plus usitées en Médecine et en Chirurgie, le tout tiré des meilleurs auteurs, surtout des Modernes, ouvrage utile aux jeunes Pharmaciens et Chirurgiens, aux Hôpitaux, aux Communautés et aux Personnes charitables qui pansent les Pauvres*, paru pour la première fois en 1716.

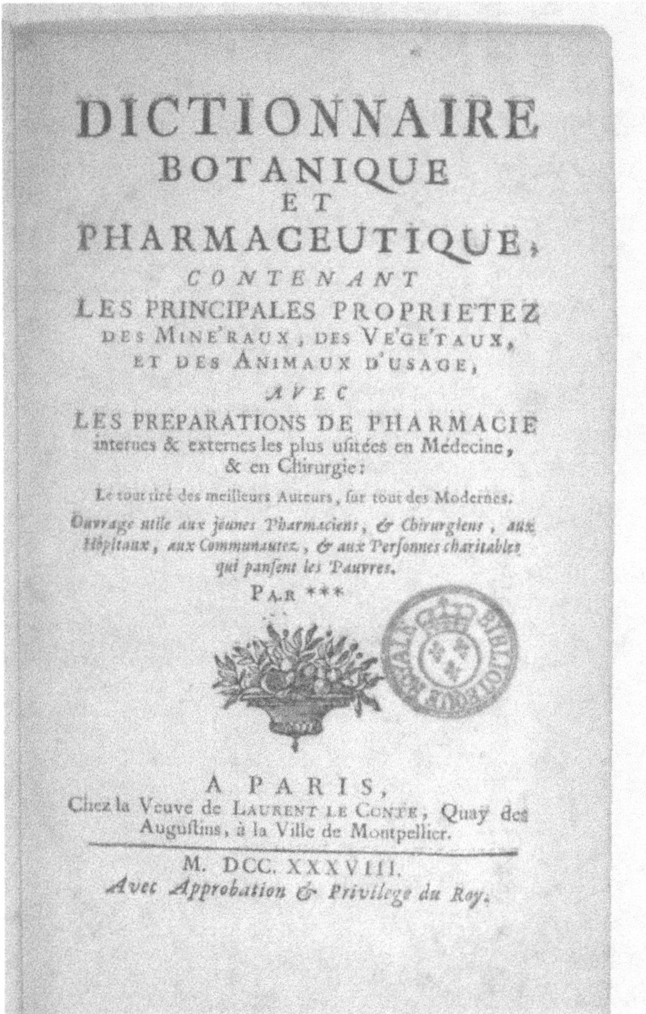

DICTIONNAIRE
BOTANIQUE
ET
PHARMACEUTIQUE,
*CONTENANT*
LES PRINCIPALES PROPRIETEZ
DES MINE'RAUX, DES VE'GE'TAUX,
ET DES ANIMAUX D'USAGE,
*AVEC*
LES PREPARATIONS DE PHARMACIE
internes & externes les plus usitées en Médecine,
& en Chirurgie:
Le tout tiré des meilleurs Auteurs, sur tout des Modernes.
*Ouvrage utile aux jeunes Pharmaciens, & Chirurgiens, aux Hôpitaux, aux Communautez, & aux Personnes charitables qui pansent les Pauvres.*
PAR ***

A PARIS,
Chez la Veuve de LAURENT LE CONTE, Quay des Augustins, à la Ville de Montpellier.
M. DCC. XXXVIII.
*Avec Approbation & Privilege du Roy.*

Source gallica.bnf.fr / Bibliothèque nationale de France

Dom Nicolas Alexandre, Dictionnaire Botanique et Pharmaceutique.

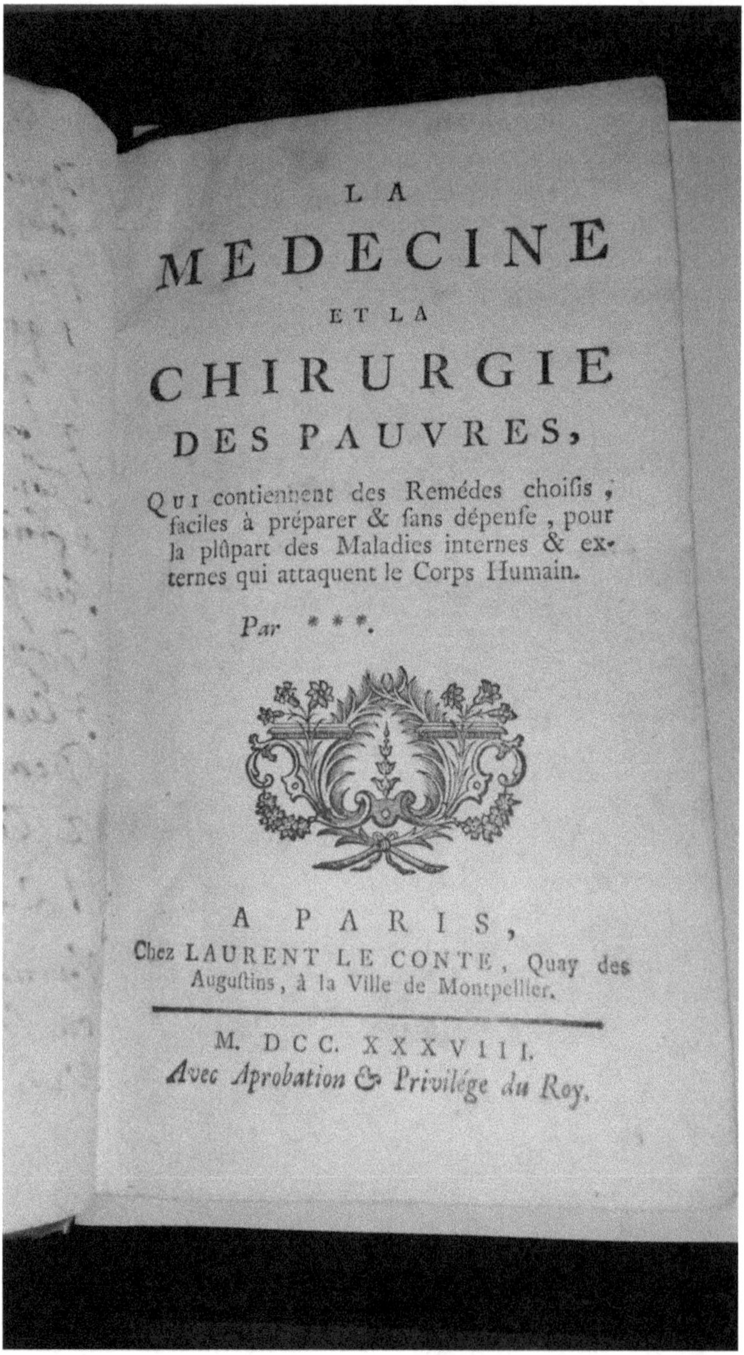

LA
MEDECINE
ET LA
CHIRURGIE
DES PAUVRES,

Qui contiennent des Remédes choisis, faciles à préparer & sans dépense, pour la plûpart des Maladies internes & externes qui attaquent le Corps Humain.

*Par* ***.

A PARIS,
Chez LAURENT LE CONTE, Quay des Augustins, à la Ville de Montpellier.

M. DCC. XXXVIII.
*Avec Aprobation & Privilége du Roy.*

Dom Nicolas Alexandre, Le Médecin des Pauvres.

Esprit particulièrement curieux et travailleur infatigable, Dom Nicolas Alexandre a sans aucun doute consulté la plupart des ouvrages de médecine et de pharmacie des XVIe et XVIIe siècles, et probablement recueilli également un certain nombre de recettes de remèdes populaires en usage à son époque. Ses deux ouvrages ne sont donc qu'une vaste et précieuse compilation dont il expose ainsi l'objet dans l'Avertissement qui précède chaque édition du premier ouvrage :

"Le Titre de ce Recuëil fait connoître le dessein qu'on a eu en le faisant imprimer, qui a été de fournir aux Pauvres, sur tout à ceux de la campagne, qui languissent ou meurent, étant privés des secours que ceux des Villes reçoivent des personnes charitables, des moyens sûrs et aisez de se soulager dans leurs infirmitez ; ces Remèdes étant tirez, ou des alimens et des animaux domestiques, ou des Plantes qu'ils trouveront facilement dans les jardins et dans les champs. On s'attend bien qu'étant composés d'ingrédiens communs, et même dégoûtans, ils seront méprisez et rejettez par les Riches, et par les personnes qui affectant en tout des airs de grandeur, même jusques dans l'usage des Remédes, n'estiment que ceux dans lesquels il n'entre que des Drogues rares, venûes des Indes, et à grands frais, et dont cependant très-souvent l'effet le plus sensible est de vuider leur bourse sans leur rendre la santé, pendant que les gens du commun se guérissent promptement et parfaitement des mêmes maladies par des Remèdes simples et familiers, que leurs Médecins n'osent souvent leur proposer, ou par crainte de blesser leur vanité et leur délicatesse, ou de passer eux-mêmes pour des médecins à Remèdes de bonnes-femmes ; car c'est ainsi qu'on les apelle pour les rendre méprisables, quoiqu'il arrive tous les jours que des malades, après avoir usé très-longtemps et inutilement des compositions les plus pompeuses de la Médecine sont guéris promptement par un remède indiqué par un païsan ou par une femmelette."

Dom Nicolas Alexandre a choisi de présenter les remèdes qu'il a sélectionnés dans *La médecine des Pauvres* en commençant par les maladies qui touchent la tête pour terminer par celles qui affectent les pieds se conformant ainsi à une présentation assez courante dans les ouvrages qu'il a pu consulter. Après avoir décrit sommairement chaque maladie, il propose les remèdes qu'il juge les plus simples et les plus efficaces pour les soigner, suivi de leur composition et de leur posologie. La *Chirurgie des Pauvres* porte sur les maladies externes et les remèdes qu'il convient d'employer pour les traiter, notamment les tumeurs, abcès, écorchures, ulcères ainsi que les morsures et les piqûres.

Il indique également le but qu'il s'est fixé dans l'Avertissement de son *Dictionnaire Botanique et Pharmaceutique :*

"On s'est étudié à ne mettre dans ce Livre, écrit-il, que des compositions simples, faciles à préparer, reconnues pour bonnes, et tirées des meilleurs Auteurs anciens et modernes, et on en a exclu celles dans lesquelles il entre un grand nombre de Drogues, tant à cause que peu de Chirurgiens les préparent eux-mêmes, les trouvant toutes faites chez d'habiles Apoticaires, que parce que ces remedes si composés, ne sont pas toujours les meilleurs, étant très difficile qu'un si grand nombre d'ingrédiens concourent tous à une même fin sans s'affoiblir, ou même sans se détruire les uns les autres...." [Malgré la petitesse de ce volume], on a tâché de ne rien omettre de ce qu'on a crû utile ; car on peut dire que le fond de la Pharmacie s'y trouve aussi bien que de la Matière Médicale, le choix des drogues, et le terroir le plus ordinaire où croissent les plantes, afin de les pouvoir plus facilement trouver dans le besoin et de les savoir cultiver."

Comme la plupart des Dictionnaires, celui-ci est organisé en suivant l'ordre alphabétique des noms. Il s'agit ici de ceux utilisés couramment en français, parfois en latin, pour désigner les substances animales, végétales et minérales utilisées dans la préparation des médicaments. Ainsi, par exemple, chacune des plantes qui y figurent est brièvement décrite en précisant la partie utilisée comme remède, ses propriétés thérapeutiques, ainsi que ses modes d'emploi.

Les deux ouvrages de Dom Nicolas Alexandre contiennent aussi bien des références aux ouvrages savants de médecine, aux pharmacopées de référence et aux œuvres de médecins charitables que des remarques tirées de l'expérience populaire. On y trouve aussi des relations de guérisons obtenues par des remèdes populaires dont certains demandent d'avoir recours à des substances répugnantes. La superstition n'est pas absente de certains passages. Sans doute, Dom Nicolas Alexandre a-t-il voulu réunir le plus grand nombre de données possibles dans ses ouvrages, mais malheureusement sans qu'il ait cru bon d'y apporter quelque jugement critique que ce soit.

### – Madame Fouquet (1590-1681)[14]

D'une grande piété, Marie Fouquet, née Marie de Maupeou, épouse de François IV Fouquet, magistrat au Parlement de Paris, mena une vie particulièrement édifiante, consacrée pour une large part au service des pauvres et des malades.

[14] **Madame Fouquet** est née vers 1590, et décédée à Paris en 1681. Elle est la fille de Gilles I$^{er}$ de Maupeou, Intendant et Contrôleur général des Finances et de Marie Morelly. En 1610, elle épouse François IV Fouquet, alors magistrat au Parlement de Paris. Très pieuse, elle veilla tout particulièrement à l'éducation religieuse de ses nombreux enfants. De ses six fils, trois seront prêtres et ses cinq filles seront religieuses. Parmi eux, l'aîné, François V Fouquet deviendra évêque de Bayonne, d'Agde, puis archevêque de Narbonne ; mais Nicolas suivra une autre voie ; il deviendra Surintendant des Finances de Louis XIV en 1652, jusqu'à sa disgrâce et son emprisonnement en 1661.
Le dévouement de Madame Fouquet pour les autres paraît sans limite. Non seulement elle visite les malades à l'Hôtel-Dieu, contribue de ses deniers à améliorer la rude vie des galériens, installe à Maincy les Filles de la Charité pour soigner les familles des ouvriers recrutés pour la construction du fastueux château de Vaux propriété de son fils, le Surintendant des Finances, mais encore elle soigne ses protégés de ses propres mains, mettant en pratique ses propres connaissances médicales ainsi que celles des propriétés des plantes qui soignent. Soucieuse du salut de ceux qu'elle aimait, elle ne put assister sans appréhension à la vie dispendieuse de son fils Nicolas. Et lorsque celui-ci fut arrêté, sur ordre de Louis XIV, pour malversations financières et condamné à être emprisonné dans la forteresse de Pignerol, elle fit preuve d'un grand courage et d'une telle abnégation qu'elle força l'admiration unanime de ses contemporains, multipliant les démarches pour obtenir la clémence de Louis XIV et obtenir l'élargissement de son fils. Sans se laisser aller au découragement, mais en vain...! Retirée en Bourbonnais, sur ordre du Roi, avec sa belle-fille, elle ne revit jamais Nicolas qui mourut dans sa prison en 1680.
Madame Fouquet fut Dame de la Charité de l'Hôtel-Dieu de Paris (1634), Directrice de l'Hôpital des Filles de la Providence de Paris (1658), Supérieure des Dames de la Propagation de La Foi (1664).
Pour plus de détails sur sa vie et ses œuvres charitables, cf. Olivier Lafont. *Ouvrage de Dame et succès de librairie : les remèdes de Madame Fouquet, in Revue d'histoire de la pharmacie,* 97e année, N. 365, 2010. pp. 57-72.

©BIU Santé 35622

RECUEIL
DES REMEDES
FACILES
ET
DOMESTIQUES,

Choisis, expérimentés, & très approuvés pour toutes sortes de Maladies internes & externes, & difficiles à guérir.

*Recueillis par les ordres Charitables de l'Illustre & pieuse Madame Fouquet, pour soulager les pauvres Malades*

Revû & corrigé de quantité de fautes qui s'étoient glissées dans les précédentes Editions, & augmenté de plusieurs Remedes qui se sont trouvés de plus dans le Manuscrit de ladite Dame ; Avec un Traité de l'Usage du Tabac & de ses Propriétés.

*TOME PREMIER.*

A PARIS,
Chez MUSIER Pere, Quai des Augustins ; près la rue Pavée, à l'Olivier.

M. DCC. L X V.
*AVEC PRIVILEGE DU ROI.*

BIBLIOTHEQUE L'ECOLE DE PHARMACIE PARIS 1818

Madame Fouquet Recueil des Remèdes Faciles et Domestiques.

Lorsque Saint Vincent de Paul fonde le mouvement des Dames de charité, Marie Fouquet figure parmi les premières à y adhérer et à participer aux assemblées de son équipe dirigeante. C'est ainsi qu'elle consacre une partie de son temps à visiter les malades à l'Hôtel-Dieu de Paris et qu'elle n'hésite pas soigner ses protégés de ses propres mains et selon des méthodes qui la rendirent célèbre. Elle passait en effet pour avoir une certaine connaissance de la médecine et des vertus des simples et pour avoir obtenu quelques guérisons remarquées en les mettant en œuvre. Durant sa vie, M^me^ Fouquet se refusa toujours à publier les recettes de ses remèdes, mais, après sa mort, c'est à la demande d'un de ses fils, Louis Fouquet, l'évêque d'Agde, qu'elles furent réunies et éditées en 1675 à Villefranche par le médecin de celui-ci, Delescure, sous le titre :

*Recueil de Receptes Choisies Expérimentées et Approuvées contre quantité de maux forts communs tant internes qu'externes inveterés et difficiles à guérir.*

C'est en effet le médecin Delescure qui se chargea de les mettre en ordre, Il jugea toutefois utile d'en ajouter quelques-unes qui lui sont personnelles ou qui lui furent probablement communiquées par des personnes qu'il jugeait dignes de confiance. Dans la Préface de l'ouvrage, il précise quel en est le but et rend hommage à la fois à Madame Fouquet à qui l'on doit la plupart des recettes des remèdes qui y sont rapportées et à son fils, l'évêque Louis Fouquet qui en a voulu la publication et a financé celle-ci.

"Comme il y a quatre choses, écrit-il, qui d'ordinaire font rebuter les Remedes dens les maladies, tant internes qu'externes, j'entends aux *(i e* ceux*)* à qui particulièrement s'adresse cet Ouvrage, à sçavoir la Cherté, la Difficulté de les préparer, l'Aversion pour leur usage et l'incertitude de leurs effets. Voicy un petit à la vérité, mais un rare et riche present, qu'une des plus Illustres, des plus Sainte et des plus Charitables Dames du Royaume vous fait pour vaincre tous ces obstacles, d'un Recueil de Receptes choisies ; de peu de coust, faciles à préparer, aizées dans leur application et dont l'opération est très assûrée. Par leur moyen, et par le prudent usage qu'on en pourra faire, on se soulagera ; et on se retirera des maux sur tout externes, fâcheux et rebellese, qui font souvent croupir dans le lit les pauvres malades les années entieres, et quelquefois jusqu'à l'extrémité de la vie, un present, dis-je, qu'une Ste Dame vous fait. Car, bien que parmy ces Receptes il y en ait quelques-unes, ou des miennes, ou de celles qui m'ont été fidelement onnées par des Personnes intelligentes & dignes de foy. Neanmoins, parce que le plus grand nombre, les meilleures, & les plus considérables luy appartiennent, & que toutes viennent au jour, & vous sont données par le zele, & la Charité de N. tres Illustre Prelat, Parfait heritier de vertus d'une si Digne Mere, je dois dire que c'est Elle qui vous donne entierement ce rare present."

Il apporte en outre une caution médicale à l'ensemble du Recueil en ajoutant :

"Pour moy, qui suis Ennemi juré de tous ceux qui font profession de débiter des Secrets et qui en cachent l'intelligence, après avoir judicieusement examiné ces Receptes, la vertu des ingrédiens qui entrent en leur composition, et la nature des maux qui les exigent, je me sens fortement obligé non seulement de leur donner mon Approbation, mais encore d'exhorter ceux qui seront atteints de pareils maux, de s'en servir avec hardiesse et confiance. Delescure, Docteur en medecine de l'Université de Montpeillé."

Les remèdes de ce Recueil y sont répertoriés selon les différentes affections observées à son époque. Pour chacun d'eux, la notice qui lui est consacrée suit un plan assez simple : elle commence généralement par l'énumération des drogues qu'il faut réunir pour le préparer, avec l'indication des quantités de chacune d'elles, la description des modalités de sa préparation, suivie, pour terminer, de l'énoncé de ses principaux usages, avec éventuellement une appréciation sur son efficacité telle que l'on a pu le constater.

L'ouvrage remporta un grand succès et fit d'ailleurs l'objet de nombreuses rééditions, voire d'un certain nombre de contrefaçons. Le titre ainsi que le contenu en furent alors modifiés. Ainsi, dès l'édition de 1681, le nom de Madame Fouquet figure dans le titre de l'ouvrage qui est alors ainsi formulé :

*Les remèdes charitables de Madame Fouquet, pour guérir à peu de frais toute sorte de Maux tant Internes qu'Externes, invétérez, et qui ont passé jusques à présent pour incurables, expérimentez par la même Dame.*

D'une édition à l'autre, des généralités et des commentaires ainsi que des développements théoriques furent ajoutés, à l'appui de la simple description des recettes. Ainsi, ces différentes adjonctions qui augmentèrent considérablement le texte originel nécessitèrent des éditions du Recueil en deux tomes (totalisant plus de 900 pages) et même un troisième volume de plus de 400 pages intitulé *Suite des Remèdes faciles et domestiques de Madame Fouquet.*

Dans les éditions tardives du *Recueil des Remèdes de Mme Fouquet*, comme, entre autres, celle de 1765, on trouve un texte d'une soixantaine de pages intitulé "*Manière de connoitre les Plantes et Simples qui entrent dans la composition de ces Remèdes avec leurs propriétés et vertus*". Il porte sur une centaine de plantes dont l'auteur - anonyme - donne quelques brèves caractéristiques ainsi que les principales propriétés thérapeutiques qui leur étaient alors attribuées. Cette addition a pour objectif de fournir aux personnes charitables qui n'ont aucune notion de botanique, quelques éléments d'observation jugés compréhensibles et suffisants pour savoir reconnaître une plante médicinale dans la campagne, voire lorsqu'on la réclame à l'apothicaire le plus proche.

**– Mademoiselle Anne-Marie d'Auvergne**

On ignore tout de cet auteur d'un *Recueil de Secrets touchant la Médecine éprouvez en quantité de maux qui arrivent au corps humain en faveur des pauvres* sinon qu'elle fut sans nul doute une femme pieuse qui se fit un devoir de mettre en pratique les enseignements du Christ. Dans la Préface de son ouvrage, celle-ci, qui s'affirme "la très humble et très dévouée servante des pauvres", écrit en effet :

> "Aux Pauvres, c'est à Vous qui êtes rebutés des hommes et choisis de Dieu, que Nous offrons ce Recueil de Remedes, imprimez à vostre considération. Nous aurions crû commettre une grande iniustice, si nous avions présenté ce Livre à d'autres qu'à vous, puisqu'estant un Ouvrage que la Charité inspire, il vous regarde principalement : Et parce que les premiers Chrétiens estoient si convaincus de l'obligation qu'il y a de Vous assister, comme membres de JESUS-CHRIST, qu'entre autres fautes, dont ils demandoient pardon à Dieu, au commencement de la Messe, ils s'accussoient d'avoir manqué à Vous secourir, autant peut-estre que vous en auriez eû besoin, et par cette simple Omission, d'avoir esté la cause de vostre mort, ou de vos longues peines. De peur que vous ne puissiez nous accuser de cette dureté criminelle ou que nous ne soyons

obligez avec confusion et douleur, de nous en reconnoistre coupables, Nous vous adressons ces Remedes, afin que vous y remarquiez ou vous fassiez montrer ceux qui pourront soulager ou guérir vos maux, et que les ayant connus, Vous ayez recours aux personnes riches, ou aisées, qui les feront faire ou les font eux-mêmes pour vous les distribuer gratuitement, ce qui vous engage à prier le Saint Esprit, lequel vous a comblé de ses bénédictions à cause de vos souffrances..."

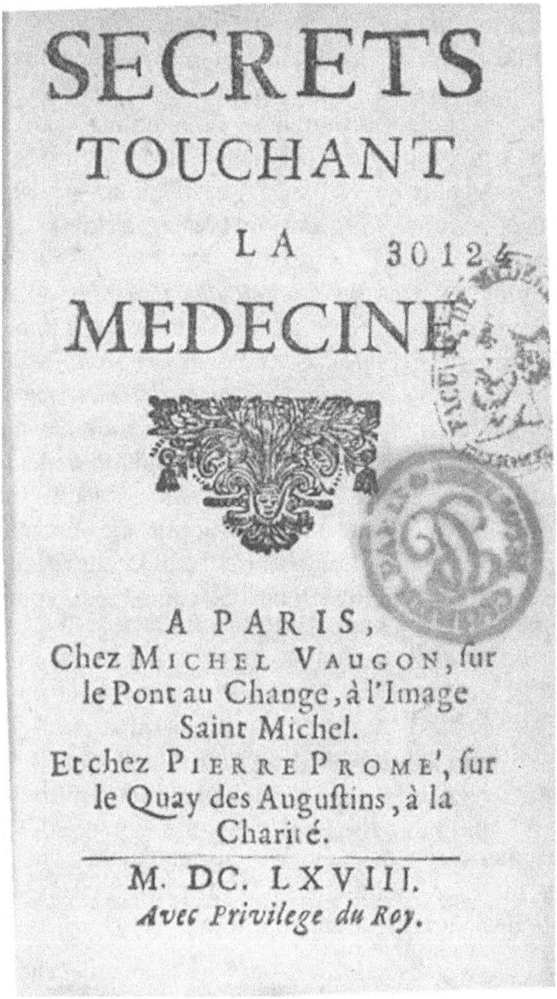

SECRETS
TOUCHANT
LA 30124
MEDECINE

A PARIS,
Chez MICHEL VAUGON, ſur le Pont au Change, à l'Image Saint Michel.
Et chez PIERRE PROMÉ, ſur le Quay des Auguſtins, à la Charité.

M. DC. LXVIII.
*Avec Privilege du Roy.*

Anne-Marie d'Auvergne, Recueil de Secrets touchant la Médecine.

La première édition de ce recueil parut à Paris en 1678 (ou 1668 ?). Elle ne comprenait que 280 pages. Une seconde édition parut en 1692, beaucoup plus importante car comprenant 460 pages, accompagnées, en fin d'ouvrage d'une Table des chapitres avec référence à leur page de publication, d'une Table des remèdes (*i e* des modes de préparations) et d'une Table des matières (*i e* des différentes espèces de maladies désignées selon le nom français couramment utilisé pour les désigner). Malheureusement, on n'y trouve aucun répertoire alphabétique des substances utilisées dans les préparations, notamment aucun répertoire des plantes avec référence aux remèdes dans la composition desquels elles entrent.

Dans l'Avertissement qui suit cette Préface, Anne-Marie d'Auvergne fait référence, en le prenant comme modèle, à un missionnaire, Grégoire Lopes, qui consacra sa vie en Amérique latine, à soigner les malades et écrivit un "Livre de plusieurs Receptes fort éprouvées dans lesquelles entroient diverses plantes dont il connaissait les propriétés." Elle cite également les écrits et les engagements de Madame Fouquet pour soulager les souffrances des malades. Elle espère que son propre recueil y contribuera également, mais elle n'écarte pas pour autant qu'il faille consulter les médecins pour diagnostiquer plus sûrement les maux et juger du choix et de l'emploi des remèdes

La plupart des recettes qu'elle propose sont complexes et font intervenir un grand nombre de plantes différentes, plusieurs fruits et légumes de consommation courante, mais aussi quelques fruits exotiques, et aussi plusieurs épices, sans doute d'un prix élevé à se procurer chez l'apothicaire. Quelques-unes supposent la possession d'un alambic et la connaissance de la distillation.

Certaines recettes apparaissent assez complexes. Elles sont en effet composées de nombreuses substances, dont certaines sont probablement difficiles à se procurer comme la graisse de vipère ou la poudre de cloportes, et d'autres d'un prix élevé surtout lorsqu'il s'agit de denrées en provenance de contrées lointaines. Anne-Marie d'Auvergne les a recopiées sans trop se soucier de savoir si les malades pauvres ou les personnes charitables qui les assistent pourraient en bénéficier.

Certaines recettes ne sont rien d'autres que celles de la médecine populaire qu'Anne-Marie d'Auvergne a dû recueillir sur place ; des superstitions diverses y sont loin d'être exclues. Quelques-unes ne manquent pas de surprendre, comme celles, par exemple, qui demandent des substances rares, telles que de la poudre de crâne humain, de la graisse humaine ou des parties d'animaux peu courants. On notera par ailleurs que si les indications des poids et mesures font référence à ceux de Paris, les temps de préparation sont souvent donnés par rapport à celui que prend la récitation d'une prière (Pater ou Miserere notamment).

A de nombreuses occasions, Anne-Marie d'Auvergne ne manque pas de citer ses sources ; elle donne les noms des personnes qui détenaient les recettes qu'elle mentionne et les lui ont communiquées, tout en témoignant de leur efficacité.

## 3. Les problèmes posés aux personnes charitables

Les personnes charitables qui se sont dévouées pour soigner les pauvres malades n'ont évidemment pas attendu de posséder les recueils de remèdes qui leur étaient destinés et parmi lesquels nous avons brièvement mentionné ci-dessus ceux qui paraissent avoir été les plus répandus. Sans doute, la possession de tels ouvrages leur présentait-il l'avantage de disposer d'un nombre de remèdes plus importants que ceux qu'elles avaient l'habitude d'utiliser et de les assurer de leur efficacité, souvent certifiée par leurs auteurs. Mais leur utilisation n'était pas sans leur poser de nombreuses difficultés.

### 3.1. Savoir consulter et comprendre les Recueils de Remède

La consultation d'un ouvrage de Médecine charitable ou d'un Recueil de remèdes ne se révèle pas particulièrement aisée au premier abord. D'ailleurs, leurs auteurs eux-mêmes semblent s'être trouvés embarrassés pour organiser leur propos. Faisant œuvre de vulgarisation médicale et pharmaceutique, ils voulaient que leurs ouvrages se présentent comme des manuels pratiques, capables d'être compris par des personnes aisées ayant la volonté, le temps et les moyens de venir en aide aux malades les plus démunis, mais pas nécessairement cultivées, encore moins au fait des Matières médicales et ne possédant pas même des rudiments de connaissances médicales.

Ils se devaient donc d'organiser leur ouvrage pour qu'il soit facile à consulter en présence d'un malade que l'on veut soigner, ce qui leur posait une double question :

– celle de la compréhension du vocabulaire utilisé, qu'il s'agisse du nom donné aux maladies, aux remèdes, aux substances utilisées, notamment aux espèces végétales, ou encore aux différentes préparations.

– celle de trouver aisément le passage du manuel où figurait la description de la maladie et du remède proposé pour la guérir. Le recours à une seule Table des matières leur paraissant insuffisant pour y parvenir, les auteurs les plus scrupuleux ont pensé surmonter cet obstacle en proposant à leurs utilisateurs plusieurs Tables de références, l'une par maladies, l'autre par remèdes, la troisième selon les parties du corps.

### 3.2. Savoir poser le bon diagnostic

L'utilisation correcte de tels ouvrages suppose que son utilisateur sache poser un diagnostic certain pour que son intervention soit efficace sans risque d'erreur pouvant nuire au malade, causer une aggravation de son état ou au pire sa mort.

Notons que les auteurs n'ont pas la prétention de proposer des remèdes capables de guérir toutes les maladies connues de leur temps. Leurs propositions ne portent le plus souvent que sur le traitement des affections les plus courantes qui sont généralement présentées selon les parties du corps. Certains auteurs en donnent de brèves définitions. (cf. Annexe 3). Quelques-uns apportent quelques précisions complémentaires, en distinguant par exemple les maladies les plus courantes chez les populations les plus pauvres, les femmes ou les enfants ou encore certaines professions.

Mais ils ne proposent guère de clés pour savoir les identifier. La plupart des ouvrages de médecine charitable ne donnent en effet aucune description précise des maladies, encore moins de leurs symptômes et les risques de confusion entre des maladies différentes présentant les mêmes symptômes sont loin d'être négligeables. En cas de doute, il est donc vivement recommandé de s'abstenir de prescrire tout remède et de faire appel à un médecin qui, fort de ses connaissances et de sa propre expérience, saura prescrire le remède qui convient. Il apparaît ainsi, à l'occasion jouer un rôle de conseil et de formateur. Guybert, par exemple, insiste tout particulièrement sur la nécessaire consultation et l'avis du médecin traitant qui est le seul habilité à conseiller le malade, à juger s'il faut changer ou diversifier les remèdes, diminuer ou augmenter les doses de médicaments, selon le diagnostic de la maladie, la partie du corps affectée, l'âge, la force du malade et "autres circonstances qui sont seulement connues du Médecin".

### 3.3. Savoir choisir les remèdes

Une autre difficulté attend la personne charitable une fois établi son diagnostic de la maladie à soigner : le choix des remèdes appropriés pour guérir le malade. Il lui faut en effet, d'abord se procurer les ingrédients qui entrent dans sa composition, respecter ensuite la proportion de chacun d'eux, et se livrer enfin à sa préparation.

Fort heureusement, les auteurs des ouvrages de médecine charitable se sont efforcés de proposer des remèdes relativement simples à préparer. Les drogues qui les composent doivent être peu nombreuses, faciles à se procurer ; ce sont d'ailleurs des plantes pour la leur majeure partie ; elles doivent être d'un faible coût, ce qui exclut des produits d'importation ou des denrées rares et doit permettre également de soigner un plus grand nombre de malades ; ils doivent néanmoins se révéler efficaces, preuves à l'appui.

Elles doivent en outre faciles à prendre. En effet, si les prescriptions paraissent par trop compliquées et trop contraignantes au patient, ce dernier ne les respectera pas et abandonnera le traitement.

Pour aider les personnes charitables à la compréhension de leurs textes, certains auteurs, comme Arnault de Nobleville, par exemple, ont cru nécessaire de donner une courte définition des différents remèdes qu'ils leur proposent. On en trouve aussi dans le Médecin des campagnes (1791). (cf. Annexe 3)

Si la préparation de nombreux remèdes s'avère généralement facile à réaliser par une personne qui n'a pas été spécialement formée à cet exercice, elle exige néanmoins que celle-ci dispose d'un minimum d'ustensiles pour y parvenir (cf. Annexe 6) et qu'elle sache correctement doser chacune des substances qui entrent dans la composition du remède. Des confusions sont en effet alors possibles, en l'absence d'une uniformisation officielle de la valeur des unités de mesure dans les différentes villes et provinces du royaume. Ainsi, par exemple, deux livres pondérales différentes coexistaient à l'époque. La livre médicinale, qu'utilisaient, seuls, les apothicaires, pesait 12 onces, alors que la livre du commerce était plus lourde, car elle pesait 16 onces. Il était donc particulièrement important d'informer le lecteur quelle était la livre que l'auteur employait dans son ouvrage lorsqu'il recommandait des formules de préparation médicamenteuse. C'est pourquoi la plupart des recueils de remèdes présentent une Table des Poids et Mesures qui sont mentionnés au regard de chacune des substances à réunir pour composer les remèdes. (cf. Annexe 8)

### 3.4. Savoir prescrire et appliquer une posologie adaptée au malade

Les auteurs d'ouvrages de médecine charitable complètent généralement la description des remèdes qu'ils recommandent par des précisions sur les modalités de leur emploi. Elles portent non seulement sur les doses à prendre, mais encore sur la fréquence de leur prise, le moment le plus favorable dans la journée pour les absorber et la durée du traitement.

Ils soulignent parfois les risques auxquels le recours à certains remèdes expose le malade et ils indiquent les précautions à prendre pour les éviter. Ainsi, par exemple, ils proposent des remèdes alternatifs si le malade ne supporte pas le remède prescrit en premier ; ils notent parfois aussi que la dose du remède doit être adaptée à l'âge du malade et qu'elle doit ainsi être nécessairement différente selon qu'il s'agit d'un enfant, d'un adulte ou d'un vieillard.

### 3.5. Le cas particulier des plantes médicinales

Comme la très grande majorité des remèdes sont composées de végétaux, il est indispensable que les personnes charitables soient capables de les connaître, c'est-à-dire, plus précisément de savoir les identifier lorsqu'elles envisagent d'aller les récolter dans la nature, ou de les cultiver et créer leur propre jardin des simples ou encore de les acheter chez l'herboriste.

Quelle que soit leur bonne volonté et leur désir de venir en aide aux pauvres malades en leur procurant les remèdes nécessaires à leur guérison, on peut aisément imaginer que les personnes charitables qui n'avaient reçu aucune formation médicale et ignoraient à peu près tout de la botanique étaient à la recherche de conseils pratiques pour se procurer les plantes médicinales mentionnées dans les ouvrages de médecine charitable. Certains auteurs semblent répondent à cette demande. Ainsi, par exemple, Dubois insiste sur la nécessité de bien connaître les simples dans la Préface de sa *Pharmacopée qui est la manière de bien choisir et préparer les simples et de bien faire les compositions,* (cf. Annexe 2). Afin d'éviter de commettre des erreurs d'identification dont il donne plusieurs exemples, il définit cinq critères pour sélectionner les simples : selon la quantité, la qualité, la figure (*i e* la forme des différents éléments qui composent la plante), la situation et le temps (*i e* l'époque de l'année).

Les indications données par les auteurs de manuel de médecine charitable sont généralement insuffisantes pour répondre à cette exigence. Ils se contentent le plus souvent de les mentionner par leur nom français mais sans les décrire. Ils les classent selon leurs propriétés thérapeutiques (cf. Annexe 5), mais sans préciser systématiquement quelle est la partie de la plante qui les contient, ni la durée de leur conservation, une fois récoltée.

Trop succinctes, les indications des recueils de remèdes charitables demanderaient donc à être complétées. Si la consultation d'ouvrages spécialisés permettrait de le faire, ils sont d'un prix trop élevé pour que leur acquisition soit envisageable pour la majorité des personnes charitables. Quelques auteurs ont bien perçu cette difficulté. Ainsi, certaines éditions tardives du Recueil de Madame Fouquet contenaient-elles uns soixantaine de pages consacrées à la Manière de connaitre les plantes, Dom Nicolas Alexandre a-t-il jugé indispensable de compléter son *Médecin charitable* par un *Dictionnaire Pharmaceutique et Botanique* où les plantes médicinales sont décrites avec précision et Arnault de Nobleville s'est-il cru obligé de publier un ouvrage entier pour décrire les plantes citées dans son *Manuel des Dames de Charité.*

Sans doute le recours à des gravures aurait-il été préférable, un bon dessin s'avérant généralement plus facile à mémoriser qu'une longue description, souvent émaillée de termes qu'il est nécessaire d'expliquer aux néophytes. Les auteurs en étaient conscients et quelques-uns expliquent même qu'ils ont dû renoncer à illustrer leurs textes, car les frais de publication des gravures leur paraissaient d'un coût beaucoup trop élevé pour être intégrés dans leurs ouvrages. Le traducteur de Buchan, le médecin J.D. Duplanil, renvoie aux ouvrages de Bulliard et de Régnault pour combler cette lacune. Arnault de Nobleville ne fait que le déplorer. D'autres tournèrent la difficulté en publiant séparément des planches représentant chacune un végétal. Buchoz par exemple, prit le parti de les éditer tous les quinze jours en les regroupant par dix.

A défaut d'illustrations pour compléter avantageusement leurs connaissances botaniques, les personnes charitables pouvaient se familiariser avec la flore locale en s'informant auprès des populations paysannes qui connaissaient assurément certaines plantes réputées pour leurs vertus, mais une autre difficulté à surmonter les attendait alors, car les noms par lesquels on les désignaient localement étaient souvent différents de ceux utilisés dans les ouvrages de médecine charitable. Ils pouvaient en outre l'être parfois aussi d'un village à l'autre !

Quelques rares possibilités pouvaient également s'offrir à celles qui voulaient approfondir leur connaissance des plantes : les cours de botanique dispensés au public par certains apothicaires comme Valmont de Bomare à Paris, la visite de jardins botaniques ou la participation à des "herborisations collectives" comme celles organisées par les botanistes du jardin du Roi à

Paris, tels Thouin ou Jussieu. Mais ces différentes "formations" n'étaient guère accessibles qu'à une infime minorité de gens cultivés et on n'y rencontrait guère de femmes !

S'il semble aisé à une Dame charitable de se procurer les plantes prescrites dans les recueils de recettes de remèdes, chez les herboristes et les apothicaires, toute absence de risque de prendre une plante pour une autre ne lui est pas garantie pour autant. Nous avons vu plus haut que J D Duplanil, médecin à Montpellier, accusait de nombreux droguistes, herboristes et même apothicaires de ne guère connaître la plupart des plantes médicinales qu'ils vendaient et d'abuser ainsi leurs clients en leur procurant des végétaux qu'ils n'avaient pas su identifier, ce qui pouvait être lourd de conséquences pour les malades qui les absorbaient. Chomel évoque le même problème dans son *Discours Préliminaire* à son *Abrégé de l'Histoire des Plantes usuelles* (1739) :

> "Il seroit à propos que ceux qui ordonnent les Plantes, et ceux qui les préparent, les connussent assez bien pour prévenir les terribles inconveniens qui arrivent tous les jours par les méprises des herboristes grossiers et ignorans, ausquels les Médecins et les Apothicaires se confient également : ces Herboristes sont ordinairement si interessés et si peu fideles qu'ils substituent souvent aux Plantes qu'on leur demande, et qu'ils n'ont point ou ne connoissent pas, les autres qu'ils croyent connoître, sans s'embarrasser si leurs qualités sont les mêmes, ou si elles sont opposées. Etant allé il y a quelque tems chez un malade menacé d'une inflammation dans le bas-ventre, auquel j'avois ordonné une décoction émolliente et adoucissante, j'y trouvai un paquet d'herbes fournies par la servante de l'Herboriste, entre lesquelles je reconnus quelques bottes de Renoncule et d'autres Plantes plus capables d'exciter des irritations dans les intestins, et des tensions douloureuses dans leurs fibres, que de les amollir, et de prévenir leur inflammation. Je suis persuadé que ces méprises cruelles arrivent souvent et qu'on songe moins à y remédier, qu'à s'en prendre aux Médecins, qu'on rend toujours responsables des évenemens.
>
> Je sçai par une experience journalière, que la plupart des Herboristes ne connoissent qu'un petit nombre de Plantes que les gens de campagne leur apportent dans la saison favorable ; ils ne les distinguent que par leurs noms corrompus ; et confondant les espèces, ils font le plus souvent des *qui pro quo* aussi pernicieux aux malades qu'à la réputation des Médecins et des Apothicaires." (p XXIX à XXX)

Conscient de cette difficulté, certains auteurs ont perçu la nécessité de mettre un ouvrage sommaire d'identification des plantes médicinales à la disposition des personnes charitables qui avaient décidé de prendre en charge un certain nombre de malades touchés par la maladie. Arnault de Nobleville est sans doute celui d'entre eux qui en a rédigé le plus complet, publié en 1767 et réédité, avec de nombreuses additions, chez le même éditeur en 1774, sous le titre :

*Description Abrégée des Plantes Usuelles, Avec leurs vertus, leurs usages & leurs propriétés. Par l'Auteur du Manuel des Dames de Charité, & pour servir de suite au même Ouvrage*, Chez Debure père, A Paris.

Dans son Avertissement, il expose le but de son ouvrage :

> "Le Manuel des Dames de Charité a été si bien reçu du Public et l'utilité en a été si généralement reconnue qu'on a cru bien faire de travailler à l'étendre encore davantage. On a pensé pour cet effet que si l'on donnait une description abrégée des plantes dont on y fait usage avec une explication succincte de leurs propriétés, les personnes qui suivent ce livre dans leur pratique et qui préparent les médicaments qui y sont contenus, seraient bien aises de trouver elles-mêmes à la campagne les plantes dont elles ont besoin, sans avoir recours aux herboristes qui sont assez rares, même dans les grandes villes. Comme ces plantes sont communes pour la plupart et généralement répandues, elles auront un moyen facile de composer leurs remèdes et entre elles se procureront un délassement utile et agréable qui, en variant leurs occupations, les ramènera toujours au bon emploi du temps qu'elles consacrent à la charité."

Il explique ensuite qu'il n'a pas jugé opportun de s'en tenir à un inventaire des seules plantes usuelles, mais qu'il a jugé nécessaire de leur ajouter "la liste des plantes que l'on emploie le plus communément en Médecine, et par là faire un petit recueil de toutes les plantes dont l'usage est le plus familier et qui pussent suffire à remplir toutes les vues que l'on peut avoir dans la curation des maladies."

Il ajoute qu'il n'a pas jugé utile d'inclure les plantes étrangères dans son ouvrage, car celles-ci sont trop nombreuses et auraient demandé plus d'un volume ; de plus, écrit-il, elles demandent une étude particulière qui se fait plus par le secours des livres et chez les droguistes qu'à la campagne. Il renvoie les plus curieux de ses lecteurs au *Dictionnaire des drogues simples* de Nicolas Lémery.

La rédaction de ce Manuel des plantes utiles qui était à l'origine destiné aux seules Dames de charité a sans doute été largement inspirée par la *Matière Médicale* de Geoffroy (19) qu'Arnault avait partiellement traduite. Celui-ci y décrit 277 plantes classées par ordre alphabétique de leurs noms français, avec l'indication de leurs vertus et usages. Arnault de Nobleville a cru bon d'ajouter, en fin de son 'ouvrage une *Table des plantes médicinales,* réparties en 19 classes *suivant l'ordre de leurs vertus*.

Considérant par ailleurs son livre comme un manuel pratique dont la consultation puisse être à la portée du plus grand nombre, il déclare avoir évité d'y employer des termes de botanique et de médecine que ses lecteurs ne pourraient aisément comprendre. Il a toutefois cru bon d'ajouter au début d son livre un lexique des mots qu'il a utilisés pour décrire les plantes ainsi que le vocabulaire médical auquel il a eu recours pour préciser leurs propriétés thérapeutiques.

Après avoir regretté de ne pas avoir pu accompagner son texte de figures représentant les végétaux qu'il a recensés à cause du coût élevé qui en aurait résulté pour l'édition de son livre, il estime que

"Quoique ce volume soit petit, il renferme cependant assez de Plantes pour remplir toutes les indications qui peuvent se présenter dans la pratique et qu'on peut avec son secours traiter presque toutes les maladies. Les personnes même qui ont du goût pour les Plantes et qui n'ont pas le loisir de les étudier à fond pourront se borner à celles-ci et former, en les rassemblant, un petit Jardin très utile et qui les amusera sans beaucoup de peine et de dépense."

Il termine en ajoutant que l'on peut compléter ses deux ouvrages en se procurant le *Tableau des maladies* de Lemmius, et de se constituer ainsi "une petite bibliothèque de médecine, suffisante pour connaître et pour traiter toutes les maladies".

Arnault de Nobleville justifie la seconde édition de l'ouvrage dans un nouvel Avertissement où il note tout d'abord qu'il a voulu donner satisfaction à la demande de plusieurs lecteurs de la première édition, en ajoutant plusieurs plantes médicinales usuelles qui n'avaient pas été sélectionnées dans celle-ci et en indiquant les noms latins donnés à chacune des plantes figurant dans l'ouvrage, tout en déplorant que ce dernier ne contienne aucune gravure.

"En donnant la première édition de cet Ouvrage, on a eu en vue de faciliter aux dames de Charité, la pratique de la médecine, en leur mettant sous les yeux les plantes dont on fait le plus d'usage dans les maladies et on s'est borné pour cela à un certain nombre qui n'excédât pas la grosseur d'un volume médiocre et qui cependant fut suffisant pour remplir toutes les indications qui se présentent ordinairement dans la pratique ; cependant quelques personnes ayant représenté qu'on avait omis plusieurs plantes d'un usage familier et dont on avait besoin en bien des occasions, on a cru devoir déférer à leur avis, et en conséquence, on les a ajoutés à cette nouvelle édition ; ce qui forme les augmentations de cet ouvrage, qui sont considérables, comme il sera facile de le reconnaître en comparant les deux éditions ; d'autres personnes ont encore demandé qu'à l'imitation de plusieurs auteurs, on joignit le nom latin de la plante à son nom français, ce qui aurait son utilité pour ceux qui ne connaissent les plantes que sous leur dénomination latine ; on a cru encore devoir se prêter à cette demande, et, quoique ce livre ne soit fait que pour les Dames de Charité, de qui on n'exige pas de savoir le latin, on a ajouté le nom latin au nom français, en conservant cependant l'ordre alphabétique à celui-ci, afin que ces Dames ne fussent pas obligées de recourir à la Table pour trouver les plantes dont elles auraient besoin. Une des raisons principales qui ont empêché dans la première édition de s'étendre beaucoup sur le nombre des plantes est que l'on voulait éviter la dépense, parce que l'on se flattait de pouvoir dans la suite joindre des figures à cet ouvrage, ce qui l'aurait rendu d'une utilité bien supérieure ; mais le haut prix des gravures empêche pour le présent de remplir ce projet et il faut remettre à un autre temps ce projet."

Pour chacune des plantes qu'il a répertoriées, Arnault donne d'abord une brève description qui comprend généralement les caractéristiques de la racine, de la tige, des feuilles et des fleurs, l'époque de la floraison, les lieux où elle pousse de préférence à l'état sauvage, éventuellement si elle est cultivée ou présente dans les jardins de Botanique, si elle est rare ou commune. Il indique si elle est annuelle ou vivace, donne des indications sur ses propriétés, sur la composition des remèdes où elle entre, son efficacité, sa posologie, ainsi que, parfois, les cas où il ne faut pas l'utiliser. Son propos est à l'occasion agrémenté d'anecdotes qu'on lui a rapportées, de la mention de ses expériences personnelles et celle de nouveaux traitements.

Pour parer à toute méprise, lors de l'achat de plantes chez un Herboriste ou un Apothicaire ou lors de leur cueillette dans la nature, il reste encore une possibilité offerte aux personnes charitables qui disposent d'un peu de terrain : aménager à proximité de leur demeure un jardin où elles planteront les plantes les plus courantes et les plus faciles à cultiver. Arnault se contente d'y inviter ses lectrices, sans pour autant leur donner de conseils pour en entreprendre la réalisation.

# CHAPITRE 3

## Flore médicale de la charité

### Introduction

L'inventaire des plantes médicinales présentées dans ce chapitre est limité à celles qui entrent dans des préparations simples, ne demandant pas d'être associées à de nombreuses autres substances végétales, faciles à réaliser par des personnes charitables qui n'ont pas reçu une formation particulière, ne nécessitant pas d'avoir recours à des ustensiles nombreux et spécialisés comme par exemple les alambics. Nous n'y avons pas davantage inclus les plantes trop rarement citées.

Cet inventaire a été établi à partir des principaux ouvrages de médecine charitable mentionnés au chapitre précédent : le *Dictionnaire Botanique et Pharmaceutiqu*e de Dom Nicolas Alexandre (DBP), les deux ouvrages d'Arnault de Nobleville : la *Description abrégée des Plantes usuelles* (DAP) et le *Manuel des Dames de Charité* (DCH), le *Recueil des Remèdes de Madame Fouquet* (MFO), le *Recueil de Secrets touchant la Médecine* de Mademoiselle d'Auvergne (MDA), ainsi que, à l'occasion, le *Dictionnaire universel des Drogues simples*. (DUD) de Nicolas Lémery.

Les plantes retenues dans cet inventaire sont classées par ordre alphabétique de leurs noms français, voire parfois latins, les plus couramment utilisés aux Temps modernes pour les désigner, suivis de leur identification, mais sans en donner de description précise qui aurait pris une trop grande place dans notre répertoire. La plupart des auteurs d'ouvrage de Matière médicale de l'époque n'ont pas pour autant fait l'impasse sur ce point et l'on y trouve d'excellentes descriptions des plantes qu'ils citent. Celles d'Etienne Geoffroy, entre autres, sont sans doute parmi les plus détaillées et les plus précises.

Pour chacune d'elles, nous avons rappelé les propriétés thérapeutiques qui leur étaient reconnues aux XVII$^{e}$ et XVIII$^{e}$ siècles, en les désignant par les qualificatifs alors employés (cf. Annexe 5). Nous les avons fait suivre des différentes recettes de remèdes prescrits dans lesquels elles entraient pour traiter une affection particulière, en conservant, avec sa référence, le texte intégral de leur auteur, tout en respectant sa typographie, sa ponctuation, l'orthographe des mots et des expressions empruntées au langage courant, voire les fautes grammaticales ou d'inattention qui y figurent. Mais nous n'avons pas porté de jugement sur la validité de tels remèdes au regard des propriétés aujourd'hui reconnues aux végétaux cités.

Les plantes auxquelles il était ainsi fait appel pour les réaliser apparaissent suffisamment nombreuses pour constituer une **Flore médicale de la Charité**, qui donne un aperçu assez représentatif des pratiques recommandées aux Temps Modernes par les tenants d'une médecine populaire simplifiée entre médecine savante et traditions thérapeutiques locales.

Mais le recours aux propriétés des plantes ainsi sélectionnées suppose, pour qu'elles soient efficaces, que soient respectés un certain nombre de règles et de conseils qui ne sont pas toujours explicitement formulés par les auteurs qui en recommandent l'usage, mais que devront néanmoins avoir en mémoire les personnes charitables qui seront appelées à les récolter. On les trouve pourtant déjà mentionnés chez différents auteurs grecs et latins de l'Antiquité, notamment chez Dioscoride, Pline ou encore Galien[1] et on peut les rappeler brièvement ainsi :

– Une même espèce de plantes ne possède pas les mêmes propriétés selon la région où elle pousse, les données climatiques et les caractéristiques locales des saisons, l'orientation du terrain où on la trouve, notamment par rapport au soleil et aux vents dominants, la nature du sol, ainsi que son environnement végétal, car certaines plantes ne tolèrent pas la présence d'autres plantes dans leur voisinage.

– Les vertus curatives d'une plante sont en général plus particulièrement concentrées dans certaines de ses parties : les feuilles, les fleurs, les racines, les graines ou les fruits.

– Les propriétés des plantes ont une durée limitée dans le temps qui est variable selon les espèces et la partie de la plante ; généralement, elles ont disparues au-delà de deux à trois ans ; d'où la grande importance à accorder à la date, voire même au moment de la journée de leur récolte. Il est donc inutile d'en faire de trop grandes provisions. Des récoltes répétées et mesurées s'imposent.

– Les récipients auxquels on doit avoir recours pour les conserver peuvent être différents selon l'espèce végétale récoltée et la partie sélectionnée.

---

[1] Cf. notre *Flore magique et astrologique de l'Antiquité,* 2003, p 64 à 86.

## 1. Absinthe ou Aluyne, Alvine, (*Artemisia absinthium* L.) (Asteracées)

### – Ses propriétés :

Lémery qui distingue la grande absinthe, absinthe commune ou absinthe romaine et la petite absinthe ou pontique, note brièvement que la première "est vulnéraire, fortifie l'estomac, aide à la digestion, excite l'urine et les mois aux femmes et tue les vers", alors que la seconde a les mêmes propriétés, mais "moins amères et moins difficile à prendre en infusion ou en teinture." (DUD, s v *Absinthium*, p 3 et 4)

Dom Alexandre ajoute que "la grande absinthe purge la bile, dissipe l'ivresse, excite la sueur et guérit les fièvres, surtout la tierce, alors que la petite est plus propre pour le foie et pour la rate (DBP, s v *Absinthe*, p 1). Il rappelle qu'on élabore un vin d'absinthe au moment des vendanges dont il donne la recette et les propriétés, parmi celles des vins médicinaux (DBP. s v *Vin d'Absinthe*, p 617)

Arnault de Nobleville qui se réfère implicitement aux indications du *Traité de Matière Médicale* de Geoffroy (Tome 5, p 17) s'étend plus longuement sur ses propriétés thérapeutiques :

> "L'absinthe, écrit-il, est regardée comme stomachique, hépatique, vulnéraire et vermifuge ; elle rétablit l'estomac affoibli, excite l'appétit ; elle lève les obstructions des viscères qui dépendent du relâchement des fibres ou de l'épaississement des humeurs[2] ; mais elle est contraire aux tempéramens secs, bilieux et échaufés parce qu'elle augmente le mouvement de fermentation du sang par ses particules subtiles, salines et huileuses et qu'elle dispose à l'inflammation ; ainsi les tempéramens de ce caractère doivent s'en abstenir. Il faut donc donner avec beaucoup de précaution l'absinthe et les remèdes amers, âcres et aromatiques dans les maladies dont la cause est douteuse et incertaine de peur de donner du poison à la place d'un remède. Cette plante fait mourir les vers, soit par sa grande amertume, soit en dissolvant les humeurs mucilagineuses dans lesquelles leurs œufs sont placés et viennent à éclore. L'absinthe appliquée à l'extérieur en cataplasme, fortifie l'estomac, tue les vers et leve les obstructions.
>
> La petite absinthe a les mêmes vertus que la grande, mais plus faibles ; on peut en faire le même usage, aussi est-elle moins usitée." (DAP, édition revue de 1774, s v *Absinthe*, p 2 à 4).

### – Son emploi :

L'absinthe est prescrite sous des formes diverses, en association avec un nombre plus ou moins important d'autres plantes, pour soigner de nombreuses affections. Mais il est rarement prescrit de l'employer seule et,

[2] L'auteur a supprimé ici cette phrase qui figurait dans l'édition de 1767 ; "c'est ainsi qu'elle guérit la jaunisse, les pâles couleurs et les cachexies."

quand c'est le cas, ce sont généralement les feuilles et les sommités de la plante qui sont alors utilisées pour confectionner des remèdes.

Parmi ceux-ci, nous avons relevé les suivants :

Dans les recommandations du *Manuel des Dames de Charité* :

– Infusion céphalique contre les étourdissements et les menaces d'apoplexie :

> "Prenez un pot de terre neuf, vernissé, qui contienne plus de deux pintes : emplissez-le jusqu'aux trois-quarts d'Absinthe jeune et bien mûre, achevant de la remplir de feuilles de petite Sauge et de graine de Genievre dans sa maturité ; versez ensuite dessus, sans presser les herbes, deux pintes de bonne Eau-de-vie. Luttez le pot exactement avec de la pâte, le laissant infuser à l'ombre pendant six semaines ou deux mois ; passez ensuite la liqueur par un linge avec un peu d'expression et gardez-la pour l'usage dans une bouteille bien bouchée.
>
> On mettra une cuillérée à café de cette liqueur dans le fond d'un verre, achevant de le remplir d'eau commune que l'on versera de haut, pour que le tout se mêle bien ; et on prendra ce Remede pendant quinze jours le matin à jeûn, déjeûnant une heure après ; il faudra ensuite en discontinuer l'usage pendant quelque tems pour le reprendre de la même façon." (DCH, 1765, p 44)

L'auteur précise que cette infusion fortifie le cerveau et rétablit les digestions dont le dérangement cause souvent les étourdissements et dispose à l'apoplexie. Et il affirme qu'il en a vu de très bons effets après l'avoir fait précéder des remèdes généraux, c'est-à-dire la saignée et la purgation.

– Liniment contre la teigne :

> "Le meilleur moyen de la guérir promptement serait d'arracher les cheveux jusqu'à leur racine, au moyen d'un Cataplasme fait avec un quarteron de farine de Seigle que l'on fait cuire dans une décoction d'Absinthe et de Fumeterre ; après quoi, on y ajoute de la poix noire et du Miel, de chacun un quarteron. On étend ce mélange sur une Toile forte, dont on couvre la tête du Malade ; et deux jours après, on arrache la Toile de force et on enlève en même temps les cheveux jusqu'à leur racine : après quoi on bassine la tête avec une lessive de cendres de sarment." (DCH, 1765, p 357)

– Potion contre le vomissement, cf. Menthe.

– Contre les vers : cf. Ail

– Pour un bol stomachique, cf. Aunée

Dans le Recueil de Madame Fouquet, on peut trouver les quelques remèdes suivants :

– Sirop d'absinthe pour le mal de rate :

> "Prenez syrop d'Absinthe, dissolvez en un peu dans un demi verre de vin, donnez à boire le matin à jeun au malade, et réitérez plusieurs jours." (MFO, Tome 2, 1765, p 314)

– Contre la rage tant pour les hommes que pour les animaux, cf. Armoise.

– Pour les flux de ventre, cf. Bétoine.

– Pour désopiler la rate, Cf. Genévrier.

– Pour le dévoiement d'estomac, cf. Menthe.

– Pour le ténesme où l'on croit qu'il y ait des vers, cf. Persicaire.

– Pour préserver de la fièvre maligne, de la peste et tout mauvais air, cf. Romarin.

– Pour les vers, cf. Rue.

– Pour la colique bilieuse, venteuse, néphrétique et de quelque espèce que ce soit, cf. Sauge.

– Pour l'hydropisie, cf. Figuier, Sureau.

– Pour la pleurésie, cf. Verveine.

Chez Mademoiselle d'Auvergne, on relève aussi quelques prescriptions où figure l'absinthe :

– Opiat pour guérir la diarrhée et mal d'estomac :

"Prenez de l'absinthe, épluchez-la bien, mettez une fois autant de sucre que d'herbes, que vous pilerez ensemble dans un mortier jusqu'à ce que le tout soit bien empâté ; gardez cela et en prenez tous les matins, et aprés les repas, gros comme une petite noix." (MDA, 1692 p 166)

– Cataplasme pour arrêter les pertes de sang des femmes :

"Il faut faire un sac de toile d'un quartier en quarré, puis y mettre une grande poignée de roses d'outre-mer, une de roses de Provins, et une d'absinthe, puis les coudre dans ledit sac de toile et prendre une pinte de bon vin rouge pour le faire boüillir, et lors qu'il boût, y mettre ledit sac jusqu'à ce que les roses soient bien mollifiées. Après mettre ledit sac sur la région du foye, et le reïtirer trois fois le jour, trois jours consécutifs, et chaque fois prendre trois doigts de vinaigre par la bouche. On se sert toujours du mesme sac, on le fait seulement réchauffer dans le vin qui a servy à faire bouïllir ce qui est dans le sac." (MDA, 1692, p 404)

Mais le remède le plus polyvalent et le plus simple à préparer est sans conteste le vin d'absinthe, dont plusieurs formules de préparation sont mentionnées par les différents auteurs qui en vantent les propriétés thérapeutiques. Mais ceux-ci notent généralement que sa consommation excessive pour exciter l'appétit et faciliter la digestion, est dangereuse et peut nuire à la tête ainsi qu'aux yeux et provoquer la mort,

Nous retiendrons ici la recette de préparation que propose le *Manuel des Dames de Charité* :

"Prenez des feuilles d'Absinthe mondées et séchées à l'ombre, une poignée ; versez dessus une pinte de bon Vin blanc, les laissant macérer à froid pendant vingt-quatre heures dans un vaisseau bien fermé. Passez ensuite le Vin et gardez-le pour l'usage. La dose est d'un verre le matin à jeûn pendant une quinzaine de jours. L'usage de ce Vin est propre pour rétablir les estomacs en langueur et débilités ; il excite l'appétit ; il lève les obstructions des viscères....C'est ainsi qu'il est utile dans la Jaunisse, dans l'Hydropisie, les Cachexies et les Fièvres ; il fait mourir les vers." (DCH, 1765, p 100)

Mais l'auteur met en garde sur la dangerosité d'utiliser ce vin en cas d'erreur de diagnostic :

"Il y a des maladies dont les effets paraissent semblables et qui, dépendant de causes contraires demandent des Remèdes opposés.... On doit donc user de ce Vin comme de tous les remèdes amers, âcres et aromatiques, avec une grande précaution ; et il ne convient qu'aux tempéramens relâchés et pituiteux, étant contraire à ceux qui sont secs, bilieux, et dont les visceres sont échauffés."

Certains auteurs donnent aussi des précisions pour préparer l'huile ou essence d'absinthe, le sel d'absinthe, l'eau d'absinthe ou encore l'extrait d'absinthe, mais ces produits demandent généralement l'utilisation d'un alambic.

## 2. Aigremoine ou Eupatoire, Agrimoine, Herbe de Saint Guillaume, (*Agrimonia eupatoria* L.) (Rosacées)

**– Ses propriétés :**

Selon Lémery, cette plante "est détersive et astringente ; elle purifie le sang ; on l'employe dans les maladies du foye, pour les inflammations de la gorge, pour arrêter les cours de ventre ; elle entre souvent dans les décoctions des lavements astringents, dans les gargarismes et dans les apozèmes." (DUD, s v *Agrimonia*, p 18)

Dom Alexandre note de son côté que

"les feuilles et les sommités sont hépatiques, spléniques et vulnéraires, elles dessechent, echauffent, ouvrent, détergent, fortifient le foie, arrêtent les flux hépatiques et sont ordinairement emploiées dans les qui procèdent de la foiblesse du foie, comme l'hydropisie et la cachexie." (DBP, s v *Aigremoine,* p 5)

Arnault de Nobleville se montre plus complet, résumant ainsi ce qu'il a pu recueillir dans les ouvrages de *Matière Médicale*, notamment celui de Geoffroy (Tome 5, p 79)

"On regarde l'Aigremoine prise intérieurement comme apéritive, hépatique et vulnéraire ; elle rétablit par son astriction le ton relâché des visceres, et lève les obstructions en rendant le sang plus fluide ; elle s'emploie heureusement dans la cachexie, l'hydropisie et dans les fiévres chroniques qui dépendent de l'embarras des visceres. Son usage ordinaire est de faire entrer dans les apozèmes et les bouillons apéritifs et vulnéraires, à la quantité d'une bonne poignée sur une pinte de liqueur ; on en donne le suc dépuré jusqu'à trois ou quatre onces.

Extérieurement, elle est vulnéraire, détersive, et l'on s'en sert en fomentation bouillie dans de l'eau ou dans du vin, pour mondifier les ulceres, faire revenir les chairs et calmer les inflammations ; on s'en sert aussi en gargarisme, pour l'esquinancie, et pour déterger les ulcères de la bouche et du gosier. De savants Médecins assurent que cette plante bouillie dans du vin ou du vinaigre, et appliquée toute chaude en forme de cataplasme sur le scrotum guérit l'inflammation des testicules". (DAP, 1767, s v *Aigremoine*, p 7)

**– Son emploi :**

On relève dans les ouvrages de médecine charitable différentes recettes de préparation où il est fait appel à l'aigremoine. Mais elle y est le plus souvent associée à d'autres plantes et leur préparation n'est pas à la portée du premier venu. Quelques remèdes sont toutefois plus simples à préparer car l'aigremoine y est employé seul ou n'y est associée qu'à un nombre relativement restreint d'autres plantes.

Madame Fouquet en a recueilli quelques-uns :

– Pour les chancres de la bouche :

"Prenez Aigremoine, faites-le bouillir avec du vin blanc et en gargarisez." (MFO, 1765, Tome 2, p 11)

– Pour la fièvre :

"Faire infuser à froid dans une pinte d'eau une poignée de feuilles de Chicorée sauvage, d'Aigremoine, de Mélisse, de Pimprenelle et autres semblables, dont l'usage n'est pas si dégoûtant que celui des autres Tisanes, et qui ne laissent pas de rafraîchir." (MFO, 1765, Tome 2, p 416)

– Tisane pour la dysenterie :

"Les tisanes doivent être faites avec les racines de grande Consoude, de Chiendent, d'Aigremoine, avec les fleurs de Grenade, les Roses rouges et la Réglisse ; on y ajoute le sirop de Berbéris[3] ou de Grenade." (MFO, 1765, Tome 2, p 427)

On relève aussi les suivantes dans *le Manuel des Dames de Charité* :
– Lohoch contre l'esquinancie (*i e* l'angine) :

"Prenez des feuilles d'Aigremoine, deux poignées, de celles de Ronce, de Plantain, de chacune une poignée, une Grenade. Mettez le tout dans un pot de terre avec trois chopines d'Eau, que vous réduirez à une chopine par ébullition. Passez ensuite la liqueur par un linge, et ajoutez-y assez de sucre pour faire un sirop plus épais que le sirop ordinaire, dont le Malade prendra une cuillerée de quart-d'heure en quart- d'heure, le laissant fondre doucement dans la bouche." (DCH, 1765, p 203)

– Gargarisme antiscorbutique :

"Prenez des feuilles de Ronce, d'Aigremoine, de chacune une poignée. Faites-les bouillir dans une pinte d'Eau commune que vous réduirez à trois setiers ; ajoutez-y, un moment avant que de retirer le vaisseau du feu des feuilles de Cochlearia[4], une poignée. Passez le tout avec expression et ajoutez-y du Miel-Rosat, une once. Pour un Gargarisme à répéter plusieurs fois par jour." (DCH, 1765, p 366)

[3] Synonyme d'épine-vinette.
[4] Appelée aussi *herbe aux cuillères* à cause de la forme de ses feuilles, réputée comme un des meilleurs antiscorbutiques.

## 3. Ail, (*Allium sativum* L.) (Alliacées, ex Liliacées)

### – Ses propriétés :

Elles sont nombreuses et les auteurs des ouvrages auxquels nous faisons référence se complètent pour les énumérer. Ainsi, selon Lémery :

"On se sert en médecine du fruit et de la racine de l'ail. Ils contiennent beaucoup de sel volatil, acide, piquant, médiocrement d'huile et de phlegme. Ils sont incisifs, atténuans ; ils chassent les vents, ils excitent l'urine, ils poussent la pierre du rein et de la vessie, après l'avoir brisée ; ils consomment les viscosités de l'estomac ; ils excitent l'appétit ; ils résistent au mauvais air étant pris intérieurement. On les employe aussi extérieurement : car étant pilés, on les applique aux poings dans le temps du frisson, ou au commencement de l'accès d'une fièvre intermittente ; ils sont bons aussi pour consumer les cors aux pieds, étant écrasés et appliqués dessus." (DUD, s v *Allium*, p 25)

Et selon Dom Alexandre :

"Sa racine est chaude, déssicative, incisive, apéritive, résolutive et alexipharmaque. Son usage interne est dans la colique venteuse, contre les vers, dans la peste avec du vinaigre, contre la toux et le calcul ; elle consomme les viscosités de l'estomac et excite l'appétit. L'usage externe de l'Ail est recommandé dans la galle, dans la toux. On oint la plante des pieds de son suc mêlé avec du saindoux. L'Ail et l'oignon cuits avec de l'huile et appliqué sur la région du pubis, lèvent la suppression d'urine." (DBP, s v *Allium*, p 5)

Quant à Arnault de Nobleville, il note que

"L'Ail est regardé comme alexipharmaque, stomachique et vermifuge. Nous n'avons guère de meilleur remède contre la malignité de l'air et contre la corruption des humeurs : l'Ail, modérément pris, fortifie l'estomac et tous les viscères, il purifie la masse du sang.... Quant à l'extérieur, l'Ail est résolutif et vermifuge ; réduit en onguent, il résout puissamment les tumeurs froides ; si l'on en frotte la région ombilicale, il fait mourir les vers ; broyé avec du sain doux et appliqué à la plante des pieds, il est fort utile dans l'engorgement de l'asthme humide ; les gousses d'Ail, pelées et coupées en longs morceaux, et introduits dans l'oreille, appaisent le mal de dents."

Après avoir exposé en détail la recette d'une préparation de sirop d'ail confit contre l'asthme, qu'il doit au médecin anglais Bowles, il ajoute que l'ail ne convient qu'à ceux qui ont un tempérament flegmatique, à ceux qui sont accoutumés à de grands travaux du corps ou qui passent leur vie dans des climats froids et humides ; en revanche, écrit-il, "il peut faire beaucoup de mal à ceux qui sont d'un tempérament bilieux, car il enflamme l'estomac et les urines et il allume le feu dans les urines." (DAP, s v *Ail*, p 9)

**– Son emploi :**

On relève dans le *Manuel des Dames de Charité* quelques emplois de l'ail comme remède :

– Cataplasme contre la goutte remontée :

"Prenez de la racine de Raifort sauvage, de l'Ail, des sommités de Rue, et de la fiente de Pigeon, de chacune une once. Pilez le tout dans un mortier, en l'arrosant de Vinaigre ; ajoutez-y sur la fin de bonne Moutarde à manger, trois onces. Faites du tout un cataplasme, à appliquer sous la plante des pieds que l'on renouvellera lorsqu'il sera sec." (DCH, 1765, p 336)

– Cataplasme contre les vers :

"Prenez des feuilles d'Absinthe, une poignée. Faites les bouillir dans du lait avec trois gousses d'Ail en consistance de cataplasme que vous appliquerez sur le Nombril, en l'assujettissant avec une compresse et une serviette." (DCH, 1765, p 337)

Madame Fouquet recommande d'utiliser l'ail dans la préparation de plusieurs remèdes :

– Pour se préserver de la goutte :

"Prenez une gousse d'ail, nettoyez-la bien, et avalez-la le matin, durant tout le déclin de la Lune." (MFO, 1681 p 200)

– Pour rompre et faire sortir la pierre des reins :

"Prenez des *Aulx* sauvages, pilez-les dans un mortier et faites boire au malade du jus qui en proviendra tous les matins pendant quelque temps." (MFO, 1765, Tome 2, p 268)

– Pour le mal caduc :

"Prenez des Aulx, pilez-les bien, et buvez du suc qui en proviendra, ou bien, en mangez souvent." (MFO, 1765 Tome 2, p 214)

– Pour le poumon et pour ceux qui crachent le sang :

"Faites cuire un *Ail* sous les cendres, et lorsqu'il sera bien cuit, vous le broyerez bien avec du *miel* et le mangerez." (MFO, 1765, Tome 2, p 297)

– Pour apaiser la toux :

"Prenez trois têtes d'Ail, battez-les bien et les mettez avec de la graisse de Pourceau en consistance d'onguent ; vous en frotterez le soir devant le feu avant de vous mettre au lit la plante des pieds, et dans le lit, vous en frotterez aussi l'épine du dos. Si l'on continue ce Remede pendant huit jours, la Toux cessera." (MFO, 1765, Tome 2, p 415)

– Pour la rétention d'urine, cf. Genévrier

Chez Mademoiselle d'Auvergne, on relève aussi quelques remèdes simples à préparer :

– Liqueur pour guérir les pâles couleurs :

"Prenez une once de suc d'Ail et de vin blanc ; c'est un Remede singulier." (MDA, p 44)

– Décoction pour une femme en couche "qui ne peut vuider ou en qui il reste de l'arrière-faix" :

"Il faut prendre une teste d'ail, la faire cuire dans un poëslon, avec environ la moitié d'un demy de quarteron de beurre ; après que cela est cuit, il faut mettre de l'eau parmi, et la réduire à demy septier, pour avaler le tout sans sel, le plus chaud qu'il se pourra." (MDA, p 86)

– Cataplasme pour guérir le mal de dents :

"Il faut prendre une gousse d'ail, la froisser dans quelque chose et l'appliquer sur le gros du poulce, comme un emplastre ; il est à observer que le mal descend au poulce : il le faut souffrir, et le mal s'en va." (MDA, p 422)

– Liqueur contre la rage, cf. Pimprenelle.

### 4. Alkékenge, Alkeckange, Alkakange, Coqueret ou Coquerelle (*Physalis alkekengi* L) (Solanacées)

Cette plante dont le fruit rond et lisse est enfermé dans une gousse semblable à une vésicule a attiré l'attention dès l'Antiquité. Comparée à la vessie, elle a suggéré l'idée qu'elle avait des propriétés diurétiques et qu'elle était également efficace pour traiter les calculs des reins et de la vessie ainsi que les coliques néphrétiques.

**– Ses propriétés :**

Selon Lémery, on utilise les fruits "qui sont propres pour exciter l'urine, pour faire sortir la pierre, la gravelle, pour la colique néphrétique, pour purifier le sang ; on les emploie ordinairement en décoction, et quelquefois séchés et pulvérisés." (DUD, s v *Alkekengi*, p 23)

Dom Alexandre confirme les propos de Lémery, mais reconnaît aussi d'autres propriétés aux fruits de cette plante :

> "Les baies sont rafraîchissantes, dessicatives, néphrétiques, diurétiques et lithontriptiques par excellence et fort usitées dans le calcul des reins et de la vessie, dans la rétention d'urine et l'hydropisie, écrasées et infusées au nombre de sept ou huit dans un verre de vin blanc : bonnes aussi dans la jaunisse et dans la coagulation du sang. On en prépare un vin au tems des vendanges dont on use pour les maux ci-dessus." (DBP, s v *Alkekenge* ou *Coqueret*, p 6)

Arnault de Nobleville résume ainsi ses caractéristiques :

> "Ses fleurs sont d'une seule pièce, découpées en cinq quartiers, et de couleur blanchâtre ; le calice est en forme de cloche, il s'étend en une vessie membraneuse, de couleur verte au commencement, ensuite de couleur écarlate ; il conduit un fruit de la figure, de la grandeur et de la grosseur d'une cerise ; mou, charnu, d'un goût d'abord un peu acide, ensuite fort amer, rempli de graines plates, arrondies et jaunâtres ; elle fleurit en été, et vient communément dans les vignobles ; on se sert de son fruit.
>
> Les fruits de l'alkékenge sont regardés comme diurétiques et adoucissants ; ils sont très usités pour exciter l'urine ; pour en adoucir l'acrimonie, et pour faire sortir les graviers des reins et de la vessie.
>
> Il est plus prudent de ne se servir du suc de ce fruit que dans les intervalles des accès de coliques néphrétiques et non dans l'accès même, qui ne demandent que des adoucissans, parce que les diurétiques entraînent souvent avec les urines une si grande quantité de graviers qu'ils déchirent les conduits par où ils passent, augmentent les douleurs, et causent quelquefois des pissemens de sang." (DAP, s v *Alkekenge,* p 11)

**– Ses emplois :**

Le *Manuel des Dames de Charité* donne la recette d'une "Tisane diurétique adoucissante contre la colique néphrétique" :

"Prenez, une demi-poignée de racines de Chiendent, épluchées et concassées, une demi-douzaine de fruits d'Alkékenge. Faites bouillir le tout dans trois chopines d'eau que vous réduirez à une pinte ; après quoi faites infuser dans la liqueur toute chaude, de la racine de Guimauve lavée, de la graine de Lin, de la Réglisse effilée, de chacune, deux gros. La colature pour boisson ordinaire tiède." (DCH, 1765, p 53)

Les seuls remèdes où il est fait appel aux vertus de l'alkékenge dans le recueil de Madame Fouquet ont pour objet de "faire promptement sortir l'urine ou les calculs." Ainsi

– Pour la gravelle :

"*Prenez Saxifrage, Alkakange, Herbes aux perles*[5], *Gramen*[6], *autant de l'un que de l'autre*. Mettez cela dans un coquemar devant le feu, faites le bouillir et donnez à boire au malade de cette décoction." (MFO, 1765, Tome 2, p 164)

– Pour rompre la pierre :

"*Prenez Vin blanc, 1 pinte, Tête d'aulx, demi-douzaine, Miel commun, 4 onces, Fruits d'alkakanges, cinquante*. Mettez cela dans un pot de terre neuf, faites-le cuire jusqu'à la diminution de la moitié, passez-le à travers un linge et donnez à boire à jeun au malade, dans un verre, trois doigts de cette décoction tous les matins et le faites promener ensuite." (MFO, 1765, Tome 2, p 270)

– Pour la rétention d'urine :

"*Prenez Cresson, 2 poignées, Grains d'Akéckange, 2 poignées, Oignons blancs, deux, Crème de tartre, 2 pincées, Vin blanc, 1 pinte*. Coupez en quatre vos deux oignons ; mettez-les avec le reste des drogues et le vin blanc dans un pot de terre vernissé ; faites-les bouillir devant le feu jusqu'à ce qu'il n'en reste que trois demi-septier, coulez cela, et donnez en à boire au malade un verre tous les matins à jeun pendant quelque temps et il sera bientôt guéri." (MFO, 1765, Tome 2, p 391)

– Pour la gravelle et les ardeurs d'urine, cf. Lin.

[5] Surnom donné au Grémil (*Lithospermum officinale*), à cause de la forme et de la couleur de ses fruits.
[6] Chiendent ordinaire.

## 5. Armoise ou Herbe de Saint Jean, (*Artemisia vulgaris* L.) (Astéracées, ex Composées)

**– Ses propriétés :**

Cette plante était surtout utilisée pour traiter les "maladies des femmes". Selon Lémery :

"On l'appelle vulgairement *Herbe de Saint Jean* parce que les paysans s'en font des ceintures au jour de la Saint Jean. Elle contient beaucoup de sel essentiel et d'huile à demi exaltée, peu de phlegme, assez de terre. Elle est détersive, vulnéraire, apéritive, hystérique, fortifiante ; elle excite les mois aux femmes ; elle aide à l'accouchement et à faire sortir l'arrière faix. Elle nettoye et fortifie la matrice ; elle abat les vapeurs ; on s'en sert intérieurement et extérieurement." (DUD, s v *Arthemisia*, p 72)

Dom Alexandre ajoute qu'elle "rompt la pierre et guérit la suppression d'urine." (DBP, s v *Armoise*, p 15)

Arnault de Nobleville recopie une partie de la notice que lui consacre Geoffroy (*Traité de la Matière médicale*, Tome 5, p 205) :

"Toute la plante est d'usage. L'armoise est regardée comme utérine, anti-hystérique et antispasmodique ; elle provoque les règles et fait sortir les fœtus et l'arrière-faix ; elle déterge la matrice, ce qui la rend d'un fréquent usage pour les femmes qui s'en servent, non seulement à l'intérieur en bouillons, décoctions et lavements, mais encore extérieurement dans les bains et les lotions. On en remplit de petits sacs que l'on applique sur le ventre dans la suffocation hystérique et dans la suppression des règles et des lochies." (DAP, s v *Armoise*, p 26)

**– Ses emplois :**

Le *Manuel des Dames de charité* nous livre quelques recettes relativement simples de remèdes qui portent essentiellement sur certaines affections propres aux femmes :

– Décoction contre les douleurs après l'accouchement et la diminution ou la suppression des vuidanges (*i e* les lochies) :

"Prenez des feuilles d'Armoise, de Camomille Romaine, de chacune, une poignée, des Pois rouges ou Haricots, une once. Faites bouillir le tout dans trois chopines d'eau que vous réduirez à une pinte. Coulez la Décoction, et donnez-la tiede verre à verre, d'heure en heure, en ajoutant quelques gouttes d'eau de Canelle, s'il y a de la foiblesse. Il faut en même temps renfermer le marc des herbes entre deux linges, et l'appliquer le plus chaudement qu'il se pourra au-dessous de la région ombilicale." (DCH, p 39)

– Potion anti hystérique ou contre les vapeurs :

"Prenez des Eaux d'Armoise, de Mélisse simple, de chacune, deux onces ; de la poudre de *Castoreum*, douze grains ; du *Laudanum* liquide de Sydenham, vingt gouttes ; du Sirop d'Armoise ou de Fleurs d'Orange, une demi-once. Mêlez le tout pour le prendre à la cuiller." (DCH, p 144)

– Potion pour faire sortir une portion d'arrière faix :

"Prenez de l'Eau de Fleurs de Sureau, deux onces, de la Poudre de foie d'Anguille, un scrupule, du Sirop d'Armoise, une once. Mêlez le tout pour une dose, qu'on peut répéter s'il en est besoin." (DCH, p 149)

– Julep pour faire sortir le fœtus mort :

"Prenez des Eaux de fleurs d'Orange, de Chardon bénit, de chacune, deux onces, des Trochisques de Myrrhe, un scrupule, du Sirop d'Armoise, une demi-once. Mêlez le tout pour un Julep." (DCH, p 198)

Madame Fouquet note que la plante a "la vertu d'échauffer et de dessécher médiocrement" et en recommande l'usage.

– Contre les nerfs raccourcis :

"Prenez une chopine d'huile d'olives, une demy chopine de vin clairet ; faites bouïllir cela jusques à ce que le vin soit consommé ; après ajoûtez-y d'herbe à la Reyne[7] et des feuïlles d'armoise, de chacune une bonne poignée ; faites bouillir le tout pendant longtemps ; passez-le à travers un linge blanc avec expression. Gardés ce baume pour le besoin. Pour vous en servir, mettés de ce baume sur une feuïlle de choux rouge ou autre. Appliquez-le sur la partie chaudement deux fois le jour et continuez jusques à la guérison." (MFO, 1681 p 68 et 1765, Tome 1, p 25)

– Contre la rage tant pour les hommes que pour les animaux :

"Il ne faut prendre seulement que les feüilles des douze herbes suivantes qu'il faut cueïllir au mois de Juin ou Juillet à la pleine lune parce que pour lors elles sont dans leur plus grande force ; les faire secher dans des sacs de papier à l'ombre, panduës au plancher et renouveler toutes les années lesdites herbes pour s'en servir au besoin, car apres un an, toute leur vertu se perd. Prenez deux poignées de chacune de ces herbes : Armoise ou Artémise, Bétoigne, Petite Centaurée, Mélisse, Menthe, Polypode du chesne, Plantain, Sauge mineure, Verveine, Absinthe." Ces herbes étant cueillies et sèches comme nous avons dit, il les faut mettre toutes en poudre fort subtile, chacune à part, en prenant de chacune de la pesanteur d'un écu d'or ou environ. Des poudres ainsi mélées, vous en prendre le poids d'un écu d'or, ou de deux, et même jusqu'à trois, avec un verre de vin blanc, et donnerez pendant trois jours consécutifs cette dose au malade si c'est un homme. Il faut aussi tremper lesdits herbes dans du vin blanc, et puis en bassiner la playe, et la panser avec les onguents ordinaires ; si le malade a horreur de l'eau, il luy en faut faire avaler de force, ou quand il aura des bons intervalles, c'est-à-dire l'eau des dites herbes." (MFO, 1681 p 136) (texte revu et corrigé dans l'édition de 1765, Tome 1, p 325).

– Potion pour faire sortir une portion d'arrière faix, cf. Sureau

---

[7] Synonyme de Tabac, Petum.

Chez Mademoiselle d'Auvergne, on relève quelques remèdes simples pour traiter certains problèmes propres aux femmes :

– Eau pour faire venir les fleurs aux filles et aux femmes :

"Prenez une quantité de feuilles d'Armoise, dite vulgairement de la Saint Jean en sorte que vous puissiez en tirer environ quatre doigts de jus, à prendre le matin à jeun et continuer quelques jours." (MDA, p 16)

– Clystère ou lavement pour détourner les maux de mère ou passions hystériques :

"Faites une décoction avec armoise, mercuriale et matricaire ; la décoction faite, dissolvez-y une once de miel de nénuphar et six ou sept grains de castor préparé, avec un filet de vinaigre." (MDA, p 94)

## 6. Aunée, Aulnée, Campane, Enule, Helenium (*Inula campana* L) (Astéracées, ex Composées)

### – Ses propriétés :

Celles-ci sont nombreuses selon nos auteurs de référence.

Ainsi, Lémery lui prête les suivantes :

"Elle est détersive, atténuante, vulnéraire, sudorifique, propre pour l'asthme, pour les ulcères des poumons, pour résister au venin, contre les morsures des serpents, pour fortifier l'estomac et aider à la digestion, étant prise intérieurement ; on s'en sert aussi extérieurement pour la gratelle." (DUD, s v *Helenium*, p 354)

Pour Dom Alexandre, c'est principalement la racine qui est employée en médecine :

"L'Aunée est chaude et dessicative, abstertive, discussive, apéritive, pulmonique, stomachique, alexipharmaque et sudorifique. On s'en sert pour découper et chasser le tartre des poumons et des reins, dans la toux et dans l'asthme, pour corriger les crudités de l'estomac, pour ouvrir les ureteres, pour éloigner la peste et les autres maladies contagieuses et pour guérir la gale." (DBP, s v *Aulnée*, p 20)

Arnault de Nobleville précise que

"La racine d'aunée est regardée comme béchique, stomacale et apéritive. Elle sert contre l'asthme humide...; elle déterge les ulcères des phtisiques. Cette plante, appliquée extérieurement, est résolutive, détersive et bonne contre la galle." (DAP, s v *Aunée*, p 31)

### – Ses emplois :

Selon Madame Fouquet "la racine est apéritive et incisive, provoque (*i e* excite, est tonique) et digère, est bonne aux asthmatiques et aux estomacs froids."

Mais elle ne propose guère de l'employer dans des remèdes simples à préparer. En voici toutefois un qu'elle recommande pour traiter l'hydropisie, la gravelle et la rétention d'urine :

"Prenez une once de racine de Nulla campagna, la plus fraîche ; après l'avoir ratissée et coupée par etites tranches, la mettre infuser pendant vingt-quatre heures à froid dans chopine de bon et fort vin blanc, et en boire tous les matins à jeun un petit verre, c'est-à-dire que la chopine fasse trois verres pour trois jour, l'on peut déjeuner trois heures après et vivre à l'ordinaire, observant cependant de manger toute chose sèche et point de soupe et continuer jusqu'à parfaite guérison ; dans peu de jours, on ressent du soulagement. Ce Remede a été approuvé." (MFO, 1765, Tome 2, p 438)

Seules, quelques préparations de remèdes paraissent à la portée des Dames de Charité :

– Hydromel composé "contre la difficulté de respirer dans l'asthme, dans les embarras du rein ou de la vessie" :

"Prenez des racines d'Aunée coupées par morceaux, une demi-once. Faites-les bouillir dans trois chopines d'eau que vous réduirez à une pinte. Ajoutez-y sur la fin des feuilles d'Hysope, de Lierre terrestre, de chacune, une pincée ; du Miel blanc, une once et demie. Faites bouillir le tout quelques momens pour écumer le Miel une ou deux fois et retirez le vaisseau du feu. La Colature tiede pour boisson." (DCH, p 80)

– Vin Enulé-Stomachique :

"Prenez des racines récentes d'Aunée, ratissées et coupées par tranche, deux onces. Mettez-les à macérer à froid pendant quinze jours dans une pinte de bon Vin rouge, le vaisseau étant bien fermé. La dose est d'une ou deux cuillerées après le repas, en continuant pendant quelque tems.

L'usage de ce Vin aide à la digestion, en raffermissant le ton de l'estomac ; mais il suppose que ce viscere a été nettoyé par des purgations suffisantes, qu'il est seulement faible et qu'il ne s'agit que de le fortifier. Son effetest d'en rectifier et d'en ranimer les levains, d'en dissiper les vents, les gonflements et les aigreurs." (DCH, p. 98)

– Bol stomachique :

"Prenez de la Conserve d'Absinthe ou d'*Enula campana*, une demi-once, de l'Opiat de Salomon et de l'extrait de Genièvre, de chacun deux gros. Mêlez le tout pour prendre de la grosseur d'une noix muscade après le repas dans du pain-à-chanter." (DCH), p 251)

Mademoiselle d'Auvergne mentionne l'emploi de l'aunée mêlée avec plusieurs autres plantes dans une potion exigeant l'emploi d'un alambic pour ôter la fièvre quarte (p 122) ainsi que dans les remèdes suivants plus simples à préparer :

– Apozème pour désopiler le foie et la rate :

"Il faut prendre des racines de Campane, des racines de chardon roulant, du polypode de chesne et un bâton de réglisse, en mettre dans trois pintes d'eau pour réduire au tiers et en user à volonté soir et matin, à la quantité d'un bon verre." (MDA, p 69)

– Poudre pour l'hydropisie venteuse :

"Prenez une dragme de racines d'*Enula campana*, une dragme de graine de genièvre et une de réglisse, le tout pulvérisé et mélé ensemble ; de cette poudre ainsi mélée, prenez-en une dragme le matin pendant trois jours dans trois ou quatre doigts de vin blanc." (MDA, p 180)

– Ptisane pour guérir l'enflure (due à l'hydropisie ?), cf. Chardon Roland.

## 7. Bardane, Herbe aux teigneux, Glouteron, Lappa, Personata, (*Arctium* L.) (Astéracées, ex Composées)

### – Ses propriétés :

Lémery en distingue deux espèces, mais leur accorde les mêmes propriétés :

"Elles sont résolutives, diurétiques, sudorifiques, détersives, un peu astringentes, pectorales ; elles sont bonnes pour l'asthme, pour la pierre, pour le crachement de sang, pour les scrofules, pour la lèpre, pour la gale ; on s'en sert intérieurement et extérieurement." (DUD, s v *Bardana*, p 101)

Dom Alexandre complète ainsi cette brève note :

"Elle est pulmonique, diurétique, diaphorétique, abstersive, astringente, et par cette raison, elle convient à l'asthme, au calcul, au crachement de sang, aux plaies invétérées, à l'enflure de la rate et des autres parties, et spécifiquement à la goutte... La semence, donnée au poids d'une dragme dans du vin blanc, est salutaire contre la pierre des reins... Les feuilles s'appliquent aux plaies invétérées, aux brûlures, aux articles luxés. La racine et les feuilles sont estimées contre la pleurésie, sur-tout l'eau distillée, et contre le crachement de sang, quand même il dégénère en phtisie et en empiême. La racine est sudorifique et excellente dans les ptisannes qu'on ordonne dans les fièvres malignes et dans la petite vérole" (DAP, s v, *Bardane*, p 22)

Arnault de Nobleville (DAP, s v, *Bardane,* p 35) n'ajoute rien de plus à cette notice.

### – Ses emplois :

La bardane est généralement associée à de nombreuses autres plantes dans les recettes de remèdes proposées dans les manuels de médecine charitable.

Parmi les plus simples, on relève dans le *Manuel des Dames de Charité* celle d'un bouillon contre les maladies de la peau, comme pustules, galles, dartres, démangeaisons qui est présenté comme "un des plus assurés remèdes contre les maladies de la peau" :

"Prenez des racines de Patience sauvage, et de grande Bardane, lavées et coupées par tranches, de chacune, une once. Faites-les bouillir avec une demi-livre de Rouelle de Veau dans trois chopines d'eau que vous réduirez à deux bouillons. Ajoutez la dernière demi-heure du Cerfeuil et des sommités de Houblon, de chacun, une poignée ; de la Fumeterre, du Cresson de Fontaine, de chacun, une demi-poignée. Passez ensuite le tout par un linge avec une légère expression, et partagez-le en deux bouillons, à prendre un le matin à jeûn, et l'autre sur les cinq heures du soir, faisant fondre dans chacun un gros de Sel de Glauber." (DCH, p. 96)

Ou encore celle d'un cataplasme contre les loupes :

"Prenez des feuilles de grande Bardane, une poignée. Faites-les bouillir dans une chopine d'Urine, à la réduction de la moitié. Passez par un linge, et faites fondre dans cette Urine, sur un petit feu, une once de Sel commun, réduisant le tout en consistance de Miel épais ; étendez de ce mélange sur des étoupes ou sur une compresse, pour l'appliquer en Cataplasme, que vous renouvellerez soir et matin." (DCH, p. 335)

On peut aussi mentionner la recette que recommande Madame Fouquet, preuve à l'appui, pour soigner les descentes ou hernies :

"Prenez Racine de Bardane ou *Lapa major* ; raclez-les et les nettoyez bien ; coupez-les en tranches et les faire infuser dans du vin pendant une nuit et usez de ce vin à vôtre boire ordinaire ; il y a des personnes qu'il y avoit quarante ans qui en étoient incommodées, qui en sont guéries par le moyen de ce vin. Il faut porter un brayer[8] jusques à ce qu'on soit guéri." (MFO, 1765, Tome 2, p 66)

**Bec de grue**, ou **Herbe à Robert cf. ci-dessous : Geranium.**

[8] Bandage fait d'acier, que ceux qui sont sujets aux hernies et descentes sont obligés de porter (Furetière).

## 8. Benoîte, Benedict, Caryophyllata, Galliote, Herbe de Saint Benoît, Récise, (*Geum urbanum* L.) (Rosacées)

### – Ses propriétés :

Selon Lémery :

"Elle est fibreuse, incisive, atténuante, céphalique, cordiale, propre pour les cathares, pour dissoudre le sang caillé, étant prise en poudre ou en décoction." (DUD, s v, *Caryophyllata*, p 172)

Dom Alexandre qui reprend le texte de Lémery ajoute :

"Le vin dans quoi on les met infuser reçoit une odeur aromatique ; il rétablit, fortifie l'estomac et lui redonne son ressort naturel ; il convient aux opilations ou obstructions du foie, de la rate et du mésentère. Ses racines portées en forme d'amulette arrêtent toutes hémorragies, surtout celles des hémorroïdes." (DBP, s v, *Benoite* ou *Récise*, p 29)

Il rapporte en outre cette étonnante recette quelque peu empreinte des recommandations chères à la magie qu'il a recueillie chez le médecin Emmanuel Koenig qui

"ordonne de les cueillir avant le lever du soleil et de les porter pendues enfermées dans un nouet de linge pour guérir l'ophtalmie, fortifier la vue et en réprimer les larmes et les humeurs âcres qui sont dessus."

Arnault de Nobleville note en recopiant partiellement Geoffroy (*Traité de la Matière Médicale*, Tome 5, p 453) :

"Ses racines et ses feuilles sont d'usage. La racine fraîche est recommandée pour les cathares, et les embarras de la tête ; mais lorsqu'elle est sèche, elle est plus astringente et on l'utilise utilement dans les diarrhées, les flux de sang et les autres hémorragies : une poignée de la plante entière bouillie dans trois chopines d'eau réduites à moitié est fébrifuge et sudorifique ; son eau distillée dont on lave les marques que les enfans apportent quelquefois en naissant, les dissipe promptement. On recommande cette racine en poudre à la dose d'un gros dans un verre de vin chaud pour résoudre le sang coagulé dans ceux qui sont tombés d'un lieu élevé. Le suc des feuilles a la même vertu, il se donne à la dose de deux ou trois onces. Les feuilles pilées appliquées sur les poignets avant l'accès, guérissent quelquefois les fièvres intermittentes." (DAP, s v *Benoite*, p 41)

La benoîte n'est guère recommandée dans les remèdes simples à préparer. Madame Fouquet donne quelques recettes où elle mentionne l'emploi de la plante en lavement, pour purger la pituite, mais associée à d'autres plantes (MFO, 1765, Tome 1 p 377) ; seule, elle n'est prescrite qu'en boisson pour la douleur des intestins provenant du froid :

"Prenez de la *Benoîte* ou *Caryophyllata ;* faites-la cuire dans un pot ou poëlon avec du vin et bûvez de cette décoction." (MFO, 1765, Tome 2, p 199)

– Pour arrêter l'hémorragie des femmes accouchées, cf. Persicaire.

## 9. Bétoine, Betonica, (*Stachys officinalis* L.) (Lamiacées)

**– Ses propriétés :**

Dans l'Antiquité, elle avait la réputation de guérir un grand nombre de maux, et un traité entier sur ses vertus lui avait été consacré par un certain Mussa, faussement identifié au médecin de l'empereur Auguste.

Madame Fouquet s'en fait l'écho :

"On cueille ses feuilles et on les fait sécher pour s'en servir ; ses vertus sont admirables, servant presque de remede à tous les maux intérieurs du corps, prises en quelque maniere que ce soit." (MFO, Tome 1, p 458)

Lémery est plus réservé :

"La bétoine fortifie le cerveau et le cœur ; elle est vulnéraire ; on l'emploie intérieurement et extérieurement ; elle entre dans les sternutatoires." (DUD, s v *Betonica*, p 107)

Arnault de Nobleville se montre aussi bref, ne reprenant pas à son compte toutes les vertus que lui prête Geoffroy (*Traité de la Matière Médicale*, Tome 5, p 315) :

"La bétoine est résolutive, céphalique, hépatique et vulnéraire. On la recommande particulièrement contre la goutte et dans les maladies de la tête. En infusion, elle convient contre les vertiges, la migraine, l'engourdissement des membres et la paralysie. Les feuilles sèches et en poudre sont un puissant sternutatoire." (DAP, s v *Bétoine*, p 42)

En revanche, Dom Alexandre se veut plus complet :

"Elle est âcre et amère ; elle échauffe et dessèche, atténue, ouvre, déterge ; elle est particulièrement céphalique et hépatique ; puis splénique, pectorale, utérine, vulnéraire et enfin diurétique. Son usage est interne et externe, surtout dans les maux de tête ; elle entre dans les sternutatoires ; on en use à la manière de thé et on en applique les feuilles broyées sur les plaies de la tête auxquelles elle est spécifique ; aussi bien que l'emplâtre de bétoine, fort connu dans les boutiques et fort usité par les Chirurgiens. L'infusion ou la décoction de feuilles de bétoine est propre pour la jaunisse, les pâles couleurs, la cachexie et la sciatique. Les feuilles mâchées le matin sont bonnes à ceux dont les yeux pleurent toujours. Leur décoction faite en vin blanc appaise les douleurs des reins, en chasse la gravelle et guérit la jaunisse. Les feuilles fraîches pilées avec un peu de sel, appliquées, guérissent les ulcères caverneux et chancreux. Et introduites dans le nez en forme de tente, en arrêtent le saignement. Le tems bon pour cueillir la Bétoine qu'on veut conserver, est la pleine lune de Mars ou d'Avril" (DBP, s v *Bétoine*, p 30)

**– Ses emplois**

Les remèdes où il est fait appel à la bétoine sont assez nombreux dans les ouvrages de médecine charitable, mais dans la plupart d'entre eux, elle est associée à d'autres plantes, dans des préparations complexes.

En voici cependant quelques-unes assez faciles à préparer :
Le *Manuel des Dames de Charité* nous propose celles-ci :
– Hydromel balsamique contre la phtisie :

"Prenez des fleurs et sommités bien nettes et récentes de Bétoine, de Millepertuis, de Bouillon blanc, de Véronique mâle, de chacune, une demi-pincée, ou une pincée si l'on n'en prend que de deux espèces. Mettez le tout à infuser dans une pinte d'eau chaude l'espace d'une demi-heure dans un vaisseau bien fermé. Ajoutez-y ensuite du Miel de Narbonne ou du Miel blanc, une once et demie. La Colature tiede pour boisson." (DCH, p 82)

– Poudre sternutatoire dans l'apoplexie :

"Prenez des feuilles sèches de Bétoine, de Marjolaine, de fleurs de Muguet, de chacune, un gros. Pulvérisez-les et les mêlez exactement. Et soufflez-en dans le nez du malade avec un tuyau de plume." (DCH, p 222)

– Contre les larmoiements involontaires :

"Il faut prendre des feuilles récentes de Bétoine et en introduire une dans chaque Narine, les y laissant une demi-heure chaque fois ; ce qui sera répété de tems en tems." (DCH, p 441)

Madame Fouquet mentionne de nombreux remèdes où il est fait appel aux multiples propriétés attribuées à la bétoine :
– Contre la rage :

"*Prenez Bétoine, une bonne poignée, Vin blanc, un bon verre.* Il faut cueillir la Bétoine avant le Soleil levé, ou après le Soleil couché, la piler dans un mortier de marbre ou de pierre ou de bois avec un pilon de même, car il ne faut pas que la bétoine touche aucun métail ni fer ; versez-y en la broyant le verre de vin blanc, petit à petit, puis l'exprimez sans le faire toucher ni à linge ni à drap ; donnez à boire au malade à jeun trois matins consécutifs un verre de ce jus et trois heures après un bouillon rafraîchissant et nourrissant ; s'il y a plaie, appliquez y du marc par-dessus après l'avoir lavé de vin blanc tiède, ou avec de l'eau et du sel. La même chose se doit observer pour les animaux." (MFO, 1965, Tome 2, p 305)

Dans une autre version de cette notice, elle ajoute :

"Si c'est en hiver et qu'on ne puisse pas trouver de bétoine, vous en prendrez chez les Apothicaires, la même quantité." (MFO, Tome 1, p 327)

On pourra aussi employer la préparation décrite plus haut, cf. Armoise.
La recommandation de ne pas établir de contact entre la plante et le fer, de peur que le métal ne capte ses propriétés et la rende inefficace, figure déjà dans différents textes d'auteurs de l'Antiquité, comme Pline.
– Contre le mal de tête, provenant de cause froide :

"Prenez de Bétoine, de Marjolaine petite, de Tym, de Romarin, une poignée de chacune. Il faut faire secher toutes ces herbes au soleil ou au four si la chose presse, après avoir tiré le pain ; apres reduisez-les en poudre fort subtile et bien tamisée, de laquelle vous en mettrez soir et matin dans les narines. Elle est bonne pour purger le cerveau et ainsi, elle guérit le mal de téte." (MFO, 1681 p 250) (1765 Tome 1, p 2)

– Contre le rhume pour la difficulté de cracher, la toux :

"Prenez d'eau de bétoine distillée ou à son défaut, de la décoction des feuilles de bétoine une chopine, neuf onces sucre candy, cuisez cela en consistance de Syrop, duquel vous prendrez deux ou trois cuillerées, tous les soirs et tous les matins." (MFO, 1681, p 272 et 1765 Tome 1, p 93)

– Pour les douleurs des dents provenant de cause chaude :

"Ayez de la *Bétoine* ou de la *Rhuë*, faites-la cuire dans un poêlon avec du *Vin vieux*, ou du *vinaigre* et lavez la bouche et la dent avec cette décoction de temps en temps." (MFO, 1765, Tome 2, p 58)

– Pour les flux de ventre :

"*Prenez Syrop d'Absinthe, Miel Rosat, Eau de Bétoine, Eau de Fenouil, eau d'Alvine*[9]*, autant de l'un que de l'autre.* Mêlez tout cela ensemble, et en prenez pendant quatre ou cinq jours quelques cuillerées le matin, midi et le soir." (MFO, 1765, Tome 2, p 116)

– Pour les gouttes :

"Prenez des *racines de bétoine*, faites-les cuire dans de l'eau, et buvez cette décoction. La feuille de la dite *bétoine* broyée et appliquée sur le mal y est très souveraine." (MFO, 1765, Tome 2, p 157)

– Pour toutes sortes de ténesmes :

"*Prenez Bétoine, 1 poignée, Vin blanc, 1 chopine.* Mettez le tout dans un coquemar ou autre pot ; faites-le bouillir et donnez quatre onces de cette décoction au malade tous les matins pendant neuf ou dix jours." (MFO, 1765, Tome 2, p 342)

– Contre la rage tant pour les hommes que pour les animaux, cf. Armoise.
– Emplâtre pour les enflures des testicules, cf. Lierre
– Pour le mal caduc, cf. Marjolain.

[9] Absinthe.

## 10. Bouillon blanc, Bon-homme, Cierge de Notre-Dame, Herbe de Saint Fiacre, Molène, Mollaine, (*Verbascum thapsus* L.) (= *Tapsus barbatus*), (Scrofulariacées)

**– Ses propriétés :**

Celles qui lui sont attribuées par nos auteurs de référence sont assez nombreuses.

Selon Lémery :

"Elle est détersive, anodine, astringente résolutive ; elle arrête les cours de ventre ; elle adoucit la douleur des hémorroïdes, étant appliquée dessus." (DUD, s v *Verbascum*, p 780)

Dom Alexandre est plus précis :

"Cette plante est médiocrement chaude, dessicative, émolliente, discussive, anodine et vulnéraire. Son principal usage est dans les maux de poitrine, la toux, le crachement de sang et les tranchées du ventre. On croit que la racine prise durant huit ou dix jours de suite, arrête le flux et la douleur des hémorroïdes. pour le ténesme joint à la dissenterie, mal difficile à guérir, on fait cuire le bouillon blanc dans du lait de vache pour en fomenter la partie." (DBP, s v *Bouillon blanc*, p 35)

Arnault de Nobleville note, recopiant partiellement la notice de la *Suite de la Matière Médicale* de Geoffroy (Tome 3, p 281) :

"Cette plante est adoucissante, vulnéraire, résolutive, pectorale ; la décoction de ses feuilles entre dans les lavements anti-disssentériques ; on prend les fleurs par pincées comme du thé, et on les fait entrer dans les tisanes et apozèmes béchiques pour adoucir les âcretés du sang et calmer la toux. Extérieurement, les feuilles bouillies dans l'eau ou dans le lait servent dans les fomentations émollientes contre les dispositions inflammatoires du bas ventre : on trempe des flanelles dans cette décoction que l'on applique sur toute l'étendue du ventre, après les avoir bien tordues ; ce que l'on renouvelle à mesure qu'elles refroidissent. Cette décoction sert encore contre les hémorroïdes douloureuses et enflammées, elle les résout et en calme la douleur." (DAP, s v *Bouillon blanc*, p 48)

Le *Manuel des Dames de Charité* fait appel aux propriétés du Bouillon blanc dans différentes recettes de remèdes :

– Fomentations émollientes :

"Prenez des feuilles de Mauve, de Pariétaire, de Violier, de Bouillon blanc. De chacune, une ou deux poignées, si vous n'en prenez que deux espèces. Faites-les bouillir dans trois chopines de Lait, et autant d'Eau commune, jusqu'à la diminution du tiers. Trempez-y un morceau de Flanelle, que vous exprimerez ensuite fortement, pour l'appliquer le plus chaudement qu'il sera possible sur la Partie malade ; ce qu'on réitérera plusieurs fois le jour." (DCH, p 307)

– Lavement anodin ou adoucissant :

"Prenez des feuilles de Bouillon-blanc, une poignée ; de la graine de Lin, deux pincées. Versez dessus une chopine d'eau bouillante et laissez reposer le tout jusqu'à ce que l'infusion soit tiède. Passez ensuite et ajoutez un jaune d'œuf bien délayé dans un peu d'eau chaude. Pour un Lavement, à donner deux fois." (DCH, p 123)

– Liniment contre les hémorroïdes gonflées et douloureuses :

"Quand les hémorroïdes fluent immodérément, on se servira extérieurement d'une Fomentation faite avec les feuilles de Bouillon-blanc, la Millefeuille, la Pervenche et les Roses rouges, de chacune, une demi-poignée, le tout bouilli dans trois setiers d'Eau et autant de Vin rouge, que l'on réduira à une pinte. On trempe des compresses dans cette Décoction simplement dégourdie, et on les applique sur le Fondement, les renouvellant à mesure qu'elles se sechent. On purgera le Malade une ou deux fois pendant le traitement avec notre Potion laxative douce ou Eau de Casse simple." (DCH, (p 345)

– Hydromel balsamique contre la phtisie, cf. Bétoine.
Madame Fouquet propose plusieurs remèdes simples à préparer :
– Contre la teigne contagieuse ou Rache :

"Prenez de l'herbe appelée boüillon blanc, en Médecine *Tapsus barbatus ;* pilez-la dans un mortier ; prenez ensuite l'herbe et le jus ; faites tiédir le tout dans un plat ou sur une assiette ; étendez-le sur du linge et appliquez-le sur la tête du teigneux, changez matin et soir l'appareil : continuez cela durant quelques jours. Notez qu'avant l'application il faut avoir tondu ou rasé le poil de la tête teigneuse, et qu'il faut tenir le plus nettement qu'on pourra." (MFO, 1681, p 181)

– Pour les morsures de serpents :

"Il faut d'abord faire de petites et legeres scarification sur la partie mordue et appliquer par dessus une ventouse, afin d'en attirer le sang, et avec luy le venin… cela fait, vous mettrez dessus de bon Thériaque… En même temps, si vous pouvez trouver de l'herbe nommée bouillon blanc, il faut en exprimer le jus et en donner à boire du poids de deux ou trois onces." (MFO, 1681 p 147 et 1765, Tome 1, p 325)

– Pour les nerfs foulés :

"*Prenez des fleurs de Bouillon blanc une poignée, Fleurs de Millepertuis, 1 poignée, Feurs de Camomille, 1 poignée, Vin blanc, une chopine*. Faites bouillir le tout dans la chopine de vin blanc, à la réduction de la moitié, coulez cela, trempez dans cette décoction un linge et l'appliquez sur le mal." (MFO, 1765, Tome 1, p 22)

– Pour les flux de ventre :

"*Prenez Graines et Fleurs de Bouillon blanc, une poignée, Fleurs de Camomille, 1 poignée*. Faites sécher les susdites choses et les réduisez en poudre avec de la *Thérébentine*, et en mettez en emplâtre au fondement." (MFO, 1765, Tome 2, p 127)

– Pour les hémorroïdes :

"Prenez feuilles et fleurs de bouillon blanc, une demie poignée, Jaune d'œuf, un seulement, Mie de pain un peu. Broyez tout cela dans un mortier et en faites un cataplasme que vous appliquerez sur le mal." (MFO, 1765, Tome 2, p 173)

– Pour les loupes :

"Prenez bouillon blanc, faites-le cuire avec du vin rouge vermeil et les en étuvez souvent." (MFO, 1765, Tome 2, p 212)

– Pour les érésipèles, cf. Lierre

Mademoiselle d'Auvergne a recueilli les trois remèdes suivants, simples à préparer :

– Lavement astringent ou resserrant :

"Prenez feuilles de plantain, bouillon blanc et bourse de pasteur, de chaque deux poignées, roses rouges, une poignée ; faites-en décoction en eau ferrée, c'est-à-dire où on aura éteint par plusieurs fois une bille d'acier toute rouge, et dans une livre de cette décoction coulée, vous y dissoudrez un jaune d'œuf." (MDA, p 96)

– Poudre pour empêcher de pisser au lit :

"Prenez graine de boüillon blanc, graine d'orties-grièches, graine de verveine, mastic, fèves sauvages des plus grosses, parties égales ; pilez le tout ensemble quand cela sera sec, mettez la poudre en vin blanc sept ou huit matins, à la quantité d'un posson de vin, et du poids d'un écu d'or de la poudre." (MDA, p 191)

– "Onguent contre les hémorroïdes internes et externes du Frère la Forest" :

"Il faut prendre une demie once de sarcocole, une demie once d'onguent rosat et un quart d'once d'huile de fleur de bouillon blanc, mêler le tout ensemble, et en faire un onguent, et estant un peu chaud, en frotter les hémorroïdes avec une plume deux fois par jour ; et si elles sont internes, enduire dudit onguent quelque peu de coton, et le faire entrer dans le fondement avec une canulle." (MDA, p 250)

## 11. Bourrache, (*Borago officinalis* L.) (Boraginacées)

**– Ses propriétés :**

Nos auteurs de référence ne s'étendent guère sur les vertus de cette plante.

Nicolas Lémery note sobrement :

"Elle adoucit les âcretés du sang et des autres humeurs, en liant ou condensant leur sel par son suc gluant ; elle lâche le ventre." (DUD, s v *Borrago*, p 120)

En revanche, Dom Alexandre et Arnault de Nobleville sont plus complets :

Selon Dom Alexandre :

"Elle est une plante potagère assez connue qui est cordiale, chaude et humide ; elle corrige la bile noire et aduste ; elle réjouit les esprits vitaux et animaux infectés par la bile noire, en un mot, elle remédie à tous les maux que cette bile cause et à la maladie hypocondriaque ; elle adoucit les âcretés du sang et des autres humeurs ; ses fleurs sont mises au nombre des trois fleurs cordiale. On donne un verre de son suc aux pleurétiques avec beaucoup de succès, qu'on couvre bien pour exciter la sueur qui les guérit ; au défaut du suc, on peut donner de son eau distillée." (DBP, s v *Bourrache* ou *Bourroche*, p 38)

Quant à Arnault de Nobleville, il note, en recopiant partiellement l'ouvrage de Geoffroy (*Traité de la Matière Médicale*, Tome 5, p 344) :

"La Bourrache passe pour être tempérée quoiqu'on la compte parmi les remèdes cordiaux, la fleur étant une des quatre fleurs cordiales (bourrache, buglosse, violette, rose). Cette plante lève les obstructions, excite les urines, les sueurs et la transpiration ; on la prescrit utilement dans la pleurésie, la péripneumonie, et dans les maladies inflammatoires. Ses fleurs et ses feuilles entrent dans les apozèmes et bouillons altérants et légèrement apéritifs ; on pile les feuilles et on en donne le suc puré, depuis deux onces jusqu'à six que l'on adoucit avec quelque sirop pectoral ou autre, suivant l'indication."

Mais il ajoute ici un conseil qui s'adresse à ceux et celles - notamment les Dames de Charité - qui voudraient conserver le suc des plantes récoltées pour un emploi au cours des mois où il est impossible d'en trouver dans la nature, notamment en hiver.

"Comme on ne peut pas avoir aisément pendant l'Hiver les sucs des plantes, il est à propos de les tirer pendant l'Eté et de les conserver pour s'en servir au besoin ; pour cela après en avoir rempli une bouteille jusqu'à deux doigts du goulot ; on verse dessus de l'huile d'olives pour les empêcher de moisir et de s'aigrir.

Quant à la façon de tirer le suc des plantes, en voici une dont on peut se servir. Prenez telle quantité que vous voudrez de Bourrache, hachez-la et la pilez un peu ; mettez-la ensuite dans un pot de terre vernissé, couvrez-le bien et le placez dans le four après qu'on en a tiré le pain et le laissez pendant six heures ; passez ensuite par un linge avec une forte expression, et faites bouillir quelques momens pour écumer ; coulez ensuite et gardez la liqueur pour l'usage." (DAP, s v *Bourrache*, p 50)

**– Ses emplois :**

On trouve dans le Recueil de Madame Fouquet plusieurs formules de remèdes contenant de la bourrache, relativement simples à préparer :

– Pour ôter les marques ou taches de naissance du visage aux enfants :

"Prenez une once ou davantage de racine de bourrache, ôtez-en le cœur, c'est une certaine corde ou filet qui se trouve au milieu ; faites-les tremper dans du vinaigre rosat du plus fort, bassinez-en souvent les marques avec une petite éponge que vous y tiendrez mouillée autant qu'il se pourra et toujours s'il se peut pendant quelque espace de temps. Ces marques ou enleveures s'évanouiront peu à peu par succession de temps." (MFO, 1681 p 189 et 1765, Tome 1, p 64)

– Pour la pleurésie ;

"Un verre de buglose ou de bourrache quand on est échauffé, le prendre soir et matin." (MFO, 1681 p 210)

– Pour la pleurésie et fausse pleurésie :

"Prenez quantité de bourrache, laquelle (si le malade étoit aux "extrémités) on mettra dans un mortier de fonte, ou de marbre, ou autre, et vous la battrez avec un pilon de fonte, et le jus qui en proviendra, on le fera boire au malade ; apres quoy, on le couvrira de quantités de couvertes....Et cependant on demeurera auprès de luy pour le soulager dans l'évacuation du remede qui le fera extrémement suer ; et ensuite qu'il aura bien sué, on le sechera et on luy donnera une bonne écuelle de boüillon, ou demy écuelle, on verra le malade entierement ressuscité." (MFO, 1681, p 263)

– Contre la pleurésie :

"Prenez jus de Buglose ou Bourrache, un demi verre, jus de fleurs de Genest, un demi verre. Mêlez les deux liqueurs ensemble, faites-les chauffer dans une écuelle et les donnez au malade, le plus chaud qu'il se pourra, couvrez-le bien ensuite, et le faire coucher sur le côté qui lui fait mal, si faire se peut, sinon sur le dos ; si cela ne fait point d'effet la première fois, réïterez jusqu'à trois fois : et en cas qu'on ne puisse pas trouver de l'eau de fleur de *Genest*, il en faut prendre autant de *Chicorée sauvage :* si dans l'hiver on ne peut avoir de jus de *Buglose* ou de *Bourrache*, il suffira d'en prendre d'eau distillée des mêmes herbes, qui aura presque la même vertu." (MFO, 1765, Tome 1, p 83)

– Contre la toux et la difficulté de cracher lorsque l'humeur est trop subtile :

"Prenez demy poignée d'orge mondé, deux racines de bourrache, vingt-quatre grains de raisin de panse, vingt-quatre prunaux de damas, six dattez et six figues ; vous ferez cuire le tout dans deux pots d'eau commune jusques à la réduction de la moitié, et sur la fin de la décoction, vous ajoûterez demy once de reglisse, vous coulerez cette décoction par un linge, mettez-la dans un poêlon ou petite bassine, vous y ajoûterez demy livre de sucre et vous le ferez cuire jusques à la consistance d'un syrop, duquel vous userez le matin et le soir et quelquefois pendant le jour, longtemps apres le disné."(MFO, 1681, p 271)

– Contre les accès de la fièvre tierce :

"Prenez du jus de bourrache, un demi verre, melés-le avec autant de vin blanc et faites l'avaler au malade ; lorsque le froid commence de le saisir, si l'accès commence par le froid. Si les accez continuent, il faut aussi continuer ce Remède au moins 3 ou 4 fois, de quelle nature que ce soiient les accez, ou Tierce, ou Quarte, ou Quotidienne ; il se faut mettre au lit pour suër s'il se peut." (MFO, 1681, p 345 et1765, Tome 1, p 208)

– Pour guérir les tranchées d'une femme quand elle est accouchée :

"*Prenez Sirop violat, 1 once, Eau de Bourrache, demie once, Huile d'amandes douces, 2 onces*. Mêlez bien le tout ensemble et le donnez à la malade dans une seule prise." (MFO, 1765, Tome 1, p 190)

– Pour la petite vérole :

"Prenez quatre onces d'*eau de Bourrache*, autant d'*eau de Chardon béni*, autant d'*Eau rose* et quatre onces de *Sucre*, faites une potion de tout cela et donnez-en au malade avec une cuilliere trois fois le jour ; et dans une cuillerée de cette potion, il faudra y mettre dix grains de poudre de *Vipere*." (MFO, 1765, Tome 1, p 233)

– Pour toutes sortes de maladies du foie :

"Les tiges de *Bourraches*, mangées cuites ou crues y sont merveilleuses." (MFO, 1765, Tome 2, p 140)

– Pour la douleur de la tête provenant de la mélancolie :

"Donnez au malade du *Syrop de Bourrache* ou de *Scolopendre*, ou de *Fumeterre*, avec de l'eau de Buglose ou décoction de *Sauge* ou de *Thim*." (MFO, 1765, Tome 2, p 349)

– Pour le battement de cœur :

"*Prenez fleurs de Bourrache, une pincée, Fleurs de Romain, une pincée, Racines de Buglosse, une pincée, Safran, une dragme, Suc de Coings, 4 onces, Vin blanc, du meilleur, 1 pinte*. Mettez toutes les susdites drogues dans une bouteille de verre bien bouchée, laquelle vous mettrez dans du fumier de cheval pendant quinze jours, faites distiller cela ensuite dans un alambic ; conservez cette eau qui distillera pour vous en servir pour le battement de Cœur." (MFO, 1765, Tome 2, p 37)

– Apozème pectoral-adoucissant, cf. Capillaire.
– Contre la pleurésie et la péripneumonie, cf. Chicoré.
– Pour le ténesme, cf. Mauve.

Si Mademoiselle d'Auvergne mentionne quelques remèdes où entre la bourrache, ils sont généralement complexes, comme les pilules angéliques ou les sirops de vie, réputés pour guérir de très nombreuses affections. Elle cite toutefois quelques remèdes simples à préparer. En voici deux :

– Liqueur contre les vapeurs :

"Il faut prendre un verre de jus de Bourache, avec le poids d'un écu de confection de Yacinthe et deux goutes de vinaigre, et si on peut avoir de l'eau de Morelle, y en mettre autant d'une que d'autre, et le faire boire au malade." (MDA, p 44)

– Liqueur contre la pleurésie :

"Il faut prendre un posson de jus de bourrache, avec une once de sucre et le faire boire au Malade."

(MDA, p 48)

On relève dans le *Manuel des Dames de Charité* une recette de remède pour traiter la pleurésie et la péripneumonie (cf. Chicorée), ainsi qu'une formule de préparation d'un apozème pectoral adoucissant (cf. Capillaire).

## 12. Bourse à pasteur, Bursa Pastoris, Bourse à berger, Tabouret, (*Capsela bursa pastoris* (L) Medik.) (Crucifères = Brassicacées)

### – Ses propriétés :

Lémery les cite brièvement :

"Elle est astringente, dessicative, vulnéraire, propre pour arrêter le cours de ventre et les hémorragies." (DUD, s v *Bursa pastoris*, p 131)

Dom Alexandre, à son habitude, résume ainsi ce qu'il a pu noter dans les ouvrages qu'il a consultés :

"Les feuilles sont dessicatives et astringentes ; on s'en sert dans l'hémorragie du nez, dans les crachements de sang, la diarrhée, la dysenterie, le pissement de sang et les pertes de sang des femmes ; pour lesquelles maladies on en donne le suc jusqu'à quatre onces, et on emploie la plante dans les ptisanes et dans les lavements. Son usage externe est pour consolider les plaies, pour arrêter les saignements du nez, en la faisant flairer au malade, froissée entre les doigts, la mettant sous les aisselles, sur la nuque du col et sous la plante des pieds à nud. On en fait des cataplasmes fébrifuges, pour appliquer sur les deux poignets, y joignant des feuilles de plantain, un peu de safran et de camphre, le tout pilé ensemble, qui guérissent les fièvres intermittentes." (DBP, s v *Bourse à berger,* p 38)

Quant à Arnault de Nobleville, il a largement recopié Geoffroy (*Traité de la Matière Médicale*, Tome 5, p 399) :

"On regarde cette plante comme vulnéraire, astringente et rafraîchissante ; c'est pourquoi on l'emploie utilement dans toutes les hémorragies et même dans les diarrhées et les dysenteries ; on la prescrit à la quantité d'une poignée bouillie ou infusée dans de l'eau ou dans du vin rouge, ou son suc clarifié à la dose de quatre ou six onces, ou les feuilles séchées en poudre à la dose d'un gros. On la fait aussi entrer dans les bouillons, décoctions et lavements propres contre ces maladies. Plusieurs Médecins la regardent comme spécifique dans le pissement de sang. Quant à son usage extérieur, la plante pilée introduite dans les narines et appliquée sur la nuque du cou et sous les aisselles arrête le saignement de nez. Un savant Médecin assure s'en être servi souvent avec succès, réduite en cataplasme avec un peu de vinaigre ou pilée avec du plantain et appliquée sur la région du pubis pour les règles trop abondantes." (DAP, s v *Tabouret*, p 411)

**– Ses emplois :**

Le *Manuel des Dames de Charité* ne cite guère cette plante. Elle la mentionne toutefois dans la recette d'un remède simple à préparer sous forme de cataplasme contre les règles immodérées :

"Prenez des feuilles de Tabouret ou Bourse à Pasteur et de Plantain, de chacune, une poignée. Arrosez-les de Vinaigre, en les pilant dans un mortier. Faites-les cuire dans une poële en consistance de Cataplasme que vous appliquerez le plus chaudement qu'il sera possible sur le Pubis." (DCH, p 334)

Madame Fouquet note que cette plante "sert pour arrêter toutes sortes de flux" mais la prescrit peu, sinon pour traiter les flux de ventre :

"Prenez jus de Plantain, 3 onces, jus de Pourpier, 3 onces, jus de Bourse de Pasteur 3 onces. Mêlez tout cela ensemble, faites-le un peu chauffer sur les cendres chaudes et le donnez en lavement au malade." (MFO, 1765, Tome 2, p 121)

– Lavements astringents, cf. Bouillon blanc.

**Bryone, cf. Coulevrée.**

### 13. Bugle ou petite Consoude, moyenne Consoude, Bugula, Consolida media, Symphytum medium (*Ajuga reptans* L) (Lamiacées)

A ne pas confondre avec la grande consoude cf. ci-dessous.

#### – Ses propriétés

Lémery qui en distingue deux espèces, leur accorde des propriétés identiques :

"Les deux espèces sont vulnéraires, propres pour l'asthme, pour les ulcères du poumon, pour purifier le sang, pour déterger et consolider les plaies." (DUD, s v *Bugula*, p 129)

Dom Alexandre lui reconnaît de nombreuses propriétés :

"Le bugle est une plante très vulnéraire, qui croît aux lieux humides et ombrageus, usitée tant intérieurement qu'extérieurement ; elle convient à la jaunisse, à l'obstruction du foie, à la rétention d'urine, aux hernies, à l'asthme, aux ulcères du poumon ; elle purifie le sang ; elle déterge et consolide les plaies ; elle entre dans les potions vulnéraires. Elle est bonne aussi pour les hémorragies, comme crachement de sang, dyssenteries, pertes de sang des femmes et autres." (DBP, s v *Bugle* ou *Consoude* moyenne, p 43)

Arnault de Nobleville insiste surtout sur ses propriétés vulnéraires (cf. Geoffroy, *Traité de la Matière Médicale*, Tome 5, p 394) :

"Cette plante est vulnéraire, astringente, soit qu'on l'applique à l'extérieur, soit qu'on l'emploie intérieurement ; on la recommande dans toutes les hémorragies, le crachement de sang, la dissenterie et les fleurs blanches. On prescrit les feuilles dans les infusions, les apozèmes et les bouillons vulnéraires à la dose d'une poignée et les fleurs depuis une pincée jusqu'à deux, ou seules ou mêlées avec la Sanicle et les autres herbes vulnéraires ; le suc des feuilles, exprimé et clarifié, se donne depuis quatre jusqu'à six onces ; il a les mêmes vertus ; de plus, on a l'expérience que cette plante dissout les concrétions du sang dans quelque endroit qu'elles soient. C'est pourquoi on en fait boire la décoction ou le suc à ceux qui sont tombés d'un lieu élevé ; on l'ordonne encore pour les coupures, les fractures et pour les plaies tant internes qu'externes. Un savant Médecin dit que l'onguent fait de feuilles de Bugle et de Sanicle pilées et cuites avec du saindoux est excellent pour guérir toutes sortes de de contusions et de plaies, ce qui a donné lieu à ces deux vers :

Avec le Bugle et la Sanicle

On fait aux Chirurgiens la nique. (DAP, s v *Bugle*, p 54)

Madame Fouquet classe la consoude parmi les plantes vulnéraires et nous livre plus précisément la "Méthode de cueillir et se servir des herbes vulnéraires - dont le bugle - qui se trouvent en montagne", c'est-à-dire comment il convient de récolter celles-ci, les conserver, les préparer et les utiliser :

"Ce sont : Pirolle, Pied de Lion, Sanicle, Petit sanicle ou Luisantine, Bugle, Angélique sauvage, Verge d'or. Au mois de Juillet, depuis le plein de la lune jusques au renouveau, il faut envoyer à la montagne un homme exprés, qui cueille de toutes les herbes susnommées, en aussi grande quantité qu'il se pourra chacune, lesquelles il mettra dans des sacs, et lesquelles étant cueïllies le plus promptement que faire se pourra, seront portées au lieu preparé pour les faire secher, après avoir été soigneusement épluchées de toutes autres herbes et mousses, qui se méle en les cueillant, et il faut separer chaque sorte à part ; après quoi, elles doivent être étenduës dans une chambre sur des linges et couvertes d'autres linges afin qu'elles se sechent nettement et également ; et quand elles seront bien seches, vous les mettrez dans des sachets de papier bien pressées ; et quand vous vous en voulés servir, il en faut prendre de chacune par égale quantité autant qu'il en faut pour faire le poids d'une once, ou une bonne poignée, toutes mêlées ; vous les briserez assez menuës et les mettrez avec une pinte de vin blanc dans un pot de terre neuf ou de fonte bien net de toute graisse et les ferez boüillir bien couvertes l'espace qu'il faut pour cuire un œuf frais bien dur, et les sortirez du feu, les laissant toûjours dans le pot couvertes ; et quand vous en voudrez prendre, ce doit être le matin à jûn et deux heures avant souper, vous en coulerez un petit verre, et vous le ferez un peu chauffer devant que le prendre. Il faut observer que quand il y a fièvre, il faut mettre la moitié d'eau pour les cuire, et quand la necessité est pressante, il ne faut point s'arrêter au matin ni au soir ; la dite potion est bonne et utile à toute heure et il la faut prendre plus chaude." (MFO, 1681, p 237)

## 14. Buglosse, Buglose, Buglossum (*Anchusa officinalis* L.) (Boraginacées)

### – Ses propriétés

Lémery note qu'elle :

"est humectante, pectorale, elle adoucit les âcretés du sang et elle purifie, elle fortifie le cœur et elle excite de la joye ; la fleur est une des trois fleurs cordiales." (DUD, s v *Buglossum*, p 128)

Dom Alexandre reprend le texte de Lémery en lui ajoutant :

"La buglose a les mêmes vertus que la bourrache et que l'une est le substitut de l'autre. L'eau distillée des fleurs ou des feuilles passe pour spécifique des suffusions grossières des yeux. Son suc est mucilagineux et difficile à exprimer ; et il est bon, avant que d'en faire l'expression, de mettre la plante pendant une nuit dans l'humidité."

Il note qu'il existe aussi une buglosse sauvage ou herbe aux vipères (*Echium* ou *Buglossum sylvestre)* que l'on "estime propre contre les morsures de vipère, à cause de sa semence ressemble à la tête de cet animal." (DBP, s v *Buglose*, p 43)

Arnault de Nobleville précise de son côté (cf. Geoffroy, *Matière Médicale*, Tome 5, p 390)

"La Buglosse a les mêmes vertus que la Bourrache ; on les joint presque toujours ensemble, ou on les substitue l'une à l'autre. On emploie les fleurs et les racines dans les décoctions béchiques et dans les apozèmes et bouillons altérants et rafraîchissants. Les fleurs son du nombre des fleurs cordiales. Le suc se donne avec succès dans la pleurésie et la pneumonie." (DAP, s v *Buglose*, p 56)

### – Ses emplois :

On relève seulement dans le *Manuel des Dames de Charité* l'emploi de la plante dans la recette d'un apozème contre la pleurésie et la péripneumonie, cf. Chicorée.

En revanche, Madame Fouquet, après avoir noté que la plante "est bonne au cœur et purifie le sang", propose de l'utiliser dans la préparation de plusieurs remèdes relativement simples :

– Contre les bruits de tête, le mal de cœur et pour rafraîchir :

"Prenez de l'Eau commune à boire, trois pots et demy, Racine de patience, 2 onces, Racines de buglose, 4 onces, Réglisse coupée par morceaux, 4 onces. Il faut bien laver ces racines et les couper par roüelles et les mettre dans un coquemar dargent ou de grais avec l'eau commune, les faire boüillir jusques à la diminution d'un tiers ; Après, vous jetterez dedans la reglisse et retirerez le coquemar du feu ; laissez infuser tout cela ensemble pendant toute la nuit ; le lendemain, vous les coulerez. Il faut prendre chaque matin un plein verre de cette décoction avec une cuillerée de syrop violat mélez ensemble à jûn et ne manger pas jusques au dîner." (MFO, 1681 p 255 et 1765, Tome 1, p 2)

– Pour les ulcères de la bouche :

"La feuille de Buglosse ou de Plantain appliquée sur les ulceres ou chancres y est très bonne ; le suc y est encore meilleur." (MFO, 1765, Tome 2, p 8)

– Pour le mal de cœur provenant de cause froide ou sèche :

"Prenez Stechas[10] avec du suc de Buglose ou du suc de pommes douces et en donnez à boire au malade." (MFO, 1765, Tome 2, p 35)

– Pour les flux de diarrhée :

"Prenez Eau de Rose, Chopine, Eau de Buglosse, Chopine, Eau de Plantain, Chopine, de tous les Sandaux[11], deux dragmes, Sucre, demi quarteron. Mettez tout ce que dessus dans une bassine sur un peu de feu, remuez-le toujours jusqu'à ce que le sucre soit fondu ; cela fait, ôtez le de dessus le feu, et conservez ce Julep pour en donner au malade le matin et après le repas." (MFO, 1765, Tome 2, p 119)

– Contre la mélancolie :

"On utilise l'eau de buglosse avec une dragme d'orviétan." (MFO, 1765, Tome 1, p 343)

– Pour le battement de Cœur, lorsque le malade n'a point de fièvre :

"Donnez au malade dx dragmes d'*électuaire* fait de la poudre de *Diamargueriton chaud* et de la troisième partie de la poudre de gemmis ; faites lui boire ensuite de l'eau de *buglosse* et de *mélisse*, environ deux onces de chacune, que vous mêlerez bien ensemble auparavant de lui donner." (MFO 1765, Tome 2 p 35)

– Pour la douleur de la tête provenant de la mélancolie, cf. Bourrache
– Liqueur pour la pleurésie, cf. Bourrache.

---

[10] Stechas : lavande stoechas.

[11] Pour santaux, *i e* bois de Santal importé des Indes ; il en était utilisé de trois sortes (citrin, blanc et rouge) ; cf. Lémery (DUD, s v *Santalum*, p 672).

## 15. Cabaret, Asaran, Asarum, Girard Roussin, Nard sauvage, Oreille d'homme, Oreillette, Rondelle, (*Asarum europaeum* L.) (Aristolochiacées)

**– Ses propriétés :**

Selon Lémery :

"Elle purge doucement par le haut et par le bas les humeurs séreuses et pituiteuses ; elle est apéritive, elle lève les obstructions. La dose e est depuis demi dragme juqu'à deux dragmes en infusion, et depuis demi- scrupule jusqu'à une dragme en poudre ; on l'emploie aussi dans plusieurs compositions où elle ne produit aucun effet vomitif parce qu'elle y est mêlée avec beaucoup d'autres ingrédients : si l'on en fait prendre en décoction ou en tisane, elle excite l'urine, mais alors elle ne fait point vomir." (DUD, s v *Asarum*, p 74)

Dom Alexandre est plus complet :

"Le cabaret purge violemment par haut et quelquefois par bas, la pituite grossière avec la bile. Il est chaud, dessicatif et diurétique ; il lève les obstructions de la rate, du foie et de la vésicule du fiel ; il convient à la goutte, à l'hydropisie, à la jaunisse, aux fièvres tierces et quartes.... Une dragme de la racine de Cabaret en poudre suffit pour faire vomir et purger par bas ; on en donne dans la fièvre quarte, dont la cure dépend du vomissement. Il faut remarquer que cette poudre opère diversement suivant la diversité de sa préparation. Plus elle est subtile et déliée, plus elle pousse efficacement le flux menstruel et l'urine et mieux elle fait vomir ; plus elle est grossière, moins elle soulève l'estomac et n'agit que par les selles. La décoction de la racine se prépare dans du vin et dans de l'eau simple ; dans du vin, elle est émétique et purgative et dans de l'eau, c'est un puissant diurétique pour guérir les maladies chroniques et les fièvres intermittentes invétérées." (DBP, s v *Cabaret* ou *Oreille d'homme*, p 44)

Arnault de Nobleville (cf. Geoffroy, *Traité de la Matière Médicale*, Tome 5, p 224) complète le texte de Dom Alexandre

"Ses racines et ses feuilles sont émétiques, purgatives, diurétiques et apéritives...la poudre bouillie dans de l'eau est d'une grande utilité dans la jaunisse l'hydropisie, la sciatique et la goutte. Il excite les urines et les règles ; mais les femmes grosses doivent s'en abstenir. Les feuilles purgent plutôt que les racines. Extérieurement la poudre des feuilles est un excellent sternutatoire dans les maux de tête invétéré." (DAP, s v *Cabaret*, p 58)

**– Ses emplois :**

Le *Manuel des Dames de Charité* en mentionne peu l'usage dans ses remèdes simples à préparer. En voici toutefois un :

– Poudre contre la pituite visqueuse du cerveau et les maux de tête invétérée :

"Prenez de la Poudre de feuilles sèches de Cabaret, une demi-once ; du Sel-Ammoniac pulvérisé, un demi-gros. Mêlez le tout ensemble, pour une poudre dont on prendra la quantité de quatre ou cinq grains en guise de tabac, le soir en se couchant, en continuant pendant quelques jours." (DCH, p 223)

Madame Fouquet note que "ses propriétés sont d'ouvrir, subtiliser, résoudre, pénétrer et d'avoir toutefois quelque chose d'astringent" et ne propose que quelques remèdes où entre le cabaret :

– Pour guérir les fièvres intermittentes :

"Prenez de la racine de cyclaman ou pain de pourceau, 15 grains, racine d'Azarum ou Cabaret, 14 grains, il faut que cette racine soit récente et de l'année ; racine de la grande Valériane, 15 grains ; mettez le tout en poudre impalpable et faites-le prendre à l'entrée de l'accès dans du vin ; y ajoûtant de l'eau à moitié." (MFO, 1681, p 345 et 1765, Tome 2, p 105)

– Pour purger la pituite :

"Prenez quinze ou vingt grains pesant de feuilles d'Asaran ou de Cabernet avec feuilles de Mente ou Mélisse, faites-les bouillir dans un peu de vin, passez cette décoction à travers un linge, et en buvez le matin à jeun." (MFO, 1765, Tome 1, p 29)

– Pour les douleurs d'oreilles :

"Appliquez-y du pain tout chaud sortant du four, réitérez souvent, ou bien faites cuire feuille de cabaret de murailles, recevez la fumée qui en proviendra dans l'oreille avec un entonnoir." (MFO, 1765, Tome 2, p 251)

## 16. Camomille romaine (*Chamaemelum nobile* (L) All.) (Syn. *Anthemis nobilis* L) (Asteracées = Composées)

### – Ses propriétés :

Lémery qui en distingue deux espèces, la camomille ordinaire et la camomille romaine accorde aux deux les mêmes propriétés :

"L'une et l'autre camomille sont émollientes, digestives, carminatives, résolutives, adoucissantes ; elles chassent les vents, elles excitent les mois aux femmes, elles adoucissent les douleurs, elles fortifient. On se sert principalement de leurs fleurs dans les remèdes extérieurs et intérieurs, comme dans les lavemens, dans les cataplasmes, dans les fomentations." (DUD, s v *Chamæmelum*, p 202)

Dom Alexandre ajoute quelques précisions :

"La camomille est chaude, dessicative, digestive, laxative, émolliente, anodine ; elle pousse par les urines et excite les mois. Son usage est célèbre dans la colique, en décoction et dans la paralysie des membres inférieurs qui s'ensuit. On l'emploie extérieurement dans les clystères, et dans les cataplasmes anodins, émolliens, et pour amener à suppuration. La Camomille est un excellent vulnéraire. On en prépare une eau et une huile par distillation, une huile, par l'infusion de ses fleurs au soleil, un sel et un syrop." (DBP, s v *Camomille*, p 47)

Arnault de Nobleville les complète ainsi :

"Les camomilles (romaine et ordinaire) sont digestives, carminatives, émollientes et adoucissantes, on en fait prendre la feuille en poudre depuis un demi-gros jusqu'à un gros ; ou bien on fait infuser une pincée de ces mêmes fleurs bouillantes dans deux tasses d'eau bouillante en manière de thé, adoucie avec un peu de sucre ; ce remède continu" long-tems est très bon contre les coliques d'estomac causées par les vents. On emploie cette plante extérieurement dans les fomentations et les cataplasmes émolliens, adoucissans et résolutifs. Elle est fort utile dans les lavements pour appaiser les douleurs des intestins de quelque cause qu'elles viennent. On la joint ordinairement avec le Mélilot qui a à peu près les mêmes vertus." (DAP, s v *Camomille romaine*, p 63)

### – Ses emplois :

Le *Manuel des Dames de Charité* en mentionne plusieurs :

– Lavement carminatif contre la colique venteuse :

"Prenez des sommités de Camomille, de Mélilot, de chacune, une poignée ; de l'Anis, une pincée. Faites bouillir le tout dans trois setiers de bouillon de Tripes, que vous réduirez à une chopine. Coulez pour un Lavement." (DCH, p 125)

– Julep hydragogue ou contre l'hydropisie :

"Prenez de l'eau de fleurs de Camomille ou de l'infusion de fleurs de Camomille, huit onces ; du Tartre-Emétique, deux grains ; du sirop de Nerprun, une once et demie. Mêlez le tout, pour un Julep. On le donne à la dose de deux cuillerées, de deux heures en deux heures jusqu'à ce qu'il purge suffisamment le

Malade ; ce qui ne manque jamais d'arriver, même avant qu'il ait pris la quantité de Julep contenue dans la formule." (DCH, p 199)

– Fomentations pour apaiser les douleurs après l'accouchement :

"Prenez des sommités de Camomille, de Mélilot, de chacune, une poignée ; Semences de Fenugrec, deux gros. Faites bouillir le tout dans deux pintes d'Eau commune que vous réduirez à trois chopines. Trempez-y un morceau de Flanelle, que vous exprimerez bien, et que vous étendrez sur le bas-ventre le plus chaudement qu'il sera possible, réitérant cette fomentation toutes les fois qu'elle se refroidira. Cette fomentation est émolliente, anodine et résolutive." (DCH, p. 320)

– Liniment contre les rhumatismes :

"Prenez des Huiles de Camomille, de Millepertuis, de l'Esprit-de-Vin Camphré, de chacun, une demi- once. Mêlez le tout, et faites-en une onction sur la Partie affectée, la couvrant d'un linge bien chaud, plié en quatre." (DCH, p 338)

– Apozème pectoral-adoucissant :

Prenez de l'Orge mondé, une demi-once, des feuilles de Bourrache, de Capillaire, de Tussilage, de Pulmonaire tachée, de chacune, une poignée ou une poignée de chaque espèce, si l'on en met que deux.

Faites bouillir le tout dans deux pintes d'eau commune, que vous réduirez à trois chopines.

Ajoutez ensuite de la racine de Guimauve lavée, deux gros ; des Fleurs de Tussilage, de Mauve, de chacune, une pincée. Retirez la cruche du feu, laissant tout infuser pendant un quart d'heure.

Passez la liqueur sans expression et édulcorez la colature avec une once et demie de Sirop de Violette, de Guimauve ou de Capillaire. La dose est d'un verre tiede, de deux heures en deux heures." (MFO, 1765, Tome 2, p 16)

– Décoction contre les douleurs après l'accouchement et la diminution ou la suppression des vuidanges (*i e* lochies), cf. Armoise.

Madame Fouquet note que "les racines, les feuilles et l'herbe sont chaudes et atténuatives", et elle cite plusieurs remèdes complexes où entre la camomille, mais aussi des remèdes plus simples :

– Pour la fièvre quarte et tierce :

"*Prenez fleurs de Camomille, demie poignée, Vin blanc, chopine, Sel de Tartre, trente grains.* Mettez dans un vaisseau ou pot de terre vernissé, le vin blanc et les fleurs, bouchez-le bien, mettez-les sur un peu de braise et les y laissez l'espace d'environ une heure, sans le faire bouillir, mais seulement faire infuser ; après cela, verser cette décoction en quelque lieu propre pour la faire boire au malade ; mais auparavant de lui faire boire, il faut mettre les trente grains de Sel de Tartre et ne lui en donner que lorsqu'il s'apercevra que son accès veut venir ; le faire coucher bien chaudement pour l'exciter à suer." (MFO, 1765, Tome 2, p 95)

– Contre une forte douleur de la teste :

"Prenez *huile de Camomille* ou d'Anet ou de *Lis*, n'importe de laquelle des trois, oignez-en la tête du malade le plus chaudement qu'il se pourra." (MFO, 1765, Tome 2, p 350)

– Pour le mal des yeux :

"On connoît que le mal des yeux provient de Ventosité lorsqu'il semble au malade qu'on lui donne d'un marteau sur la tête ; cela étant, il faut faire une décoction de fleurs de Camomille, de Mélilot, de graine de Fenouil avec un peu d'Eau et du Vin blanc, trempez dans cette décoction un linge et le mettez en double sur les yeux, réïtérez plusieurs fois." (MFO, 1765, Tome 2, p 394)

– Pour les nerfs foulés, cf. Bouillon blanc.

– Pour les flux de ventre, cf. Bouillon blanc.

– Pour la colique bilieuse, venteuse, néphrétique et de quelque espèce que ce soit, cf. Sauge.

### 17. Capillaire de Montpellier (*Adiantum capillus veneris* L) et le Capillaire du Canada (*Adiantum pedatum* L), adiantum cadanense, americanum, (Pteridacées)

**– Ses propriétés :**

Lémery distingue plusieurs espèces de capillaire dont celui de Montpellier, mais il leur attribue les mêmes propriétés :

"Les capillaires sont pectoraux, apéritifs, ils excitent le crachat, ils adoucissent les âcretés du sang, ils provoquent les mois aux femmes." (DUD, s v *Adiantum*, p 13)

Dom Alexandre qui n'en reconnaît qu'une espèce lui attribue de nombreuses propriétés :

"L'adiante ou capillaire commun est le vrai capillaire (*Adiantum nigrum*). L'herbe ou les feuilles ont la vertu de dessécher, atténuer, ouvrir, déterger, de remédier aux vices des poumons ou des reins, de lever les obstructions du foie et de la rate et de provoquer le flux d'urine et les mois aux femmes." (DBP, s v *Adiante,* p 4)

Quant à Arnault de Nobleville, il n'attribue pas aux capillaires autant de propriétés que Geoffroy (*Traité de la Matière Médicale*, Tome 5, p 61) mais seulement celle de "guérir la toux opiniâtre, l'asthme humide, et la difficulté de respirer, en facilitant l'expectoration de la pituite visqueuse qui séjourne dans la poitrine." (DAP, s v *Capillaire*, p 64)

**– Ses emplois :**

On relève dans le *Manuel des Dames de Charité* quelques remèdes simples :

– Apozème pectoral-adoucissant (DCH, p 16), cf. Bourrache.

– Potion huileuse contre la néphrétique :

"Prenez de l'Eau de Pariétaire, quatre onces, de l'Huile d'Amandes douces tirée sans feu, deux onces, du Sirop de Guimauve, de Capillaire, de chacun une once. Ajoutez-y le suc exprimé d'un Citron. Mettez le tout ensemble et partagez-le en deux doses, à prendre à deux heures de distance l'une de l'autre." (DCH, p 138)

– Potion pour apaiser les douleurs après l'accouchement :

"Prenez de l'Huile d'Amande douce récente, une once. Dissolvez-y du Blanc de Baleine, un demi gros et y ajoutez ensuite du Sirop de Capillaire, une demi-once. Pour une dose qu'on répétera quatre heures après, s'il est nécessaire." (DCH, p 148)

– Poudre contre l'atrophie ou la maigreur excessive des enfants :

"Prenez de la Poudre de feuilles de Lierre en arbre ou grimpant, séchées à l'ombre, depuis un demi-gros jusqu'à deux scrupules. Mettez infuser cette Poudre dans une tasse de Thé ou de Capillaire, ou dans un petit bouillon à la viande, pour prendre le tout pendant neuf jours le matin à jeun au décours de la Lune ; ce qui se réitèrera trois mois de suite." (DCH, p 216)

– Bouillon contre les maladies de la peau, cf. Bardane.

Quelques remèdes faciles à préparer figurent aussi dans le Recueil de Madame Fouquet :

– Contre les tranchées des femmes nouvellement accouchées :

"Prenez 2 onces d'eau de fleurs d'orange, deux onces de syrop de capillaire, mêlez le tout et donnez-le après l'accouchement." (MFO, 1681, p 335 et 1765, Tome 1, p 190)

– Pour la mère ou suffocation de matrice :

"Donnez à la Malade une goute de Quintessence d'anis dans du *Syrop de Capillaire* ou du bouillon." (MFO, 1765, Tome 2, p 225)

– Cataplasme contre les engorgements inflammatoires des mamelles, cf. Pariétaire.

Et l'on y trouve aussi la recette pour faire le sirop de capillaire, utilisé dans certaines préparations de remèdes :

"Prenez Feuilles de Capillaire, demie livre ou plus, Cassonade ou Sucre fin, une livre. Il faut que vos feuilles de Capillaire soient bien mondées de leurs branches, et les mettre ensuite avec une livre de cette cassonade ou sucre fin dans un mortier de marbre, pilez-le pendant un quart d'heure, lorsque cela sera pilé, vous mettrez cette conserve dans un pot de terre, pour vous en servir comme il s'ensuit. Prenez Eau commune, une pinte, Conserve (de celle que vous venez de faire), 4 onces, Cassonade ou Sucre fin, une livre et demie, Blanc d'œuf, un seulement. Battez et mêlez bien le tout ensemble, faites le cuire dans un poelon, ou autre chose sur le feu bien lentement, jusques à la consistance de Syrop ; et ensuite, vous le coulerez et le conserverez pour le besoin." (MFO, 1765, Tome 1, p 371)

## 18. Cerfeuil, Cerefolium, Cerfeuil musqué, Chærophyllum, (*Myrrhis odorata* (L) *Scop.*) (Apiacées)

### – Ses propriétés :

Lémery et Dom Alexandre lui accordent de nombreuses propriétés.
Selon le premier :

"Cette plante est fort apéritive ; elle lève les obstructions ; elle atténue la pierre du rein ; elle dissout le sang caillé ; elle est fébrifuge ; elle purifie le sang étant prise intérieurement ; on l'applique aussi en cataplasme ou en fomentation pour la colique néphrétique, pour la rétention d'urine, pour l'éresipèlle." (DUD, s v *Cerefolium*, p 192)

Quant au second, il note :

"Le cerfeuil (qui est une plante potagère) est chaud et dessicatif, résolutif, diurétique, lève les obstructions, atténue la pierre du rein, dissout le sang caillé, est fébrifuge, purifie le sang, étant pris intérieurement, provoque doucement le sommeil, est spécifique contre le vertige, mangé en substance ou pris en essence, aussi bien que la décoction, prises après les chutes de haut dissolvent puissamment le sang coagulé. On fait avaler verre de un jus de cerfeuil pour guérir la pleurésie et purifier le sang. Le cerfeuil est vulnéraire ; il convient aux ulcères et surtout aux abcès des mamelles, causés par le vice du lait." (DBP, s v *Cerfeuil,* p 56)

Arnault de Nobleville recopie partiellement la notice de Geoffroy (*Matière Médicale*, Tome 6, p 17), tout en reconnaissant au cerfeuil beaucoup moins de propriétés que celui-ci :

"C'est une herbe dont on fait beaucoup d'usage, d'une odeur douce et d'une saveur agréable, et par conséquent agréable au goût et à l'estomac ; on le mange en salade avec les autres herbes ; on le fait bouillir dans le bouillon à la viande ou seul ou mêlé avec des plantes apéritives tempérées : il est incisif, il excite l'urine, les règles et lève les obstructions des viscères. Extérieurement, on le fait bouillir dans l'eau ou le lait pour en faire des fomentations contre les hémorroïdes douloureuses, ou des lotions rafraîchissantes et adoucissantes." (DAP, s v *Cerfeuil*, p 72)

### – Ses emplois :

Le *Manuel des Dames de Charité* ne le mentionne que rarement. On lui doit toutefois cette recette de potion diurétique contre l'hydropisie :

"Prenez du suc dépuré de Cerfeuil, douze onces ; du Cristal minéral, deux scrupules ; du Sirop des cinq Racines apéritives, une once et demie. Mêlez le tout ensemble, et partagez en trois doses, à prendre tiedes dans la journée, en continuant pendant quelque tems." (DCH, p 147)

ainsi que celle d'un bouillon contre les maladies de peau, (cf. Bardane)
En revanche, les remèdes où le cerfeuil est présent sont assez nombreux chez Madame Fouquet. Ainsi,

– Pour les douleurs des mamelles :

"Lorsque les mamelles font de la douleur, il faut prendre trois ou quatre poignées de cerfeuïl, en oster les queuës, mettre chauffer une péle bien nette au feu ; quand elle commencera de rougir, il la faut retirer du feu et y mettre le cerfeuïl dessus, le tournant de côté et d'autre, jusques à ce qu'il commence à se cuire et à jetter de l'eau. Il faut à méme temps engraisser les mamelles de la malade avec de l'huile rosat ; puis mettre ce cerfeüil ainsi préparé sur le mal ; continuer de l'engraisser trois fois le jour changeant de cerfeüil à chaque fois. Lorsqu'on aura fait ce remède deux jours de suite, si le mal continue et la rougeur aussi, c'est une marque que le sein ou la mamelle malade doit percer." (MFO, 1681 p 40 et 1765, Tome 1, p 198)

– Contre la douleur des dents :

"Comme c'est un mal fort bizarre, il faut avoir en main plusieurs remedes et les expérimenter tous, car enfin, il s'en trouvera un qui soulagera. J'ai néanmoins mis icy ceux que j'ay crû les plus propres et les plus spécifiques. Prenez des feüilles de persil et de cerfeuïl. Mettez-les sur une péle et amortissez-les sur le feu : appliquez en suite ces feïlles sur l'oreille du côté de la douleur aussi chaudement qu'il se pourra." (MFO, 1681, p 170 et 1765, Tome 1, p 52)

– Contre l'hydropisie :

"Prenez 2 ou 4 bonnes poignées de cerfeüil ; pilez-les dans un mortier de marbre, et exprimez-en le suc ou jus avec un linge blanc, de sorte qu'il y en ait un demy verre ; mêlez ce suc avec autant de vin blanc dans un verre et faites le boire au malade à jûn. Cela fait, faites promener doucement le malade dans la chambre, le plus longtemps qu'il se pourra. Continuez ce breuvage tous les matins jusqu'à ce que le malade soit désenflé. Luy donnant un boüillon deux heures après la prise de ce remède. La boisson ordinaire du malade doit être de l'eau, dans laquelle on aura fait infuser de la Pimpinelle. Il doit boire du vin blanc avec cette eau et il ne faut pas qu'il boive en tout plus d'une demy chopine à chaque repas. Cette Recepte est excellente." (MFO, 1681, p 292)

Une autre recette prescrit de "donner une cuillérée de ce suc au malade le matin avant de manger de deux jours l'un." (MFO, 1765, Tome 2, p 182)

– Pour les cancers :

"Lorsque votre Cancer est ouvert, il faut avoir de l'eau de Fraise ou de l'eau de Cerfeuil et en frotter le Cancer." (MFO, 1765, Tome 2, p 15)

– Pour faire perdre le lait aux femmes :

"Prenez du cerfeuil et en mettez sous les mamelles et sous les aisselles." (MFO, 1765, Tome 2, p 200)

– Pour la pleurésie :

"Prenez *cerfeuil*, ce que vous voudrez, pilez-le dans un mortier, et du *jus* qui en proviendra, faites en boire au malade trois demi-verre par jour, savoir un le matin, l'autre à midi et l'autre le soir, et lui appliquer le plus chaudement qu'il se pourra une huile chaude sur le côté malade, enveloppée d'un linge ; en remettre une autre lorsque celle-là sera froide et continuer ainsi jusqu'à ce qu'il soit guéri, qui est ordinairement dans quatre ou cinq jours." (MFO, 1765 Tome 2 p 286)

– Pour la rétention d'urine :

"Prenez deux poignées de Pariétaire, une poignée et demie de Cerfeüil ou Persil, faites-les cuire, battez-les un peu dans un Mortier, mêlez-y une once d'huile de Scorpions et deux onces de beurre frais ; appliquez ce cataplâme chaudement sur le pénil." (MFO, 1765, Tome 2, p 433)

– Pour la goutte :

"Il faut mettre dans une Chaudiere ou Chaudron, environ un demi sceau d'eau que vous ferez boüillir sur le feu et, lorsqu'elle boüillira, vous jetterez dedans une botte de Cerfeuil que vous aurez déliée, vous la laisserez amortir dans un bouillon et vous la retirerez de dessus le feu. Vous mettrez sur le Chauderon une petite planche mince où vous puissiez poser les deux pieds, étant assis commodément sur une chaise, vous vous ferez entourer de draps ou couverture, de telle sorte que vous ne perdiez pas la fumée du Chauderon, vous y resterez pendant une heure, cela vous fera suer, après cela, vous prendrez un bon bouillon et vous vous mettrez au lit, qui vous procurera peut-être une autre sueur et vous serez guéri en peu de temps. Remède éprouvé." (MFO, 1765, Tome 2, p 437)

– Pour la gravelle :

"Il faut prendre une poignée de Cerfeuil et une de Pimprenelle, hachez-les bien menuës et les faites infuser dans un demi septier de Vin blanc ou clairet avec autant d'eau et quelques morceaux de Citron ; le tout du soir au matin, puis le lendemain, vous passerez le tout dans un linge en y délayant une cuillérée de Miel de Narbonne, avec la moitié d'un jus de Citron, prendre ce Remède pendant trois jours à jeun et être deux heures sans manger.

Il faut observer que ce Remède ne se doit prendre que pendant les huit derniers jours de la Lune ; le malade continuë ce Remède pendant qu'il se trouvera incommodé, en observant le repos du quatrième jour." (MFO, 1765, Tome 2, p 451)

– Bouillon contre les maladies de peau, cf. Bardane.
Mademoiselle d'Auvergne mentionne deux recettes de liqueur :
– l'une "servant à guérir l'ébullition de sang, pour les vieilles gens" :

"Au lieu de saigner au Printemps et en Automne, pour l'Ebullition du sang, il faut prendre trois jours de suite, dans ces Saisons, ou quand l'Ebullition paroist, trois cuillerées de jus de Cerfeuil dans trois doigts de vin blanc deux heures avant de déjeuner, cela purifie le sang." (MDA, p 43)

– l'autre contre la pleurésie :

"Il faut prendre quantité de cerfeuil, le bien éplucher et le piler avec les queuës et en prendre un grand verre et le faire avaler au Malade." (MDA, p 48)

## 19. Chardon béni, Chardon bénit, Carduus benedictus (*Cnicus benedictus* L.) (Asteracées = Composées)

**– Ses propriétés :**

Lémery note simplement que :

"Cette plante est sudorifique, elle résiste au venin ; elle tuë les vers ; elle est bonne pour les fièvres intermittentes." (DUD, s v *Carduus benedictus*, p 167)

Dom Alexandre qui est plus complet distingue le chardon béni cultivé du chardon béni sauvage :

"Le chardon béni cultivé étant cueilli au commencement de juin, guérit miraculeusement les plaies récentes, ce qu'il ne fait pas, étant cueilli en un autre temps. Ses feuilles sont cardiaques, alexipharmaques et sudorifiques ; elles échauffent, sèchent, atténuent, ouvrent, dissipent, résistent au venin, à la putréfaction, et guérissent les fièvres invétérées, même les quartes, elles tuent les vers. Le suc, le sirop, la poudre, l'eau et la conserve de chardon-béni conviennent à la pleurésie et sont alexipharmaques et sudorifiques. Il n'y a point de meilleur remède contre le cancer et les autres ulcères malins et pourris, que les feuilles, le suc, la décoction ou l'eau distillée de Chardon béni." (DBP, s v *Chardon béni cultivé.* p 60)

Quant au chardon béni sauvage (*cnicus atractylis luctuea dictus*), "il est très bon pour les vieux ulceres et les fistules et sa décoction faite en eau a guéri des ulceres et des plaies pourries à des jambes toutes prêtes à être gangrenées." (DBP, s v *Chardon beni sauvage*, p 61)

Arnault de Nobleville qui recopie en partie la notice de Geoffroy (*Traité de la Matière Médicale*, Tome 5, p 444), note :

"Ses feuilles, ses sommités et ses semences sont d'usage. Le chardon bénit excite puissamment la transpiration et les sueurs ; il est en outre anti-pleurétique et fébrifuge ; on l'emploie utilement dans les fièvres malignes.... Dans la pleurésie et le rhumatisme, la semence de Chardon bénit en émulsion avec l'eau distillée de Coquelicoq excite puissamment les sueurs et emporte souvent la maladie, mais il faut avoir fait précéder une ou deux saignées. On prescrit utilement cette même émulsion dans la petite vérole et la rougeole, car elle rend l'éruption plus facile et plus heureuse." (DAP, s v *Chardon-Bénit*, p 77)

**– Ses emplois :**

Des remèdes simples sont proposés dans le Recueil de Madame Fouquet :
– Pour les hémorroïdes :

"Lorsqu'il y aura danger que les hémorroïdes ne se chancrent ou ne soient déjà chancrées, il faut avoir de la racine de *scrofularia maior*, la mettre en poudre et faire infuser une dragme de cette poudre dans quatre onces d'eau de chardon béni pendant une nuit et prendre l'eau et la poudre le matin à jûn, continuant pendant douze ou quinze jours." (MFO, 1681 p 193 et 1765, Tome 1, p 146),

– Pour la fièvre quarte :

"Prenez le poids d'un écu d'or de graine ou semence de chardon bény ; faites la tremper dans un petit verre de vin blanc qui soit un peu chaud pendant 7 ou 8 heures ; coulés cela par un linge blanc et faites-le prendre au febricitant deux heures avant l'accés ; ensuite, faites les promener autant qu'il pourra ; que s'il ne peut pas se promener, il faut qu'il se tienne au lit avec des linges bien chauds sur l'estomac." (MFO, 1681, p 349 et 1765, Tome 1, p 215)

– Potion pour prendre quand il y a de la malignité :

"Prenez de l'eau de chardon beny et de la reine des prez appelée *Umaria*, deux onces de chacune, suc de limon, demy once, vieux thériaque depuis le poids de demy écu jusqués au poids d'un écu d'or. Mêlez tout ensemble, et faites-le prendre au malade ; et qu'il se tienne apres dans le lit pour aider à la sueur." (MFO, 1681, p 355)

– Pour les coliques, cette recette assez imprécise :

"Prenez du Chardon bénit, ou de la Marjolaine, faites-la cuire dans une suffisante quantité de *Vin* et donnez à boire de cette décoction au malade." (MFO, 1765, Tome 2, p 30)

– Contre le mal caduc des petits enfants :

"Ayez de l'*eau de Chardon bénit* ou de sa décoction ou bien une dragme en poudre du susdit chardon bénit et la faire prendre en breuvage au malade." (MFO, 1765, Tome 2, p 214)

– Pour la véritable pleurésie :

"*Prenez Eau de Genest, Eau de Chardon bénit, Eau de Scabieuse, autant de l'un que de l'autre*. Mêlez toutes ces eaux ensemble et en donnez à boire au malade environ deux travers de doigt dans un verre et lui frottez le côté le soir et le matin d'huile de Genest le plus chaudement qu'il se pourra." (MFO, 1765, Tome 2, p 287)

– Pour la petite vérole et pour la faire sortir :

"*Prenez Pépins de Citron, 2 onces, Semence de Chardon bénit 1 once et demie, Eau de Chardon bénit ou de Scabieuse ou Virga aurea, ce qu'il faut, Syrop de Citron, 2 onces et demie*. Pilez bien les pépins de Citron et la semence de Chardon bénit et ajoûtez-y ensuite l'une des susdites eaux et en faites une émulsion, et pour l'adoucir, vous y ajouterez le syrop de Citron ; donnez à boire de cette composition au malade environ trois doigts dans un verre chaque fois et réitérez souvent." (MFO, 1765, Tome 2, p 367)

– Pour la petite vérole, cf. aussi Bourrache.
– Contre la défaillance du cœur, cf. Menthe.

Mademoiselle d'Auvergne mentionne quelques remèdes simples à préparer où entre le chardon bénit :

– une liqueur à boire quand on a fait une chute :

"Il faut boire d'abord un grand verre d'eau de chardon bénit." (MDA, p 53)

– une préparation pour guérir la surdité venue par cathare :

"Prenez deux ou trois feuilles de chardon bénit, broyez-les dans la main en forme de tente, laquelle vous mettrez dans l'oreille du costé qu'est le Catharre, le plus avant que vous pourrez, et, estant couché, mettez-vous sur l'autre costé, renouvelant ce Remède tous les jours, afin que le Catharre purge." (MDA, p 446)

– un apozème pour désopiler le foie et la rate, pour la mélancolie, cf. Aunée.

**20. Chardon Roland, (souvent orthographié rouland, roulant, roullant,) Panicaut ou Chardon aux cent têtes, (*Eryngium campestre* L), (Apiacées ex Ombellifères)**

Cette plante doit son nom au fait que, lorsque sa tige est desséchée, elle est enlevée par le vent qui la fait rouler sur le sol ; ce chardon devient alors un "chardon roulant", ce qui par déformation du qualificatif devint chardon Roland.

**– Ses propriétés :**

Selon Lémery :

"On se sert en médecine de sa racine. Elle est apéritive, propre pour provoquer les mois aux femmes, pour pousser le sable ou le phlegme du rein et de la vessie, pour les maladies du foie et de la ratte, pour la colique néphrétique." (DUD, s v *Eryngium,* p 299)

Dom Alexandre complète le texte de Lémery en y ajoutant quelques détails :

"On se sert principalement de sa racine qui doit être cueillie quand le soleil est dans l'Ecrevisse ; elle est hépatique, néphrétique et alexipharmaque, médiocrement chaude et seche, apéritive et discussive. Son usage principal est dans les obstructions des mois des femmes, des reins, du foie, de la rate et des autres visceres. Elle convient pour cette raison à la jaunisse. On confit cette racine, et on s'en sert en décoction pour la difficulté d'urine et pour nettoyer les reins." (DBP, s v *Chardon à cent têtes*, p 59)

Arnault de Nobleville se montre plus réservé :

"Sa racine est d'un usage familier dans toutes les maladies où il y a des obstructions et des embarras dans les viscères, particulièrement dans la difficulté d'urine ; on la met au nombre des cinq petites racines apéritives (Chiendent, Câprier, Garance, Arrête-bœuf). Extérieurement, les racines, bouillies dans le vin, sont un très bon remède, appliquées en cataplasme au-dessous du nombril, pour empêcher l'avortement." (DAP, s v *Chardon Roland*, p 74)

**– Ses emplois :**

Le *Manuel des Dames de Charité* ne mentionne cette plante que dans quelques remèdes simples :

– Une tisane apéritive :

"Prenez des racines de Chien-dent, épluchées et concassées, une demi-poignée ; de celles d'Arrête-bœuf[12], de Chardon Roland, de chacune, une demi-once. Faites bouillir le tout dans trois chopines d'eau, que vous réduirez à une pinte. Ajoutez-y sur la fin de la Réglisse effilée, deux gros. Coulez, et faites fondre

[12] *i e* Ononis, Bugrane.

dans la colature de l'*Arcanum duplicatum*, un gros. Le tout pour boisson ordinaire légèrement dégourdie." (DCH, p 62)

– Cataplasme pour prévenir l'avortement :

"Prenez des racines de Chardon Roland lavées et concassées, deux poignées. Faites-les bouillir dans une suffisante quantité de Vin rouge, pour les cuire en consistance de Cataplasme, que l'on appliquera chaudement sur la région de la Matrice, la couvrant d'un linge plié en quatre. Ce Cataplasme se renouvellera huit heures après, et l'on répétera plusieurs fois jusqu'à ce que la Perte ou les douleurs soient cessées." (DCH, p 334)

De même, Madame Fouquet ne mentionne guère cette plante. Elle est toutefois citée dans la recette d'un remède simple pour la rétention d'urine :

"Prenez de la racine de Chardon rolant, ôtez les cordes qui sont dedans, de la racine d'Arrête-Bœuf, et de la racine de Fraisier, vous mettrez de ces trois racines dans un coquemar avec trois pintes d'eau que vous laisserez réduire à deux, et en prendrez un verre à jeun le matin, et même en user dans les repas avec du Vin." (MFO, 1765, Tome 2, p 132)

Mademoiselle d'Auvergne la cite dans les remèdes simples suivants :
– Apozème pour désopiler le foie et la rate, cf. Aunée
– Ptisane pour se garantir de la gravelle :

"Il faut prendre de la graine de turquette[13], avec de la graine de lin, autant de l'une que de l'autre, environ demie once, à demi concassée, une bonne racine de bimauve et de chardon rouland, les faire bouillir dans deux pintes d'eau et réduire à trois chopines. On en use une verrée au matin, et quand le mal est très violent, une autre verrée le soir. Cette Ptisane fait des merveilles." (MDA, p 102)

– Ptisane pour guérir l'enflure (due à l'hydropisie ?) :

"Prenez des racines de campane, de chardon roulant et de chiendent que vous ferez boüillir avec de l'eau." (p 106)

[13] Autre nom donné à l'herniaria ou herniole, une espèce de renouée (cf. DBP, p 212).

## 21. Chélidoine ou Éclaire, grande Chélidoine, Chelidonium, Felougne, Felougue, (*Chelidonium majus* L.) (Papavéracées)

**– Ses propriétés :**

Selon Lémery :

"La grande chélidoine est incisive, détersive, dessicative, résolutive ; elle lâche le ventre, elle excite l'urine, elle aiguise la vuë, elle est propre pour les obstructions de la ratte, du foye, des ureteres ; sa racine est réputée bonne pour résister au venin ; on se sert du suc de Chélidoine pour effacer les verruës, les dartres, la gratelle, étant appliquée extérieurement." (DUD, s v *Chelidonium*, p 206)

Dom Alexandre se veut plus complet :

"Elle est chaude et dessicative, fort détersive, atténuante et d'une saveur âcre et amère ; elle purge par la bile, par les selles et par les urines et elle éclaircit la vue ; par cette raison, on s'en sert dans la jaunisse et dans les obstructions de la rate et des ureteres. On dit que cette herbe mise sur la plante du pied à nud, guérit la jaunisse. Sa racine est estimée propre pour résister au venin... Il n'y a point de remède plus spécifique dans la jaunisse jaune et noire que le suc, l'infusion, la décoction et toutes les autres préparations de cette plante, sur-tout si on y ajoute le Mars. La racine tenue dans la bouche et mâchée appaise la douleur des dents. Le suc jaune de la plante est bon pour les verrues, si on les en frotte souvent, comme aussi aux dartres et à la gratelle. Cette plante est bonne pour appliquer sur les vieux ulceres et les plaies pourries, qu'elle mondifie... On en distille une eau qui est fort estimée et fort en usage pour les maladies des yeux." (DBP, s v *Chelidoine* ou *Grande Eclaire*, p 63)

Arnault de Nobleville recopie Geoffroy (*Traité de la atière Médicale* Tome 6, p 46) et note :

"La grande chélidoine prise intérieurement, lève les obstructions, excite les urines et les sueurs, guérit la cachexie et l'hydropisie, est fébrifuge, et est particulièrement destinée contre la jaunisse.... Appliquée extérieurement, elle déterge et mondifie les plaies et les ulcères, soit avec son suc jaune, soit avec les feuilles pilées et appliquées en cataplasme. Ce même suc jaune guérit aussi les verrues. Si on appliquée deux fois le jour sur la dartre milliaire un cataplasme fait avec cette plante pilée, il l'arrête et la guérit en peu de temps. On vante beaucoup la Chélidoine pour les maladies des yeux. Son suc jaune qui découle de la tige que l'on a rompue, introduit dans l'œil, est recommandé par quelques-uns pour déterger les ulceres et guérir les taies, mais, comme il est fort âcre et qu'il cause une cuisson trop vive, on a coutume de le mêler avec quelque eau convenable comme celle de Rose, de Plantain ou de Guimauve qui en modère l'activité." (DAP, s v *Éclaire,* p 113)

**– Ses emplois :**

On relève l'emploi de la grande chélidoine dans plusieurs remèdes simples proposés par Madame Fouquet :

– Onguent pour la hernie des petits enfants :

"Prenez des racines, tiges et feüilles d'hièble au mois de May, de l'*herniaria*[14] et de la petite chélidoine ; pilez bien toutes ces herbes et les faites cuire dans un pot de terre avec du beurre de May ; étant cuites, pressez-les et en tirez le suc que vous ferez reboüillir jusqu'à ce que l'humidité soit évaporée, frottez de cet onguent la partie, ayant auparavant remis le boyau et bandez bien cela avec une bande de toile, continuez les onctions jusques à entière guérison." (MFO, 1681 p 74 et 1765, Tome 2, p 179)

– Contre la pierre des reins ou de la vessie :

"Prenés une ou deux onces de racine de chélidoine ou éclaire ; coupés-la en petites pièces et faites-la tremper dans une chopine de vin blanc. Prenês un petit verre de ce vin tous les matins à jeun ; continuez l'espace de 18 ou 20 jours de suite ; et par conséquent il faut renouveller cette infusion de temps en temps." (MFO, 1681, p 317 et 1765, Tome 1, p 150)

– Pour les pâles couleurs et la jaunisse :

"*Prenez de grande Éclaire, feuilles et fleurs, une bonne poignée, Sel pulvérisé, 2 trézeaux.* Faut piler ces feuilles et fleurs et ensuite y mêler le sel ; cela fait, mettre cette composition sous les aisselles et les plantes des pieds, soir et matin, et continuer de la sorte pendant trois jours." (MFO, 1765, Tome 1, p 114)

– Pour la douleur des dents :

"Prenez *Racine* ou *Feuille de millefeuille* ou *chelidoine*, mâchez-le entre vos dents et la tenez le plus long-tems que vous pourrez sous la dent qui vous fait mal." (MFO, 1765, Tome 2, p 58)

– Pour éclaircir la vue :

"Prenez de la *Chélidoine*, pilez-la et en faites un cataplasme sur les yeux." (MFO, 1765, Tome 2, p 402)

et la recette est suivie d'un rappel de la légende, déjà rapportée dans l'Antiquité, selon laquelle l'hirondelle, par le moyen de cette herbe, rend la vue à ses petits dont les yeux ont été crevés.

– Pour toutes sortes de faiblesses et rougeurs des yeux :

"Prenez le poids d'un demi écu d'or de *Crocus Metallorum*, faites-le infuser dans trois onces *d'Eau de Chelidoine*, d'*Eufraise* et de *Fenouil*, mettez souvent de cette eau dans les yeux et vous serez guéri." (MFO, Tome 2, p 403)

– Pour la rougeur des yeux, cf. Rose.

[14] Synonyme de Turquette, Herbe au Turc, une espèce de renouée.

## 22. Chicorée sauvage, Cichorium sylvestre (*Cichorium intybus* L.) (Asteracées = Composées)

Lémery ne lui consacre que quelques mots :

"Elle est apéritive, détersive, propre pour lever les obstructions, pour purifier le sang ; elle est employée particulièrement dans les maladies du foye." (DUD, s v *Cichorium*, p 212)

Dom Alexandre est tout aussi bref :

"Elle est hépatique, rafraîchissante, dessicative, apéritive, diurétique, atténuante, abstersive. On l'emploie dans les obstructions du foie et dans les fièvres. On donne un petit verre de suc crud de Chicorée sauvage, ou quatre onces de son eau distillée, aux premières apparitions de l'accès, ce qui les guérit ordinairement en deux ou trois prises." (DBP, s v *Chicorée sauvage*, p 67)

Arnault de Nobleville, en revanche, se montre plus complet (cf. Geoffroy, *Traité de la Matière Médicale,* Tome 6, p 64) :

"Elle fleurit en été ; on la trouve le long des chemins dans les lieux incultes ; on la cultive aussi dans les potagers ; elle est toute d'usage.

Elle est apéritive, détersive et stomacale... Elle est très vantée dans toutes les maladies où il faut résoudre, déterger et tempérer. Aussi, on l'emploie heureusement dans les obstructions commençantes du foie et des autres viscères, comme dans la jaunisse, la cachexie et l'affection hypocondriaque.... Il y a bien des personnes qui usent pour boisson ordinaire d'une légère infusion de ses feuilles dans l'intempérie chaude des viscères, dans les maladies mélancoliques et cachectiques ; cette plante excite l'appétit, aide à la digestion, purifie les conduits urinaires, et souvent facilite la transpiration ou l'expectoration ; on la recommande aussi dans les fièvres." (DAP, s v *Chicorée sauvage,* p 81)

### – Ses emplois :

Le *Manuel des Dames de Charité* mentionne quelques remèdes simples où entre la chicorée sauvage :

– Apozème contre la pleurésie et la péripneumonie :

"Prenez des feuilles de Bourrache, de Buglose, de Chicorée sauvage, de chacune, une poignée. Lavez ces herbes et coupez-les un peu. Mettez-les dans une pinte d'eau bouillante et laissez infuser pendant une demi-heure auprès du feu sans bouillir, dans un vaisseau couvert. Passez ensuite la liqueur dans un linge avec une légère expression et ajoutez-y du Sirop de Guimauve, une once ou une once et demie. La dose est d'un grand verre tiède, de deux heures en deux heures." (DCH, p 6)

– Tisane tempérante et apéritive, ou Tisane de santé :

"Prenez de la meilleure Avoine, nettoyée et lavée, deux onces ; de la racine de Chicorée sauvage, récente et ratissée, une once et demie. Faites bouillir le tout pendant une demi-heure dans trois chopines d'eau de rivière. Ajoutez-y sur la fin du Crystal Minéral, deux gros ; du Miel blanc ou de Narbonne, deux onces.

Laissez encore bouillir le Miel pour l'écumer une ou deux fois ; passez ensuite le tout dans une cruche, où vous le laisserez refroidir. Cette Tisane se prend pendant quinze jours, à la dose de deux verres tiedes le matin et autant l'après-diné, pour les personnes fortes et robustes ; et d'un verre le matin, et autant l'après-dîné, pour les personnes délicates et infirmes." (DCH, p 50)

– Potion purgative commune, qui peut servir à une femme grosse :

"Prenez du Lénitif fin, une demi-once ; de la Manne[15], deux onces ; du Sel végétal, un gros ; du Sirop de Chicorée composé de Rhubarbe, une once. Faites du tout une Potion, à prendre le matin à jeûn, dans un gobelet d'eau chaude." DCH, p 154)

– Purgatif pour un enfant de quatre mois :

"Prenez du Sirop de Chicorée composé de Rhubarbe, une demie once. Etendez-la dans deux cuillérées de lait ou d'eau." (DCH, p 184)

– Purgatif pour un enfant de huit mois qui a des tranchées :

"Prenez du Sirop de Chicorée composé, une once, de l'Huile d'Amandes douces, une once. Mêlez le tout, pour en prendre une cuillerée d'heure en heure." (DCH, p 184)

– Contre le scorbut, cf. Pommier

Madame Fouquet note que c'est une "plante que l'on trouve presque dans tous les jardins et qui est fort profitable à l'estomac et au Foie" et mentionne plusieurs remèdes simples dans lesquels entre la chicorée sauvage :

– Ptisane ou espèce d'hydromel contre toute sorte d'obstruction et même pour guérir de l'hydropisie :

"Prenez six racines de cichorée, et deux poignées de pimpinelle ; vous les jetterez sur quatre pots d'eau et les ôtant de dessus le feu, sur chaque pot d'eau, vous y ajoûterez en boüillant une cuillérée de miel blanc que vous ferez boüillir jusques à ce qu'il n'écume plus et en prenez chaque matin de 4 à 5 verres et vous promenez comme si vous preniez les eaux minerales." (MFO, 1681 p 245)

– Contre la colique bilieuse :

"Il faut boire de *l'eau fraîche*, si vous ajoutez à cette eau des *Pelures de Pommes* grossièrement pelées, c'est-à-dire de l'épaisseur d'un écu blanc, avec des *Raisins de Cabas* et des *feuilles de Chicorée*, et faites bouillir le tout dans un coquemart, ce sera encore mieux fait." (MFO, 1765, Tome 1, p 132)

– Pour faire des tisanes de santé :

"*Prenez de bonne Avoine bien nette, demi Picotin, Chicorée sauvage, 1 poignée, Eau de rivière, 4 pintes, Cristal minéral, demie once, Miel, 1 quarteron.* Faites bouillir l'avoine avec les Chicorées dans les quatre pintes d'Eau pendant trois quarts d'heure à moyens bouillons ; après cela, vous mettrez le Cristal et le Miel et ferez bouillir encore le tout l'espace de demie heure ; ensuite de cela, vous le

[15] Suc extrait de certains arbres, principalement du frêne.

passerez par un linge bien net, mettez cette liqueur dans un pot, et en boirez dans votre boisson ordinaire." (MFO, 1765, Tome 1, p 373)

– Pour les chancres de la bouche :

"*Prenez feuilles de Chicorée, feuilles de Plantain, feuilles de Rhüe, autant de l'un que de l'autre, Miel, une cuillerée, Eau de fontaine, ce qu'il faut.* Faites bouillir dans un pot ou poêlon, avec l'eau de fontaine, toutes ces feuilles l'espace d'un quart d'heure, ajoûtez-y le Miel et puis l'ôtez de dessus le feu ; gargarisez la bouche de cette décoction, et en frottez le chancre, et même avec les feuilles que vous aurez fait cuire." (MFO, 1765, Tome 2, p 10)

– Contre toutes sortes de maux de cœur :

"*Prenez des feuilles de Chicorée*, pilez-les grossièrement, mettez-y un peu de *vinaigre*, faites-en un cataplasme et l'appliquez sur la mamelle gauche." (MFO, 1765, Tome 2, p 37)

– Pour l'érésipèle :

"*Prenez eau de Chicorée sauvage, 2 verres, Lait clair, un peu, Sené, 3 dragmes, Infusions de Roses pâles, 2 cuillerées.* Vous ferez infuser toute la nuit les susdites choses, et prendrez cette infusion le lendemain matin. Au lieu d'infusion de Roses pâles, vous pouvez prendre une cuillérée de Syrop de Roses." (MFO, 1765, Tome 2, p 85)

– Pour la chaleur du foie provenant de la colère :

"*Prenez Eau d'endives, 3 onces, Eau de chicorée, 3 onces, Eau d'oseille, 3 onces, Tisanne, un demi-verre.* Mettez toutes ces eaux ensemble avec la tisanne et en donnez à boire au malade matin et soir. Pendant quatre jours et le cinquième jour, vous lui donnerez une médecine (composée de) *Casse, nouvellement mondée, demi-once, Rhubarbe, 1 dragme, Spica nardi, un peu, Syrop violat, 1 once*, si vous le jugez à propos." (MFO, 1765, Tome 2, p 135)

– Pour la douleur de tête provenant de la colère :

"*Prenez eau d'endives, de chicorée, de pourpier, de nénuphar, autant de l'un que de l'autre.* Mêlez bien toutes ces Eaux ensemble ; cela fait, donnez-en à boire au malade pendant deux ou trois jours, soir et matin ; après ce temps-là, vous lui donnerez avant le Soleil levé, une Médecine de demi-once de Diaprunis laxative détrempé dans de l'eau d'endives. Lorsqu'on donnera de telles purgations, il faut que le malade soit robuste, car s'il étoit débile, il en faudrait donner moins de la moitié ; et si en diminuant, il ne s'ensuivait pas une bonne opération, il faudrait donner un lavement commun." (MFO, 1765, Tome 2, p 345)

– Pour la fièvre, cf. Aigremoine.
– Pour le battement de cœur et lorsque le malade a fièvre, cf. Oseille.
– Pour la douleur du foie provenant d'humeurs flegmatiques, cf. Persil.
– Pour l'hydropisie, cf. Pimprenelle.

Mademoiselle d'Auvergne n'a que quelques remèdes simples à proposer :
– Infusion contre le flux de sang et la dysenterie :

"Il faut prendre le poids d'un écu d'or de pain pestry, avec du vin de sureau, au poids d'un écu d'or aussi, dans un peu de boüillon ou dans un verre de chicorée, et ce, pour les personnes fort robustes ; pour les moins robustes, le poids d'un écu et demy et demy écu pour les enfans ; si cela ne guérit de la première fois, on en peut donner deux ou trois jours de suite, et s'il y a de la fièvre, il faut saigner, après avoir pris quelques lavemens." (MDA, p 66)

– Apozème pour rafraîchir ceux qui ont la fièvre :

"Prenez des racines de chicorée sauvage et de pissenlit, nettoyées de leurs ordures et concassées, de chacune deux onces, feüilles de chicorée aussi sauvage, laictuë, pourpier et ozeille, de chaque deux bonnes poignées, eau commune et bonne à boire, quatre livres ; faites réduire le tout à deux livres, ajoûtant sur la fin demie once de réglisse, ratissée et coupée par éguillettes, et dans cinq onces de cette décoction coulée, vous y ajouterez une once de syrop de limons." (MDA, p 70)

## 23. Chiendent, Chien-Dent ou Dent-de- Chien, Gramen (*Agropyron repens* (L) P.B.) (*Elymus repens* (L) (Poacées = Graminées)

**– Ses propriétés :**

Selon Lémery, cette plante est ainsi appelée "parce que les chiens se sentant malades, mangent les feuilles de gramen qui les purge et les guérit."

"C'est la racine qui est fort en usage dans la Médecine. Le chiendent est fort apéritif par les urines, un peu astringent par le ventre ; il est employé pour lever les obstructions, pour exciter l'urine, pour la pierre, pour la gravelle, étant pris en décoction." (DUD, s v *Gramen*, p 340)

Dom Alexandre ajoute au texte de Lémery que la racine de chiendent est dessicative et qu'on l'emploie pour tuer les vers des enfants, étant prise en décoction. (DBP, s v *Chien-dent*, p 68)

Arnault de Nobleville recopie partiellement le texte de Geoffroy (*Traité de la Matière Médicale*, Tome 6, p 416)

"Les racines de chiendent rafraîchissent modérément ; elles sont apéritives et un peu astringentes ; elles excitent doucement les urines et sans irritations ; elles sont bonnes pour les obstructions du foie et de la rate et on les recommande fort dans l'intempérie chaude des viscères ; on s'en sert fréquemment dans les tisannes, dans les bouillons et décoctions apéritives et diurétiques, pour résoudre les engorgemens du foie et de la rate ...Quelques-uns emploient la décoction de cette plante pour faire mourir et chasser les vers des enfans.." (DAP, s v, *Chiendent*, p 84)

**– Ses emplois :**

On ne relève dans le *Manuel des Dames de Charité* que peu de remèdes simples où il est fait appel aux propriétés du chiendent. Il n'est employé que dans quelques tisanes :

– Tisane commune :

"Prenez des racines de Chien-dent, épluchées et concassées, une demi-poignée ; ou de l'orge mondé, deux onces. Faites-les bouillir dans deux pintes d'eau commune, que vous réduirez à trois chopines. Ajoutez sur la fin de la Réglisse effilée, deux gros. La colature pour boisson ordinaire, légèrement dégourdie. Cette tisane rafraîchit modérément ; elle est peu apéritive et fait couler les urines. On peut s'en servir pour boisson ordinaire dans toutes les maladies aiguës" (DCH, p 46)

– Tisane apéritive, cf. Chardon Roland.

– Tisane diurétique adoucissante contre la colique néphrétique, cf. Alkekenge.

En marge du traitement prescrit pour traiter la rage, le *Manuel des Dames de Charité* recommande "si le malade en veut, de lui donner comme boisson une tisane d'orge, et de chiendent, ou une infusion de fleurs de tilleul."(DCH, p 245)

– Pour la dysenterie : cf. Aigremoine.

– Pour les coliques, cf. Genévrier.

Quant à Mademoiselle d'Auvergne, elle prescrit une Ptisane pour guérir l'enflure due à l'hydropisie, cf. Chardon Roland.

## 24. Chou rouge, Chou cabus, *(Brassica oleracea* var. *capitata-rubra*), (Brassicacées = Crucifères)

### – Ses propriétés

Lémery note succinctement que

"Les choux rouges sont pectoraux, propres pour la pituite et pour réparer les forces abattuës." (DUD, s v *Brassica rubra*, p 122)

Dom Alexandre et Arnault de Nobleville sont plus précis :

"Les feuilles de Chou, écrit le premier, sont chaudes sans acrimonie, dessicatives et vulnéraires, surtout le rouge qui est le plus employé en Médecine, soit qu'on distille le suc dans les plaies ou ulceres, soit qu'on applique les feuilles dessus après les avoir un peu froissées ; on les applique aussi sur le côté pour calmer la douleur de la pleurésie. Les Choux lâchent le ventre par la partie la plus subtile ou la plus saline, et la resserrent par leur partie terrestre : ainsi le premier bouillon des Choux est un peu laxatif et le dernier est astringent Les choux rouges sont pectoraux et propres pour la phtisie. La semence des Choux est bonne contre les vers. La saumure des Choux confits est bonne contre la brûlure. On fait un Looch de Chou rouge, excellent pour l'asthme et pour les autres maladies de la poitrine et des poumons." (DBP,s v *Chou*, p 70)

"Le chou-rouge, note le second, se cultive dans les jardins. Cette plante est regardée comme béchique, adoucissante, propre à adoucir l'acrimonie des humeurs qui se jettent sur la poitrine ; c'est pour cela qu'on la prescrit dans les bouillons et décoctions pectorales." (DAP, s v *Chou-Rouge*, p 85)

### – Ses emplois :

On relève chez Madame Fouquet plusieurs recettes de remède relativement simples à préparer où entre le chou rouge :

– Contre la difficulté de cracher et contre la toux lorsque l'humeur est trop grasse et gluante, comme aux asthmatiques :

"Prenez une demy pincée d'Hysope, quatre feuilles de pas d'âne, une feuille de choux rouge, beurre frais de la grosseur d'une noix ; faites cuire tout cela avec une chopine d'eau dans un pot de terre bien net jusquez à ce que la moitié soit consumée : coulez-le et gardez-le dans une bouteille. Le malade prendra un petit verre de cette liqueur deux heures avant manger, comme aussi le soir à son coucher et le matin à son réveil, y ajoûtant un peu de sucre. De la même décoction sans beurre, on en pourra faire un syrop en y ajoûtant demy livre de sucre et deux onces de miel pour une chopine de decoction." (MFO, 1681, p 270 et 1765, Tome 1, p 92)

– Pour les enflures des jambes et des bras :

"Prenez *choux rouges*, ôtez-en les côtes, faites-les chauffer et les appliquez chaudement sur les enflûres." (MFO, 1765, Tome 2, p 193)

– Pour la rate :

"Prenez des *choux rouges* ; faites-les cuire à demi dans un pot avec de l'eau ; prenez une écuellée de ce bouillon le matin à jeun pendant quelque temps et l'avallez. Il est très bon pour toutes sortes d'opilations de foie." (MFO, 1765, Tome 2, p 314)

– Pour la toux :

"Ayez des *Choux rouges*, faites-les cuire dans de l'eau, prenez de cette décoction et y faites fondre sept ou huit *Penides*[16] avec une once de *Syrop de Capili Veneris*[17]." (1765, Tome 2, p 359)

– Contre les nerfs raccourcis : cf. Armoise.
– Pour faire percer toutes sortes de tumeurs sans lancettes, cf. Lis.
– Pour les suppositoires, cf. Mauve.
– Pour la gale, cf. Oseille.

Mademoiselle d'Auvergne a noté dans ses *Secrets de Médecine* les deux recettes simples suivantes qui font appel aux propriétés thérapeutiques des choux :

– Liqueur contre le mal de poitrine, asthme, toux sèche et même de rate :

"Hachez un chou rouge avec une bonne poignée de mauves et deux gros oignons blancs, le tout bien mêlé, mettez-le dans un grand pot de terre neuf, avec six pintes de bonne eau, faites bouillir cela tant qu'il n'en reste que deux pintes, puis passez-le par un linge en tout ce qui peut être bon, pour prendre de cette Liqueur un verre un peu tiede, avec un peu de sucre le matin en vous levant et le soir en vous couchant, pendant quelque temps." (MDA, p 50)

– Contre le rhume et la toux :

"Le bouillon de chou rouge où on aura mis un peu de sucre est fort bon aussi contre le Rhume et la Toux." (MDA, p 99)

– Liqueur contre le mal de poitrine, cf. Mauve.

[16] Sucre cuit avec une décoction d'orge.
[17] Cheveux de Vénus, Adiantum, Capillaire.

## 25. Ciguë (*Conium maculatum* L.) (Apiacées)

### – Ses propriétés :

Lémery lui reconnaît des propriétés pour un usage exclusivement extérieur :

> "Elle est fort résolutive, propre pour les schirres, pour les loupes naissantes, pour les duretés de la ratte, du foie, du mésantere, étant appliquée sur la tumeur. On en fait entrer dans les compositions de plusieurs onguents. On ne doit pas s'en servir intérieurement, car elle cause des stupeurs. (DUD, s v *Cicuta*, p214)

Alors que Dom Alexandre se contente de recopier le texte de Lémery, en soulignant toutefois que la ciguë est un poison, Arnault de Nobleville se montre plus complet :

> "Presque tout le monde convient que la Cigüe prise intérieurement est un poison ; cependant cette plante n'est pas toujours nuisible ; au contraire, on trouve qu'elle est quelquefois salutaire lorsqu'on la prend en petites doses et avec précaution. Plusieurs Médecins depuis quelques années en ont employé l'extrait à petites doses, comme de quatre grains par jour, en montant peu à peu jusqu'à un scrupule, contre les cancers, ce qui leur a réussi quelquefois. On donne la poudre de la racine depuis dix grains jusqu'à un scrupule dans du vin, ou bien l'infusion depuis un gros jusqu'à deux pour les squirres du foie et du pancréas. Nous répétons qu'il faut faire usage de ce remède avec précaution et qu'il n'y a qu'un habile et prudent Médecin qui puisse s'en servir avec succès. Lorsque par quelque inadvertence on a mangé de la Ciguë, il faut avaler un verre de vinaigre ; c'est un des plus sûrs antidotes contre les mauvais effets de cette plante.
>
> Quant à l'extérieur, l'usage de la Ciguë est fort utile. Cette plante bouillie dans du lait ou dans de l'eau ou du vinaigre, appliquée sur les mamelles, empêche le lait de venir dans les femmes qui ne veulent pas nourrir leurs enfants ou lorsque l'on craint que le lait ne s'arrête et ne se coagule dans le sein. Les feuilles et surtout les racines, de quelque manière qu'on les applique, sont des remèdes excellents pour amollir les tumeurs, tant de la rate et du foie, que celles des parties externes qui sont dures, comme les tumeurs squirreuses, uronelleuses (pour écrouelleuses ?) et grumeleuses." (DAP, s v *Cigue,* p 87).

### – Ses emplois :

Madame Fouquet n'en recommande évidemment l'emploi que pour des applications externes :

– Pour "les cirons des mains, et autres endroits du corps et pour la galle et la teigne ":

> "Faites bouillir de la *Cigüe* et lavez de cette eau les cirons et les dartres." (MFO, 1765, Tome 2, p 18)

– Pour l'érésipèle, "lorsqu'il est bien invétéré et qu'on a de la peine à le guérir" :

"*Prenez des feuilles de Jusquiame, une poignée, Feuilles de Cigüe une poignée.* Faites cuire ces herbes dans un peu d'eau et en faites décoction, de laquelle vous fomenterez l'Erésipele, ou bien avec du lait tiede. Il est nécessaire lorsque l'on sera guéri de prendre un purgatif[18]. (MFO, 1765, Tome 2, p 85)

– Pour la dureté des mamelles :

"*Prenez de la Ciguë, une poignée, Menthe une poignée.* Pilez un peu les susdites choses et en faites un Cataplasme sur les Mamelles." (MFO, 1765, Tome 2, p 222)

– Pour la rate :

"Prenez de la *Ciguë*, faites-la fricasser avec du *vin*, mettez-la chaudement en forme de cataplâme sur la Rate et réiterez." (MFO, 1765, p 315)

– Pour la sciatique :

"Prenez de la *Cigüe,* faites-la fricasser dans une poële dans du vinaigre et l'appliquez bien chaudement sur le mal." (MFO, 1765, Tome 2, p 329)

Mademoiselle d'Auvergne ne mentionne qu'un emplâtre où il est fait appel à la ciguë :

"Prenez suc de ciguë non dépuré et recent, deux livres et gomme ammoniac, une livre ; faites bouillir cela jusques à ce que la gomme soit fonduë, puis vous le passerez, et l'ayant remis sur le feu, vous le cuirez en consistance loüable et remuërez toûjours et particulièrement sur la fin. Il est à observer que plus on met de suc de ciguë, meilleur il est. Cet emplastre réduit les humeurs pituiteuses des jointures, amollit les duretez et est fort bon aux enflures de la ratte et même aux schirres." (MDA, p 343)

[18] Le purgatif recommandé ici est une infusion composée d'eau de chicorée sauvage, de lait clair, de séné et d'une infusion de roses pâles.

## 26. Coing, Cotonea malus, Cotignac, (*Cydonia oblonga* Mill.), (Rosacées)

### – Ses propriétés :

Lémery en distingue deux espèces, une cultivée et l'autre sauvage.

"On se sert en Médecine de la poire du coing cultivé. Elle est fort astringente, elle fortifie l'estomac, elle réjouit le cœur ; on l'employe pour les cours de ventre, pour les hémorragies, pour aider à la digestion ; on en fait des confitures. Sa semence est propre pour adoucir les l'âcreté des humeurs, pour le crachement de sang, pour les ulcères du poumon, pour les hémorroïdes ; on s'en sert en mucilage intérieurement et extérieurement." (DUD, s v *Cydonia*, p 263)

Si Arnault de Nobleville ne cite pas le coing, Dom Alexandre, en revanche ajoute quelques précisions au texte de Lémery :

"Les coings sont stomachiques, réfrigératifs, dessicatifs, astringens et nourrissans. On les emploie pour les cours de ventre, les hémorragies, pour aider à la digestion, pour le vomissement, le hoquet et la relaxation de l'estomac. Le suc de Coing, injecté dans les plaies de mousquet empoisonnées, ne manque point d'en ôter le poison... La semence de Coing donne un mucilage propre pour adoucir l'âcreté des humeurs, pour le crachement de sang, pour les ulceres du poumon, pour les hémorroïdes. On s'en sert en gargarisme conte l'aridité et la sécheresse de la langue ; en clystère pour appaiser les douleurs des hémorroïdes. La décoction des feuilles passe pour un astringent insigne. On tire ce mucilage avec de l'eau rose pour guérir l'ophtalmie, les crevasses des mamelles et les brûlures. La décoction des feuilles passe pour un astringent insigne. On confit les coings, on en fait un Rob, une Gelée appelée cotignac[19], un syrop, une huile." (DBP, s v *Coignassier*, p 74)

### – Ses emplois :

On relève dans le *Manuel des Dames de Charité* l'emploi du sirop de coing dans un remède de Décoction blanche astringente, cf. Consoude.

De son côté, Madame Fouquet propose d'intégrer des coings sous différentes formes, (suc ou sirop ou encore semence de coing), dans quelques remèdes complexes pour traiter les battements de cœur, les flux de diarrhée et la phtisie, mais aussi dans des remèdes plus simples :

– Contre le flux dysentérique :

"Faut prendre un *Coing*, le couper par tranches, puis le faire bouillir avec de *l'Eau commune*. Le malade usera de cette liqueur à son boire ordinaire." (MFO, 1765, Tome 1, p 139)

– Pour faciliter l'accouchement des femmes :

"*Prenez huile de Nénuphar, 2 onces, Huile de Coings, 2 onces, Huile Rosat, 2 dragmes*. Mêlez bien tout cela ensemble, faites-en un liniment et en oignez les

[19] Cf. Geoffroy (*Traité de la Matière Médicale*, Tome 6 p 148) : "on fait un cotignac ou une marmelade avec la pulpe de ses fruits pilée et cuite avec le sucre."

lombes et le bas ventre de la femme, lorsqu'elle est en travail d'enfant." (MFO, 1765, Tome 1, p 187)

– Pour la goutte :

"*Prenez de la farine d'Orge, un peu, Coings, ce que vous voudrez,* Vinaigre, un peu. Pilez les coings dans un mortier, mettez-y le vinaigre, et en faites un cataplâme que vous mettrez sur le mal." (MFO, 1765, Tome 2, p 156)

– Pour l'âpreté de la langue :

"Prenez graines de *coings*, faites-les cuire dans de l'eau jusques à ce qu'elles soient en pâte et qu'elles s'épaississent ; frottez-en la Langue, ou bien avec de la *Menthe*." (MFO, 1765, Tome 2, p 201)

– Pour la rate :

"Prenez des *Coings cruds*, pilez-les dans un mortier, jusqu'à ce qu'ils soient de la consistance d'onguent, duquel vous ferez un emplâtre que vous appliquerez sur la Rate." (1765, Tome 2, p 311)

– Pour le ténesme qui vient de pituite salée :

"*Prenez Mucilage de Semences de Psilium, Mucilage de Coings, Lait, autant de l'un que de l'autre.* Faut mêler toutes ces choses ensemble pour en faire un lavement et le donner au malade." (MFO, 1765, Tome 2, p 339)[20]

– Contre la douleur de tête causée par la chaleur du foie :

"Oignez le front et les tempes du malade *d'huile Rosat, de Coings et de Cérat rafraîchissant* ; mêlez ensemble et vous guérirez." (MFO, 1765, Tome 2, p 353)

– Pour guérir une femme grosse du flux de ventre :

"Il faut la nourrir de bons aliments qui soient de facile digestion, et peu à la fois, lui faire boire du Vin rouge trempée d'eau ferrée, avant et après le repas, lui faire prendre quelque cuillérée de Syrop de Vin brûlé ou de Vin d'Espagne ou quelqu'autre bon Vin vieux, manger avant son repas de la conserve de Roses ou des Coings confits." (MFO, 1765, Tome 2, p 421)

– Pour l'inflammation du fondement et douleur du boyau culier, cf. Mélilot.

[20] *i e* Herbe aux puces, *Pulicaria vulgaris* Gaertn.

## 27. Consoude, grande Consolide, Consyre, grande Contine, Oreille d'âne, (*Symphytum officinalis* L.), (Boraginacées)

### – Ses propriétés :

Selon Lémery :

"Sa racine est incrassante, consolidante, propre pour la phtisie, pour les fluxions de la poitrine, pour le crachement de sang, pour la dyssenterie, pour agglutiner les plaies, pour les fractures ou dislocations, pour les hernies ; on s'en sert intérieurement et extérieurement. Ses feuilles, ses fleurs et ses semences sont vulnéraires." (DUB, s v *Symphytum*, p 734)

Dom Alexandre ajoute :

"L'usage externe sert pour arrêter le sang et l'hémorragie des plaies qu'elle réunit. Elle est bonne, concassée, pour appliquer sur les bubons et les charbons pestilentiels. Ses feuilles, ses fleurs et ses semences sont vulnéraires, aussi bien que sa racine." (DBP, s v *Consoude grande*, p 84)

Arnault de Nobleville, en se référant implicitement à Geoffroy (*Traité de la Matière Médicale*, Tome 6, p 124) complète ainsi :

"Elle est toute d'usage. La racine resserre, consolide, épaissit et corrige la sérosité âcre et salée du sang ; on l'emploie avec succès dans les dévoiemens, la dysenterie et le crachement de sang... On la recommande aussi dans l'ulcère des poumons et dans les autres maladies qui viennent d'une lymphe ténue, âcre et subtile qu'il est besoin d'adoucir. De plus cette racine arrête l'écoulement du sang, de quelque partie qu'elle vienne et elle guérit les ulcères du rein et de la vessie. Quelques Médecins assurent que les fleurs de cette plante bouillies dans du vin, sont un excellent remède contre le pissement de sang ; on en prend deux fois le jour, quatre ou six onces chaque fois. Extérieurement, la racine appliquée sur les plaies en procure la réunion, appaise les douleurs et consolide les fractures des os ; elle est encore très utile dans les hernies, les luxations et les entorses." (DAP, s v *Consoude (grande)*, p 97)

### – Ses emplois :

On relève dans le *Manuel des Dames de Charité* quelques remèdes simples :

– Décoction blanche astringente :

"Prenez de la Raclure de Corne de Cerf, une once, de la mie de Pain blanc fraisée (c'est-à-dire émiée dans les mains), deux onces, de la Racine de grande Consoude lavée, une demi-once. Faites bouillir le tout dans trois pintes d'eau, que vous réduirez à la moitié. Passez ensuite la liqueur sans expression et ajoutez à la colature du Sirop de Coings, une once et demie. Le tout pour boisson ordinaire légèrement dégourdie. Cette décoction convient dans tous les dévoiements que l'on veut modérer ; elle arrête doucement les évacuations, adoucit et calme les coliques qui souvent les accompagnent." (DCH, p 27)

– Tisane astringente contre l'hémoptysie ou le crachement de sang et les hémorragies :

"Prenez des racines de grande Consoude, ratissées et coupées par tranches, une once, du Ris lavé, deux gros. Faites bouillir le tout dans deux pintes d'eau réduites à trois chopines et sur la fin ajoutez de la Réglisse effilée, deux gros. La colature tiède pour boisson." (DCH, p 63)

– Potion contre l'hémoptysie :

"Prenez du suc dépuré d'Ortie, trois onces, du Sirop de grande Consoude, une demi-once. Mêlez le tout pour une Potion à répéter trois fois le jour." (DCH, p 136)

– Cataplasme contre la chute du fondement :

"Prenez de la racine de grande Consoude ratissée et pilée et de la farine de Fèves, de chacune parties égales. Formez-en un Cataplasme avec une suffisante quantité de gros Vin noir ou d'Eau de Forgeron." (DCH, p 337)

– Bouillon contre l'hémoptysie ou le crachement de sang, cf. Ortie.
– Tisane vulnéraire, cf. Rose.

Madame Fouquet qui en distingue "trois sortes, la grande, la petite et la moyenne", note qu'elles sont toutes trois "astringentes et unitives, et servent pour les blessures". Elle en recommande la présence dans la composition de plusieurs remèdes simples à préparer :

– Pour les enfants rompus ou descentes :

"Prenez deux poignées de racines de petite consoude coupées en morceaux ronds ; faites-les boüillir sur un réchaud dans une grande écuelle avec demy liv.de beurre frais l'espace de demy heure ou trois quarts d'heure sans interruption et jusqu'à ce qu'elles viennent à se durcir. Apres, passez cette matiere dans un linge neuf bien fort et la laissez refroidir. Estant refroidie, il faut l'étendre sur un linge et l'appliquer sur la partie par où le boyau descend ; y mettre une compresse en huit doubles et bander fortement le mal.

Pour faire mieux, il faut que le Chirurgien y travaille la première fois, afin qu'il vous montre la façon du bandage. Il faut prendre garde que l'enfant soit toûjours bandé. Il faut visiter le mal soir et matin et rafraîchir le cataplasme." (MFO, 1681 p 108 et 1765, Tome 1, p 160)

– Contre la douleur des gouttes :

"Faut prendre de la *Racine de Consolde*, la ratissez sur des *feuilles de Lierre*, et appliquez-les sur les endroits de la douleur, et redoublez l'application plusieurs fois." (MFO, 1765, Tome 1, p 243)

– Pour les coupures :

"Ayez du *Sucre*, pulvérisez-le bien, mettez sur la coupure et l'enveloppez avec un linge. La *Consolide* ou *Huile de sauge* distillée sur la coupure ou mise avec du coton par-dessus y est merveilleuse." (MFO, 1765, Tome 2, p 47)

– Pour les descentes :

"Ayez de la racine de *Consolide major* ; raclez-la par-dessus et faites un cataplasme de ces raclures, que vous appliquerez sur le mal, et puis vous le banderez et ferez garder le lit au malade l'espace de six semaine ; réitérez plusieurs fois cette application." (MFO, 1765, Tome 2, p 67)

– Pour les inflammations du fondement :

"*Prenez feuilles de Senneçon, ce que vous voudrez ; racines de consolide, à proportion du séneçon.* Pilez le tout ensemble et appliquez sur le mal." (MFO, 1765, Tome 2, p 130)

– Pour ceux qui crachent le sang :

"*Prenez Racines de consolide, 6 onces, Feuilles de Plantain, 2 poignées, Sucre, ce qu'il faut.* Pilez bien la Consolide et le Plantain dans un mortier de marbre avec un pilon de bois ; exprimez-en le jus et le passez à travers un linge bien net ; laissez-le reposer, et en faites du Syrop avec du Sucre, duquel vous mettrez autant que de cette liqueur ; si vous le voulez garder toute l'année, vous en mettrez deux fois autant de sucre qu'il y aura de liqueur : il faut prendre de ce Syrop plusieurs fois le jour une ou deux cuillerées à chaque fois." (MFO, 1765, Tome 2, p 322)

– Pour les punaises :

"Lorsqu'elles se mettent dans un lit, il faut mettre dès le matin dans les endroits où il y en a le plus des feuilles de Phaseolles qu'on appelle à Paris des Haricots et sur le soir, on trouvera les Punaises attachées aux dites feuilles. Les feuilles de la grande Contine ou Consolide, que les Apothicaires appellent *Consolida major* ou *Symphutum majus* sont encore meilleurs que les feuilles de Phaseolles." (MFO, 1765, Tome 2, p 453)

– Contre les pertes de sang immodérées :

"Prenez trois grosses racines de grande Consoude ; lavez-la bien et l'essuyez, sans la peler, ni ratisser. Coupez-la en deux ou trois morceaux de longueur qu'elle puisse entrer dans une Caffetiere ou Coquemar de terre, dans lequel vous aurez mis trois chopines d'eau de Rivière que vous ferez réduire à une. Vous en prendrez un demi septier le matin [à] jeun et autant le soir deux heures après avoir soupé. Il faut continuer ce Remède sept ou huit jours, et la perte de Sang s'arrêtera doucement. Il y a des personnes qui n'en ont pris que trois ou quatre fois.

Pendant l'usage de cette tisane, il faut s'abstenir de toutes crudités, boire de bon Vin vieux trempé, de bonnes soupes et bouillons gras avec quelques œufs." (MFO, 1765, Tome 2, p 460)

– Pour la dysenterie, cf. Aigremoine.

## 28. Coriandre (*Coriandrum sativum* L.) (Apiacées)

### – Ses propriétés :

Lémery lui reconnaît quelques propriétés, tout en rappelant que les Anciens incitaient à l'utiliser avec prudence :

"La semence fortifie l'estomac, elle aide à la digestion, elle corrige la mauvaise haleine, elle chasse les vents, elle résiste au mauvais air. Plusieurs des anciens Auteurs Botanistes assurent que le suc des feuilles étant pris en breuvage, est un aussi grand poison que la cigüe, qu'il affoiblit d'abord la mémoire, qu'il excite des vertiges, des grandes douleurs dans les entrailles et qu'étant bû en grande quantité, il cause la mort." (DUD, s v *Coriandrum*, p 238)

Dom Alexandre réfute le jugement des Anciens :

"Elle est chaude, dessicative, astringente et célebre dans la relaxation de l'estomac ; on en prend à la fin des repas pour faire bonne bouche, fermer l'estomac et arrêter les rots et les vapeurs qui montent à la tête, aider à la digestion et chasser les vers. On a cru longtemps qu'elle avait quelque chose de malin, et pour ôter cette prétendue mauvaise qualité, on la macéroit dans du vinaigre avant de s'en servir ; mais présentement on se moque de cette correction." (DBP, s v *Coriandre*, p 87)

Arnault de Nobleville reprend une partie du texte de Geoffroy (*Traité de la Matière Médicale*, Tome 6, p 131) et lui ajoute une observation sur les pratiques médicales de ses confrères :

"Sa graine seule est d'usage. On vante la graine de Coriandre comme un carminatif et un stomachique singulier. Elle divise les sucs gluans de l'estomac et elle dissipe les flatuosités qui sont les suites de l'épaississement. On la recommande fort à ceux qui ont mal à la tête par sympathie avec l'estomac. Quelques Médecins la regardent comme fébrifuge et l'emploient contre la fièvre quarte, en infusion dans le vin blanc." (DAP, s v *Coriandre*, p 102)

### – Ses emplois :

Madame Fouquet ne mentionne la présence de cette plante que dans quelques remèdes simples :

– Pour guérir la fièvre des enfants :

"Faites bouillir dans du *vin* des *semences d'Anis, de Fenouil, de Coriandre et de Carvi*, de chacun une pincée, ayant bouilli [le temps de] deux *Miserere* sur le feu, passez ce vin et le donnez à boire une heure ou demie heure devant l'accès." (MFO, 1765, Tome 1, p 213)

– Pour la luette lorsqu'elle est baissée :

"*Prenez jus de Menthe, Jus de Coriandre, Jus de Rhue, du lait, de chacun par égale portion*. Mettez tout cela ensemble et vous en gargarisez." (MFO, 1765, Tome 2, p 152)

– Pour les coliques, cf. Genévrier.

Et Mademoiselle d'Auvergne n'en recommande l'emploi que dans une liqueur contre les fluxions froides :

> "Prenez des quatre semences chaudes, sçavoirs Coriandre, Anis, Fenouil et Persil, de chaque deux pincées ; faites-les infuser à froid au serain dans un demy septier de vin blanc pendant une nuit, et le lendemain, faites boüillir le tout dans un pot vernissé, deux boüillons seulement ; passez-le après dans un linge et le faites boire à jeun au Malade, le plus chaud qu'il pourra ; faites-le mettre au lit et bien couvrir ; il suëra et sera guéri. Un Gentilhomme qui avait un bras dont il ne se pouvait aider depuis quatre ans, en a été guéri par ce remède." (NDA, p 51)

### 29. Coulevrée ou Bryonia (*Bryonia cretica* subsp. *dioïca* Jacq.) (Cucurbitacées)

**– Ses propriétés :**

Lémery en distingue deux espèces (alba et nigra) qui ont toutefois des propriétés identiques :

> "Elles purgent les sérosités par le ventre et par les urines ; elles lèvent les obstructions, elles excitent les mois aux femmes, elles poussent l'arrière faix après l'accouchement ; elles sont propres pour l'asthme, pour l'hydropisie. Il arrive à quelques-uns qu'étant appliquée, rapée et échauffée en forme de cataplasme sur l'estomac ou sur le bas-ventre, elles purgent comme s'ils en avoient avalé." (DUD, s v, *Bbryonia*, p 126)

Dom Alexandre est plus complet. Il distingue une espèce à baies rouges et une espèce à baies noires, les deux étant usités, mais la première étant préférable à la seconde :

> "La racine qu'on cueille au printemps purge puissamment les humeurs séreuses et pituiteuses ; elle est splénique, hépatique et utérine et désopile proprement les visceres. Elle est chaude et dessicative, elle évacue les eaux des hydropiques par haut et par bas. Elle guérit les asthmes et la goutte, tant intérieurement qu'extérieurement. Réduite en forme d'emplâtre avec de la fiente de chèvre, elle est bonne pour appliquer sur le ventre des hydropiques. Appliquée sur les arteres des tempes et des poignets, elle guérit la fièvre quarte, et pilée avec du sang de taureau, elle guérit les schirres et les tumeurs carcinomateuses. La racine pilée seule, et appliquée sur une contusion, dissipe le sang extravasé. Le Syrop de Bryone est souverain pour tuer et chasser les vers et autres insectes qui se trouvent dans l'estomac et dans les intestins." (DBP, s v *Bryone*, p 42)

Arnault de Nobleville se réfère à la notice de Geoffroy (*Traité de la Matière Médicale*, Tome 5, p 380) qu'il reprend partiellement :

> "La racine fraîche de la Brioine (à baies rouges) est un purgatif violent qui évacue non seulement par les selles mais encore par le vomissement ; on l'emploie dans l'hydropisie, l'épilepsie, la paralysie, la goutte et les maladies chroniques ; sur-tout elle passe pour spécifique dans l'asthme humoral, l'hydropisie de poitrine, celle de la matrice et dans la passion hystérique qui vient de l'obstruction de ce viscère… La racine, appliquée extérieurement est puissamment résolutive ; on assure qu'on appaise d'une manière surprenante la douleur de la sciatique avec cette racine fraîche, pilée, mêlée avec de l'huile de lin et appliquée tiède sur la partie malade : on s'en sert encore contre l'hydropisie en la pilant et l'appliquant seule ou mêlée avec de la bouze de vache sur la région des reins ; de cette manière, elle excite beaucoup le flux des urines et guérit quelquefois l'hydropisie." (DAP, s v *Coulevrée, Brioine*, p 103)

**– Ses emplois :**

Madame Fouquet a recueilli plusieurs recettes de remèdes faciles à préparer :

– Contre l'hydropisie :

"Prenez 5 ou 6 onces de racines de coleuvre, autrement appelée Brioine, raclez-les bien, et coupez-les à roüelles ; faites-les infuser depuis le soir jusques au matin sur les cendres, dans une demy chopine de vin blanc ; coulez cela le matin, par un linge blanc et donnez à boire au malade, le vin coulé. Si le malade ne guérit pas dés la première prise, il faudra continuer de luy en donner ; mais il faut qu'il prenne deux jours de repos d'une prise à l'autre. Il faut encore qu'il prenne un boüillon 3 heures après avoir beu ce vin : ce remède fait vomir, purge un peu et fait beaucoup uriner. Notez que cette recepte estant un peu violente, il ne s'en faut servir que pour les personnes un peu robustes." (MFO, 1681 p 291 et 1765, Tome 1, p 122)

– Pour purger la pituite :

"Prenez des tendrons de Brionna ou Coulevrée, pilez-les dans un mortier et prenez de ce suc environ une ou deux dragmes ; mêlez-y un peu de miel avec de l'écorce d'orange pour l'épaissir, et en prenez un peu le matin à jeun." (MFO, 1765, Tome 1, p 29)

– Pour la puanteur de la bouche :

"La racine de *Coulevrée*, mangée de tems en tems y est très bonne." (MFO, 1765, Tome 2, p 11)

– Pour les opilations du foie :

"Prenez de la racine de *Coulevrée*, ou de la *Rhubarbe*, réduisez-la en poudre, faites-la infuser dans du vin blanc pendant une nuit et avalez le tout le matin à jeun." (MFO, 1765, Tome 2, p 139)

– Pour toutes sortes de plaies des jambes :

"Prenez des *feuilles de coulevrée*, pilez-les dans un peu de *sel* et appliquez sur le mal." (MFO, 1765, Tome 2, p 192)

– Pour la pituite :

"*Prenez du suc de Brionia ou Coulevrée, un peu, du Miel, à proportion du suc, Ecorce d'orange en poudre, un peu.* Mêlez ce suc avec du miel, et faites ce mélange un peu épais ; mêlez-y un peu de la poudre d'écorce d'orange et donnez-en une dragme ou deux au pituiteux." (MFO, 1765, Tome 2, p 278)

Mademoiselle d'Auvergne ne cite guère cette plante dans ses recettes de remèdes simples. On notera celle-ci :

– Vin contre la rétention d'urine :

"Il faut prendre une once de racine de coulevrée, la mettre par tranches ou par roüelles, tremper dans un posson de Vin blanc, du soir au matin ; le prendre à jeun quinze jours durant et prendre tous les jours deux lavements, avec des herbes pour un sol de sucre rouge, une cuillerée de miel commun et une pincée de sel ordinaire." MDA, p 129)

## 30. Églantier, Cynorrhodon, Gratte-cul, Rose de chien, Rose sauvage, (*Rosa canina* L) (Rosacées)

### – Ses propriétés :

Lémery :

"Les roses de chien sont astringentes ; on en tire par la distillation une eau propre pour les maladies des yeux. Son fruit contient du sel acide enveloppé dans beaucoup d'huile. On monde ce fruit de sa semence et de son poil, puis on s'en sert dans la Médecine en tisane ou en conserve. Il est apéritif par les urines et astringent par le ventre ; on le donne pour la colique néphrétique pour atténuer la pierre du rein et de la vessie, pour arrêter les cours de ventre. La semence est astringente. On l'employe pour arrêter les gonorrhées. L'éponge[21] est propre pour la pierre, pour le scorbut, pour exciter l'urine, pour le goëtre, pour les vers, étant prise en poudre." (DUD, s v *Cynorrhodos*, p 266)

Dom Alexandre précise que le fruit est appelé gratte-cul et que l'éponge est appelée *bedeguar* dans les boutiques. Il cite les propriétés citées par Lémery auxquelles il ajoute :

"Pour guérir de la fièvre quarte, quelques-uns mettent dans un tuyau de plume treize ou quatorze des petits vers que l'on trouve dans ces Eponges, qu'ils bouchent avec de la cire et le pendent au cou du malade." (DBP, s v *Eglantier*, p 127)

Arnault de Nobleville recopie Geoffroy (*Suite de la Matière Médicale*, Tome 2, p 252) et note que

"Les fleurs sont purgatives. La conserve de cynorrhodon que l'on prépare avec ses fruits est fort recommandée dans les cours de ventre, les faiblesses de l'estomac et dans les indigestions...[Une tisane faite avec ses fruits guérirait les hydropiques]. Les semences, séparées de la chair du fruit, sont apéritives, conviennent dans la gravelle. Extérieurement, on emploie l'éponge d'églantier ou *bédéguar* pour les ulcères de la bouche et du gosier." (DAP, s v *L'Eglantier ou Grattecul*, p114)

### – Ses emplois :

Le Recueil de Madame Fouquet propose quelques remèdes simples où les roses sauvages sont présentes :

– Pour apaiser douleurs de la colique rénale :

"Prenez demy poignée de grate-culs, c'est ce qui reste des roses sauvages qui est comme un bouton rouge ; il faut ôter ce qui est dedans et mettre environ une pinte d'eau dans un coquemar, le faire boüillir et y jeter ladite demy poignée de grate-cul qui boüillira six boüillons ; après y jetter une once de graines de lin qui boüillira aussi deux boüillons ; étant un peu refroidie la passer dans un linge et en boire tant qu'on voudra." (MFO, 1681, p 289)

---

[21] "Il naît au tronc et aux branches une espèce d'éponge grosse comme une petite pomme ou comme une grosse noix, légère, de couleur rousse." (DUD, s v *Cynorrhodos*, p 265)

– Opiate de cynorrhodon contre la gravelle et contre le mal d'estomac :

"Prenez des grate-culs ou Cynorrodons ou, bien épluchez de leurs petits grains, une livre ; faites-les boüillir jusqu'à ce qu'ils soient bien cuits : passez-les à travers une étamine et avec une chopine de miel blanc bien écumé et une livre de sucre battu ensemble, vous en ferez comme une pâtes ou conserve ou espèce de cotignac. Pendant les 3 jours de la lune vieille, châque matin à jûn, prenez de la grosseur d'une féve de ce remede." (MFO, 1681, p 319 et 1765, Tome 1, p 155)

– Emplâtre pour les grosses gorges, autrement goitre **:**

"Pour en guérir, prenez des *pommes velues* qui viennent sur les églantiers ou rosiers des champs ; mettez-les en poudre après les avoir fait secher ; prenez de cette poudre le poids d'un écu d'or et l'avallez dans un bouillon ou du vin, ou dans ce que vous voudrez." (MFO, 1965, Tome 1, p 77)

Mademoiselle d'Auvergne mentionne celui-ci :
– Poudre contre le flux de sang :

"Réduire en poudre une pomme veluë d'Esglantier ou rosier sauvage et en prendre au poids d'un écu d'or dans quatre ou cinq cuillerées de boüillon à jeun quand il y a fièvre et dans un posson de vin blanc quand il n'y en a point, on en prend deux ou trois fois s'il en est besoin." (MDA, p 182)

## 31. Euphraise, Euphrasia, Ocularia, Ophtalmica, (*Euphrasia officinalis* L.) (Orobanchacées)

**– Ses propriétés :**

Selon Lémery :

"Elle est détersive, astringente, propre pour les maladies des yeux, pour éclaircir et fortifier la vuë. On s'en sert intérieurement et extérieurement." (DUD, s v *Euphrasia*, p 303)

Dom Alexandre ajoute :

"Elle est par excellence ophtalmique et céphalique, chaude et seche, astringente, discussive, et d'une saveur un peu âcre. Elle est usitée dans les cataractes, dans les obscurités des yeux et dans la diminution de la mémoire. On tire une eau par distillation de toute la plante cueillie en Juin, excellente pour les maux des yeux et pour éclaircir la vue. On avale aussi de la poudre dans les alimens ou dans un œuf cuit mollet ; ou on la fume avec la pipe à même intention. On en fait une Conserve et une Essence préparée avec l'esprit de vin." (DBP, s v *Euphraise*, p 163)

Arnault de Nobleville résume Geoffroy (*Traité de la Matière Médicale*, Tome 6, p 294) et note :

"Elle est céphalique et ophtalmique ; elle divise les humeurs épaisses du cerveau et les rend plus propres à la circulation. On la recommande surtout pour fortifier la vue et on la donne en poudre depuis un gros jusqu'à deux, soit seule, soit avec du vin. On peut la prendre plusieurs mois de suite sans inconvénient, pourvu que la fluxion vienne d'une pituite froide qui se jette sur les yeux ; car les tempéraments secs, bilieux et échauffés ne s'en trouveroient pas bien. Extérieurement, cette plante fraîche, pilée et appliquée sur les yeux, est fort utile dans leur inflammation." (DAP, s v *Euphraise*, p 126)

**– Ses emplois :**

Le *Manuel des Dames de Charité* propose plusieurs remèdes ophtalmiques :

– Poudre ophtalmique contre la faiblesse de la vue :

"Prenez de l'Euphraise, une demi-once, des semences de Fenouil doux, deux gros, du Macis, un scrupule, du Sucre candi, une demi-once. Réduisez le tout en poudre fine et mêlez-le exactement. La dose est d'un gros dans un petit verre de Vin à prendre le soir avant que de se coucher, en continuant pendant quelque tems." (DCH, p 225)

– Collyre rafraîchissant contre la rougeur des yeux, s'il y a chassie :

"Prenez des Eaux d'Euphraise, de Fenouil, de chacune, une once, de la Tuthie préparée, dix-huit grains, du Vitriol blanc quatre grains. Mêlez le tout pour un Collyre dont on laissera tomber quelques gouttes dans l'Œil deux ou trois fois le jour." (DCH, p 361)

Les remèdes proposés par Madame Fouquet sont destinés à affections des yeux :

– Éclaircir la vue et pour la recouvrer lorsqu'elle est perdue :

"Ayez du *Vin d'Euphraise* et en frottez les yeux soir et matin ; en cas qu'il soit trop fort, vous y mêlerez un peu d'*Eau de Fenouil* et même du *Sucre* s'il est besoin.

Pour faire du vin d'euphraise :

"Prenez de la *Feuille d'Euphraise*, mettez-la dans une bouteille ou baril, remplissez-le de *Moust* en vendanges et le laissez bouillir autant qu'il voudra ; cela fait, bouchez bien la bouteille ou baril et vous en servez au besoin." (MFO, 1765, Tome 2, p 402)

– Pour toutes sortes de faiblesses et rougeurs des yeux, cf. Chélidoine.

Celui que mentionne Mademoiselle d'Auvergne a le même but :

– Eau pour éclaircir la vue, venant de feu Monsieur Fortin, Doyen de la Faculté de Médecine d'Angers :

"Prenez deux onces d'eau d'Euphraise distillée, deux dragmes de vin blanc pur et une dragme de gomme de mastic ; mêlez le tout ensemble pour en arroser les paupières et le dessus des sourcils le matin en se levant." (MDA, p 32)

## 32. Fenouil, (*Foeniculum vulgare* (Mill) Gaertn) (Apiacées ex Ombellifères)

### – Ses propriétés :

Lémery en distingue deux espèces utilisées en Médecine, le fenouil des vignes et le fenouil doux auxquelles il prête de nombreuses propriétés :

> "Les feuilles de fenouil sont bonnes pour les maladies des yeux ; elles détergent, elles fortifient, elles éclaircissent la vüe ; elles excitent le lait aux nourrices ; elles adoucissent les chaleurs de la poitrine, elles fortifient l'estomac. Sa racine est fort apéritive et bonne pour purifier le sang. Sa semence est carminative ou propre pour chasser les vents ; elle fortifie l'estomac, elle aide à la digestion, elle donne bonne bouche, étant mâchée." (DUD, s v *Fœniculum*, p 316)

Dom Alexandre complète ainsi la notice de Lémery :

> "Les sommités de Fenouil sont chaudes, dessicatives, apéritives, résolutives, diurétiques, carminatives et béchiques ; elles fortifient l'estomac, augmentent le lait des nourrices, aiguisent la vue, adoucissent la trachée artère et les âcretés de la poitrine. La racine qui est une des cinq apéritives et la semence qui est une des quatre grandes chaudes sont très utiles pour dissiper les vents et pousser vers la circonférence. Outre cela, la semence fortifie l'estomac, aide à la digestion, donne bonne bouche étant mâchée et a coutume d'être ajoutée aux purgatifs, tant pour les corriger que pour chasser les vents... On prépare une eau ophtalmique excellente contre plusieurs maladies des yeux en cette sorte. On coupe les têtes des Fenouils, puis on remplit de sucre le creux des tiges, lequel se résout en eau durant la nuit, et on ramasse cette eau le matin." (DBP, s v *Fenouil,* p 168)

Arnault de Nobleville recopie ainsi partiellement Geoffroy (*Traité de la Matière Médicale*, Tome 6, p 335) :

> "Cette plante est apéritive, sudorifique, stomachique, pectorale et fébrifuge. La décoction des racines et graines passe pour spécifique dans la rougeole et dans la petite vérole. La racine est une des cinq grandes racines apéritives et la graine est une des quatre grandes semences chaudes. Toutes les parties du Fenouil, surtout les graines, fortifient l'estomac et aident la digestion en dissolvant les glaires qui souvent le tapissent. Intérieurement, la graine opère de la même manière dans les intestins, ce qui rend son usage excellent dans les coliques, où elle fait sortir des vents par haut et par bas.... La décoction des feuilles dans l'eau augmente le lait des nourrices. Extérieurement, les feuilles pilées et appliquées en cataplasme, fortifient la vue ; on tient dans les Boutiques une eau distillée de toute la plante qui est fort utile dans les collyres." (DAP, s v *Fenouil*, p 127)

### – Ses emplois :

Madame Fouquet note que la plante "sert pour faire venir le lait aux femmes et pour les accidents des reins et de la vessie" et elle mentionne plusieurs remèdes simples :

– Pour faire tomber les taies sur les yeux et autres ordures :

"Achetez à deux sols d'eau rose à un sol d'aloës et pour autant d'eau de fenoüil ; mêlez le tout dans une phiole et avec le bout d'une plume, vous en ferez distiller quelques gouttes dans les yeux et trois fois par jour." (MFO, 1681 p 220)

– Contre la colique venteuse :

"Prenez deux onces *d'huile d'amandes douces* tirée sans feu, et autant de *décoction de sommités de Fenouil* ou de *l'eau de Fenouil* (s'il s'en trouve), mêlez les ensemble et les avalez."(MFO, 1765, Tome 1, p 132),

– Pour faire venir le lait aux femmes qui ont le tempérament froid :

"*Prenez des feuilles de Fenouil, 1 poignée, Semences d'orties, demie dragme, Vin blanc, demie dragme.* Faites cuire les feuilles de Fenouil dans le vin blanc et donnez à boire un verre de cette décoction à la femme qui a perdu le lait après y avoir mêlé la semence d'Orties." (MFO, 1765, Tome 1, p 193)

– Pour une femme qui n'a pas été bien purgée dans son accouchement :

"Ayez des *feuilles de Fenouil sauvage* ou de *Capili Veneris*[22] ; faites-les cuire dans de l'eau et donnez à boire de cette décoction à la malade." (MFO, 1765, Tome 2, p 2)

– Pour faire venir du lait aux femmes :

"Prendre de la *semence de Fenouil*, faites la bouillir dans de l'*eau d'orge ou son de froment* et donnez à boire souvent de cette décoction à la Nourrisse ; chaude en Hyver et froide en Eté ; il faudra qu'elle s'abstienne de boire du *vin* ou autre liqueur chaude, épiceries et viandes salées, comme étant contraires au lait." (MFO, 1765, Tome 2, p 200)

– Pour ceux qui ne peuvent uriner que goutte à goutte :

"*L'Hysope et la racine de Fenouil sauvage* prise en breuvage y sont très souverain." (MFO, Tome 2, 1765, p 392)

– Pour les flux de ventre, cf. Bétoine.
– Pour le mal des yeux, cf. Camomille.
– Pour guérir la fièvre des enfants, cf. Coriandre.
– Pour toutes sortes de faiblesses et rougeurs des yeux, cf. Chélidoine.
– Collyre rafraîchissant contre la rougeur des yeux, s'il y a chassie, cf. Euphraise.
– Éclaircir la vue et pour la recouvrer lorsqu'elle est perdue, cf. Euphraise.
– Pour les coliques, cf. Genévrier.
– Pour ceux qui ne peuvent uriner que goutte à goutte, cf. Hysope.
– Pour la douleur du foie provenant d'humeurs flegmatiques, cf. Persil.
– Pour faire tomber les taies sur les yeux, cf. Rose.
– Pour la rougeur des yeux, cf. Rose.

[22] Cheveux de vénus, Adiantum.

Le *Manuel des Dames de Charité* ne propose d'employer le fenouil que dans plusieurs remèdes ophtalmiques :

– Poudre ophtalmique contre la faiblesse de la vue, cf. Euphraise.

– Collyre rafraîchissant contre la rougeur des yeux, s'il y a chassie, cf. Euphraise.

Mademoiselle d'Auvergne ne mentionne cette plante que dans quelques remèdes simples :

– Lavements détersifs :

"Prenez une bonne poignée d'orge, deux onces de semences de fenouil, une livre et demie d'eau commune, faites bouillir cela et aprés l'avoir coulé, dissolvez-y deux onces de miel commun." (MDA, p 94)

– Liqueur pour les fluxions froides, cf. Coriandre.

– Eau pour la vue, cf. Euphraise.

## 33. Figuier, (*Ficus carica* L), (Moracées)

### – Ses propriétés :

Lémery :

"Les figues adoucissent les âcretés du rhume et de la poitrine ; elles fortifient le poumon, elles amollissent les duretés, elles excitent l'accouchement, elles résistent au venin, elles soulagent les maladies des reins et de la vessie, étant prises intérieurement en décoction ; on en fait des gargarismes pour les maux de gorge et de la bouche ; on en applique extérieurement pour digérer, pour amollir, et pour hâter la suppuration." (DUD, s v *Ficus*, p 312)

Dom Alexandre complète ainsi Lémery :

"Les figues sont chaudes et humides, pectorales et béchiques ; elles remédient au sable des reins, résistent au venin et sont spécifiques dans la petite vérole et rougeole pour pousser les pustules dehors, les mûrir et ramollir.... Les figues vertes ou sèches conviennent toutes deux aux maux de la poitrine et des reins.... La décoction de figues qui est salutaire dans la toux et dans l'asthme n'est pas moins convenable dans les douleurs néphrétiques, dans le calcul, l'ulcère des reins, l'iscurie, le pissement de sang." (DBP, s v *Figuier*, p 170)

Arnault de Nobleville apporte également quelques compléments :

"Les figues sont pectorales et adoucissantes. On les emploie sèches dans les tisanes pectorales à la quantité de trois ou quatre par chaque pinte d'eau qu'on fait bouillir légèrement : on s'en sert encore en gargarisme bouillies dans le lait, dans l'inflammation des amygdales, de la luette et de l'intérieur du gosier. Elles adoucissent très bien la toux et les rhumes opiniâtres... On en fait un sirop propre pour les maladies des poumons. Appliquées extérieurement, elles sont émollientes et résolutives. Etant rôties et mises en poudre et incorporées ensuite avec un peu de miel, elles sont un onguent excellent contre les engelures. Si on les applique sur les hémorroïdes, elles en apaisent la douleur et l'inflammation." (DAP, s v, p 132)

### – Ses emplois :

On relève l'emploi des figues dans le *Manuel des Dames de Charité* :

– Pour un gargarisme adoucissant contre le chancre et les petits ulcères de la bouche et du gosier :

"Prenez six Figues grasses. Faites-les bouillir dans une chopine de lait et un setier d'Eau commune que vous réduirez en tout à une chopine pour un Gargarisme dont on se servira plusieurs fois le jour." (DCH, p 365)

Le *Recueil de remèdes de Madame Fouquet* contient aussi plusieurs recettes de remèdes contenant des figues :

– Pour les dents :

"Si la dent où est la fluction est creuse, mettez-y une figue sans la mâcher ni avaller ; elle tirera insensiblement la douleur." (MFO, 1765, Tome 1, p 54)

– Pour les asthmatiques :

"Prenez deux ou trois *Figues de Carême*, faites-les tremper dans de l'Eau de vie, mangez-les le matin à jeun et réitérez." (MFO, 1765, Tome 2, p 6)

– Pour la douleur des dents, lesquelles sont creuses :

"Prenez du *lait de Figuier*, trempez-y un peu de laine et la mettez dans la dent creuse." (MFO, 1765, Tome 2, p 61)

– Pour les épaules :

"Ayez des *Figues* de carême, broyez-les avec de la *graine de Moutarde* et les appliquez sur le mal." (MFO, 1765, Tome 2, p 82)

– Pour les hémorroïdes :

"Prenez des *feuilles de Figuier*, pilez-les un peu et en appliquez sur les Hémorroïdes." (MFO, 1765, Tome 2, p 172)

– Pour l'hydropisie :

"Prenez Figues sèches, Farine d'Orge, Absinte, Vin ; du tout ce que vous jugerez à propos. Coupez les Figues sèches en morceaux, faites un peu bouillir le tout dans un poëlon et en faites un cataplasme que vous appliquerez sur le mal." (MFO, 1765, Tome 2, p 183)

– Pour faire mourir les vers qu'on a dans les oreilles :

"Faut distiller dans l'oreille où l'on croit que le ver soit, du *suc de centaurée* ou bien du *lait de figuier*." (MFO, 1765, Tome 2, p 250)

– Pour la constipation des femmes grosses :

"Elle guérit en mangeant des Pruneaux et des Pommes cuites, des Figues nouvelles, des Mûres, du Pain de Seigle, du bouillon de Veau et du potage aux Herbes." (MFO, 765 Tome 2, p 419)

– Pour se préserver de l'apoplexie :

"Prenez trois bonnes Figues, hachez-les bien menu, ajoutez-y de la graine de Moutarde et de Roquette, une cuillérée de chacune, pulvérisée ; mêlez-les bien dans un mortier, ajoutez-y un peu d'eau de Lavande, une demie once d'eau ou de suc de Violette, faites une sorte d'électuaire dont la dose est de la grosseur d'une noix." (MFO, 1765, Tome 2, p 450)

– Pour la toux, cf. Hysope.
– Contre la goutte sciatique, cf. Moutarde.

Mademoiselle d'Auvergne mentionne également le recours aux figues pour traiter certaines affections :

– Ptisanes contre le rhume et la toux :

"Mettez deux pintes d'eau avec de la reglisse coupée fort menu, des figues et du pasdasne à volonté, et quand cette eau sera réduite à la moitié, tirez-là du feu pour la boire refroidie aux repas et hors des repas. Si la Toux est seiche, il ne faut point boire de vin." (MDA, p 99)

– Sirop contre l'asthme et la pneumonie :

"Six dattes, trois figues grasses, une poignée de raisins de Corinthe, deux douzaines de jujubes et quelque peu de reglisse ; il faut mettre cuire toutes ces choses dans un pot de terre neuf et plombé, avec une quarte d'eau, pour les faire boüillir jusqu'à réduction de moitié, puis passer à travers un linge ou chausse, y mettre une livre de sucre aprés et faire cuire cela en perfection de syrop. On en prend une cuillerée ou deux." (MDA, p 159)

– Emplâtre pour soulager les maux de dents :

"Tenez dans le costé de la bouche où la dent fait douleur, une figue grasse qui attirant des sérositez que vous expulserez en crachant, fera passer la douleur." (MDA, p 325)

## 34. Fraisier (*Fragaria vesca* L.) (Rosacées)

### – Ses propriétés :

Lémery note :

"La feuille et la racine sont apéritives par les urines et un peu astringente par le ventre. La fraise humecte, fortifie le cœur et le cerveau ; elle pousse par les urines et la transpiration ; elle purifie le sang, elle résiste au venin." (DUD, s v *Fragaria*, p 319)

Dom Alexandre ajoute quelques données :

"Les feuilles et les racines sont rafraichissantes, et seches, un peu astringentes, diurétiques et usitées en décoction, surtout dans la jaunisse, dans les gargarismes, les bains st les cataplasmes. Cette plante est salutaire dans la corruption de sang, ce qu'on appelle intempérie du foie, car elle est hépatique et on a coutume de l'ordonner pour cette raison, dans la cachéxie, la jaunisse et les autres maladies de cette nature... Les fraises sont rafraîchissantes et humides, spléniques et néphrétiques ; elles fortifient le cœur et le cerveau, elles purifient le sang, et elles résistent au venin mais elles se corrompent facilement." (DBP, s v *Fraisier*. p 172)

Arnault de Nobleville se veut plus concis :

"Les fraises sont rafraîchissantes, diurétiques et apéritives...les racines et les feuilles sont diurétiques et apéritives et d'un fréquent usage dans les obstructions des viscères et dans la jaunisse... Extérieurement, les feuilles bouillies dans du vin rouge et appliquées en cataplasme sur le pubis, arrêtent les fleurs blanches. On applique aussi en cataplasme pendant quelques nuits des fraises pilées sur les endroits des mains et des pieds qui ont été attaqués d'engelures l'Hiver précédent. Ce cataplasme les prévient et en garantit." (DAP, s v *Fraisier*. p 138)

### – Ses emplois

Madame Fouquet en recommande l'emploi dans des remèdes simples :
– Pour les engelures des pieds et des mains et quelque partie que ce soit :

"Lorsque vous êtes sujet d'avoir en hyver des Engelûres, ayez soin lorsque les Fraises sont mûres d'en frotter les parties engelées et d'y mettre un cataplasme par-dessus ; réitérez cela plusieurs fois et vous n'aurez plus d'Engelûres." (MFO, 1765, Tome 2, p 80)

– Pour la pierre et pour faire uriner :

"*Prenez des fraises, Eau de vie, une pinte, Sucre Candi, ce qu'il faut.* Mettez les Fraises dans une bouteille de verre avec l'eau de vie, laissez-les infuser et n'ôtez point du tout les Fraises ; cette eau se garde une année entiere sans se gâter ; il en faut donner à boire tous les matins deux doigts dans un verre au malade, y mettant un peu de sucre candi dedans." (MFO, 1765, Tome 2, p 272)

– Pour la douleur des reins externes :

"Donnez à boire au malade de la décoction de *réséda* ou de *lin* ou de *fraises*." (1765, Tome 2, p 317)

– Pour les cancers, cf. Cerfeuil.
– Émulsion contre la phtisie, cf. Lierre.
– Pour les ulcères de la bouche, cf. Plantain.
– Pour la rétention d'urine, cf. Chardon Roland.

## 35. Genévrier, Genévre, Genièvre, (*Juniperus communis* L.), (Cupressacées)

**– Ses propriétés :**

Selon Lémery :

"Les bayes de Genèvre sont céphaliques, propres pour fortifier les nerfs, l'estomac, le cœur, pour aider la digestion, pour exciter l'urine et les mois aux femmes, pour résister au venin, pour la toux invétérée, pour la colique venteuse, pour la douleur néphrétique ; elles sont incisives, apéritives, résolutives. On doit les choisir nouvellement séches, grosses, bien nourries, d'une odeur forte et aromatique. Plusieurs personnes en portent dans leurs poches, enfermées dans des petites boëtes, afin d'en mâcher trois ou quatre chaque matin, pour se préserver du mauvais air et se donner bonne bouche. Les Confiseurs couvrent ces bayes de sucre et ils en font une espèce de dragée qu'ils appellent *Dragées de St Roch* à cause qu'elles sont propres pour la peste. Le bois est sudorifique ; on l'employe en tisane et l'on en fait brûler dans les maisons pour parfumer les chambres contre le mauvais air." (DUD, s v, *Juniperus*, p 397)

Dom Alexandre ajoute ces quelques précisions :

"On emploie la rapure du bois pour en faire des cucuphes[23] à cause de ses vertus céphaliques et nervines. Ses baies sont chaudes, sèches, discussives, incisives et atténuantes ; leur principal usage est de pousser l'urine, la sueur et les mois des femmes, de lever une obstruction de la rate, remédier aux maladies de la tête, des nerfs, de la poitrine, à la toux, à la colique et aux maux causés par les vents ; enfin de purger les mucilages visqueux des reins et de la vessie. La fumée des baies et des branches est usitée en tems de peste. On doit cueillir ces baies quand le soleil est dans le signe de la Vierge. Le vin blanc dans lequel on fait bouillir les sommités de Genévrier est très diurétique. ... On fait une eau des baies, un esprit, une huile, un sel, un rob, un extrait, un vin dans le tems des vendanges. La ptisane faite avec le bois de Genévrier est sudorifique et on le fait brûler dans les maisons, aussi bien que les baies, pour parfumer les chambres et les purifier du mauvais air. Nous n'avons guère de plantes en Europe qui soient de plus grand usage que le Geniévrier." (DBP, s v *Genievrier*, p 184)

Arnault de Nobleville se veut encore plus complet, bien qu'il n'ait que partiellement tenu compte des indications de Geoffroy (*Traité de la Matière Médicale*, Tome 7, p 127)

"Les baies du Genevrier sont stomachiques, atténuantes et fortifiantes. Elles sont utiles quand l'estomac est froid et paresseux ; elles dissipent la pituite qui s'y épaissit et qui y occasionne des vents et des coliques ; elles détergent et font couler les glaires qui sont inhérents aux reins et à la vessie. C'est pour cela qu'on dit qu'elles empêchent la formation de la pierre, mais leur usage n'est utile que dans les tempéramens pituiteux et relâché ; car dans ceux qui sont secs et échauffés, elles augmentent le bouillonnement du sang et disposent les parties solides à l'inflammation. On prescrit les baies de Genevrier à la dose d'un gros que l'on

[23] Espèce de bonnet à double fond, contenant entre ses deux fonds, un mélange de poudres aromatiques, qui ont pour excipient du coton (Nysten).

mange de temps en temps dans la journée, ou que l'on pile, ou que l'on fait macérer dans deux tasses d'eau bouillante en forme de thé et on donne cette infusion chaude après le repas pour aider la digestion. Le vin de Genievre se fait avec les baies que l'on pile et que l'on fait fermenter avec de l'eau jusqu'à ce qu'elles aient acquis une odeur et une saveur vineuse. Cette boisson est agréable et est très utile dans les maladies froides de l'estomac, des intestins et des reins. Le bois de Genevrier est recommandé pour corriger l'air corrompu par les mauvaises exhalaisons. On le brûle à cause de sa bonne odeur et on en parfume les endroits infectés. On attribue à ce bois une vertu sudorifique et on en emploie la sciure dans les décoctions sudorifiques, en place du bois de Gaïac, auquel il ne le cède guères en qualité." (DAP, s v *Genevrier*, p 150)

Cette notice a été complétée dans l'édition de 1774 par un paragraphe sur les propriétés du "rob ou extrait de genévrier", préparé avec les baies récentes, qui est un excellent remède pour fortifier l'estomac, pour garantir du calcul et de l'hydropisie et auquel on attribue même une vertu alexipharmaque et antipestilentielle.

**– Ses emplois :**

Le *Manuel des Dames de Charité* propose plusieurs remèdes où entre le genévrier :

– Tisane sudorifique :

"Prenez des bois de Buis, de Genévrier, de chacun, une once et demie, de la râpure du bois de Gaïac, six gros, du Sassafras, trois gros, de l'Anis, un gros. Concassez les bois par petits morceaux, et versez sur le tout quatre pintes d'eau bouillante, le laissant infuser trente heures sur les cendres chaudes dans un vaisseau luté exactement avec de la pâte. Passez ensuite la liqueur refroidie et gardez-la en un lieu frais dans des bouteilles bien bouchées. La dose est de deux à trois verres tiedes par jour, à prendre un le matin une heure avant que de se lever, l'autre sur les cinq heures du soir et le troisième en se couchant." (DCH, p 66)

– Vin contre la colique néphrétique, la gravelle ou les glaires de la vessie :

"Prenez un baril de telle grandeur qu'il vous plaira. Mettez-y autant de Baies de Genievre bien mûres que si vous vouliez faire un Rapé. Achevez de le remplir de bon Vin blanc et laissez infuser le tout jusqu'à ce que le vin soit clair. On en prend alors un ou deux verres le matin à jeûn, à demie heure l'un de l'autre, ou bien en déjeunant." (DCH, p 111)

– Bol diurétique :

"Prenez du Savon blanc, un demi-gros, de l'Huile essentielle de Bayes de Genièvre, six gouttes. Mêlez le tout pour un Bol à prendre dans du pain-à-chanter." (DCH, p 250)

– Liniment contre la teigne :

"Prenez de la graine de Genievre bien mûre, une demie livre. Concassez-la dans un mortier et faites-la bouillir ensuite avec trois quarterons de Beurre frais ou de Sain doux dans un pot neuf bien clos pour en arrêter les Sels volatils. Passez ensuite par un linge avec une forte expression et conservez ce Liniment pour l'usage." (DCH, p 354)

– Infusion céphalique contre les étourdissements et menaces d'apoplexie, cf. Absinthe.

– Bol stomachique cf. Aunée.

– Décoction contre la teigne, cf. Guimauve.

Madame Fouquet en recommande l'emploi dans quelques préparations de remèdes simples :

– Contre tous les maux d'estomac, contre la peste, et pour s'en préserver, en temps de contagion :

"L'extrait de Genevre est excellent pour cela et c'est pour cette raison qu'on l'appelle vulgairement la *Thériaque des Paysans.* En voicy la préparation : Prenez la quantité que vous voudrez de graines ou bayes de Genevre (on l'appelle en Latin *juniperus*, et en langue vulgaire de cade[24]) ; pilez-la bien dans un mortier de marbre. Mettés-la ensuite dans une poële et versez-y de l'eau boüillante de sorte qu'elle surnage sur cette matière. Faites bouïllir cela durant demy heure entières. Après, ayant un morceau ou petite pièce de toile neuve avec laquelle vous coulerez cette Décoction et en tirez l'expression avec une presse. Cela fait, prenez tout ce qui sera coulé et exprimé, remettez-le dans la même poêle ou une autre pourveu qu'elle soit bien nette. Après, mettez cette poële sur le feu pour faire évaporer l'inutile jusques à ce que la matiere ait acquis par l'ébullition la consistance de miel, y ajoûtant sur la fin de la coction du sucre à discrétion pour se rendre plus agréable. Et voilà votre Extrait de genevre achevé, que vous conserverés dans un pot pour vous en servir au besoin. Il en faut prendre de la grosseur d'une fève, le matin à jeun ; et ne rien plus avaler de 3 heures." (MFO, 1681, p 274 et 1765, Tome 1, p 98)

– Pour les dents. Après avoir jugé "qu'il n'y a pas de douleur plus sensible à l'homme que la douleur des dents (MFO, 1765, Tome 2, p 57), Madame Fouquet propose plusieurs remèdes pour la calmer, dont celui-ci :

"Ayez de *l'Huile de Genievre*, faites-la chauffer, frottez-en la dent et la gencive qui vous fait mal, le plus chaudement que vous pourrez, et en tenez quelque temps dans la bouche." (MFO, Tome 2, p 60)

– Pour les fièvres :

"Prenez demi verre de *vin blanc*, faites-y infuser des *Chatons de Noyer*s avec de la graine de *Genievre et de Lierre* et donnez à boire cette infusion au febricitant." (MFO, 1765, Tome 2, p 112)

– Pour la pierre, gravelle, strangurie, douleurs des reins et de la vessie :

"Prenez une cuillérée de *Miel vierge*, le plus blanc que vous pourrez trouver, démêlez-le avec un peu d'*eau de genievre* et le donnez à boire au malade tous les matins ; vous verrez que la Pierre et la Gravelle sortiront et le passage de l'urine sera ouvert, continuez ce Remede jusqu'à parfaite guérison, qui sera dans peu de temps." (MFO, 1765, Tome 2, p 272)

– Pour désopiler la rate :

"Prenez le matin *douze grains de Tamaris* en poudre dans un verre de vin d'Absinthe et le lendemain, prenez *six gouttes d'esprit de sel* dans de *l'eau de*

---

[24] *Juniperus oxycedrus,* genévrier cade, dont on utilise surtout l'huile extraite de son bois, que Mme Fouquet semble ici confondre avec *Juniperus communis.*

*genievre* ; continuez pendant quelques jours à faire le même Remède et de la même manière." (MFO, 1765, Tome 2, p 315)

– Contre cette forte douleur de tête provenant de ventosité :

"Mettez sur la tête du malade des linges bien chauds, ou bien faites un sachet de *Marjolaine, Romarin, Rue, Laurier* et graine de *Genievre* et l'appliquez sur la douleur." (MFO, 1765, Tome 2, p 350)

– Pour la rétention d'urine :

"*Prenez des graines de Laurier ce que vous voudrez, graines de Genièvre autant que de Laurier, Son de froment à proportion, Aulx, ce qu'il faut.* Pilez le tout dans un mortier ; lorsque vous l'aurez pilé, vous le mettrez sur une tuile chaude que vous arroserez de vin et le remuerez, appliquez-le ensuite sur le pénil le plus chaudement que vous pourrez." (MFO, 1765, Tome 2, p 390)

– Pour le rhumatisme :

"Prenez un demi litron de Baye de Genièvre, une grande poignée de Sauge toute épluchée, pilez-les bien et les mettez dans une bouteille dont l'entrée soit fort large, ajoûtez-y une pinte d'eau de vie et une livre de bon beurre de May qui n'ait pas été lavé. Exposez la bouteille au Soleil pendant tout l'Eté, frottez-en le malade devant le feu avec la main ; ensuite oignez et appliquez du papier broüillard et une serviette chaude par-dessus, réitérer jusqu'à parfaite guérison." (MFO, 1765, Tome 2, p 435)

– Pour l'hydropisie tympanite :

"Vous prendrez trois pintes d'eau de Rivière et une chopine de vin blanc que vous ferez boüillir avec une livre de bois de Genièvre tout frais coupé. Vous le mettrez par petits coupeaux ; vous ferez boüillir le tout et le réduire à la moitié ; vous en donnerez un verre le matin au malade, une heure après un bouillon bien gras ; couvrez bien le malade, cela le fera suer. Ce remède est bon pour les Rhumatismes." (MFO, 1765, Tome 2, p 439)

– Pour les coliques :

"On prépare une tisane avec la racine d'*Enula campana,* de Chiendent et de Réglisse avec les graines de Geniévre, de Fenouil, de Coriandre et d'Anis." (MFO, 1765, Tome 2, p 449)

Mademoiselle d'Auvergne en mentionne aussi l'emploi dans quelques remèdes :

– Infusion pour la colique venteuse :

"Il faut mettre quelques moments dans deux doigts de vin blanc, deux ou trois gouttes d'huile de graines de geniévre et boire cela pendant la cholique." (MDA, p 65)

– Poudre pour l'hydropisie venteuse, cf. Aunée.

– Préparation "contre la paralysie, après quelques médecines prises" :

"Avallez les matins une poignée de graines de geniévre entre les deux Notre-Dame, mettez-vous au lit et tachez de suër et pratiquez cela durant dix ou quinze jours et vous verrez un manifeste changement, surtout si la Paralysie est naissante." (MDA, p 444)

## 36. Geranium, Bec de grue, Bec de cigogne, Herbe (à) Robert, Herbe de la Squinancie, (*Geranium robertianum* L), (Géraniacées)

### – Ses propriétés :

Lémery explique que cette plante "en gros a une couleur rougeâtre qui l'a fait appeler par les Anciens *Roberta* ou *Robertina* ; mais depuis par corruption, on l'a nommée *Rupertina* et *Robertiana*, d'où est venu le nom françois Herbe Robert." Il lui reconnaît différentes vertus :

> "Elle est détersive, astringente, vulnéraire ; elle dissout et résout le sang caillé, appliquée en cataplasme, ou en fomentation, et donnée intérieurement en décoction." (DUD, s v *Geranium*, p 333)

Selon Dom Alexandre :

> "Le bec de grue est célèbre dans la cure de l'érésipele. Il est tempéré entre le chaud et le froid ; il est modérément dessicatif, astringent et détersif ; il dissout le sang coagulé du corps ; il guérit les plaies en arrêtant le sang et en mondifiant ; pour résoudre le sang caillé, on l'applique en cataplasme ou en fomentation, et on le donne intérieurement en décoction. Il est un des principaux vulnéraires, tant intérieurement qu'extérieurement. Il est spécifique pour empêcher que les plaies ne dégénèrent en ulceres par le vice de l'air, ou par quelqu'autre cause... Pour dissiper l'enflure œdémateuse des pieds dans l'hydropisie, ou ensuite d'une maladie, il faut piler et appliquer cette plante en forme de cataplasme ; et pour le rendre plus efficace, on peut y ajouter de la fiente de pigeon ou de chèvre : c'est un remède éprouvé. Ce Géranium est encore estimé dans le cancer des mamelles, ulcéré ou non ulcéré, intérieurement en forme de potion ou extérieurement en forme d'onguent ou d'emplâtre. Les cataplasmes de quelqu'espèce de Géranium que ce soit, pilé avec du sel et du vinaigre, et appliqué à la plante des pieds, modèrent la chaleur de la fièvre." (DBP, s v *Bec de Grue*, p 27)

Arnault de Nobleville note de son côté, en se référant implicitement à Geoffroy (*Traité de la Matière Médicale*, Tome 6, p 405)

> "L'Herbe à Robert est regardée comme vulnéraire, astringente et plus tempérée que les autres plantes de sa même classe. Elle résout puissamment, arrête le sang et le dissout lorsqu'il est coagulé. Le vin dans lequel a macéré pendant la nuit, les feuilles pilées d'Herbe à Robert arrête toutes sortes d'hémorragies. Sa poudre est fort utile pour dissiper les vents de la matrice. Extérieurement, on s'en sert dans les fluxions et les enflures, en l'appliquant en forme de cataplasme sur la partie souffrante, soit écrasée, soit amortie sur la pele chaude, soit bouillie légèrement dans un peu de vin. On l'emploie encore utilement dans les maux de gorge et l'esquinancie, appliquée à l'extérieur, après l'avoir pilée, ou froissée dans les mains avec de bon vinaigre, mais il faut s'en servir dans le commencement. Un sçavant Médecin assure que la décoction de cette plante est très utile sur les cancers des mamelles et pour mondifier les plaies et les ulceres." (DAP, édition de 1774, s v *Bec de Grue*, p 46).

**– Ses emplois :**

Le *Manuel des Dames de Charité* ne nous livre qu'une recette de remède simple à préparer :

– Cataplasme de Bec de Grue contre l'esquinancie :

> "Prenez du Bec-de-Grue appelé *Herbe à Robert*, une poignée ; de l'Eau commune, du Vinaigre, de chacun, trois cuillerées. Mêlez le tout et faites-le chauffer sur un plat de terre, en froissant l'herbe, jusqu'à ce qu'elle soit suffisamment imbibée, pour un cataplasme, que l'on appliquera chaudement sur la gorge, le maintenant avec une compresse et quelques tours de bande. On réitérera ce Remède au bout de huit heures, s'il est nécessaire." (DCH, p 329)

Madame Fouquet note simplement que l'Herbe à Robert : "est propre pour les plaies, surtout pour les ulcères des mamelles et des parties honteuses", mais elle ne paraît pas avoir recueilli de recettes où il est fait appel à la plante pour traiter ces affections.

## 37. Guimauve, Althæa, Bimauve Bismalva, Ibiscus, (*Althæa officinalis* L.), (Malvacées)

**– Ses propriétés :**

Selon Lémery :

"Elle est émolliente, humectante, adoucissante, pectorale, apéritive, propre pour les maladies des reins, de la vessie, pour la toux, pour les âcretés qui descendent de la poitrine, pour les ardeurs d'urine, pour la colique néphrétique." (DUD, s v *Althæa*, p 27)

Dom Alexandre complète ainsi la notice de Lémery :

"Cette plante est chaude et humide. La racine est chaude, émolliente, laxative, résolutive et anodine. Elle est d'un grand usage dans les affections de la vessie et de la poitrine, comme dans la pleurésie... Cette racine est apéritive et propre pour les maladies des reins et de la vessie, pour les ardeurs d'urine, pour la colique néphrétique, pour la toux, pour les âcretés qui tombent sur la poitrine. Les feuilles de Mauve et de Guimauve, pilées en égale quantité avec celles de Saule, appliquées sur les plaies, empêchent qu'il n'y survienne d'inflammation, et les guérissent promptement. Si l'on se frotte les mains avec du suc de Mauve ou de Guimauve, on sera préservé et même guéri des piqûres des guêpes et des mouches à miel." (DBP, s v *Guimauve*, p 201)

Pour Arnault de Nobleville qui reprend la notice de Geoffroy (*Traité de la Matière Médicale*, Tome 1, p 119) :

"On se sert des racines, des feuilles et des graines, mais les racines sont les plus en usage. [Les vertus de ce mucilage] sont d'amollir, de relâcher, d'apaiser les douleurs et de corriger l'acrimonie des humeurs. On la recommande 1°) pour les maladies du poumon, l'enrouement, la toux, la pleurésie et la phtisie ; 2°) pour les maladies des reins et de la vessie qui dépendent de l'acrimonie de l'urine, du calcul et des graviers, 3°) pour la dysenterie et l'érosion des intestins, non pas qu'elle soit astringente, mais parce qu'elle adoucit et réprime l'acrimonie des sucs âcres et corrosifs. Dans tous ces cas, on fait boire l'infusion des racines, feuilles et fleurs de Guimauve ; on en fait des tisanes, des apozèmes, ou on les mêle dans les émulsions. Extérieurement, on fait des cataplasmes avec les graines, les feuilles et les racines pour amollir et discuter ou faire mûrir les tumeurs dures. On s'en sert aussi en fomentation pour prévenir ou calmer l'inflammation de quelque partie. Quand on prescrit les racines dans les tisanes et apozèmes, il faut avoir attention à n'en pas trop mettre et de ne les faire qu'infuser, car l'ébullition les rend trop mucilagineuses et gluantes, en sorte que le remède devient dégoûtant et charge l'estomac." (DAP, s v *Guimauve*, p 164)

**– Ses emplois :**

Madame Fouquet en distingue trois espèces :

"Il y a trois sortes, la première est une espèce de Mauve sauvage qui a des feuilles rondes, ses fleurs ressemblent aux Roses, elle résout, adoucit et est un peu astringente. La seconde a des feuilles comme celles du Courgier, mais minces et unies, qui ont par-dessous une mousse fort délicate : elle sert pour la gravelle, les pierres et la vessie, et provoque l'urine. La troisième a des feuilles un peu plus grandes que celles de la Rhuë, et a les mêmes propriétés que le Pavot ; elles naissent toutes trois dans les champs et les jardins." (MFO, 1765, Tome 1, p 483)

Elle en recommande l'emploi dans plusieurs recettes de remèdes simples :

– Pour la cure des tumeurs pestilentielles appelées bubons :

"Prenez racines de mauve blanche dite *Althæa* que ferez boüillir ; au lieu d'icelles, prenez des mauves communes, l'herbe, la pilez bien, un bulbe de lis cuite sous la braise, le tout bien pilé avec du miel, ce qu'il faudra ; l'ayant fait boüillir un quart d'heure, mettez le tout ensemble avec les jaunes d'œuf qu'il faudra, auquel pourrez ajoûter du levain et du sel et l'appliquerez (deux fois le jour sur la tumeur)." (MFO, 1681, p 150),

– Pour dissoudre la pierre dans les reins et la vessie :

"Prenez du sel de gousses de fèves, une dragme, des eaux d'*Althaea* et de pariétaire, de chacune deux onces ; mélez le tout ensemble et faites-le boire au malade le matin pendant un mois, l'ayant fait purger auparavant." (MFO, 1681, p 321)

– Pour la gravelle :

"Le suc de Guimauve ou la graine de frêne bue avec du vin vieux y est merveilleuse." (MFO, 1765, Tome 2, p 166)

– Pour la constipation des femmes grosses :

"On peut donner quelques lavements avec une poignée de Mauves, de Guimauves, de la Pariétaire que l'on fera bouillir dans de l'eau et lorsque l'on aura pressé la décoction, on y dissoudra deux onces de Sucre rouge, y ajoutant un peu d'Huile." (MFO, 1765, Tome 2, p 419)

– Pour guérir les hémorroïdes des femmes grosses :

"Si les Hémorroïdes sont causées par des matières retenues dans le Rectum, donnez-lui des lavements avec de l'eau tiède ou bien prenez des Mauves, des Guimauves, de la Pariétaire, des Violiers, de chacun une poignée. Faites bouillir le tout dans de l'eau et y ajoutez un quarteron de Miel et un morceau de Beurre frais." (MFO, 1765, Tome 2, p 422)

– Contre la colique néphrétique, cf. Alkékenge.
– Pour la gravelle et les ardeurs d'urine, cf. Lin.
– Émulsion contre la phtisie, cf. Lierre.
– Contre la pleurésie et la péripneumonie, cf. Chicorée.
– Pour le rhumatisme, cf. Mauve.
– Pour la rétention d'urine, cf. Genévrier.
– Pour le ténesme, cf. Mauve.

Le *Manuel des Dames de Charité* contient aussi quelques remèdes simples :

– Tisane pectorale adoucissante :

"Prenez de la racine de Guimauve lavée, une demi-once, de la graine de Lin renfermée dans un nouet, des fleurs de Tussilage, de Mauve, de chacune, une pincée, de la Réglisse, deux gros. Versez sur le tout une pinte d'eau bouillante, et après une demi-heure d'infusion, passez la liqueur, pour boisson ordinaire légèrement dégourdie." (DCH, p 51)

– Émulsion commune pour adoucir l'acrimonie du sang :

"Prenez des quatre Semences froides majeurs, une demi-once, des Amandes douces pelées dans l'eau chaude, une demi-douzaine. Pilez le tout dans un mortier de pierre ou de marbre, en versant dessus peu à peu une pinte de Décoction d'orge mondé. Passez ensuite par un linge et édulcorez la colature avec une once de sirop de Violettes, ou de Guimauve ou de Nénuphar. La liqueur tiède pour boisson." (DCH, p 83)

– Tablettes pectorales :

"Prenez de la racine de Guimauve séchée et pulvérisée, une once, du Sucre blanc, quatre onces. Mêlez le tout et faites-en des tablettes avec une suffisante quantité de mucilage de Gomme-Adragant." (DCH, p 305)

– Décoction contre la teigne :

"On doit commencer par saigner le malade et on le purgera le surlendemain. Le lendemain de la purgation, on lui fomentera la tête avec une forte Décoction de feuilles et de racines de Mauve ou de Guimauve faite dans l'urine d'une personne saine. Cette fomentation sera suivie immédiatement du liniment composé de graines de Genièvre et de beurre frais." (DCH, p 356)

– Collyre contre l'ophtalmie ou inflammation des yeux commençante :

"Servez- vous de décoction de Racines de Guimauve, dont on se bassinera plusieurs fois dans la journée, y trempant des compresses que l'on appliquera sur l'Œil malade." (DCH, p 362)

– Apozème pectoral-adoucissant, cf. Capillaire.

– Tisane diurétique adoucissante contre la colique néphrétique, cf. Alkékenge.

– Potion huileuse contre la néphrétique, cf. Capillaire.

– Émulsion contre la phtisie, cf. Lierre.

Mademoiselle d'Auvergne recommande également d'employer la guimauve dans quelques remèdes :

– Lavements pour ouvrir le ventre et le lâcher :

"Prenez mauve, bimauve, pariétaire, violier, poirée et mercuriale, de chaque une poignée, faites-les bien cuire dans deux pintes ou plus d'eau de riviere ; aprés, coulez-les et dissolvez dans une chopine de la colature, trois onces de miel commun bien écumé." (MDA, p 94)

– Lavement propre pour guérir la gravelle :

"Il faut prendre des herbes, savoir de la pariétaire, mauves, bimauves et violiers, en faire une décoction, puis y mettre un quarteron de miel commun avec deux onces d'huile de noix et en prendre tous les jours un, jusqu'à l'entière guérison." (MDA, p 98)

– Ptisane contre la pierre et la gravelle :

"Mettez gros comme quatre ou cinq poulces de racines de bimauve coupées par petites roüelles sur deux pintes de bonne eau à boire, boüillie un quart d'heure ; laissez froidir cette Ptisane, la racine demeurant toujours dedans ; usez de cette Ptisane au moins deux fois le jour, surtout à jeun et quelques heures avant dîner.

Un Bourgeois de Paris fort âgé, sondé et la pierre trouvée grosse comm e un œuf de pigeon, faisant du sang avec de très-grandes douleurs, urina avec facilité, ne sentit plus de douleur et ne fut point taillé, par l'avis d'un Ecclésiastique qui lui conseilla cette Ptisane dont il fit usage, et, depuis, un Maître de Musique de la Reine, par notre avis." (MDA, p 101)

– Ptisane pour se garantir de la gravelle, cf. Chardon Roland.

### 38. Hysope, Hisope, Hissope, Hyssope, (*Hyssopus officinalis* L.), (Lamiacées)

Lémery lui reconnaît de nombreuses vertus :

"Elle est incisive, apéritive, digestive, détersive, vulnéraire, fortifiante, propre pour l'asthme et pour les autres maladies de la poitrine ; on s'en sert intérieurement et extérieurement." (DUP, s v *Hyssopus,* p 379)

Dom Alexandre est plus précis :

"Cette herbe est chaude, dessicative et douées de parties tenues ; elle découpe, ouvre et déterge. Son usage est dans les maladies tartareuses du poumon, dans la toux, l'asthme et autre maladies de la poitrine... Son syrop, tant simple que composé, fait puissamment expectorer les mucilages de l'estomac et du poumon, après les avoir dissous. La poudre d'hyssope donnée dans de l'hydromel, est très bonne pour les pulmoniques. Le syrop d'Hyssope, pris souvent avec autant de fois d'eau de Pariétaire fait vuider la gravelle et le calcul des reins. La ptisane faite avec Hyssope, Figues, Rhue, Miel et Eau est bonne à l'asthme et à la vieille toux. Pour les meurtrissures et contusions des yeux, on pile des sommités d'Hyssope qu'on enferme dans un nouet de linge, pour les faire bouillir dans de l'eau qu'on applique sur les yeux ; ce qui fait dissoudre à vue d'œil le sang grumelé. Contre le tintement d'oreille, on en reçoit dans la fumée avec un entonnoir. L'herbe pilée avec l'huile, et enduite, fait mourir les poux." (DBP, s v *Hyssope*, p 242)

Arnault de Nobleville recopie partiellement le texte de Geoffroy (*Traité de la Matière Médicale*, Tome 7, p 90)

"L'Hysoppe est incisive, atténuante et stomacale. On l'emploie principalement contre les maladies tartareuses et glaireuses du poumon. Elle incise et fait cracher par son acrimonie aromatique les glaires épaisses qui en remplissent les vésicules ; c'est pourquoi, elle passe pour spécifique de l'asthme humoral. Elle guérit de la même manière les gonflemens de l'estomac et le dégoût en divisant et détergeant la pituite gluante attachée aux parois de ce viscère. Extérieurement, rien n'est plus utile pour les contusions des yeux et le sang grumelé sous la cornée que d'appliquer en manière de fomentation des sommités d'Hysoppe, fraîches ou séches, enfermées dans un nouët et trempées dans du vin chaud." (DAP, s v, *Hysoppe*, p 177)

**– Ses emplois :**

Le *Manuel des Dames de Charité* propose plusieurs remèdes simples contenant de l'hysope :

– Fomentation contre la contusion de l'œil :

"Prenez des feuilles d'Hysope, trois pincées ; Enfermez-les dans un nouet et faites-les bouillir dans un setier de bon Vin rouge à la réduction de la moitié. Fomentez ensuite l'Œil avec le Vin tiède et appliquez dessus le nouet en Cataplasme, maintenant le tout avec une compresse et quelques tours de bande, ce qui se répétera trois fois le jour jusqu'à guérison." (DCH, p 325)

– Hydromel composé, cf. Aunée.

Madame Fouquet qui note "qu'il est incisif, apéritif, abstersif", en recommande également l'emploi dans plusieurs remèdes simples :

– Contre la paralysie :

"*Prenez du jus ou suc d'Hièbles, une livre, du jus ou suc d'Hysope, une livre, Beurre de Mai, une livre, Gros Vin, une pinte, Graine ou baies de Laurier, 25 grains*. Faites bouillir ensemble dans une bassine et sur un feu lent et médiocre les *sucs*, le *Beurre* et le *Vin* jusqu'à ce que le *Vin* soit à moitié consumé ; ajoutez-y ensuite les *Baies* ou *graines de Laurier* bien pulvérisées. Cela fait, faites encore bouillir toutes ces matières jusqu'à ce que le *Vin* soit tout à fait consumé ; passez le tout par un tamis, et quand il sera un peu froid, vous le verserez dans un pot que vous couvrirez bien et le conserverez pour le besoin. Quand vous voudrez vous en servir, vous en mettrez un peu sur une assiette, vous le ferez bien chauffer, en frotterez chaudement la partie malade et l'envelopperez d'un linge bien chaud." (MFO, 1765, Tome 1, p 16)

– Pour faire qu'une femme qui a l'enfant mort dans son ventre, puisse s'en délivrer sans peine :

"Prenez du *jus d'Hysope*, avec du *vin blanc*, mêlez-y un peu de *Chaux* et en donnez à boire à la malade et elle enfantera incontinent." (MFO, 1765, Tome 1, p 189), ou :

"Donnez à boire à la malade du jus d'Hysope, mêlé avec de l'eau chaude et incontinent elle enfantera." (MFO, 1765, Tome 1, p 189)

– Pour les asthmatiques :

"*Prenez feuilles d'Hysope, Scabieuse, Mélisse, Lierre de terre, Fleurs de Sauge ou Muguet, par égale proportion*. Faites infuser le tout dans du vin blanc et y ajoûtez sur un demi septier de cette infusion deux onces d'Eau-de-vie avec un peu de Miel et donnez une cuillerée à la fois au malade diverses fois le jour ; si vous y mêlez une goûte d'Esprit de souffre, elle sera beaucoup plus souveraine." (MFO, 1765, Tome 2, p 5)

– Pour le mal de gorge :

"*Prenez Poudre d'Anis, Miel, Hysope, Vinaigre, un peu du tout pour faire un gargarisme*. Mêlez bien cela ensemble ; faites-en un gargarisme et vous en gargarisez plusieurs fois." (MFO 1765, Tome 2, p 151)

– Pour la toux :

"*Prenez Hysope, 1 poignée, Raisins de Carême, 1 poignée, Figues de Marseilles, 1 poignée, Réglisse, 1 once, Eau, ce qu'il faut*. Faites bouillir toutes ces drogues dans une suffisante quantité d'eau jusqu'à ce qu'elle soit réduite aux deux tiers et donnez à boire au malade de cette décoction deux fois le jour deux travers de doigt dans un verre, Sçavoir, le matin avant de rien manger et le soir une heure après souper." (MFO, 1765, Tome 2, p 361)

– Pour ceux qui ne peuvent uriner que goutte à goutte :

"L'Hysope et la racine de Fenouil sauvage prise en breuvage y sont très souverain." (MFO, 1765, Tome 2, p 392)

– Contre la difficulté de cracher et contre la toux, lorsque l'humeur est trop grasse et gluante, comme aux asthmatiques, cf. chou rouge.

– Pour toutes sortes de coliques, cf. Rue.

## 39. Lierre terrestre, Herbe de Saint Jean, Hedera terrestra, Rondette, (*Glechoma hederacea*), (Lamiacées), Lierre grimpant en arbre, (*Hedera helix* L.) (Araliacées)

**– Leurs propriétés :**

Lémery distingue correctement les deux plantes désignées sous le nom de lierre : hedera arborea et hedera terrestris et note pour chacune d'elles les propriétés qui leur étaient attribuées :

"(*Hedera arborea*) On se sert en médecine de ses feuilles et de ses baies. Elles sont détersives, vulnéraires, propres pour faire mourir les poux, les lentes, pour la teigne ; on applique les feüilles sur les cautéres pour les mondifier de leur sanie, on s'en sert aussi en décoction pour les douleurs d'oreilles et des dents, pour noircir les cheveux." (DUD, s v *Hedera*, p 352)

"(*Hedera terrestris*) Il y en a deux espèces, une plus grande et une plus petite. Il est apéritif, détersif, vulnéraire ; on l'emploie pour la pierre, pour le scorbut, pour les obstructions, pour les ulcères du poumon, pour l'asthme, pour la colique ; on le prend en décoction. On a donné le nom de Lierre à cette plante à cause de quelque ressemblance qu'on a crû trouver de ses tiges rampantes et de ses feuilles avec le véritable Lierre ; mais il est difficile de voir en quoi consiste cette ressemblance" (DUD, s v *Hedera*, p 353)

Dom Alexandre fait la même distinction :

"Le lierre (*Hedera arborea*) est un arbrisseau dont les feuilles sont chaudes et dessicatives et un peu astringentes. Elles sont contraires au cerveau et au genre nerveux, c'est pourquoi l'usage interne est fort rare. Elles servent extérieurement pour dessécher et guérir la gale de la tête et pour défendre les cauteres contre l'inflammation ; on en met une feuille tous les jours dessus. On les met aussi sur les loupes qu'elles font dissiper par transpiration…On en applique aussi sur les cors des pieds écrasés… On mêle le suc de lierre avec une huile appropriée, par exemple celle de lis pour guérir l'ozène ou ulcere puant au fond du nez et la douleur des oreilles purulente. Pour guérir les brûlures, on fait bien cuire les feuilles de Lierre dans de l'eau, on applique de ces feuilles sur les brûlures…. Les baies purgent par haut et par bas et sont usitées contre les fiévres. La poudre de trente de ces baies séchées à l'ombre, données dans un verre de vin blanc, après y avoir infusé quatre ou cinq heures, à un pestiféré qu'il faut bien couvrir pour le faire suer, est un remède éprouvé pour faire percer la peste, et sauver le malade." (DBP, s v *Lierre*, p 264)

"Le lierre terrestre (*Hedera terrestris*) qui est une plante odorante, est âcre, amer, chaud, dessicatif, vulnéraire, apéritif, détersif, très pectoral, propre à découper et résoudre le tartre du poumon, du rein et des autres parties et il remédie puissamment aux obstructions causées par ce tartre, à la jaunisse et aux ulceres des viscères pour les déterger et les consolider, à la toux, à la phthisie, à l'empyême, aux ulcères internes des reins, de la poitrine, du poumon. La poudre de Lierre terrestre bue avec de l'eau distillée de la même plante au mois de Mai brise la pierre des reins et les nettoie puissamment. Dans les chûtes où le sang grumelé empêche de respirer, le Lierre terrestre est un remède assuré... Le jus de Lierre terrestre attiré par les narines appaise la douleur de tête, et mêlé avec du verd de gris il est bon pour les ulceres caverneux. L'huile est bonne pour la colique... Les feuilles, hachées et mises seules sans huile dans une bouteille de verre bien bouchée qu'on laisse exposée au soleil, se pourrissent et donnent une liqueur excellente pour les plaies." (DBP, s v *Lierre*, p 265)

Arnault de Nobleville qui n'a sélectionné que quelques-unes des nombreuses propriétés que lui attribue Geoffroy (*Traité de la Matière Médicale*, Tome 6, p 441) note de son côté :

"Le lierre terrestre est apéritif, discussif, détersif et vulnéraire. On l'emploie intérieurement et extérieurement... Tous les Médecins conviennent de la grande vertu de cette plante pour guérir les blessures et les ulceres internes, surtout ceux du poumon et des reins. Le suc de Lierre terrestre tiré par les narines a souvent guéri les maux de tête les plus invétérés... Les feuilles pilées et appliquées dans les ulcères sinueux des jambes, les détergent et les mondifient. Pour guérir la folie, on fait bouillir ces mêmes feuilles toutes fraîches dans du vin blanc jusqu'à pourriture, comme l'on dit : on exprime le suc et on le mêle avec parties égales d'huile d'olive ; on fait encore cuire jusqu'à diminution de la moitié et on se sert de ce suc huileux pour oindre le sommet de la tête, le front et les tempes du malade en faisant des frictions pendant une demie heure avec la main chaude et trempée dans ce suc." (DAP, s v, *Lierre terrestre*, p 197)

Il note au sujet du lierre grimpant :

"On recommande les feuilles desséchées et mises en poudre contre l'atrophie des enfans. Ces mêmes feuilles fraîches s'emploient pour arrêter et dessécher le pus séreux et âcre qui découle des vieux ulcères, pour garantir les cautères d'inflammations, pour les tenir ouverts et attirer en plus grande abondance les humeurs qui y coulent. On fait des petites boules avec le bois de lierre pour les mettre dans les cauteres ; ce bois attire très bien et on a besoin de le renouveller qu'une fois le mois." (DAP, s v *Lierre en arbre ou grimpant*, p198)

**– Leurs emplois :**

Les ouvrages de médecine charitable ne précisent pas toujours de quelle espèce de lierre ils recommandent l'emploi.

Le *Manuel des Dames de Charité* mentionne plusieurs remèdes simples où le lierre est utilisé :

– Décoction vulnéraire contre les contusions internes et contre les érosions causées par les chutes, des coups ou une mauvaise disposition d'humeurs :

"Prenez des feuilles de Lierre terrestre, de Plantain, de Millefeuille, de chacune deux gros. Faites-les bouillir dans deux pintes d'eau commune, que vous réduirez à trois chopines. Passez ensuite la liqueur par un linge avec une légère expression et dissolvez-y du Sucre blanc, trois gros. La dose de cette Décoction est de trois ou quatre onces tièdes répétée quatre fois par jour, en continuant pendant quelque tems." (DCH, p 42)

– Émulsion contre la phtisie :

"Prenez des quatre semences froides, un gros et demi, deux Amandes douces pelées dans l'eau chaude. Pilez le tout dans un mortier de marbre en versant dessus un grand verre d'infusion d'une pincée de Véronique mâle et d'une demi-pincée de Lierre terrestre ou de fleurs de Tussilage. Coulez ensuite la liqueur et l'édulcorez avec une demi-once de Sirop de Violette ou de Guimauve, pour une dose à prendre le matin à jeûn, qu'on peut répéter le soir en se couchant." (DCH, p 84)

– Hydromel composé, cf. Aunée.

– Poudre contre l'atrophie ou la maigreur excessive des enfants, cf. Capillaire.

– Potion vulnéraire contre les chutes et les contusions, cf. Morelle.

Madame Fouquet, pour sa part, rappelle "qu'il y a trois espèces de lierre qui sont très connues : elles sont âcres, astringentes, et contraires aux nerfs", sans autre précision, et recommande plusieurs remèdes simples où le lierre entre dans leur composition :

– Contre les cors des pieds :

"Prenez des *feüilles de Lierre*, de celuy qui s'attache aux murailles ou aux arbres ; faites-les tremper l'espace de deux fois 24 heures dans du *vinaigre*, le plus fort qui se trouvera. Appliquez tous les soirs une ou deux de ces *feüilles* sur les cors de telle façon qu'elles enveloppent tous les doigts du pied où sont les cors ; bandez-les si bien qu'elles y restent toute la nuit. Le matin, ôtez ces *feüilles de* dessus le cor et le couvrez avec *des fleurs de soucy* dont vous aurez fait provision auparavant, bien mondées de leur tige, disposez-les de telle façon qu'elles y puissent rester toute la journée. Continuez ce remède ou application pendant quelques jours et vous verrez que les cors se détacheront deux mémes jusqu'à la racine, ou en les égratignant avec les ongles sans aucune douleur." (MFO, 1681, p 121 et 1765, Tome 1, p 171)

– Contre la douleur des gouttes :

"Prenez des feüilles de lierre, contusez-les[25] si vous voulez et appliquez-les sur l'endroit de la douleur." (MFO, 1681 p 194)

Cf. aussi Consoude.

– Pour la migraine :

"Prenez feuilles de Lierre, pilez-les et du jus qui en sortira, mettez-en dans un peu d'Huile Rosat ; mêlez le tout ensemble et ensuite, prenez un bout de linge que vous tremperez dans cette liqueur et en froterez le front, les narrines et les tempes." (MFO, 1765, Tome 1, p 5)

– Pour la colique graveleuse :

"Prenez de l'*eau de vie* le poids d'une once dans laquelle vous ferez tremper du *lierre de Terre* que les Villageois nomment *herbe de la Saint Jean* ou *Rondote* et avalez ensuite cette eau de vie." (MFO, 1765, Tome 1, p 134)

---

[25] Contusez-les signifie : froissez-les.

– Contre la peste :

"Il faut prendre environ trente-cinq *grains de Lierre*, les piler dans un mortier et les mettre tremper dans un verre de vin blanc l'espace de cinq heures, puis faire boire le tout au malade." (MFO, 1765, Tome 1, p 227)

– Contre la sciatique :

"On dissout l'orviétan avec l'eau de vie et l'huile de Lierre ; après, on l'applique chaudement sur la partie." (MFO, 1681, p 380 et 1765, Tome 1, p 343)

– Pour le mal qui arrive à la bouche par accident :

"Faut prendre des *feuilles de Lierre* qui rampe sur la terre, les faire cuire dans du vin ou de l'eau et se gargariser de cette décoction." (MFO, 1765, Tome 2, p 9)

– Pour les érésipèles :

"Prenez des *feuilles de Lierre*, faites-les cuire avec du bouillon blanc dans de l'eau de pluye, trempez dans cette décoction des linges ; mettez-les sur l'Erésipele et en changez de temps en temps." (MFO, 1765, Tome 2, p 84)

– Pour la galle :

"Prenez du *lierre terrestre* (c'est celui qui rampe sur la terre) la quantité que vous voudrez, faites-le bouillir dans un vaisseau et vous lavez de cette décoction ; cela est bon aussi pour le farcin des chevaux." (MFO, 1765, Tome 2, p 143)

– Pour la gorge :

"Prenez du suc de *senesson* ou bien du suc de *feuille de lierre* qui rampe sur la terre et en gargarisez." (MFO, 1765, Tome 2, p 153)

– Pour les douleurs des jointures :

"Prenez de la Quintefeuille ou bien du *Lierre terrestre* ; pilez-le et en appliquez sur le mal." (MFO, 1765, Tome 2, p 199)

– Pour les douleurs et surdités des oreilles invétérées :

"Le suc de feuilles de Lierre mis dans les oreilles y est aussi[26] très souverain." (MFO, 1765, Tome 2, p 248)

– Pour la rate :

"Prenez *feuilles de Lierre* les plus tendres, faites-les cuire avec du *vinaigre* et les appliquez sur la Rate ; boire aussi de cette décoction y est très bonne." (MFO, 1765, Tome 2, p 312)

– Pour la tête :

"*Prenez feuilles de Lierre des plus tendres, deux poignées, Vinaigre ce qu'il faut, Huile Rosat, ce qu'il faut.* Faites cuire les feuilles de Lierre dans du Vinaigre et lorsqu'elles seront cuites, ajoûtez-y un peu d'huile Rosat et le remuez jusqu'à ce

[26] Comme le suc de marrube.

qu'elles soient en consistence d'onguent ; oignez la tête du malade de cet onguent et lui faire fomenter la bouche de la décoction des feuilles de Lierre." (MFO, 1765, Tome 2, p 353)

– Poudre contre l'atrophie ou la maigreur excessive des enfants, cf. Capillaire.

– Pour les fièvres, cf. Genévrier.

– Pour les asthmatiques, cf. Hysope.

Mademoiselle d'Auvergne mentionne aussi le lierre dans quelques remèdes :

– Liqueur pour faire promptement accoucher une femme en travail :

"Prenez graine de plantain et graine de lierre ; mettez-les en poudre, et en faites tremper un gros dans du vin blanc et le donnez à boire à la Malade." (MDA, p 42)

– Vin contre le flux de sang :

"Prenez graine de lierre en poudre, au poids d'un écu d'or et le faites infuser une nuit dans du Vin blanc sur la braise ou les cendres chaudes, puis les faire prendre au malade." (MDA, p 130)

– Poudre contre le flux de sang :

"Prenez de la graine de lierre, au poids d'un écu d'or en poudre et la laissez toute une nuit dans du vin blanc sur la braise chaude et puis buvez cela." (MDA, p 182)

– Emplâtre pour les enflures des testicules :

"Prenez trois onces de farine de fèves que vous mettrez avec demi verre de jus de lierre et d'hièbles et une once d'huile rosat sur le feu, tant que le tout soit épais et en consistance d'emplastre que vous mettrez bien chaud sur les bourses. Et si la douleur y vient, prenez de la bétoine broyée, et la faites bouillir dans un pot d'eau, dont vous ferez aussi emplastre, pour appliquer dessus le lieu douloureux le plus chaud qu'on pourra souffrir, en le laissant trois ou quatre heures sans le lever." (MDA, p 332)

## 40. Lin (*Linum usitatissimum* L) (Linacées)

**– Ses propriétés :**

Selon Lémery :

"On emploie en Médecine que sa semence. Elle est propre pour digérer, pour amollir, pour résoudre, pour adoucir ; on la pulvérise en farine pour les cataplasmes. On la fait infuser entière et bouillir dans de l'eau pour les mucilages. On en met aussi à infuser en un petit nouët dans les tisanes pour la pierre, pour la gravelle, pour exciter l'urine, pour la colique néphrétique." (DUD, s v *Linum*, p 442)

Dom Alexandre ajoute :

"L'huile que l'on tire de la semence par expression a les mêmes vertus [que la semence] ; on la distille dans les yeux contre les ongles[27] ; on en fait avaler avec succès dans les pleurésies et dans la colique et on en oint les parties malades et la rate endurcie ; la prise est de deux ou trois onces. Dans la pleurésie, on arrête par son moyen l'inflammation de la plèvre et on aide l'expectoration et le crachement." (DBP, s v *Lin*, p270)

Arnault de Nobleville recopie partiellement Geoffroy (*Matière Médicale*, Tome 7, p 306)

"Sa graine est d'un usage familier en médecine. La graine est adoucissante, émolliente et diurétique. On la prescrit surtout pour la difficulté et l'ardeur d'urine. On l'emploie aussi dans les décoctions émollientes, anodines et carminatives contre les tranchées, la dysenterie, le ténesme et l'inflammation des viscères. La farine de lin est un puissant résolutif ; elle amollit et fait mûrir. Cette plante fournit aussi une huile qui est bonne pour plusieurs maladies. Prise intérieurement, elle lâche le ventre, apaise la toux et procure l'expectoration. On la recommande surtout comme un grand spécifique de la pleurésie. Elle est aussi beaucoup vantée dans l'enflure du ventre des enfants appelée *le carreau."* (DAP, s v, *Lin*, p 201)

Il note pour terminer que les tiges sont utilisées pour la fabrication de toile et de papier.

**– Ses emplois :**

On ne relève dans le *Manuel des Dames de Charité* que peu de remèdes où le lin est présent :

– une tisane diurétique adoucissante contre la colique néphrétique, cf. Alkékenge.

– un lavement anodin ou adoucissant, cf. Bouillon blanc.

– une tisane pectorale adoucissante, cf. Guimauve.

– Contre les hémorroïdes gonflées, cf. Mauve.

En revanche, Madame Fouquet le mentionne à plusieurs reprises :

– Contre la rétention d'urine :

[27] Ongles *i e* onglet ou ptérygion.

"Prenez une once de semence ou graine de lin, c'est la même chose ; faites l'infuser dans une livre d'eau de fontaine, les cendres chaudes, coulez cela et gardés le dans une bouteille de verre dont le malade prendra un verre le matin, un autre à midy et un le soir, il en peut mesme boire ordinairement. Ce remède a été expérimenté avec un grand succés." (MFO, 1681, p 319 et 1765, Tome 1, p 159)

– Pour apaiser la douleur du chignon[28] du col :

"*Prenez des Noix de Galles, Grains de Lin, par égale portion.* Pilez cela ensemble et l'appliquez sur le mal." (MFO, 1765, Tome 2, p 40)

– Pour les flux de ventre :

"Prenez de la *graine de Lin* ; pilez-la dans un mortier et la démêlez avec du *Vinaigre*, faites-en un cataplasme et l'appliquez sur le ventre." (MFO, 1765, Tome 2, p 125)

– Pour les inflammations du fondement :

"Prenez *Eau rose* ou suc de *rose*, frottez-en le mal avec une plume ou bien avec de *l'huile de lin* ou de la décoction de *Mauves."* (MFO, 1765, Tome 2, p 130)

– Pour le mal de gorge :

"Prenez de la graine de *Lin*, faites-la cuire dans de l'eau avec un peu d'*huile* et de l'*anis*, et faites-en un liniment." (MFO, 1765, Tome 2, p 151)

– Pour les blessures et coupures :

"*Prenez Thérébentine, 1 livre, Huile d'olive, demie livre, Huile de lin, demie livre, Vert de gris en poudre, demie once.* Mettez la Térébenthine et les Huiles dans un pot de terre sur un peu de charbon, laissez-les y un peu de temps, ajoûtez-y ensuite le Vert de gris et le laissez encore sur le feu l'espace d'un *Miserere* ; ôtez-le et le conservez. Quand vous voudrez vous en servir, il en faudra mettre sur une assiette ou autre part, le faire un peu chauffer, y tremper de la charpie et la mettre sur la blessure." (MFO, 1765, Tome 2, p 286)

– Pour la rate :

"Prenez *Huile violat* ou *Huile de lin* ou de *câpe*, et en frottez l'endroit de la Rate le plus chaudement que vous pourrez. Ou bien prenez de la *graine de lin* avec de *la racine de câpes*, et les piler ensemble, ajoutez-y un peu d'*Huile violat*, et en faites un emplâtre sur le mal." (MFO, 1765, Tome 2, p 311)

– Pour la teigne :

"*Prenez Huile de Lin, 1 chopine, Graine de Chenevis[29], 1 écuellée, Soufre en poudre, 2 onces.* Pilez bien le Chenevis et le faites cuire avec l'Huile de Lin dans un pot jusqu'à ce qu'il soit réduit à la moitié ; passez-le à travers une grosse toile avec une forte expression ; mettez ce jus dans le pot, faites-le cuire jusqu'à la consistance d'onguent, et prenez garde que le feu ne s'y mette, mêlez-y sur la fin

[28] "Partie de derriere du cou où sont les vertèbres qui joignent le dos à la tête" (Furetière).
[29] Graine de chanvre.

de la cuisson le soufre et le remuez toujours lorsqu'il sera sur le feu." (MFO, 1765, Tome 2, p 333)

– pour la gravelle et les ardeurs d'urine :

"On fait la tisane avec la racine de Guimauve, la graine de Lin, l'Akekenge, le Milium solis[30], et la Réglisse ; on y ajoutera le sirop de Nénuphar ou celui d'Althea." (MFO, 1765, Tome 2, p 430)

– Contre la colique néphrétique, cf. Alkékenge.
– Lavement anodin ou adoucissant, cf. Bouillon blanc.
– Pour apaiser douleurs de la colique rénale, cf. Églantier.
– Pour la douleur des reins externes, cf. Fraisier.
– Pour les douleurs du fondement ou boyau culier, cf. Mauve.
Mademoiselle d'Auvergne propose d'employer dans les remèdes suivants
– Infusion contre la pierre et la gravelle :

"Il faut prendre deux onces de graine de lin, les mettre dans un petit sac de toile et les mettre dans une cruche de grais avec deux pintes d'eau, et faire infuser la graine vingt-quatre heures dessus la cendre chaude, puis mettre cela dans un lieu frais, s'en servir de boisson et mesme en mettre dans le vin." (MDA, p 61)

– Ptisane pour se garantir de la gravelle, cf. Chardon Roland.

[30] Gremil.

## 41. Lis, Lys, (*Lilium candidum* L) (Liliacées)

### – Ses propriétés :

Lémery rapporte brièvement que :

"Le lis blanc est souvent employé en Médecine ; ses fleurs sont humectantes, adoucissantes ; la racine est propre pour amollir, digérer, pour résoudre, pour exciter la suppuration." (DUD, s v *Lilium*, p 437)

Dom Alexandre complète largement le texte de Lémery :

"Les fleurs sont chaudes et humides, de diverses parties, anodines, digestives et maturatives. La racine ou Oignon de Lis est abstersive, dessicative, digestive, émolliente et maturative ; elle n'est usitée qu'extérieurement, pour mûrir et amollir les tumeurs, guérit les cors des pieds et la brûlure. L'huile simple de fleurs de Lis faite par infusion guérit promptement et sûrement les plaies récentes de quelque partie que ce soit ; elle est suppurative, émolliente et maturative ; elle entre dans les cataplasmes pour les abcès, les inflammations, les bubons et l'esquinancie qui tendent à suppuration : on la joint avec la racine de Lis, qui est pareillement un des principaux émolliens, maturatifs et suppuratifs. La même Huile entre dans les lavements émolliens et les lavements laxatifs qu'on donne avant l'enfantement. Les *Anthera* ou filets jaunes qui se trouvent dans les fleurs de Lis, sont éprouvés et recommandés pour faciliter l'accouchement, on les fait avaler dans de l'eau de Verveine ou d'Armoise." (DBP, s v *Lis*, p 273)

Arnault de Nobleville n'ajoute que quelques précisions de détail :

"Ses fleurs et ses oignons sont d'usage en médecine. Les fleurs ont une vertu anodine ; on ne les emploie qu'à l'extérieur et très rarement à l'intérieur, à moins que ce ne soit leur eau distillée qui entre dans les juleps et potions adoucissantes ; mais les fleurs proprement dites calment les douleurs, digèrent et conduisent les humeurs à maturité... on fait une huile de Lis par l'infusion des fleurs dans de l'huile exposée à la chaleur du soleil ; elle est d'un très grand usage dans les douleurs et les tumeurs ; elle relâche les parties trop tendues, les amollit, et calme les douleurs. On ne fait point usage ou rarement des oignons de Lis à l'intérieur, mais on s'en sert beaucoup à l'extérieur puisque c'est un des principaux remèdes pour amollir, conduire à maturité et faire suppurer les abcès." (DAP, s v *Lis blanc*, p 205)

### – Ses emplois :

Après avoir noté que le lis "est une plante qui est connue partout ; elle sert aux morsures des serpents, et aux brûlures ; l'oignon les guérit aussi, nettoye la matrice, provoque les mois, est bonne aux cicatrices, ulcères et dislocations" (Tome 1, p 491), Madame Fouquet mentionne plusieurs remèdes simples où le lis est employé :

– Pour faire percer toutes sortes de tumeurs sans lancettes :

"*Prenez Oignons de Lys ou à son défaut un Oignon commun, du Sain doux, ce qu'il faut.* Enveloppez cet Oignon avec le Saindoux dans quelque feuille de Blette ou de Choux ; faites cuire cela sous la cendre, contusez-le et l'appliquez ensuite sur le mal en forme de Cataplâme." (MFO, 1765, Tome 1, p 257)

– Pour l'esquinancie :

"Prenez un *nid d'Hirondelle*, mettez-le en poudre fort subtile, pétrissez-le avec de *l'Huile de fleur de Lys* et en faites un emplâtre que vous appliquerez sur le gosier avec un linge et le changerez de six heures en six heures." (MFO, 1765, Tome 2, p 86)

– Pour la surdité :

"Il faut prendre de la graine de Laurier, la mettre en poudre, et la faire bouillir dans un bassin avec de *l'huile de Lis*, et en mettre un peu chaudement dans les oreilles. Après que vous aurez fait ces injections dedans, il faudra obliger le malade à se coucher sur l'oreille saine. (MFO, 1765, Tome 2 p 246)

– Pour faire des pessaires et pour purger la matrice :

"Les pessaires se font avec du miel ; on les enveloppe dans un linge ou taffetas et on laisse pendre un filet en dehors pour le retirer quand on veut. Ils se font pour plusieurs intentions ; mais la plus grande partie se font pour purger la matrice de quelques superfluités. Prenez de la *laine* ou du *coton* ; imbibez-le dans du *jus de Mercuriale*, faites-en un petit sachet de la forme susdite ; graissez-le avec *huile de Lys* et le mettez dans la matrice." (MFO, 1765, Tome 2, p 256)

– Pour les durillons des pieds et des mains :

"Ayez des oignons de *lys ;* faites-les bien cuire dans du vin ; quand ils seront en pâte, faites-en un cataplâme que vous appliquerez sur le mal et les y laisserez pendant trois jours, au bout desquels vous l'ôterez, et en mettrez un autre." (MFO, 1765, Tome 2, p 266)

– Pour la douleur de la rate :

"*Prenez Huile de lys, Huile d'Aneth, Beurre frais, Moelle de bœuf, Graisse de poule ou de Canne, autant de l'un que de l'autre*. Mettez tout cela ensemble et en oignez le côté de la Rate le plus chaudement que vous pourrez." (MFO, 1765, Tome 2, p 311)

– Pour resserrer le ventre :

"Faire infuser pendant un jour et une nuit de la *Mousse d'arbre* dans du vin et buvez ce *Vin* le lendemain du matin. La Racine de Lys d'Etang, prise aussi avec du Vin rouge, est très bonne pour resserrer." (MFO, 1765, Tome 2, p 366)

– Contre une forte douleur de la teste, cf. Camomille.
– Pour la cure des tumeurs pestilentielles appelées bubons, cf. Guimauve.

Le *Manuel des Dames de Charité* ne présente que des remèdes de cataplasme où il est demandé d'intégrer des lis :

– Cataplasme émollient et maturatif :

"Prenez deux Oignons de Lis cuits sous la cendre. Pilez-les dans un mortier de marbre avec deux poignées de feuilles d'Ozeille. Faites cuire ensuite le tout avec une suffisante quantité de Sain-doux jusqu'à consistance de Cataplasme. Ce Cataplasme est propre à ramollir les humeurs et à avancer leur suppuration, lorsqu'elles veulent abscéder[31] ; on l'étend sur un linge et on l'applique chaudement sur la Partie, le renouvelant deux fois par jour." (DCH, p 327)

– Cataplasme contre les engorgements inflammatoires des mamelles, cf. Pariétaire.

Mademoiselle d'Auvergne ne recommande l'emploi du lis que dans quelques remèdes contre la peste :

– Infusion pour guérir la peste, envoyée par le Roy d'Espagne, à la Reine de France sa Sœur :

"Prenez une poignée de séneçon avec un gros oignon de lys ou deux si l'apostheme est gros. Il faut faire boüillir le tout dans un pot neuf avec du sein de porc masle, le plus vieil qu'il se pourra trouver sans estre salé, avec un peu d'eau, crainte que le feu ne s'y mette, et remuer cela jusqu'à ce qu'il soit réduit en onguent, pour en poser sur le mal, et le faire percer." (MDA, p 68)

– Cataplasme contre la peste :

"Il faut prendre un oignon de Lys, avec des feuilles de mauves, des feuilles de violettes, du Seneçon, de la graine de lin environ une poignée et un quarteron de sein doux, puis faire cuire le tout ensemble dedans un pot avec un peu d'eau l'espace de trois heures ; ensuite, le tout cuit et tiré hors dudit pot, il faut mesler le tout avec du levain fait de bled méteil ou segle la grosseur d'un éteuf et en faire un emplastre de la grandeur du mal et l'inflammation d'ycelui, sans la rafraîchir de vingt-quatre heures ; après les vingt-quatre heures passées, il faudra remettre d'autre emplastre par chacun jour dudit cataplasme jusques à ce que ladite peste soit venuë à suppuration d'elle-même sans incision ; et lorsque la matière se présentera et commencera à sortir, il y faudra mettre un emplastre de Catholicon[32] avec un autre emplastre dessus icluy où il n'y aura autre chose que du premier qui est dudit cataplasme que l'on fera un peu plus grand que celui du Catholicon, afin de couvrir tout le mal et oster l'inflammation ; et quand le mal sera bien purgé des plus grosses humeurs et matières, il sera bon d'user d'emplastre fait de *Gratia Dei*, puis il faudra continuer jusqu'à ce qu'il n'y ait plus de matière et pourra demeurer la purgation d'icelle peste environ trois semaines."

Nota Que la peste bien guérie et purgée, il sera bon de faire prendre une médecine de rhubarbe au malade." (MDA, p 424)

---

[31] Tourner en abcès.

[32] Le catholicon (*i e* universel) est un électuaire purgatif dans la composition duquel entrait un grand nombre de médicaments, particulièrement, de la casse, des tamarins, de la rhubarbe et du séné. (Nysten).

## 42. Marjolaine (*Origanum majorana* L) (*Origanum vulgare* L) (Lamiacées)

**– Ses propriétés :**

Lémery note qu'il en existe deux espèces principales qui se différencient par la dimension de leurs feuilles, mais qui ont les mêmes propriétés :

> "Elles sont résolutives, vulnéraires, nervales, céphaliques, carminatives ; on s'en sert dans l'épilepsie, dans l'apoplexie et dans les autres maladies du cerveau ; on la fait prendre par la bouche en poudre ou en infusion ou en décoction ; on en mêle dans les poudres sternutatoires, dans les errhines, dans les fomentations, dans les cucufes[33]." (DUD, s v *Majorana*, p 461)

Dom Alexandre ne consacre pas de notice à la marjolaine. Il considère toutefois que l'origan "est une espèce de marjolaine" (*Origanum sive Majorana sylvestris*) auquel il attribue de nombreuses vertus :

> "Il est chaud, dessicatif, abstersif et astringent, il facilite la respiration ; on s'en sert principalement dans l'obstruction des poumons, du foie et de la matrice, dans la toux, l'asthme, la jaunisse, pour augmenter le lait des nourrices, et pour faire suer avant de prendre le bain. Pour les rhumatismes et fluxions du col qui empêchent le mouvement, il faut hacher l'Origan nouvellement cueilli, l'échauffer en le remuant à sec dans une poële de fer sur le feu, et l'appliquer chaudement sur la partie en se couchant, que l'on couvrira de plusieurs linges bien chauds en plusieurs doubles." (DBP, s v, *Origan,* p 382)

En revanche, Arnault de Nobleville distingue la marjolaine de l'origan et lui consacre une notice qui se réfère implicitement à Geoffroy (*Matière Médicale,* Tome 7, p 351) :

> "La marjolaine est céphalique, stomacale, béchique et diurétique. Elle est remplie de parties subtiles, actives et aromatiques qui la rendent propre à inciser et atténuer les humeurs épaisses et visqueuses, ce qui la fait employer utilement dans les maladies de la tête et des nerfs, dans la paralysie, l'apoplexie séreuse, le tremblement et l'atonie des fibres nerveuses, surtout dans les cathares, l'enchifrènement et pour rétablir l'odorat. Sa poudre est un remède éprouvé contre l'épilepsie….Pilée et réduite en poudre, elle est aussi un excellent sternutatoire." (DAP, s v *Marjolaine*, p 211)

**– Ses emplois :**

On en relève peu l'emploi dans le *Manuel des Dames de Charité.* En voici toutefois une citation :

– Poudre sternutatoire dans l'apoplexie, cf. Bétoine.

En revanche, Madame Fouquet la mentionne dans la composition de différents remèdes simples, après avoir noté que la marjolaine "est une plante fort connue, qui sert à arrêter les ulcères corrosifs, à ceux qui

---

[33] Cucufe ou cucuphe : espèce de bonnet à double fond utilisé pour contenir des poudres.

commencent à être hydropiques et entre dans la composition des onguents chauds" (Tome 1, p 491) :

– Pour le mal d'estomac et la colique :

"Prenez une poignée de mente, fleurs de romarin, et de fine marjolaine ; pilez toutes ces herbes dans un mortier de marbre avec deux ou trois jaunes d'œufs, un peu d'huile rosat et de farine de froment passée, faites-en comme un cataplasme et l'appliquez dessus." (MFO, 1681, p 40)

– Pour les douleurs froides :

"Prenez *Feüilles de marjolaine, de thym et d'orties, de chacun une poignée, vers de terre, un plein plat, Huile d'olive, deux livres, Cire neuve, autant qu'il en faut.* Contusez légèrement les feüilles, nettoyez bien les vers sans pourtant les laver, faites bouillir cela avec l'huile jusques à la consomption de la moitié ü ; coulez-le avec un linge blanc, le pressant fortement avec les mains. Ajoûtez-y ensuite autant de cire qu'il faut pour le réduire en onguent, duquel vous oindrez les parties douloureuses matin et soir chaudement." (MFO, 1681 p 78)

– Pour le mal d'estomac et pour la colique :

"*Prenez des fleurs de romarin, 1 poignée, Menthe, 1 poignée, Marjolaine, 1poignée, Huile Rosat, 3 cuillérées, Jaunes d'œuf, 3 seulement, Farine de froment bien fine, ce qu'il faut.* Pilez bien le susdites herbes dans un mortier de marbre avec un pilon de bois ; mettez-y ensuite le reste des drogues et en faites un cataplasme que vous appliquerez sur le mal." (MFO, 1765, Tome 2 p 93)

– Pour le mal caduc :

"Prenez *feuilles d'œillet incarnats* et les prenez en breuvage avec décoction de *marjolaine* ou *bétoine*." (MFO, 1765, Tome 2 p 214)

– Contre le mal de tête provenant d'une cause froide et pour purger le cerveau, cf. Bétoine.

– Pour les coliques, cf. Chardon béni.

– Contre cette forte douleur de tête provenant de ventosité, cf. Genévrier.

– Pour le mal d'estomac, cf. Romarin.

Mademoiselle d'Auvergne recommande ce simple cataplasme contre la douleur d'estomac :

"Prenez une bonne poignée de menthe, une poignée de fleurs de romarin, et autant de marjolaine, pilez le tout ensemble dans un mortier, avec deux ou trois jaunes d'œufs, huile rosat et farine, du tout faites tourteau que vous mettrez sur une tuile bien chaude pour appliquer en Cataplasme sur l'estomach." (MDA, p 413)

ainsi que cette Préparation en forme de parfum pour soigner la migraine, cf. Rose, et une huile pour toutes les plaies, cf. Plantain.

## 43. Marrube blanc, Prasium, (*Marrubium vulgare* L.), (Lamiacées = Labiées)

### – Ses propriétés :

Selon Lémery :

"La plante est incisive, détersive, apéritive, propre pour les obstructions de la ratte, du foye, de la matrice, pour la ptysie, pour l'asthme, pour faciliter l'accouchement et la sortie de l'arrièrefaix, pour résister au venin." (DUD, s v *Marrubium sive prasium*, p 474)

Dom Alexandre distingue un marrube blanc et un marrube noir puant :

"Le marrube blanc est chaud, dessicatif, apéritif, abstersif, atténuant, amer ; il est usité dans l'obstruction du poumon, du foie, de la rate, de la matrice, dans la phthisie, l'asthme, le crachement de sang, l'accouchement difficile et la rétention de l'arrière-faix ; il résiste au venin. On croit qu'il est contraire aux reins ; c'est pourquoi on le corrige avec la Réglisse et les Raisins passés. Il est excellent dans la toux invétérée causée par le mucilage acide et les sucs grossiers qui chargent l'estomac et empêchent l'élaboration du chyle... On dit que son suc seul ou réduit en forme de sirop ou bu dans du vin guérit infailliblement la jaunisse." (DBP, s v *Marrube blanc*, p 288)

"Le marrube noir est vulnéraire, propre pour déterger et mondifier les vieux ulcères, appliquée avec Miel. Ses feuilles, broyées avec du sel, guérissent la morsure des chiens ; amorties sous la cendre chaude, elles sont bonnes à réprimer les crevasses et les durillons qui sont au fondement. La Décoction est très utile dans l'affection hypochondriaque et dans la passion hystérique." (DBP, s v *Marrube noir puant*, p 289)

Arnault de Nobleville se référant à Geoffroy (*Matière Médicale*, Tome 7, p 443 et 450) note :

"Le marrube (blanc) est apéritif, discussif et pectoral. C'est un des principaux remèdes contre l'asthme humide et contre les maladies chroniques qui viennent d'humeurs épaisses et tenaces. Le suc exprimé de Marrube mêlé à du miel soulage les Asthmatiques et les malades attaqués de consomption. De savans Médecins ont éprouvé que les sommités infusées dans du vin blanc, prises pendant trois jours sont utiles pour guérir les pâles couleurs, exciter les règles et fortifier l'estomac.... La poudre séche des feuilles prise à la dose d'un gros ou deux détruit les vers des intestins Le suc de Marrube blanc ou son infusion dans du vin est recommandé pour les obstructions du foie même squirreuses, pour la jaunisse et pour l'hydropisie." (DAP, s v *Marrube blanc*, p 212)

"Le marrube noir appliqué extérieurement résout les humeurs, appaise les douleurs, déterge et guérit les ulcères. On le prend rarement à l'intérieur à cause de son odeur fétide et de sa saveur désagréable. Quelques Médecins le recommandent comme un remède excellent dans les maladies hypochondriaques et hystériques. Les feuilles pilées avec du miel nettoient les ulcères sordides ; leur décoction est fort utile pour guérir les galles d'une mauvaise qualité, les dartres et les boutons, ce qui la fait recommander pour les ulcères de la tête des enfants qui jettent une mauvaise sanie. Ces mêmes feuilles cuites sous la cendre et pilées avec du miel guérissent les hémorroïdes." (DAP, s v *Marrube noir*, p 214)

**– Ses emplois :**

Madame Fouquet note que cette plante "sert aux Asthmatiques, et à ceux qui ont la toux", mais la cite seulement dans quelques remèdes simples :

– Pour les enflures du fondement et crevasses :

"Prenez feuilles de Marrube noir, faites-les cuire sous les cendres chaudes et en faites un cataplasme sur le mal." (MFO, 1765, Tome 2, p 131)

– Pour les douleurs et surdités d'oreilles invétérées :

"Prenez suc de Marrube blanc, incorporez-le avec du miel et en distillez dans les oreilles." (MFO, 1765, Tome 2, p 248)

– Pour le ténesme où l'on croit qu'il y ait des vers, cf. Persicaire

Mademoiselle d'Auvergne en recommande une décoction pour guérir la jaunisse :

"Il faut prendre la limure d'épingle avec un peu de saffran au poids d'un gros avec du vieil verjus ou du Marrubium blanc, boüilly en vin blanc, à diminution de moitié. Cette décoction beue à jeun guérit la jaunisse." (MDA, p 87)

## 44. Mauve sauvage (*Malva silvestris* L.) (Malvacées)

Lémery, qui en distingue deux espèces, la grande et la petite, note sobrement que :

"Les mauves sont émollientes, adoucissantes, apéritives ; on s'en sert pour les lavemens, pour les fomentations, pour les cataplasmes." (DUD, s v *Malva*, p 462)

Dom Alexandre précise :

"La mauve est rafraîchissante, humide et émolliente, elle appaise les douleurs, lâche le ventre et adoucit l'acrimonie de l'urine. Son usage principal interne est dans la maladie du poumon, de la vessie et des intestins ; savoir la phtisie, la toux, l'enrouement, la pierre des reins, l'exulcération de la vessie et des intestins ; savoir la phthisie, la toux, l'enrouement, la pierre des reins, l'exulcération de la vessie et des intestins ; la strangurie, la dysurie et les autres affections des reins qui procèdent de l'acrimonie de l'urine. La Conserve des fleurs est spécifique contre l'ardeur d'urine. La décoction de la racine a les mêmes vertus. La décoction de la Mauve dans une lessive âcre ou dans l'urine est recommandée contre la teigne de la tête, en forme de lotion.... Les feuilles de Mauve pilées avec une égale quantité de celles de Saule, appliquées sur les plaies fraîches marc et jus, les guérissent très promptement." (DBP, s v *Mauve sauvage ou vulgaire*, p 292)

Arnault de Nobleville recopie partiellement Geoffroy (*Matière Médicale*, Tome 7, p 362)

"Cette plante était autrefois d'un grand usage parmi les aliments. Elle est aujourd'hui bannie de la cuisine et reléguée chez les Apothicaires. Les anciens en usoient presque tous les jours pour se rendre le ventre libre. Cet usage est bon, mais il faut prendre garde de le pousser trop loin, car il attire le dévoiement (*i e* la diarrhée). Les mauves humectent, amollissent, calment les douleurs, adoucissent l'acrimonie de l'urine et lâchent doucement le ventre. La Mmauve tient le premier rang entre les quatre plantes émollientes communes qui sont Guimauve, Violette noire, Branche-ursine, auxquelles on ajoute parfois Mercuriale, Pariétaire, Poirée et l'Arroche. On en fait usage pour les lavements et cataplasmes émollients. La décoction des feuilles prise assiduement réussit très bien dans les ardeurs internes causées par les fièvres, dans la péripneumonie, la pleurésie et pour calmer les tranchées dans la dysenterie ; on la donne encore mêlée à du sirop violat dans l'ardeur d'urine et dans les abcès des reins et de la vessie... La décoction des feuilles avec du Fenouil et de l'Aneth augmente beaucoup le lait des Nourrices. L'eau ou le lait dans lequel on a fait bouillir les graines fait cesser la toux, guérit les ulcères du poumon et est très recommandée contre la phtisie. L'usage de la Mauve est si familier que dans les lavements qu'on prescrit pour amollir le ventre et pour calmer la douleur des reins, des intestins et de la matrice, il n'y en a point où cette plante ne tienne le premier rang. Extérieurement, on fait avec ses feuilles des fomentations et des cataplasmes pour arrêter les inflammations, calmer les douleurs et pour faire mûrir et suppurer les abcès. On recommande la décoction de mauve pour laver la tête dans la teigne, la croute sèche et dans les ulceres de cette partie." (DAP, s v *Mauve*, p 218)

**– Ses emplois :**

On relève la présence de la mauve dans plusieurs remèdes simples du *Manuel des Dames de Charité* :

– Contre les hémorroïdes gonflées :

"A l'égard des hémorroïdes qui sont simplement gorgées et douloureuses et qui ne suent point, il faut commencer par saigner du bras, plutôt deux fois qu'une. On mettra ensuite le malade à l'usage de la tisane commune[34] ou des bouillons rafraîchissants[35] ; il usera fréquemment du lavement émollient fait avec la décoction de feuilles de Mauve et de graine de Lin." (DCH, p 345)

– Fomentations émollientes, cf. Bouillon-blanc.

– Décoction contre la teigne, cf. Guimauve.

– Tisane pectorale adoucissante, cf. Guimauve.

Madame Fouquet rappelle que la mauve "est presque bonne à tout, c'est pourquoi on l'appelle *Omnimorbia",* et propose plusieurs remèdes simples où elle est présente :

– Cataplasme pour faire mûrir un apostème des mamelles des femmes :

"Prenez des feuilles de violettes de Mars, mauves, marguerites des Jardins ou sauvages ; faites-les cuire dans du lait ; étant cuites, hachez-les menu, remettez-les dans un pot de terre vernissé, y ajoûtant un peu de beurre frais, de mie de pain blanc et du tout vous ferez un cataplâme pour appliquer sur le mal ; il faut renouveler le cataplâme de 12 en 12 heures. Ce remède est approuvé et éprouve." (MFO, 1681, p 122)

– Contre les hémorroïdes :

"Prenez une dragme de sel de plomb, autrement appelé sel ou sucre de Saturne, faites-le infuser dans un demy carteron d'eau distillée de fleurs de mauves ou de leur décoction ; bassinez-en vos hémorroïdes sans la faire chauffer." (MFO, 1681, p 193)

– Pour blanchir les dents :

"Prenez racines de Mauve, faites-les sécher ; lorsqu'elles seront séches, vous les ferez tremper dans de l'eau pendant un jour ; après cela, vous les envelopperez dans du papier mouillé et les ferez cuire sous les cendres chaudes, lorsqu'elles seront cuites, faites-les sécher derechef et en frottez vos Dents." (MFO, 1765, Tome 2, p 63)

– Pour les douleurs du fondement ou boyau culier :

"Prenez Eau rose ou suc de rose, frottez-en le mal avec une plume ou bien avec de l'huile de lin ou de la décoction de Mauves." (MFO, 1765, Tome 2, p 130)

---

[34] Cf. sup. Chiendent.

[35] Composés de Rouelle de Veau, de feuilles de Pourpier, de Bourrache, de Poirée et d'une Laitue (DCH, p 89).

– Pour l'âpreté du gosier et du tuyau qui va au poumon :

"Faire cuire dans un poëlon avec de l'eau des *racines et feuilles de mauves* et gargarisez de cette décoction." (MFO, 1765, Tome 2, p 153)

– Pour rompre la pierre :

"Prenez du *Capilli veneris* ou *Mauves* ; faites-le cuire avec de l'eau dans un poëlon ; bûvez tous les matins de cette décoction dans un verre environ trois travers de doigt." (MFO, 1765, Tome 2, p 269)

– Pour guérir en peu de temps les plaies fraîches :

"Prenez de feuilles de Mauve, 1 poignée, Feuilles de Saule 1 poignée. Pilez les susdites feuilles dans un mortier ; exprimez le jus et l'appliquez sur la plaie avec un linge ; cela est très souverain et guérit mieux et plus tôt que plusieurs onguents qu'il y a et à moins de frais." (MFO, 1765, Tome 2, p 278)

– Pour les suppositoires :

"Il y en a qui prennent des côtes d'herbes comme sont celles de choux, de mauves et autres qu'on engraisse de lard ou de beurre et qu'on met dans le fondement." (MFO, 1765, Tome 2, p 331)

– Pour le ténesme :

"*Prenez Mauves, Guimauves, Violiers, Bourrache, 2 poignées de chaque*. Ayez un chaudron plein de bouillon où l'on ait fait cuire des tripes de bœuf ou de mouton gras ; mettez-y dedans les susdites choses et les faire cuire ; lorsqu'elles seront cuites, vous en ferez un demi bain où vous mettrez le malade." (MFO, 1765, Tome 2, p 340)

– Pour la toux :

"Prenez des feuilles de Mauves ; faites-les bouillir avec de l'eau et le mangez." (MFO, 1765, Tome 2, p 359)

– Pour faire uriner les petits enfants :

"Prenez des *Racines de Mauves* et de *Persil*, autant de l'un que de l'autre ; broyez-les et les appliquez sur le pénil des enfants." (MFO, 1765, Tome 2, p 393)

– Pour provoquer l'urine :

"Prenez de *Mauves*, ce qu'il vous plaira, faites les cuire dans de l'eau commune, donnez à boire au malade une pinte de cette décoction, et mettez les *Mauves* toutes chaudes sur le pubis." (MFO, 1755, Tome 2, p 393)

– Pour les fistules du coin de l'œil :

"Prenez des *Feuilles de Mauves* crues ; mâchez-les avec un peu de sel, mêlez cela ensuite avec un peu de *Miel* et l'appliquez sur la fistule." (MFO, 1765, Tome 2, p 399)

– Pour le rhumatisme :

"On donne des lavements avec les Mauves, les Guimauves, la Pariétaire et la Mercurial, et dans une chopine de cette décoction, on dissout deux gros de Sel Végétal." (MFO, 1765, Tome 2, p 435)

– Apozème pectoral-adoucissant, cf. Capillaire.
– Contre les hémorroïdes, cf. aussi, Guimauve.
– Pour la cure des tumeurs pestilentielles appelées bubons, cf. Guimauve.
– Pour les hémorroïdes des femmes grosses, cf. Guimauve.
– Pour la constipation des femmes grosses, cf. Guimauve.
– Pour les inflammations du fondement, cf. Lin.

Mademoiselle d'Auvergne a recueilli également quelques recettes simples de remèdes où figure la mauve :

– Contre les fleurs blanches :

"Prenez semences de mauves bien pulvérisées, le poids d'un écu d'or et la mettez dans demie verre d'eau rose et en buvez quatre matins, une heure avant que de vous lever ; vous guérirez si le mal n'est pas invétéré." (MDA, p 58)

– Liqueur contre le mal de poitrine, cf. Chou rouge.
– Lavements pour guérir la gravelle, cf. Guimauve.
– Lavements pour ouvrir le ventre et le lâcher, cf. Guimauve.
– Cataplasme contre la peste, cf. Lis.

## 45. Mélilot, Meliot, Mirlirot (*Melilotus officinalis* (L) Lam, *Trigonela officinalis* (L) Coulot & Rabaute, (Fabacées)

**– Ses propriétés :**

Selon Lémery :

"On se sert de toute la plante, mais principalement de sa fleur. Elle est émolliente, discussive, résolutive, carminative ; on l'emploie dans la décoction des lavements, dans les fomentations, dans les cataplasmes, dans les emplâtres." (DUD, s v *Melilotus*, p 483)

Dom Alexandre complète la note de Lémery :

"Le mélilot est chaud et émollient, discursif, apéritif et adoucissant. La ptisane faite avec ses sommités dit M de Tournefort, et celle de Camomille est excellente dans les inflammations du bas ventre, dans la colique, la rétention d'urine, dans les rhumatismes, et généralement dans toutes les occasions où il faut faciliter le cours des humeurs en tempérant. On se sert du Mélilot dans les lavements carminatifs et dans les cataplasmes anodins et résolutifs.... L'emplâtre recommandé pour ramollir les tumeurs dures et mener les abcès à la suppuration, est salutaire au commencement de l'esquinancie et dans l'inflammation des amygdales. Enfin le Mélilot est usité par-tout où il s'agit de ramollir et de faire suppurer." (DBP, s v *Melilot*, p 320)

Quant à Arnault de Nobleville, il note :

"Le mélilot est émollient, anodin et légérement résolutif : on l'emploie rarement à l'intérieur. Quelques-uns prescrivent cependant une poignée de ses sommités fleuries bouillies avec des fleurs de Camomille pour les inflammations du bas-ventre, la néphrétique et le rhumatisme. Le mélilot est d'un usage très fréquent à l'extérieur à cause de sa vertu émolliente, anodine et résolutive ; on mêle utilement ses feuilles et ses fleurs dans les lavements émollients, carminatifs et anodins. L'infusion des fleurs appaise la douleur des yeux." (DAP, s v *Mélilot, Mirlirot*, p 221)

**– Ses emplois :**

Le *Manuel des Dames de Charité* propose peu de remèdes faisant appel aux propriétés du mélilot :

– Lavement carminatif contre la colique venteuse, cf. Camomille.

– Fomentations pour apaiser les douleurs après l'accouchement, cf. Camomille.

Madame Fouquet, qui en distingue deux espèces leur reconnaît plusieurs propriétés." La première, écrit-elle, amollit les inflammations, guérit les récentes aposthumes et la râche[36] de la tête ; la seconde, outre qu'elle a les propriétés de la première, appaise aussi les douleurs de l'estomac, et soulage les deffauts de la matrice." (Tome 1, p 493)

– Emplâtre pour les grosses gorges, autrement goitres :

---

[36] Teigne.

"*Prenez du Diachilum irreotum, 1 once, Emplâtre de Mélilot, demie once, Gomme ammoniac, demie once, Bdelium, demie once*. Faut faire fondre le Bdelium en liqueur de vin distillé avec un peu d cire neuve et de l'Huile de Camomille. Mêlez ensuite toutes ces drogues, faites-en une masse d'Emplâtre, mettez-le sur du cuir ou de la toile et l'appliquez sur le mal." (MFO, 1765, Tome 1, p 75)

– Pour l'inflammation du fondement et douleur du boyau culier :

"Prenez des *Lentilles*, faites-les cuire dans un pot avec des *Coings* et du *Mélilot* et un peu d'eau ; quand cela sera bien cuit, mettez-y de *l'Huile rosat*, mêlez bien cela ensemble et l'appliquez sur le mal." (MFO, 1765, Tome 2, p 130)

"Prenez du *Mélilot*, faites-le cuire avec du *Vin*, mettez-y un peu de farine de *Froment* ou tête de *Pavot* et en appliquez dessus." (MFO, 1765, Tome 2, p 130)

– Pour le mal des yeux, cf. Camomille.

## 46. Mélisse, Herbe de Citron, Citronnelle, Poncirade (*Melissa officinalis* L.), (Lamiacées)

### – Ses propriétés :

Selon Lémery :

"Elle fortifie le cœur, le cerveau, l'estomac ; elle excite les mois aux femmes ; on s'en sert dans l'apoplexie, dans l'épilepsie, dans les vertiges, dans la mélancolie, dans les fièvres malignes, dans la peste." (DUD, s v *Melissa*, p 484)

Dom Alexandre se veut plus complet :

"Elle est chaude et dessicative et excellente dans les affections de la tête, du cœur, de la matrice et de l'estomac, dans la mélancolie, les songes turbulents, la paralysie, l'apoplexie, l'épilepsie, le vertige, la lipothymie, ou syncope, les crudités d'estomac, la rétention des mois, la suffocation de la matrice et la puanteur d'haleine. On se sert de la feuille et des fleurs à la manière de thé. L'eau de mélisse, distillée avec le vin, appliquée sur les deux pouls ou sur la région du cœur remédie aux syncopes et aux palpitations. Le sirop de mélisse possède les mêmes vertus que la plante et convient tant aux maux de la matrice qu'à ceux de l'estomac qui procèdent des crudités." (DPB, s v *Mélisse ou Citronelle*, p 320)

Arnault de Nobleville recopie en partie la *Suite de la Matière Médicale* de Geoffroy (Tome 1, p 3)

"La Mélisse est cordiale, céphalique et fortifie l'estomac. Elle excite les mois aux femmes. On s'en sert dans l'apoplexie, l'épilepsie et les étourdissemens. Tout le monde connoît l'eau de Mélisse composée, si estimée contre l'apoplexie, la léthargie, et l'épilepsie, contre les vapeurs, les colique, la suppression des règles et celle des urines. Elle a les mêmes vertus appliquée sur la région du cœur." (DAP, s v Mélisse, p 223)

### – Ses emplois :

Madame Fouquet en mentionne l'emploi dans plusieurs remèdes simples :

– Contre le rhumatisme :

"Prenez 5 ou 6 poignées de Melisse, feuilles et fleurs : faites-les tremper pendant une nuit dans une quantité suffisante de vin rouge du meilleur : Après, distillez ces feüilles et ces fleurs à petit feu dans un alambic propre et conservez soigneusement la liqueur distillée pour les usages suivants. Prenez de cette liqueur la quantité d'une pleine coquille d'œuf : mêlez-la avec demy verre de vin blanc ou de vin clairet et donnez à boire cela au malade le matin à jeun. Après trempez un linge délié dans ladite liqueur, appliquez ce linge sur la partie malade. Continuez ces deux remedes jusques à la guérison. Notez que si la partie malade est enflammée ou que le malade ait la fiévre, il faut s'abstenir de ce remède." (MFO, 1681, p 180 et 1765, Tome 1, p 47)

– Pour les suffocations de la matrice (ou passions hystériques) :

"Pour se délivrer de ces accidents qui sont fort étranges, et pour s'empêcher d'y tomber, l'eau Clairette est un Remède excellent et facile à préparer :

"*Prenez de l'Eau de vie rectifiée, 6 onces, Eau de mélisse ou de fleurs d'orange qu'on appelle eau naphe, 4 onces, Sucre fin, 3 onces, Canelle fine, 1 once.* Il faut couper la Canelle à petits morceaux : Pulvérisez le sucre et mélez ces deux choses avec les eaux, les faisant tremper douze heures ensemble. Après, vous passerez cela deux ou trois fois par le manche d'Hypocras[37] et conserverez cette liqueur dans une fiole de verre. Vous donnerez deux, trois et jusqu'à quatre cuillerées de cette liqueur à la malade, hors l'accident pour l'empêcher d'y tomber ou dans l'accident mesme pour l'en délivrer." (MFO, 1681, p 327)

– Pour la fièvre : cf. Aigremoine.
– Contre la rage tant pour les hommes que pour les animaux, cf. Armoise.
– Pour le battement de Cœur, lorsque le malade n'a point de fièvre, cf. Buglosse.
– Pour purger la pituite, cf. Cabaret.
– Pour les asthmatiques, cf. Hysope.

Dans le *Manuel des Dames de Charité*, on relève ce remède où entre la Mélisse :

– Potion anti hystérique ou contre les vapeurs, cf. Armoise.

Mademoiselle d'Auvergne en mentionne l'emploi dans la composition d'une bouillie contre le flux de ventre et même le flux hépatique :

"Il faut prendre le poids d'un demy écu de graines de plantain et le poids d'un demy écu de graines de mélisse bien pulvérisées et en faire avec de la farine et de l'eau une bouillie pour en manger souvent." (MDA, p 92)

[37] Grand filtre conique, généralement tressé en joncs.

## 47. Menthe sauvage, Mente, Menthe domestique ou des jardins, Baume des jardins, (*Mentha* L.) (Lamiacées)

### – Ses propriétés :

Selon Lémery :

"Toutes les Mentes fortifient le cerveau, le cœur, l'estomac ; elles chassent les vents, elles résistent au venin, elles excitent l'appétit, elles provoquent les mois aux femmes et l'accouchement, elles aident à la respiration, elles sont détersives, vulnéraires, résolutives ; elles tüent les vers, on s'en sert extérieurement et intérieurement."(DUD, s v *Mentha*, p 487)

Dom Alexandre ajoute à la notice de Lémery qu'elles aident à la digestion, corrigent les aigreurs et les rapports, arrêtent les vomissements :

"Les feuilles appliquées en forme de cataplasme apaisent la colique, fortifient l'estomac. L'Huile faite par infusion des feuilles et des fleurs du Baume des jardins est très bonne pour toutes sortes de plaies et de contusions, étant appliquée dessus avec une compresse." (DBP, s v *Menthe* ou *Baume*, p 322)

Arnault de Nobleville, qui s'inspire de la *Suite de la Matière Médicale* de Geoffroy (Tome 1, p 26) distingue une menthe des jardins ou baume des jardins et une menthe frisée, précise :

"Ces deux menthes fournissent de très bons remèdes. Elles sont stomacales, céphaliques, vermifuges, astringentes et hystériques. La seconde surtout s'emploie avec un grand succès pour arrêter les vomissements... Cette plante a en outre la vertu de résoudre le lait coagulé et de faire passer le lait aux accouchées si on l'applique en cataplasme sur les mamelles." (DAP, s v *Menthe frisée ou crepée*, p 228)

### – Ses emplois :

On ne relève dans le *Manuel des Dames de Charité* que peu de remèdes simples où la menthe est présente :

– Potion contre le vomissement :

"Prenez de l'Eau de Menthe, deux onces, du Sirop de Limon, une once, du Sel d'Absinthe, un scrupule. Mêlez le tout pour une dose que l'on peut répéter deux ou trois fois le jour, suivant le besoin." (DCH, p 139)

En revanche, Madame Fouquet en mentionne de nombreux :

– Pour la puanteur du nez :

"Prenez du jus de menthe et de rhuë et en mettez souvent dans le nez ; vous ferez bouillir avec le jus de ces herbes quelques cloux de girofle avec de la canelle." (MFO, 1681 p 119 et 1765, Tome 2 p 242)

– Pour arrêter le sang du nez :

"Prenez de la feuille de *Menthe*, mettez-la sous la langue un peu de tems et le sang s'arrêtera." (MFO, 1765, Tome 1, p 45)

– Pour ceux qui sentent mauvais du nez provenant du cerveau :

"*Prenez jus de menthe, 1 once, Jus de Rue, 1 once.* Vous mêlez ces deux jus ensemble, mettez en souvent dans vos narrines et vous verrez que la senteur s'en ira." (MFO, 1765, Tome 1, p 46)

Une variante, plus précise, pour la puanteur du nez :

"Prenez Jus de Rhuë, Jus de Menthe, autant que jus de Rhuë, Canelle, un peu, Cloux de girofle, un peu. Mêlez tout cela ensemble dans un pot ou poëlon, faites-le bouillir et le retirez du feu lorsqu'il aura un peu bouilli, passez-le au travers d'un linge et conserverez cette liqueur pour vous en servir au besoin ; il en faut mettre tous les matins au nez." (MFO, 1765, Tome 2 p 242)

– Pour faire percer toutes sortes de tumeurs sans lancettes :

"Prenez des *feuilles de Mente* avec de la grande *Joubarbe* que les Villageois appelle de la *Reprise* ; broyez-les ensemble, mêlez-y du vieux *Oing* ou *Beurre* et l'appliquez sur le mal."(MFO, 1765, Tome 1, p 259)

– Contre la défaillance du cœur :

"Prenez du *vinaigre*, du *suc de menthe* et de *pouliot*, mêlez bien cela ensemble et en donnez à boire au malade, trempez aussi un linge dans ladite eau et l'appliquez sur le Cœur ; l'eau de chardon bénit distillée fait le même effet." (MFO, 1765, Tome 2, p 38)

– Pour le dévoiement d'estomac :

"*Prenez Mente fraîche, 1 poignée, Vin blanc, 1 pinte, Huile d'Olive, 1 livre, Absinte Romaine, demi-poignée, Roses séches, 1 poignée.* Mettez toutes les susdites choses, excepté les Roses dans un pot de terre neuf, faites-les cuire à petit feu jusqu'à ce qu'il ne reste plus de Vin ; après cela, ajoutez-y les Roses ; faites-le bouillir deux bouillons, ôtez-le de dessus le feu et le conserverez. Lorsque vous voudrez vous en servir, il le faut chauffer, en frotter à jeun le creux de l'estomac, y appliquer un linge par-dessus, et ensuite, dormir ou manger." (MFO, 1765, Tome 2, p 91)

– Pour la gangrène :

"*Prenez jus de Menthe, ce que vous voudrez, Huile d'Olive, à proportion.* Mêlez bien cela ensemble, lavez-en chaudement la playe, appliquez-y dessus des linges mouillés dans ladite composition, et réitérez plusieurs fois." (MFO, 1765, Tome 2, p 145)

– Pour la surdité, pourvu qu'on ait ouïe autrefois :

"Prenez de la *Menthe sauvage* qui se trouve dans les prés, broyez-en trois ou quatre *feuilles* dans la main et le mettez ensuite dans l'oreille, changez-en de deux heures en deux heures, parce que cela attire beaucoup." (MFO, 1765, Tome 2, p 251)

– Pour les vers :

"Prenez *Rhuë de jardin et Menthe*, chacun une poignée, amortissez-les sur le feu ou bien broyez-les, mettez-y un peu d'*Aloës* par-dessus, arrosez-les de *fiel de bœuf* et en faites un cataplâme sur le nombril. Vous mettrez encore dans le fondement du malade un grain de *dragée*, afin que les vers descendent en bas." (MFO, 1765 Tome 2, p 379)

– Pour conforter l'estomac après avoir vomi :

"Prenez deux *Cloux de Girofle* en poudre dans une cuillérée, de jus de *Menthe* et l'avalez, ou bien une demie cuillérée de *jus de Rhue* avec un peu de *Vin*." (MFO, 1765 Tome 2, p 387)

– Pour arrêter le vomissement :

"*Prenez Menthe, 2 poignées, Roses, 2 poignées, Vin ou de Vinaigre, ce qu'il faut.* Faites bouillir la Menthe et les Roses dans du vin ou vinaigre ; lorsqu'il aura bouilli, trempez dans cette décoction une petite rôtie de pain, ou bien dans du jus de Menthe ; mettez-y par-dessus de la poudre de Mastic, appliquez-la chaudement sur l'estomac avant qu'il veuille manger et en mettez d'autres de temps en temps." (MFO, 1765 Tome 2, p 388)

– Contre la rage, cf. Armoise.
– Pour purger la pituite, cf. Cabaret.
– Pour la dureté des mamelles, cf. Ciguë.
– Pour l'âpreté de la langue, cf. Coing.
– Pour la luette lorsqu'elle est baissée, cf. Coriandre.
– Pour le mal d'estomac et la colique, cf. Marjolaine.
– Pour préserver de la fièvre maligne, de la peste et tout mauvais air, cf. Romarin.

En revanche, Mademoiselle d'Auvergne ne semble guère avoir recours aux vertus des menthes. On citera seulement ce remède de cataplasme contre la douleur d'estomac, cf. Marjolaine.

## 48. Mercuriale, Foirolle, Vignette, (*Mercurialis annua* L.) (Euphorbiacées)

**– Ses propriétés :**

Lémery en distingue deux espèces, l'une mâle et l'autre femelle :

"Elles sont émollientes, laxatives, apéritives, propres pour exciter les mois aux femmes ; on s'en sert principalement dans les décoctions des lavemens et des fomentations, quelquefois aussi par la bouche." (DUD, s v *Mercurialis*, p 489)

Dom Alexandre ajoute :

"Elles purgent la bile et les eaux. Pour l'hydropisie, la cachexie, les vapeurs et les pâles couleurs, on fait boire l'eau dans laquelle elles ont macéré à froid pendant vingt-quatre heures. On se sert de la Mercuriale principalement dans les décoctions des lavemens et des fomentations. On en fait un syrop simple ou composé sous le nom de *Syrop de longue vie."* (DBP, s v *Mercuriale*, p 323)

Arnault de Nobleville recopie partiellement le texte de la *Suite de la Matière Médicale* de Geoffroy (Tome 1, p 45) :

"Elle est apéritive, laxative et est une des cinq plantes émollientes (Acanthe, Poirée, Mauve, Pariétaire). Dans l'hydropisie, la cachexie et les pâles couleurs, on fait boire l'eau dans laquelle la mercuriale a infusé à froid pendant vingt-quatre heures. Dans les obstructions de la matrice, on se sert de la décoction de cette plante en demi-bain, ayant soin en même temps de faire prendre tous les jours trois onces de son suc épuré avec deux gros de teinture de Mars : on s'en sert dans les lavements pour lâcher le ventre… Tout le monde connoît le fameux sirop de Calabre ou de longue vie, propre à fortifier l'estomac dont la base est la Mercuriale." (DAP, s v *Mercuriale, Foirolle, Vignette*, p 229)

**– Ses emplois :**

Madame Fouquet, qui note que cette plante "sert pour lâcher le ventre et purger le cerveau" donne la recette d'un lavement commun :

"*Prenez Pariétaire, 1 poignée, Mercuriale, 1 poignée, Espinard ou Poirée, 1 poignée, Casse, 1 once et demie, Catholicum, 1 once et demie, Sucre rouge, 1 once et demie, Miel, 1 once et demie, Huile commune, 1 once et demie*. Faites cuire dans un chaudron vos herbes ; prenez une pinte ou environ de cette décoction, délayez y dedans le reste des drogues, et le donnez au malade." (MFO, 1765, Tome 2, p 202)

– Pour faire des pessaires et pour purger la matrice, cf. Lis.
– Pour le rhumatisme, cf. Mauve.

Mademoiselle d'Auvergne donne seulement deux recettes de lavement où la mercuriale est employée :

– Lavement pour détourner les maux de mère ou passions hystériques, cf. Armoise.

– Lavements pour ouvrir le ventre et le lâcher, cf. Guimauve.

## 49. Mille feuilles Herbe au charpentier, Herbe à la coupure, Herbe militaire Millefolium (*Achillea millefolium* L.) (Asteracées)

### – Ses propriétés :

Lémery, qui en distingue deux espèces, dont les fleurs ont des couleurs différentes, blanche pour l'une, rouge pour l'autre, note brièvement :

> "Elles sont détersives, vulnéraires, astringentes, dessicatives, propres pour arrêter les cours de ventre, les hémorragies ; on s'en sert extérieurement et intérieurement." (DUD, s v *Millefolium*, p 492)

Dom Alexandre, qui ne cite que celle dont les fleurs sont blanches, se montre plus complet :

> "Elle est dessicative, chaude, astringente et amere. Elle remédie promptement aux plaies d'où on la nomme *Herbe Militaire*, pilée et applique dessus. Son usage interne est dans les hémorragies et toutes sortes de flux, soit du nez, du ventre, de la matrice, des plaies, dans le crachement de sang, la rétention d'urine, le pissement de sang, la gonorrhée, le flux des hémorroïdes… Le suc et la poudre entrent dans les Baumes et onguens vulnéraires et l'herbe dans les potions qu'on donne contre les plaies malignes et venimeuses pour en corriger la malignité." (DBP, s *v Millefeuille* ou *Herbe militaire*, p 331)

Arnault de Nobleville recopie le texte de la *Suite de la Matière Médicale de Geoffroy* (Tome 1, p 69) :

> "Elle est vulnéraire, astringente, résolutive et détersive. On l'emploie intérieurement et extérieurement pour arrêter toutes sortes d'hémorragies, soit en infusion ou en décoction, soit pilée et appliquée sur les plaies et sur les coupures. La Millefeuille est très utile contre les hémorroïdes et les fleurs blanches. Son suc déterge d'une manière surprenante les ulcères internes, surtout ceux qu'on appelle vomiques du poumon… Les feuilles de cette plante, pilées et mises dans le trou de l'oreille, calment très souvent la douleur des dents." (DAP, s v p 231)

### – Ses emplois :

Le *Manuel des Dames de Charité* propose peu de remèdes où entre la millefeuille :

– Décoction vulnéraire contre les contusions internes et contre les érosions causées par les chutes, des coups ou une mauvaise disposition d'humeurs, cf. Lierre.

– Tisane astringente contre les hémorragies :

> "Si l'hémorragie que l'on a à traiter est causée par l'ouverture de quelque vaisseau qui se dégorge dans les premières voies, il faut mettre à la place de Ris de veau, une poignée de Millefeuille et autant d'Ortie grièche. On a reconnu dans ces deux plantes une vertu singulière pour guérir cette espèce d'hémorragie." (DCH, p 65)

– Liniment contre les hémorroïdes gonflées et douloureuses, cf. Bouillon blanc.

Madame Fouquet rappelle que la plante sert "pour le flux de sang "et recommande plusieurs remèdes où elle est employée. Parmi ceux-ci :

– Contre la douleur des dents :

"Comme c'est un mal fort bizarre, il faut avoir en main plusieurs remèdes et les expérimenter tous ; car enfin il s'en trouvera quelqu'un qui soulagera. J'ai néanmoins mis icy ceux que j'ai crû les plus propres et les plus spécifiques."

"Prenez deux onces de sucre pulvérisé, demy once de feüilles de millefeuilles sechées et pulvérisées ; mêlez cela ensymble pour l'usage suivant. Prenez demy once de cette poudre, mêlez-la avec une et demy de miel ; frottez de ce miel toutes les gencives dessus et dessuos, dedans et dehors, fort souvent pendant le jour et sur le soir à l'entrée du lit, continuant de faire ainsi pour le moins pendant trois jours, quand même vous en seriez soulagé dés le premier jour." (MFO, 1681, p 170 et 1765, Tome 1, p 51)

– Pour les hémorroïdes qui ne coulent point, dites borgnes :

"Prenez de *l'herbe de mille feuilles*, pilez-les dans un mortier avec un peu de sel, faites-en un cataplasme ; appliquez-le sur le mal et changez de trois heures en trois heures." (MFO, 1765, Tome 2, p 178)

– Pour ceux qui urinent le sang :

"*Prenez poudre de millefeuilles, 1 dragme, Terre d'Arménie, 1 dragme, Suc de Plantain, un peu, Lait de Chèvre, ce qu'il faut.* Mettez les susdites choses dans le Lait ; mêlez bien cela et le faire boire au malade tous les matins à jeun pendant quelque temps ; il lui faut donner toujours la même chose." (MFO, 1765, Tome 2, p 393)

– Pour la douleur des dents, cf. Chélidoine.
– Huile pour toutes les plaies, cf. Plantain.
– Pour les coupures, cf. Ortie.

## 50. Millepertuis, (*Hypericum perforatum* L.) (Hypericacées)

### – Ses propriétés :

Selon Lémery :

"Ses sommités fleuries sont souvent employées dans la Médecine ; elles teignent en rouge les huiles, l'esprit de vin et les autres liqueurs sulphureuses. Elles contiennent beaucoup d'huile balsamique et de sel essentiel. Elles sont apéritives, détersives, vulnéraires ; elles excitent l'urine et les mois aux femmes, elles chassent les vers, elles résistent au venin, elles fortifient les jointures, elles sont propres pour la colique néphrétique : on s'en sert intérieurement et extérieurement." (DUD, s v *Hypericum*, p 378)

Dom Alexandre ajoute quelques précisions :

"Cette plante est chaude, dessicative, diurétique et vulnéraire. Son usage, tant interne qu'externe, sert à mondifier et à souder les plaies et à dissoudre le sang coagulé, à briser la pierre des reins et à chasser les vers du corps. Le millepertuis est le meilleur et le plus célèbre de tous les vulnéraires et usité tant intérieurement qu'extérieurement. Son essence, son eau et la décoction prise intérieurement sont éprouvées contre le sang grumelé et les plaies ou ulcères de toutes les parties internes, spécialement contre les ulceres des reins.... Sa semence a une vertu merveilleuse pour empêcher la pierre de se former dans les reins, et pour en chasser le sable. On fait boire aux petits enfants de l'eau de Millepertuis avec de l'eau de Chiendent, pour les guérir des vers.... La teinture de fleurs d'*Hypericu*m, outre les facultés vulnéraires et néphrétiques, est spécifique dans les délires, la manie, la mélancolie et les autres maladies semblables.... Pour la sciatique, rhumatismes et semblables maladies, on fait frotter la partie avec un mélange de deux onces d'huile de millepertuis et une once de bon esprit de vin." (DBP, s v *Millepertuis,* p 331)

Arnault de Nobleville note de son côté, en se référant implicitement à Geoffroy (*Traité de la Matière Médicale*, Tome 7, p 81) :

"Le millepertuis est vulnéraire, détersif, diurétique et hystérique. Il tient le premier rang parmi les plantes vulnéraires. C'est pourquoi son principal usage est pour mondifier et consolider les plaies et les ulceres, soit internes, soit externes ; il guérit le crachement et le pissement de sang. Il résout le sang grumelé ; il excite les règles et les urines ; il tue les vers et on le recommande fort dans la passion hystérique, la mélancolie et la manie. Dans les ulcères des reins et de la vessie, la décoction de Millepertuis seule ou mêlée avec de l'Aigremoine est un des meilleurs remèdes que l'on puisse employer. Le Millepertuis appliqué extérieurement, est un bon vulnéraire ; il est surtout destiné pour les contusions, les plaies et les ulcères des parties nerveuses...[ La teinture de Millepertuis est en usage ] pour les plaies, les contusions et les douleurs des rhumatismes." (DAP, s v *Millepertuis*, p 233)

### – Ses emplois :

Le *Manuel des Dames de Charité* nous propose quelques remèdes simples où il est fait appel aux propriétés du millepertuis :

– Poudre contre les convulsions des enfants :

"Prenez des fleurs de Millepertuis, telle quantité qu'il vous plaira. Faites-les sécher à l'ombre et réduisez-les en poudre subtile. La dose est de dix à quinze grains, deux fois le jour dans de la bouillie." (DCH, p 216)

– Liniment contre les rhumatismes, cf. Camomille.
– Hydromel balsamique contre la phtisie, cf. Bétoine.

Madame Fouquet pour laquelle le millepertuis "résout et est apéritif", a recueilli quelques remèdes simples :

– Pour les femmes enceintes qui se laissent souvent tomber :

"Il arrive souvent que les femmes grosses sont sujettes aux chûtes, surtout dans les derniers mois de leur grossesse, et par conséquent qu'elles courent hazard d'avorter : pour prévenir ces chûtes, elles doivent user du remède suivant :

Prenez trois onces d'huile de millepertuis, autrement d'hypericon, que vous trouverez chez les Apoticaires, une once d'eau de vie ; mélez le tout et frottez-en le gras des cuisses et des jambes chaudement, matin et soir. Ce remède est aussi fort bon contre la sciatique et contre toute sorte de douleurs qui viennent de cause froide." (MFO, 1681, p 70 et 1765, Tome 1, p 184)

– Contre les ulcères de la matrice :

"Prenez quatre poignées de feuilles de l'herbe appelée mille-pertuis. Faites-les tremper pendant vingt-quatre heures avec un pot de vin blanc. Faites distiller le tout dans un alambic : la femme malade prendra trois verres de doigt de cette liqueur dans un verre, chaque matin pendant huit jours." (MFO, 1681, p 329 et 1765, Tome 1, p 178)

– Pour les nerfs foulés, cf. Bouillon blanc.
– Pour ceux qui vomissent le sang :

"*Prenez feuilles de Millepertuis, 2 poignées, Racines de Fricon ou Bruscus*[38]*, 1 poignée, Eau, ce qu'il faut.* Mettez le tout dans un pot, faites-le cuire avec de l'eau, passez cette décoction dans un linge, buvez-en le matin à jeun et continuez plusieurs jours." (MFO, 1765, Tome 1, p 104)

– Pour les flux de ventre dysentérique :

"*L'Huile de millepertuis* est très bonne pour cette sorte de flux, il en faut frotter le ventre chaudement." (MFO, 1765, Tome 2, p 123)

– Pour rompre la pierre :

"La *graine de millepertuis* buë avec du vin blanc ou clairet est très souveraine. Il faut toutes ces choses plusieurs fois." (MFO, 1765, Tome 2, p 269)

[38] Synonyme de Ruscus, houx, petit houx, fragon ; fricon, peut-être écrit fautivement pour fragon.

## 51. Morelle, Morelle douce-amère, Solanum (*Solanum nigrum* L.) (Solanacées)

### – Ses propriétés :

Lémery a noté que :

"Cette plante est humectante, rafraîchissante, résolutive, un peu narcotique et astringente ; on s'en sert pour condenser et épaissir les humeurs, pour les érésipeles, pour les dartres, pour les démangeaisons de la peau, pour les inflammations, pour les cancers, étant appliquée extérieurement, et quand on n'a point de feuilles vertes, on leur substitue l'eau de Morelle distillée." (DUD, s v *Solanum*, p 711)

Dom Alexandre ajoute :

"On se sert en Médecine, de l'herbe et des baies qui sont rafraîchissantes, astringentes et répercussives. Le vin dans lequel on fait infuser, étant bu, arrête les flux dyssentériques, appaise la douleur et chasse toute la malignité par la sueur, mais le principal usage de la Morelle est externe dans l'érésipele, les dartres, les démangeaisons, les inflammations, le feu volage pour lesquels maux, on se sert du jus mêlé avec une sixième partie d'esprit de vin. La Morelle est éprouvée contre le Cancer tant occulte et non ulcéré qu'après l'exulcération, non pour le guérir absolument, mais comme remède palliatif… On applique l'herbe pilée sur les hémorroïdes, ou on les bassine avec son suc tiédi pour en appaiser la douleur." (DBP, s v *Morelle*, p 334)

Arnault de Nobleville écrit, en se référant implicitement à la *Suite de la Matière Médicale* de Geoffroy (Tome 3 p 89) :

"On se sert des feuilles, des sommités et des baies. Cette plante est adoucissante et anodine. On l'emploie dans le cas où il faut modérer l'inflammation et relâcher les fibres qui sont dans une trop violente tension, mais on ne doit en faire usage qu'extérieurement. ..On applique l'herbe pilée sur les hémorroïdes ; on bassine les cancers ulcérés avec son suc. Ce remède est très adoucissant et calme la douleur." (DAP, s v *Morelle commune à fruit noir.* p 236)

### – Ses emplois :

On relève peu de recettes de remèdes où entre la morelle dans le *Manuel des Dames de Charité.* En voici deux :

– Potion vulnéraire contre les chutes et les contusions :

"Prenez des Tiges vertes coupées de l'espèce de Morelle appellée *Douce-amère*, quatre onces, de la Cochenille, un scrupule, du Vin blanc, deux livres. Infusez le tout pendant la nuit sur des cendres chaudes et ajoutez à la colature du Sirop de Lierre terrestre, quatre onces, de la Thériaque, une demi-once. La dose est de quatre onces tièdes trois fois le jour." (DCH, p 142)

– Collyre rafraîchissant contre la rougeur des yeux :

"Prenez des Eaux de Plantain, de Morelle, de chacune, une once, de la Poudre de Tuthie[39] préparée, vingt grains, du Sel de Saturne, douze grains. Mêlez le tout pour un Collyre que l'on fera tiédir et dont on bassinera les yeux trois ou quatre fois dans le jour." (DCH, p 360)

Madame Fouquet qui lui reconnaît de "servir pour les douleurs chaudes de la tête, et des oreilles, les phrénétiques et l'inflammation du cerveau", en recommande l'emploi dans plusieurs remèdes. On citera les suivants :

– Onguent pour les hémorroïdes :

"*Prenez Huile rosat, un peu, Eau de Morelle à proportion de l'huile, Jaune d'œuf, un seulement.* Battez bien tout cela ensemble et en faites un onguent, duquel vous oindrez le mal ; mettez par-dessus le linge dont vous vous serez étuver ou une autre que tremperez dans cette décoction, et réitérez trois fois par jour." (MFO, 1765, Tome 2, p 175)

– Contre la douleur de teste provenant de la colère :

"*Prenez de l'Eau rose, de l'Eau de Plantain, de l'Eau de Morelle, du jus de Laituës, autant de l'un que de l'autre, du Vinaigre, un peu.* Mêlez tout cela ensemble, faites-le tiédir dans une écuelle sur un peu de feu, trempez-y un linge dedans et l'appliquez sur le mal." (MFO, 1765, Tome 2, p 346)

Mademoiselle d'Auvergne en cite peu l'emploi. On relève celui-ci dans

– une "Liqueur contre les vapeurs", cf. Bourrache.

– un "Cataplasme pour ôter l'inflammation des mamelles et disposer à percer ou résoudre" :

"Au temps que la petite morelle est bonne, il faut en ôter les côtons, la couper et la piler, puis la faire boüillir dans l'urine d'une femme bien saine, et tremper un linge dans le jus ; le marc appliqué sur la mamelle, en changeant cela trois fois le jour dispose à percer ou résout." (MDA, p 403)

[39] *i e* suie métallique provenant de fonderie.

## 52. Mouron (*Anagallis arvensis* L.) (*Lysimachia arvensis* (L) U. Manns & Anderb.) (Primulacées)

**– Ses propriétés :**

Lémery distingue deux espèces (mâle à fleurs rouges et femelle à fleurs bleues) :

"Ils ont les mêmes vertus, sont détersifs, vulnéraires et propres contre la morsure du chien enragé, donnés intérieurement et appliqués extérieurement." (DUD, s v *Anagallis*, p 36)

Dom Alexandre est plus précis :

"L'un et l'autre mouron est amer, chaud, dessicatif, détersif et astringent. Il est mis au nombre des vulnéraires et recommandé par quelques Auteurs contre la morsure du chien enragé et de la vipère, en cette sorte…. Il n'est pas seulement salutaire dans la manie et la mélancolie, mais encore dans les délires des fievres ardentes et malignes…. On a guéri des écrouelles ouvertes en instillant dedans du jus de mouron à fleurs rouges broyé et appliquant le marc par-dessus…. Son eau distillée est fort bonne aux inflammations, nuages et ulcères des yeux ; à son défaut on peut appliquer l'herbe pilée ou instiller son suc dans les yeux." (DBP, s v *Mouron*, p 335)

Arnault de Nobleville est plus concis :

"Le mouron est céphalique, vulnéraire et sudorifique. On l'emploie utilement dans la manie, l'épilepsie et dans les convulsions et les tranchées des enfans…. On vante fort la poudre de cette plante contre la morsure des chiens enragés." (DAP, p 237)

**– Ses emplois :**

Madame Fouquet note qu'il est "abstersif, apaise les douleurs, et est bon contre le venin et les maladies pestilentielles" et en recommande l'emploi dans plusieurs remèdes :

– Contre les rougeurs du visage ou d'autre part :

"Prenez du mouron qui a des fleurs blanches, pilez-les ou les broyez entre vos mains et en mettez pendant une nuit sur les rougeurs et vous en verrez l'expérience." (MFO, 1765, Tome 1, p 61)

– Pour la douleur des dents :

"*Prenez du Mourron, feuilles ou racines de Soucy ou de Quinte feuille, il n'importe desquelles des trois*, pilez-les dans un mortier, prenez de ce suc et en mettez dans l'oreille du côté que la dent ne vous fait pas mal." (MFO, 1765 Tome 2, p 60)

– Pour faire uriner :

"Le *mouron d'eau* mangé en salade est très bon pour faire uriner, comme aussi le *suc d'orties*." (MFO, 1765, Tome 2, p 269)

– Pour la douleur des reins externe :

"Le *suc de porreaux* ou de *mourron* ou d'*amandes ameres* bû est très bon pour le mal de Reins comme aussi de manger un *oignon* cuit sous la braise." (MFO, 1765, Tome 2, p 316)

– Pour le mal des yeux provenant de coups et pour les fluxions et cataractes des yeux :

"Prenez du *Jus de Mourron*, mêlez-le avec un peu de miel et en faites un cataplasme sur l'œil malade." (MFO, 1765, Tome 2, p 396)

## 53. Moutarde Moutarde blanche, Sénevé blanc, Sénevé ordinaire (*Brassica alba* (L.) Rabenhorst = *Sinapis alba* L.) (Brassicacées)

Lémery en distingue trois espèces aux semences desquelles il semble attribuer les mêmes propriétés :

"Les semences sont incisives, atténuantes, apéritives, propres pour exciter l'appétit, pour discuter les phlegmes, pour briser la pierre du rein ; on s'en sert pour la fièvre quarte, pour la mélancolie hypocondriaque, pour le scorbut, pour provoquer l'éternuement, pour résoudre les tumeurs, pour digérer et faire mûrir les abcès ; on les emploie intérieurement et, étant réduites en poudre, extérieurement ; on les applique sur les épaules où l'on a fait des ventouses avec des scarifications, pour réveiller le malade dans l'apoplexie, dans la paralysie ; c'est ce qu'on appelle *Sinapismus* : elle agit avec beaucoup d'âcreté. On tire par expression de la semence de moutarde bien pilée, une huile propre pour la paralysie, pour résoudre les humeurs froides. On mêle de la semence de moutarde pilée dans un moust à demi épaissi, pour faire une espêce de pâte liquide, âcre et piquante ou brûlante, qu'on appelle *Moutarde* et dont on se sert pour exciter l'appétit." (DUD, s v *Sinapi*, p 707)

Dom Alexandre apporte quelques précisions complémentaires :

"La semence de Moutarde est chaude et dessicative, incisive, atténuante. Son principal usage est pour réveiller l'appétit.... Elle est excellente pour corriger le sel acide fixe, volatiser le levain de l'estomac et, cuire, plus parfaitement les alimens. Lorsque le mal hypocondriaque occupe la rate et qu'il y a tumeur, schirre, enflure ou obstruction en cette partie, elle y est très salutaire, tant intérieurement qu'extérieurement.... Elle est encore admirable pour la cachexie, surtout celle des filles, jointe à l'obstruction du flux menstruel. Les matelots ne manquent jamais en s'embarquant de faire provision de semence de Moutarde pour se préserver et se guérir du scorbut. Pour se préserver de l'apoplexie, il en faut prendre tous les matins une pincée à jeun seule ou dans quelque véhicule approprié ; ce remède est bon dans le vertige et dans les cathares, sur-tout à l'égard des vieillards. Cette même semence convient à la suffocation de la matrice qui est une espèce de mal hypocondriaque et aux maladies soporeuses. L'huile tirée par expression de la semence est propre pour la paralysie et pour résoudre les humeurs froides." (DBP, s v *Moutarde*, p 337)

Arnault de Nobleville qui recopie partiellement le texte de la *Suite de la Matière Médicale* de Geoffroy (Tome 3, p 49) en distingue deux espèces, le sénevé ordinaire et le sénevé blanc ou moutarde blanche :

"Ces deux sortes de moutarde ont les mêmes vertus. La graine de moutarde est stomacale, anti-scorbutique et apéritive. Elle est bonne pour les affections hypocondriaques, les pâles couleurs, la cachexie et pour les affections soporeuses. On l'emploie intérieurement et extérieurement... Elle convient aux vieillards et aux personnes phlegmatiques et mélancoliques, parce qu'elle aide à la digestion en atténuant les glaires qui séjournent quelquefois dans l'estomac, mais elle échauffe beaucoup ; aussi faut-il en user modérément. Quant à son usage extérieur, la Moutarde ordinaire approchée du nez des personnes sujettes aux vapeurs, les soulage dans leurs accès ; elle réveille aussi les léthargiques : sa semence est un puissant sternutatoire et un masticatoire des plus efficaces. On la fait mâcher aux malades menacés d'apoplexie et de paralysie. Elle soulage aussi ceux qui ont la tête pesante et chargée de pituite." (DAP, sv *Moutarde blanche* ou *Sénevé-blanc*, p 239)

**– Ses emplois :**

Le *Manuel des Dames de Charité* cite peu son emploi. En voici toutefois une mention :

– Tisane contre l'apoplexie et la paralysie et autres affections des nerfs :

"Prenez de la racine de Raifort sauvage, ratissée et coupée par morceaux, deux onces, de la semence de Moutarde contuse, une once et demie ; versez sur le tout trois chopines d'eau bouillante et laissez-le infuser pendant vingt-quatre heures sur les cendres chaudes dans un vaisseau couvert et luté avec de la pâte. Coulez ensuite la liqueur. La dose est de deux verres tièdes par jour, un le matin à jeun, l'autre sur les cinq heures du soir." (DCH, p 70)

Madame Fouquet en revanche y fait plusieurs fois référence ; après avoir rappelé que la moutarde "est très connue", que "sa graine sert dans les fièvres intermittentes, guérit le venin des scorpions, fait cesser la douleur des dents, purge les flegmes, est singulière au Scorbut, et est aux Asthmatiques", elle recommande de l'incorporer dans plusieurs remèdes :

– Contre la goutte sciatique :

"*Prenez graines de Moutarde, 2 onces, des figues grasses, 2 onces.* Pilez tout cela ensemble et en faites comme de la pâte ; cela fait, vous en ferez un emplâtre, l'appliquerez sur le mal et réitérez plusieurs foi ; chose éprouvée." (MFO, 1765, Tome 1, p 244)

– Pour faire venir la parole à ceux qui sont tombés en apoplexie :

"Prenez de la *graine de Moutarde*, broyez-la, incorporez-la avec du *Vinaigre* et l'appliquez au nez du malade." (MFO, 1765, Tome 2, p 4)

– Pour les ulcères et glandes de la langue :

"Prenez suc de *feuilles de moutarde*, mêlez-la avec un peu d'eau et de miel et la gargarisez." (MFO, 1765, Tome 2, p 201)

– Pour l'esquinancie :

"Prenez une demie dragme de poudre de Moutarde, une once de bon Vinaigre, trois autres d'eau de Plantain, une once de sucre blanc. Faites un gargarisme duquel le malade usera souvent. Si ce Remède provoque le vomissement, ce sera le meilleur." (MFO, 1765, Tome 2, p 441)

– Pour se préserver de l'apoplexie :

"Prenez six ou sept grains de Moutarde et avalez-les le matin à jeun." (MFO, 1765, Tome 2, p 450), cf aussi Figuier.

– Pour les épaules, cf. Figuier.

## 54. Oignon (*Allium cepa* L) (Amaryllidacées)

### – Ses propriétés :

Selon Lémery :

"La racine est employée en Médecine. Elle est apéritive, digestive, résolutive, propre pour la pierre, pour l'hydropisie, pour le scorbut, pour l'asthme, pour résister au venin, pour les vers, pour la surdité, pour faire mûrir les abcès. On l'emploie extérieurement et intérieurement." (DUD, s v *Cepa*, p 188)

Dom Alexandre ajoute pour préciser :

"On ne se sert en Médecine que de la racine ou bulbe. L'oignon est chaud et sec, apéritif, incisif, détersif, mais venteux par la grossièreté de sa substance. Il sert principalement à inciser et à déterger le tartre des poumons en décoction avec du miel. Il provoque l'urine, excite les mois des femmes et tue les vers en infusion dans du vin. Il mûrit et rompt les apostumes, cuit sous la braise, enveloppé d'un linge mouillé et appliqué en forme de cataplasme...Il excite l'urine, étant frit avec de l'Axonge, puis appliqué ; cuit ainsi, il convient aux mules et engelures ; il guérit les brûlures non entamées, étant pilé crud avec du sel, et appliqué promptement sur la partie qu'il préserve des vessies. On tient des oignons suspendus dans les chambres en tems de peste et on prétend que la contagion s'y arrête et purge les chambres." (DBP, s v *Oignon*, p 357)

Arnault de Nobleville qui recopie partiellement le texte du *Traité de la Matière Médicale* de Geoffroy (Tome 5, p 483) note :

"Les oignons pris intérieurement sont stomachiques, diurétiques et vermifuges. On s'en sert fréquemment pour assaisonner les aliments ; ils réveillent l'appétit et nettoient l'estomac. Mais il faut en user modérément, car ils causent des vents et le mal de tête quand on en mange beaucoup et les tempéraments bilieux dont le sang est disposé à s'enflammer doivent s'en abstenir. Les oignons cuits avec le miel, conviennent à l'asthme et aux maladies du poumon qui viennent d'une pituite épaisse et visqueuse... Extérieurement, l'oignon pilé avec du sel guérit la brûlure, pourvu que la peau ne soit point ulcérée ni dépouillée de son épiderme. Le cataplasme d'oignons pilés est encore recommandé pour la suppression d'urine. On fait une omelette avec des oignons hachés menus que l'on frit dans la poêle dans du saindoux et on l'applique sur la partie souffrante, sur les reins si la suppression vient des reins ; sur la région du pubis si elle vient de la vessie." (DAP, s v *Oignon*, p 249)

### – Ses emplois :

On relève peu de remèdes contenant de l'oignon dans le *Manuel des Dames de Charité*.

– Cataplasme contre la rétention d'urine :

"Prenez trois Oignons blancs et autant de jaunes d'Œufs. Hachez les Oignons et les mêlez-les avec les Œufs. Faites cuire le tout dans une poële ou sur une pelle chaude, en consistance de Cataplasme. Mettez-le ensuite entre deux linges et appliquez-le chaudement sur la région de la Vessie. Ce Remede se réitere au bout de trois heures, s'il ne réussit pas la première fois." (DCH, p 330)

– Collyre contre l'ulcère de la cornée :

"Prenez du Miel commun et du jus d'Oignon, de chacun, parties égales. Mêlez-les ensemble et faites-en couler quelques gouttes dans l'Œil deux fois le jour ; et trempez dedans une compresse pour appliquer dessus, que vous renouvellerez deux ou trois fois dans les vingt-quatre heures, vous servant toujours de la même compresse." (DCH, p 363)

Ses citations dans le Recueil de Madame Fouquet sont plus nombreuses :
– Cataplasme pour la cure des tumeurs pestilentielles appelées bubons :

"Prenez un oignon, faites-le cuire sous la braize et apres, pilez-le et y mettez le poids de trois ou quatre écus de bon thériaque et appliquez-le." (MFO, 1681 p 150)

– Contre les douleurs et surdités d'oreilles

"*Prenez jus d'oignons, 1 once, Eau de vie, 1 once*. Mêlez cela ensemble ; mettez-en quelques goutes dans les Oreilles après l'avoir fait chauffer et les bouchez ensuite avec du coton." (MFO, 1765, Tome 1, p 40);

– Pour le rhume, et particulièrement pour celui des petits enfants :

"Prenez un Oignon, trouez-le par le dessus sans le percer d'outre en outre et remplissez ce trou de graisse de Mouton, mettez quelque peau dudit Oignon sur le trou, faites-le cuire ensuite sous les cendres ; quand il sera bien cuit, ôtez toutes les peaux cendreuses, mettez le reste sur une assiette et en faites comme du Beurre. Oignez de cela les pieds, le creux de l'estomac du malade et même l'estomac le plus chaudement qu'il se pourra." (MFO, 1765, Tome 1, p 89)

– Contre les brûlures :

"Frottez la place avec du *jus d'Oignon* et pour ôter la marque de la brûlure, appliquez-y une *Pomade* faite d'huile, de cire et de jaune d'œuf durci au feu ou sous la cendre ou bien mettez l'endroit où vous êtes brûlé dans de l'eau de savon pendant un quart d'heure, s'il se peut." (MFO, 1765, Tome 1, p 256)

– Pour les ulcères de la bouche :

"Les oignons mangés cruds avec du pain y sont aussi fort bons." (MFO, 1765, Tome 2, p 8)

– Pour les brûlures :

"Prenez un *Oignon ;* faites-le cuire au feu, lorsqu'il sera cuit, vous le broyerez bien et en ferez comme de l'onguent que vous appliquerez sur la brûlure, et pendant qu'il cuira vous en couperez un en plusieurs morceau, le pilerez un peu et l'appliquerez sur le mal jusques à ce que l'autre soit cuit, cela seul peut suffire." (MFO, 1765, Tome 2, p 12)

– Pour les dents :

"Laver la dent avec du Suc *d'oignon* emporte la douleur." MFO, (1765, Tome 2, p 59)

– Pour le mal de gorge :

"Le suc d'*Oignons* mêlé avec du *miel* est aussi très bon." (MFO, 1765, Tome 2, p 151)

– Pour les mules des talons et écorchures :

"Prenez un *Oignon* et du jus qu'il en sortira vous le mêlerez avec de la *Graisse de Poule* et en faites comme de l'onguent, duquel vous appliquerez sur le mal jusqu'à ce qu'il soit guéri, le changeant autant de fois qu'il en sera besoin." (MFO, 1765, Tome 2, p 230)

– Pour la dureté des oreilles :

"Prenez un *oignon blanc*, ou d'autres couleurs s'il ne s'en trouve point de blanc, creusez-le du côté de la racine, remplissez-le de poudre de *cumin*, bouchez-le d'une peau ou deux dudit *oignon* et le mettez sous la cendre chaude pour le faire cuire lentement, lorsqu'il sera cuit, pressez-le et du suc qui en sortira, vous en distillerez dans les oreilles." (MFO, 1765, Tome 2, p 250)

– Pour la paralysie :

"Ayez des *Oignons blancs*, coupez-les bien menu et les mettez dans un pot de terre légèrement couvert, mettez-le ensuite dans un four chaud et le remuez quelquefois ; laissez-le bien cuire jusqu'à ce qu'il soit en pâte, faites un cataplasme de cela et l'appliquez chaudement sur les parties affligées, changez-en de temps en temps et continuez jusqu'à parfaite guérison qui sera dans peu." (MFO, 1765, Tome 2, p 254)

– Pour le bubon :

"Lorsque le Bubon paroîtra, il faut y appliquer du vieux *levain* ou un *oignon* bien cuit sous la cendre." (MFO, 1765, Tome 2, p 256)

– Pour les cataractes qui commencent à venir dans les yeux :

"Ayez du suc d'*Oignon* ; faites-en un liniment avec du miel et l'appliquez sur l'œil." (MFO, 1765, Tome 2, p 399)

– Pour la rétention d'urine, cf. Alkékenge.
– Pour faire percer toutes sortes de tumeurs sans lancettes, cf. Lis.
– Pour la douleur des reins externes, cf. Mouron.

Mademoiselle d'Auvergne mentionne différents remèdes comprenant de l'oignon

– Cataplasme pour "empêcher la vessie des brûlures" :

"Prenez des oignons avec du sel et mettez cela sur les brulures récentes, il n'y aura point de vessies." (MDA, p 402)

– Liqueur contre le mal de poitrine, cf. Chou rouge.

## 55. Ortie (grande) (*Urtica dioica* L.) et Ortie (petite) ou Grièche (*Urtica urens L*) (Urticacées)

Lémery en distingue trois espèces, la grande Ortie ou Ortie vulgaire, la petite Ortie ou Ortie grièche et l'Ortie romaine (*Urtica pilulifera*), mais il leur accorde les mêmes vertus :

> "Les orties sont incisives, détersives, apéritives ; elles atténuent la pierre du rein et de la vessie ; elles excitent les mois aux femmes ; elles sont propres pour l'asthme, pour la péripneumonie ; elles arrêtent le saignement du nez si l'on met du suc dans les narines ; elles résistent à la gangrène, étant écrasées et appliquées sur la partie malade." (DUD, s v *Urtica*, p 802)

Dom Alexandre est plus complet :

> "Toute Ortie est chaude et dessicative, de parties tenues, apéritive, incisive, abstersive, émolliente, diurétique, lithontriptique et l'antidote de la Cigüe et de la Jusquiame. La racine de la grande Ortie est recommandée contre la jaunisse : les sommités, mises en potage ou en salade, lâchent le ventre, détergent les reins ; poussent le calcul, avancent l'expectoration et l'éruption de la rougeole. La poudre des feuilles est bonne aux poumons et à la phtisie. On prend l'Ortie à la manière du Thé pour la gravelle du rein et de la vessie, pour purifier le sang, pour la goutte, pour le rhumatisme. Le suc d'Ortie, surtout celui de la grande, donné depuis deux jusqu'à quatre onces est un remède assuré contre les hémorragies, soit de la bouche, du nez, des hémorroïdes et d'autres endroits... Le jus en gargarisme guérit l'inflammation de la luette… Les feuilles pilées avec un peu de sel, et appliquées, sont bonnes aux morsures de chien, aux gangrènes, chancres, aux ulceres malins et sordides et aux parotides. L'Huile d'Olive appaise la douleur des piqûres d'Ortie, étant enduite." (DBP, s v *Ortie piquante*, p 386)

Arnault de Nobleville se réfère à la *Suite de la Matière Médicale* de Geoffroy (Tome 3, p 408) pour écrire :

> "Les feuilles d'ortie sont astringentes, détersives et diurétiques. Le suc de cette plante dépuré ou par résidence ou par une légère ébullition arrête le crachement de sang, l'hémorragie du nez et le flux des hémorroïdes. Il est également bon pour la dissenterie et pour les fleurs blanches… On se sert des feuilles infusées dans l'eau bouillante à la manière de thé pour la goutte, le rhumatisme, le calcul et la gravelle. Cette infusion est aussi propre en gargarisme contre les maux de gorge : la tisane d'Ortie est fort estimée dans la fièvre maligne, la petite vérole et la rougeole… On confit aussi au sucre les racines d'Ortie ; c'est un bon remède contre la jaunisse et pour procurer l'expectoration dans la toux invétérée et dans l'asthme humide. Dans la pleurésie, on fait boire le suc d'Ortie et on applique les feuilles pilées, en cataplasme sur le côté…. Dans l'usage extérieur de ces plantes, le cataplasme d'Ortie est émollient et résolutif, propre pour fondre les tumeurs accompagnées d'inflammation ; il soulage les Goutteux et dissipe quelquefois les tumeurs et les loupes. Plusieurs Médecins recommandent comme un bon remède contre la sciatique et la paralysie de frapper les parties malades jusqu'à rougeur avec un paquet d'Ortie et de laver ensuite avec du vin chaud." (DAP, *Petite Ortie* ou *Grièche*, s v p 270)

**– Ses emplois :**

Le *Manuel des Dames de Charité* recommande quelques remèdes où l'ortie est présente :

– Bouillon contre l'hémoptysie ou le crachement de sang :

"Prenez la moitié d'un Mou de Veau, une cuillérée de Ris, de la racine de grande Consoude ratissée, une once, des feuilles d'Ortie-grièche, de Plantain, de chacune, une poignée. Faites bouillir le tout dans trois chopines d'eau, que vous réduirez à deux bouillons, pour prendre, un le matin à jeûn et l'autre sur les cinq heures du soir." (DCH, p 95)

– Potion contre la pleurésie :

"Prenez de l'Ortie-grièche la plus fraîche, deux ou trois poignées. Pilez-la légèrement et la faites bouillir avec deux onces de bonne Huile d'Olive et un verre de vin, à la réduction d'un bon gobelet. Passez le tout avec expression et faites-en prendre le jus au Malade que vous tiendrez bien couvert pour ménager la sueur, ayant soin d'appliquer le marc en cataplasme sur le côté douloureux, le plus chaudement qu'il sera possible." (DCH, p 136)

– Potion contre l'hémoptysie, cf. Consoude

– Tisane astringente contre les hémorragies, cf. Millefeuille.

– Julep pour prévenir l'avortement, cf. Plantain.

Madame Fouquet rappelle que l'ortie "est très connue, résout toutes sortes de duretés, est bonne pour la colique, la pierre, la vessie, la toux invétérée, les vers, les ventosités, les ulcères, la morsure des chiens enragés, la goutte, l'enflure des pieds, et arrête le sang du nez". et elle mentionne différents remèdes qui tiennent compte de ses propriétés :

– Pour arrêter le sang d'une coupure :

"Prenez quantité d'orties, pilez-les et les appliquez sur la coupure et le sang s'arrétera." (MFO, 1681 p 173 et 1765, Tome 2, p 323)

– Pour les hémorragies du nez :

"On arrête ce sang par des *Orties* en les broyant dans ses mains et en faisant un frontal qu'on appliquera sur la tête du malade." (MFO, 1765, Tome 1, p 43)

– Pour ceux qui pissent au lit :

"*Prenez semence d'Orties, demie once, Mastic en larme, demie once, Farine de seigle, 2 onces*. Pilez bien la semence d'Orties et le mastic, chacun à part, mêlez-les ensemble et incorporez-les avec la farine pour en faire (avec un peu d'eau chaude ou froide) une pâte dont vous formerez sept ou huit petits gâteaux que vous ferez cuire au four ou au foyer, et vous en ferez manger un tous les soirs à la personne incommodée, pendant huit jours." (MFO, 1765, Tome 1, p 159 et 1765, Tome 2, p 277)

– Pour les hémorragies des femmes accouchées que l'on nomme perte de sang :

"Mettez un emplâtre d'Orties broyées sur la partie basse du ventre." (MFO, 1765, Tome 1, p 191)

– Pour les coupures :

"Prenez de *l'herbe au Charpentier*[40] ou bien des *orties*...Faites sécher de ces feuilles, et lorsque vous voudrez vous en servir, vous en ferez tremper dans du vin chaud et les appliquerez sur la coupure." (MFO, 1765, Tome 2, p 47)

– Pour relever le fondement des petits enfants :

"Touchez le fondement avec des feuilles d'*orties* et vous verrez qu'il se relèvera d'abord." (MFO, 1765, Tome 2, p 132)

– Pour les gouttes :

"Prenez *feuilles d'orties* avec la *racine*, pilez-les et les incorporez avec de la *graisse d'Ours* ou de la vieille huile, et en faites un cataplâme sur le mal." (MFO, 1765, Tome 2, p 157)

– Pour les mules :

"Prenez des *Orties* ou de l'*écorce de grenade*, faites-les cuire avec du gros *Vin* dans un pot ou poëlon ; lorsqu'elles seront cuites, lavez bien chaudement vos talons dans cette décoction et y mettez par-dessus un *Cataplasme* desdites choses et réitérez plusieurs fois." (MFO, 1765, Tome 2, p 232)

– Pour l'hémorragie du nez :

"Prenez une dragme de *Bol d'Arménie*[41], lavez-le et le détrempez dans l'*eau rose* ou de *Plantin* ; donnez à boire de cette eau au malade ; faites ensuite une tente[42] d'*orties* que vous aurez broyées entre vos mains et la mettez dans le nez." (MFO, 1765, Tome 2, p 240)

– Pour les inflammations et apostumes des oreilles :

"Prenez des *feuilles d'Orties*, pilez-les un peu dans un mortier avec du sel et les appliquez pardessus." (MFO, 1765, Tome 2, p 248)

– Pour la pleurésie :

"Prenez de la *graine d'orties*, ce que vous voudrez ; mêlez-la avec du miel et l'avalez."(MFO, 1765, Tome 2, p 288)

– Pour faire venir le lait aux femmes qui ont le tempérament froid, cf. Fenouil.
– Pour les douleurs froides, cf. Marjolaine.
– Pour faire uriner, cf. Mouron.

---

[40] Millefeuille.

[41] "Le bol d'Arménie est une pierre argiloïde colorée en rouge par l'oxyde de fer que l'on retiroit autrefois d'Arménie, préconisée comme tonique et astringent." (Nysten)

[42] Petit rouleau de charpie qu'on met dans les plaies pour y porter plus facilement le remède et pour empêcher qu'elles ne se referment trop tôt. (Dictionnaire de l'Académie (1798).

Mademoiselle d'Auvergne ne cite que quelques remèdes contenant des orties :

– Vin contre la rétention d'urine :

"Dans demi-septier de vin blanc, mettez le jus d'une poignée d'orties-griesches bien pilées, ledit jus passé à travers un linge blanc ; si ledit jus passe trois doigts, il ne faut pas mettre l'excédent, mais le garder. Quand celuy qui a Retention d'urine aura pris ce Vin, il urinera demie-heure après." (MDA, p 128)

– Cataplasme utile au panaris :

"Prenez des orties communes et vertes ; broyez-les dans un mortier et appliquez le jus et le marc sur le mal et en mettez deux fois le jour." (MDA, p 399)

– Cataplasme pour les rhumatismes :

"Il faut prendre trois bonnes poignées d'orties griéches, les éplucher, les hacher et mettre dans une terrine un quarteron de bonne huile d'olives, avec la moitié d'un demi-septier de bon vin blanc, et mettre les orties cuites dedans, comme si c'estoit pour manger. La manière de s'en servir est d'en mettre sur la partie malade, et le renouveller le soir et le matin, en le faisant chauffer et continuer jusqu'à ce que l'on soit guéry." (MDA, p 417)

– Huile pour toutes les plaies, cf. Plantain.
– Poudre pour empêcher de pisser au lit, cf. Bouillon blanc.

## 56. Ortie blanche, Ortie morte (*Lamium album* L) (Lamiacées)

### – Ses propriétés :

Lémery qui distingue cinq espèces "d'orties mortes" note :

"Elles sont dessicatives et astringentes, propres pour arrêter les cours de ventre, les fleurs blanches des femmes, étant prises en décoction ; on en applique aussi en cataplasme et en fomentation pour résoudre." (DUD, s v *Lamium*, p 409)

Dom Alexandre distingue l'ortie morte (*Lamnium, Galeopsis, sive Urtica morte*) et l'ortie grande morte des bois (*Galeopsis procerior foetida spicata*) :

"Il y a plusieurs genres d'orties mortes qui different par la couleur des fleurs, par l'odeur et la figure… On se sert en Médecine de leurs feuilles et de leurs fleurs ; elles sont dessicatives et astringentes, propres pour arrêter les cours de ventre. La *Galeopsis* à fleurs rouges en forme de décoction, est salutaire contre la dyssenterie, et celui à fleurs blanches contre les fleurs blanches. Les feuilles du blanc, et particulièrement les fleurs prises à la manière de Thé, sont très bonnes pour la gravelle des reins et de la vessie, ainsi que pour la goutte des pieds. Les feuilles pilées avec du sel, sont bonnes aux contusions, aux ulceres pourris et aux plaies.

"La seconde est vulnéraire et fort adoucissante. A la campagne, on se sert avec succès de l'infusion de ses feuilles et de ses fleurs pour les coliques néphrétiques, sur-tout si on la boit étant dans le bain. Frite avec du beurre, et appliquée, elle dissipe la douleur de la pleurésie, résout les tumeurs scrophuleuses, et est un excellent remède contre les hémorroïdes. Elle est très adoucissante… On en peut préparer l'extrait pour s'en servir pendant l'hiver. On en fait une huile excellente pour les brûlures, les plaies, surtout des tendons ; pour les ulcères et pour arrêter et guérir la gangrène." (DBP, p 385)

Arnault de Nobleville n'a recopié que partiellement la notice du *Traité de la Matière Médicale* que Geoffroy a consacré à l'ortie morte (Tome 7, p 168). En effet, alors que celui-ci avait distingué deux espèces d'ortie morte, l'une à fleurs blanches et l'autre à fleurs rouges, il n'a retenu que cette dernière dans son propre ouvrage :

"Ses feuilles et ses fruits sont d'usage. Les Médecins modernes recommandent cette plante pour les fleurs blanches ou les maladies du poumon, pour arrêter les hémorragies de la matrice et pour consolider les plaies…. L'huile d'olive dans laquelle on a fait macérer des fleurs d'Ortie blanche au soleil est un baume vulnéraire excellent pour les plaies des tendons et pour déterger et cicatriser les ulceres." (DAP, s v *Ortie blanche, Ortie morte*, p 272)

### – Ses emplois :

Le *Manuel des Dames de Charité* recommande rarement d'utiliser l'ortie blanche :

– Décoction contre les fleurs blanches et les hémorragies de la matrice :

"Prenez du lait de Vache nouvellement trait, une chopine, des sommités fleuries d'Ortie blanche, une poignée, de la Canelle concassée, un scrupule. Faites bouillir le tout légèrement à la consomption d'un bouillon. Coulez pour une dose, à prendre le matin à jeûn pendant neuf jours." (DCH, p 36)

– Tisane contre les humeurs froides ou écrouelles :

"Prenez des sommités d'Ortie blanche, une poignée. Faites-les infuser à froid dans une pinte d'eau commune. La Colature pour boisson pendant un mois." (DCH, p 77)

## 57. Oseille longue, Oseille ronde, Oxalis, Surelle, (*Rumex acetosa* L.) (Polygonacées)

### – Ses propriétés :

Lémery, qui en distingue trois espèces, note :

"Toutes les oseilles fortifient le cœur, excitent l'appétit, elles désaltèrent, résistent au venin, arrêtent le cours de ventre et les pertes de sang." (DUD, s v *Acetosa*, p 9)

Dom Alexandre ajoute :

"Elles fortifient le cœur, excitent l'appétit, désaltèrent, résistent au venin et à la corruption, calment la bile, arrêtent les cours de ventre et les pertes de sang. L'Oseille et son suc est excellent contre le scorbut.... La conserve se donne dans les fièvres ardentes et malignes. Le cataplasme fait des feuilles avec deux fois autant de vieux Oing est souverain pour toutes apostumes froides. La semence appaise les dysenteries. Les feuilles trempées en vinaigre et mangées le matin à jeûn, préservent de la peste." (DBP, s v *Oseille* ou *Surelle*, p 388)

Selon Arnault de Nobleville :

"L'oseille prise intérieurement est rafraîchissante ; elle excite l'appétit, apaise la soif et résiste à la pourriture ; c'est pourquoi elle est très utile dans les fièvres bilieuses, soit simples, soit malignes et pestilentielles....L'Oseille passe pour être utile dans le scorbut. La racine est amère et astringente ; elle lève les obstructions ; elle excite les urines, ce qui la fait employer dans les décoctions apéritives. La graine est placée parmi les remèdes cordiaux. Extérieurement, les feuilles pilées ou bouillies sont maturatives et suppuratives. On les emploie dans les cataplasmes propres à remplir ces indications." (DAP, s v *Oseille longue, Oseille ronde*, p 277)

### – Ses emplois :

On ne relève l'emploi de l'oseille dans le *Manuel des Dames de Charité* que pour la préparation d'un cataplasme émollient et maturatif, cf. Lis.

Pour Madame Fouquet, la plante qui "est très connue, est apéritive et sert à la digestion." Elle l'utilise d'ailleurs dans la confection de plusieurs remèdes simples :

– Cataplasme pour la cure des tumeurs pestilentielles appelées bubons :

"Prenez une poignée d'ozeille faites-la cuire dans du papier sous la cendre chaude, la pilez avec limaces avec la coque et deux jaunes d'œuf, suivant la quantité qu'en voudrez faire, le tout bien salé avec de farine d'orge ou seigle, si vous en avez et changerez deux fois le jour sur la tumeur." (MFO, 1681 p 150)

– Contre la peste :

"Quand quelqu'un sera frappé de la Peste, il faudra lui faire prendre le poids de douze grains de *Contrahyerva*[43] en poudre dans un verre ou demi verre d'eau de

[43] Racine importé d'Amérique du Sud (Pérou) réputée pour résister aux venins.

*Pimpernelle* ou *d'Oseille ronde*, le faire un peu promener après qu'il aura pris cela ; et ensuite le mettre au lit bien chaudement, le faire suer et le changer de linge." (MFO, 1765, Tome 1, p 227)

– Pour le battement de cœur et lorsque le malade a fièvre :

"Lorsque le malade a battement de Cœur avec la fièvre, il le faut faire saigner de la veine du foie et lui faire boire tous les matins du *Syrop de Grenades* ou de *Limons* ou du *jus d'Oseille*, ou bien prendre l'une de ces choses et les mêler avec de *l'eau rose*, de *l'eau de pourpier* et de *l'eau de chicorée* et lui en donner à boire tous les matins. On peut aussi lui faire sentir quelques bonnes odeurs aromatiques et lui appliquer sur la mamelle gauche, un linge trempé d'*eau de plantin*, d'*eau rose* et un peu de *vinaigre* que vous mêlerez ensemble." (MFO, 1765, Tome 2, p 35)

– Pour les dents agacées :

"Mâchez du *Fromage de Chèvre* ou du *Pourpier* ou *Oseille*." (MFO, 1765, Tome 2, p 63)

– Pour la fièvre chaude :

"Prenez Raisin de Corinthe, demie livre, Orge, 5 cuillérées, Eau de Fontaine, 4 pintes, Oseille sauvage, 2 poignées, Oseille commune, 2 poignées. Faites bouillir les Raisins et l'Orge dans cette Eau de Fontaine que vous mettrez dans un pot de terre, jusqu'à ce qu'il ne reste qu'environ trois pintes de cette eau ; mettez ensuite les deux poignées de chaque oseille que vous pilerez bien auparavant et laisserez infuser l'espace d'une demie heure, après ce temps-là, passez-le par un tamis ou linge et donnez à boire de cette décoction au malade plusieurs fois par jour avec un peu de Sucre ou de jus d'Orange ; la saignée est très bonne dans les Fièvres Chaudes ou Putrides." (MFO, 1765, Tome 2, p 112)

– Pour la chaleur du foie, lorsqu'elle provient de trop grande quantité de sang :

"Faites saigner le malade de la veine du foye du bras droit, mettez dans ses potages des laitues, de l'oseille, du pourpier et du houblon et faites-lui boire par plusieurs fois de l'eau desdites herbes à jeun, ou bien de l'eau d'endives, lesquelles eaux sont très bonnes pour rafraîchir le foie." (MFO, 1765, Tome 2, p 133)

– Pour la chaleur du foie provenant de la colère, cf. Chicorée.

– Pour la gale :

"Prenez racines d'Oseille ou de Patience Sauvage qui est marquée de taches rouges ; ou bien de Choux gras qu'on trouve dans les champs ; pilez l'une de ces dites choses dans un mortier avec du beurre ou du vieux Oing et vous en frotterez le soir en vous couchant par tout le corps ; ce Remède est infaillible." (MFO, 1765, Tome 2, p 141)

– Pour le bubon :

"Lorsque le bubon paraîtra, il faut y appliquer du vieux levain ou bien un oignon bien cuit sous la cendre ou bien de l'oseille cuite sous la cendre avec du vieux oing de pourceau ou bien du pain chaud trempé dans de l'eau de vie ou bien l'attirer par des ventouses." (1765, Tome 2, p 256)

Mademoiselle d'Auvergne emploie également l'oseille pour des remèdes simples :

– Apozème pour rafraîchir ceux qui ont la fièvre, cf. Chicorée.

– Liqueur pour la fièvre tierce :

"Il faut au sortir de l'accés, prendre du jus d'oseille plein un verre, y ajouter un moyeu d'œuf frais, avec très-peu de vinaigre et continuer deux ou trois fois." (MDA, (p 53)

– Cataplasme pour résoudre les tumeurs qui arrivent aux plaies :

"Prenez quatre poignées d'oseille qu'on enveloppe dans un papier pour les faire cuire sous les cendres ; Quand elle est cuite, on la met dans une terrine avec gros comme un œuf de sein doux et autant de levain de seigle, si l'on peut en avoir, sinon du levain ordinaire ; battez le tout jusques à ce qu'il soit en onguent ; mettez-en après sur un linge pour l'appliquer sur le mal, et au moins trois fois par jour jusques à résolution." (MDA, p 401)

## 58. Pariétaire, Casse-Pierre, Paritoire, Perce-muraille, Vitriole (*Parietaria officinalis* L.) (Urticacées)

### – Ses propriétés :

Lémery note :

"Elle est fort apéritive, détersive, émolliente, résolutive, propre pour la pierre, la gravelle, pour exciter l'urine, pour la colique néphrétique. On s'en sert extérieurement et intérieurement." (DUD, s v *Parietaria*, p 567)

Dom Alexandre ajoute :

"Les feuilles sont rafraîchissantes, un peu humides, émollientes, maturatives, abstertives avec un peu d'astriction. On s'en sert dans les clystères, cataplasmes et fomentations émollientes. On s'en sert intérieurement pour provoquer l'urine, nettoyer les reins et pousser la gravelle... L'usage externe est très fréquent contre les tumeurs, les érésipèles, les brûlures et les plaies fraîches...Avalé, son jus [à raison de trois onces] est très efficace dans les rétentions d'urine, et gargarisé,il appaise la douleur des dents." (DBP, s v *Pariétaire*, p 397)

Arnault de Nobleville qui recopie partiellement le texte de la *Suite de la Matière Médicale* de Geoffroy (Tome 1, p 330) note :

"Elle est d'un grand usage en Médecine ; on se sert principalement de ses feuilles. Cette plante est regardée comme apéritive, diurétique, adoucissante et résolutive. On l'emploie intérieurement et extérieurement. Quant à son usage intérieur ; on se sert de son suc ou de sa décoction ou de son eau distillée, tous remèdes propres à inciser les glaires des reins et de la vessie et à procurer un flux d'urine libre et abondant ; aussi est-elle très utile dans la suppression d'urine et dans la gravelle. On fait prendre son eau distillée à la dose de trois onces avec autant d'eau de Lis, une once d'huile d'amandes douces et autant de sirop de Limons dans les accès de colique néphrétique... Le sirop fait avec le suc de pariétaire et le miel blanc soulage les Hydropiques ; on leur en fait prendre tous les matins une once battue dans un verre d'eau de Chiendent. La Pariétaire s'emploie extérieurement dans des décoctions émollientes qu'on prépare pour les fomentations, les lavements et les demi-bains. On s'en sert encore en cataplasme sur la région de la vessie, après l'avoir fait bouillir dans de l'eau contre la rétention d'urine." Nobleville rapporte ensuite qu'il a soigné avec succès l'engorgement inflammatoire des mamelles, "venant de coagulation du lait" avec un cataplasme composé d'une poignée de pariétaire pilée avec deux onces de mie de pain desséckée en y ajoutant un peu d'huile de lis ou de camomille." (DAP, *Pariétaire*, *Casse-Pierre*, p 279)

### – Ses emplois :

Elle est peu citée dans le *Manuel des Dames de Charité* :
– Cataplasme contre les engorgements inflammatoires des mamelles :

"Prenez des feuilles de Pariétaire, une poignée. Pilez-les en y mêlant peu à peu de la mie de Pain bien fraisée, deux onces. Faites-en un cataplasme avec une suffisante quantité d'huile de lis ou de camomille, lequel on renouvellera s'il en est besoin." (DCH, p 333)

– Fomentation émolliente, cf. Bouillon blanc.
– Potion huileuse contre la néphrétique, cf. Capillaire.

Pour Madame Fouquet, la plante "est abstertive, astringente et repercussive" et elle en recommande l'emploi dans quelques remèdes simples :

– Contre la gravelle et difficulté d'uriner :

"Prenez de la pariétaire qui croît aux murailles, pilez la dans un mortier, puis la faites frire dans une poële avec assez de beurre et mettez-la sur le nombril autant chaud qu'il se pourra souffrir et quand elle sera rafroidie, mettez-y en d'autres que vous continuerez pendant deux heures et ce remede fera merveilles." (MFO, 1681 p 225)

– Pour apaiser la douleur du chignon du col :

"Prenez *Pariétaire* et la pilez pour en avoir du suc, gargarisez de ce suc et frottez les glandes." (MFO, 1765, Tome 2, p 40)

– Pour les crevasses du fondement :

"Prenez feuilles de Pariétaire, pilez-les un peu et les appliquez sur le mal." (MFO, 1765, Tome 2, p 128)

– Pour les gouttes :

"Prenez du suc de *Pariétair*e ; incorporez-le avec du *suif de Bouc* et en appliquez sur le mal." (MFO, 1765, Tome 2, p 157)

– Pour les hémorroïdes :

"Prenez de la *pariétaire*, broyez-la avec un peu de *sel* et en faites un cataplasme que vous mettrez sur les Hémorroïdes." (MFO, 1765, Tome 2, p 172)

– Pour les hémorroïdes des femmes grosses, cf. Guimauve.
– Pour la suppression d'urine :

"Prenez quatre poignées de Pariétaire fraîche, fricassez-la avec du beurre, mettez-la sur des étoupes et l'appliquez chaudement sur le pénil." (MFO, 1765, Tome 2, p 433)

– Fomentations émollientes, cf. Bouillon Blanc.
– Pour la rétention d'urine, cf. Cerfeuil.
– Pour la constipation des femmes grosses, cf. Guimauve.
– Pour dissoudre la pierre dans les reins et la vessie, cf. Guimauve.
– Pour le rhumatisme, cf. Mauve.
– Lavement commun, cf. Mercuriale.

Mademoiselle d'Auvergne l'emploie peu :

– Liqueur contre la rétention d'urine :

"Prenez un posson d'eau de Pariétaire, une once d'huile d'amandes douces tirées sans feu et un gros citron ; tirez-en le jus et prenez le tout à jeun." (MDA, p 47)

– Lavement propre pour guérir la gravelle, cf. Guimauve.
– Lavements pour ouvrir le ventre et le lâcher, cf. Guimauve.

## 59. Patience sauvage, Lapathum, Parelle, (*Rumex obtusifolius* L), (Polygonacées)

Les ouvrages de médecine charitable choisissent généralement la patience sauvage parmi la dizaine d'espèces de patience alors identifiées. (cf. Geoffroy, *Traité de la Matière Médicale*, Tome 7, p 175)

### – Ses propriétés :

Lémery lui attribue les suivantes :

"La racine est laxative et apéritive ; on s'en sert dans l'hydropisie, les pâles couleurs, dansla jaunisse et dans les autres maladies qui viennent de l'obstruction ; on l'employe en tisane ; on s'en sert aussi extérieurement pour les dartres, pour la gravelle." (DUD, s v *Lapathum*, p 410)

Dom Alexandre ajoute :

"La semence arrête les flux de ventre et les feuilles le lâchent. La racine est laxative et apéritive. On s'en sert dans l'hydropisie, dans les pâles couleurs appelées *Jaunisse* et dans les autres maladies qui viennent d'obstructions. On l'emploie en ptisane. La décoction est bonne pour purifier le sang dans les maladies de la peau. Le suc de la racine ou l'infusion sont usités dans la gale, l'herpe, rousseurs et les autres vices de la peau, en forme de fomentation ou de liniment pour la gale et la gratelle.... Pour guérir les dartres, on met infuser les racines, coupées en rouelles dans du fort Vinaigre, et on en frotte les dartres. On fait des cataplasmes de la racine pour les tumeurs de la rate. L'eau distillée de la racine est excellente pour effacer les infections du cuir, les pustules, les aphtes, les lentilles... L'extrait de la semence est utile à la dysenterie." (DBP, *Patience* ou *Parelle*, p 399)

Arnault de Nobleville qui a recopié partiellement la notice du *Traité de la Matière Médicale* que Geoffroy a consacré à la patience sauvage (Tome 7 p 189) :

"Les racines de la Patience sauvage sont laxatives, apéritives et un peu astringentes : elles lèvent les obstructions sans affoiblir le ton des parties ; c'est pourquoi on les prescrit utilement dans les obstructions du foie et des autres visceres du bas-ventre. Elles sont encore recommandées soit intérieurement, soit à l'extérieur pour toutes les maladies de la peau : on en fait des cataplasmes sur les parties attaquées de la galle, après les avoir fait bouillir dans de l'eau et pilées ensuite, ou bien on les incorpore avec du beurre pour en faire un onguent." (DAP, s v, *Patience sauvage, Parelle*, p 285)

### – Ses emplois :

Le *Manuel des Dames de Charité* en recommande l'emploi pour préparer une tisane.

– Tisane contre l'ictère ou jaunisse et contre les maladies de la peau :

"Prenez de la racine de Patience sauvage, mondée et coupée par morceaux, une once et demie. Faites-la bouillir dans trois chopines d'eau que vous réduirez à une pinte. Faites-y infuser ensuite de la Réglisse effilée, deux gros. Coulez et ajoutez du Sel de Glauber, deux gros. La dose est de trois ou quatre verres tièdes par jour entre les repas." DCH, p 55)

Madame Fouquet ne l'emploie guère. Elle la recommande toutefois :

– Contre les bruits de tête, les maux de cœur et pour rafraîchir, cf. Buglosse.

– en Bouillon contre les maladies de peau, cf. Bardane.

– Pour la gale, cf. Oseille.

– Contre la teigne, cf. Persicaire.

En revanche, Mademoiselle d'Auvergne semble l'apprécier :

– Décoction pour l'hydropisie et pour se purger :

"Faut prendre demie livre de racines de patience, de la plus grosse, la bien laver sans la ratisser, puis mettre trois pintes d'eau dans un chaudron, la faire boüillir promptement, et lorsque l'eau bout, il y faut mettre ladite racine coupée par roüelles, la faire boüillir jusqu'à la moitié, puis verser le tout dans un coquemar, avec ladite racine ; la prise est d'un verre. L'on le prendra le matin à jeun, et on ne mangera que trois heures aprés, on en peut prendre deux jours de suite, et si on en pouvoit prendre deux verres une matinée à jeun, à trois heures l'un de l'autre, et ne manger que trois heures aprés ce serait le meilleur. On en peut boire avec le vin à tous repas." (MDA, p 81)

– Potion pour ceux et celles qui ont peine à se purger, parce que leur goût en est offensé :

"Il faut prendre un morceau de veau appelé roüelle, suffisant pour faire un seul boüillon ; y mettre peu de sel, avec une poignée de patience sauvage, qui est la rhubarbe de France : faire cuire ce bouillon à l'ordinaire, et quand il sera dressé et mis dans l'écuelle, y mettre demi verre d'eau de puits, dans laquelle on aura trempé le poids de deux écus de baguenaudier, qui est le sené de France : c'est le remede de feu Monsirut Chartier, Medecin des Enfans de France, sous Henri IV." (MDA, p 116)

– Potion contre la diarrhée :

"Dans une décoction de quelques racines de patience sauvage, délayez une demie once de catholicon double de rhubarbe, ou bien au lieu de la décoction de patience sauvage, une once d'eau de plantain distillée ou une demie once de syrop de pommes composé." (MDA, p 122)

– Onguent pour guérir la gratelle :

"Racine de patience sauvage, ratissez-la et ôtez la corde qui est dedans ; hachez la racine fort menue dans un mortier de marbre, le plus qu'il se pourra ; ajoutez-y du beurre frais et mêlez l'un et l'autre en sorte qu'ils se réduisent en corps d'Onguent ; il faut s'en frotter le soir devant le feu et se coucher chaudement pour suer un peu, on guérira promptement." (MDA, p 240)

– Contre les bruits de tête, le mal de cœur et pour rafraîchir : cf. Buglosse.

## 60. Pavot blanc, (*Papaver somniferum* L), Pavot rouge, Coquelicot, (*Papaver rhoeas* L) (Papavéracées)

**– Ses Propriétés :**

Lémery en distingue deux espèces, un blanc et un noir :

"On emploie en Médecine leurs têtes ou coques et principalement celles du pavot blanc, rarement leurs feuilles et leurs fleurs. Elles sont narcotiques ou somnifères, elles calment les douleurs, elles épaississent les sérosités âcres qui tombent sur la poitrine, elles arrêtent les cours de ventre et les hémorragies, elles abattent les vapeurs, elles adoucissent la toux, étant prises en infusion ou en décoction ou en syrop ; on en met aussi bouillir dans les décoctions des lavements pour apaiser les coliques. La semence de pavot est anodine, pectorale, adoucissante, et nullement somnifère ; on l'emploie dans les émulsions avec les quatre grandes semences froides. On tire aussi par expression de la semence de pavot blanc pilée, une huile qui est propre à décrasser, à polir et à adoucir la peau. L'huile de la semence de pavot noir se nomme *huile d'œillet* ; on la mange dans les salades ; elle s'employe aussi pour les fritures."

"On se sert de la fleur de pavot rouge ou coquelicot en Médecine. Cette plante est pectorale, adoucissante ; elle épaissit le crachat et la sueur ; elle est bonne pour les rhumes invétérés, dans l'asthme, dans la pleurésie ; on s'en sert en infusion ou en syrop ; elle excite un peu le sommeil, mais très foiblement ; sa tête est un peu plus somnifère." (DUD, s v *Papaver*, p 564)

Dom Alexandre ne fait que recopier l'essentiel de ce texte (DBP, s v *Pavot blanc et noir cultivé, Pavot rouge sauvage*, p 400).

Arnault de Nobleville en résume ainsi les principales propriétés, en partie plus détaillées que chez Geoffroy (*Traité de la Matière Médicale*, Tome 8, p 314) :

"Entre les plantes narcotiques ou somnifères, il n'y en a point qui soit plus d'usage que le Pavot-blanc. La partie de la plante que l'on emploie ordinairement est la tête ou cette capsule qui renferme les semences. En Turquie, en Perse et aux Indes, le suc qu'on nomme *Opium*, distille des incisions que l'on fait au fruit ; mais ce Pavot cultivé dans nos jardins ne donne point d'Opium ; ainsi sa vertu assoupissante est faible, mais il calme, adoucit et épaissit le sang, comme peuvent faire les semences froides avec lesquelles on mêle ses graines dans les émulsions à peu près à la même dose. Il n'en est pas de même des têtes dont il serait dangereux de trop prendre : on concasse celles-ci et on en fait bouillir une dans une chopine d'eau pour les lavements anodins qu'on donne dans la dysenterie, les tranchées, les douleurs de la colique néphrétique et dans les autres maladies du bas-ventre où il y a irritation. On en fait bouillir trois ou quatre dans un chaudron plein d'eau dans lequel on fait mettre les jambes des malades auxquels on n'ose pas donner intérieurement le pavot. Ce petit bain leur procure ordinairement un doux sommeil.

La préparation la plus ordinaire du pavot-blanc est le sirop appelé *Diacode*. La dose en est depuis une demi-once jusqu'à une once. On l'ordonne avec succès dans la toux violente et opiniâtre, dans les tranchées de la colique venteuse et néphrétique, surtout avec parties égales d'huile d'amandes douces, dans le ténesme, dans le flux immodéré des menstrues et des hémorroïdes, lorsqu'il est à propos de les arrêter, car aux femmes en couche et à celles qui sont dans le temps de leurs règles, il faut le défendre. Ce sirop est encore très utile pour calmer les douleurs de la goutte sciatique et du rhumatisme." (DAP, s v *Pavot blanc*, p 286)

Madame Fouquet remarque qu'il "il y a plusieurs espèces et de couleurs différentes ; les unes croissent dans les jardins, les autres dans les champs ; mais elles sont très connues ; leur principale propriété est de provoquer le sommeil." Elle en recommande l'usage dans plusieurs remèdes simples :

– Contre la toux quand elle vient de la chaleur :

"Ceux qui ont les poûmons échaufez doivent user du remede suivant. Prenez deux onces de syrop de pavot rouge, une once de syrop de pavot blanc, deux onces de syrop de Nénufar ou à son défaut du violat pourvu qu'il soit récent. Mélez ces syrops ensemble, mettez-les dans une même phiole, donnez au malade ce syrop ainsi rafraîchi, une cuillerée matin et soir et même à midy.

Notez qu'il n'en faut point donner aux femmes qui ont leurs purgations lunaires, parce que ce remède est astringent.

Notez encore qu'au lieu de syrop de nenufar ou du syrop violat, s'il n'est pas recent, vous pouvez substituer le syrop de roses seches ou le syrop de roses blanches." (MFO, 1681, p 266 et 1765, Tome 1, p 91)

– Contre le mal de côté :

"Prenez de l'eau de Pavot, trois doigts dans un verre, faites-la boire au malade dès le matin à jeun et redoublez deux fois, si une ne suffit." (MFO, 1765, Tome 1, p 86)

– Contre les inflammations du fondement et douleur du boyau culier, cf. Mélilot.

– Pour faire dormir un phrénétique :

"Prenez du *Pavot sauvage* et l'appliquez sur les tempes du malade." (MFO, 1765, Tome 2, p 263)

– Pour la pleurésie :

"Prenez douze grains de *Dent de Sanglier* en poudre, mettez-les dans trois onces *d'eau de Pavot rouge*, donnez-le au malade à quelque heure que ce soit et réitérez si vous voulez ; mais n'oubliez pas à le faire saigner, car la saignée est très nécessaire à ce genre de maladie." (MFO, 1765, Tome 2, p 289)

– Pour le mal des yeux :

"Prenez du *Pavot sauvage*, pilez-le un peu et l'appliquez sur les yeux entre deux linges, ou bien de la *Racine de Rhue*." (MFO, 1765, Tome 2, p 395)

Chez Mademoiselle d'Auvergne, le recours à cette plante est plus restreint :

– Liqueur pour faire reposer les malades qui sont en inquiétude :

"Prenez deux gros de semence de pavot blanc, un gros de semence de laituë, d'amome et de saffran, de chaque demy gros, six gros de sucre fin ; délayez tout cela avec le syrop de pavot et que le Malade en use deux gros en s'allant coucher et une demie cuillérée de syrop par-dessus, frottant son front et ses tempes d'huile violat ou de Nenuphar." (MDA, p 42)

– Lavement contre le cours de ventre :

"Il se fait avec eau de trippes, eau de plantain, eau de renoüée et le tiers d'une teste de pavot blanc." (MDA, p 96)

### 61. Pêcher de vigne, Malus persica, Pescher, (*Prunus persica* (L) Batsch) (Rosacées)

**– Ses propriétés :**

Selon Lémery :

"Les fleurs et les feuilles sont purgatives et apéritives, propres contre les vers, pour purger les sérosités du cerveau. La pêche est cordiale, pectorale, humectante ; elle lâche un peu le ventre. Le noyau est propre contre les vers ; on en tire par expression une huile bonne pour les broüissemens d'oreille, étant mise dedans." (DUD, s v *Persica*, p 578)

Dom Alexandre ajoute :

"Les pêches sont rafraîchissantes et humides, elles donnent peu de nourriture et se corrompent aisément. Elles lâchent le ventre, étant mangées à l'entrée des repas, et elles le constipent étant sèches, et sont estimées dans le cours de ventre. Les fleurs, les feuilles et les noyaux sont chauds, dessicatifs et détersifs. L'usage principal des fleurs et même des feuilles, sert contre les vers des petits enfants, pour lâcher le ventre, lever les obstructions du mésentere et purger les sérosités.... Le syrop de fleurs convient à la goutte Les noyaux sont estimés contre le calcul et ils excitent puissamment les urines ; la poudre de ces amandes guérit le calcul. On tire de ces noyaux une huile par expression qui est un beau secret pour les maux d'oreilles sur-tout pour les vers qui s'y trouvent, la douleur de ces parties, le tintement de la surdité." (DBP, s v *Pescher*, p 405)

Et selon Arnault de Nobleville :

"On se sert de ses feuilles, fleurs, fruits, amandes et gomme. Les pêches ont une saveur douce, vineuse et agréable, ce qui les met au nombre des fruits les plus recherchés... Si l'on en use sans modération, elles engendrent des sucs crus, elles causent la colique et la dysenterie et allument les fièvres putrides ; elles nuisent aux phlegmatiques et à ceux dont l'estomac est froid et débile.

Les amandes des Pêches sont un peu amères et passent pour diurétiques et bonnes contre les vers. On en donne un gros en poudre pendant neuf jours le matin à jeun dans un verre de vin blanc léger ; c'est un remède éprouvé contre le calcul des reins. Les fleurs de Pêcher sont laxatives ; elles évacuent les humeurs tenues et séreuses, ce qui les fait mettre au nombre des hydragogues... Elles sont utiles pour les Hydropiques ; elles tuent et chassent les vers. On en prépare un sirop en infusant plusieurs fois ces fleurs et en cuisant cette infusion avec du sucre, en consistance de sirop. Il purge doucement et tue les vers et évacue très bien les sérosités. On le donne depuis une demi-once jusqu'à deux onces dans les potions laxatives ou dans les apozèmes contre le rhumatisme, la paralysie et les maladies du cerveau qui viennent d'une sérosité trop abondante. Les feuilles de Pêcher lâchent le ventre, font mourir et chassent les vers, étant bouillies dans du lait ou dans des bouillons altérans à la dose d'une poignée. La gomme qui découle de cet arbre est adoucissante ; on la recommande pour la sécheresse de la gorge et dans les crachemens de sang." (DPA, s v *Pêcher de vigne*, p 289)

**– Ses emplois :**

Madame Fouquet en recommande l'usage dans plusieurs remèdes :
– Pour les coliques bilieuses :

"Les noyaux de pêches mangez, sont très bons pour toutes sortes de tranchées de ventre." (MFO, 1765, Tome 2, p 30)

– Pour la gravelle :

"*Prenez Fleurs de Sureau, une poignée, Noyaux de Pêches, 30, Noyaux de cerises, 100, Malvoisie, 3 livres*. Mettez le tout dans un pot de terre neuf vernissé, bouchez-le bien et l'ensevelissez pendant dix jours dans du fumier de cheval, après ce temps-là, faites distiller le tout dans un alambic de verre, donnez deux onces de cette distillation au malade avant tous les repas pendant quelque temps." (MFO, 1765, Tome 2, p 168)

– Pour empêcher de s'enivrer ;

"Prenez six ou sept *noyaux de Pêches* et les mangez auparavant que de boire." (MFO, 1765, Tome 2, p 354)

– Poudre contre l'épilepsie, cf. Pomme.
– Pour purger la bile, cf. Violette.
On relève aussi chez Mademoiselle d'Auvergne la recommandation d'une "Potion pour guérir les vers" :

"Prenez des fleurs de pescher, faites-les bien seicher à l'ombre, les pilez et passez par un tamis, puis en mettez le poids d'un écu d'or dans un boüillon et le prenez à jeun. Pour les Enfans, la moitié suffit." (MDA, p 119)

## 62. Persicaires

Si l'on distingue alors deux espèces de pariétaire, la douce, vulgaire, maculée ou tachée, et la persicaire âcre ou brûlante, les auteurs ne précisent pas toujours quelle est l'espèce dont ils préconisent l'emploi.

**– Leurs propriétés :**

**– Persicaire douce, maculée ou tachée, Saulcette, (*Persicaria maculosa* Gray = *Polygonum persicaria* L), (Polygonacées)**

Lémery lui prête les vertus suivantes :

"Elle est détersive, astringente, vulnéraire, rafraîchissante, propre pour arrêter les hémorragies, étant prise en décoction et appliquée extérieurement." (DUD, s v *Persicaria*, p 579)

Dom Alexandre ajoute :

"Cette plante est incisive, astringente, vulnéraire, rafraîchissante, propre pour arrêter les hémorragies, étant prise en décoction et appliquée extérieurement. [Elle est bonne] pour le mal de tête, pour arrêter les pertes de sang des femmes ou les provoquer.... La décoction est bonne dans le cours de ventre et dans la dyssenterie, surtout si les intestins sont ulcérés. Cette plante est fort résolutive." (DBP, s v *Persicaire douce tachetée*, p 403)

Arnault de Nobleville qui en distingue deux espèces, recopie partiellement le texte de la *Suite de la Matière Médicale* de Geoffroy (Tome 1, p 356) :

"On la trouve aux lieux aquatiques, dans les marais, dans les fossés humides et le long des ruisseaux. Ses feuilles sont d'usage.

Elle est regardée comme astringente, et vulnéraire détersive. Sa décoction est bonne contre les cours de ventre, la dissenterie, surtout lorsqu'on soupçonne quelque ulcere dans les intestins et contre les maladies de la peau : ainsi, on en fait boire utilement la tisane à ceux qui ont la galle ou d'autres éruptions cutanées. Un Médecin célèbre assure que sa décoction dans du vin arrête la gangrène d'une manière surprenante." (DAP, *Persicaire douce*, p 292)

**– Persicaire âcre, brûlante, Curage, Poivre d'eau (*Persicaria hydropiper* L = *Polygonum hydropiper* L) (Polygonacées)**

Selon Lémery :

"Elle est apéritive, incisive, résolutive, vulnéraire, détersive ; on s'en sert extérieurement : on mêle sa graine parmi la Maniguette (*i e* cardamome) ." (DUD, s v *Persicaria*, p 579)

Dom Alexandre ajoute :

"Elle est très efficace dans l'affections hypocondriaque, le scorbut, les maux de rate, les tumeurs et les obstructions du mésentere. Son principal usage est externe contre les plaies, les tumeurs dures, les ulceres malins, invétérés et difficiles à guérir, en forme de cataplasme ou de décoction.... Le suc pilé, fait mourir les vers des oreilles et nettoie les ulceres des hommes et des animaux... On met à macérer du Curage verd dans de l'eau, puis on met l'herbe sur une plaie ou sur un ulcere jusqu'à ce qu'elle soit bien échauffée, et alors, on l'enfouit dans du fumier pour la faire plutôt pourrir et les plaies et les ulcères se guérissent au fur et à mesure qu'elle pourrit parce qu'elle attire à elle toute leur malignité." (DBP, s v, *Persicaire âcre et brûlante, dite Curage ou Poivre d'eau*, p 402)

Arnault de Nobleville recopie encore ici la notice de Geoffroy citée ci-dessus (p 361) :

"On regarde cette plante comme vulnéraire détersive et on l'emploie en cette qualité dans les lavements contre le ténesme et la dissenterie... C'est en outre un bon fondant et un apéritif propre contre l'hydropisie, la jaunisse et les obstructions des viscères… Extérieurement, les feuilles écrasées et appliquées sur la partie goutteuse soulagent dans la douleur ; on en fait beaucoup d'usage dans la Chirurgie pour dissiper les enflures et les tumeurs œdémateuses des jambes, des cuisses et des autres parties… Tous les Auteurs conviennent que le Curage pilé et appliqué sur les vieux ulceres en mange les chairs baveuses, en nettoie la pourriture et les desséche. Cette même herbe appliquée en cataplasme résout les contusions des chevaux." (DAP, *Persicaire acre, Curage, Poivre d'eau*, p 292)

**– Ses emplois :**

On en remarque rarement l'emploi dans le *Manuel des Dames de Charité.*
– Fomentations contre la gangrène :

"Prenez des feuilles de Persicaire douce, deux poignées. Faites-les bouillir dans une pinte de gros Vin rouge, à la consomption du tiers. Passez ensuite par un linge avec une forte expression et trempez dans ce Vin des compresses que vous appliquerez chaudement sur la Partie gangrénée ou menacée de gangrene, les renouvelant de trois heures en trois heures et, si elles sont seches, les mouillant du même Vin avant que de les lever. On aura soin de faire avaler au Malade dans le tems qu'on bassine la plaie, un petit verre chaud de cette même Décoction, dont on aura mis une partie à part pour cet usage." (DCH, p 321)

La plante est davantage citée par Madame Fouquet :
– Pour arrêter l'hémorragie des femmes accouchées :

"Donnez à boire du jus de Réséda que l'on nomme *Tanchotte*[44] ou de *Persicaria* ou de *Sophia chirurgorum*[45], autrement *Thalitrom* ou de *Cariophillata*[46] dont la fleur est jaune, la racine rouge et blanche et qui sent le clou de girofle ou *Lysimachia* qui vient sur les eaux." (MFO, 1765, Tome 1, p 192)

[44] Eau de Réséda.
[45] Synonyme de Benoite.
[46] Synonyme de *Sisymbrium.*

– Pour la fièvre accidentelle :

"Si la fièvre est occasionnée par un coup d'épée ou coup de pistolet ou par blessure extérieure, il faut boire une décoction vulnéraire qui étanche ou dissipe le sang comme pourrait être le *Tanchote* ou *Lysimachie* ou *Persicaire*." (MFO, 1765, Tome 1, p 207)

– Contre la teigne :

"*Prenez de l'Herbe appelée Lappatum*[47]*, Persicaire, Metalitez, une poignée de chaque, Eau commune, ce qu'il faut.* Mettez lesdites choses dans un vaisseau sur le feu et en faites décoction ; rasez la tête du teigneux et la lui lavez chaudement avec cette décoction. Et si le mal était bien rebelle, frottez les galles qui resteront avec de l'huile de soufre et y mettez ensuite du beurre par-dessus que vous ferez bien noircir dans une poële." (MFO, 1765, Tome 2, p 337)

– Pour le ténesme où l'on croit qu'il y ait des vers :

"*Prenez Absinthe, Petite Centaurée, Marrube, Persicaria, une poignée de chaque, Myrrhe ou Fiel de Bœuf, un peu, Huile d'Amandes amères ou de Petrone, ou d'Aspic, une dragme.* Faites décoction des herbes ci-dessus dites, prenez une petite écuellée de de cette décoction et y délayez dedans de la Myrrhe ou Fiel de Bœuf, avec une des susdites Huiles et en donnerez un lavement ; si vous y mettez de la hierre[48] ou bénédicte, il en sera meilleur." (MFO, 1765, Tome 2, p 341)

Mademoiselle d'Auvergne en recommande l'emploi pour la préparation de cataplasmes :

– Cataplasme pour provoquer la purgation des femmes :

"Il faut prendre l'herbe dite *persicaria maculata* ou *hydropiper*, en français poivre d'eau et en mettre huit ou dix feuilles sous la plante de chaque pied à nu dans les chaussons, le matin en s'habillant, par deux ou trois jours de suite, dans le temps que les purgations ont coûtume de prendre, ou qu'il se fait quelque mouvement dans le corps qui est comme l'avant-coureur des purgations, mettre les feuilles susdites du costé de la tache, qui est le costé lisse de la feuille, il faut renouveler l'herbe tous les jours." (MDA, p 406)

– Cataplasme en guise de frontal contre le mal de tête :

"Il faut prendre une plante appelée *persicaria maculata*, la broyer dans un mortier, la saupoudrer ou y mettre du sel par-dessus, la mettre entre deux linges et en faire un bandeau." (MDA, p 422)

[47] Syn. de Patience.

[48] Hierre : lierre.

## 63. Persil (*Petroselinum sativum* Hoff), (Apiacées)

### – Ses propriétés :

Selon Lémery :

"Le Persil est fort apéritif en toutes ses parties ; il atténuë la pierre des reins et de la vessie, il lève les obstructions, il est vulnéraire et résolutif, il chasse les vers, il fait dissiper le lait des femmes, étant pilé et appliqué sur le sein. Il est bon pour adoucir et résoudre les hémorroïdes, &tant pilé et échauffé ; on en fait recevoir la vapeur." (DUD, s v *Petroselinum*, p 581)

Dom Alexandre ajoute :

"Il est chaud, et dessicatif, atténuant, apéritif, détersif, diurétique et hépatique. Son principal usage est dans l'obstruction du poumon, du foie, de la rate, des reins, de la vessie, la jaunisse, la cachexie, le calcul, la gravelle, la suppression d'urine et des mois... Les feuilles sont résolutives et vulnéraires. C'est pourquoi on les applique avec succès sur les coupures si profondes qu'elles soient, et sur les contusions, après les avoir froissées entre les doigts, comme aussi sur les mammelles pour faire perdre le lait aux femmes ouvellement accouchées ; elles font résoudre les tumeurs chaudes, et spécialement les contusions des yeux. La semence est une des quatre petites semences chaudes." (DBP, *Persil*, p 404)

Arnault de Nobleville recopie partiellement le texte de la *Suite de la Matière Médicale* de Geoffroy (Tome 1, p 382) :

"La racine, les feuilles et les graines sont d'usage.

La racine est apéritive et sudorifique. Son usage est familier dans la cuisine et dans la pharmacie ; on la met dans le potage et les feuilles, par leur saveur agréable et aromatique, relèvent plusieurs sortes de nos alimens. Cette même racine s'emploie dans les tisanes, apozèmes et bouillons apéritifs ; les feuilles sont résolutives et vulnéraires ; on les applique avec succès sur les blessures et sur les contusions, après les avoir pilées et y avoir ajouté un peu d'eau de vie ; elles dissipent le lait des mamelles, étant pilées et appliquées sur le sein. La décoction des racines dans l'eau ou dans le lait est très utile dans la rougeole et la petite vérole pour en faciliter l'éruption : c'est un sudorifique des plus doux. La semence est une des quatre semences chaudes mineures qui sont l'Ache, le Persil, l'Ammi, le Daucus. Elle est atténuante et diurétique ; elle convient dans l'hydropisie. Quelques Médecins ont observé que l'usage de cette plante est contraire à ceux qui tombent du haut mal et qu'il rendrait leurs accès beaucoup plus violents. Ainsi, nous croyons que ces malades doivent s'en abstenir aussi bien que les Nourrices qui allaitent des enfants sujets à ce mal et à des convulsions ; il ne convient pas même à tous les tempéraments, car, par son huile aromatique, il enflamme le sang et cause des maux de tête ; ceux qui sont bilieux ou qui ont les viscères échauffés doivent donc en user sobrement. La graine de persil pulvérisée est un remède très efficace pour faire mourir les poux, si on en saupoudre la tête des enfans ; on assure même qu'elle guérit la teigne." (DAP, s v *Persil commun*, p 295)

**– Ses emplois :**

Madame Fouquet rappelle que le persil est "une plante très connue qui pousse dans tous les jardins, apaise et modère les chaleurs de l'estomac." Elle en recommande l'emploi à plusieurs reprises :

– Pour faire venir les purgations aux filles :

"Prenez du *Persil*, ce que vous voudrez, faites-le bouillir dans du *Vin blanc* et donnez à boire à la malade soir et matin et à demie journée de cette décoction." (MFO, 1765, Tome 1, p 115)

– Pour les écrouelles et les gouttes chaudes :

"Ayez des *Limaçons* de jardin ou vigne, à coquille grise ou blanche, pilez-les dans un mortier avec du *Persil,* jusques à ce qu'il soit en consistance d'*onguent*, appliquez-en sur les écrouelles et les changez de vingt-quatre heures en vingt-quatre heures, vous en ferez de même pour les goutes." (MFO, 1765, Tome 2, p 80)

– Pour la douleur du foie provenant d'humeurs flegmatiques :

"Donnez à boire au malade à la pointe du jour pendant trois ou quatre jours du syrop appelé *oximel diuredicum* que vous mêlerez avec décoction d'*ache et persil ou* de *fenouil."* (MFO, 1765, Tome 2, p 137)

ou bien :

"Prenez du *Capilli veneris* sec, mettez-le infuser dans de l'*eau de persil* et de *chicorée* ou bien dans du bouillon de poix chiches ou bien dans du petit lait et en donnez à boire au malade pendant trois ou quatre jours." (MFO, 1765, Tome 2, p 138)

– Pour l'hydropisie :

"*Prenez Eau commune, un verre, Vin blanc, demi-verre, Persil, une demi poignée, Sucre, un peu.* Faites tant soit peu bouillir dans un pot ou poëlon tout ce que dessus, donnez à boire cette décoction au malade et réïtérez plusieurs jours." (MFO, 1765, Tome 2, p 183)

– Pour faire perdre le lait aux femmes et résoudre les tumeurs des mamelles :

"Faites un cataplasme de *Persil* avec de la mie de pain blanc et l'appliquez sur les Mammelles." (MFO, 1765, Tome 2, p 200)

– Pour rompre et faire sortir la pierre des reins :

"*Prenez des Noyaux de nèfles, ce que vous voudrez, Racines de Persil, ce que vous voudrez, Vin blanc ou clairet, à proportion des racines.* Mettez en poudre les noyaux de nefles dans un mortier ou autre part ; faites cuire dans un pot ou poëlon vos racines de persil avec le vin, quand elles seront cuites, vous prendrez un verre de cette décoction et y mettrez une cuillerée de cette poudre, mêlez bien cela et le donnez au malade à jeun, et réïtérez." (MFO, 1765, Tome 2, p 268)

– Pour vomir :

"Il faut donner à boire au malade de l'eau tiède avec un peu d'*huile de noix* ou d'*olive*, ou bien mettre son doigt dans sa bouche le plus avant qu'on pourra ou bien boire de la décoction de *feuilles et racines de persil* ou de *feuilles de laurier*." (MFO, 1765, Tome 2, p 386)

– Contre la douleur des dents, cf. Cerfeuil.
– Pour la rétention d'urine, cf. Cerfeuil.
– Pour la rétention d'urine, cf. Chardon Roland.
– Pour faire uriner les petits enfants, cf. Mauve.
Mademoiselle d'Auvergne en revanche ne la mentionne que peu de fois :
– Infusion pour provoquer les ordinaires (*i e* purgations ordinaires des femmes, menstrues) :

"Il faut prendre une poignée de Sabine, la nettoyer et faire tremper dans chopine de vin blanc, ou encore pendant la nuit avec demie poignée de persil, puis en boire un bon verre et se tenir aprés une heure au lit, le soir en se couchant en prendre un autre verre et continuer sept ou huit jours, le tout au temps que les Ordinaires ont coutume de venir." (MDA, p 59)

– Ptisane pour guérir l'enflure :

"Mettez une poignée de racines de persil dans trois pintes d'eau, faites-les bouillir jusqu'à la diminution de moitié. Vous prendrez tout en un matin, ce qui se fera en trois ou quatre verres. Cela fait, vous prendrez pour trois sols de graines ou semences de pimpinelle que vous ferez bouillir dans deux pintes d'eau jusqu'à ce que vous connaissiez que la graine soit cuite ; passez-là aprés et la prenez durant deux matins et recommencez s'il en est besoin." (MDA, p 106)

– Liqueur contre les fluxions froides, cf. Coriandre.

### 64. Pimpinelle, Pimpernelle, petite et grande Pimprenelle (*Sanguisorba minor* Scop et Sanguisorba *officinalis* L) (Rosacées)

À ne pas confondre avec la Pimprenelle saxifrage ou Persil de Bouc ou encore Boucage (*Pimpinella saxifraga* ou *Tragoselinum*)

#### – Ses propriétés :

Lémery note :

"La petite pimprenelle est dessicative, rafraîchissante, détersive, vulnéraire, propre pour la phtisie, pour les fluxions de poitrine, pour arrêter les hémorragies, étant prise en décoction ou appliquée extérieurement." (DUD, s v *Pimpinella*, p 592)

Il ajoute que la grande pimprenelle ne diffère de la petite que par la taille.

Dom Alexandre complète ainsi la note de Lémery :

"Son usage principal est dans les affections catarreuses des poumons, dans l'érosion de poumon, dans la phthisie, dans les maladies malignes, dans la dyssenterie, diarrhée et flux des hémorroïdes. On l'emploie intérieurement en décoction et extérieurement en application contre toutes sortes d'hémorragies de plaies ou du nez. Les feuilles tendres purifient le sang. Enfin elle est vulnéraire." (DBP, s v *Pimprenelle Sanguisorbe*, p 427)

Arnault de Nobleville recopie ici encore en partie le texte de la *Suite de la Matière Médicale* de Geoffroy (Tome 1, p 414) :

"On la cultive dans les jardins potagers et elle est fort en usage dans les cuisines et quelquefois en Médecine. On se sert de ses feuilles.

Elle est détersive, vulnéraire, diurétique, propre à purifier le sang et à rétablir les ressorts des parties. .. On s'en sert ordinairement dans les salades, mais elle se digère difficilement... Ceux qui sont sujet à la gravelle se trouvent bien de son infusion à froid dans l'eau commune... On ordonne les feuilles dans les bouillons et dans les décoctions apéritives et vulnéraires. Elle arrête les hémorragies quelles qu'elles soient, tant intérieures qu'extérieures ; ainsi, elle est en même temps astringente et apéritive....Quant à son usage extérieur, on broie les feuilles et on les applique en cataplasme sur les plaies récentes, ce qui les guérit promptement. La poudre sèche répandue sur les ulcères chancreux empêche qu'ils ne s'étendent." (DAP, s v *Pimprenelle, Pimpinelle*, p 295)

Madame Fouquet rappelle que la plante "sert aux douleurs des reins et de la vessie causées par la gravelle ou la pierre ; elle est aussi singulière contre tous poisons ; morsures de bêtes venimeuses et la peste." (Tome 1, p 503) Elle en recommande l'emploi dans plusieurs remèdes simples :

– Remède pour empêcher que les chiens mordus ne deviennent enragés :

"Ayez du lait de vache fraîchement tiré de la mammelle ; faites tremper dedans de la pimpinelle sauvage ; faites-en boire au chien tous les matins l'espace de neuf jours." (MFO, 1681 p136 et 1765, Tome 1, p 330)

– Contre les accès de la fièvre tierce et contre les autres fièvres intermittentes :

"Prenez une poignée de feüilles de pimpinelle ; faites-les tremper durant 12 heures dans une demy chopine de vin blanc, ou un peu moins : vous coulerez cela et donnerez ce vin à boire au malade, au commencement du frisson, continuant pendant trois ou quatre accez. En même temps, il faut faire une rôtie de pain ; la tremper dans de l'eau de vie et l'appliquer chaudement sur le creux de l'estomac et l'y laisser durant tout l'accez, continuant aussi durant trois ou quatre accez. Notez qu'il est bon et plus sûr pour le malade d'avoir été saigné et purgé avant l'usage de ces remèdes particuliers." (MFO, 1681, p 348 et 1765, Tome 1, p 209)

– Pour la fièvre chaude :

"*Prenez du jus de Sauge, Jus de Pimprenelle, autant de l'un que de l'autre.* Mêlez bien ces deux jus ensemble et en donnez à boire au malade ; quand il auroit perdu la parole, elle lui reviendra." (MFO, 1765, Tome 2, p 111)

– Pour l'hydropisie,

"*Prenez Pimprenelle, 2 poignées, six poignées, Racines de chicorée, six, Eau commune, 2 pintes, Miel blanc, 4 cuillerées.* Mettez sur le feu dans un coquemar ou autre vaisseau la pimprenelle, les racines de chicorée avec l'eau ; lorsqu'elle bouillira, vous y ajouterez le miel que vous écumerez, et le laisserez bouillir jusque 'à ce qu'il n'écume plus. Cela fait, vous l'ôterez de dessus le feu et en prendrez chaque matin quatre ou cinq verres, et vous promenez comme si vous preniez des eaux minérales. Si vous y mêlez du sucre, il en sera meilleur. Il faut se purger de tems en tems pendant ledit usage.". (MFO, 1765, Tome 2, p 185)

– Pour la phtisie :

"Prenez deux onces de pimprenelle, faites-la sécher et la réduisez en poudre ; mêlez-la avec du Sucre, et faites électuaire, duquel vous donnerez au malade tous les matins, deux dragmes avec trois onces d'eau de pimprenelle." (MFO, 1765, Tome 2, p 265)

– Pour la fièvre, cf. Aigremoine.
– Pour la gravelle, cf. Cerfeuil.
– Contre l'hydropisie, cf. Cerfeuil.
– Ptisane ou espèce d'hydromel contre toute sorte d'obstruction et même pour guérir de l'hydropisie, cf. Chicorée.
– Contre la peste, cf. Oseille.

Mademoiselle d'Auvergne en note l'usage dans la préparation d'une liqueur contre la rage "donnée à Monseigneur le Cardinal de Richelieu, par Monsieur le Marquis de Palezeau" :

"Prenez une poignée de Marguerite des prez, feüilles et racines, une poignée de sauge franche, une poignée de rhuë, une poignée de pimpinelle, une grosse teste d'ail et une pincée de sel ; pilez bien le tout ensemble ; puis vous le passerez à travers un linge bien net ; si c'est pour un homme, vous lui en donnerez à jeun trois doigts avec du vin blanc, réitérant quelques jours. Si c'est pour une femme, il faut en ôter la rhuë si elle est grosse. D'ordinaire, on prend dudit jus avec ledit vin trois matinées de suite et le mal n'est plus à craindre." (MDA, p 54)

### 65. Pivoine, Peone, (*Paeonia officinalis* L), (Paeoniacées)

Lémery en distingue deux espèces principales, une mâle et une femelle, celle-ci comprenant elle-même deux (sous-espèces) :

"L'une et l'autre espèce sont cultivées dans les jardins ; la mâle est préférée en Médecine à la femelle. Sa fleur, sa semence et sa racine sont fort en usage dans les maladies du cerveau, comme pour l'épilepsie, pour l'apoplexie, pour la paralysie ; elle excite les mois aux femmes ; elle augmente le mouvement du sang et le purifie." (DUD, s v *Pœonia*, p 559)

Dom Alexandre ajoute :

"La pivoine mâle est préférée en Médecine à la femelle et est la plus efficace ; on se sert de sa racine et de sa semence. Elle est chaude et dessicative, d'une saveur amere et astringente, elle est céphalique et éprouvée dans les grands maux qu'on a coutume d'attribuer à la tête comme l'épilepsie, le vertige, la convulsion, l'incube appelé vulgairement *Cochemar* ou oppression nocturne." (DBP, s v *Pivoine*, p 429)

Arnault de Nobleville recopie ici encore en partie le texte de la Suite de la *Matière Médicale* de Geoffroy (Tome 1, p 303) :

"Les deux espèces sont céphaliques et anti-épileptiques. On préfère la Pivoine mâle en Médecine. On emploie ordinairement ses racines et ses semences, quelquefois même les fleurs, contre les convulsions, l'épilepsie, la paralysie, les vapeurs et les autres maladies qui dépendent de l'irritation du genre nerveux. Cette plante est une des plus recommandées de toute antiquité contre l'épilepsie et les maladies convulsives." (DAP, p 324)

**– Ses emplois :**

Le *Manuel des Dames de Charité* ne mentionne guère la pivoine. On y relève toutefois la recette d'une "Poudre contre l'épilepsie" :

"Prenez des Poudres de racines de Valériane sauvage, de Pivoine mâle, de chacune une demi-once. Mêlez-les exactement. La dose est depuis un demi-gros jusqu'à un gros et demi, suivant l'âge dans deux cuillérées de Vin blanc et pour les Enfants dans une cuillerée de Lait." (DCH, p 211)

Madame Fouquet indique que la pivoine a "la propriété est de nettoyer les reins, et de désopiler le foie", mais elle la cite surtout pour d'autres vertus médicinales :

– Recette fort préservative contre l'épilepsie :

"Prenez le poids d'un écu d'or qui est le poids de la dragme en Médecine, de la graine de pivoine (dite en latin *paeonia*) dont il y a deux espèces, mâle et femelle, mais le mâle est toûjours le meilleur, mettez cette graine ou semence en poudre fort déliée et passée-la par le tamis de soye, de sorte que le poids de l'écu d'or se trouve quand elle sera tamisée. Faites le prendre au malade avec du vin blanc, ou du clairet à défaut du blanc, le dernier jour de la lune vieille et le lendemain, premier jour de la lune, faites-luy en prendre une semblable prise." (MFO, 1681 p 259)

– Contre l'épilepsie :

"Il faut prendre le poids d'un écu d'or de la graine de Peone mâle qui soit en maturité, c'est-à-dire que les grains soient noirs, car les rouges ne valent rien, et pour distinguer le mâle de la femelle, c'est que le mâle est simple et n'a que quatre ou cinq feuilles et la femelle en a plusieurs. Faut mettre cette graine en poudre, en mettre dans du vin blanc ou clairet, le poids d'un écu d'or, et le faire boire au malade précisément le premier jour de la Lune et la même dose le dernier jour de la Lune. Il est très nécessaire que le malade porte sur soi de la racine de cette herbe, sans qu'il soit besoin de réitérer le susdit remède ; car il est très assuré que le malade guérira, pourvu qu'il n'ait pas passé l'âge de vingt-cinq ou trente ans." (MFO, 1765, Tome 1, p 9)

Ou bien :

"*Prenez du crâne humain préparé, 6 onces, Racines de Peone mâle, demie once.* Faut faire sécher la *Racine de Peone* dans un four ou autre part, et ensuite la faut piler et mettre en poudre fort subtile, comme aussi le crâne humain que vous pilerez séparément ; cela fait, vous en prendrez de chacune le poids ci-dessus dit, que vous mêlerez ensemble, et en ferez neuf prises ; faites prendre au malade une de ces prises le matin à jeun avec un peu de vin blanc, pendant neuf jours de suite, environ le déclin de la Lune." (MFO, 1765, Tome 1, p 9)

– Pour une femme qui n'a pas été purgée dans son accouchement :

"La racine de pivoine prise en breuvage y est très souveraine." (MFO, 1765, Tome 2, p 2)

– Pour les convulsions :

"*Prenez feuilles d'Artémise*[49] *1 once et demie, Racines de Péone mâle, 3 onces, Vin blanc, 1 pinte.* Faites sécher la racine de Péone mâle, réduisez-la en poudre fort subtile, la mettez avec le reste des drogues dans un pot ou poëlon bien net, faites-là bouillir fort lentement jusqu'à la diminution de la moitié ; passez cela par un linge ou tamis bien fin et en donnez un verre au malade le matin et le soir et toutes les fois qu'il s'appercevra que son accès veut venir : il faut que le malade porte à son col un quart d'once de la poudre de Péone pendant six mois que l'on mettra dans un petit sac de tafetas." (MFO, 1765, Tome 2, p 42)

Autre : "Prenez de la racine de Péone mâle nouvellement arrachée, hachez en avec un couteau ce que vous voudrez et la mettez sous la plante des pieds dans vos bas." (MFO, 1765, Tome 2, p 43)

– Pour la gravelle des petits enfants :

"Prenez des graines rouges de *Pivoine* ; faite-les tremper dans du vin, et en donnez à boire au malade." (MFO, 1765 Tome 2, p 168)

Mademoiselle d'Auvergne la cite également pour traiter l'épilepsie ou mal caduc :

– Infusion contre le mal caduc :

"Prenez du crane d'un homme tué ou mort de violence, mettez-le en poudre et en prenez le poids d'un écu d'or dans deux doigts d'eau de tillot[50] ou de pivoisne et le faire boire au Malade trois jours durant, au décours de la Lune ou lors qu'elle éclipse ; pour un enfant, demi écu d'or pesant suffit." (MDA, p 56)

[49] Armoise.
[50] Tilleul.

## 66. Plantain, Plantin, (*Plantago* L), (Plantaginacées)

### – Ses propriétés :

Lémery qui en distingue trois espèces, semble leur prêter des propriétés identiques :

"Ils sont détersifs, vulnéraires, astringens ; on s'en sert pour le cours de ventre, les hémorragies, les maladies des yeux." (DUD, s v *Plantago*, p 601)

Dom Alexandre ajoute :

"Cette plante est rafraîchissante, dessicative, abstersive, incrassante, hépatique, astringente et vulnéraire. Son usage est dans toutes sortes de flux, principalement la semence, au poids d'une dragme, par exemple dans le cours de ventre, la dyssenterie, le crachement de sang, la gonorrhée, le pissement involontaire, le flux des mois immodéré. Le suc, tiré par expression, ou le syrop, remédie au crachement et au vomissement de sang et aux pertes de sang des femmes. Ce syrop est encore recommandécomme un spécifique éprouvédans le pissement de sang....La poudre de la racine et de l'herbe, prise par la bouche, résiste à la malignité et chasse toutes sortes de venins. La décoction ou le suc, consolide merveilleusement toutes les plaies, mondifie les ulceres invétérés et les abcès, et les guérit parfaitement. Le Plantain a coutume d'entrer dans toutes les décoctions des gargarismes pour les ulceres des amygdales, de la luette, de la gorge et des parties voisines. L'eau de plantain sert aux inflammations des yeux." (DBP, s v *Plantain*, p 431)

Arnault de Nobleville recopie partiellement le texte de la *Suite de la Matière Médicale* de Geoffroy (Tome 2, p 17). Après avoir distingué trois espèces de plantain, il affirme que l'on peut employer indifféremment l'une des trois. :

"Cette plante [l'une des trois espèces indifféremment] est regardée comme résolutive, fébrifuge et vulnéraire astringente. En effet, son suc dépuré, donné depuis deux jusqu'à quatre onces au commencement des fièvres intermittentes, les guérit souvent... La tisane de plantain est utile dans le crachement de sang, les fleurs blanches et dans les hémorragies, à moins qu'elles ne soient critiques. Un Médecin célèbre assure avoir souvent donné avec succès contre la diarrhée la semence de plantain, à la dose d'un gros bouillie dans du lait ou en poudre dans du bouillon et que ce remède est familier aux gens de la campagne. Le suc dépuré des feuilles donné trois jours de suite le matin à jeun fait le même effet. Un demi-gros de semence avalé dans un œuf est capable de prévenir l'avortement. Quant à l'usage extérieur de cette plante, sa décoction donne un bon gargarisme contre les maux de gorge dont elle déterge et asséche promptement les ulceres. Cette même décoction faite dans l'eau de chaux, desséche également les ulceres des jambes. Pour les hémorroïdes, on pile le plantain et on en fait une pommade avec du beurre qu'on fait fondre ensemble et l'on en frotte la partie souffrante avec le bout d'un porreau. On sait que dans les collyres, on emploie ordinairement l'eau de Plantain avec l'eau Rose pour appaiser les inflammations des yeux." (DAP, s v, *Plantain (Grand), Plantain ordinaire, Plantain moyen ou blanc, Plantain (Petit)*, p 311)

**– Ses emplois :**

Le *Manuel des Dames de Charité* en recommande plusieurs fois l'emploi :

– Décoction vulnéraire contre les contusions internes et contre les érosions causées par les chutes, des coups ou une mauvaise disposition d'humeurs, cf. Lierre.

– Potion purgative astringente :

"Prenez un verre de Décoction de feuilles de Plantain ; faites-y fondre de la Mâne[51], une once et demie ; passez ensuite la liqueur par un linge et dissolvez-y du *Catholicon*[52] double, une demi-once ; pour une Potion à prendre tiède le matin à jeun." (DCH, p 157)

– Julep pour prévenir l'avortement :

"Prenez des Eaux de Plantain, de Roses, de chacune, deux onces ; de la Terre sigilée, du Bol d'Arménie, de chacun, un demi-gros ; du Suc d'Ortie dépuré, deux onces ; du Sirop Diacode, une demi-once. Mêlez le tout, pour un julep à donner à l'heure du sommeil." (DCH, p 197)

– Fomentations contre les excoriations des enfants par écoulement d'urine et défaut de propreté :

"Prenez les premiers jours du Lait de Vache tiède, dont on bassinera les Parties excoriées plusieurs fois dans la journée ; et quand la douleur et l'inflammation seront bien diminuées, on se servira d'Eau de Plantain, dans laquelle on mêlera un quart d'Eau de Chaux. On aura soin de plus de tenir les Enfans proprement et que leurs linges soient toujours bien secs." (DCH, p 324)

– Loloch contre l'esquinancie, cf. Aigremoine.

– Collyre rafraîchissant contre la rougeur des yeux, cf. Morelle.

– Bouillon contre l'hémoptysie ou le crachement de sang, cf. Ortie.

– Cataplasme contre les règles immodérées, cf. Bourse à Pasteur.

Madame Fouquet propose plusieurs remèdes simples où entre le plantain :

– Recette contre la chaleur (ou douleur) des reins :

"Prenez de l'huile rosat, trois onces, de l'eau rose ou de plantain, trois onces, mélés-les ensemble, trempez un linge dedans, pressez-le ensuite médiocrement avec les mains et appliquez-le sur les reins." (MFO, 1681 p 37 et 1765, Tome 1, p 148)

– Contre les boutons du visage :

"Servez-vous du remède suivant après la saignée, la purgation et l'usage des boüillons rafraichissans : Prenez de vitriol de Chypre autant que vous voudrez, mêlez-le avec de l'eau de plantin ; en vous couchant, bassinez-vous en les

---

[51] Suc qui sort des frênes qui croissent en abondance en Calabre et en Sicile (Lémery, DUD, p 469).

[52] "Électuaire composé généralement de la casse, des tamarins, de la rhubarbe et du séné ; c'est un purgatif minoratif" (Nysten)

boutons avec du coton et le matin, lavez-vous la face avec de l'eau simple." (MFO, 1681 p 119 et 1765, Tome 1, p 59)

– Contre la dysenterie et perte de sang par quelque endroit que ce soit :

"Ayez deux œufs de poule tout frais, ôtez en le jaune, battez le blanc dans un plat jusques à ce qu'il soit tout couvert d'écume que vous enlèverez avec une cuillere et, l'ayant jetté, vous mélerez dans le reste trois cuillerées d'eau de plantin et autant d'eau de roses, un demy carteron de sucre fin. Le tout étant bien mélangé, vous en donnerez deux ou trois cuillerées au malade soir et matin jusqu'à ce qu'il soit guéri." (MFO, 1681, p 282)

– Lavement rafraîchissant :

"Prenez petit lait en suffisante quantité, que ferez boüillir avec laitüe, pourpier et feüilles de Plantin, démêlez cette décoction avec deux onces de miel commun." (MFO, 1681, p 288)

– Pour conserver la vue lorsque l'on a la petite vérole :

"Prenez Eau de plantin dans laquelle vous éteindrez plusieurs fois de suite une pièce d'or rougie au feu et distillez quelques goutes de cette eau dans les yeux du malade." (MFO, 1765, Tome 1, p 34)

– Pour les taies et cataractes des yeux :

"*Prenez Vitriol blanc, 1once, Sel Alkali, 2 trézeaux, Glaires d'œuf, 2 seulement.* Faut piler ensemble bien subtilement le Vitriol et le Sel d'Alkali, cela étant fait, vous prendrez un demi trézeau de cette poudre et la mêlerez avec deux glaires d'œufs, que vous aurez déjà bien battues ; mettez ensuite de cette eau dans l'œil avec une plume ou du coton, et y mettez pardessus une compresse trempée en *eau de rose et de plantin*, parties égales, et réïtérez plusieurs fois." (MFO, 1765, Tome 1, p 34)

– Pour les ulcères de la bouche :

"Prenez du *Diapalmo*, dissolvez-le dans du *jus de Plantin* et en frottez votre *Cancer* lorsqu'il n'est pas ouvert, et lorsqu'il est ouvert, il faut avoir de *l'eau de Fraise* ou de *l'eau de Cerfeuil* et en frotter le Cancer." (MFO, 1765 Tome 2, p 15)

– Pour le battement de cœur et lorsque le malade a la fièvre :

"On peut aussi lui faire sentir quelques bonnes herbes aromatiques, et lui appliquer sur la mamelle gauche, un linge trempé dans de *l'eau de plantain, d'eau rose*, et un peu de *vinaigre* que vous mêlerez ensemble." (MFO, 1765, Tome2, p 35)

– Pour la dissenterie :

"*Prenez blanc d'œuf frais, 2 seulement, Eau de Plantin, 3 cuillérées, Eau Rose, 3 cuillérées, Sucre fin en poudre, demie quarteron.* Battez bien dans un plat ou écuelle les deux blanc d'œufs, laissez-les un peu reposer, afin que cette écume se réduise en eau ; ôtez alors avec une cuillerée l'écume qui y restera ; mettez dans cette eau, l'Eau de Plantin, de Rose et le Sucre, mêlez bien le tout ensemble et en donnez au malade soir et matin pendant quelque temps." (MFO, 1765, Tome 2, p 72)

– Pour le flux dysentérique et diarrhée :

"*Prenez Plantin dit Quinquenervia, une poignée, Côtes de l'herbe appelée Renouée, 1 poignée, Eau de rivière ou de fontaine, 3 chopines, Graine dudit plantin, une demie coque d'œuf.* Faites cuire dans cette eau le Plantin et ces côtes dans un vaisseau propre, jusques à la consommation de la moitié ; coulez cette décoction par un linge, prenez une écuellée de cette décoction et y dissolvez dedans la graine de Plantin que vous aurez bien broyée auparavant ; faites le boire au malade le matin à jeun ; réitérez plusieurs jours. On peut y ajoûter un peu de sucre pour lui ôter le goût. On peut aussi conserver cette herbe toute l'année en la faisant sécher." (MFO, 1765 Tome 2, p 124)

– Pour le flux de sperme (*i e* gonorrhée) :

"Prenez de la poudre dorée qui se trouve au derrière de la feuille de *Cétérac* et de l'*Ambre blanc* ; mettez-le dans le suc de *Plantin* ou de *Pourpier* et en faites prendre au malade." (MFO, 1765 Tome 2, p 150)

– Pour les gouttes :

"*Prenez feuilles tendres de Sureau, Feuilles et racines de Plantin, par égales portions, Vieux oing, ce qu'il faut.* Pilez bien cela et en faites comme de l'onguent, lequel vous appliquerez sur le mal." (MFO, 1765 Tome 2, p 157)

– Pour ceux qui ne peuvent retenir l'urine :

"Prenez de l'*herbe* ou *racine de Tormentille*, faites-la sécher pour la réduire en poudre, mettez de cette poudre dans du *suc de Plantin* et le donnez à boire le matin à jeun." (MFO, 1765 Tome 2, p 392)

– Pour le mal des yeux :

"On connoit que le mal des yeux provient du vent, de la poussière ou du Soleil, lorsqu'on a les yeux fort rouges ; cela étant, faut faire jeter dessus et dedans du Lait de femme, battre une Glaire d'œuf dans une écuelle et y mettre un peu d'*Eau de Rose* et de *Plantin*, mêler bien le tout ensemble et y tremper un linge blanc dedans, l'appliquer sur les yeux et continuer plusieurs fois." (MFO, 1765 Tome 2, p 395)

– Contre la rage tant pour les hommes que pour les animaux, cf. Armoise.
– Pour les flux de diarrhée, cf. Buglosse.
– Pour les ulcères de la bouche, cf. Buglosse.
– Pour les chancres de la bouche, cf. Chicorée.
– Pour ceux qui crachent le sang, cf. Consoude.
– Pour ceux qui urinent le sang, cf. Millefeuille.
– Contre la douleur de teste provenant de la colère ; cf. Morelle.
– Collyre rafraîchissant contre la rougeur des yeux, cf. Morelle.
– Pour l'esquinancie, cf. Moutarde.
– Pour l'hémorragie du nez, cf. Ortie.
– Pour le battement de cœur et lorsque le malade a la fièvre, cf. Oseille.

– Pour le flux de sang dysentérique, cf. Quintefeuille.
– Contre la douleur des reins, cf. Rose.
Mademoiselle d'Auvergne a recours au plantain dans plusieurs remèdes :
– Décoction pour guérir le mal de ventre ou dévoiement :

"Il faut prendre du plantain, autant qu'il est necessaire pour faire un petit potage, que l'on mettra dans un demy septier d'Eau, faire cuire cela comme un potage, puis prendre ladite Eau dont on tirera deux cuillerées, avec deux cuillerées d'eau rose, deux cuillerées de vin gris ou clairet et deux cuillerées d'huile d'olive, mêlant le tout ensemble pour les prendre le matin à jeun et une semblable quantité le soir en se couchant, trois heures aprés le repas, ce qui se fera pendant trois ou quatre jours, de la même manière." (MDA, p 77)

– Lavement contre le cours de ventre :

"Il se fait avec eau de trippes, eau de plantain, eau de renouée et le tiers d'une tête de pavot blanc." (MDA, p 96)

– Poudre contre le flux de sang :

"Il faut avoir de la graine de plantain cüeillie à la fin de l'Esté, c'est-à-dire en sa maturité, la piler dans un mortier et la tamiser ensuite, puis en mettre le poids d'un écu d'or dans un œuf frais mollet au lieu de sel ; cela se prend à jeun et on réïtère trois ou quatre jours de suite, ne mangeant de deux heures aprés." (MDA, p 183)

– Huile pour toutes les plaies :

"Prenez deux bottes de grand plantain, deux bottes de plantain rond, deux bottes de plantain bâtard ou herbe au Charpentier, deux de plantain sauvage, deux d'orties grièches, deux de marjolaine, deux de violette, une bonne poignée de sel, un bon verre de vin et mettez le tout dans dix-huit livres d'huile d'olive ; faites tout bouillir tant que les herbes soient bien cuites.et l'huile bien verte, tournant toûjours les herbes. Quand tout sera cuit, passez par un linge, exprimez tout ce qui coulera, et gardez cette huile pour vous en servir au besoin. Il ne faut point laver les herbes, ny leur rien oster que le petit bout de la racine ; si elles sont boüeuses, il faut les essuyer avec un linge." (MDA, p 384)

– Liqueur pour faire promptement accoucher une femme en travail, cf. Lierre.
– Infusion pour hémorragie ou flux utérin, cf. Rose.
– Bouillie contre le flux de ventre et même le flux hépatique, cf. Mélisse.
– Lavement astringent ou resserrant, cf. Bouillon blanc.
– Potion contre la diarrhée, cf. Patience.
– Lavement contre le cours de ventre, cf. Pavot.
– Poudre pour empêcher de pisser au lit, cf. Bouillon blanc.

## 67. Pomme, Pommier, (*Malus* Mill), (Rosacées)

### – Ses propriétés :

Lémery les résume ainsi :

"Les pommes sont humectantes, pectorales, rafraîchissantes, apéritives, cordiales ; elles chassent la mélancolie, elles lâchent le ventre ; les meilleures et celles qui sont le plus employées en Médecine sont les pommes de *Renete.*

[La pomme provenant du pommier sauvage est un fruit] fort astringent, propre pour arrêter les cours de ventre, étant pris en décoction, pour les maux de gorge, en gargarisme." (DUD, s v *malus*, p 464)

Dom Alexandre ajoute :

"[qu'on emploie aussi les pommes] pour la pleurésie]. L'esprit tiré du cidre fortifie le cœur et convient aux affections mélancoliques. Le sirop de pommes simples est salutaire dans les maladies causées par le chagrin et la tristesse, dans la syncope, la palpitation du cœur. Le sirop de pommes composé, appelé vulgairement le *Syrop du roi Sapor* est laxatif et purge la mélancolie. On distille des pommes pourries une eau éprouvée et spécifique dans les maux externes, spécialement dans les ulceres malins, la brûlure, la gangrène et le sphacèle. Elle est encore singulière dans le cancer putride et corrosif à quoi les Chirurgiens n'osent toucher. Les pommes douces étant cuites et appliquées sur les yeux en forme de cataplasme font merveilles contre l'inflammation et la douleur des yeux, ensuite d'un coup ou d'une blessure. Les pommes sauvages sont astringentes, propres pour arrêter les cours de ventre, étant prises en décoction et pour les maux de gorge en gargarisme." (DBP, s v *Pomier*, p 444)

Arnault de Nobleville ne mentionne que le *pommier de renette* dont il donne une courte description avant de mentionner les propriétés des pommes :

"Celles-ci sont pectorales, adoucissantes et rafraîchissantes ; elles appaisent la soif et la toux, elles font cracher. Le sirop de pommes est donné aux malades pour adoucir les âcretés de la gorge et l'enrouement. Le suc de pommes mélé avec le safran est un reméde propre contre les vers. La pomme bouillie dans l'eau rose ou dans du lait est excellente pour calmer l'inflammation des yeux." (DAP, s v p 329)

### – Ses emplois :

On en relève peu l'emploi dans le *Manuel des Dames de Charité :*
– Contre le scorbut :

"Aux enfants attaqués du Scorbut, on ne doit jamais les purger qu'avec du sirop de Chicorée composé ou de Pommes composé." (DCH, p 118)

– Collyre contre l'ophtalmie ou inflammation des yeux commençante :

"Prenez de la Pulpe ou moëlle d'une Pomme grillée devant le feu. Délayez-la dans un peu de Lait et ajoutez-y une demi- pincée de Poudre de Saffran, pour appliquer chaudement sur les Yeux malades." (DCH, p 361)

Madame Fouquet a recours aux propriétés des pommes à plusieurs reprises dans la composition de ses remèdes :

– Pour la pleurésie :

"Prendre une pomme, la creuser et la remplir de mastic[53] ou de bon encens, puis la mettre cuire proche du feu et si cela ne suffit pas pour faire dissoudre le mastic, il y faut appliquer une péle rougie au feu et puis de la pomme et du mastic faire un emplâtre et le renouveler de temps en temps ; cela fait dissoudre le sang qui est amassé au côté." (MFO, 1681 p 210)

– Contre le rhume :

"Prenez diverses tranches de pommes, les renettes sont les meilleures, couvrez-les toutes de sucre et mettez les unes sur les autres, en telle sorte que le jus puisse couler dans un plat, puis beuvez ce jus." (MFO, 1681, p 265)

– Pour faire une Médecine pour purger l'humeur mélancolique et la pituite :

"Faites une décoction avec demi-once de polipode, sommités de houblon, et pommes de renette coupées par tranches, passez cette décoction dans un linge ; faites infuser dans cette décoction trois dragmes de Séné avec de l'écorce de citron ou anis et l'avalez. Et si vous voulez purger fortement le malade, vous y ajouterez douze grains d'Hellébore préparé." (MFO, 1765, Tome 1, p 27)

– Pour ôter les verrues, poireaux du visage et autre part :

"Prenez une pomme et la coupez par la moitié, frottez la verrue avec la pulpe interne de cette pomme jusqu'à ce qu'elle devienne comme tiède par le mouvement de la friction, c'est-à-dire assez long tems : enfilez ensemble ces deux moitiés de pomme et conservez-les dans un lieu bien fermé qu'aucun animal ne les puisse manger ; dès aussi-tôt qu'elles commenceront à pourrir, les verrues commenceront à guérir et quand elles seront tout à fait pourries, les verrues seront entièrement guéries. Que si avant d'être pourries, quelque animal les mangeoit, les verrues ne guériroient pas." (MFO, 1765, Tome 1, p 65)

– Pour écorchure au bout des mamelles :

"Prenez poulpe de pomme de *Courpendu* cuit au feu ; mêlez cette poudre (pour poulpe ?) avec de la *Cire jaune neuve*, ajoutez-y de la *Graisse de Pourceau et de Mouton*, autant d'un que d'autre, toutefois plus de la *Graisse de Porc* afin de rendre la Pomade plus douce ; passez le tout par un tamis ; cela fait, mêles-y un peu d'*Eau rose* et vous en servez comme il est dit (c'est-à-dire en application sur la mamelle)." (MFO, 1765, Tome 1, p 204)

– Poudre contre l'épilepsie :

"*Prenez Séné mondé, 3 trézeaux, Anis verd, 1 trézeau, Citron, un seulement, Pomme de renette, une seulement, Eau commune, deux bons verres, Syrop de Roses pâles ou fleurs de Péché, 1 once*. Il faut ôter l'écorce du citron, et peler la pomme de renette, et mettre le tout, excepté le syrop, dans un vaisseau, verser par-dessus les deux verres d'eau et le laisser infuser pendant la nuit, passer cela

[53] Gomme-résine provenant du lentisque.

le lendemain à travers un linge bien net ; et dans le premier verre de cette infusion que vous donnerez au malade, qui sera le matin à jeun, vous y mettrez l'once de syrop et vous lui donnerez l'autre verre environ deux heures après le premier." (MFO, 1765, Tome 1, p 375)

– Pour la véritable pleurésie :

"Prenez une *pomme*, ouvrez-la par-dessus afin d'en ôter le cœur et les pépins, remplissez le creux d'*encens blanc* et, l'ayant rebouché, faites-la bien cuire sous les cendres chaudes ; étant cuite, vous la pelerez et la donnerez à manger au malade, il faudra qu'il s'endorme après l'avoir mangé, s'il se peut ; son abcès s'ouvrira par le bas ou par la bouche, sans aucun danger." (MFO, 1765, Tome 2, p 287)

– Pour le mal de poumon et pour la fièvre :

"*Prenez Pommes de Renettes, six, Eau Commune, 1 pinte, Sucre Candi, un peu.* Pelez les Pommes de Renettes assez grossièrement, c'est-à-dire que la peau soit assez épaisse ; mettez ces peaux dans un pot avec la pinte d'eau et les faites bouillir jusqu'à la diminution des deux tiers : mettez un peu de Sucre dans cette décoction pour l'adoucir, et en donnez à boire au malade en se couchant un bon verre. Pour la fièvre, il faut prendre de cette décoction avec du Syrop de Citron avant l'accès et réitérer plusieurs fois." (MFO, 1765, Tome 2, p 296)

– Pour toutes sortes de maux des yeux :

"Prenez de *l'eau de Pommes pourries* et en faites distiller dans les yeux : La pomme de reinette est la meilleure de toutes." (MFO, 1765, Tome 2, p 405)

– Pour le mal de cœur provenant de cause froide ou sèche, cf. Buglosse.
– Contre la colique bilieuse, cf. Chicorée.
– Pour la constipation des femmes grosses, cf. Figuier.
– Potion contre la diarrhée, cf. Patience.
– Potion fort cordiale que l'on peut prendre dans la fièvre, cf. Rose.

## 68. Quinte feuille, Quinquefolium (*Potentilla reptans* L.) (Rosacées)

**– Ses propriétés :**

Selon Lémery :

"Elle est détersive, astringente, propre pour les cours de ventre et les hémorragies, pour les hernies, pour résister au venin. Ses feuilles sont vulnéraires, arthritiques, astringentes." (DUD, s v *Quinquefolium*, p 631)

Dom Alexandre ajoute :

"Elle est tempérée, astringente, dessicative et vulnéraire ; elle sert principalement aux affections catarreuses, au crachement de sang, à la toux, la jaunisse, l'obstruction du foie et de la rate, pour arrêter toutes sortes de flux de ventre, des hémorroïdes et l'hémorragie du nez... Cette plante convient à la pierre et à l'exulcération des reins, aux hernies et aux fiévres. Son suc guérit extérieurement l'inflammation des yeux et la décoction remédie à la putréfaction de la bouche, au relâchement des dents et déterge les ulcères malins." (DBP, s v, *Quintefeuille,* p 467)

Arnault de Nobleville se réfère à la *Suite de la Matière Médicale* de Geoffroy (Tome 2, p 161) pour écrire :

"Cette plante est balsamique et vulnéraire astringente. On emploie ainsi préparées dans les tisannes et les bouillons astringens, comme dans les règles immodérées, dans le flux trop abondant des hémorroïdes, dans le crachement de sang, pour arrêter le sang qui coule des plaies et pour toutes sortes d'hémorragies. ....Quant à son usage extérieur, quelques Auteurs prétendent que l'eau distillée de ses feuilles guérit le tremblement des mains si on les en lave souvent et les laisse sécher d'elles-mêmes....On sait que le gargarisme fait avec leur décoction, guérit les maux de gorge et les ulceres de la bouche." (DAP, s v, *Quinte-feuille*, p 336)

**– Ses emplois :**

Madame Fouquet rappelle que la plante "sert aux douleurs de dents, et ulcères corrosifs, résout les glandes, les enflures, les duretés et les aposthêmes", et propose différents remèdes simples où elle est présente :

– Pour les ulcères de la bouche :

"Prenez de la racine de *Quintefeuille*, faites-la cuire dans du *Vin*, jusques à la diminution du tiers ; prenez de cette décoction et en lavez bien la bouche." (MFO, 1765, Tome 2, p 8)

– Pour le flux de sang dysentérique :

"La graine de *Plantain* prise avec du suc de *Quinte-feuille* est très bonne." (MFO, 1765, Tome 2, p 125)

– Pour les ulcères du fondement :

"Ayez de la racine de *Quintefeuille* faites la cuire dans un pot ou poëlon avec du *Vinaigre* et l'appliquez sur le mal." (MFO, 1765, Tome 2, p 129)

– Pour la jaunisse et pâles couleurs :

"Prenez *racine de quintefeuille*, faites-la cuire avec du *Vin blanc* dans un petit pot de terre à petit feu, jusques à la consomption de la troisième partie ; donnez de cette décoction tous les matins pendant quelque temps environ trois travers de doigt dans un verre. Le suc de la *feuille de quintefeuille*, pris au poids de deux onces le matin, mêlez avec un peu de *miel* ou de *sel* y est très souverain." (MFO, 1765, Tome 2, p 195)

– Pour les douleurs des jointures, cf. Lierre.
– Pour la douleur des dents, cf. Mouron.

## 69. Raifort sauvage, Réfort, (*Armoracia rusticana* G. Gaertn), (Brassicacées)

### – Ses propriétés :

– Lémery note brièvement :

"Elle est fort apéritive, détersive, incisive, résolutive, propre pour atténuer la pierre du rein et de la vessie, pour le scorbut, pour exciter l'urine. On s'en sert extérieurement et intérieurement." (DUD, s v *Raphanus rusticanus*, p 637)

Dom Alexandre qui distingue l'espèce cultivée et l'espèce sauvage juge que ce dernier est le plus efficace des deux. Il complète ainsi la note de Lémery :

"On se sert en Médecine de la racine qui est fort apéritive, chaude et dessicative, incisive, atténuante. Elle découpe le tartre mucilagineux, guérit spécifiquement le scorbut, excite l'urine, chasse la pierre des reins. Son suc ou son infusion dans du Vinaigre avec du Miel et de l'eau par-dessus, fait vomir. Cette racine pilée ou son suc tiré par expression, étant appliqué, efface d'abord les contusions ; il faut l'ôter dès qu'il commence à piquer. Le Raifort sauvage passe pour un des premiers antiscorbutiques qui agit en corrigeant et précipitant l'acide vicié du scorbut.... Il a une vertu émétique." (DBP, s v, *Raifort sauvage*, p 469)

Arnault de Nobleville distingue également les deux espèces de raifort. Il s'est référé à la *Suite de la Matière Médicale* de Geoffroy pour rédiger les notices qu'il leur consacre (Tome 2, p 189 et 195) :

"Le Raifort sauvage est regardé comme une plante apéritive, antiscorbutique, incisive et résolutive. On s'en sert en Médecine intérieurement et extérieurement. L'eau distillée des feuilles et des racines se donne à quatre onces dans les potions antiscorbutiques et apéritives ; elle pousse les graviers, dégage les reins et détourne par ces organes les impuretés de la masse du sang." Nobleville cite ici Boerhaave, "un des plus grands Médecins de nos jours" qui estime beaucoup le suc exprimé des racines et des semences mêlé avec du miel ; selon lui, ce remède, dit-il, nettoie l'estomac, les reins et les poumons ; il guérit la toux et l'enrouement invétéré provenant d'une pituite âcre et visqueuse ; mais il faut éviter d'en donner dans les toux accompagnées de sécheresse de poitrine et de crachement de sang.... On a encore un grand nombre d'observations de la vertu de cette plante contre les vers... A l'extérieur, les feuilles pilées et appliquées en cataplasme sur les tumeurs scorbutiques et autres en calment la douleur, les dissipent et procurent après quelque temps une guérison parfaite." (DAP, s v, *Raifort sauvage*, p 340)

### – Ses emplois :

Manuel des Dames de Charité en mentionne l'emploi dans quelques remèdes simples :

– Tisane contre l'apoplexie et la paralysie et autres affections des nerfs, cf. Moutarde.

– Tisane contre les vers :

"Prenez du Mercure cru, enfermé dans un nouet, quatre onces ; des racines de Fougère mâle ; de Raifort sauvage mondées et coupées par tranches, de chacune, une once. Faites bouillir le tout dans deux pintes d'eau que vous réduirez à trois chopines. La dose est de quatre verres tiedes dans la journée." (DCH, p 75)

– Cataplasme contre la goutte remontée, cf. Ail

Madame Fouquet en recommande l'emploi dans la préparation de différents remèdes simples :

– Pour la jaunisse et les pâles couleurs :

"Prenez *eau de réforts* ou bien de la décoction de *maroquin blanc* faite avec du *vin blanc* ou bien de la *décoction de poix chiches* et *racines d'asperge*, environ quatre onces de l'une de ces choses, il n'importe de laquelle et en donnez à boire tous les matins pendant cinq jours, trois heures devant que de manger." (MFO, 1765, Tome 2, p 194)

– Pour la rétention d'urine :

"Prenez des *Réforts*, coupez-les bien déliez ; arrosez-les de *Vin blanc* ; faites-les chauffer dans un plat, écuelle ou poëlon et les appliquez chaudement sur le pénil." (MFO, 1765, Tome 2, p 392)

## 70. Rave mâle ou vraie rave, Rave femelle (*Brassica Rapa* L, *Brassica sativa* L) (Brassicacées)

### – Ses propriétés :

Lémery qui en distingue deux espèces ne leur consacre que ces quelques lignes :

"La décoction des Raves est bonne pour adoucir la toux et la voix rauque, étant édulcorée avec du sucre et bûë le soir en se couchant. Sa semence est estimée propre pour résister au venin, pour tuer les vers." (DUD s v *Rapa*, p 635)

Dom Alexandre ajoute :

"Le suc et la décoction adoucissent l'acrimonie de la bile et l'âcreté de la trachée artère. Cette décoction est bonne pour adoucir la toux et la voix rauque, étant édulcorée avec du Sucre et bue le soir en se couchant : elle est de plus recommandée comme un remède domestique et familier dans le mal hypocondriaque et contre les vents qui en dépendent… Les raves cuites sous la braise appliquées derrière les oreilles sur les carotides font révulsion et apaisent efficacement la douleur des dents. La Rave cuite en eau simple, et appliquée en forme de cataplasme, guérit les engelures… La semence résiste au venin et fait sortir la rougeole, prise depuis demi-dragme jusqu'à une dragme." (DBP, s v, *Rave,* p 472)

Arnault de Nobleville s'inspire de la *Suite de la Matière Médicale* de Geoffroy (Tome 2, p 183) pour écrire sa notice sur les raves. Il en distingue deux espèces, une mâle et une femelle, et, après avoir noté que "ces deux espèces sont plus pour la cuisine que pour la médecine", il écrit :

"Les raves sont regardées avec raison comme adoucissantes parce qu'elles contiennent un suc huileux et balsamique propre à absorber les sels âcres des humeurs, et c'est par là qu'elles conviennent en tout temps aux jeunes gens bilieux et à ceux dont les humeurs sont âcres et tenues, pourvu néanmoins qu'ils ayent un bon estomac, car elles sont venteuses, causent des obstructions et se digèrent assez difficilement. Quant à leur usage en Médecine, on en fait un sirop avec le sucre qu'on donne avec succès dans les rhumes opiniâtres et dans la coqueluche des enfants… La décoction de raves est très recommandée dans toutes les maladies de poitrine dans lesquelles la respiration est difficile. Le gargarisme fait avec la même décoction, en y ajoutant un peu de sucre, s'emploie tous les jours avec succès contre les aphtes ou petits ulceres qui viennent quelquefois dans la bouche et dans le gosier. Quant à l'usage extérieur des Raves, une tranche de l'espèce mâle cuite sous la cendre et appliquée chaudement derrière les oreilles, apaise promptement la douleur de tête et celle des dents. La décoction simple de raves est bonne contre les engelures, quand on s'en lave souvent les mains ou les pieds chaudement." (DAP, s v *Rave mâle*, p 343)

### – Ses emplois :

Madame Fouquet mentionne son emploi dans différents remèdes simples :

– Pour les engelures des pieds et des mains et de quelque partie que ce soit :

"Prenez des *Raves* qui soient bien gelées, faites-les cuire dans de l'*eau* et lorsqu'elles seront cuites, vous tremperez vos piés et vos parties engelées dans cette *décoction*, les en laverez le plus chaudement que vous pourrez et y mettrez pardessus un cataplasme des dites Raves. Les *Raves* cuites sous la braise, sans être gelées, appliquez chaudement, font le même effet." (MFO, 1765, Tome 2, p 80)

– Pour les douleurs des jointures :

"Prenez des *Raves ;* faites-les cuire sous la braise, et lorsqu'elles seront cuites, broyez-les bien avec de la *graisse* ou *vieux oing de Pourceau*, et en mettez sur le mal." (MFO, 1765, Tome 2, p 199)

– Pour mettre la pierre en poudre dans la vessie et la faire sortir :

"Ratissez des *Raves* dans un demi verre de *vin blanc*, jusqu'à ce qu'il soit plein, ajoûtez-y deux ou trois pincées de poudre de *noyaux* de *néfles* et la laissez tremper une nuit, passez-le à travers un linge et l'exprimez un peu, faites prendre de ce *jus* au malade et continuez plusieurs jours de suite." (MFO, 1765, Tome 2, p 273)

– Pour la toux :

"Les *Radis* ou *Raves* mangées à jeun avec du *Miel* y sont très souverains." (MFO, 1765, Tome 2, p 360)

– Pour les yeux :

"Prenez du *Suc de la tige de Raves* ou bien du *Lait de laitues Romaines* ; mêlez-le avec un peu de *Lait de femme* et en distillez dans les yeux." (MFO, 1765, Tome 2, p 401)

Quant à Mademoiselle d'Auvergne, elle demande seulement d'utiliser les raves pour la confection d'un cataplasme :

– "Cataplasme pour guérir toutes sortes de fièvre, excepté la continue, il vient de Monsieur Mestivier, Médecin de feu Monsieur le Duc d'Epernon :

"Il faut prendre la quantité de quarante raves ou environ selon qu'elles seront grosses, les couper en petites roüelles bien minces, les mettre dans un plat avec du sel, comme pour les bien saler et un peu d'eau, pour seulement empêcher le plat de fondre, faire cuire les raves un peu plus que moitié, ensuite les mettre sur une serviette bien chaude et appliquer le tout le plus chaud que faire se pourra sous les deux plantes des pieds du malade joints ensemble, sans toutefois que cela l'incommode, envelopper encore les deux pieds de quelque linge pardessus la première serviette et laisser ce remède pendant une heure seulement, ce qui causera un grand feu ou une grande fièvre au malade, en sorte que celuy qui le changera doit prendre garde de détourner son visage de lui pour éviter la puanteur de la sueur. Si ce remède n'opère pas la première fois, on pourra le réïtérer et administrer mesme jusqu'à trois fois, toujours aprés l'accez et de la mesme manière que dessus." (MDA, p 425)

## 71. Réglisse (*Glycyrrhiza glabra* L.) (Fabacées)

### – Ses propriétés :

Lémery leur consacre ces quelques lignes :

"On ne se sert en Médecine que de sa racine. Elle nous est apportée d'Espagne… Elle est pectorale, elle adoucit l'âcreté du rhume, elle excite le crachat, elle humecte la poitrine et les poumons, elle désaltere. On s'en sert en poudre, en infusion et en décoction." (DUD, s v *Glyzyrrhiza*, p 338)

Dom Alexandre ajoute :

"La Réglisse est tempérée entre le chaud et le froid, humide, pulmonique et néphrétique ; elle adoucit l'acimonie des humeurs, humecte la poitrine et les poumons, facilite l'expectoration, elle désaltère. Son usage est dans la toux, l'enrouement, l'érosion de la vessie et l'acrimonie de l'urine ; on s'en sert en poudre, en infusion et en décoction. Le suc de Réglisse épaissi a coutume d'être ordonné dans les affections de la gorge, de la langue et du larinx." (DBP, s v, *Réglisse*, p 474)

Arnault de Nobleville s'en réfère implicitement au *Traité de la Matière Médicale* de Geoffroy (Tome 2, p 112) pour noter :

"L'usage de cette racine est si commun qu'il n'y a pas de tisane où la réglisse n'entre, soit pour corriger par sa douceur la saveur désagréable des autres ingrédients, soit pour lui communiquer la vertu particulière qu'elle a d'adoucir l'âcreté des humeurs qui excitent la toux. Lorsque cette racine est fraîche, il suffit de l'infuser à froid dans les tisanes ou même dans l'eau simple. Elle convient dans les maladies des reins et de la vessie, dans la pleurésie et dans le crachement de sang. Les sucs de réglisse noirs ou blancs sont employés fréquemment dans les rhumes et dans les toux opiniâtres : ce sont des extraits faits par l'évaporation d'une forte décoction de réglisse à laquelle on ajoute des gommes adragant et arabique, du sucre et de l'amidon." (DAP, s v, *Réglisse,* p 345)

### – Ses emplois :

Le *Manuel des Dames de Charité* l'emploie essentiellement pour la préparation de tisanes :

– Tisane contre la rougeole et la petite vérole :

"Prenez des racines de Scorsonère, mondées et coupées par morceaux, une once. Faite-le bouillir dans trois chopines d'eau réduites à une pinte. Faites-y ensuite infuser de la Réglisse, deux gros. La Colature tiede pour boisson." (DCH, p 73)

– Tisane diurétique adoucissante contre la colique néphrétique, cf. Alkékenge.

– Tisane apéritive, cf. Chardon Roland.

– Tisane commune, cf. Chiendent.

– Tisane astringente contre l'hémoptysie ou le crachement de sang et les hémorragies, cf. grande Consoude.

– Tisane pectorale adoucissante, cf. Guimauve.

– Tisane de patience sauvage contre l'ictère ou jaunisse et contre les maladies de la peau, cf. Patience.

Madame Fouquet note "qu'il est très connu, est abstersif, mondicatif, lénitif, et tempère l'âcreté des humeurs" et en recommande l'emploi à plusieurs reprises :

– Pour décharger le cerveau :

"La reglisse d'Espagne, le mastic, le tabac en poudre, la poudre de canelle mêlée avec du tabac en poudre, La sauge mâchée le matin." (MFO, 1681 p 251)

– Eau de casse purgative pour ceux qui ont mal aux reins :

"*Prenez de la moelle de casse bien mondée, une once, Eau commune, 1 chopine, Réglisse, un peu.* Mettez le soir avant que de vous coucher la moelle de casse dans un plat : prenez ensuite la chopine d'eau, faites-la bouillir avec la Réglisse jusqu'à ce qu'elle soit réduite à la moitié, jetez cette eau toute bouillante par-dessus la casse, coulez-la le lendemain matin et ensuite l'avallez." (MFO, 1765, Tome 1, p 149)

– Pour faire sortir l'arrière-faix :

"*Prenez Orge mondé, 1 poignée, Réglisse concassé, demie once, Schaenanth*[54] *1 dragme et demie.* Vous ferez bouillir dans une bassine avec de l'eau, ce que dessus jusques à la diminution d'une livre ; Coulez ensuite cette décoction ; partagez-la en trois doses et la donnez à la malade par trois différentes fois, avec un peu d'intervale à chaque fois." (MFO, 1765, Tome 1, p 188)

– Tisane laxative :

"*Prenez Séné mondé, 3 trezeaux, Reguelisse, 1 trezeau, Anis verd, demi-trezeau, Canelle, demi trezeau, eau commune, 2 verres.* Mettez infuser le tout pendant une nuit dans les deux verres d'eau, puis les coulez le lendemain, et en donnez à boire au malade un verre le matin à jeun, et l'autre quelque tems après."MFO, 1765, Tome 1, p 375)

– Pour la colique rénale :

"Faire cuire des *Poix chiches* avec de la *Réglisse* et donnez à boire de ce bouillon au malade." (MFO, 1765, Tome 2, p 27)

– Pour ceux qui crachent le sang :

"*Prenez Poumon de Renard, Iris en poudre, Réglisse, Terre Sigillée, Sucre, autant de l'un que de l'autre.* Faites sécher au four le Poumon de Renard, mettez-le en poudre avec le reste des autres drogues, faites des tablettes et en faites prendre une au malade à la fin de ses repas jusqu'à parfaite guérison." (MFO, 1765, Tome 2, p 322)

[54] *i e* Jonc odorant.

– Pour la toux :

"Donnez au malade soir et matin une cuillerée de *Syrop de Jujubes* ou bien de la *Réglisse* en manière de lohot.[55]" (MFO, 1765, Tome 2, p 360)

– Comment le jus de réglisse doit être fait pour être le meilleur :

"Prenez une bonne quantité de la meilleure Réglisse la plus nouvelle, concassez-la et la faites bouillir dans de l'eau nette pendant un quart d'heure, ôtez cette eau et en remettez d'autre et la faites bouillir avec la même Réglisse, comme vous avez déjà fait pour achever de tirer le suc de Réglisse ; cela fait, vous jetterez la Réglisse comme étant inutile. Vous verserez l'eau que vous en aurez tirée dans un bassin ; vous la ferez bouillir jusqu'à ce que l'humidité de l'eau soit évaporée et qu'il reste au fond une matière épaisse comme du Miel, vous en prendrez une once avec une livre de Sucre Candi blanc en poudre, vous en ferez une pâte dans un mortier avec de la Gomme Adragant, tempérée dans de l'eau de Scabieuse, puis vous en ferez des rouleaux que vous laisserez sécher au Soleil." (MFO, 1765, Tome 2, p 455)

– Pour la dysenterie : cf. Aigremoine.
– Contre la toux et la difficulté de cracher lorsque l'humeur est trop subtile, cf. Bourrache.
– Contre les bruits de tête, les maux de cœur et pour rafraîchir, cf. Buglosse.
– Pour les coliques, cf. Genévrier.
– Poudre pour l'hydropisie venteuse, cf. Genévrier.
– Pour la toux, cf. Hysope.
– Pour la gravelle et les ardeurs d'urine, cf. Lin.

Mademoiselle d'Auvergne en recommande l'emploi dans quelques remèdes :

– Apozème pour désopiler le foie et la rate, cf. Aunée.
– Poudre pour l'hydropisie venteuse, cf. Aunée.
– Apozème pour rafraîchir ceux qui ont la fièvre, cf. Chicorée.
– Ptisanes contre le rhume et la toux, cf. Figuier.
– Sirop contre l'asthme et la pulmonie, cf. Figuier.

[55] Pour looch, remède pectoral et béchique.

## 72. Romarin, Encensier, (*Rosmarinus officinalis* L.) (Lamiacées)

### – Ses propriétés :

Selon Lémery :

"On se sert souvent dans la Médecine des feuilles et des fleurs du Romarin, mais on doit préférer celles qui naissent en Languedoc à celles de nos Romarins de Paris, parce que la chaleur du climat les rend plus spiritueuses et meilleures. Elles sont propres pour fortifier le cerveau, pour l'épilepsie, la paralysie, les vapeurs hystériques. On s'en sert extérieurement pour fortifier les jointures et les nerfs, pour résister à la gangrène, pour résoudre les humeurs froides. On en mêle aussi dans les errhines." (DUD, s v *Rosmarinus*, p 649)

Dom Alexandre ajoute :

"Il est chaud et dessicatif, incisif, d'une saveur mêlée d'âcre et d'amer, astringent, et un des principaux céphaliques et utérins. Son principal usage est dans l'apoplexie, l'épilepsie, le vertige, la paralysie, le *carus* et les autres affections semblables de la tête et du genre nerveux. Il éclaircit la vue, corrige la puanteur de l'haleine, lève les obstructions du foie et de la rate ; il remédie à la jaunisse et fortifie le cœur. Sa décoction est spécifique contre la paralysie, étant bue, elle excite la sueur ; elle est bonne aussi pour les fleurs blanches des femmes...Les remèdes tirés du Romarin sont encore propres à fortifier le fœtus et à prévenir l'avortement. On se sert extérieurement du Romarin pour fortifier les jointures et les nerfs, pour résister à la gangrène, pour résoudre les humeurs froides." (DBP, s v, *Romarin*, p481)

Arnault de Nobleville recopie ici encore en partie le texte de la *Suite de la Matière Médicale* de Geoffroy (Tome 2, p 262) :

"Le Romarin s'emploie intérieurement et extérieurement. Par son usage intérieur, il fortifie le cerveau. Il est bon contre l'épilepsie, la paralysie et les vapeurs hystériques. On s'en sert encore contre les obstructions du foie, de la rate et de la matrice qui reconnoissent pour cause des humeurs épaisses et gluantes qui obstruent ces parties et en dérangent les fonctions. L'eau où les fleurs et les feuilles ont macéré pendant la nuit est bonne pour la jaunisse et les fleurs blanches. Elle fortifie la mémoire et la vue. Si on les fait infuser dans le vin et qu'on en use pendant du temps, elles guérissent la paralysie et les autres affections des nerfs qui proviennent d'humeurs visqueuses. Cette même infusion a souvent guéri des bouffissures universelles. L'eau de la Reine de Hongrie dont on fait tant d'usage, est tirée par la distillation des fleurs et des calices de cette plante, mis en digestion dans l'esprit de vin. Quelques-uns y ajoutent les feuilles pour la rendre plus forte. Cette eau s'emploie dans les défaillances, les étourdissements, les vertiges et les vapeurs hystériques et hypocondriaques. Quant à l'usage extérieur, les feuilles bouillies dans le vin fortifient les nerfs et les jointures. L'eau de la Reine de Hongrie s'emploie pour frotter les parties nerveuses ou attaquées de douleurs de rhumatisme. Le parfum des feuilles est merveilleux pour corriger l'air corrompu par de mauvaises exhalaisons et pour détourner les odeurs contagieuses, ce qui fait qu'on s'en sert dans les Hôpitaux conjointement avec les baies de Genièvre pour purifier le mauvais air." (DAP, s v, *Romarin, Encensier*, p 355)

**– Ses emplois :**

Le *Manuel des Dames de Charité* propose la recette d'une décoction où entre le romarin :

– Décoction contre la leucophlegmatie ou bouffissure universelle :

"Prenez de feuilles de Romarin ; une poignée. Faites-les bouillir dans trois septiers de vin rouge, à réduction de deux verres que le Malade prendra tiède le matin à jeûn, à deux heures de distance l'un de l'autre, restant dans le lit et y restant bien couvert." (DCH, p 34)

Madame Fouquet qui juge le romarin "propre à inciser résoudre et mondifier" en recommande l'emploi dans plusieurs remèdes simples :

– Contre la paralysie imparfaite, rampes et stupeurs des membres, douleurs froides et gouttes :

"Prenez une bonne quantité de fleurs de Romarin fraîches et récentes. Remplissez-en une bouteille de verre qui ait l'orifice un peu large : mettez cette bouteille dans le sable et dans une cave : laissez-la l'espace de trois mois. Ensuite, retirez la bouteille, vuidez la et mettez en presse les dites feuilles pour tirer l'huile qui en distilera, oigné chaudement avec cette huile les parties affectées et particulièrement la nuque du cou et toutes les vertebres le long de l'epine du dos, continuant ainsi un long espace de temps tous les soirs à l'entrée du lit et tous les matins deux heures avant que de se lever. Ce remède est aussi bon contre les douleurs froides et contre les goutes." (MFO, 1681 p 178 et 1765, Tome 1, p 18)

– Contre la surdité :

"Il faut prendre une grosse Anguille bien grasse, lécorcher et la bien larder avec du romarin, puis il la faut faire rôtir et mêler le suc qui en sortira avec autant d'esprit de vin, qui est l'eau de vie raffinée et conservez cette mixture pour le besoin. Il faut prendre de cette liqueur ainsi mêlée avec un cuillier d'argent le soir en se couchant, la faire chauffer et avec le bout du doigt, en faire distiller quelques gouttes dans l'oreille avec du cotton. Réïtérez souvent ce remede soir et matin mais particulièrement le soir." (MFO, 1681, p 252)

– Pour le mal d'estomac :

"Remplissez une phiole de fleurs de romarin ; au défaut des fleurs, prenez des feüilles, ajoûtez-y autant de marjolaine avec trois chopines de bon vin, girofles et de gingembre, de chacun vingt-trois grains. Concassez le tout et, ayant bien bouché la phiole que rien ne respire, laissez-les infuser huit ou neuf jours ; après, distilles-les à l'alambic de verre au Bain marie. Donnez-en une cuillerée avec du sucre. C'est un remède éprouvé." (MFO, 1681, p 310)

– Contre le mal des mamelles :

"Le Romarin fait le même effet [que le safran pulvérisé]; l'accouchée en peut même manger quelques feuilles. On dit que la chaussette du mari appliquée sur les mamelles le fait perdre." (MFO, 1765, Tome 1, p 204)

– Pour ôter la senteur des aulx, oignons, poireaux et autres choses lorsqu'on en a mangé et pour faire bonne haleine :

"Mettez du Romarin dans la bouche et la rincez ensuite avec du vin." (MFO, 1765, Tome 2, p 11)

– Pour faire tenir les dents qui tremblent :

"Faut prendre des *Feuilles vertes de prunier* ou de *Romarin* et les faire cuire dans du *gros Vin* ou du *Vinaigre* ; gargarisez bien chaudement la bouche de ce vin et réitérez souvent." (MFO, 1765, Tome 2, p 62)

– Pour les vers :

"Le *Romarin* infusé dans trois doigts de *vin blanc* pendant une nuit ; et donner à boire ce vin le matin, après l'avoir passé par un linge est très souverain pour les vers." (MFO, 1765, Tome 2, p 380)

– Pour préserver de la fièvre maligne, de la peste et tout mauvais air :

"Il faut mettre dans deux pots de Vinaigre une poignée de Rhuë autant de Sauge, autant de Menthe, autant de Romarin autant de Lavande, autant de petite Absynthe, et faire infuser le tout pendant huit jours sur des cendres chaudes ou au Soleil, ensuite, couler le tout, exprimer les herbes ; y faire fondre une once de Canfre, le conserver et le mettre ensuite dans une Bouteille bien bouchée. Il faut s'en frotter les tempes les narines et s'en rincer la bouche tous les jours. Ce Remède, trouvé dans les Archives du Capitoul de Toulouse a été mis en usage lorsque la Peste y étoit." (MFO, 1765, Tome 2, p 432)

– Contre le mal de tête, provenant de cause froide, cf. Bétoine.
– Contre cette forte douleur de tête provenant de ventosité, cf. Genévrier.
– Pour le mal d'estomac et pour la colique, cf. Marjolaine.

Mademoiselle d'Auvergne propose peu de remèdes où est présent le romarin :

– Gargarisme pour affermir les dents :

"Une poignée d'orge que l'on fait bouillir avec une bonne poignée de Romarin, une poignée de fleurs de ronce, un morceau de sucre candy gros comme deux œufs de pigeon ou un peu plus et une chopine d'eau, et quand l'orge est crevée on laisse reposer l'eau avec ce qu'elle contient et on y jette une chopine de vin blanc." (MDA, p 40)

– Cataplasme contre la douleur de l'estomac, cf. Marjolaine.

## 73. Roses (*Rosae* L.) (Rosacées)

### – Leurs propriétés :

Lémery précise que "les roses qu'on emploie en Médecine sont les roses pâles ou incarnates, (rosae palidae ou incarnatae), les roses muscates (rosae muscatae ou damascenae), les roses blanches ordinaires (rosae sativae albae vulgares majores) et les roses rouges ou roses de Provins (rosae rubrae).

"Les Roses pâles sont fort belles, grandes, d'une couleur rouge ou incarnate réjoüissante, d'une odeur très suave, et se répandant beaucoup. Elles sont purgatives, elles atténuent et délayent la pituite du cerveau ; elles purifient le sang ; elles purgent principalement l'humeur bilieuse et les sérosités."

"Les Roses muscates sont de petites Roses simples blanches qui n'éclosent qu'en Autômne ; elles ont une odeur fort douce et fort agréable ; les meilleurs sont celles qui croissent dans les pays chauds, comme en Languedoc, en Provence ...Trois ou quatre de ces Roses muscates étant prises en conserve ou en infusion, purgent vigoureusement et quelquefois jusqu'au sang ; celles de Paris ne purgent pas si fort, mais elles sont plus purgatives que les roses pâles."

"Les *Roses blanches* communes sont grandes, belles, odorantes, un peu laxatives et détersives ; mais on ne les emploie que dans les distillations."

"Les *Roses rouges* ou de Provins ont une belle couleur rouge foncée et veloutée, mais peu d'odeur ; on les cueille en bouton, lorsqu'elles sont prêtes à s'épanouir, afin de conserver mieux leur couleur et leur vertu. Elles sont astringentes, détersives, propres pour fortifier l'estomac, pour arrêter les vomissements, les cours de ventre, les hémorragies, étant prises intérieurement. On les emploie aussi extérieurement pour les contusions, les entorses des pieds ou des mains, les meurtrissures, pour fortifier les jointures et les nerfs. On les applique en fomentation, bouillies dans du gros vin ou bien on les mêle dans des cérats, des onguents, des emplâtres."

... "Les petits corps jaunes qui se trouvent au milieu de la rose sont appelés *Anthera ;* ils fortifient les gencives, on les emploie dans les dentifrices." (DUD, s v *Rosa*, p 647)

Dom Alexandre ne fait que recopier largement le texte de Lémery.

Arnault de Nobleville consacre une notice aux roses de Provins et une notice aux roses pâles. Il s'est largement inspiré des données de la *Suite de la Matière Médicale* de Geoffroy (Tome 2, p 226) pour les rédiger :

"Les roses rouges (de Provins) sont astringentes, détersives et stomacales, propres pour fortifier l'estomac, pour arrêter le vomissement, les cours de ventre et les hémorragies. On compose avec ces Roses un grand nombre de compositions médicales qu'on trouve détaillées dans tous les Dispensaires. Quant à l'usage extérieur, on s'en sert communément dans les cataplasmes et les fomentations astringentes et résolutives ; elles sont propres pour les dislocations, les entorses des pieds ou des mains et pour les meurtrissures ; elles arrêtent aussi les pertes de sang. Pour cela, on fait bouillir légèrement les Roses dans de gros vin rouge et on applique le marc chaudement sur le bas-ventre. Ces mêmes fomentations faites sur la tête après des coups et des chûtes qui menaçaient d'abcès dans cette partie, ont souvent réussi pour le prévenir et pour apaiser des migraines violentes." (DAP, s v, *Rose de Provins*, p 360)

"On emploie ordinairement la rose pâle pour faire l'eau des neuf infusions qu'on donne à la dose de deux onces dans les potions purgatives. L'eau Rose qu'on tient dans les boutiques se fait aussi par la distillation des fleurs de cette espèce ou avec les roses blanches simples ; elle est propre pour les maladies des yeux ; on la mêle ordinairement avec l'eau de Plantain dans les collyres propres à calmer l'inflammation de ces parties ; elle convient encore pour arrêter les cours de ventre, les crachements de sang et les autres hémorragies... Le sirop de Roses pâles, autrement appelé sirop de Roses solutif se fait avec le suc dépuré de ces Roses et partie égale de sucre. On le donne à une once dans les potions purgatives.

Quoique les Roses soient douées de propriétés extrêmement utiles, quelques Auteurs prétendent cependant qu'elles ont des qualités dangereuses. On a des observations de personnes à qui l'odeur causoit de fortes pituites et excitait des vomissements ; d'autres à qui elle causait des rhumes qui duraient plusieurs jours de suite ; d'autres enfin sont tombé en sincope pour les avoir senties. Ces accidents doivent engager les personnes sujettes aux vapeurs à les éviter avec soin. On sait par expérience que les bonnes odeurs leur sont ordinairement nuisibles et qu'il ne faut qu'un rien pour produire chez elles des accidents dont les suites peuvent devenir funestes." (DAP, p 362)

**– Leurs emplois :**

Le *Manuel des Dames de Charité* utilise les roses dans de nombreux remèdes :

– Tisane vulnéraire :

"Prenez des Vulnéraires de Suisse, trois pincées. Versez dessus une pinte d'eau bouillante et laissez infuser pendant une demi- heure dans un vaisseau couvert. Edulcorez ensuite la colature avec une once de Sirop de grande Consoude ou de Roses séches, une once. La dose est d'un verre tiede de trois heures en trois heures." (DCH, p 65)

– Bol contre la dysenterie et les pertes habituelles invétérées :

"Prenez du verre d'Antimoine préparé avec de la cire, six grains. Incorporez-les avec un peu de Conserve liquide de Roses rouges pour former un Bol, à prendre le matin à jeun dans du pain-à-chanter[56] ; ce que l'on continuera jusqu'à la guérison, en laissant toujours un jour d'intervalle entre chaque prise, et donnant, le jour qu'on aura pris ce remède, un calmant à l'heure du sommeil." (DCH, p 238)

– Opiat balsamique contre la phtisie :

"Prenez de la Conserve de Roses, deux onces, Baume de Lucatal, une once. Faites dissoudre le baume dans un peu de jaune d'œuf, et y ajoutez-y ensuite la Conserve de Roses, pour un Opiat à donner de la grosseur d'une Noix- muscade deux ou trois fois le jour dans du pain-à-chanter." (DCH, p 267)

[56] "Ou pain enchanté coupé en rond (hostie) ou pain à cacheter, sorte de petit pain sans levain dont on se sert pour cacheter les lettres." (Furetière)

– Cataplasme contre la chute du fondement :

"On peut se contenter de boucher le Fondement avec un tampon de coton imbibé de gros Vin rouge ou de Vinaigre mêlé à autant d'Eau dans laquelle on aura fait bouillir des Roses rouges." (DCH, p 337)

– Liniment contre les contusions :

"Prenez de l'Huile Rosat, de l'Huile de Laurier, une once chacune. Mêlez-les ensemble, y ajoutez une suffisante quantité d'esprit-de-Vin pour faire un Liniment clair dont on frottera la partie trois fois le jour, la couvrant d'un papier brouillard et d'une compresse pliée en quatre." (DCH, p 342)

– Collyre contre la rougeur, chassie, taie et ulcères des yeux :

"Prenez de l'Eau-Rose, quatre onces. Dissolvez un peu de Sel d'Ammoniac, de manière que la langue en sente l'acrimonie ; ce qui peut aller à deux scrupules à un gros. Versez ensuite la liqueur dans un vaisseau de cuivre et l'y laissez jusqu'à ce qu'elle ait pris une légère couleur bleue, retirez-la alors et gardez-la dans une bouteille pour l'usage.

La manière de s'en servir est d'en laisser tomber quelques gouttes dans l'Œil deux ou trois fois le jour et de continuer jusqu'à ce que la tache soit dissipée : si elle cause trop de cuisson, on y ajoutera un peu d'Eau-Rose pour en modérer l'activité." (DCH, p 362)

– Liniment contre les hémorroïdes gonflées et douloureuses, cf. Bouillon blanc.

– Contre la douleur de teste provenant de la colère, cf. Morelle.

Madame Fouquet rappelle que les roses "sont apéritives, résolutives et abstersives", et les utilise sous des formes diverses, sans toujours en préciser l'espèce :

– Recette contre les contusions :

"Lors qu'il se fait contusion pour si grande qu'elle soit en quelque partie du corps particulièrement si la partie est charneuse, le remede suivant est souverain : Prenez de l'huile rosat et du vin en parties égales ; faites-les boüillir ensemble. Oignez-en la contusion ; cela fait, appliquez-y le remède suivant. Prenez de la cire neuve, la jaune est la meilleure ; jettés-la dans l'eau bouïllante pour la ramollir, étendés-la sur du linge en forme d'emplâtre que vous appliquerés sur la partie contusée.

"Autre Recepte contre le même mal : Prenez deux pincées de roses de provins, ce sont les roses rouges fines, une pincée de son, deux onces de beurre frais et une quantité suffisante de vin gros : faites le boüillir tout ensemble en forme de boüillie que vous étendres sur le linge et appliquerés sur la partie malade." (MFO, 1681 p 27)

– Recette pour désaltérer dans les chaleurs :

"Prenez demy once de conserve de roses liquides : battez-la 5 ou 6 fois avec le jus d'un citron et demy pot d'eau à boire ou davantage si le citron est gros et succulent : coulez cela, et prenez-en un grand verre de temps en temps. (MFO, 1681, p 353 et 1765, Tome 1, p 389)

– Pour le mal des yeux :

"Prenez un œuf dur, coupez-le en long par le milieu, ôtez en les deux jaunes, puis mettez dans le vuide des deux blancs un peu d'eau rose et de sucre candy ;

mettez ces deux blancs sur des charbons, allumez et laissez-les y jusques à ce que l'eau rose avec le sucre candy soient fondus et imbibez dans le blanc. Le soir, appliquez ces deux blancs sur les yeux comme des lunettes et mettez un bandeau pour les tenir ; réïtérez quelquefois ce remede et le malade guerira, comme on a expérimenté." (MFO, 1681, p 222)

Cf. aussi Plantain.
– Contre la démangeaison importante des paupières :

"Prenez une once et demy de vinaigre, autant deau rose et une dragme d'aloës hepatique pulvérisé ; Mêlez le tout ensemble et trempant des petits linges fins dans cette liqueur, vous les appliquerez sur les yeux." (MFO, 1681, p 222)

– Potion fort cordiale que l'on peut prendre dans la fièvre :

"Prenez de l'eau de fleurs d'orange et d'eau rose, une once et demy de chacune, confection d'alchermes, le poids de demy écu d'or, syrop de pommes, une once, suc de limon, le poids de trois écus d'or, eau de canelle le poids de deux écus d'or. Mélez le tout et faites-le prendre au malade, même dans la fiévre si elle n'est pas forte." (MFO, 1681, p 356)

– Recette en pilules pour guérir le mal de Naples (*i e* la syphilis) sans faire suer :

"*Prenez Miel blanc ou de Narbonne 2 onces, Roses rouges sèches pulvérisées, 2 onces, Précipité rouge, demy once.* Mélez le tout ensemble et incorporez-le bien ; ensuite, formez-en des pilules de la grosseur d'un poids commun pour l'usage suivant. Donnez quatre ou cinq de ces pilules aux plus robustes, et trois seulement aux plus faibles pendant trois matins de suite. Si le malade ne suë pas assez, vous augmenterez la dose, et il ne bougera pas du lit jusqu'à ce que le flux soit passe." (MFO, 1681, p 372 et 1765, Tome 1, p 235)

– Contre la gonorrhée invétérée :

"Prenez d'ambre jaune, une once ; broyez-le bien sur un porphyre ; ou marbre, et étant en poudre impalpable, arrosez-le d'eau rose et le rebroyez, puis laissez-le secher ; étant sec, arrosez-le de la même eau rose, et le rebroyez. Réitérez toutes ces triturations, humectations et dessications quatre ou cinq fois. La dose est d'une dragme dans du vin blanc ou du bouïllon où il y aura cuit d'herbes apéritives." (MFO, 1681, p 376)

– Contre les maux de tête :

"*Prenez Roses sèches ou pain de Roses, ce que vous voulez, Son de Froment, autant que de Roses, Vin blanc, ce qu'il faut.* Faites bouillir le tout ensemble dans un plat jusqu'à ce que le *Vin* soit consumé et que les *Roses* soient presque sechées ; Mettez ces *Roses* dans des étoupes et les appliquez sur la Tête du malade." (MFO, 1765, Tome 1, p 1)

– Autre recette pour purger la bile :

"Prenez à jeun une demi-once de conserve de roses pâles et ensuite un bouillon d'herbes rafraîchissantes." (MFO, 1765, Tome 1, p 28)

– Eau merveilleuse pour le mal des yeux :

"Prenez *Tuthie préparée, 3 trézeaux, Aloës Epatique, 3 trézeaux, Sucre Candi, 2 trézeaux, Vin blanc, 5 onces, Eau Rose, 5 onces.* Pulvérisez bien toutes ces drogues et ensuite, les mêlez avec le *vin blanc et l'eau rose* ; mettez cette composition dans une bouteille de verre bien forte et l'exposez au Soleil pendant un mois pour vous en servir au besoin ; frottez-en vos yeux et en faites distiller quelques gouttes dedans." (MFO, 1765, Tome 1, p 34)

– Remède lorsque l'œil est blessé :

"*Prenez glaires d'œufs, Eau Rose, Suc de grande Joubarbe, Lait de femme, de chacune de ses drogues, parties égales.* Battez le tout ensemble avec un peu de Saffran et en appliquez sur l'œil : La douleur étant appaisée, il faudra oindre le tour de l'œil avec de l'onguent rosat." (MFO, 1765, Toue 1, p 35)

– Pour guérir les crevasses des mains :

"*Prenez Amidon, Sucre fin, Adragane, Eau rose, de chacun, un peu.* Mêlez tout cela ensemble dans de l'eau rose, après l'avoir mis en poudre et en faites comme de l'Onguent, duquel vous oindrez les crevasses" (MFO, 1765, Tome 1, p 78)

– Contre la toux :

"*Prenez Conserve de Roses liquide, 6 onces, Sucre candi, 1 once, Bol d'Arménie, 2 dragmes.* Mêlez cela ensemble, prenez-en de la grosseur d'une feve ou d'une noisette de temps en temps." (MFO, 1765, Tome 1, p 95)

– Pour ceux qui sont dégoûtés et n'ont point d'appétit :

"*Prenez grains d'Anis, demie once, Poudre de Roses rouges, une dragme, Poulpe d'écorce de Citron, une demie once.* Il faut que tout soit en poudre, le bien mêler ensemble et prendre un peu de cette poudre dans une cuillerée de vin après le repas : vous pouvez y ajouter un peu de Sucre si vous voulez." (MFO, 1765, Tome 1, p 101)

– Contre la douleur des reins :

"*Prenez d'huile rosat, 3 onces, Eau rose ou de Plantain, 3 onces.* Mêlez cela ensemble, trempez un linge dedans, pressez-le ensuite médiocrement avec les mains et l'appliquez sur les reins" (MFO, 1765, Tome 1, p 148)

– Préservatif contre la peste :

"*Prenez Eau de vie ou Brandevin, une chopine, Eau rose, demie septier, Canelle coupée en petits morceaux, une once, Sucre en poudre, demie livre.* Mettez le tout ensemble dans une fiole de verre ; bouchez-la bien et l'exposez au Soleil l'espace de quinze jours et ensuite la retirez. Servez-vous en au besoin et en prenez une cuillerée le matin." (MFO, 1765, Tome 1, p 223)

– Contre les clous :

"Faut prendre de la *Mie de pain bis*, ce que vous voudrez, faites-la bouillir avec du *Lait,* quelque ce soit jusques en consistance de bouillie ; ôtez-la de dessus le feu et y mêlez de l'*Onguent rosat* à proportion du reste ; mettez-en sur du linge et l'appliquez sur le mal." (1765, Tome 1, p 228)

– Pour les brûlures de feu d'eau, et de poudre et pour en ôter les marques :

"*Prenez Vinaigre, Eau Rose, Jus de Poireau, Huile d'Olive, autant de l'un que de l'autre*. Battez bien le tout ensemble et en faites une espèce d'onguent que vous appliquerez sur les brûlures. L'huile d'Olive et l'eau Rose battues aussi ensemble, y tremper un linge dedans et l'appliquer sur la brûlure y est merveilleux." (MFO, 1765, Tome 2, p 14)

– Pour le mal de cœur :

"*Prenez conserve de Rose, ce que vous voudrez, [conserve] de Violettes, de Nénufar, autant de l'un que de l'autre*. Mêlez bien ensemble tout ce que de dessus et en donnez au malade le matin à jeun et après le repas." (MFO, 1765, Tome 2, p 33)

– Pour les dartres :

"Prenez de la poudre d'*Algerac*, mêlez-la avec de la *Pommade de fleurs d'Orange* ou de Jasmin ou de l'*onguent Rosat* et les en frottez." (MFO, 1765, Tome 2, p 55)

– Pour faire venir du lait aux femmes :

"Donnez à boire à la Femme du *vin doux* dans lequel vous aurez fait bouillir du blé et des *roses*." (MFO, 1765, Tome 2, p 201)

– Pour les coups des yeux et les taches qui s'y font :

"Prenez des *Roses rouges*, faites-les cuire dans un poëlon avec un peu d'*eau* et en faites un cataplasme sur l'œil, le plus chaud qu'il se pourra." (MFO, 1765, Tome 2, p 396)

– Pour la rougeur des yeux :

"*Prenez Roses rouges, Sauge, Rue, Eclaire, Fenouil, de chacun une poignée, Sel, un peu*. Faites distiller tout cela dans un alambic, et mettez de cette eau deux ou trois goutes dans l'œil soir et matin." (MFO, 1765, Tome 2, p 396)

– Pour faire tomber les taies sur les yeux, cf. Fenouil.
– Pour la dysenterie : cf. Aigremoine.
– Pour la petite vérole, cf. Bourrache.
– Pour ôter les marques ou taches de naissance du visage aux enfants, cf. Bourrache.
– Pour les règles immodérées, cf. Bourse à pasteur.
– Pour les douleurs des mamelles, cf. Cerfeuil.
– Pour l'érésipèle, cf. Chicorée.
– Pour faciliter l'accouchement des femmes, cf. Coing.
– Contre la douleur de tête causée par la chaleur du foie, cf. Coing.
– Pour les inflammations du fondement, cf. Lin.
– Pour le mal d'estomac et la colique, cf. Marjolaine.
– Pour les douleurs du fondement ou boyau culier, cf. Mélilot.
– Pour le dévoiement d'estomac, cf. Menthe.

– Pour arrêter le vomissement, cf. Menthe.
– Onguent pour les hémorroïdes, cf. Morelle.
– Pour le battement de cœur et lorsque le malade a fièvre, cf. Oseille.
– Contre la toux quand elle vient de la chaleur, cf. Pavot.
– Contre la dysenterie et perte de sang, cf. Plantain.
– Julep pour prévenir l'avortement, cf. Plantain.
– Pour le battement de cœur et lorsque le malade a la fièvre, cf. Plantain.
– Contre la dysenterie et perte de sang, cf. Plantain.
– Poudre contre l'épilepsie, cf. Pomme.
– Pour les gouttes, cf. Safran.
– Pour la rougeur des yeux, cf. Verveine.
– Pour purger la bile, cf. Violette.

Mademoiselle d'Auvergne emploie également les roses dans divers remèdes :

– Infusion pour hémorragie ou flux utérin :

"Suc de plantain, trois onces, eau de roses blanches, une once ; mettez infuser dans deux ou trois plotons de fient d'Asne rompu par petits morceaux et demie dragme de santal citrin, infusé pendant six heures au moins sur les cendres chaudes, remuant souvent, pressez et exprimez et dans la colature, dissolvez demie dragme de Cristal Minéral et un peu de sucre et en prenez deux fois le jour loin des boüillons." (MDA, p 59)

– Préparation en forme de parfum pour la migraine :

"Prenez demie once d'oliban, demi-once de mastich en larmes, demie once de roses seches en boutons, deux gros de clouds de girofle, deux onces de charbon de verveine ou de saule et demie once de marjolaine en poudre. Il faut piler le tout ensemble et l'arroser de bonne eau de Vie et, quand le tout sera en paste, il faut le laisser secher de soy-même sans feu ; et quand on voudra s'en servir au mal susdit, il faudra la brûler et en parfumer le bonnet en se couchant." (MDA, p 427)

– Onguent contre les hémorroïdes internes et externes du Frère la Fores, cf. Bouillon blanc.
– Lavements astringents, cf. Bouillon blanc.
– Emplâtre pour les enflures des testicules, cf. Lierre.
– Cataplasme pour les douleurs de l'estomac, cf. Marjolaine.
– Liqueur pour faire reposer les malades qui sont en inquiétude, cf. Pavot.
– Décoction pour guérir le mal de ventre ou dévoiement, cf. Plantain.

## 74. Rue, Rhüe, (*Ruta graveolens* L.) (*Ruta hortensis* L) (Rubiacées)

### – Ses propriétés :

Lémery qui distingue une rue sauvage et une rue domestique, accorde les mêmes propriétés aux deux :

> "Elles sont incisives, atténuantes, discussives, propres pour résister au venin, fortifier le cerveau, pour exciter les mois aux femmes, pour abbâtre les vapeurs, pour la colique venteuse, pour les morsures des chiens enragés, des serpens ; On s'en sert extérieurement et intérieurement." (DUD, s v *Ruta*, p 655)

Il consacre par ailleurs une notice à la Rue des murailles qui est une sorte de fougère ou plante capillaire et qui

> "est pectorale et apéritive, propre pour la toux, pour la difficulté de respirer, pour exciter le crachat et l'urine, pour la pierre, pour les maux de la ratte et des reins, pour la phtisie, pour la pleurésie."

Dom Alexandre distingue également la rue des jardins et la rue des murailles :

> "La Rue de jardins est chaude et dessicative, incisive, atténuante, digestive, discussive, alexipharmaque et nervine. Son principal usage est contre l'épilepsie, la peste et les maladies malignes, tant comme préservative que curative. Pour chasser le venin, aiguiser la vue, corriger la faiblesse de l'estomac, dissiper la colique venteuse et remédier à la morsure des serpens et des chiens enragés, en cette sorte : on pile de la Rue avec un peu de vinaigre et de sel, et ayant fait avaler trois ou quatre onces du suc exprimé de ce mélange, on applique le marc sur la morsure. Les feuilles de Rue appliquées sur les deux pouls, empêchent l'ivresse et leur décoction dans du vin est un remede éprouvé contre la carie des dents et le scorbut des gencives ; on en rince la bouche pour en corriger la salive vitrée. En faisant bouillir une chemise dans une décoction de Rue et d'eau, il ne s'y engendrera point de poux. Le vinaigre de Rue est un des antidotes les plus usités dans la peste, ainsi que la Rue en substance, mangée le matin à jeun ou infusée dans du vinaigre. ." (DBP, s v, *Rue*, p 485)

Quant à la rue des murailles, il note qu'elle tient rang entre les cinq Capillaires et

> "qu'elle est tempérée, dessicative, digestive, discussive et propre à découper la matiere tartareuse et mucilagineuse des poumons : elle sert principalement à la toux, à l'asthme, à la jaunisse, à la pleurésie, aux douleurs des reins et de la vessie, à exciter les urines et dissiper la gravelle des reins….Elle est spécifique contre le scorbut." (DBP, s v, *Rue de Muraille*, p 486)

Arnault de Nobleville recopie ici encore en partie le texte de la *Suite de la Matière Médicale* de Geoffroy (Tome 2, p 302) où il est précisé que les deux espèces ont les mêmes propriétés, mais que l'on préfère en Médecine celle des jardins :

> "La Rhue est incisive, hystérique et vermifuge ; elle est propre pour exciter les mois aux femmes, calmer les vapeurs, les coliques venteuses humorales, les vers, les morsures des chiens enragés et des serpens. On se sert des feuilles et des semences en infusion et en décoction… La Rhue est propre contre les écrouelles... Dans les maladies contagieuses, et pour se garantir du mauvais air, deux cuillérées de suc de Rhue avec autant de bon vin est un remède très utile. Quant à l'usage extérieur, la

décoction des feuilles est un excellent gargarisme pour les gencives des scorbutiques et pour ceux qui sont attaqués de la petite vérole. Ce gargarisme résout les grains qui embarrassent la gorge et on peut aussi en bassiner le tour des yeux ; on assure que dans les taies de la cornée, si l'on fait souffler dans l'œil malade l'odeur de la Rhue par une personne saine qui en a mâché auparavant, le malade guérit très souvent. Plusieurs se servent dans la suffocation de la matrice d'un cataplasme fait avec les feuilles de Rhue et les œufs, le tout cuit dans une poele en forme d'omelette et appliquée sur la région de la matrice."(DAP, s v, *Rhue des jardins ou cultivée*, p 351)

**– Ses emplois :**

La plante est peu citée dans le *Manuel des Dames de Charité*.

– Cataplasme contre la goutte remontée, cf. Ail.

Elle est en revanche mentionnée par Madame Fouquet dans de nombreux remèdes :

– Contre les douleurs et fluxions sur les jambes et pour les gouttes sciatiques :

"*Prenez de la Rhue, 2 poignées, Beurre frais, demie livre, de l'urine d'une personne saine, 1 chopine*. Faites bouillir le tout dans un poëlon jusqu'à la consistance d'onguent et quand vous voudrez vous en servir, appliquez-le chaudement sur le mal." (MFO, 1765, Tome 1, p 166)

– Pour toutes sortes de coliques :

"*Prenez Rhue, 1 poignée, Hysope, 1 poignée, Vin, 1 chopine*. Faites cuire dans un poëlon ou un bassin les susdites choses avec le vin ; pressez cette décoction avec un linge blanc et en donnez à boire au malade." (MFO, 1765, Tome 2, p 29)

– Pour les ventosités du fondement :

"Prenez de la *Rhue,* faites-la cuire dans un pot ou poëlon avec de l'huile et en clystérisez la partie." (MFO, 1765, Tome 2, p 131)

– Pour faire sortir la gravelle des reins :

"Faire tremper dans du *vin blanc* de la *Rhüe de muraille* pendant une nuit et buvez le matin à jeun de ce vin." (MFO, 1765, Tome 2, p 167)

– Pour le mal caduc :

"La Rhue prise en breuvage y est très souveraine" (MFO, 1765, Tome 2, p 214)

– Pour le bruit et cornement d'oreilles :

"*Prenez Huile de Rhuë, Huile de Castor ou Aspic, Jus de porreaux, autant de l'un que de l'autre*. Mêlez bien toutes ces liqueurs ensemble, faites une petite tente propre à mettre dans l'oreille que vous imbiberez dans ces liqueurs et mettrez dedans." (MFO, 1765, Tome 2, p 248)

– Pour faire mourir les vers qu'on a dans les oreilles :

"*Prenez bois de Frêne vert, Suc de pain de Pourceau, Suc de Scille, Suc de Rhue, autant de l'un que de l'autre.* Mettez à travers le feu le bois de Frêne et deux assiétes aux deux bouts de ce bois pour recevoir l'écume ou l'eau qui en sortira ;

cela fait, vous vous prendrez ce qui en sera sorti et le mettrez avec autant de chacun desdits sucs ci-dessus, mêlez-les bien et en mettez chaudement dans les oreilles." (MFO, 1765, Tome 2, p 251)

– Pour les verrues :

"Prenez *feuilles de Rhuë* ; pilez-les et les appliquez dessus." (MFO, 1765, Tome 2, p 377)

– Pour les vers :

"Prenez *Huile de Rhuë et d'Absinthe*, parties égales et y mettez infuser de l'*Orange*, ou bien prenez une *Orange* entiere, vuidez-la et n'y laissez que l'écorce, mettez-y ensuite les *huiles* dedans et les y laisser tant qu'il vous plaira : Vous frotterez le nombril du malade de cette *huile* et y mettrez un linge bien chaud dessus." (MFO, 1765, Tome 2, p 379)

– Pour conforter l'estomac après avoir vomi :

"Prenez une demie cuillerée de jus de Rhue avec un peu de vin." (MFO, 1765, Tome 2, p 387)

– Pour faire mourir les vers des petits enfants :

"[Faites] un petit cataplâme fait de poudre de Rhuë, de Coloquinte, d'Aloès et de semence de Citron, incorporez avec le fiel de Bœuf et la farine de Lupis." (MFO, 1765, Tome 2, p 425)

– Pour purger les enfants, sans rien leur faire prendre par la bouche :

"Il faut prendre une once de suc de Rhuë, autant de fiel de Bœuf et une demie once d'Aloës en poudre, mêler le tout ensemble, puis tremper un linge dans ladite composition, assez grand pour qu'il la boive toute, et l'appliquer ainsi sur le creux de l'estomac et sur le ventre au droit du nombril, le soir en couchant l'enfant : Le lendemain il sera purgé, ou au plus tard le jour d'après, en réitérant le Remède de même que dessus ; pour les grandes personnes, il ne faut que doubler la dose ; il n'y a que les femmes grosses à qui il soit contraire." (MFO, 1765, Tome 2, p 425)

– Pour les douleurs des dents, cf. Bétoine.
– Pour les chancres de la bouche, cf. Chicorée.
– Pour la luette lorsqu'elle est baissée, cf. Coriandre.
– Contre cette forte douleur de tête provenant de ventosité, cf. Genévrier.
– Pour la puanteur du nez, cf. Menthe.
– Pour ceux qui sentent mauvais du nez provenant du cerveau, cf. Menthe.
– Pour les vers, cf. Menthe.
– Pour le mal des yeux, cf. Pavot.
– Pour préserver de la fièvre maligne, de la peste et tout mauvais air, cf. Romarin.
– Pour préserver de la fièvre maligne, de la peste et tout mauvais air, cf. Romarin.
– Pour la colique bilieuse, venteuse, néphrétique et de quelque espèce que ce soit, cf. Sauge.
– Pour la rougeur des yeux, cf. Verveine.

## 75. Safran, Saffran, (*Crocus sativus* L.) (Iridacées)

### – Ses propriétés :

Selon Lémery :

"Il est cordial, pectoral, somnifère, anodin, hystérique, aléxitaire, apéritif ; on l'employe dans les alimens et les remèdes pour fortifier, pour résoudre, pour adoucir ; on le mêle dans les collires pour conserver les yeux dans la petite vérole ; il entre dans plusieurs emplâtres, mais son usage principal est pour l'intérieur." (DUD, s v *Crocus*, p 252)

Dom Alexandre ajoute :

"Ce qu'on vend sous le nom de *Safran*, ce sont trois ou quatre filets qui viennent dans chaque fleur, qui ont le bout couleur de feu. Le Safran est cordial ; mais sur l'estomac, il empêche les nausées qui fatiguent ceux qui vont sur mer, ce qu'on a reconnu par hasard. On le nomme *l'ami des poumons* parce qu'il convient particulièrement à ce viscere. Il est chaud, dessicatif, apéritif, digestif et émollient, hystérique et anodin ; il procure le sommeil. Son usage est dans la syncope et l'apoplexie, où l'on met une goutte ou deux de la teinture sur la langue... Son usage externe est dans les collyres. On dit qu'il est mortel si on en prend deux ou trois dragmes. Mêlé avec de l'esprit de vin, et appliqué avec un linge sur les extrémités des pieds et des mains froides et prêtes à se gangréner, il les réchauffe et les fait revivre." (DBP, s v, *Safran*, p 487)

Arnault de Nobleville n'a mentionné que très partiellement les nombreuses propriétés que Geoffroy avait reconnu au safran dans son *Traité de la Matière Mé*dicale de (Tome 3, p 46). Il a seulement noté :

"Les trois branches du pistil sont la seule partie que l'on emploie et que l'on nomme le *Safran*. Il est hystérique, anodin, stomachique et pectoral. On le fait sécher à l'ombre, on le réduit en poudre que l'on donne jusqu'à six grains jusqu'à un scrupule, ou seul, ou mêlé dans les opiates stomachiques et hystériques. On fait aussi infuser le Safran dans un bouillon ou de l'eau comme du thé. Le Safran n'a pas seulement la propriété de pousser les mois ; il est aussi très propre contre les maladies du poumon ; on le fait infuser dans le lait que l'on donne aux Pulmoniques. Il n'en faut pas donner une forte dose, cinq ou six grains suffisent. Pour l'extinction de voix, une pincée de Safran bouillie dans un septier de lait et pris chaudement est un reméde qui souvent réussit. Quant à son usage extérieur, il est résolutif et anodin. Il entre en cette qualité dans le cataplasme de mie de pain et de lait qu'on applique sur les tumeurs pour en apaiser l'inflammation. Tout le monde sait qu'une légère teinture de Safran avec l'eau Rose et l'eau de Plantain est un collyre familier pour garantir les yeux des impressions fâcheuses de la petite vérole." (DAP, s v, *Safran*, p 368)

### – Ses emplois :

On relève dans le *Manuel des Dames de Charité* quelques remèdes simples où figure le safran :

– Poudre contre la jaunisse et le défaut des règles :

"Prenez du Saffran de Mars apéritif, une once, des Yeux d'Ecrevisses[57] préparés, des coquilles d'Huîtres préparées, de chacun trois gros, de la Canelle, un gros et demi. Réduisez le tout en poudre et mêlez-le exactement. La dose est d'un gros le matin à jeun dans du pain-à-chanter ou dans un petit verre de vin ou d'eau, en diminuant pendant quinze jours, ayant soin de manger un potage à dîner et un à souper pendant son usage. On fera aussi précéder la Saignée et la Purgation ou au moins cette dernière si le malade est foible et il faudra qu'elle fasse le plus d'exercice qu'il lui sera possible." (DCH, p 231)

– Opiat apéritif et purgatif contre l'hydropisie :

"Prenez du Saffran de Mars apéritif, de l'Antimoine crud, de chacun, deux gros, du Diagrède[58], une once. Faites du tout une poudre fine, et ajoûtez-y une suffisante quantité du Sirop des cinq Racines apéritives pour former un Opiat de molle consistance, à prendre à la dose de deux scrupules à un gros, le matin et le soir, enveloppé de pain-à-chanter." (DCH, p 259)

– Collyre contre l'ophtalmie, cf. Pommier.

Madame Fouquet note qu'il est "est apéritif et digestif" et l'emploie dans plusieurs remèdes simples :

– Eau lorsque l'œil est blessé :

"*Prenez glaires d'œufs, Eau rose, Suc de grande Joubarbe, Lait de femme, de chacune de ses drogues parties égales.* Battez le tout ensemble avec un peu de Saffran et en appliquer sur l'œil : La douleur étant apaisée, il faudra oindre le tour de l'œil avec de l'onguent rosat." (MFO, 1765, Tome 1, p 35)

– Lavement pour l'hydropisie :

"Prenez dix onces de l'*Urine* d'un petit garçon, six dragmes de *Térébentine de Venise*, demi dragme *d'Huile de Saffran*, une dragme de *feuilles* ou *bayes de Laurier*, une dragme de *Saffran*, faites dissoudre tout ce que dessus sur un peu de feu et y délayer un jaune d'œuf et, après l'avoir passé par un linge, donnez-en un Lavement au malade." (MFO, 1765, Tome 1, p 118)

– Pour faire venir leur temps (*i e* menstrues) aux femmes et aux filles :

"*Prenez du Poivre long, 1 once, Saffran, 1 once, Canelle, 1 once, Cloux de Gerofle, 3 onces, Gingembre, 1 once.* Pilez bien toutes ces Drogues dans un mortier et les réduisez en poudre ; mettez un trézeau de cette poudre dans un bouillon fait de poix rouges et le donnez à boire à la malade ; réiterez plusieurs fois et vous verrez qu'elle se portera bien." (MFO, 1765, Tome 1, p 174)

– Contre le mal des mamelles :

"Le Saffran pulvérisé et mis entre les deux mamelles et entre deux linges y est merveilleux." (MFO, 1765, Tome 1, p 204)

---

[57] "Concrétions arrondies et convexes d'un côté, comprimées et comme enfoncées de l'autre que l'on trouve au nombre de deux aux cotes de l'estomac de l'écrevisse." (Nysten)

[58] Ou diacrydium, nom ancien donné à la scammonée dont le jus était mélangé à du suc de coing pour préparer un remède appelé *diagrède cydonié*.

– Pour les accouchements :

"*Prenez noyaux de Dattes, 1 gros, Safran, 10 gros, Ambre, 1 gros, Semence de Cumin, 2 gros.* Réduisez le tout en poudre fort subtile, broyez-le séparément, mêlez-le bien ensuite et donnez à boire à la femme dans quelque liqueur au plus fort de son travail ; comme aussi lorsqu'elle ne pourra pas expulser l'arrière-faix, le poids d'un écu d'or." (MFO, 1765, Tome 2, p 1)

– Pour les opilations du foie :

"Il faut user souvent dans les maladies du foie de saffran dans les viandes que l'on mange, car il est très souverain aussi bien qu'au mal de Rate et à la Jaunisse." (MFO, 1765, Tome 2, p 139)

– Pour les gouttes :

"*Prenez Huile rosat, Mie de pain, Jaunes d'œuf, Lait de Vache, Saffran, un peu de chacun.* Faites cuire les susdites choses dans un poëlon et en faites comme de la bouillie, mettez-en sur des étoupes et l'appliquez sur le mal ; vous les lierez avec quelques bandes pour les faire tenir." (MFO, 1765, Tome 2, p 154)

– Pour la surdité et la douleur d'oreilles :

"Le Saffran appliqué sur l'oreille y est très bon." (MFO, 1765, Tome 2, p 248)

– Contre la migraine et douleur de tête :

"Prenez un *blanc d'Œuf,* battez-le bien avec un peu de *Saffran ;* trempez-y un linge et l'appliquez en forme de frontal." (MFO, 1765, Tome 2, p 355)

– Pour les vers :

"*Prenez du jus de Citron, 1 cuillerée, Saffran en poudre, 1 scrupule, Sucre, un peu.* Mêlez tout cela ensemble et en prenez trois matins à jeun la même dose." (MFO, 1765, Tome 2, p 378)

– Pour les yeux :

"Ayez du *Saffran ;* mêlez-en avec un *blanc d'œuf et* en faites un cataplasme sur l'œil." (MFO, 1765, Tome 2, p 397)

– Remède lorsque l'œil est blessé, cf. Rose.

Mademoiselle d'Auvergne ne mentionne que peu de remèdes simples où le safran est présent :

– Liqueur pour faire reposer les malades qui sont en inquiétude, cf. Pavot.

– Décoction pour la jaunisse, cf. Marrube.

– Pilules contre la pleurésie :

"Prenez du safran, des racines de tormentille, et de la graine de chenevi, de chaque, deux dragmes en poudre et délayées avec du fort vinaigre, avec demie once de vieille thériaque de Venise ou de Montpellier. La doze ou prise est d'une dragme et demie." (MDA, p 147)

– Onguent pour ôter les douleurs aux nouveaux gouteux, avant la journée passée, cf. Sauge

## 76. Sauge (grande et petite) (*Salvia officinalis* L.) (Lamiacées)

### – Ses propriétés :

Lémery qui en distingue deux espèces, la grande ou franche et la petite, juge que cette dernière est la meilleure, mais accorde aux deux les mêmes propriétés :

"Elles sont céphaliques, nervales, hystériques, résolutives, apéritives. On s'en sert intérieurement et extérieurement pour la paralysie, pour la léthargie, pour l'apoplexie ; on en mâche pour faire cracher et l'on en fait entrer dans les errhines. [L'infusion des feuilles de la petite sauge] est fort en usage ; elle atténuë la pituite, elle fortifie le cerveau." (DUD, s v *Salvia*, p 668)

Dom Alexandre complète ainsi :

"On se sert en Médecine de ses feuilles et de ses fleurs qui sont chaudes, dessicatives, astringentes, abstertives, céphaliques et diurétiques. Elle convient à la paralysie, au rhumatisme, au vertige, à l'épilepsie, aux catarres, aux tremblemens des membres, à l'apoplexie et aux autres affections du cerveau. Elle est aussi très utile dans la suppression des urines et des mois aux femmes, dans les indigestions, foiblesses d'estomac, dans les vents et la colique, pour tuer les vers et débarrasser le poumon des asthmatiques... La Sauge n'est pas moins recommandée dans le scorbut que la *Cochlearia*, où leur suc et leur décoction servent conjointement pour gargariser les gencives enflées et ulcérées... Fumer de la Sauge soir et matin avec une pipe soulage généralement toutes les maladies du cerveau. L'eau distillée de la Sauge mondifie les plaies, arrête les hémorragies, fortifie le cerveau et les membres, guérit les piqûres, soulage le mal des dents, resserre les gencives." (DBP, s v, *Sauge*, p 496)

"La Sauge des bois ou sauvage est fort apéritive, diaphorétique, vulnéraire et résolutive ; elle résiste à la malignité des humeurs, à la gangrène ; elle résout les tumeurs. Son suc et son infusion dans du vin sont un remède très apéritif et sudorifique, propre à fortifier l'estomac, à tuer les vers, à faire couler les urines, à emporter la jaunisse et la fièvre tierce (selon Tragus) ; on s'en sert utilement à Paris dans l'hydropisie, selon M de Tournefort." (DBP, p 497)

Arnault de Nobleville s'est largement inspiré de la *Suite de la Matière Médicale* de Geoffroy (Tome 2, p 334) pour écrire sur les propriétés communes de la grande et de la petite sauge :

"Ces plantes sont céphaliques, hystériques, stomacales et vermifuges. Leur usage est intérieur et extérieur. On prend l'infusion des feuilles pour les vertiges, l'assoupissement et les autres affections du cerveau qui menacent de l'apoplexie et de la paralysie. On choisit pour cela la petite Sauge ou de Provence parce que le pays étant plus chaud, lui donne plus de vertus ; on en met une pincée de huit ou dix feuilles dans un demi-septier d'eau bouillante à la manière de thé, en y ajoutant un peu de sucre. Cette boisson continuée pendant quelque temps le matin à jeun, n'est pas seulement bonne pour les maladies du cerveau, mais elle est encore très utile dans la suppression des regles, les indigestions et les foiblesses de l'estomac, dans la colique venteuse, pour tuer les vers, pour débarrasser le poumon des Asthmatiques ; et, dans ce dernier cas, on en fume les feuilles en guise de tabac. En un mot, cette plante a tant de vertu qu'elle passe dans l'esprit de plusieurs comme un reméde universel.

Quant à son usage extérieur, ses feuilles et ses fleurs s'emploient tous les jours très utilement dans les décoctions et les fomentations aromatiques pour fortifier les nerfs, et pour dissiper l'enflure des plaies. L'infusion des feuilles de Sauge dans du vin est recommandée contre le mal de dents et contre le tremblement des mains, si on les en lave souvent. Ces mêmes feuilles appliquées sur la piquure récente des mouches-guêpes en apaisent la douleur et l'inflammation sur le champ." (DAP, *Sauge (grande et petite)*, p 372)

**– Ses emplois :**

Le *Manuel des Dames de Charité* ne la mentionne guère :

– Cataplasme contre la piqûre des guêpes et des araignées :

"Il faut appliquer sur la piqûre une feuille de Sauge franche." (DCH, p 419)

– Infusion céphalique contre les étourdissements et menaces d'apoplexie, cf. Absinthe.

En revanche, Madame Fouquet qui note seulement que les différentes espèces de sauge sont très connues et servent conte les humeurs flegmatiques", en cite l'emploi à plusieurs occasions :

– Contre les meurtrissures :

"Prenez des petites pièces de lard avec de la sauge ; faites boüillir le tout dans le vin, puis bassinez en la meurtrissure et, à la fin, appliquez le marc sur le coup." (MFO, 1681 p 28)

– Pour fortifier les nerfs, résoudre les tumeurs ou enflures froides et ramollir les duretés des jointures :

"Il faut prendre 4 ou 5 poignées de sauge, les bien piler, les mettre dans un poëlon avec une livre de beurre frais, les faire boüillir ensemble durant un quart d'heure et les passer ensuite par un gros linge pour en exprimer ce qu'on pourra, dont on oindra les parties malades et débiles.

Notez qu'il faut que cet onguent soit fondu, quand on s'en servira, et qu'il est bon contre le rhumatisme." (MFO, 1681 p 64)

– Contre les mules au talon et contre les engelures des pieds et des mains :

"Faites boüillir de la sauge avec du vin du plus gros ; et trempez la dedans le talon ou la partie engelée, s'il se peut soir et matin ou bien il faut s'en étuver l'espace de demy heure aussi chaudement qu'il se pourra. Le vin pourra servir quatre ou cinq fois." (MFO, 1681 p 107 et 1765, Tome 1, p 168)

– Contre la douleur des dents :

"Mettez une poignée de sauge nouvellement cueillie sur une péle rougie au feu ; jettez-y peu à peu du meilleur vinaigre et une demy poignée de sel, le tout étant à demy confy et mélangé, vous le mettrez entre deux linges et l'appliquerez sur la jouë malade le plus chaudement que vous pourrez ; ne prenez pas l'air et rëïtérez ce remède de six heures en six heures, principalement après avoir été saigné et apres avoir pris un lavement ou deux." (MFO, 1681 p 172)

– Contre le mal de dents :

"Faites boüillir la sauge avec du gros vin et du sel, puis la coulez, jettez dedans un peu de vinaigre et d'eau de vie dont vous vous gargariserez chaudement." (MFO, 1681, p 261)

– Contre les accès de la fièvre tierce :

"*Prenez de Sauge, une poignée, Sel commun, une poignée, Suye de cheminée, une poignée, Blanc d'œuf, un ou deux.* Il faut piler dans un mortier les trois premières choses chacune à part ; apres, le mêler ensemble et y bien incorporer les blancs d'œuf : cela fait, il faut étendre cette pâte entre 2 linges qui soient un peu gros et de la largeur de trois doigts et en faire comme deux petits bracelet que vous appliquerez aux deux poignets du malade à l'endroit où lartere bat, quelque demie heure avant que le frisson le prenne et les y laisser 11 ou 12 jours sans changer." (MFO, 1681, p 347 et 1765, Tome 1, p 207)

– Pour les nerfs raccourcis ou endurcis, pour les ramollir :

"*Prenez deux pieds de bœuf, Sauge, 2 poignées, Beurre frais, demie livre.* Faites bien bouillir dans de l'*Eau* la *Sauge et les pieds de bœufs* jusqu'à ce que la chair se sépare des os ; ensuite, coulez-le avec expression ; battez ce jus coulé avec la *demi-livre de beurre frais* ; conservez cette gelée dans un vase de terre, frottez-en chaudement deux fois le jour les jointures des parties raccourcie, ou endurcies." (MFO, 1765, Tome 1, p 24)

– Contre la goutte sciatique froide :

"*Prenez feuilles de Sauge, 3 poignées, Huile d'Olive, 2 livres.* Il faut mettre cette Sauge avec l'Huile dans un pot de terre et ensuite le mettre devant le feu et le faire cuire à feu lent jusqu'à la diminution de la moitié, et après, mettez cela dans un linge et le pressez dans une presse ; afin de lui faire rendre tout son jus que vous mettrez dans une fiole bien bouchée. Pour vous en servir, vous mettrez de ce jus sur une assiette, le ferez chauffer, et en frotterez la partie qui vous fait mal, le plus chaudement que vous pourrez, y mettrez une feuille de papier blanc par-dessus avec une serviette pliée en double bien chaude et banderez bien, si faire se peut, la partie affligée. Remède éprouvé." (MFO, 1765, Tome 1, p 244)

– Pour les avortements :

"Les femmes qui sont sujettes à Avorter doivent souvent manger de la Sauge." (MFO, 1765, Tome 2, p 4)

– Pour la colique bilieuse, venteuse, néphrétique et de quelque espèce que ce soit :

"*Prenez Camomille, 1 poignée, Rhue, 1 poignée, Sauge, 1 poignée, Absinthe, 1 poignée, Son de froment, 1 poignée, Vinaigre, ce qu'il faut.* Coupez bien menu toutes les herbes et les faites bouillir avec du vinaigre dans un vaisseau propre jusques à ce que le vinaigre soit évaporé ou consommé ; mettez ensuite ces herbes dans un petit sac et les appliquez sur votre estomac le plus chaud que vous pourrez le souffrir, et les ferez réchauffer lorsqu'elles seront froides, pour les y remettre et continuer jusques à parfaite guérison qui sera dans peu de tems." (MFO, 1765, Tome 2, p 28)

– Pour la douleur des dents :

"*Prenez de la Sauge, 1 poignée, Piretre, 1 poignée, Vinaigre, à proportion.* Faites bouillir dans un poëlon avec le vinaigre, lesdites herbes ; prenez de cette décoction et en mettez dans votre bouche le plus chaudement que vous pourrez et changez de temps en temps." (MFO, 1765, Tome 2, p 60)

– Pour les fièvres chaudes :

"*Prenez de la Sauge fraîche, 2 poignées, Violiers jaunes*[59] *qui croissent sur les murailles, 3 poignées, Pain de Seigle, ce qu'il en faut, Gros sel, une poignée.* Pilez la Sauge et les feuilles de violier dans un mortier de marbre ou de pierre ; faites rôtir sur les charbons le Pain de Seigle, coupez-le ensuite par petits morceaux et les faites tremper dans un plat avec du vinaigre et le gros sel pendant une heure ; après cela, vous vous mettrez le tout dans le mortier où sont vos herbes, le mêlerez bien ensemble et en ferez un cataplâme sur le front qui tiendra jusqu'aux oreilles, un autre à chaque poignet et un autre à chaque plante des pieds, et le changerez de six heures en six heures jusqu'à ce que le raisonnement lui soit venu, qui sera dans peu." (MFO, 1765, Tome 2, p 110)

– Pour les meurtrissures :

"*Prenez de la Sauge, 1 poignée, du Lard à larder, 1 quarteron, Gros Vin, 1 chopine.* Coupez par tranche vôtre Lard et le mettez avec la Sauge et le Vin dans un pot de terre vernissé ; faites-le bouillir jusqu'à la diminution de la moitié ; étuvez-en chaudement le mal, appliquez du marc par-dessus et réitérez plusieurs fois." (MFO, 1765, Tome 2, p 230)

– Contre la frénésie :

"*Ayez du suc de la Sauge sauvage et autant de vinaigre*, mêlez-le et en distillez sur le cerveau du malade et sur les tempes ; ajoutez-y si vous voulez du *Serpolet* et du *Laurier* et en frottez la tête et le col du malade." (MFO, 1765, Tome 2, p 263)

– Contre la douleur de tête provenant de colère :

"*Prenez feuilles de Vignes, Feuilles de Sauge, Fleurs de Nénufar, 1 poignée de chaque, Gros Vin, ce qu'il faut.* Faire cuire tout cela dans un poëlon et en faites une décoction dans laquelle vous laverez les pieds du malade le plus chaudement qu'il se pourra." (MFO, 1765, Tome 2, p 347)

– Pour l'esquinancie :

"Prenez de la petite Sauge ; emplissez-en une bouteille sans la fouler (de ces bouteilles à large gouleau où on met des Cerises) versez dessus tout ce qu'il pourra tenir d'eau-de-vie de Coignac, de la meilleure, la boucher avec un

[59] Il ne s'agit évidemment pas de violette, mais une giroflée (*Cheiranthus cheiri* L).

parchemin moüillé et la laisser infuser dans la chambre (et non au Soleil); elle deviendra couleur de Bierre au bout de quelque temps laissez toûjours la Sauge dedans." (MFO, 1765, Tome 2, p 439)

– Contre la rage tant pour les hommes que pour les animaux, cf. Armoise.
– Pour la douleur de la tête provenant de la mélancolie, cf. Bourrache.
– Pour les coupures, cf. Consoude.
– Pour les rhumatismes, cf. Genièvre.
– Pour les asthmatiques, cf. Hysope.
– Pour la fièvre chaude, cf. Pimpinelle.
– Pour décharger le cerveau, cf. Réglisse.
– Pour préserver de la fièvre maligne, de la peste et tout mauvais air, cf. Romarin.
– Pour la rougeur des yeux, cf. Rose.

Mademoiselle d'Auvergne cite également la sauge dans la composition de plusieurs remèdes simples :

– Onguent pour les plaies :

"Il faut prendre une livre de panne de porc, une bonne poignée de sauge et plein les deux mains de fiente de poule, puis faire boüillir le tout et grésiller ensemble ; le passer ensuite à travers un linge et le tordre, pour le garder dans des pots de grais ou de terre et s'en servir au besoin." (MDA, (p 241)

– Onguent pour ôter les douleurs aux nouveaux gouteux, avant la journée passée :

"Il faut avoir un pot de terre bien plombé qui tienne quatre pintes d'eau, l'emplir de sauge menuë et aprés, d'eau, faire consommer ce qui y pourra entrer des quatre pintes d'eau jusques à moitié, y mettre un quart d'once de saffran, et faire consommer le reste des quatre pintes d'eau en sorte qu'elles ne reviennent qu'à une pinte ; puis il faut avoir un bassin de terre bien plombé, et y mettre deux livres de poix grasse, puis passer l'eau boüillante avec la sauge et le saffran à travers un linge, dessus ladite poix et mêler le tout ensemble assez longuement. Mettre de cela sur du cuir doux et le poser sur la partie dolente, qui sera sans douleur avant le jour finy." (MDA, p 272)

– Onguent pour la sciatique :

"Il faut prendre un grand faisseau de sauge franche, la mettre bouillir dans trois pintes de vin, et lorsque la sauge est cuite, bien presser le tout, qui doit estre à la moitié ; il faut mettre une livre de beurre frais à une chopine de jus que vous ferez bouillir l'un avec l'autre jusques à ce qu'il soit en Onguent. Puis en frotter la partie malade, ayant fait chauffer ledit Onguent avant cela pour mettre ensuite un linge chaud par-dessus." (MDA, p 273)

– Liqueur contre la rage, cf. Pimprenelle.

## 77. Soucy, Souci, Calendula, Caltha, (*Calendula officinalis* L.) (Astéracées)

**– Ses propriétés :**

Selon Lémery :

"Elle est cardiaque, céphalique, apéritive ; elle excite les urines et les mois aux femmes ; elle provoque la sueur ; elle résiste au venin. Elle est bonne pour les écrouelles, prise en tisane ou en sirop ; elle en excite la suppuration et souvent elle les guérit, pourvu qu'on en use long-tems." (DUD, s v *caltha*, p 144)

Dom Alexandre ajoute :

"On se sert principalement des fleurs qui sont cardiaques, hépatiques, apéritives ; elles excitent les urines, sont spécifiques dans l'hydropisie à la dose d'une dragme ; et dans la jaunisse, elles sont alexipharmaques, sudorifiques. Le vinaigre de soucy est un bon préservatif contre la peste....Le Soucy est un bon fondant pilé avec du vin blanc, et appliqué sur les tumeurs des écrouelles, il les fait disparoitre. Pilé seul et appliqué sur les cors des pieds, il les guérit. Le jus, mêlé avec un peu de vin ou de vinaigre tiéde est souverain pour apaiser la douleur de la tête et des dents, si on en use en fomentation et en gargarisme." (DBP, s v, *Soucy*, p 519)

Arnault de Nobleville recopie en partie la notice que Geoffroy a consacrée au souci (sv calendula) dans son *Traité de la Matière Médicale* (Tome 5, p 418) :

"Le souci est apéritif et résolutif. Il lève les obstructions du foie, de la rate et de la matrice ; il guérit la jaunisse, excite les règles et facilite l'accouchement ; il atténue les humeurs épaisses et visqueuses et on le met au nombre des Alexipharmaques. On prescrit le suc de toute la plante depuis une once jusqu'à quatre ; l'infusion des fleurs et des feuilles pilées faites dans le vin blanc depuis trois onces jusqu'à six. On recommande et on fait manger pour guérir les écrouelles les fleurs et les feuilles cuites et on en fait prendre la décoction pour boisson ordinaire. Plusieurs vantent comme un bon préservatif dans les maladies contagieuses, le vinaigre de Souci ; il faut s'en rincer d'abord la bouche le matin à jeun, et ensuite en avaler une ou deux cuillerées." (DAP, *Souci des jardins*, p 399)

**– Ses emplois :**

Madame Fouquet qui considère le souci comme une plante "très connue, que l'on trouve dans les jardins ; elle sert à fortifier le cœur, résister au venin, fièvres pestilentielles, provoquer les mois, guérir la jaunisse, et contre la douleur et l'inflammation des yeux" (Tome 1, p 513), en mentionne l'utilisation dans plusieurs remèdes :

– Opiate pour guérir les écrouelles :

"Il faut avant tout purger le malade deux fois dans quatre jours, savoir le 1 jour et le 4 avec 3 dragmes de séné en infusion, sans autre chose. Le lendemain, il faut commencer de lui donner du jus de soucy, sçavoir 3 doigts pour les grandes personnes, 2 doigts pour les jeunes avec un verre de vin blanc à proportion et continuër tous les matins à jûn en se levant jusqu'à ce que le mal ade soit guéri. Ne déjeuner que deux heures *apres*, ne manger aucun fruit crud, ni rien d'épicé, ni trop de salé durant tout le temps de l'usage du remede." (MFO, 1681 p 95 et 1765, Tome 1, p 72)

– Contre l'hydropisie :

"Prenez une dragme, ou le poids d'un écu d'or de fleur de soucy bastard qu'on appelle soucy sauvage ; faites-le infuser dans un verre de vin blanc, depuis les six heures du soir jusqu'à six heures du lendemain matin sur les cendres chaudes ; coulez le et donnez à boire le vin au malade deux heures apres, donnez-luy un boüillon et continuez ce remède huit jours de suite." (MFO, 1681 p 292)

– Manière de tirer le jus du souci (utilisé pour guérir les écrouelles) :

"Prenez tout le *Soucy*, hormis la racine, c'est-à-dire les feuilles, fleurs et coton (pourvu que le coton soit tendre, car s'il était dur, il ne pourroit pas s'écraser et boiroit tout le jus ; quand il n'y auroit point de fleur, il n'importe). Pillez-le dans un mortier de marbre avec un pilon de bois, exprimez-en le suc avec les mains, coulez-le, laissez-le un peu reposer, et ensuite donnez-le à boire comme nous avons dit.

Il faut remarquer premièrement, que chaque matin, il faut préparer le nouveau *jus de Soucy* ; car il se corrompt facilement et ne peut être gardé jusqu'au lendemain sans porter préjudice au malade. Secondement, qu'on trouve le *Soucy* en tous tems, hormis peut-être dans les grandes gelées. Troisièmement, qu'il faut purger le malade de huit en huit jours. Quatrièmement, qu'il faut tenir les endroits où est le mal fort chaudement, le bien envelopper et le frotter tous les jours avec de l'esprit de *Vin* du plus rectifié que l'on pourra trouver. Cinquièmement, qu'il faut faire boire au malade pour l'ordinaire de l'eau de rivière, ou bien faire cuire de l'eau de fontaine et ne la point boire actuellement froide." (MFO, 1765, Tome 1, p 72)

– Pour les hémorroïdes internes ou externes :

"C'est la Rate qui se décharge par une veine que l'on nomme *Hémorroidale.* Prenez la fleur et la feuille de Soucy et les pilez pour en avoir le jus ; mêlez-le avec du beurre et l'appliquez sur la partie blessée." (MFO, 1765 Tome 1 p 148)

– Contre les fièvres pourprées :

"Prenez *Fleurs de Souc*y, tirez-en le *Suc* et donnez le poids de deux ou trois onces au malade dans un peu de bouillon le matin, continuant plusieurs jours." (MFO, 1765 Tome 1 p 220)

– Pour expulser l'arrière-faix et sortir l'enfant mort du ventre de la mère :

"Prenez des fleurs de Soucy séches et en faire prendre en breuvage à la malade." (MFO, 1765, Tome 2, p 4)

– pour les cors :

"Prenez des fleurs de *Galendula* ou de *Soucy* broyez-les avec autant de *Sel commun* et appliquez sur le Cosr après l'avoir coupé jusqu'au vif." (MFO, 1765, Tome 2, p 46)

– Pour les piqûres venimeuses :

"Vous prendrez de la feuille de Soucy, en ôterez l'écorce, pilerez lesdites feuilles dans un mortier, puis imbiber le marc dans le jus et l'appliquer sur le mal." (MFO, 1765, Tome 2, p 446)

– Contre les cors des pieds, cf. Lierre.
– Pour la douleur des dents, cf. Mouron.

Mademoiselle d'Auvergne mentionne peu l'emploi du souci dans ses remèdes :

– Onguent pour les hémorroïdes :

"Il faut prendre une demie livre de beurre frais, autant de sein doux, six poignées de feüilles de soucy, six noix ou crottes de cheval des plus fraîches, mettre le tout ensemble à consommer à petit feu dans un pot de terre et quand on voit que le tout est en forme d'onguent, il le faut passer dans un linge et le bien presser. On le fait ordinairement dans la Lune de May." (MDA, p 252)

– Cataplasme utile à l'hydropisie :

"Il faut prendre une grande poignée de soucy, la fleur, la feüille et la tige ; en ôter les racines, puis concasser lesdites herbes, les arroser de vinaigre, les faire amortir sur une pesle, et les mettre à nud sur le nombril, le plus chaud que vous pourrez sans brûler, puis mettre un linge par-dessus et faire tous les jours ledit remède jusques à fin de guérison. Cela fait beaucoup uriner et les eaux s'en vont par les urines." (MDA, p 412)

### 78. Sureau, sureau noir, grand sureau, (*Sambucus nigra* L.), petit sureau (*Sambucus ebulus* L.), Hièble, Yeble, (Caprifoliacées =Adoxacées)

**– Leurs propriétés :**

Lémery distingue le grand sureau du petit sureau ou yèble. Il précise ainsi séparément quelles sont les propriétés des différentes parties du premier et du second :

> "Sous l'écorce extérieure, il s'en trouve une seconde qui est utilisée en Médecine. Cette seconde écorce du Sureau est purgative ; elle purge les sérosités, étant prise en infusion ou en décoction. Ses fleurs sont cordiales, carminatives, résolutives, hystériques, sudorifiques, anodines. Ses bayes sont propres pour la dysenterie, étant prises intérieurement ; on en tire le suc qu'on incorpore avec de la farine de seigle et l'on en forme de petits pains que l'on donne à manger au malade ou bien on les met en poudre et on les fait avaler en bolus ou dissous dans quelque liqueur appropriée. On prépare aussi un rob ou un extrait de grains de sureau en exprimant leur suc… qui est propre pour la dysenterie." (DUD, s v *Sambucus*, p 669)

Quant aux propriétés du petit sureau ou yèble, il note :

> "Ses feuilles sont employées en fomentation pour discuter, pour résoudre, pour fortifier les nerfs, pour la goutte sciatique, pour la paralysie, pour les rhumatismes. La seconde écorce de sa tige, sa racine et sa semence sont purgatives, hydragogues, étant prises par la bouche ; elles évacuent les sérosités ; on s'en sert pour l'hydropisie."(DUD, s v *Ebulus,* p 284)

Dom Alexandre ajoute quelques détails sur les propriétés du grand sureau :

> "On se sert en Médecine, de ses fleurs, de ses baies qui sont noires dans leur maturité, de son écorce verte, de ses cimes et de ses éponges. Tout le Sureau est chaud, dessicatif, résolutif et spécifique pour l'hydropisie. Les fleurs sont discussives, émollientes, résolutives et anodines, appliquées extérieurement et diaphorétiques prises intérieurement. Cuites dans du lait et appliquées avec la décoction, elles donnent un excellent cataplasme contre la goutte. Cuites dans de l'eau, et appliquées avec la décoction, elles font merveille contre l'éresipelle, ….. La décoction, si on la fait avec du petit lait, conviendra au scorbut. Les baies sont sudorifiques et alexipharmaques, elles sont propres pour la dysenterie, prises intérieurement…. La seconde écorce verte purge les humeurs séreuses des hydropiques et des scorbutiques, prise en infusion ou en décoction. Le suc exprimé de la seconde écorce verte purge spécifiquement les eaux des hydropiques. L'huile dans laquelle on a fait infuser ou bouillir cette écorce est un excellent remède contre les brûlures. Les bourgeons purgent violemment par haut et par bas. L'éponge qui croît sur le sureau appelée vulgairement *Oreille de Judas* guérit les maladies des yeux. L'infusion de cette éponge est très propre aux maux de gorge, à l'esquinancie et aux autres maux de cette partie…. contre les tumeurs de la gorge, les apostumes sous la langue des petits enfants, l'épilepsie des enfants. La moelle, hachée et avalée, pousse l'urine et les sables

des reins et guérit souvent la néphrétique et l'hydropisie active." (DBP, s v, *Sureau*, p 532)

Sur les propriétés du petit sureau ou yèble, il complète la notice de Lémery :

"Les fleurs échauffent, desséchent, discutent, ramollissent, résoudent et poussent les sueurs comme les fleurs du Sureau...l'écorce interne, particulièrement de la racine, purge par le bas les eaux et les sérosités du corps : on s'en sert pour l'hydropisie. Elle est chaude, dessicative, discursive et émolliente, et convient sur-tout aux inflammations et aux érésipèles, ainsi que les fleurs." (DBP, s v, *Yèble*, p 625)

Arnault de Nobleville réserve au grand sureau une longue notice dont l'essentiel provient de la *Suite de la Matière Médicale* de Geoffroy (Tome 2, p 348) :

"Toutes les parties de cet arbrisseau nous fournissent d'excellents remèdes tant pour l'usage intérieur que pour l'extérieur. Une poignée de jeunes feuilles ou de Bourgeons en salade purge assez doucement. Nous ne conseillons pas cependant aux personnes délicates de s'en servir. Il en est arrivé quelquefois des vomissements et des superpurgations violentes ; car le sureau en général trouble et bouleverse l'estomac. Les fleurs toutes fraîches, fricassées avec des œufs ou infusées dans le petit lait, sont laxatives, ce qu'elles ne sont pas étant séches, car, alors, elles deviennent diaphorétiques et cette infusion soulage beaucoup ceux qui sont sujets aux érésipeles et aux autres maladies de la peau. Il en faut boire soir et matin pendant quelques jours. L'infusion des mêmes fleurs dans l'eau ou dans le lait augmente le lait des Nourrices. L'écorce moyenne verte bouillie dans de l'eau ou dans le lait, à la quantité d'une bonne poignée sur une pinte de liqueur réduite à moitié et partagée en deux ou trois verres est un fort bon remède qui évacue par haut et par bas sans violence et sans aucune mauvaise suite et que nous avons souvent éprouvé avec succès sur des gens bouffis et menacés d'hydropisie.

On tire le suc des baies de Sureau qu'on incorpore avec de la farine de Seigle et on en fait de petits pains qu'on met cuire au four ; on pile ensuite ces petits pains, on les imbibe de nouveau suc ; on les met cuire une seconde fois ; après quoi, on les donne à manger dans les dysenteries depuis un gros jusqu'à une demi-once ; c'est un bon remède commun dans les campagnes qui réussit presque toujours. Quant à l'usage extérieur du Sureau, les feuilles amorties sur le feu, sont fort résolutives. On les applique sur les enflures qu'elles dissipent en peu de temps. On les fait aussi bouillir dans de gros vin et on en fomente les jambes enflées des Hydropiques ; on doit appliquer le marc en cataplasme, et si l'on y mêle les fleurs et les feuilles de Tanaisie, le remède a encore plus de vertu.

Les fleurs de Sureau sont résolutives, adoucissantes et diaphorétiques. On se sert de leur infusion pour fomenter les parties attaquées d'érésipeles ; c'est un des meilleurs remèdes que nous fournit la Médecine pour la guérison de cette maladie. L'écorce moyenne verte pilée et appliquée sur la brûlure est encore un remède dont l'usage est confirmé par de fréquens succès." (DAP, s v, *Sureau (grand)*, p 404)

La notice qu'il consacre au petit sureau provient également du *Traité de la Matière Médicale* de Geoffroy, Tome 6, p 227)

"On attribue à l'Hièble une très forte vertu pour purger par les selles. Ses racines produisent cet effet, et sur-tout leur écorce. Les graines et les baies sont après les racines. Deux gros de semences d'Hièble, infusées pendant la nuit dans un demi-septier de vin blanc, sans y joindre d'autres purgatifs, vident abondamment les sérosités et conviennent dans le rhumatisme, la goutte et l'hydropisie. Cependant il ne faut donner qu'à des personnes robustes des remèdes ou potions dans lesquelles entre l'Hièble, car elle est sujette à exciter le vomissement et à bouleverser l'estomac. La racine, coupée par petits morceaux, applatie avec le marteau bouillie avec la lie de vin blanc pendant deux heures, fait passer la goutte en deux ou trois heures." (DAP, s v, *Hièble*, p 172)

**– Ses emplois :**

On relève l'emploi du sureau dans plusieurs remèdes du *Manuel des Dames de Charité* :

– Décoction purgative contre l'hydropisie ascite ou du bas ventre :

"Prenez de l'écorce intérieure de Sureau qui est verte, une poignée. Faites-la bouillir dans une chopine d'eau, et autant de lait de Vache. Réduisez le tout à moitié. Passez ensuite par un linge avec expression et partagez en trois doses, à donner tiedes d'heure en heure le matin à jeûn, en supprimant la troisième si les deux premières ont vuidé suffisamment." (DCH, p 35)

– Fomentation contre l'érésipèle :

"Prenez des fleurs de Sureau, deux poignées. Faites-les infuser dans une pinte d'eau bouillante et fomentez-en la Partie affligée plusieurs fois le jour." (DCH, p 315)

– Potion pour faire sortir une portion d'arrière faix, cf. Armoise.

Madame Fouquet rappelle qu'il est "chaud, sec, purgatif et digestif", et l'emploie dans différents remèdes :

– Contre la dysenterie :

"Prenez des bayes roages ou fruits de sureau lorsqu'ils sont bien mœurs ; pressez-les bien et tirez-en le suc ; laissez reposer ce suc pour le bien épurer pour vous en servir comme il s'ensuit :

Prenez autant que vous voudrez de ce suc au lieu d'eau et avec de la farine de froment, faites-en des petits pains d'environ la longueur de la main, sans levain et de deux doigts d'épaisseur : faites cuire ce pain au four avec le pain blanc ordinaire, et, quand il sera cuit, vous le mettrez encore deux autres fois au four après que le pain ordinaire en aura esté tiré et c'est afin de le réduire en biscuit très-sec et ce biscuit en poudre pour l'usage suivant :

Prenez de cette poudre le poids d'un demy écu d'or pour les enfants, d'un écu pour les personnes grandes et délicates, d'un écu et demy pour les robustes et donnez-la leur dans du boüillon ou dans du lait. Ce remède est très excellent." (MFO, 1681, p 281 et 1765, Tome 1, p 137)

– Contre le mal des mamelles des femmes :

"Ayez du *Sureau verd*, ôtez-en la première écorce qui est grisâtre et ne laissez que la verte. Prenez de cette *Ecorce* verte, telle quantité que vous voudrez, mettez-la dans un poëlon ou autre vaisseau et la faites cuire avec du *Beurre frais* jusques à la consistance d'Onguent ; cela fait, vous prendrez de cet Onguent et en ferez un Emplâtre que vous appliquerez sur le mal, le changeant deux fois le jour et trois s'il est nécessaire, selon que vous jugerez qu'il en sera besoin. Remede qui est merveilleux et très assuré : vous en verrez l'expérience qui sera une parfaite guérison, si vous vous en servez." (MFO, 1765, Tome 1, p 203)

– Pour les fièvres intermittentes :

"Prenez de la racine de *Sureau* de la longueur d'un pied et demi de Roi pour les grandes personnes et pour les enfants à proportion ; lavez-la bien et la nettoyez ; cela fait, concasser-la grossièrement et en ôtez une corde qui est au milieu qui ressemble à un ver, hachez le reste en morceaux et le faites infuser environ vingt-quatre heures plus ou moins dans un verre de gros *Vin* rouge et lorsque le fébricitant sentira que l'accès lui veut venir, il faut lui donner ce breuvage, après l'avoir passé par un linge et réitérez la même chose à deux ou trois accès de suite." (MFO, 1765, Tome 2, p 107)

– Pour l'hydropisie :

"*Prenez Ecorce de Sureau, 4 poignées, Absinte, 1 poignée, Vin blanc ou vieille Bierre, 4 pintes.* Otez l'écorce grise du sureau et ne gardez que la verte ; mettez cela dans un vaisseau que vous boucherez bien et l'y laisserez infuser pendant trois ou quatre jours ; après ce temps-là, vous mettrez cette infusion dans des bouteilles que vous boucherez bien. Vous prendrez de cette liqueur à tous les repas et toutes les fois que vous aurez soif. Et si vous en faites avec de la Bierre et du Vin blanc séparément, mélangez ces deux liqueurs ensemble lorsqu'on en voudra boire, elles provoqueront tout à fait l'urine, ce qui fait une parfaite guérison." (MFO, 1765, Tome 2, p 187)

– Contre la douleur de tête provenant du soleil :

"Frottez le front du malade d'*eau de fleurs de Surea*u et vous verrez merveille." (MFO, 1765, Tome 2, p 351)

– Pour lâcher le ventre :

"Prenez des *tendrons de Sureau ;* faites-les cuire entre deux plats avec de l'*eau* ou du *vin blanc* ou de *l'huile d'Olive* et les manger ensuite. La seconde écorce du *Sureau* qui est verte trempée dans du *Vin blanc* pendant une nuit et le boire ensuite est très bon pour lâcher le ventre." (MFO, 1765, Tome 2, p 365)

– Contre l'hydropisie :

"Il faut prendre la seconde peau de la racine de Sureau, elle est plus épaisse que la première, la piler dans un mortier neuf et puis la presser dans un linge blanc jusqu'à ce que vous en ayez quatre onces de jus, lequel vous mêlerez avec quatre onces de lait d'une Vache noire sortant de son pis, c'est-à-dire tout chaud, et, en cet état, on le fera avaler au malade. Il faut qu'il soit dans son lit bien couvert : deux heures après, on lui fera prendre un bouillon. Quelquefois, ce remède agit par les sueurs et d'autres fois par de grandes évacuations. Il est assez violent, mais sans tranchée. Si la première fois qu'on prendra ce Remede, l'on n'est pas bien guéri, l'on pourra le reprendre dix jours après." (MFO, 1765, Tome 2, p 457)

– Potion pour faire sortir une portion d'arrière faix : cf. Armoise.
– Onguent pour la hernie des petits enfants, cf. Chélidoine.
– Contre la paralysie, cf. Hysope.
– Pour la gravelle, cf. Pêcher.
– Pour les gouttes, cf. Plantain.

Mademoiselle d'Auvergne mentionne aussi quelquefois l'utilisation du sureau :

– Cataplasme contre les rhumatismes :

"Il faut frotter auprés du feu avec un linge la partie affligée et prendre de l'huile de sureau dans laquelle on mêlera cinq ou six goutes d'esprit de vin et on frottera le mal le soir et le matin avec un torchon gras que l'on prendra le soir en se couchant, dans lequel on mettra de la cendre chaude pour le mettre sur le mal." (MDA, p 417)

– Préparation pour étancher le sang du nez :

"Prenez des feuilles de sureau bien seiches ; mettez-les en poudre et avec un tuyau de plume, faites-vous en souffler dans les narines et le sang s'arrestera." (MDA, p 444)

– Infusion contre flux de sang et la dysenterie, cf. Chicorée.
– Emplâtre pour les enflures des testicules, cf. Lierre.

## 79. Tabac, Herbe à la Reine, Nicotiane, Petum, (*Nicotiana* L.) (Solanacées)

### – Ses propriétés :

Lémery qui en distingue trois espèces (mâle à feuilles larges, mâle à feuilles étroites, femelle ou faux tabac) leur attribue plusieurs propriétés :

"Elles purgent par haut et par bas avec beaucoup de violence : on s'en sert dans l'apoplexie, dans la paralysie, dans la léthargie, dans les suffocations utérines, dans l'asthme : on en fait prendre par la bouche et en lavement ; on s'en sert pour le mal de dents, appliqué dessus ou en fumée ; on en prend en poudre par le nez pour exciter à moucher et à éternuer. Elles sont vulnéraires ; on les employe dans les remèdes extérieurs ; elles résolvent, elles guérissent la gratelle, étant appliquées en infusion ou en décoction." (DUD, s v *Nicotiana*, p 527)

Dom Alexandre qui distingue également ces trois espèces complète ainsi la notice de Lémery

"On se sert plus communément du mâle, tant intérieurement qu'extérieurement, car la femelle ne sert qu'à l'extérieur. Les feuilles sont chaudes et dessicatives, en un plus haut degré étant seches que fraîches, abstertives, incisives, résolutives, avec un peu d'astriction ; elles résistent à la corruption, font éternuer, cracher et vomir ; elles sont anodines, très vulnéraires et usitées pour le plus souvent en dehors. Les feuilles vertes, pilées et appliquées, jus et marc, sont bonnes à toutes plaies, ulceres, écrouelles, gangrènes, *Noli me tangere*, ulcere, galle ouverte, teigne, dartres, contusions mêmes invétérées, piqûre de Vive, rougeurs du visage, piqûres venimeuses et brûlures. Donné intérieurement, il est un violent vomitif propre pour déraciner les fièvres intermittentes opiniâtres et les autres maladies semblables, mais on n'en doit donner qu'avec beaucoup de circonspection. L'usage du tabac est contraire aux jeunes gens et aux bilieux. Fumer le soir empêche de pisser la nuit. L'onguent de Tabac se Joubert est excellent contre les écrouelles Le suc de Tabac mêlé avec la poudre de dépouille de Serpent en forme d'injection guérit les ulceres fistuleux. La fumée de tabac, quoique abusive est pourtant salutaire dans plusieurs maladies du nez et de la gorge ; sçavoir, le Coryza, la laxation de la luette, l'inflammation de la gorge et les affections catharreuses. A défaut de tabac mâle, on peut se servir du tabac femelle pour les maux externes, quoiqu'il n'ait pas tant d'efficacité. Les feuilles mises dans la décoction des clystères sont singulières pour les dysenteries. Son huile est spécifique contre les chancres des mamelles. Son suc est singulier à la teigne. Mêlé à la graisse humaine et appliqué, il appaise la douleur et l'inflammation des gouttes. Cette plante prise intérieurement purge avec trop de violence, c'est pourquoi, on s'en abstiendra. Cette herbe est contraire aux poux et aux puces." (DBP, s v, *Tabac ou Nicotiane*, p 564)

Arnault de Nobleville se réfère à la *Suite de la Matière Médicale* de Geoffroy (Tome 1, p 172) pour écrire :

"Quoique le tabac soit originairement venu d'Amérique, et par conséquent étranger à nous, nous pouvons le mettre au nombre des plantes de notre pays vu qu'il est devenu extrêmement commun par la culture qui l'a comme naturalisé en Europe ; on distingue trois sortes de tabac, le grand (Tabac à large feuille, Grand

Tabac mâle, Herbe sainte, Petum), le moyen (tabac à feuille étroite, tabac de Virginie) et le petit (tabac à feuille ronde, tabac femelle, faux tabac) qui sont tous trois d'usage. Les feuilles fraîches et sèches de ces trois espèces servent en Médecine, mais on se sert plus communément du mâle, tant intérieurement qu'extérieurement. Le tabac est émétique et purgatif, mais violent et dangereux et il faut une main habile et prudente pour diriger ce remède ; car le caractère âcre et caustique de cette plante la doit faire redouter ; mais entre les mains d'un bon Médecin, le tabac convient dans plusieurs maladies, et particulièrement dans l'apoplexie, la léthargie et les autres affections soporeuses qui reconnoissent pour cause une surabondance de sérosités ou un grand épaississement de la limphe. Il faut observer encore de ne point employer le tabac intérieurement dans les tempéraments secs, bilieux et susceptibles d'irritation ; mais dans les tempéraments phlegmatiques et relâchés, nous le croyons sans danger et même efficace et nous voyons les lavemens faits avec la décoction de ses feuilles réussir assez bien dans les apoplexies et léthargies séreuses où les solides sont dans l'atonie et le relâchement. Le Tabac pris par le nez, mâché ou fumé est encore très utile pour prévenir l'apoplexie, la paralysie, les cathares, les fluxions, la migraine et les rhumatismes ; mais il faut avoir attention d'en user modérément ; car, si l'on en fait excès, l'usage en devient funeste ; il affoiblit la mémoire, il cause des tremblements par les irritations qu'il excite dans les nerfs ; il jette dans l'amaigrissement et la consomption, sur-tout les gens naturellement maigres et bilieux, qui par cette raison devraient se l'interdire. Quant à l'usage extérieur de cette plante, les feuilles fraîches ont des vertus différentes de celles qui sont séches, car elles sont vulnéraires détersives ; étant appliquées sur les ulceres et les vieilles plaies, elles les nettoient et les cicatrisent promptement. On les écrase ou on les fait macérer dans du vin ou infuser dans de l'huile.

Il y a des personnes qui emploient la décoction des feuilles sèches ou qui font un onguent de la poudre incorporée avec le beurre contre la gratelle, les dartres et pour faire mourir la vermine des enfans ; mais ces dernières préparations sont encore très suspectes et il s'en est suivi dans plusieurs occasions que les malades, après avoir été frottés, ont été saisis de convulsions et de vomissements énormes qui en ont fait périr quelques-uns et mis d'autres dans un extrême danger. Le remède dans ces cas fâcheux est de donner quelque cordial et une limonade pour boisson." (DAP, p 408)

### – Ses emplois :

Le *Manuel des Dames de Charité* ne semble pas beaucoup l'utiliser :

– Cataplasme antipleurétique :

"Prenez un Pot de terre neuf qui contienne un peu plus d'un demi setier. Mettez-y un demi setier de gros Vin rouge et faites-y infuser ensuite sur les cendres chaudes pendant deux heures deux onces de Tabac à machicatoire bien effeuillé ou quatre onces de Tabac ordinaire : puis retirer le Pot et y ajouter la grosseur d'un œuf de Poix de Bourgogne ou à son défaut de Poix noire coupée par morceaux ; remettez le tout sur les cendres chaudes pendant une demie heure, le remuant toujours avec un petit bâton. La manière de se servir de ce Remede est de l'étendre sur de la filasse et de l'appliquer sur le côté douloureux, l'assujettissant par une compresse et une serviette. On le laisse vingt-quatre heures sans faire aucun Remede, excepté que l'on donne au Malade du Bouillon, du Lohoch et de la Tisane : on lève le Cataplasme après les vingt-quatre heures, évitant de le sentir. Il est bon de saigner deux fois avant d'appliquer ce topique, afin que le sang engagé dans la Pleure puisse se prêter plus facilement à l'action du Remede et rentre dans les voies de la circulation." (DCH, p 327)

En revanche, Madame Fouquet, qui note seulement que le tabac est une plante "résolutive, abstertive et astringente", l'intègre dans de nombreux remèdes :

– Pour les coupures et ulcère :

"Prenez de la feuïlle d'herbe à la Reine et exprimez-en le jus sur la coupure et puis appliquez dessus le tout ; ou bien faites secher la feuïlle à l'ombre et puis, faites-la tremper dans du vin chaud et l'appliquez sur la playe ou ulcere. Cette herbe se sème au trois de Mars." (MFO, 1681 p 65)

– Onguent pour les plaies et ulcères :

"Prenez une livre de feuïlles recentes de l'herbe à la Reine ; pilés-les et les mettés avec de la cire neuve, poix résine, huile d'olives, graisse de mouton, de chacun, trois onces ; faites bouïllir le tout ensemble jusques à ce que le jus de l'herbe soit consommé ; alors, ajoûtez-y trois onces de bonne therebenthine et passez le tout par un linge et en usez pour les playes et ulcerez."(MFO, 1681 p 72)

– Pour la rate et contre la fièvre quarte :

"*Prenez Tabac, 3 onces, Petite Centaurée fleurs et feüilles, une once et demy, Miel, demy livre, Vin blanc, une chopine.* Il faut couper le tabac en morceaux assez menus, le mettre dans un pot de terre verni, avec les feüilles et les fleurs de petite centaurée concassées dans un mortier, et y joindre la demy liv. de miel et ensuite le vin. Après il faut faire boüillir le tout ensemble jusques à ce que les herbes soient quasi toutes consumées, et que le vin soit tout à fait évaporé. Cela fait il faut couler le tout avec expression : Et ensuite remettre la liqueur exprimée dans le pot, la faire boüillir sur un feu jusque à ce qu'elle vienne en consistance d'onguent un peu épais. Prenez une portion suffisante de cet onguent, étendez-le sur du cuir qu'on appelle bazane, appliquez-le sur la region de la rate." (MFO, 1681 p 104)

– Pour ceux qui ont la courte haleine :

"Prenez de l'esprit de *Tabac* ou *Petum* ; mettez-y cinq ou six gouttes dans un verre d'*Hydromel* et l'avallez." (MFO, 1765, Tome 1, p 80)

– Pour faire de l'huile de nicotiane qui est propre pour les gouttes, les ulcères, les écrouelles et les plaies :

"Prenez Feuilles de *Nicotiane,* ce que vous voudrez ; pilez-les dans un mortier pour en avoir du jus ; prenez de ce jus autant *d'huile d'Olive* que vous mêlerez et le ferez cuire ensemble dans un vaisseau jusqu'à la consomption du jus, et conserverez cela pour vous en servir pour les maux ci-dessus" (MFO, 1765, Tome 1, p 246)

– Pour l'asthme :

"L'*esprit du Tabac* ou *Pétun*, pris dans un verre d'*Hydromel*, depuis trois gouttes jusques à douze, y est merveilleux." (MFO, 1765, Tome 2, p 5)

– Pour la douleur des dents et pour empêcher qu'elles ne tombent :

"Ayez des *racines de Nicotiane* ; pilez-les bien dans un mortier, et du suc qui en proviendra, vous y tremperez un linge et en frotterez la dent et la gencive ; vous pouvez même mettre de la feuille de *Nicotiane* dans le creux de la dent après l'avoir un peu broyée entre les mains." (MFO, 1765, Tome 2, p 61)

– Pour les mules :

"Ayez des *Feuilles de Nicotiane* ; pilez-les un peu et frottez-en trois ou quatre fois les Mules ou Engelûres, et lavez-les avec de l'eau chaude où vous aurez mis un peu de Sel." (MFO, 1765, Tome 2, p 231)

– Pour le mal de rate :

"Prenez *feuilles de Nicotiane*, ce que vous voudrez, pilez-les dans un mortier avec un peu de vinaigre, et en frottez soir et matin pendant quelque temps l'endroit où est la Rate ; appliquez-y aussi un linge que vous aurez trempé dans ce *suc* ou bien du *mar*." (MFO, 1765, Tome 2, p 310)

– Pour la douleur des reins externe :

"Prenez feuilles de *Nicotiane*, mettez-les un tant soit peu sous les cendres chaudes, lorsque vous connoîtrez qu'elles seront chaudes, vous les ôterez, les mettrez le plus chaudement qu'il se pourra sur le mal, et réiterez plusieurs fois." (MFO, 1765, Tome 2, p 316)

– Contre la migraine provenant de cause froide :

"Ayez des *feuilles* de *Nicotiane*, chauffez-les au feu, sur une pelle ; appliquez-les entre deux linges sur la tête du malade et continuez quelque temps." (MFO, 1765, Tome 2, p 355)

– Contre les nerfs raccourcis, cf. Armoise.
– Pour décharger le cerveau, cf. Réglisse
– Le Recueil de Madame Fouquet contient en outre une notice consacrée aux différentes manières dont on peut se servir du tabac : en poudre, mâché, fumé, en eau, en huile, en sel et cristal, en parfum, en pilules... (1765, Tome 2, p 461)

Mademoiselle d'Auvergne n'a guère recours au Tabac dans ses recettes de remède :

– Eau pour apaiser le mal de dents :

"Prenez de la Nicotiane ; pilez-là et en tirez le jus, exposez-le au Soleil l'espace d'un mois dans une Phiole de verre ouverte, puis de cette eau, mettez-en sur la fluxion ou sur les dents et, à l'instant, la douleur cessera." (MDA, p 13)

## 80. Verveine (*Verbena officinalis* L.) (Verbénacées)

### – Ses propriétés :

Selon Lémery :

"Elle est incisive, atténuante, céphalique, vulnéraire, résolutive, apéritive, elle excite le lait aux nourrices, elle atténuë la pierre du rein et de la vessie, elle est propre pour la colique venteuse. Le suc de la vervéne nouvellement tiré est purgatif ; il évacuë particulièrement la pituite, ce que j'ai reconnu par plusieurs expériences : la dose en est depuis trois onces jusqu'à six. On se sert de la plante écrasée pour apaiser la douleur de côté dans la pleurésie, étant appliquée dessus ; elle laisse une couleur rouge sur la peau." (DUD, s v *Verbena*, p 781)

Dom Alexandre rappelle brièvement :

"Elle est chaude, dessicative, d'une saveur amere, astringente, céphalique et vulnéraire. Son principal usage est dans la douleur et les autres affections de la tête par causes froides, dans les maladies des yeux et de la poitrine, la toux invétérée, l'obstruction du foie et de la rate, la jaunisse, les maux de ventre et la dyssenterie où la décoction de la plante est un remède éprouvé ; elle brise et pousse le calcul et guérit les plaies. L'usage externe est contre la céphalalgie, pilée et appliquée sur le front et sur les tempes.... L'eau distllée de Verveine est très bonne pour les maladies des yeux, sur-tout dans l'enflammation. Le suc de l'herbe éclaircit la vue et nettoie les yeux. Ce suc nouvellement tiré est purgatif et il évacue particulièrement la pituite." (DBP, s v, *Verveine*, p 606)

Arnault de Nobleville recopie partiellement la notice de la *Suite de la Matière Médicale* de Geoffroy consacrée à la verveine (Tome 3, p 289) :

"La verveine est regardée comme vulnéraire, détersive, hystérique et fébrifuge : son usage est intérieur et extérieur. Le vin dans lequel on a fait infuser la Verveine durant la nuit est propre contre l'ictere et les pâles couleurs ; on en fait prendre le matin à jeun quatre onces pendant quelque temps. Les personnes sujettes aux vapeurs tirent quelque utilité de cette plante prise en manière de thé ; on en met une pincée sur deux tasses d'eau bouillante, y ajoutant un peu de sucre. On tient que la décoction de toute la plante bouillie dans le lait augmente considérablement celui des Nourrices. Quant à son usage extérieur, le cataplasme de Verveine appliqué sur le front ou sur la tête en manière de calotte, est utile dans la migraine, surtout quand les malades sentent un froid excessif sur la tête. Les feuilles pilées et mélées ensuite avec la farine de Seigle et les blancs d'œuf, sont un cataplasme très résolutif et convenable dans les gonflements de la rate. Les feuilles seules, fricassées dans la poële dans un peu de vinaigre ou amorties sur la pelle chaude et appliquées sur le côté, soulagent considérablement dans la pleurésie et la douleur de côté. La sérosité qui s'échappe par les pores de la peau jointe au suc de cette plante, teint les linges qui couvrent la partie d'une couleur rougeâtre ; ce qui en impose au peuple ignorant qui s'imagine que la Verveine attire en dehors le sang engagé dans la plêvre. La décoction de Verveine est propre en gargarisme pour les maux de gorge, les ulceres de la bouche et pour raffermir les dents ébranlées. On tient dans les boutiques une eau distillée de cette plante qui est très utile dans les maladies des yeux et sur-tout dans leur inflammation ; on trempe dedans des compresses que l'on applique dessus et que l'on renouvelle à mesure qu'elles se sèchent." (DAP, s v, *Verveine*, p 446)

**– Ses emplois :**

Madame Fouquet se réfère à Tournefort pour noter que la verveine "sert à toutes les incommodités du ventre" mais elle ne l'utilise que dans quelques remèdes :

"Prenez deux ou trois poignées de feüilles de vervene ; pilez-les dans un mortier ; mêlez-y deux ou trois blancs d'œuf et un peu de farine d'orge ; faites-en un cataplâme de deux doigts d'épaisseur et de la longueur de la main que vous appliquerez bien chaud sur la région de la rate et l'y laisserez l'espace de seize heures ; continuez ce que vous reïterez jusqu'à l'entière guérison. Vous mettrez une compresse sur le cataplâme et sur la compresse une serviette pliée en 7 ou 8 doubles. Le principal effet de ce remede est d'attirer comme par une sueur de sang toute l'humeur maligne qui est en la partie affectée." (MFO, 1681 p 105 et 1765, Tome 1, p 110)

– Pour la pleurésie :

"Prenez *Fleurs de Vervenne*, faites-les cuire dans un poëlon avec un *verre de vin d'Absynthe* et les appliquez chaudement sur le mal." (MFO, 1765, Tome 2, p 289)

– Pour la rougeur des yeux :

"*Prenez Jus de Verveine, Jus de Rhue, Eau Rose, autant de l'un que de l'autre.* Mêlez toutes ces liqueurs ensemble ; mettez-en dans les yeux et les en bassinez." (MFO, 1765, Tome 2, p 39

– Contre la rage tant pour les hommes que pour les animaux, cf. Armoise.

On relève chez Mademoiselle d'Auvergne, ces remèdes simples à préparer :

– Cataplasme qui est fort excellent pour ôter les duretés et maux de la rate :

"Prenez deux petites poignées de verveine qu'on pilera bien dans un mortier, on y mélera ensuite une bonne pincée de farine d'orge et un blanc d'œuf, on méle exactement le tout ensemble et on le met sur un linge blanc, ou sur un peu de filasse. On l'applique sur le costé dans les Pleurésies ou sur la Ratte quand c'est pour ce mal, et ce, durant vingt-quatre heures, mettant par-dessus une serviette doublée en sept ou huit, parce que ce Remede, sans faire aucune ouverture attire quantité d'eaux roussâtres, et cela ne manque pas de guérir en le faisant vingt-quatre jours de suitte : ce Remede, quand il est échauffé sur le mal sent fort mauvais. On peut, si l'on veut, piler de la verveine, en tirer le suc, le mêler avec de la farine et l'appliquer sur le costé travaillé de la Pleurésie ; il attire tout ce qui est extravasé." (MDA, p 410)

– Préparation en forme de parfum pour la migraine, cf. Rose.

– Poudre pour empêcher de pisser au lit, cf. Bouillon blanc.

On relève aussi une recette pour traiter la peste où entre la poudre de racine de Valériane dans le *Manuel des Dames de Charité*, cf. Pivoine.

## 81. Violette de Mars ou ordinaire, Violier (*Viola odorata* L.) (Violacées)

### – Ses propriétés :

Selon Lémery :

"Elles sont pectorales, cordiales, adoucissantes, un peu laxatives. Les feuilles sont émollientes, humectantes, résolutives. La semence est purgative, hydragogue. La dose en est depuis une dragme jusqu'à trois" (DUD, s v *Viola*, p 790)

Dom Alexandre ajoute :

"On se sert en Médecine de ses feuilles, de sa semence et de ses fleurs dont on fait un syrop qui est d'un grand usage. Les fleurs récentes sont rafraîchissantes et humides ; les séches sont moins réfrigératives, mais dessicatives, émollientes, laxatives, cordiales, pectorales. Leur usage est de tempérer la bile, surtout la noire, de modérer la chaleur des fièvres et la douleur de tête qui s'ensuit, de remédier à la toux, à l'âpreté du gosier, aux catharres acrimonieux, à la pleurésie et de purger doucement. Ces fleurs sont au nombre des quatre cordiales ; les trois autres sont celles de Bourrache, de Buglose et d'Œillet : les Modernes y ajoutent la fleur de Soucy. Le Syrop solutif de plusieurs infusions de fleurs de Violette est singulier dans l'exulcération des reins. Les fleurs sont en usage extérieurement dans les lotions, les cataplasmes, les clystères et autres remèdes semblables, car elles sont émollientes, humectantes, résolutives. La semence est purgative et possède la vertu spécifique de purger les reins, de pousser les urines et le calcul. Les émulsions de cette semence avec de l'eau de Véronique sont un spécifique éprouvé dans toutes sortes d'*ischurie*[60]." (DBP, s v, *Violier, Violette de Mars*, p 619)

Arnault de Nobleville recopie en partie la notice de la Suite de la *Matière Médicale* de Geoffroy consacrée à la violette (Tome 3, p 317) pour écrire :

"La violette est adoucissante, diurétique et laxative. On emploie ordinairement les feuilles et les fleurs et quelquefois les racines dont l'infusion de deux ou trois onces purge par haut et par bas ; quelques-uns même y ajoutent vingt grains de sel d'Absinthe pour en tirer une plus forte teinture. Les feuilles entrent dans la plupart des décoctions émollientes et laxatives, dans les lavements ordinaires et dans les fomentations adoucissantes : les fleurs sont un peu purgatives, rafraîchissantes et du nombre des quatre fleurs cordiales. On prépare avec ces fleurs un sirop simple dont la couleur est très belle pourvu qu'on le fasse à froid et sans bouillir. Ce sirop est très recommandé dans les maladies de poitrine causées par des humeurs âcres et salées. Le miel Violat qu'on tient dans les boutiques se fait avec les fleurs de violette et le miel cuit en consistance de sirop ; la dose en est d'une once ou deux dans les lavements et rafraîchissants. Les semences de Violette sont purgatives et diurétiques ; on s'en sert dans la colique néphrétique, dans la rétention d'urine et dans les autres maladies où il n'est permis de purger qu'en adoucissant ; on en pile une once ou une once et demie dans un mortier, en versant peu à peu dessus six onces d'eau de

[60] Suppression ou rétention d'urine.

Chiendent ; on passe ensuite la liqueur et l'on y ajoute une once de sirop violat... Enfin on peut se purger commodément avec la décoction d'un pied de Violette réduite en bouillon." (DAP, p 448)

**– Ses emplois :**

Le *Recueil des Dames de Charité* ne semble pas y avoir beaucoup recours. En voici toutefois deux exemples où la violette est mentionnée :

– Fomentations émollientes, cf. Bouillon blanc.

– Émulsion contre la phtisie, cf. Lierre.

– Émulsion commune pour adoucir l'acrimonie du sang, cf. Guimauve.

Madame Fouquet en mentionne la présence dans la composition de plusieurs en revanche, remèdes simples :

– Cataplasme pour faire mûrir un apostème et particulièrement des mamelles des femmes, cf. Mauve.

– Pour purger la bile :

"Il faut mettre dans du bouillon d'herbes rafraîchissantes, une poignée de Violettes de Mars ou fleurs de pêchers ou Roses pâles ou blanches, selon la saison, il n'importe desquelles d'une de ces fleurs car elles font autant d'effets l'une que l'autre ; ou bien si vous ne les mettez pas dans du bouillon, faites-les infuser toute la nuit dans un petit pot avec un peu d'eau sur les cendres chaudes, et lorsque vous voudrez vous en servir, qui sera le matin à jeun, mettez cette infusion avec le bouillon et le prenez.

Le suc des mêmes fleurs, depuis une once jusqu'à deux, mêlé avec un peu d'eau d'Orge sert pour le même effet. On peut garder l'infusion desdites fleurs dans une bouteille, y mettre un peu d'huile d'Olive dessus pour mieux la conserver et en prendre comme ci-dessus avec du bouillon le matin." (MFO, 1765, Tome 1, p 28)

– Contre la douleur ou point de côté :

"Prenez feuilles de Violettes de Mars avec les racines, 2 poignées, Vin blanc, 1 chopine. Nettoyez bien ces feuilles et ces racines et les pilez dans un mortier ou autre part avec le vin blanc. Prenez un demie verre de ce jus, faites-le avaler au malade de réitérez plusieurs fois si la douleur ne se passe." (MFO, 1765, Tome 1, p 86)

– Pour le rhume qui coule par le nez :

"Prenez des Violettes de Mars, mettez-les dans un linge en forme de bonnet et les mettez sur la tête." (MFO, 1765, Tome 2, p 364)

– Pour la rougeur des yeux :

"Prenez Feuilles de Violette de Mars, pilez-les un peu et en appliquez sur les yeux." (MFO, 1765, Tome 2 p 397)

– Pour guérir les tranchées d'une femme quand elle est accouchée, cf. Bourrache.

– Apozème pectoral-adoucissant, cf. Capillaire.

– Pour se préserver de l'apoplexie, cf. Figuier.
– Pour guérir les hémorroïdes des femmes grosses, cf. Guimauve.
– Émulsion contre la phtisie, cf. Lierre.
– Cataplasme pour faire mûrir un apostème des mamelles des femmes, cf. Mauve.
– Pour le ténesme, cf. Mauve.
– Huile pour toutes les plaies, cf. Plantain.
– Pour le mal de cœur, cf. Rose.

Mademoiselle d'Auvergne ne la mentionne guère. On en relève la présence que dans quelques remèdes de ses *Secrets de Médecine* :

– Infusion contre les fièvres :

"Prenez deux cuillerées de syrop de violettes dans un verre et deux cuillérées de vin ; joignez- y six grains de poudre de vipere ou trois d'Orviétan, dix goutes d'esprit ou aigre de souffre et dix de teinture de vitriol ; remplissez d'eau le reste du verre et battez tout cela ensemble et le donnez au Malade trois heures avant son accez ou bien dans l'accez même ; on peut si on craint l'odeur de l'Orviétan, le prendre à part dans une portion de la Liqueur et le reste par-dessus, la poudre de vipère est insipide. Il n'y a point de Fièvre qui résiste à quatre prises de ce Remède. Il en faut prendre deux jours et laisser un jour entre deux." (MDA, p 68)

– Cataplasme ou Frontal pour toutes douleurs véhémentes de la Teste, mesme pour la Migraine :

"Prenez un linge blanc, ou mouchoir que vous plierez en plusieurs doubles, et mettrez tremper tant qu'il soit pénétré entièrement d'eau de Vie, puis le laissz un peu égouter : cela fait, il faut mettre dessus ce qui ensuit.

Deux cuillérées de lait de Femme, qui soit en bonne santé, et deux cuillérées d'huile de violette, que vous mettrez ensemble, puis les étendrez comme du beurre sur ledit mouchoir imbibé d'eau de Vie, et tout-à-l'heure en banderez le front et la teste du malade.

Cette Recepte est assurée, et celui qui me l'a donnée m'a protesté que toutes les personnes à qui il l'avait enseigné en avoient esté guéries, et l'avoient bien remercié."

– Cataplasme contre la peste, cf. Lis.
– Lavements pour ouvrir le ventre et le lâcher, cf. Guimauve.
– Lavement propre pour guérir la gravelle, cf. Guimauve.

# ANNEXES

## ANNEXE 1. Extrait de *Variétés historiques et littéraires* Tome V, p. 127

"Recueil de pièces volantes rares et curieuses en prose et en vers revues et annotées par Edouard Fournier", Paris, 1856.

"Ordre à Tenir pour la visite des pauvres honteux" S. L. N. D. In-8.

"IL FAUT examiner s'ils sont chargez de famille, s'ils ont femmes et combien d'enfans masles et femelles, quel âge, quelle profession, ce que l'on en peut faire ; si les filles sont en hazard ;

D'où vient la pauvreté, si par desbauche, mauvais menage, procez, faute de conduite, ou par le malheur du temps ;

Quelles debtes ils peuvent avoir, si l'on en peut composer avec le creancier ;

S'ils se peuvent restablir, et comment, estant plus seur de leur donner les choses en nature, comme de l'estoffe, de la soye, du cuir, que de l'argent.

Il importe d'avoir un magazin pour les provisions et besoins necessaires aux pauvres, et des meubles et ustancils marquez à la marque de la paroisse, afin de leur donner par prest, et qu'ils ne les puissent vendre, ny les creanciers ou les proprietaires de la maison les saisir.

Il faut aussi estre precautionné pour le payement des loyers, qui n'entrent point ordinairement dans les charitez des paroisses, à moins que de cause bien privilegiée ;

Comme aussi des voyages, qui sont tousjours suspects,

Et des mariages, le plus souvent non necessaires, si ce n'est des personnes qui sont dans le peché, ou pour empescher qu'ils n'y tombent[1] ;

Et pareillement des pensions par mois ou par années, parce qu'elles espuisent le fond des charitez et contribuent quelquefois à la fainéantise, sous le prétexte de l'asseurance d'une subsistence ordinaire.

Il est aussi très à propos de leur reserver du charbon, des chaussures et autres petits soulagemens pour l'hyver.

---

[1] La philanthropie au XIXe siècle s'est davantage inquiétée du mariage des pauvres. Sous la Restauration une *association*, patronnée par la duchesse d'Angoulême, avoit été fondée à l'effet de pourvoir au mariage des ouvriers sans fortune, leur procurer gratuitement des expéditions d'actes et les pièces notariées nécessaires, etc. Aujourd'hui la *Société de Saint-François Régis* s'est donné la même mission.

Surtout il faut prendre garde s'ils frequentent les sacrements, s'ils sont bien instruits des principaux mystères, et particulierement les enfans, et encore plus lorsqu'ils sont en estat de faire leur première communion ;

S'ils couchent separément ;

S'ils ont esté confirmez, et mesmes les père et mère, pour leur faire concevoir l'importance de ce sacrement et les disposer à le bien recevoir.

Il importe de sçavoir comment ils vivent avec leurs voisins, s'ils vivent avec bon exemple et vivent avec reputation dans le quartier ;

S'ils sont infirmes ou malades, pour y estre pourveu par les charitez des paroisses ;

S'ils ont des filles en hazard, pour en prevenir le mal, leur procurer quelque condition, apprentissage ou retraitte[2].

Il faut prendre garde aux surprises et artifices des pauvres qui veulent passer pour vrais pauvres honteux, n'estans de la qualité, ou lorsqu'ils en abusent, ce qui merite grand examen, parce qu'ils ont les aumosnes de ceux qui sont veritables pauvres.

Les principales marques, et qui les doivent exclure et faire rayer du rolle, sont les suivantes :

1° Lorsqu'ils se rendent mandians de mandicité publique ou de secrette qui eclatte : car le pauvre honteux est celuy qui vit chrestiennement, qui ne peut gagner sa vie, et qui a la honte sur le front pour ne l'oser demander[3] ;

Et en cecy il faut seulement prendre garde au spirituel de la famille et au peril des enfans, particulierement des filles ;

2° Ceux qui gagnent leur vie ou qui la peuvent gagner, ou qui ont quelque petit bien qu'ils ne sçavent pas mesnager, parce qu'autrement c'est fayneantise, dissipation ou desbauche, qui merite reprimende plustost qu'assistance ;

3° Ceux qui sont soulagez par ailleurs et reçoivent assistance suffisante, comme du grand bureau[4], fabrique des paroisses[5], corps des mestiers[6], confrairies et autres compagnies de pieté ;

---

[2] Les jeunes filles pauvres étoient surtout placées, sitôt qu'elles avoient douze ans, dans les ateliers de dentelle de Bicêtre. V. Sauval, *Antiq. de Paris*, liv. 5, chapitre Hôpital général. — Olier, qui étoit curé de Saint-Sulpice en 1648, prenoit soin de placer en apprentissage chez les maîtres artisans les orphelins de sa paroisse. C'est lui aussi qui avoit ouvert, dans la rue du Vieux-Colombier, la maison des Orphelines. V. Monteil, *Traité de matériaux manuscrits*, t. 2, p. 5.

[3] La *Police des pauvres* de G. Montaigne, curieuse pièce des premières années du XVIIe siècle, que nous donnerons dans un prochain volume, parle de ces mendiants qui prenoient la place des bons pauvres et qu'il falloit chasser de Paris." Il est défendu à toutes personnes de mendier à Paris, sur la peine de fouet, pour les inconvénients de peste et autres maladies qui en pourroient advenir, joint que plusieurs belistres et cagnardiers, par imposture et déguisement de maladie, prennent l'aumône au lieu des vrais pauvres, et aussi que les pauvres estrangers y viennent de toutes parts pour y belistrer."

[4] Le *grand bureau des pauvres*. Les bourgeois choisis par chaque paroisse pour avoir soin des intérêts spirituels et temporels des pauvres s'y assembloient le lundi et le samedi de chaque semaine, à trois heures après midi, sous la présidence du procureur général du Parlement ou de l'un de ses substituts. De cette compagnie étoient tirés les administrateurs des hôpitaux de Paris et des environs.

[5] Les fabriques de paroisses, sous la présidence des curés, faisoient sans cesse acte de charité de la façon la plus efficace. Tout à l'heure nous avons parlé du curé de Saint-Sulpice ; nous devons rappeler aussi celui de Sainte-Marguerite, qui, au commencement du XVIIIe siècle, adopta pour les pauvres de son église le système des soupes économiques, proposées d'abord par Vauban, conseillées par Helvétius dans

4° Ceux qui ne sont domiciliez dans le temps porté par les reglements, parce qu'autrement l'on affecteroit de s'establir en la paroisse pour participer aux aumosnes, sauf s'il y avoit peril pour la religion, l'honnesteté ou scandal public : il en sera pris connoissance de cause ;

5° Les religionnaires[7], s'il n'y a disposition à leur conversion, ou quelque ouverture pour l'esperer ;

6° Les catholiques qui tirent charité des religionnaires, ou qui mettent leurs enfans apprentifs chez les religionnaires ;

7° Les libertins, blasphemateurs, yvrognes et desbauchez, sauf, quand ils ont leurs femmes et enfans dans la misère ou le peril, à leur pourvoir secretement et par autre voye.

8° Ceux qui ont mal usé de l'aumosne que l'on leur a donné ;

9° Qui negligent de se faire instruire, qui n'envoyent point leurs enfants à l'escolle et au cathechisme de la paroisse ;

10° Qui deguisent leurs noms, qui les changent, qui en prennent plusieurs, qui supposent leurs conditions, qui n'exposent pas la verité dans les billets ou lors des premieres visites que l'on fait chez eux ;

11° Qui ne veulent point sortir de leur logis quand il y a des gens de vie scandaleuse ;

12° Qui souffrent quelque scandal public en leur famille, particulierement quand il y a des filles ;

13° Qui ne se veulent point reconcilier avec le prochain ;

14° Qui ne veulent point suivre les advis de ceux qui sont preposez pour conseiller ;

15° Qui font mauvais mesnage en leur famille, ou qui mal-traitent leurs femmes après en avoir esté repris, sauf à donner quelque chose à la femme en particulier si elle en est digne ;

Et generalement ceux qui ne sont pas jugez dignes par la compagnie pour autre cause survenante et motive d'exclusion ;

Toutes lesquelles causes d'exclusion peuvent cesser neantmoins en se remettant par les pauvres en leur devoir, et satisfaisant à ce que l'on desire d'eux, ce qui depend de connoissance de cause et d'examen de l'assemblée de la paroisse.

*Ordinavit in me charitatem.*

---

son *Traité des maladies* (1703, chapitre *Bouillon des pauvres*), puis reprises par M. de Rumfort, qui leur a laissé son nom. (Pujaulx, *Paris à la fin du XVIII*[e] *siècle*, p. 374–375.)

[6] Sur le rôle philanthropique des corporations d'artisans et sur la caisse de secours que chacune d'elles possédoit sous le nom de *Charité du métier*, V. un intéressant article de M. Louandre, *Revue des Deux-Mondes*, 1er décembre 1850, p. 858.

[7] Par une ordonnance du 8 mars 1712, Louis XIV ne s'en tint pas à défendre de donner des secours aux pauvres de la religion ; il interdit, sous les peines les plus sévères, aux médecins et apothicaires, de continuer leurs soins aux malades qui ne se seroient pas encore confessés le troisième jour de leur maladie. *La Gazette littéraire* du 13 janvier 1831 a donné en entier la teneur de cette ordonnance."

## ANNEXE 2. Biographie de quelques auteurs d'ouvrages de référence de Médecine et de Pharmacie

**1. Bauderon (Brice)** est un médecin français né à Paray-le-Monial, vers1540, décédé à Mâcon en 1623 où il exerça jusqu'à sa mort. Il est l'auteur d'un traité de médecine en deux volumes paru en 1620, sous le titre "*Praxis medica in duos tractatus distincta*" et d'une *Pharmacopée* parue à Lyon en 1583, plusieurs fois rééditée, qui était très estimée à son époque.

**2. Charas (Moyse) (1619 – 1698).** Il publie en 1676 le cours qu'il dispensait aux étudiants en médecine sous le titre *Pharmacopée royale galénique et chimique* qui sera suivi d'une deuxième édition en 1681 en deux volumes, et d'une troisième édition (en latin) en 1681 en trois volumes, le premier étant consacré à la Pharmacopée royale galénique, le second à la Pharmacopée royale chimique, le troisième à son Traité sur la Thériaque et à celui sur la vipère. Un index permet de se reporter aux différents passages de l'ouvrage où les plantes sont mentionnées ainsi que leurs propriétés et les préparations dans lesquelles elles sont utilisées.

**3. Chomel, (Pierre-Jean-Baptiste), né** à Paris en 1671, mort en 1740.

Passionné de botanique, il suit les leçons et les herborisations de Joseph Pitton de Tournefort, dont il devient l'ami. Ayant obtenu son diplôme de médecin à Paris en 1697, il donne libre cours à son goût pour la botanique, et se livre à de nombreuses et fructueuses herborisations dans le centre de la France (Auvergne et Bourbonnais), et remet les plantes qu'il a récoltées au jardin du Roi à Paris. Ayant attiré ainsi l'attention de Guy-Crescent Fagon, premier médecin du roi, celui-ci le présente à Louis XIV. Entre 1703 à 1720, il communique successivement à l'Académie des sciences plusieurs mémoires portant sur la description et l'histoire d'un certain nombre de plantes. En 1707, Fagon le présente à Louis XIV en qualité de médecin de quartier. Il commence alors à donner des cours publics où il enseigne les propriétés et les vertus des plantes d'usage. Il devient associé botaniste à l'Académie des Sciences en 1707. Il publie cet Abrégé en 1712, lequel sera réédité par M.J. Dubuisson en 1809 avec un important texte d'un certain J.B.N Maillard et une série de 650 gravures, représentant les plantes décrites par Chomel "dans leur état de floraison, d'après nature, dessinées par .J.D.E. Canu".

48729

ABRÉGÉ

DE L'HISTOIRE

DES

PLANTES USUELLES,

CONTENANT leurs différens noms *latins*, *francais* et *vulgaires*, leur Dose, leurs principales Compositions en Pharmacie, et la manière de s'en servir.

PAR PIERRE-JEAN-BAPTISTE CHOMEL.

SEPTIÈME ÉDITION,

Augmentée de la SYNONYMIE de LINNÉ, de la Description des Caractères de ses Classes, Ordres, Genres et Espèces : avec l'indication du lieu natal des Plantes, de la Couleur de leurs fleurs, du Tems de leur floraison, de leur Durée, de leurs Usages dans l'Economie domestique et les Arts.

PAR J. B. N. MAILLARD.

TOME PREMIER.

48729 48729

A PARIS,

Chez L. DUPRAT-DUVERGER, rue des Gr.-Augustins, n°. 24.

AN XII. (1804.)

Pierre-Jean-Baptiste Chomel, Abrégé de l'Histoire des Plantes usuelles.

**4. De Meuve**, Docteur en Médecine, et Médecin ordinaire du Roi, - sur la biographie duquel on ne dispose guère d'éléments -, est connu pour être l'auteur d'un ouvrage dont le titre complet est à lui seul tout un programme "*Dictionnaire pharmaceutique ou plustost Apparat médico-pharmaco-chymique. Ouvrage curieux pour toutes sortes de personnes, utiles aux Medecins, Apoticaires et Chirurgiens, et tres-necessaire pour l'avancement et l'instruction des jeunes gens qui s'adonnent à la profession de la Pharmacie et particulièrement à ceux qui ne possèdent pas pleinement la langue Latine. Dans lequel est contenu en François par demande et par réponse, sur chaque diction Latine rangée par Alphabet, tout ce qui* *concerne cette profession si nécessaire au Public. Tiré et recueilly des meilleurs Autheurs, tant Anciens que modernes qui en ont écrit."* (Paris, 1677, chez jean d'Houry).

Il explique dans sa *Dédicace à Messire Antoine d'Aquin, Conseiller du Roy en tous ses Conseils et Premier Médecin de sa Majesté,* pour quelles raisons il a jugé nécessaire de rédiger son Dictionnaire, critiquant, lui aussi, l'ignorance des apothicaires et, de ce fait, leur incompétence qui met ainsi en danger la vie des malades :

"Dans les courses que j'ay faites presque par toute la France en qualité de Lieutenant de feu Monsieur Vallot, votre Prédécesseur, pour mettre l'ordre dans la Pharmacie, l'expérience m'a fait connoistre que la plupart des désordres qui s'y commettent, ne provient que de celuy de ne pouvoir expliquer, ny même lire une Ordonnance latine comme il faut ; et cela bien souvent par le défaut de l'intelligence de la langue latine qui se rencontre dans la pluspart des Apoticaires du Royaume : Chose de la dernière importance, à laquelle j'ay crû estre obligé de remedier par mon travail, puisqu'il y va de la vie et de la santé des Hommes, et qu'il est impossible d'y remédier autrement. Voilà, Monsieur, le véritable motif qui m'a porté à faire cet ouvrage en forme de Dictionnaire que je vous présente de tout mon cœur."

**5. Dubois, (Jacques),** souvent appelé de son nom latin **Jacobus Sylvius**, né en 1478 à Lœuilly_près d'Amiens, mort en 1555, est l'un des médecins les plus réputés de son époque. Il enseigna à la Faculté de Médecine de Paris et il attira de nombreux étudiants à ses cours, car il y pratiquait des dissections et y enseignait avec précision comment préparer les remèdes. En outre, il leur faisait des démonstrations de botanique dans son propre jardin où il avait planté de nombreuses plantes médicinales (cf. Jean-Pierre Niceron, *Mémoire pour servir à l'Histoire des Hommes*, Tome 29 p 95)

Auteur de nombreux ouvrages de Médecine, il restera surtout connu pour sa Pharmacopée. Celle-ci mentionne un grand nombre de plantes, mais ne contient malheureusement aucune Table alphabétique permettant de se reporter aux passages où chacune d'elles est citée. Dans son Livre 1, Dubois y propose une méthode pour savoir bien choisir les plantes, en retenant différents critères : d'une part, selon la quantité, la qualité, la figure, la situation et le lieu, ainsi que le temps, et d'autre part selon les racines, les fleurs, les semences, les fruits, les bois, les écorces, les sucs, les liqueurs, les résines, les gommes.

Dans son Livre 2, il enseigne comment préparer les médicaments, c'est-à-dire comment piler, cribler, dissoudre, amollir, endurcir, échauffer, humecter, infuser, distiller, écumer, clarifier les substances qui les composent.

Au Livre 3, il décrit les différentes formes que peut prendre un remède comme les sirops, apozèmes, infusions, antidotes, électuaires, pilules, trochisques, poudres, huiles, onguents, emplâtres.

Dubois est partisan des remèdes simples, *simplicia,* c'est-à-dire qui font essentiellement appel aux vertus d'une seule plante, de préférence sélectionnées parmi les plus communes et les moins chères. Il s'oppose ainsi aux recettes complexes, souvent composées de produits rares et d'un prix élevé qui profitent davantage aux apothicaires qu'aux malades.

**6. Geoffroy**, **(Étienne-François),** dit *Estienne Geoffroy l'aîné*, né le 13 février 1672 à Paris où il est mort le 6 janvier 1731, fut l'un des plus importants chimistes et médecins français du début du XVIII^e^ siècle. Membre d'une longue lignée d'apothicaires, il bénéficie d'une très bonne formation scientifique. Après ses études de pharmacie à Montpellier, il est reçu Maître Apothicaire en 1694 et à la suite de ses voyages en Angleterre et en Italie, il obtient son diplôme de Médecin en 1704. Il devient pensionnaire de l'Académie des Sciences en 1716. L'année suivante, il devient professeur de chimie au Jardin du roi en remplacement de Guy-Crescent Fagon (1638-1718) et en alternance avec Louis Lémery (1677-1743). De 1709 à 1731, il est titulaire de la chaire de Médecine au Collège royal et doyen de la Faculté de Médecine de Paris de 1726 à 1729. On lui doit un magistral *Traité de la Matière Médicale. ou de l'Histoire des vertus, du choix et de l'usage des remèdes simples.* Mais l'histoire de l'édition complète de cet ouvrage est particulièrement complexe. Geoffroy a écrit les trois premiers volumes en latin qui seront publiés en 1741 par le médecin Chardon de Courcelle (Tome 1 *De fossilibus*, Tome 2 *De vegetalibus exoticis*, Tome 3 *De vegetalibus indigenis* qui comprend seulement les notices des végétaux présentés par ordre alphabétique d'Abrotanum à Melilotus). Une édition plus complète en français qui comprend 7 volumes est publiée en 1743 par le médecin Antoine Bergier (1704-1748) mais elle est encore inachevée, car elle se termine par la notice consacrée au Melilotus. Celui-ci la complète en 1750 par une "*Suite de la Matière Médicale de Geoffroy*", en français, en trois volumes, éditée chez le même éditeur parisien, Elle comprend en effet les notices qui font suite à celle qui est consacrée au Melilotus dans l'édition de 1743 (Tome 1, Des Plantes de notre pays, (Mélisse-Pinguicula), Tome 2, Suite de la section des Plantes indigènes (Piper indicus-Scabieuse), Tome 3, Suite de la section des Plantes indigènes (Secale-Xiris). En 1756 deux médecins d'Orléans Arnault de Nobleville et Salerne publient sous le titre "Suite de la Matière Médicale de Geoffroy, en 6 volumes qui est entièrement consacrée au règne animal (Tome 1 : les insectes ; tome 2, les poissons ; tome 3, les oiseaux ; les tomes 4, 5 et 6 : les quadrupèdes) chez les éditeurs Desaint, Saillant, Cavelier et Leprieur. En 1757, paraît une nouvelle édition de la Matière médicale de Geoffroy en 7 volumes, par Arnault de Nobleville et Salerne toujours chez Jean Desaint et Charles Saillant à Paris. Elle est encore incomplète (Tome 1, Minéralogie, Tome 2, Plantes exotiques, Tome 3, Plantes exotiques ; Tome 4, Médicaments exotiques, Tome 5, Plantes indigènes (Abrotonum-Cepa), Tome 6, Plantes indigènes (Cerasus-Herba Paris), Tome 7, Plantes indigènes

(Herminaria-Melilotus). Il fut suivi quelques années plus tard par un précieux ouvrage de gravures paru en 1764 sous le titre *Figures des plantes et animaux d'usage en Médecine, décrits dans la Matière médicale de M. Geoffroy, Médecin* complété en 1765 par une publication donnant une *Explication abrégée des 719 plantes et 34 animaux suivant l'ordre de la Matière médicale de M. Geoffroy.* Les excellentes planches dessinées par François-Alexandre de Garsault (1693 – 1778) furent également éditées dans le *Dictionnaire des plantes usuelles* (8 volumes in 8), 1773, Paris, Didot, dont l'auteur est Jean Goulin (1728 – 1799).

Arnault de Nobleville utilisera le Traité de la Matière médicale de Geoffroy pour rédiger sa *Description abrégée des plantes usuelles avec leurs vertus, leurs usages et leurs* vertus, parue en 1767 et réédité en 1774, à Paris chez Debure qui complète son Manuel des Dames de Charité.

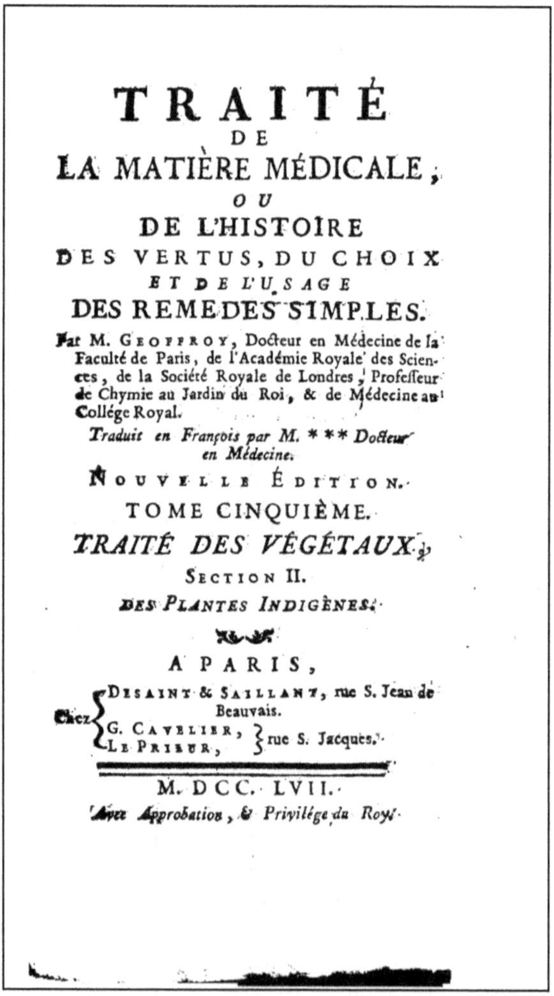
TRAITÉ
DE
LA MATIÈRE MÉDICALE,
OU
DE L'HISTOIRE
DES VERTUS, DU CHOIX
ET DE L'USAGE
DES REMEDES SIMPLES.
Par M. GEOFFROY, Docteur en Médecine de la Faculté de Paris, de l'Académie Royale des Sciences, de la Société Royale de Londres, Professeur de Chymie au Jardin du Roi, & de Médecine au Collége Royal.
*Traduit en François par M. *** Docteur en Médecine.*
NOUVELLE ÉDITION.
TOME CINQUIÈME.
*TRAITÉ DES VÉGÉTAUX,*
SECTION II.
*DES PLANTES INDIGÈNES.*
A PARIS,
Chez DESAINT & SAILLANT, rue S. Jean de Beauvais.
G. CAVELIER, LE PRIEUR, rue S. Jacques.
M. DCC. LVII.
*Avec Approbation, & Privilége du Roy.*

Etienne François Geoffroy, Traité de la Matière Médicale

**7. Joubert (Laurent). Né** à Valence en 1529, il obtint son diplôme de médecin à Montpellier après y avoir suivi ses études, entrecoupées par des séjours à Paris, Turin, Padoue et Ferrare. Après avoir exercé à Aubenas et Montbrison, il s'établit à Montpellier où il succède en 1566 à Guillaume Rondelet (1507-1566) comme professeur à la Faculté de Médecine. Il est nommé chancelier de l'Université en 1577. Il est l'auteur de différents ouvrages : *Erreurs populaires concernant la médecine* (1578), *Éloge du riz* (*i e* du rire) (1579), mais le plus célèbre d'entre eux est celui qui porte le titre "*La Pharmacopée de Monsieur Laurent Joubert*" paru en latin en 1579, puis en français en 1581 à Lyon. Il comprend notamment une bibliographie ou dénombrement de ceux qui ont écrit des pharmacopées tant en Allemagne qu'en France (Sylvius, Lespleigney, Fernel, Rondelet, par exemple), Italie et Espagne, avec une description précise du contenu de leurs ouvrages. Il sera le manuel de référence des apothicaires de Montpellier, remplaçant ainsi localement l'Antidotaire de Nicolas qui servait alors de Codex aux apothicaires de toute l'Europe.

**8. Le Clerc, (Charles Gabriel).** Auteur de plusieurs ouvrages consacrés à la chirurgie, notamment de *La chirurgie complète par demandes et réponses avec une Pharmacie qui apprend la manière de composer les remèdes les plus utiles de la Chirurgie* publié en 1698 et plusieurs fois réédité. Cette Pharmacie est en fait limitée à un court traité des remèdes nécessaires aux chirurgiens (baumes, onguents, emplâtres, huiles, collyres, poudres, eaux), chaque notice étant limitée à la préparation de quelques plantes. En revanche, la "*petite Pharmacie commode et facile à faire pour toutes sortes de personnes* "qui figure à la fin de *La Médecine aisée*, comprend un inventaire des préparations les plus courantes, relativement simples à effectuer qui couvre une cinquantaine de pages. Chacune des notices est précise et détaillée. Elles portent sur les vins, robs, gelées, sirops, miels, sucres, poudres, thériaques, huiles, baumes, onguents, cérats, emplâtres cataplasmes, collyres, fomentations, bains vaporeux, parfums, fronteaux, lotions, distillations des plantes selon les parties (racines, fleurs, feuilles, fruits), eaux.

**9. Lémery (Nicolas).** Médecin, apothicaire et chimiste, né à Rouen le 17 novembre 1645 et mort à Paris le 19 juin 1715. Après ses années de formation d'apothicaire, à Rouen, puis à Paris et à Montpellier, il s'établit à Paris pour y ouvrir une apothicairerie en 1672 où il prépare et vend ses propres médicaments et cosmétiques ; il y dispose d'un laboratoire, ce qui lui permet d'y donner des cours de chimie ainsi que d'y présenter des démonstrations qui attirent un public nombreux et le rendent célèbre. Inquiété à la suite de la Révocation de l'Édit de Nantes, parce que protestant, il doit vendre son officine et s'exiler en Angleterre. De retour en France, il obtient son diplôme de Médecin à Caen, se résigne finalement à abjurer sa foi le 8 janvier 1686, avec femme et enfants, pour pouvoir exercer, ce qui lui permet d'ouvrir à la fin de l'année une nouvelle boutique d'apothicaire et un laboratoire de chimie à Paris. Lémery fut nommé par Louis XIV, Chimiste associé, puis Chimiste pensionnaire à l'Académie royale des Sciences, créée en 1666 par Colbert.

Lémery publia une première édition du *Cours de chymie* en 1675 ; celui-ci fut constamment rééditée durant toute sa vie et même après sa mort et traduit en différentes langues, notamment en anglais, allemand, italien, espagnol et latin. Il y présente sur près de mille pages dans les dernières rééditions, tout le savoir empirique de la chimie de la fin du XVII^e^ siècle. Destiné avant tout à l'enseignement et à la vulgarisation, l'ouvrage est d'une clarté et d'une précision remarquable pour l'époque. S'il adopta la théorie des cinq principes (le Sel, l'Esprit (ou Mercure), l'Huile (ou Soufre), l'Eau (ou Phlegme), la Terre), développée notamment par Etienne de Clave dans son Cours de Chimie (édité en 1646), il la considéra comme une hypothèse provisoire pour tenter de comprendre la structuration de la matière, c'est-à-dire la *résolution des mixtes en leurs éléments simples (ou principes)* et se substituer aux concepts de la tradition philosophique des quatre éléments (air, feu, eau, terre), héritée de l'Antiquité. Mais, jugeant que les mixtes sont composés d'éléments premiers extractibles par des procédures chimiques, il se contente d'exposer les faits et ses expériences de laboratoire.

Si Lémery ne fit pas de découvertes remarquables, il fut l'un des premiers à rendre la chimie accessible auprès du grand public et à la débarrasser des concepts de l'alchimie où la transmutation des métaux en quête de la pierre philosophale tenait une place majeure.

La *Pharmacopée universelle* publiée en 1697, plusieurs fois rééditée (en 1716, 1729, 1734, 1738 et 1764) est composée de trois parties (préparation des matières, compositions internes, compositions externes) permettant ainsi, à la suite de Charas d'intégrer les matières et les remèdes issus de la chimie dans les catégories traditionnelles.

Le *Dictionnaire ou traité universel des drogues simples,* publié en 1698 (réédité en 1714, 1727, 1733, 1759) complète la *Pharmacopée universelle*, présentant sur le même plan et par ordre alphabétique de leurs noms français, toutes les matières végétales, animales, minérales et métalliques.

A ne pas confondre avec un certain Nicolas Lémery, obscur auteur d'un ouvrage de vulgarisation médicale, paru en 2 volumes en 1694 sous le titre *Nouveau Recueil des plus beaux secrets de médecine pour la guérison de toutes les maladies et autres accidents qui surviennent au Corps humain, et la manière de préparer facilement dans les Familles les remèdes et médicaments qui y sont nécessaires.*

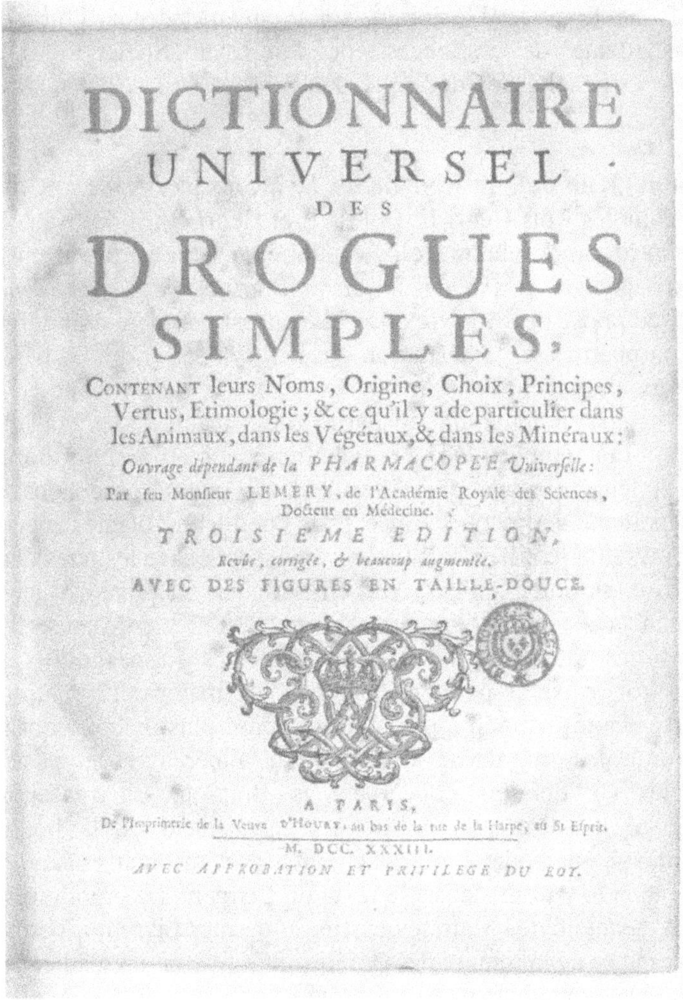
DICTIONNAIRE
UNIVERSEL
DES
DROGUES
SIMPLES,
CONTENANT leurs Noms, Origine, Choix, Principes, Vertus, Etimologie ; & ce qu'il y a de particulier dans les Animaux, dans les Végétaux, & dans les Minéraux :
*Ouvrage dépendant de la* PHARMACOPE'E *Universelle* :
Par feu Monsieur LEMERY, de l'Académie Royale des Sciences, Docteur en Médecine.
*TROISIE'ME EDITION*,
*Revûe, corrigée, & beaucoup augmentée.*
AVEC DES FIGURES EN TAILLE-DOUCE.
A PARIS,
De l'Imprimerie de la Veuve D'HOURY, au bas de la rue de la Harpe, au St Esprit.
M. DCC. XXXIII.
*AVEC APPROBATION ET PRIVILEGE DU ROY.*

Nicolas Lémery, Dictionnaire Universel des Drogues simples.

**10. Lieutaud (Joseph),** né à Aix-en-Provence en 1703, mort à Versailles en 1780. Fils de Jean Baptiste Lieutaud, avocat à la Cour, il étudie tout d'abord la botanique puis s'oriente vers la médecine. Il enseigne la botanique à Aix-en-Provence à la mort de son oncle, l'illustre botaniste aixois Joseph Garidel, qu'il remplace. Après avoir obtenu son diplôme de Médecin à la Faculté de médecine d'Aix-Marseille, il est nommé Médecin à l'Hôtel-Dieu d'Aix-en-Provence. Il devient en 1750 médecin de l'Infirmerie royale, puis médecin des enfants de Louis XV, et enfin premier Médecin de Louis XVI. En 1774, lors de l'épidémie de variole qui emporta le Roi Louis XV, Joseph Lieutaud, qui avait en charge les Enfants Royaux, protégea le Duc de Berry (futur Louis XVI) de la contamination en lui pratiquant la "variolisation". contre l'avis de nombreux médecins de la Cour. Dès qu'il accéda au Trône, Louis XVI le nomma son Premier Médecin. Il fut membre de l'Académie royale des Sciences, de la Royal Society de Londres, Président de la Faculté de Médecine de Paris, et de la Société Royale de Médecine.

**11. Renou (Jean de)**, dit **Renodœus**, né à Coutances en 1568, mort vers 1620. Médecin des Rois Henri II, Henri III et Henri IV, il doit sa célébrité à son important traité de pharmacologie publié en latin et traduit en français sous le titre général *Les œuvres pharmaceutiques de Jean Renou*. Cet ouvrage est composé de 14 Livres. Le Livre 1 est consacré à la définition et l'utilité de la pharmacie, la définition du médicament et de ses facultés. Le texte est particulièrement dense ; l'auteur y aborde et développe en effet de nombreux sujets, comme la disparité des plantes, les facultés des médicaments (au nombre de 3 : altératifs, purgatifs, corroboratifs ou confortatifs), leurs qualités premières et leurs qualités secondes, leurs 4 degrés, le meilleur temps de l'année pour cueillir les plantes médicinales, leur efficacité selon leur lieu de naissance, leur voisinage les unes des autres, leur exposition au soleil ; il présente en outre un classement succinct des plantes selon leurs propriétés. Les Livre 2 à 5 sont consacrés à la Préparations des médicaments et aux différentes formes qu'ils peuvent revêtir. Les trois suivants portent sur la Matière médicale, le premier étant consacré aux plantes (il n'en a pas moins recensé plus de 250 dont il donne la description et les propriétés), le second aux minéraux et le troisième aux animaux ; les six derniers concernent la Boutique pharmaceutique ou Antidotaire, c'est-à-dire quel doit être l'agencement de la boutique de l'apothicaire, son équipement en instruments et les médicaments qui doivent y être présents. On y trouve aussi le texte du Serment des Apothicaires ainsi qu'une table générale des Matières en fin du dernier Livre qui permet de se reporter aux pages de la totalité des Œuvres où est décrit un médicament (par exemple une plante médicinale, ses propriétés et son mode d'emploi).

**12. Schröder (Johan).** Médecin, il est l'auteur d'une Pharmacopée qui fut traduite en français sous le titre "*La pharmacopée raisonnée de Schroder, commentée par Michel Ettmuller*", Lyon, Chez T. Amaulry, 1698. Le Livre premier de cette Pharmacopée mérite ici notre attention, car il est consacré aux plantes médicinales et aux substances végétales. L'auteur répartit celles-ci en quatre classes : la première explique les alterans simples qui sont les plantes et leurs parties ; Schroeder lui consacre 369 notices, les plantes étant classées par ordre alphabétique ; la seconde porte sur les alterans secondaires qui sont les sucs, les huiles, les résines, les gommes et les résines-gommes, elle comprend 45 notices (du numéro 368 à 412) ; la troisième décrit les purgatifs simples ; elle compte 29 notices (du numéro 413 à 441) ; la quatrième classe traite des purgatifs secondaires ; elle ne contient que 7 notices (du numéro 442 à 448). Ce traité sera souvent cité en référence par les auteurs d'ouvrages de vulgarisation médicale et de médecine charitable.

## ANNEXE 3. Les noms des remèdes

Les remèdes proposés par les auteurs d'ouvrages de médecine charitable doivent être faciles à préparer par des personnes qui n'ont reçu aucune formation médicale. Les mots qui y sont employés pour les désigner, couramment utilisés par les médecins et les apothicaires, doivent donc leur être expliqués.

Certains auteurs s'y sont attachés, comme Dom Alexandre dans son *Dictionnaire Botanique et Pharmaceutique* (DBP) ou Arnault de Nobleville dans son *Manuel des Dames de Charité.* (DCH). Nous avons complété leurs définitions par celles qu'ont publiées Furetière (*Dictionnaire universel*), Baumé (*Eléments de Pharmacie*, édition de 1777), Col de Vilars (*Dictionnaire François-Latin des Termes de Médecine*, 1753 (C V).

Nous avons réunis ci-dessous les principaux mots utilisés dans les ouvrages de Médecine charitable pour désigner les remèdes que doivent préparer les personnes appelées à soigner les pauvres malades :

– Apozème : "décoction plus ou moins chargée de plantes entières ou de leurs parties qu'on fait bouillir plus ou moins suivant la nature de ces mêmes parties qu'on y fait entrer. On le divise en altérant et purgatif. (DCH, p 1)

– Baume : "on a nommé Baume les résines liquides qu'on tire par incision ou sans incision de plusieurs arbres. On a donné le nom de baume à ces résines liquides à cause de leur grande vertu pour consolider les plaies, et aussi par rapport à leur consistance visqueuse. On a donné par la suite le même nom à des médicaments composés qui avaient à peu près la même consistance visqueuse et auxquels on attribuait les mêmes vertus ; ils étaient faits à dessein pour suppléer la rareté des baumes naturels. Mais ces derniers temps, on n'a point eu d'égard à la consistance des médicaments auxquels on a donné le nom de baume ; c'est ce qui fait que l'on a aujourd'hui dans la pharmacie des baumes liquides spiritueux, des baumes liquides à la consistance d'huiles, des baumes épais, comme les onguents, des baumes solides comme les emplâtres." (Baumé, *Pharmacie*, p 745 – 746)

– Bol : "matière coupée en petits morceaux. On a donné ce nom à une espèce de remède en consistance de pâte ; c'est ordinairement un purgatif qu'on prépare en plusieurs parties avant que de le prendre enveloppé dans du pain à chanter[8] un peu mouillé, afin qu'il puisse être avalé plus commodément." (DBP)

– Bouillon médicamenteux : "ne diffère de l'apozème et de la décoction que par la viande que l'on y ajoute et parce que l'on n'y met point de sirop, comme dans les apozèmes et les décoctions. On le rend aussi purgatif suivant les indications." (DCH, p 88)

– Cataplasme : "remède pour l'extérieur, ayant une consistance de pâte ; composé ordinairement de farines, de pulpes, d'huiles, d'onguents, de

---

[8] Le "pain à chanter" est du pain sans levain ou pain azyme. Coupé en rond, il prend la forme d'une hostie, consacrée par le prêtre au cours de la messe, ce qui lui valut d'être alors appelé pain enchanté, expression qui donna par déformation, "pain à chanter".

gommes et de poudres. On l'applique sur les parties du corps humain, tantôt pour amollir, tantôt pour résoudre, tantôt pour appaiser les douleurs, tantôt pour exciter la suppuration." (DBP)

– Cérat : "espèce d'onguent ou de liniment, fait d'huile et de cire, qui sert de remède à plusieurs maladies, et particulièrement à celles du cuir, il est d'une consistance plus épaisse que celle du liniment. On met pour l'ordinaire une once de cire au liniment ; et deux au cérat, sur six onces d'huile." (DBP)

– Clystère (ou lavement, *enema*) : "remède ou injonction liquide, qu'on introduit dans les intestins par le moyen d'une seringue pour les rafraîchir, pour lâcher le ventre, pour humecter & amollir les matières, pour arrêter le flux de sang, le cours de ventre, pour chasser les vents, pour exciter l'urine, ou pour remédier à quelqu'autre maladie." (DBP)

– Colature : "séparation d'une liqueur d'avec quelques impuretés ou matières grossières, ce qui se fait communément à travers un linge ou un tamis". (DCH, p 2)

– Collyre : "remède externe, propre & particulier pour les maladies des yeux." (DCH, p 360); "les collyres sont secs ou liquides." (DBP)

– Confection : "espèce d'électuaire mou et d'une consistance un peu plus épaisse que celle du miel cuit, inventé pour réunir par le mélange & la fermentation les qualités de plusieurs mixtes et en faire un remède plus parfait." (C V)

– Condits ou confitures : "elles ont été inventées en intention de conserver les parties des végétaux dans leur vertu, de maintenir le bon goût des uns et de corriger l'âpreté des autres, tant pour les usages de la Médecine, que pour le délice de la bouche." (DBP)

– Conserves : "leur matière ordinaire sont les fleurs, et quelquefois les feuilles, les racines et les fruits des végétaux : elles diffèrent des confitures ou confits en leur consistance ; car elles sont préparées en pâte, au lieu que les condits sont des fruits ou des racines cuits entiers, ou coupés par parties dans le sucre."(DBP)

– Cucuphe : "bonnet piqué garni de poudre céphalique, qu'on applique sur la tête des malades pour fortifier le cerveau."(DBP)

– Décoction : "est ordinairement plus simple ou moins chargée que l'apozème, quoique dans la pratique on n'en fasse guère de différence." (DCH, p 27) ; "elle se fait ou pour dissoudre les substances actives & utiles des mixtes, dans une liqueur appropriée, ou pour cuire et ramollir les mixtes, en sorte qu'on en puisse tirer les pulpes." (DBP); "La décoction diffère de l'infusion, en ce qu'elle est plus chargée de principes actifs et de peu ou point du tout des principes volatiles des substances. Les décoctions diffèrent encore des infusions en ce qu'elles se font à l'air libre, c'est-à-dire dans un vaisseau non clos et qu'on les fait bouillir." (Baumé, *Pharmacie*, p 214)

– Électuaire : "médicament composé de de poudres et d'autres drogues incorporées avec du miel et du sucre." (DBP)

– Élixir : "liqueur spiritueuse, destinée à des usages internes & qui contient la plus pure substance des mixtes choisis qui lui a été communiquée par infusion & par macération." (DBP)

– Emplâtre : "remède externe, composé de matières tirées de minéraux, de végétaux et des animaux, qu'on incorpore avec des huiles, des graisses, des résines, des gommes et autres choses semblables." (DCH, p 393) ; "les emplâtres sont de tous les médicaments externes, ceux qui ont le plus de consistance et de solidité ; c'est la seule chose qui les fasse différer des onguents, puisqu'ils sont composés comme eux d'huile, de cire, de suif, de poudres, de gommes, et de différentes chaux de plomb." (Baumé, *Pharmacie,* p 803 – 804)

– Émulsion : "boisson laiteuse, composée d'expression de certains fruits et de graines pilées ensemble dans un mortier de marbre, en versant dessus quelque eau ou liqueur et en y ajoutant quelque sirop convenable. (DCH, p 83) ; on prescrit notamment des émulsions astringentes, pectorales, rafraîchissantes et apéritives.

– Errhines : "remède qu'on introduit dans le nez pour faire moucher ou éternuer. On leur donne diverses formes, car tantôt on les fait en poudre, tantôt en liqueur, tantôt en onguent, tantôt en masse solide, dont on forme de petits bâtons pyramidaux." (DBP) ; "remède qu'on introduit dans les narines pour faire éternuer et moucher, pour purger le cerveau, quelquefois pour d'arrêter l'hémorragie du nez." (C V)

– Extrait : "partie la plus pure des végétaux qui a été séparée des grossières é dissoute dans quelque menstrue[9] propre par le moyen de la digestion, et enfin réduite à une consistance épaisse et humide par la distillation ou évaporation de l'humidité de la menstrue."

– Fomentations : "elles se font ordinairement de décoctions d'herbes émollientes et rafraîchissantes, pour amollir quelques duretés qui se sont faites dans le bas ventre ou de liqueurs astringentes pour fortifier et resserrer les fibres. On trempe des linges dans ces fomentations chaudes, et on les étend sur les parties malades, ou bien l'on enferme les herbes dans des sachets de toile, & après les avoir fait bouillir, on les applique." (DBP)

– Gargarisme : "remède liquide destiné pour les maladies de la bouche, des gencives et du gosier dont on lave ces parties sans l'avaler, qui se fait avec du miel, des esprits, des syrops, du vinaigre, des eaux, et décoctions qui guérit en gargarisant, et nettoyant la bouche." (DBP)

– Humeur : selon Col de Vilars, "l'humeur est une substance liquide produite dans le corps humain par la digestion des aliments. Les humeurs se distinguent habituellement en alimentaire et excrémenticielles. Les alimentaires sont celles qui sont propres à nourrir le corps. Il y en a trois : le chyle, le sang, le suc nourricier. Les excrémenticielles sont celles qui se séparent de la masse du sang. Certaines (au nombre de quatorze) sont utiles

[9] "Dissolvant liquide, qui pénétrant dans les plus intimes parties d'un corps sec, sert à en tirer les extraits et teintures et ce qu'il y a de plus subtil & essentiel." (Furetière)

et rentrent dans la masse du sang après s'en être séparées ou sont retenues en quelques réservoirs pour certaines fonctions. D'autres (au nombre de douze) sont inutiles et sont chassées hors du corps comme incapables de le nourrir. Rappelons que les Anciens divisaient les humeurs en quatre espèces : le sang, la bile, la pituite ou phlegme et la mélancolie ou bile noire.

– Hydromel : "c'est une espèce de boisson composée d'eau et de miel bouillis ensemble, suivant une certaine proportion. On le divise en simple et composé. Le simple est celui où il n'entre que l'eau et le miel. Le composé est, quand, en outre l'eau et le miel, on y fait entrer quelqu'autre ingrédient. (DCH, p 80)

– Infusion : est un médicament interne, liquide composé d'une liqueur chargée de quelques parties de racines, de feuilles, de fleurs etc., ce qui se fait sans ébullition, mais seulement par la macération. (DCH, p 43)

– Julep : "potion douce et agréable qu'on donne aux malades, composée d'eau distillée ou de légères décoctions qu'on cuit avec une once de sucre, sur sept ou huit onces de liqueur, ou de suc clarifié. (DCH)

– Liniment : "remède topique, adoucissant les âpretés du cuir, humectant les parties qu'il faut amollir pour en résoudre les humeurs qui affligent le patient & en ôter la douleur." (DBP) ; "médicament gras et huileux qui doit avoir une consistance moyenne entre celle des huiles grasses et celle de la graisse de porc préparée ; elle doit être fort approchante des baumes naturels. Les meilleurs proportions que l'on puisse donner pour modèle de leur consistance sont d'une once d'huile d'olives sur un ou deux gros et même trois gros de graisse de porc." (Baumé ; Pharmacie, p 902 – 903)

– Lohoch, Looch : "c'est un remède liquide, mais d'une consistance plus épaisse que le sirop, destiné pour la poitrine et composé de poudres, d'huiles, de sirops et de mucilages." (DCH, p 200) ; "appelé aussi Eclegma, Linctus ; compositions pectorales qui ont une consistance moyenne entre les syrops et les électuaires mols. On les fait sucer au malade avec un bâton de réglisse concassé par le bout qu'on trempe dedans, ou on les donne à la cuiller, afin qu'étant pris peu à peu, ils demeurent plus de temps au passage & humectent mieux la poitrine." (DBP)

– Macération : "opération de Pharmacie, par laquelle on met tremper à froid quelque médicament dans une liqueur convenable, dans de l'huile, de la graisse, etc. pour l'attendrir, le ramollir, l'ouvrir, en détacher les principes et en extraire les vertus. Elle ne diffère de la digestion qu'en ce que cette dernière opération se fait à chaud." (C V)

– Mixtes : ce sont tous les corps naturels divisés en animaux, en végétaux et en minéraux ; ce nom vient de *miscere*, mêler, parce que chaque mixte est un mélange des principes de chimie." (Lémery, *Cours de Chimie*, p 43)

– Onguents : "ce sont des compositions de graisses, d'huiles, de cires, de poudres, auxquelles on donne ordinairement des consistances approchantes de celles des graisses, dont les Chirurgiens se servent pour panser les plaies, les ulcères, et guérir autres maux externes." (DBP)

– Opiat : "c'est un médicament semblable au bol, mais d'une consistance plus molle. On le compose ordinairement de conserves, d'électuaires, de poudres, de sels et de sirops, dont on forme un tout qui sert pour plusieurs doses." (DCH, p 257)

– Pessaire : "remède solide qu'on introduit dans les parties naturelles des femmes, pour provoquer les menstrues, ou pour arrêter les pertes, pour empêcher la chute du vagin ou de la matrice, ou pour d'autres incommodités de ces parties. Il y en a de plusieurs formes. On en fait avec un petit morceau de linge ou de taffetas, de figure pyramidale, de la grosseur et de la longueur du doigt, rempli de poudres convenables, incorporées dans de la cire, de l'huile propre à la maladie, et de la laine ou du coton… On en fait aussi avec du liège…Enfin, on en fabrique d'argent en forme de tuyau….Tous les pessaires doivent être attachés par le bout d'en bas à un petit ruban, pour pouvoir les retirer dans le besoin." (C V)

– Pilule : "médicament de consistance solide et de forme ronde. On le compose ordinairement de poudres que l'on incorpore avec du sirop ou du miel ou quelque mucilage afin de les mettre plus facilement en masse." (DCH, p 284)

– Potion : "Ce mot vient du latin *potare* qui signifie boire ; ce nom peut être donné à toutes sortes de breuvages, mais on ne l'adapte ordinairement en Médecine qu'à certains mélanges qu'on fait de plusieurs poudres, confections, électuaires, syrops, élixirs, teintures, essences qu'on dissout dans des liqueurs. On peut préparer des potions de toutes sortes pour chaque maladie particulière." (Lémery, *Pharmacopée*). On prépare ainsi des potions céphaliques, cordiales, vulnéraires, hystériques, anodines, émétiques, stomachiques, etc.

– Rob : "nom donné aux sucs de fruits dépurés & cuits jusqu'à la consomption des deux tiers de leur humidité." (DBP)

– Sirop : "composition ou liqueur agréable, d'une consistance un peu épaisse, qui est extraite des eaux, des sucs, ou des teintures des fruits ou des herbes, cuite et assaisonnée de sucre ou de miel." (DBP)

– Tablette : "électuaire solide ou composition de quelques drogues réduites à sec, qu'on taille en forme de petites tables ou quarrés. On dissout dans du sucre des poudres, des condits, des confections de fruits pilés, des huiles, des sels & des esprits dont on fait des tablettes." (DCH)

– Tisane, ptisane : "boisson légère composée de racines, de feuilles et de fleurs, auxquelles on ajoute quelquefois des sels." (DCH, p 46) ; parfois confondu avec la ptisane qui est "une potion rafraîchissante faite d'eau bouillie avec de l'orge et de la réglisse ; on y ajoute quelquefois du chiendent, de l'oseille, du séné pour la rendre laxative et purgative." (DBP)

– Trochisque : "composition sèche, dont les principaux médicaments sont mis en poudre fort subtile, puis étant incorporés avec quelque liqueur, comme eaux distillées, vin, vinaigre, mucilages, sont réduits en une masse, dont on fait de petits pains, auxquels on donne telle figure qu'on veut, & qu'on fait sécher à l'air, loin du feu, & à l'ombre." (DBP)

– Vins médicaux ou médecinaux : "vins empreints des substances & des qualités d'une ou de plusieurs espèces de drogues qui servent en Médecine." (DBP)

-------------------------

On trouvera des définitions plus complètes et accompagnées de formules détaillées de préparations dans certaines pharmacopées "savantes" comme celle de Charas ou celle de Nicolas Lémery (*Pharmacopée universelle*, 1697) qui est la plus complète et les présente ainsi :

Tome 1, 2ème Partie, les petites préparations de Pharmacie :

Décoctions (p 60), tisanes (p 67), infusions (p 69), apozèmes (p 72), juleps (p 75), émulsions (p 77), amandés et orgeats (p 79) potions (p 80), mixtures (p 83), bols (p 84), gargarismes (p 85), masticatoires (p 86), errhines (p 87), injections (p 88), clystères (p 89), suppositoires (p 92), pessaire(p 93), fomentations (p 95), embrocation (p 97), lotions (p 98), mucilages (p 100), épithèmes (p 102), écussons (p 104), cucuphes (p 105), parfums (p 106), frontal (p 108), collyres (p 109), cataplasmes (p 114), dentrifiques (p 116), gommes (p 134), sucs (p 137), rob (p 137), gelées (p 139), vins médicinaux (p 142)

3ème Partie, Préparations et compositions internes :

Condits (p 163), conserves (p 164), miels (p 173), syrops (p 183), loochs (p 304), poudres (p 313), trochisques (p 425), pilules (p 481).

Tome 2 (suite) : tablettes ou électuaires solides (p 635), opiats, confections et électuaires liquides (p 676), eaux distillées (p 825), élixirs (p 947)

4ème partie, Compositions qu'on applique extérieurement :

Huiles (p 956), baumes (p 1017), onguents, liniments, cérats (p 1062), emplâtres (p 1146),

## ANNEXE 4. Affections et phytothérapie

### Accouchement

- Pour les accouchements, cf. Safran
- Pour apaiser les douleurs après l'accouchement, cf. Camomille, Capillaire, Mélilot
- Pour faciliter l'accouchement des femmes, cf. Coing
- Liqueur pour faire promptement accoucher une femme en travail, cf. Lierre, Plantain
- Contre les douleurs après l'accouchement et la diminution ou la suppression des vuidanges, cf. Armoise
- Pour une femme en couche "qui ne peut vider ou en qui il reste de l'arrière-faix, cf. Ail
- Contre les tranchées des femmes nouvellement accouchées, cf. Capillaire
- Pour une femme qui n'a pas été bien purgée dans son accouchement, cf. Fenouil

### Apéritive (Tisane)

- Tisane tempérante et apéritive, ou Tisane de santé : Chicorée
- Une tisane apéritive : Chardon Roland

### Apoplexie

- Infusion céphalique contre les étourdissements et menaces d'apoplexie, cf. Absinthe, Genièvre, Sauge
- Poudre sternutatoire dans l'apoplexie, cf. Bétoine, Marjolaine, Muguet
- Pour se préserver de l'apoplexie, cf. Figue, Moutarde
- Pour faire venir la parole à ceux qui sont tombés en apoplexie, cf. Moutarde
- Tisane contre l'apoplexie et la paralysie et autres affections des nerfs, cf. Moutarde, Raifort

### Appétit

- Pour ceux qui sont dégoutés et n'ont point d'appétit, cf. Rose

### Arrière-faix

- Potion pour faire sortir une portion d'arrière faix, cf. Armoise, Sureau
- Pour expulser l'arrière-faix et sortir l'enfant mort du ventre de la mère, cf. Souci
- Pour faire sortir l'arrière-faix, cf. Réglisse

### Asthme

- Pour l'asthme, cf. Hysope, Lierre, Tabac
- Pour les asthmatiques, cf. Figue, Hysope, Lierre, Mélisse, Sauge
- Sirop contre l'asthme et la pneumonie, cf. Figue, Réglisse

– Hydromel composé "contre la difficulté de respirer dans l'asthme, dans les embarras du rein ou de la vessie", cf. Aunée

**Astringents**

– Décoction blanche astringente : grande consoude
– Lavements astringents, cf. Bouillon blanc, Rose

**Atrophie**

– Poudre contre l'atrophie ou la maigreur excessive des enfants, cf. Capillaire, Lierre

**Avortement**

– Pour prévenir l'avortement, cf. Chardon Roland
– Julep pour prévenir l'avortement, cf. Plantain, Ortie
– Pour les avortements, cf. Sauge
– Pour faire qu'une femme qui a l'enfant mort dans son ventre, cf. Hysope

**Bile**

– Pour purger la bile, cf. Pêcher, Rose, Violette

**Bouche**

– Pour les chancres de la bouche, cf. Aigremoine Chicorée, Plantain, Rue
– Pour le mal qui arrive à la bouche par accident, cf. Lierre
– Pour les ulcères de la bouche, cf. Plantain, Quintefeuille
– Pour les ulcères de la bouche, cf. Buglosse
– Pour les ulcères de la bouche, cf. Oignon
– Pour la puanteur de la bouche, cf. Coulevrée

**Brûlures**

– Contre les brûlures, cf. Oignon
– Pour les brûlures de feu d'eau, et de poudre et pour en ôter les marques, cf. Rose
– Cataplasme pour "empêcher la vessie des brûlures" (la formation d'ampoules sur les brûlures), cf. Oignon

**Bubons**

– Pour le bubon, cf. Oseille
– Pour la cure des bubons, cf. Guimauve, Mauve, Oignon
– Cataplasme pour les bubons, cf. Oignon
– Cataplasme pour la cure des tumeurs pestilentielles appelées bubons, cf. Oseille

**Cachexies**

Cf. Absinthe (vin d')

**Cancer**

– Pour les cancers, cf. Cerfeuil, Fraisier, Plantain

**Cephalie**

Cf. Absinthe

**Cerveau**

– Pour décharger le cerveau, cf. Réglisse, Sauge, Tabac
– Opiate pour dessécher un cerveau humide, cf. Aigremoine

**Chancres**

– Pour les chancres de la bouche, cf. Aigremoine Chicorée, Plantain, Rue

**Chutes**

– Liqueur à boire quand on a fait une chute, cf. Chardon béni
– Pour les chutes des femmes enceintes qui se laissent souvent tomber, cf. Millepertuis
– Potion vulnéraire contre les chutes et les contusions, cf. Morelle, Lierre

**Clous**

– Contre les clous, cf. Rose

**Cœur**

– Pour le mal de cœur, cf. Rose, Violette
– Contre toutes sortes de maux de cœur, cf. Chicorée
– Contre la défaillance du cœur, cf. Menthe
– Pour le battement de cœur et lorsque le malade a fièvre, cf. Oseille
– Contre les bruits de tête, le mal de cœur et pour rafraîchir, cf. Buglosse, Patience
– Pour les palpitations du cœur, cf. Aigremoine
– Pour le mal de cœur provenant de cause froide ou sèche, cf. Buglosse, Pommier

**Coliques**

– Pour les coliques, cf. Genévrier
– Pour toutes sortes de coliques, cf. Rue, Hysope
– Pour les coliques, cf. Genévrier, Chardon bénit, Marjolaine, Réglisse
– Contre la colique bilieuse, cf. Chicorée
– Pour la colique bilieuse, venteuse, néphrétique et de quelque espèce que ce soit, cf. Sauge

– Pour les coliques bilieuses, cf. Pêcher
– Pour la colique graveleuse, cf. Lierre
– Contre la colique néphrétique, cf. Alkékenge, Lin, Réglisse
– Vin contre la colique néphrétique, la gravelle ou les glaires de la vessie cf. Genévrier
– Tisane diurétique adoucissante contre la colique néphrétique, cf. Alkékenge
– Pour la colique rénale, cf. Réglisse
– Pour apaiser douleurs de la colique rénale, cf. Eglantier
– Infusion pour la colique venteuse, cf. Genévrier
– Lavement carminatif contre la colique venteuse, cf. Camomille, Mélilot

**Constipation**

– Pour la constipation des femmes grosses, cf. Guimauve, Mauve
– Pour la constipation des femmes grosses, cf. Fenouil

**Contusions**

– Décoction vulnéraire contre les contusions internes, cf. Lierre, Millefeuille, Plantain
– Potion vulnéraire contre les chutes et les contusions, cf. Morelle

**Convulsions**

– Pour les convulsions, cf. Pivoine
– Poudre contre les convulsions des enfants, cf. Millepertuis

**Cors aux pieds**

– Contre les cors des pieds, cf. Lierre
– Pour les cors, cf. Souci

**Côté**

– Contre le mal de côté, cf. Pavot
– Contre la douleur ou point de côté, cf. Violette

**Coupures**

– Pour les coupures, cf. Consoude, Sauge
– Pour les coupures, cf. Ortie
– Pour les blessures et coupures, cf. Lin
– Pour les coupures et ulcère, cf. Tabac

**Cracher**

– Contre la difficulté de cracher et contre la toux, cf. Chou rouge, Hysope
– Contre le rhume pour la difficulté de cracher, la toux, cf. Bétoine

– Contre la toux et la difficulté de cracher lorsque l'humeur est trop subtile, cf. Bourrache
– Pour ceux qui crachent le sang, cf. Consoude, Plantain
– Pour le poumon et pour ceux qui crachent le sang, cf. Ail

**Crevasses**

– Pour guérir les crevasses des mains, cf. Rose

**Dartres**

– Pour les dartres, cf. Rose

**Dents**

– Pour les dents, cf. Bétoine, Figue, Genévrier, Mauve, Mouron, Oignon, Oseille, Quintefeuille, Souci
– Contre la douleur des dents, cf. Cerfeuil
– Pour la douleur des dents, cf. Chélidoine, Millefeuille, Sauge
– Cataplasme pour guérir le mal de dents, cf. Ail
– Pour la douleur des dents, lesquelles sont creuses, cf. : Figue
– Emplâtre pour soulager les maux de dents, cf. Figue
– Pour blanchir les dents, cf. Mauve
– Pour la douleur des dents, cf. Bétoine, Chélidoine, Millefeuille, Mouron, Quintefeuille, Rue
– Contre la douleur des dents, cf. Cerfeuil, Persil
– Eau pour apaiser le mal de dents, cf. Tabac
– Pour la douleur des dents et pour empêcher qu'elles ne tombent, cf. Tabac

**Dermatologie**

– Contre les boutons du visage, cf. Plantain
– Pour "les cirons des mains, et autres endroits du corps et pour la galle et la teigne", cf. Ciguë
– Pour les démangeaisons importantes des paupières, cf. Rose

**Désaltérer**

– Recette pour désaltérer dans les chaleurs, cf. Rose

**Descentes**

– Pour les descentes, cf. Consoude

**Diarrhée**

– Potion contre la diarrhée, cf. Pariétaire
– Pour la diarrhée et le mal d'estomac, cf. Absinthe
– Pour les flux de diarrhée, cf. Absinthe, Buglosse, Plantain

**Diurétique, cf. Urine**

**Douleurs**

– Pour apaiser la douleur du chignon du col, cf. Pariétaire, Lin
– Pour les douleurs froides, cf. Marjolaine

**Dysenterie**

– Pour la dysenterie, cf. Aigremoine, Plantain, Rose, Réglisse
– Pour les douleurs des jointures, cf. Lierre, Quintefeuille
– Contre la dysenterie, cf. Sureau
– Contre la dysenterie et perte de sang, cf. Plantain, Rose
– Infusion contre le flux de sang et la dysenterie, cf. Chicorée, Sureau
– Contre le flux dysentérique, cf. Coing
– Pour le flux dysentérique et diarrhée, cf. Pariétaire
– Bol contre la dysenterie et les pertes habituelles invétérées, cf. Rose

**Ecorchures**

– Pour les mules des talons et écorchures, cf. Oignon

**Ecrouelles**

– Opiate pour guérir les écrouelles, cf. Souci
– Pour les écrouelles et les gouttes chaudes, cf. Persil
– Pour faire de l'huile de nicotiane qui est propre pour les gouttes, les ulcères, les écrouelles et les plaies, cf. Tabac
– Tisane contre les humeurs froides ou écrouelles, cf. Ortie blanche

**Emollients**

– Fomentations émollientes, cf. Bouillon-blanc, Mauve, Pariétaire, Violier
– Cataplasme émollient et maturatif, cf. Lis, Oseille
– Fomentation émolliente, cf. Mauve, Pariétaire
– Cataplasme émollient et maturatif, cf. Lis

**Enflures**

– Pour les enflures des jambes et des bras, cf. Chou rouge
– Pour les enflures du fondement et crevasses, cf. Marrube
– Ptisane pour l'enflure du ventre et des jambes, cf. Aigremoine
– Ptisane pour guérir l'enflure, cf. Persil, Pimprenelle
– Pour fortifier les nerfs, résoudre les tumeurs ou enflures froides et ramollir les duretés des jointures, cf. Sauge

**Engelures**

– Pour les engelures des pieds et des mains, cf. Fraisier

– Contre les mules au talon et contre les engelures des pieds et des mains, cf. Sauge

**Epaules**

– Pour les épaules, cf. Figuier, Moutarde

**Epilepsie (cf. mal caduc)**

– Poudre contre l'épilepsie, cf. Pivoine

**Erésipèle**

– Fomentation contre l'érésipèle, cf. Sureau
– Pour l'érésipèle, cf. Chicorée, Rose
– Pour les érésipèles, cf. Lierre
– Pour l'érésipèle, cf. Ciguë

**Esquinancie**

– Pour l'esquinancie, cf., Lis, Moutarde, Pariétaire, Sauge
– Contre l'esquinancie, cf. Aigremoine
– Cataplasme de bec de grue contre l'esquinancie, cf. Géranium

**Estomac**

– Bol stomachique, cf. Aunée, Genévrier
– Cataplasme pour les douleurs de l'estomac, cf. Marjolaine, Rose
– Contre la douleur d'estomac, cf. Marjolaine, Menthe
– Contre tous les maux d'estomac, contre la peste, cf. Genévrier
– Opiate de cynorrhodon contre la gravelle et contre le mal d'estomac, cf. Eglantier
– Pour le dévoiement d'estomac, cf. Absinthe, Menthe, Rose
– Pour conforter l'estomac après avoir vomi, cf. Menthe, Rue
– Pour enlever les mauvais levains de l'estomac, cf. Aigremoine
– Pour le mal d'estomac, cf. Absinthe
– Pour le mal d'estomac et pour la colique, cf. Marjolaine, Menthe
– Vin énulé-stomachique, cf. Aunée

**Etourdissements**

– Contre les étourdissements et les menaces d'apoplexie, cf. Absinthe, Sauge, Genièvre

**Excoriations**

– Fomentations contre les excoriations des enfants, cf. Plantain

**Fièvres**

– Pour la fièvre : cf. Absinthe (vin d'), Aigremoine, Mélisse, Pimprenelle

– Pour les fièvres, cf. Genévrier, Lierre
– Apozème pour rafraîchir ceux qui ont la fièvre, cf. Chicorée, Laitue, Oseille
– Potion fort cordiale que l'on peut prendre dans la fièvre, cf. Rose
– Pour guérir les fièvres des enfants, cf. Coriandre, Fenouil
– Infusion contre les fièvres, cf. Violette
– Pour le battement de cœur et lorsque le malade a la fièvre, cf. Oseille
– Pour la fièvre accidentelle, cf. Persicaire
– Pour la fièvre chaude, cf. Pimprenelle, Sauge
– Pour les fièvres intermittentes, cf. Sureau
– Pour la fièvre quarte et tierce, cf. Camomille
– Contre les accès de la fièvre tierce et contre les autres fièvres intermittentes, cf. Pimprenelle
– Contre les accès de la fièvre tierce, cf. Bourrache, Sauge
– Contre les fièvres pourprées, cf. Souci
– Pour la fièvre quarte, cf. Chardon béni
– Pour la rate et contre la fièvre quarte, cf. Tabac

**Fleurs blanches**

– Contre les fleurs blanches, cf. Mauve
– Décoction contre les fleurs blanches et les hémorragies de la matrice, cf. Ortie blanche

**Fluxions**

– Liqueur contre les fluxions froides, cf. Coriandre, Fenouil, Persil

**Fœtus**

Julep pour faire sortir le fœtus mort, cf. Armoise,

**Foie**

– Ptisane pour le foie, cf. Aigremoine
– Pour toutes sortes de maladies du foie, cf. Bourrache
– Pour la chaleur du foie, cf. Oseille
– Apozème pour désopiler le foie et la rate, pour la mélancolie, cf. Aunée, Chardon béni, Réglisse
– Pour les opilations du foie, cf. Coulevrée, Safran
– Pour la chaleur du foie provenant de la colère, cf. Chicorée
– Pour la douleur du foie provenant d'humeurs flegmatiques, cf. Persil

**Fondement**

– Cataplasme contre la chute du fondement, cf. Consoude, Rose
– Pour l'inflammation du fondement, cf. Mélilot
– Pour les inflammations du fondement, cf. Consoude, Lin, Mauve
– Pour les enflures du fondement et les crevasses, cf. Marrube

– Pour les douleurs du fondement ou boyau culier, cf. Mauve
– Pour l'inflammation du fondement et douleur du boyau culier, cf. Mélilot, Pavot
– Pour relever le fondement des petits enfants, cf. Ortie
– Pour les crevasses du fondement, cf. Pariétaire
– Pour les ulcères du fondement, cf. Quintefeuille
– Pour les ventosités du fondement, cf. Rue

**Frénésie**

– Contre la frénésie, cf. Sauge
– Pour faire dormir un phrénétique, cf. Pavot

**Fractures**

– Pour les enfants rompus, cf. Consoude

**Gale**

– Pour la gale, cf. Lierre, Oseille, Patience

**Gangrène**

– Pour la gangrène, cf. Menthe
– Fomentations contre la gangrène, cf. Persicaire

**Gonorrhée**

– Contre la gonorrhée invétérée, cf. Rose
– Pour le flux de sperme, cf. Plantain

**Gorge**

– Pour la gorge, cf. Lierre
– Emplâtre pour les grosses gorges, autrement goitre, cf. Eglantier
– Pour le mal de gorge, cf. Hysope, Lin
– Pour l'âpreté du gosier et du tuyau qui va au poumon, cf. Mauve
– Emplâtre pour les grosses gorges, autrement goitres, cf. Mélilot

**Goutte**

– Pour se préserver de la goutte, cf. Ail
– Pour la goutte, cf. Bétoine, Cerfeuil, Coing, Consoude, Lierre
– Pour les gouttes, cf. Ortie, Pariétaire, Plantain, Safran, Sureau
– Pour les gouttes, les ulcères, les écrouelles et les plaies, cf. Tabac
– Cataplasme contre la goutte remontée, cf. Ail, Raifort, Rue
– Contre les douleurs et fluxions sur les jambes et pour les gouttes sciatiques, cf. Rue
– Pour les écrouelles et les gouttes chaudes, cf. Persil
– Contre la douleur des gouttes, cf. Lierre

- Onguent pour ôter les douleurs aux nouveaux gouteux, avant la journée passée, cf. Sauge
- Contre la goutte sciatique, cf. Moutarde
- Contre la goutte sciatique froide, cf. Sauge

**Gratelle**

- Onguent pour guérir la gratelle, cf. Patience

**Gravelle**

- Contre la gravelle et difficulté d'uriner, cf. Pariétaire
- Pour la gravelle, cf. Alkékenge, Cerfeuil, Guimauve, Pimprenelle, Pêcher
- Pour traiter l'hydropisie, la gravelle et la rétention d'urine, cf. Aunée
- Opiate de cynorrhodon contre la gravelle et contre le mal d'estomac, cf.: Eglantier
- Vin contre la colique néphrétique, la gravelle ou les glaires de la vessie, cf. Genévrier
- Pour la pierre, gravelle, strangurie, douleurs des reins et de la vessie, cf. Genévrier
- Lavements pour guérir la gravelle, cf. Guimauve, Mauve, Pariétaire
- Pour la gravelle et les ardeurs d'urine, cf. Lin, Réglisse
- Infusion contre la pierre et la gravelle, cf. Lin
- Pour faire sortir la gravelle des reins, cf. Rue

**Hémoptysie**

- Tisane astringente contre l'hémoptysie ou le crachement de sang et les hémorragies, cf. Consoude, Réglisse
- Potion contre l'hémoptysie, cf. Consoude, Ortie
- Bouillon contre l'hémoptysie ou le crachement de sang, cf. : Ortie
- Tisane astringente contre l'hémoptysie ou le crachement de sang et les hémorragies, cf. Réglisse

**Hémorragies**

- Tisane astringente contre les hémorragies, cf. Millefeuille
- Pour les hémorragies du nez, cf. Ortie, Plantain
- Tisane astringente contre les hémorragies, cf. Millefeuille, Ortie
- Pour arrêter l'hémorragie des femmes accouchées, cf. Persicaire
- Pour les hémorragies des femmes accouchées que l'on nomme perte de sang, cf. Ortie
- Infusion pour hémorragie ou flux utérin, cf. Rose pâle, Plantain

**Hémorroïdes**

- Contre les hémorroïdes gonflées, cf. Mauve
- Contre les hémorroïdes, cf. Mauve, Pariétaire
- Pour les hémorroïdes, cf. Bouillon blanc Chardon béni, figue, Millefeuille

– Onguent contre les hémorroïdes internes et externes, cf. Bouillon blanc
– Onguent pour les hémorroïdes, cf. Souci, Morelle
– Pour les hémorroïdes internes ou externes, cf. Souci
– Quand les hémorroïdes fluent immodérément, cf. Bouillon blanc, Millefeuille, Roses rouges
– Pour guérir les hémorroïdes des femmes grosses, cf. Guimauve, Pariétaire

**Hernies**

– Pour soigner les hernies, cf. Bardane
– Onguent pour la hernie des petits enfants, cf. Chélidoine

**Hydropisie**

– Contre l'hydropisie, cf. Coulevrée, Absinthe (vin d'), Cerfeuil, Souci, Sureau
– Pour l'hydropisie, cf. Cerfeuil, Chicorée, Figue, Persil, Pimprenelle
– Pour l'hydropisie tympanite, cf. Genévrier
– Pour traiter l'hydropisie, la gravelle et la rétention d'urine, cf. Aunée
– Poudre pour l'hydropisie venteuse, cf. Genévrier
– Décoction pour l'hydropisie et pour se purger, cf. Patience
– Décoction pour les hydropiques, cf. Aigremoine
– Julep hydragogue ou contre l'hydropisie, cf. Camomille
– Potion diurétique contre l'hydropisie, cf. Cerfeuil
– Contre toute sorte d'obstructions et même pour guérir de l'hydropisie, cf. Chicorée
– Cataplasme utile à l'hydropisie, cf. Souci
– Décoction purgative contre l'hydropisie ascite ou du bas ventre, cf. Sureau
– Lavement pour l'hydropisie, cf. Safran
– Opiat apéritif et purgatif contre l'hydropisie, cf. Safran
– Poudre pour l'hydropisie venteuse, cf. Aunée, Genièvre, Réglisse

**Hystérie, Passion hystérique**

– Potion anti hystérique ou contre les vapeurs, cf. : Armoise
– Clystère ou lavement pour détourner les maux de mère ou passions hystériques, cf. Armoise
– Potion anti hystérique ou contre les vapeurs, cf. Armoise, Mélisse

**Haleine (courte)**

– Pour ceux qui ont la courte haleine, cf. Tabac
– Pour la douleur des intestins provenant du froid, cf. Benoite
– Liqueur pour faire reposer les malades qui sont en inquiétude, cf. Pavot
– Pour empêcher de s'enivrer, cf. Pêcher
– Liqueur pour faire reposer les malades qui sont en inquiétude, cf. Pavot, Safran

**Jaunisse**

– Pour guérir la jaunisse, cf. Marrube, Safran
– Pour la jaunisse, l'hydropisie, les cachexies et les fièvres, cf. Vin d'Absinthe
– Tisane de patience sauvage contre l'ictère ou jaunisse et contre les maladies de la peau, cf. Patience
– Décoction pour la jaunisse, cf. Marrube, Safran
– Poudre contre la jaunisse et le défaut des règles, cf. Safran
– Pour les pâles couleurs et la jaunisse, cf. Chélidoine, Quintefeuille, Raifort,
– Ptisane pour l'enflure du ventre et des jambes, cf. Aigremoine
– Pour toutes sortes de plaies des jambes, cf. Coulevrée
– Pour les douleurs des jointures, cf. Lierre, Quintefeuille
– Contre les douleurs et fluxions sur les jambes et pour les gouttes sciatiques, cf. Rue

**Jointures**

– Pour ramollir les duretés des jointures, cf. Sauge

**Lait**

– Pour faire perdre le lait aux femmes, cf. Cerfeuil
– Pour faire venir du lait aux femmes, cf. Fenouil, Rose
– Pour faire venir le lait aux femmes qui ont le tempérament froid, cf. Fenouil, Ortie
– Pour faire perdre le lait aux femmes et résoudre les tumeurs des mamelles, cf. Persil

**Langue**

– Pour l'âpreté de la langue, cf. Coing, Menthe
– Pour les ulcères et glandes de la langue, cf. Moutarde

**Larmoiements**

Contre les larmoiements involontaires, cf. Bétoine

**Lavements**

– Lavement anodin ou adoucissant, cf. Bouillon blanc, Lin
– Lavements astringents, cf. Bouillon blanc, Plantain, Bourse à pasteur
– Lavement astringent ou resserrant, cf. Bouillon blanc, Plantain, Rose
– Lavement commun, cf. Mercuriale, Pariétaire
– Lavements détersifs, cf. Fenouil
– Lavement rafraîchissant, cf. Plantain
– Lavement contre le cours de ventre, cf. Pavot, Plantain

**Laxatifs**

– Tisane laxative, cf. Pomme, Rose

**Loupes**

– Pour les loupes, cf. Bouillon blanc
– Cataplasme contre les loupes, cf. Bardane

**Luette**

– Pour la luette lorsqu'elle est baissée, cf. Coriandre, Menthe, Rhue

**Mal caduc cf. épilepsie**)

– Pour le mal caduc, cf., Ail, Marjolaine, Rue
– Contre le mal caduc des petits enfants, cf. Chardon béni

**Malignité**

– Potion pour prendre quand il y a de la malignité, cf. Chardon béni
– Pour préserver de la fièvre maligne, de la peste et tout mauvais air, cf. Romarin, Rue

**Mamelles**

– Contre le mal des mamelles des femmes, cf. Sureau, Safran
– Pour les douleurs des mamelles, cf. Cerfeuil
– Pour la dureté des mamelles, cf. Ciguë, Menthe
– Cataplasme contre les engorgements inflammatoires des mamelles, cf. Lis, Pariétaire
– Cataplasme pour faire mûrir un apostème des mamelles des femmes, cf. Mauve
– Pour faire perdre le lait aux femmes et résoudre les tumeurs des mamelles, cf. Persil
– Cataplasme pour ôter l'inflammation des mamelles, cf. Morelle
– Cataplasme pour faire mûrir un apostème des mamelles des femmes, cf. Mauve, Verveine, Violette

**Matrice**

– Pour la mère ou suffocation de matrice, cf. Capillaire
– Pour faire des pessaires et pour purger la matrice, cf. Lis
– Pour les suffocations de la matrice, cf. Mélisse
– Contre les ulcères de la matrice, cf. Millepertuis
– Décoction contre les fleurs blanches et les hémorragies de la matrice, cf. Ortie blanche

**Mélancolie**

– Pour la douleur de la tête provenant de la mélancolie, cf. Bourrache, sauge

- Apozème pour désopiler le foie et la rate, pour la mélancolie, cf. Aunée, Chardon béni
- Pour la douleur de la tête provenant de la mélancolie, cf. Bourrache, Sauge, Buglosse

**Menstrues**

- Infusion pour provoquer les ordinaires (*i e* purgations ordinaires des femmes, menstrues), cf. Persil
- Cataplasme contre les règles immodérées, cf. Bourse à Pasteur, Plantain
- Pour faire venir leur temps (*i e* menstrues) aux femmes et aux filles, cf. Safran
- Poudre contre la jaunisse et le défaut des règles, cf. Safran
- Eau pour faire venir les fleurs aux filles et aux femmes, cf. Armoise

**Meurtrissures**

- Pour les meurtrissures, cf. Sauge,

**Migraine**

- Pour la migraine, cf. Lierre,
- Préparation en forme de parfum pour la migraine, cf. Rose
- Contre la migraine provenant de cause froide, cf. Tabac
- Préparation en forme de parfum pour la migraine, cf. Rose, Verveine

**Morsures**

- Pour les morsures de serpents, cf. Bouillon blanc

**Mules**

- Pour les mules, cf. Ortie, Tabac

**Nerfs**

- Contre les nerfs raccourcis, cf. Armoise
- Contre les nerfs raccourcis, cf. Tabac
- Potion huileuse contre la néphrétique, cf. Capillaire, Guimauve, Pariétaire,
- Pour les nerfs foulés, cf. Bouillon blanc, Millepertuis
- Tisane contre l'apoplexie et la paralysie et autres affections des nerfs, cf. Moutarde, Raifort
- Pour les nerfs raccourcis ou endurcis, cf. Sauge
- Pour fortifier les nerfs, cf. Sauge

**Nez**

- Pour la puanteur du nez, cf. Menthe, Rue
- Pour arrêter le sang du nez, cf. Menthe

- Pour ceux qui sentent mauvais du nez provenant du cerveau, cf. Menthe, Rue
- Pour le rhume qui coule par le nez, cf. Violette

**Ophtalmologie**

- Pour faire tomber les taies sur les yeux, cf. Rose
- Pour les yeux, cf. Camomille, Fenouil, Mélilot, Pavot, Plantain, Rue, Safran
- Pour le mal des yeux, cf. Mélilot, Rue
- Eau merveilleuse pour le mal des yeux, cf. Rose
- Collyre contre l'ophtalmie ou inflammation des yeux commençante, cf. Guimauve
- Collyre rafraichissant contre la rougeur des yeux, cf. Morelle
- Pour le mal des yeux provenant de coups et pour les fluxions et cataractes des yeux, cf. Mouron
- Pour les cataractes qui commencent à venir dans les yeux, cf. Oignon
- Collyre contre l'ulcère de la cornée, cf. Oignon
- Collyre rafraichissant contre la rougeur des yeux, cf. Morelle, Plantain
- Fomentation contre la contusion de l'œil, cf. Hysope
- Pour les fistules du coin de l'œil, cf. Mauve
- Pour les taies et cataractes des yeux, cf. Plantain
- Pour conserver la vue lorsque l'on a la petite vérole, cf. Plantain
- Pour les coups des yeux et les taches qui s'y font, cf. Rose
- Remède lorsque l'œil est blessé, cf. Rose
- Eau lorsque l'œil est blessé, cf. Safran
- Pour faire tomber les taies sur les yeux, cf. Rose
- Collyre contre la rougeur, chassie, taie et ulcères des yeux, cf. Rose
- Pour la rougeur des yeux, cf. Eclaire, Fenouil, Rose, Rue, Sauge, Verveine, Violette
- Remède lorsque l'œil est blessé, cf. Rose, Safran
- Eau pour éclaircir la vue, cf. Euphraise
- Collyre rafraichissant contre la rougeur des yeux, s'il y a chassie, cf. Euphraise
- Pour toutes sortes de faiblesses et rougeurs des yeux, cf. Chélidoine, Euphraise, Fenouil
- Pour faire tomber les taies sur les yeux et autres ordures, cf. Fenouil

**Oreilles**

- Pour les inflammations et apostumes des oreilles, cf. Ortie
- Pour les douleurs d'oreilles, cf. Cabaret
- Pour les douleurs et surdités d'oreilles invétérées, cf. Lierre, Marrube, Oignon
- Pour le bruit et cornement d'oreilles, cf. Rue
- Pour la surdité et la douleur d'oreilles, cf. Safran

– Pour faire mourir les vers qu'on a dans les oreilles, cf. Rue

**Obstructions**

– Contre toute sorte d'obstructions et même pour guérir de l'hydropisie, cf. Chicorée
– Contre toute sorte d'obstructions et même pour guérir de l'hydropisie, cf. Chicorée, Pimprenelle

**Pâles couleurs**

– Pour les pâles couleurs et la jaunisse, cf. Chélidoine
– liqueur pour les pâles couleurs, cf. Ail
– Pour la jaunisse et les pâles couleurs, cf. Raifort, Quintefeuille

**Palpitations**

– Pour les palpitations du cœur, cf. Aigremoine
– Cataplasme pour les panaris, cf. Ortie

**Paralysie**

– Contre la paralysie, cf. Hysope
– Pour la paralysie, cf. Oignon
– Préparation contre la paralysie, cf. Genévrier
– Tisane contre l'apoplexie et la paralysie et autres affections des nerfs, cf. Moutarde, Raifort

**Peau**

– Bouillon contre les maladies de peau, cf. Bardane, Patience
– Pour ôter les marques ou taches de naissance du visage aux enfants, cf. Bourrache
– Tisane de patience sauvage contre l'ictère ou jaunisse et contre les maladies de la peau, cf. Patience

**Peste**

– Contre la peste, cf. Genévrier, Oseille, Pimprenelle
– Infusion pour guérir la peste, cf. Lis
– Pour la cure des tumeurs pestilentielles appelées bubons, cf. Guimauve
– Cataplasme contre la peste, cf. Lis, Mauve, Violette
– Contre la peste, cf. Oseille, Lierre, Rose
– Pour préserver de la fièvre maligne, de la peste et tout mauvais air, cf. Romarin, Rue

**Phtisie**

– Emulsion contre la phtisie, cf. Lierre, Violette

- Hydromel balsamique contre la phtisie, cf. Bétoine, Marjolaine Millepertuis, Bouillon blanc
- Opiat balsamique contre la phtisie, cf. Rose

**Pieds**

- Pour l'enflure des pieds, cf. Lis
- Contre les cors des pieds, cf. Lierre, Souci

**Pierre cf. aussi Gravelle,**

- Pour la pierre, cf. Mouron, Ortie
- Pour la pierre et pour faire uriner, cf. Fraisier
- Ptisane pour la pierre, cf. Guimauve
- Pour rompre la pierre, cf. Alkékenge, Mauve, Millepertuis
- Pour rompre et faire sortir la pierre des reins, cf. Ail, Persil
- Contre la pierre des reins ou de la vessie, cf. Guimauve, Pariétaire

**Piqûres**

- Cataplasme contre la piqure des guêpes et des araignées, cf. Sauge
- Pour les piqûres venimeuses, cf. Souci

**Pituite**

- Pour purger la pituite, cf. Coulevrée, Mélisse, Menthe

**Plaies**

- Pour toutes sortes de plaies des jambes, cf. Coulevrée
- Onguent pour les plaies, cf. Sauge
- Huile pour toutes les plaies, cf. Plantain, Violette
- Pour cicatriser les plaies, cf. Aigremoine
- Cataplasme pour résoudre les tumeurs qui arrivent aux plaies, cf. Oseille

**Pleurésie**

- Pour la pleurésie, cf. Bourrache, Cerfeuil, Ortie, Buglosse, Verveine
- Pour la véritable pleurésie, cf. Genest, Chardon bénit, Scabieuse
- Potion contre la pleurésie, cf. Ortie, Pavot
- Apozème contre la pleurésie et la péripneumonie, cf. Chicorée
- Pilules contre la pleurésie, cf. Safran

**Poitrine**

- Liqueur contre le mal de poitrine, asthme, toux sèche et même de rate, cf. Chou rouge, Mauve, Oignon
- Tisane pectorale adoucissante, cf. Guimauve, Mauve, Millepertuis
- Tablettes pectorales, cf. Guimauve

– Liqueur contre le mal de poitrine, cf. Mauve, Oignon

**Poumons**

– Pour le poumon et pour ceux qui crachent le sang, cf. Ail
– Sirop contre l'asthme et la pneumonie, cf. Figue

**Punaises**

– Pour les punaises, cf. Consoude

**Purger, Purgations**

– Pour purger toutes les humeurs, cf. Aigremoine
– Ptisane purgative, cf. Aigremoine
– Potion purgative astringente, cf. Plantain
– Potion purgative commune, qui peut servir à une femme grosse, cf. Chicorée
– Purgatif pour un enfant de quatre mois, cf. Chicorée
– Pour faire des pessaires et pour purger la matrice, cf. Lis
– Cataplasme pour provoquer la purgation des femmes, cf. Persicaire
– Potion pour ceux et celles qui ont peine à se purger, cf. Patience
– Pour une femme qui n'a pas été purgée dans son accouchement, cf. Pivoine
– Opiat apéritif et purgatif contre l'hydropisie, cf. Safran

**Rage**

– Contre la rage, cf. Armoise, Bétoine, Menthe, Millepertuis
– Remède pour empêcher que les chiens mordus ne deviennent enragés, cf. Pimprenelle, Verveine
– Pour empêcher que les chiens mordus ne deviennent enragés, cf. Pimprenelle
– Liqueur contre la rage, cf. Pimprenelle, Rue, Sauge
– Contre la rage tant pour les hommes que pour les animaux, cf.: Armoise, Bétoine, Centaurée, Mélisse, Menthe, Plantain, Sauge, Verveine

**Rate**

– Pour la rate, cf. Chou rouge, Ciguë, Coing, Lierre, Lin
– Pour le mal de rate, cf. Absinthe, Tabac
– Pour la rate et contre la fièvre quarte, cf. Tabac
– Pour désopiler la rate, cf. Genévrier
– Pour la douleur de la rate, cf. Lis
– Apozème pour désopiler le foie et la rate, pour la mélancolie, cf. Aunée, Réglisse, Chardon béni
– Cataplasme qui est fort excellent pour ôter les duretés et maux de la rate, cf. Verveine
– Onguent pour le mal de rate, cf. Verveine

**Règles, cf. Menstrues**

– Contre les règles immodérées, cf. Bourse à pasteur

**Reins**

– Pour les reins, cf. Fraisier
– Pour rompre et faire sortir la pierre des reins, cf. Ail
– Hydromel composé contre la difficulté de respirer dans l'asthme, dans les embarras du rein ou de la vessie, cf. Aunée
– Pour la pierre, gravelle, strangurie, douleurs des reins et de la vessie, cf. Genévrier
– Pour apaiser douleurs de la colique rénale, cf. Lin
– Pour la douleur des reins externes, cf. Mouron, Oignon, Tabac
– Pour rompre et faire sortir la pierre des reins, cf. Persil
– Contre la chaleur (ou douleur) des reins, cf. Plantain
– Contre la douleur des reins, cf. Rose
– Eau de casse purgative pour ceux qui ont mal aux reins, cf. Réglisse

**Rhumatismes**

– Pour le rhumatisme, cf. Genévrier, Mauve
– Contre le rhumatisme, cf. Mélisse
– Liniment contre les rhumatismes, cf. Camomille, Millepertuis
– Cataplasme pour les rhumatismes, cf. Ortie, Pariétaire
– Pour les rhumatismes, cf. Genièvre, Sauge
– Cataplasme contre les rhumatismes, cf. Sureau

**Rhume**

– Contre le rhume et la toux, cf. Chou rouge
– Ptisanes contre le rhume et la toux, cf. Figue, Réglisse
– Pour le rhume, et particulièrement pour celui des petits enfants, cf. Oignon

**Rougeole**

– Tisane contre la rougeole et la petite vérole, cf. Réglisse

**Rougeurs**

– Contre les rougeurs du visage ou d'autre part, cf. Mouron

**Sang**

– pour arrêter les pertes de sang des femmes : Absinthe
– pour le poumon et pour ceux qui crachent le sang, cf. Ail
– guérir l'ébullition de sang, pour les vieilles gens : Cerfeuil
– Infusion contre le flux de sang et la dysenterie : Chicorée, Sureau
– Pour ceux qui crachent le sang : Consoude
– Contre les pertes de sang immodérées : Consoude

– Poudre contre le flux de sang : Eglantier
– Emulsion commune pour adoucir l'acrimonie du sang : Guimauve
– Pour ceux qui urinent le sang : Millefeuille
– Pour ceux qui vomissent le sang : Millepertuis
– Bouillon contre l'hémoptysie ou le crachement de sang : Ortie
– Poudre contre le flux de sang : Plantain
– Pour ceux qui crachent le sang, cf. cf. Consoude, Plantain
– Préparation pour étancher le sang du nez : Sureau
– Infusion contre flux de sang et la dysenterie, cf. Chicorée, Sureau
– Vin contre le flux de sang : Lierre
– Pour ceux qui crachent le sang : Réglisse
– Pour le flux de sang dysentérique : Quintefeuille

**Scorbut**

– Gargarisme antiscorbutique : Aigremoine

**Serpents**

– Pour les morsures de serpents : Bouillon b0lanc

**Surdité**

– une préparation pour guérir la surdité venue par catharre : Chardon béni
– Pour la surdité : Lis
– Pour la surdité, pourvu qu'on ait ouïe autrefois : Menthe

**Sueur**

– Tisane sudorifique : Genévrier

**Suppositoires**

– Pour les suppositoires : Mauve
– Contre la sciatique : Lierre
– Onguent pour la sciatique : Sauge

**Teigne**

– Contre la teigne, cf. Bouillon blanc
– Pour traiter une teigne rebelle, cf. Absinthe, Persicaire
– Décoction contre la teigne, cf. Guimauve, Mauve
– Pour la teigne, cf. Lin
– Liniment contre la teigne, cf. Genévrier

**Tempérant**

– Tisane tempérante et apéritive, ou Tisane de santé, cf. Chicorée

**Tête**

- Pour la tête, cf. Lierre
- Contre les maux de tête, cf. Rose
- Contre la migraine et douleur de tête, cf. Safran
- Contre les bruits de tête, le mal de cœur et pour rafraîchir, cf. Buglosse, Patience
- Contre une forte douleur de la teste, cf. Camomille, Lis
- Contre cette forte douleur de tête provenant de ventosité, cf. Genévrier, Marjolaine, Rue
- Contre la douleur de tête provenant de colère, cf. Sauge
- Contre la douleur de tête provenant du soleil, cf. Morelle, Plantain, Sureau
- Pour la douleur de la tête provenant de la mélancolie, cf. Bourrache, Buglosse, Sauge
- Contre la douleur de tête causée par la chaleur du foie, cf. Coing
- Contre le mal de tête provenant d'une cause froide et pour purger le cerveau, cf. Marjolaine
- Contre le mal de tête, provenant de cause froide, cf. Bétoine, Romarin, Thym,
- Cataplasme en guise de frontal contre le mal de tête, cf. Persicaire
- Infusion céphalique contre les étourdissements et menaces d'apoplexie, cf. Genévrier, Absinthe

**Ténesme**

- Pour le ténesme où l'on croit qu'il y ait des vers, cf. Persicaire
- Pour le ténesme, cf. Coing, Mauve

**Testicules**

- Emplâtre pour les enflures des testicules, cf. ci-dessus, Lierre, rose

**Toux**

- Contre la toux, cf. Rose
- Pour la toux, cf. Chou rouge, Mauve
- Pour apaiser la toux, cf. Ail
- Contre le rhume et la toux, cf. Chou rouge, Oignon
- Contre la toux qui vient de la chaleur, cf. Pavot
- Ptisanes contre le rhume et la toux, cf. Figue, Réglisse
- Contre le rhume pour la difficulté de cracher et la toux, cf. Bétoine
- Contre la toux et la difficulté de cracher lorsque l'humeur est trop subtile, cf. Bourrache
- Contre la difficulté de cracher et contre la toux, cf. Chou rouge, Hysope

**Tumeurs**

- Pour résoudre les tumeurs ou enflures froides, cf. Sauge
- Cataplasme pour résoudre les tumeurs qui arrivent aux plaies, cf. Oseille

– Pour faire percer toutes sortes de tumeurs sans lancettes, cf. Lis, Menthe, Oignon

**Tranchées**

– Pour guérir les tranchées d'une femme quand elle est accouchée, cf. Bourrache

**Ulcères**

– Pour les ulcères de la bouche, cf. Aigremoine, Buglosse
– Contre les ulcères de la matrice, cf. Millepertuis
– Pour les coupures et ulcères, cf. Tabac

**Urine**

– Pour la rétention d'urine, cf. Alkékenge
– Pour traiter l'hydropisie, la gravelle et la rétention d'urine, cf. Aunée
– Pour la rétention d'urine, cf. Cerfeuil, Chardon Roland, Fraisier, Genévrier, Pariétaire, Raifort
– Vin contre la rétention d'urine, cf. Coulevrée
– Contre la rétention d'urine, cf. Lin
– Liqueur contre la rétention d'urine, cf. Pariétaire
– Pour la rétention d'urine, cf. Cerfeuil, Pariétaire, Persil
– Vin contre la rétention d'urine, cf. Ortie
– Pour faire uriner les petits enfants, Mauve, Persil
– Pour ceux qui ne peuvent uriner que goutte à goutte, Fenouil, Hysope
– Bol diurétique, Genévrier
– Pour provoquer l'urine, cf. Mauve
– Pour faire uriner, cf. Mouron
– Cataplasme contre la rétention d'urine : oignon
– Pour ceux qui pissent au lit, cf. Ortie
– Poudre pour empêcher de pisser au lit, cf. Bouillon blanc, Orties-grièches, Verveine, Violette
– Contre la gravelle et difficulté d'uriner, cf. Pariétaire
– Pour ceux qui urinent le sang, cf. Millefeuille, Pariétaire
– Pour ceux qui ne peuvent retenir l'urine : Plantain
– Pour la gravelle et les ardeurs d'urine, cf. Lin, Réglisse

**Vapeurs**

Potion anti hystérique ou contre les vapeurs, cf. Armoise

**Ventosités**

– Pour les ventosités du fondement, cf. Rue

**Ventre**

– Pour les flux de ventre, cf. Bétoine, Bouillon blanc, Camomille

- Pour lâcher le ventre, cf. Sureau
- Pour traiter les flux de ventre, cf. Bourse à pasteur
- Pour guérir une femme grosse du flux de ventre, cf. Coing
- Pour les flux de ventre, cf. Lin
- Pour resserrer le ventre, cf. Lis
- ptisane pour l'enflure du ventre et des jambes, cf. Aigremoine
- Lavements pour ouvrir le ventre et le lâcher, cf. Guimauve, Mauve
- Décoction pour guérir le mal de ventre ou dévoiement, cf. Plantain, Rose
- Lavement contre le cours de ventre, cf. Pavot
- Bouillie contre le flux de ventre et même le flux hépatique, cf. Mélisse, Plantain

**Vérole ("petite" et "grande")**

- Liqueur contre les vapeurs, cf. Bourrache
- Pour la petite vérole, cf. Absinthe
- Pour la petite vérole, cf. Bourrache, Chardon béni, Rose
- Tisane contre la rougeole et la petite vérole, cf. Réglisse
- Recette en pilules pour guérir le mal de Naples sans faire suer, cf. Rose

**Verrues**

- Pour les verrues, cf. Rue

**Vers**

- Pour les vers, cf. Menthe, Rue, Safran
- Potion pour guérir les vers, cf. Pêcher
- Cataplasme faire mourir les vers, cf. Absinthe, Ail,
- Pour faire mourir les vers qu'on a dans les oreilles, cf. Figue
- Pour faire mourir les vers des petits enfants, cf. Rue
- Tisane contre les vers, cf. Raifort

**Vessie**

- Pour la pierre, gravelle, strangurie, douleurs des reins et de la vessie, cf. Genévrier
- Vin contre la colique néphrétique, la gravelle ou les glaires de la vessie, cf. Genévrier
- Pour la pierre, gravelle, strangurie, douleurs des reins et de la vessie, cf. Genévrier
- Pour dissoudre la pierre dans les reins et la vessie, cf. Guimauve, Pariétaire
- Hydromel composé contre les embarras du rein ou de la vessie, cf. Aunée

**Vomissement**

- Pour vomir, cf. Persil
- Contre le vomissement, cf. Absinthe
- Potion contre le vomissement, cf. Menthe

– Pour arrêter le vomissement, cf. Menthe

**Vue, cf. Ophtalmologie**

**Vulnéraire**

– Tisane vulnéraire, cf. Rose
– Décoction vulnéraire, cf. Plantain

## ANNEXE 5. Propriétes des plantes médicinales

Pour faciliter la consultation de leurs ouvrages par des personnes charitables qui n'avaient pas ou peu de connaissances botanique et médicales, certains auteurs comme Arnault de Nobleville ont jugé nécessaire de publier un court lexique explicatif des principaux termes de médecine qu'ils ont utilisés (*Description abrégée des plantes*, p XIII à XVIII). Ils se veulent à la portée de leurs lecteur et sont donc simplifiés au regard des explications, souvent largement plus développées, qui ont été publiées dans des traités plus spécialisé comme la Pharmacopée Universelle de Nicolas Lémery. Nous avons retenu ici pour la majorité des définitions, celles proposées par Arnault de Nobleville, complétées à l'occasion par celles de Pierre Jean Baptiste Chomel (*Abrégé de l'histoire des plantes usuelles*, 1712), de Baumé (*Eléments de Pharmacie théorique et pratique*, 1777), de Col de Vilars (*Dictionnaire des Termes de Médecine*, 1753) et de P-H Nysten (*Dictionnaire de Médecine*, 1814).

**A**

- acerbe : dont le goût tient de l'aigre et de l'amer.
- adoucissant : qui émousse et corrige l'âcreté des humeurs.
- agglutinatif : qui réunit et cicatrise les plaies.
- alexipharmaque ou alexitère : qui résiste aux venins, et à la malignité des humeurs. Cf cordial.
- altérante : "On appelle plantes altérantes, celles qui, par un changement et une altération salutaire, corrigent la mauvaise qualité des humeurs et en rétablissent la tissure et la constitution naturelle, en rendant la santé perdue." (Chomel)
- anodin : qui calme les douleurs. Cf. assoupissant.
- antiépileptique : contre l'épilepsie ou mal caduc.
- anti-hystérique : contre les vapeurs de la matrice.
- antipleurétiques : "les quatre eaux antipleurétiques sont celles de scabieuse, de chardon béni, de pissenlit et de coquelicot." (Baumé)
- antiscorbutique : "On appelle remèdes antiscorbutiques tout ce qui est capable de guérir le scorbut."
- antispasmodique : contre les convulsions.
- apéritif : qui rend les humeurs plus fluides. Cf. vulnéraire apéritif.
- apéritif et diurétique : "on appelle remèdes diurétiques ceux qui sont propres à procurer l'évacuation de la sérosité superflue du sang par la voie des uretères et des urines. On leur donne aussi le nom d'apéritifs parce qu'ils n'ouvrent pas seulement les reins en levant les obstructions formées dans les glandes de ces parties, mais aussi parce qu'ils sont capables de faire le même effet dans les glandes du foie, du mésentère et des autres parties du bas-ventre ; c'est pourquoi les remèdes hépatiques sont apéritifs." (Chomel)." Les cinq grandes racines apéritives sont celles de petit houx, d'asperge, de fenouil, de persil et d'ache." (Baumé) ; "Les cinq

petites racines apéritives sont celles d'arrête-bœuf, de câprier, de chardon Roland, de chiendent, de garance." (Arnault de Nobleville)
– aromatique, cf. céphalique.
– assoupissant : qui provoque le sommeil." Les remèdes qui calment les douleurs s'appellent anodins et ceux qui provoquent le sommeil, hypnotiques ou narcotiques." (Chomel)
– astringent : qui ressert les pores et les fibres. Cf. vulnéraire astringent.
– astriction : action d'une substance astringente.
– atténuatif, atténuant : qui rend les humeurs plus ténues." On comprenait autrefois sous ce titre les apéritifs, les incisifs et les fondants." (Nysten)

**B**

– béchique ou pectoral : "Nous appelons remèdes béchiques, ceux qui apaisent la toux et qui procurent l'évacuation des matières pituiteuses, grossières et épaisses, lesquelles compriment les vésicules pulmonaires et sont attachés à la surface interne de la trachée artère et de ses rameaux ; cette évacuation se fait par les crachats, ce qui s'appelle expectoration et les remèdes qui la procure sont appelés expectorants." (Chomel)

**C**

– calmant, cf. anodin
– capillaires : "Les cinq capillaires sont l'adiantum noir et l'adiantum blanc ou capillaire de Montpellier, le polytric, le polytric ou en place la scolopendre et le ruta muraria." (Baumé)
– carminatif : qui dissipe les vents." Le défaut de la digestion des aliments dans l'estomac et dans les premières voies, est souvent cause de la production des vents ; une maladie si commune demande des remèdes pour la guérir. Ces remèdes s'appellent carminatifs parce qu'ils sont capables de diviser et de résoudre les matières visqueuses et gluantes dans lesquelles l'air se trouve embarrassé, se raréfie, cause des gonflements et des distensions douloureuses dans l'estomac et les intestins." (Chomel). Les quatre fleurs carminatives sont celles de camomille romaine, de mélilot, de matricaire, d'aneth. (Baumé)
– caustique : qui brûle les chairs.
– céphaliques et aromatiques : propre aux maladies de la tête." Les plantes céphaliques sont ainsi nommées parce qu'elles sont propres aux maladies de la tête, conviennent surtout à celles du cerveau, comme l'apoplexie, la paralysie, l'épilepsie, la léthargie et la plupart des maladies du genre nerveux qui sont accompagnées de mouvements convulsifs. Entre ces plantes, il y en a plusieurs qui ont une odeur forte et pénétrante desquelles on tire par l'analyse chimique des principes actifs et une potion considérable d'huile essentielle ; on les appelle aromatiques." (Chomel)
– chaud : "Les quatre grandes semences chaudes sont celles d'anis, de fenouil, de cumin et de carvi. On les nomme aussi semences carminatives.

Les quatre petites semences chaudes sont celles d'ache, de persil, d'ammi et de daucus. Les trois onguents chauds sont l'onguent d'Agrippa, l'onguent d'althea, l'onguent nerval." (Baumé)

– cicatrisant : qui affermit et dessèche les nouvelles chairs des plaies.
– consolidant : qui sert à la réunion des plaies.
– cordial : qui rétablit les forces abattues." Les trois fleurs cordiales sont celles de buglosse, de bourrache et de violette. Les quatre eaux cordiales sont celles d'endive, de chicorée, de buglosse et de scabieuse ; ces eaux n'ont aucune vertu cordiale ; on peut les considérer comme n'ayant guère plus de vertu que l'eau commune." (Baumé).
– cordial et alexitère : "Nous appelons plantes cordiales celles qui passent pour avoir la propriété de fortifier le cœur et qu'on emploie avec succès dans les maladies qui semblent attaquer particulièrement cette partie, comme sont les syncopes, les défaillances, les évanouissements etc., dans lesquels le mouvement du cœur est suspendu ou interrompu. On appelle aussi ces plantes alexitère, parce, qu'elles conviennent dans les maladies contagieuses et pestilentielles, contre les poisons et la morsure des bêtes venimeuses, dans les fièvres malignes et pourprées, et dans les maladies dans lesquelles la chaleur naturelle est presque éteinte." (Chomel)
– corroborant : qui fortifie et donne du ton. (Nysten)

**D**

– désobstruant : qui enlève les obstructions ou embarras causés par l'épaississement des humeurs.
– dessicatif : qui consomme les humidités superflues intérieurement ou extérieurement.
– détersif : qui nettoie les plaies en dissolvant les humeurs visqueuses qui s'y attachent. Cf. vulnéraire détersif.
– diaphorétique : qui fait dissiper les humeurs par la transpiration.
– diaphorétique et sudorifique : "Il est démontré que le sang se dépure par une continuelle, quoique insensible, évaporation d'une quantité si considérable d'humeurs qu'elle surpasse toutes les autres évacuations ensemble ; les remèdes capables de rétablir cette sorte d'évacuation en la rendant plus abondante et plus aisée s'appellent diaphorétiques ; ceux qui l'augmentent au point de la rendre sensible sous forme de sueur s'appellent sudorifiques." (Chomel)
– digestives : qui dispose à la suppuration.
– discussif : qui dissout et dissipe les humeurs.
– diurétique : qui pousse par les urines. Cf. apéritif.

**E**

– émétique : qui excite le vomissement.
– émollientes : qui ramollit les tumeurs en relâchant les fibres." On appelle remèdes émollients "ceux qui ont la propriété d'amollir et de relâcher les

fibres trop tendues, aussi bien que d'adoucir l'âcreté des sucs qui par leur irritation, entretiennent et occasionnent cette tension." (Chomel)."Les cinq plantes émollientes sont la branche-ursine, la bette, la mauve, la mercuriale, la pariétaire." (Arnault de Nobleville)

- errhine ou sternutatoire : qui excite l'éternuement." Les remèdes qui par leur âcreté sont capables de picoter la membrane du nez et d'exciter par cette irritation l'éternuement s'appellent errhines ou sternutatoires. Ces plantes sont ordinairement mises en usage dans les maux de tête, dans la léthargie, l'apoplexie et les autres dispositions soporeuses." (Chomel)
- évacuant : "vide les humeurs par les voies sensibles et ordinaires." (Chomel)
- expectorant, cf. béchique.

**F**

- fébrifuge : qui dissipe la fièvre." Nous appelons remèdes fébrifuges ceux qui guérissent les fièvres intermittentes de quelque nature qu'elles soient, ou qui emportent ou qui modèrent les redoublements des fièvres continues." (Chomel)
- fondant : qui dissipe les humeurs épaisses et les rend plus fluide.
- fortifiant, cf. cordial
- froid : "les quatre grandes semences froides sont celles de courge, de citrouille, de melon et de concombre. Les quatre petites semences froides sont celles de laitue, de pourpier, d'endive et de chicorée. Les quatre onguents froids sont l'album rhasis, le populeum, le cérat de Galien, l'onguent rosat." (Baumé)

**H**

- hépatique et splénique : qui enlève les obstructions du foie." On a donné le nom d'hépatiques et de spléniques à plusieurs plantes qu'on a reconnues propres aux maladies du foie et de la rate." (Chomel)
- humectant : "qui humecte et ramollit par les parties aqueuses dont il abonde." (Col de Vilars)
- hydragogue : purgatif qui évacue les eaux et les sérosités.
- hypnotique ou narcotique : qui endort, assoupit, produit un doux sommeil.
- hystérique : qui excite les règles et calme les vapeurs." On appelle remèdes hystériques ou emménagogues ceux qui sont propres à rétablir les évacuations naturelles au sexe. On les emploie ordinairement pour procurer les mois aux filles et guérir la plupart des maladies que cette suppression leur cause, comme sont les pâles-couleurs, la jaunisse, les coliques, les migraines, etc…On donne aussi ce nom aux remèdes capables de guérir les maladies de la matrice. Ces remèdes sont aussi donnés avec succès dans les vapeurs qui sont accompagnées de convulsions, de difficultés de respirer, de ris et de pleurs successives et

d'autres accidents qui arrivent le plus souvent aux femmes, à l'occasion de la suppression de leurs ordinaires." (Chomel)

**I**

– incisif : qui divise les humeurs grossières.
– incrassant : qui épaissit les liquides.

**L**

– laxatif : qui lâche le ventre et purge doucement par le bas.
– lithontriptique : "dissout les calculs développés dans nos organes, et surtout dans les voies urinaires, la pierre dans les reins et la vessie." (Nysten)

**M**

– masticatoire : qui se mâche et attire par la bouche les eaux et les sérosités.
– maturatif : qui dispose les plaies à la suppuration.

**N**

– narcotique : qui calme les douleurs et procure l'assoupissement.
– néphrétique ou néphritique : propre aux maladies des reins, et particulièrement la colique néphrétique.
– nerval, nervin : qui est bon pour les nerfs, propre à les fortifier.

**O**

– odontique : qui fortifie et nettoie les dents.
– ophtalmique : "On appelle remèdes ophtalmiques ceux qui sont propres pour les maladies des yeux." (Col de Vilars)

**P**

– pectoral : cf. béchique.
– polychreste : utile à plusieurs maladies. (Nysten)
– purgatif : qui purge par bas seulement." Plantes qui "purgent soit par le vomissement et alors on les appelle émétiques, soit par le ventre et on les nomme purgatives ou cathartiques." (Chomel)

**R**

– rafraîchissant : qui tempère la trop grande agitation des humeurs. Les plantes rafraîchissantes et épaississantes sont des plantes "capables d'apaiser le mouvement précipité des humeurs ou de leur donner plus de consistance, soit en délayant les sels âcres qui agitent le sang et le tiennent en dissolution, soit en les embarrassant et en les développant." (Chomel)
– repercussif : remède extérieur qui repousse les humeurs en dedans.

– résolutif : remède extérieur qui dissipe les humeurs arrêtées dans quelque partie du corps.
"Ce n'est souvent pas assez d'amollir et de relâcher les fibres trop tendues et de rétablir leur souplesse pour les rendre plus propres à hâter le cours des humeurs lorsqu'il est ralenti ; ses humeurs sont parfois parvenues à un tel point d'épaississement et de coagulation qu'elles éludent l'impression du ressort des parties solides si on ne trouve pas le moyen de les résoudre et de rétablir leur fluidité naturelle. Les remèdes qui produisent cet effet s'appellent résolutifs." (Chomel) "Les quatre farines résolutives sont celles d'orge, de fèves, d'orobe et de lupin, on y joint souvent celles de froment, de lentilles, de lin et de fenugrec." (Baumé)

**S**

– splénique : propre aux maladies de la rate.
– sternutatoire : cf. errhine.
– stiptique, cf. astringent.
– stomachique : propre à fortifier l'estomac et à faciliter la digestion." On appelle remèdes stomachiques non pas ceux qui guérissent les maladies de l'estomac, mais ceux qui sont capables de rétablir sa fonction principale qui est la digestion des aliments." (Chomel). "Les trois huiles stomachiques sont celles d'absinthe, de coing et de mastic." (Baumé)
– sudorifique : qui excite la transpiration et la sueur. Cf. diaphorétique.
– suppuratif : remède extérieur qui facilite la suppuration.

**T**

– tempérant : qui apaise la trop grande fermentation des humeurs.

**V**

– vermifuge : qui fait mourir les vers et les chasse hors du corps.
– vulnéraire : propre pour la guérison des plaies.
– vulnéraire astringent : "Les plantes vulnéraires astringentes sont celles qui peuvent, en resserrant les vaisseaux, arrêter le sang et suspendre les hémorragies." (Chomel)
– vulnéraire détersif : "On entend par remèdes détersifs ceux qui sont capables de nettoyer les plaies, c'est-à-dire de faire tomber les chairs mauvaises et baveuses qui entretiennent la pourriture, empêchent la réunion de la plaie et la formation de la cicatrice." (Chomel)
– vulnéraires apéritif : "Les plantes vulnéraires apéritives sont celles d'entre les plantes vulnéraires qui ont la propriété d'emporter les obstructions, de pousser le sable et les matières glaireuses par la voie des urines." (Chomel)
– vulnéraire de Suisse : mélange de plantes importé de Suisse, dont les Suisses se refusaient à en révéler la composition. Il comprenait sans dote des fragments de véronique, de bugle, d'hypericum, de pervenche, de lierre terrestre, de chardon-bénit, de scordium, d'aigremoine, de bétoine,

de millefeuille, de pieds-de-chat, de tussilage. (Baumé). On en trouve une composition quelque peu différente chez Arnault de Villeneuve qui y note la présence "de marguerite, de bétoine, de brunelle, de bugle, de petite centaurée, de pied de chat, de jacobée, de pervenche, de pyrole, de sanicle, de tussilage, de verge dorée."

## ANNEXE 6. Ustensiles nécessaires aux préparations

Les personnes charitables qui doivent dispenser leurs soins aux pauvres malades avec les médicaments qui leur sont proposés dans les recueils de remèdes rédigés à leur intention, doivent disposer d'un minimum d'ustensiles pour les préparer.

Elles ne sauraient évidemment acquérir tous ceux que doit posséder un apothicaire, dont la liste est généralement détaillée dans les pharmacopées "savantes." Elles doivent toutefois disposer nécessairement d'un certain nombre d'entre eux, indispensables pour la préparation de remèdes simples.

– Parmi les pharmacopées, celle de Nicolas Lémery (*Pharmacopée universelle*, Tome 1, Chapitre V, p 54 à 57, 1697), présente une liste relativement complète et détaillée "*Des vaisseaux et ustensiles qui servent en Pharmacie"*.

Il y distingue deux sortes de vaisseaux, ceux qui servent à la cuite des compositions de la pharmacie galénique et ceux qui sont employés aux infusions et à la conservation des compositions galéniques.

Les premiers sont "les bassines de cuivre simples ou étamées, les chaudières, les poëles, les poëlons, les marmites, les coquemars, les bassines d'étain, les terrines, les plats, les écuelles, les pots de terre, les cucurbites de verre et de grès, les cucurbites de cuivre étamée en dedans avec leur réfrigérants, les cornues de verre et de grès, les creusets." Il ne mentionne pas les "cucurbites, des cornues et des creusets qui servent beaucoup plus en Chimie qu'en Galénique" et il renvoie à son cours de Chimie pour leur description.

Les seconds sont "les pots d'or, d'argent, d'étain, de plomb, de terre, de grès, de terre vernissée, de fayence, de verre, de cristal, les bouteilles, les cruches, les boëtes." Parmi les pots utilisés par les apothicaires, il distingue les chevrettes utilisées pour y garder les sirops, les miels, les huiles, les pots à canon pour y mettre les électuaires, les baumes, les onguents et les piluliers, plus petits pour y conserver les pilules."

Quant aux "instruments dont on se sert en Pharmacie, ce sont les mortiers de bronze avec leurs pilons proportionnés, les mortiers de cuivre, d'étain de plomb, de verre avec leurs pilons de la même matière ; les mortiers de marbre et de pierre avec leurs pilons de bois, les porphyres, les écailles de mer avec leur molette pour broyer les pierreries, les presses avec leur plaque et leur barre de fer, les fourneaux, les pincettes, les poëles à feu, les entonnoirs, les seringues, les espatules, les bistortiers, les rapes, les cuillers, les écumoirs, les biberons, ou cuillers perçées, les toiles fortes et déliées, les étamines, les tamis, les blanchets, les chausses d'hippocras, les languettes à filtrer, les mestres, les poids les balances, les marteaux, les couteaux, les ciseaux, les carrelets, les dispensaires."

Chacun de ces instruments de Pharmacie fait ensuite l'objet d'une définition précise ainsi que d'une explication de son emploi et d'un bref exposé sur les avantages et les inconvénients des matières utilisées pour les fabriquer. Un tel inventaire est sans doute l'un des plus complets et des plus documentés sur le sujet.

– Parmi les ouvrages de médecine charitable, qui ne sont pas destinés exclusivement aux Apothicaires, mais aussi aux personnes charitables, on retiendra ceux de Philbert Guybert qui donnent des listes d'ustensiles nécessaires aux préparations des remèdes. Les unes, relativement complètes, sont destinées aux apothicaires et ont pour objet de conseiller ceux-ci lorsque-ils entreprennent de dresser leur apothicairerie (1636, p 178 à 181). Selon les éditions de ses œuvres, elles ont été publiées, tantôt dans le *Médecin charitable*, tantôt dans l'*Apothicaire charitable*. Les autres, en revanche, plus modestes, font l'objet d'une part d'un "Etat des ustensiles et médicaments nécessaires aux riches" (1636, p 91 à 93)(1633, p 75 à 76) suivi d'un état des médicaments nécessaires à ces derniers (p 90 à 97) (1633, p 76 à 82) et d'autre part d'un "Etat des ustensiles et médicaments nécessaires aux personnes de médiocre qualité", beaucoup plus succinct (p 96 à 98) (1633, p 82 à 85), suivi d'un "Avertissement notable et charitable au public (p 83).

**– Les ustensiles de l'Apothicairerie**

Dans l'*Avis au Lecteur* de son *Apothicaire charitable*, (1633, p 176), Guybert affirme que grâce à son ouvrage "vous aurez une petite Apothicairerie que chacun peut dresser chez soy facilement, à peu de frais, et en moins de dix jour, vous saurez faire toutes les compositions". Pour que son lecteur puisse aisément y parvenir, Guybert lui indique quel est l'état des ustensiles nécessaires pour dresser l'Apothicairerie (édition de 1633, chapitre 1, p 160 à 163)

Celui-ci comprend un mortier de fer ou de bronze pesant 50 ou 60 livres, ou davantage avec son pilon de fer, un petit mortier pesant quatre ou cinq livres avec son pilon de même matière, un moyen mortier de marbre avec son pilon de bois et un mortier de pierre avec le même pilon, un gros bistortier et un moyen, un rouloir pour aplatir les tablettes, deux grandes spatules de fer, deux moyennes et deux petites, deux spatules de bois, un quarré de bois avec un clou à chaque coin pour tenir les étamines ou blanchets que l'on met dessus pour passer les décoctions, etc., un fourneau de fer, deux grandes bassines de cuivre rouge, l'une pour les décoctions, sirops, etc., l'autre pour les onguents et emplâtres, deux poëlons de cuivre rouge à longue queue, une grande râpe de fer blanc pour râper les coins, les pommes, etc., deux cuillères percées, l'une grande et l'autre petite, deux presses ferrées avec leurs chevilles de fer, un réfrigératoire de cuivre rouge pour distiller les eaux, deux ou trois plats de fer blanc, une grande balance avec ses poids de plomb, de petites balances avec le poids de marc, trois ou quatre étamines d'un quartier ou davantage de large, effofilées, deux ou trois blanchets d'un quartier et demi de large, effofilés, une ou deux chausses d'hypocras, demie douzaine de toiles fortes d'une bonne demie aulne et plus de large, ourlées alentour pour passer les sucs, décoctions, etc. un tamis de crin couvert, deux autres tamis communs pour passer les poulpes de casse, tamarinds, prunes, etc., deux autres pour passer les médicaments amers, et autres, un circontrinoy, des cruches et pots de grès, ou de faïence, ou de terre vernissée pour garder les sirops, électuaires, conserves, huiles, onguents, etc., deux grandes terrines de terre vernissée et deux de grès, trois coquemars, de terre vernissée, un grand, un moyen et un petit, des vaisseaux d'étain, de terre vernissée ou de grès pour faire des infusions, un porphyre ou une écaille de mer avec sa petite meule, une suffisante quantité de boîtes pour mettre les médicaments, un couteau de cordonnier, un tailloir de bois d'épaisseur d'un pouce et large d'un pied en quarré, quatre vaisseaux de verre pour mettre et serrer ces poudres, dites cordiales, une bien grande cuillère de fer pour préparer le plomb et autres médicaments."

– bistortier : "rouleau de bois, long, rond, égal, uni, servant à remuer les compositions et à étendre les tablettes. (Lémery)

– blanchets : étoffe de laine servant à tamiser les liquides, utilisée sur le carrelet.

– chausse d'hypocras : tissu en forme d'entonnoir tendu sur un cercle métallique, utilisé pour filtrer les liquides.

– circontrinoy : mot inconnu par ailleurs, pourrait désigner une espèce de tamis.

– coquemar : vase à corps arrondi, généralement en cuivre, dont l'extrémité est effilée, parfois pourvu d'un bec, utilisé pour faire bouillir de l'eau.

– étamine : étoffe utilisée pour filtrer les liquides.

– porphyre ; instrument formé d'une plaque de porphyre très dure sur laquelle on dépose les drogues les plus dures pour les réduire en une poudre impalpable ; on les broie en faisant rouler dessus une molette, qui est un petit billot de porphyre ou d'écaille de mer poli en dessous, rond ou de figure propre à être empoigné facilement. (Lémery). L'écaille de mer est le nom donné à une pierre dure.

– quarré de bois, ou carrelet : cadre en bois de forme carrée ayant un clou à chaque angle ; ces quatre clous permettent de tendre un morceau de tissu destiné à filtrer le liquide versé sur celui-ci.

– réfrigératoire : bassine de cuivre, dans laquelle est installé le chapiteau - la partie supérieure de l'alambic - que l'on remplit d'eau fraîche pour refroidir le contenu de ce dernier et de favoriser la condensation des vapeurs qui y sont contenues.

– rouloir : outil ordinairement de buis, plat et unis par-dessous, plus long que large, utilisé pour rouler sur une table les bougies et les cierges.

– Les ustensiles des riches (1633, p 75 à 76) comprennent "deux seringues avec leurs étuis, l'une pour servir à la maison avec deux canons d'ivoire, l'un pour donner clystères aux grandes personnes, l'autre pour les petites, un pot d'étain à mettre clystère pour le garder et faire chauffer lorsque l'on le voudra donner. L'autre seringue aussi avec deux canons de buis, pour prêter charitablement aux pauvres quand ils en auront affaire, deux étamines blanches longues d'un bon quartier ou quartier et demi chacune, bien pour filées alentour, l'une servira seulement à passer les médecines, et l'autre les décoctions. A défaut desdites étamines, on se pourra servir de linges blancs et propres, deux sas ou tamis, pour passer la casse, tamarinds, prunes, etc., et l'autre les décoctions, matières des cataplasmes et autres choses, un poids de marc de seize onces avec la balance et grains de laiton pour peser les médicaments, deux spatules de fer, l'une d'une moyenne grandeur et l'autre petite, une spatule de bois, un moyen mortier de marbre avec son pilon de bois, un autre petit mortier de même matière avec son pilon. Pour les pots de terre, chaudrons, coquemars, poêlons pour faire les décoctions, ptisanes, etc... chaque ménage en est pourvu ; que s'il en est besoin de quelqu'un, alors le Médecin vous avisera."

**– Les ustensiles des personnes de médiocre qualité (1633, p 82 à 85)**

La liste en est bien restreinte. En effet, l'auteur se contente de noter : "Ils auront toujours chez eux une seringue avec les deux canons d'ivoire et de buis", et il attire l'attention sur l'impérieuse nécessité de bien échauder et laver les seringues après chaque usage surtout si on les a utilisées sur des personnes atteintes de maladies contagieuses.

– Dans son *Dictionnaire Botanique et Pharmaceutique*, Dom Alexandre recopiera largement cet inventaire auquel il ajoutera quelques indications complémentaires figurant dans l'Etat des ustensiles et médicaments nécessaires aux riches (*Instruments et vaisseaux nécessaires au Pharmacien*, p 247 à 249).

Le catalogue des ustensiles nécessaires à la préparation des remèdes est donc particulièrement fourni. Mais les personnes charitables n'auront besoin que d'un petit nombre de ceux qui sont ainsi présentés, certains d'ailleurs étant déjà utilisés dans les cuisines pour la préparation des denrées alimentaires. Ainsi, les personnes charitables ne devront-elles acquérir que quelques instruments indispensables pour compléter leur équipement et se limiteront généralement à l'acquisition des seringues destinées aux clystères ainsi qu'à celui d'une balance comparable à celle employée par les apothicaires, fort différente des balances romaines d'usage courant, mais insuffisamment précises pour réaliser les dosages des composants des remèdes.

## ANNEXE 7. Les noms des maladies

Les noms donnés aux maladies par les auteurs d'ouvrages médicaux de l'Antiquité et de la Renaissance n'ont évidemment pas le même sens que de nos jours. Leur identification exacte donne encore aujourd'hui matière à discussion.

Nous avons réuni dans ce bref index la plupart des mots employés par les auteurs dont nous avons cités les textes pour nommer les diverses affections que les végétaux étaient censés guérir. Nous n'avons pas cherché à identifier celles-ci au regard des connaissances médicales actuelles et nous nous en sommes tenus aux définitions qu'en donnent, selon les cas, E. Col de Vilars (C V), Doyen de la Faculté de Médecine de Paris (*Dictionnaire françois-latin des termes de Médecine*, Paris (1754) qui, selon son auteur "ne pourra manquer d'être de quelque utilité aux étudiants en Médecine.", P-H Nysten (N): *Dictionnaire de Médecine*, Paris, 1814 et E. Littré (L): *Dictionnaire de Médecine*, Paris (édit de 1884). On pourra toutefois consulter aussi avec profit l'ouvrage de P. Bouché : *Les mots de la médecine*, Belin 1994

**ægilops :** "petit ulcère qui se forme à l'angle interne de l'œil" (C V)

**albugo :** "tache blanche qui se forme à l'œil sur la cornée" (C V)

**alphos**, **alphus :** dermatose caractérisée par des taches blanches squameuses ; l'alphus semble renfermer deux affections très distinctes "l'une qui peut être le psoriasis et l'autre qui se confond avec le vitiligo" (L)

**alvi profluvium :** cours de ventre, flux de ventre, diarrhée. Le mot profluvium employé seul peut aussi désigner les menstrues.

**apostème :** "tumeur contre nature, dont la matière dégénère en pus ou en sanie ; c'est la même chose qu'abcès, il y en a d'enkistés, d'autres qui ne le sont pas." (C V)

**aqua intercus :** synonyme d'anasarque, hydropisie générale du tissu cellulaire (N), "tumeur ou enflure œdémateuse de toute l'habitude du corps, qui retient l'impression du doigt, & qui est accompagnée de langueur, de pâleur, de difficulté de respirer, & d'autres symptômes qui dénotent la cachexie. Elle est causée par une lymphe qui séjourne dans les cellules du corps graiseux." (C V)

**argema :** "petit ulcère de la cornée qui parait blanc" (N), kératite.

**atrophie** : amaigrissement & consomption de tout le corps ou de quelques-uns de ses membres." (C V)

**cachexie** : "mauvaise habitude du corps, qui le fait dégénérer de sa couleur naturelle, & le rend pâle, livide, plombé, mou & livide, par le ralentissement d'une lymphe ou d'un suc nourricier aqueux, cru, indigeste, mal broyé, dont les pores des fibres sont plutôt abreuvés que nourris." (C V)

**cacochymie :** "replétion (*ie* grande abondance) de mauvaises humeurs dans la masse du sang." (C V)

**cacoethicus cacoëthe** : "épithète qu'on donne aux ulcères malins qui sont très longs & très difficiles à guérir. Tels sont les ulcères véroliques, scrophuleux, scorbutiques & ceux dont les cacochymes sont attaqués." (C V)

**caligo :** "obscurcissement de la vue" (N)

**cancer :** "tumeur dure, ronde, inégale, livide ou plombée, environnée de plusieurs vaisseaux gonflés, variqueux, qui représentent à peu près les pattes d'une écrevisse, appelée en latin *cancer*, d'où cette tumeur a pris son nom. Elle se divise en cancer occulte & en cancer ulcéré....Celui qui attaque le visage s'appelle *noli me tangere"* (C V)

**carbunculus,** charbon : "C'est une tumeur rouge, un peu dure, ronde, élevée en pointe, d'une chaleur brûlante et d'une grosse pustule dans le milieu ou de plusieurs petites qui se changent en une croûte noire ou cendrée, comme si on y avait appliqué un fer chaud.il y a deux sortes de charbon, l'un simple, l'autre malin ou pestilentiel." (C V)

**causus** (du grec *kausos*) **:** "espèce de fièvre caractérisée par une chaleur et une soif excessive ; les modernes la nomment fièvre ardente, et la regarde comme une complication de la fièvre bilieuse avec la fièvre inflammatoire." (N).

**cœliaca, coeliaque** : flux cœliaque : "flux de ventre chyleux dans lequel le chyle sort par les selles confondu avec les excréments, ce qui les rend cendrés, grisâtres ou blanchâtres. La passion cœliaque diffère de la lienterie, en ce que dans cette dernière maladie les alimens sortent tout cruds, n'ayant pas le temps d'être digérés, au lieu que dans la première, ils le sont entièrement ou en partie ; mais le chyle qui en résulte ne pouvant passer par les vaisseaux lactés se précipite avec les matières fécales." (C V)

**chiragra :** "goutte qui prend aux mains" (CV)

**cholera :** "maladie très aigue de l'estomac & des intestins, dans laquelle on rend, avec beaucoup d'efforts par le vomissement & par les selles, des humeurs âcres, bilieuses, acides, corrosives, jaunes, vertes, noires & qui est accompagnée de cardialgie, de douleurs de coliques considérables, de défaillance, d'oppression, d'un pouls fréquent, petit, inégal, de sueurs froides au front & aux extrémités, d'une soif pressante, souvent de convulsions & d'autres fâcheux symptômes qui font quelquefois périr les malades dans les vingt-quatre heures." (CV)

**chyle :** "humeur blanchâtre qui provient des aliments digérés" (N)

**consomption :** "une certaine maladie de langueur, phtisie qui consume le corps et le dessèche peu à peu et enfin cause la mort." (Furetière)

**empiême, empyème :** amas de pus dans le creux de la poitrine, qui y est coulé d'un abcès crevé. (Furetière)

**enchifrènement :** catarrhe de la muqueuse nasale, synonyme de coryza. (N)

**esquinancie, squinancie, amygdalite** : "angine, inflammation de la gorge qui rend la respiration et la déglutition très difficiles. On distingue la squinancie en *vraie* ou *légitime* & en fausse ou bâtarde. La vraie est accompagnée d'une fièvre aigue & se forme promptement. La fausse est sans fièvre, ou, s'il y en a, elle est petite & l'inflammation se fait lentement." (C V)

**febris,** fièvre : "mouvement déréglé de la masse de sang, avec fréquence permanente du pouls & lésions des fonctions, accompagné le plus souvent d'une chaleur excessive." (CV). On en distinguait de nombreuses variétés selon leur durée, celle des intervalles entre deux accès et leur intensité.

**febres ardentes :** fièvres ardentes, fièvres continues. Cette espèce de fièvre est également appelée *causus – i* (du grec *kausos*)**.**

**febres continuae :** "Il y a trois espèces de fièvres continues simples, l'éphémère qui ne dure ordinairement qu'un jour, la synoque qui s'étend jusqu'au quatrième ou au septième, quelquefois davantage et la fièvre ardente appelée *causus*." (CV)

**febres erraticae :** fièvres erratiques ; fièvre continue périodique qui revient à intervalles irréguliers.

**febres intermittentes :** fièvres intermittentes : "il y a trois sortes de fièvres intermittentes : la quotidienne, la tierce et la quarte." (CV)

**febres quartanae,** fièvres quartes "quand les accès sont séparés par deux jours d'apyrexie." (L) ; la fièvre quarte revient après trois jours.

**febres tertianae**, **fièvres tierces** "quand les accès reviennent de deux jours l'un et sont séparés par un jour d'apyrexie complète." (L) ; la fièvre tierce revient après deux jours.

**fic :** "espèce de condylome ou excroissance charnue ; c'est une petite tumeur, indolente et ronde, qui pend en manière de figue, d'où elle a pris son nom, ainsi que de sa substance interne composée de petits grains qui la font ressembler à la chair de ce fruit. Le fic vient aux yeux, aux paupières, au menton, à la langue, au fondement et aux parties naturelles de l'un & l'autre sexe". (CV)

**flux coeliaque,** cf. *cœliaca.*

**furores :** "ensemble des mouvements et des cris violents qui caractérisent le plus haut degré de la folie et qui peuvent être de longue durée ou survenir par accès." (L)

**gale :** "maladie de la peau ; éruption de petites pustules." (C V) On distingue deux variétés de la gale qui ne diffèrent que par le volume des pustules ; l'une est la *grosse gale, scabies crassa, scabies humida* ; l'autre est la *miliaire* ou *canine* : celle-ci se nomme aussi *gale sèche, scabies sicca* parce qu'elle ne suppure pas ; *prurigineuse, pruriginosa,* et *gratelle, impetigo* parce qu'elle cause une démangeaison plus vive que l'autre variété." (N)

**glaucoma :** glaucome, "altération du crystallin qui devient opaque & de couleur azurée ou de verd de mer, ensuite grisâtre ou blanchâtre." (C V)

**grando, grandines** : "petite tumeur dure, ronde, mobile & transparente come un grain de grêle, qui se forme à la paupière supérieure." (C V)

**grenouillette** : "tumeur liquide du plancher de la bouche, qui tire son nom de ce que ceux qui la portent parlent, dit A. Paré, en coassant à la façon d'une grenouille". (L)

**hystérie** : du grec *hustera,* mot pouvant signifier, entrailles, matrice ou utérus. Depuis Hippocrate, on croyait que cette maladie provenait des déplacements de l'utérus dans le corps de la femme. Selon Platon, *Timée* (91cd) : "La matrice est un animal qui désire ardemment engendrer des enfants ; lorsqu'elle reste longtemps stérile après l'époque de la puberté, elle a peine à se supporter, elle s'indigne, elle parcourt tout le corps, obstruant les issues de l'air, arrêtant la respiration, jetant le corps dans des dangers extrêmes, et occasionnant diverses maladies, jusqu'à ce que le désir et l'amour, réunissant l'homme et la femme, fassent naître un fruit et le cueillent comme sur un arbre". Les expressions passion hystérique, suffocations hystériques, étranglement de matrice, désignent cette maladie "à laquelle les femmes sont fort sujettes, parce qu'on a cru qu'elle était causée par le vice de la matrice. L'un de ses plus considérables symptômes est un resserrement de la poitrine et de la gorge qui les empêche de respirer et les étrangle." (C V)

**impetigo :** "une variété d'eczéma caractérisée par l'existence de pustules au lieu de vésicules" (L) ; "Mot latin par lequel quelques auteurs désignent la gale miliaire ou canine" (N)

**ischurie, iscurie :** impossibilité d'uriner. (N)

**lepra :** Synonyme de ladrerie ; maladie de la peau qui n'est pas ce que l'on entend aujourd'hui par lèpre. "Gale très invétérée, accompagnée de stupeur & d'insensibilité dans les tégumens && d'autres symptômes très considérables. On la distingue en deux espèces, la *lèpre des Grecs* & la *lèpre des Arabes*. La première est appelée par Celse *impetigo* ; par Avicenne *Albaras nigra*, ou *impetigo excorticativa*. La seconde qui est plus affreuse &

le dernier degré de cette maladie, se nomme *Elephantiasis*, parce que les malades ont la peau épaisse & ridée comme celle des éléphants ou *Satyriasis*, ou *Leontiasis*, à cause de leur horrible figure & de leur lubricité. Depuis 200 ans, elle est presque éteinte." (C V) ; gale et lèpre sont souvent désignées par l'expression Mal Saint Main.

**léthargie** : "sommeil ou assoupissement profond & contre nature, accompagné d'une diminution considérable du sentiment & du mouvement volontaire, de délire, d'oubli, & d'une petite fièvre continue". On a bien de la peine à réveiller les léthargiques ; ils sentent cependant quand on les piques ; ils ouvrent les yeux, ils répondent, mais hors de propos ; ils sont sans mémoire, paroissent comme stupide, retombent aussitôt dans leur assoupissement, & parlent souvent entre les dents". (C V)

**lichen :** "Selon Hebra, le nom de *Lichen* devrait être réservé uniquement à une affection caractérisée par des papules ayant une forme typique qu'elles conservent sans se modifier en efflorescences, telles que vésicules et pustules : dès lors, il ne décrit que *L. scrofuleux,* et le *L. ruber, acuminé* ou *plan.* Pour Hardy, le lichen est une manifestation dartreuse, très voisine de l'eczéma, caractérisée dès son apparition, par une éruption papuleuse et présentant ensuite trois caractères fondamentaux, rudesse, épaississement de la peau, augmentation des rides." (L)

**lienes magni** : engorgements de la rate

**lienterie :** "flux de ventre dans lequel on rend les alimens cruds, ou à demi digérés, peu de tems après qu'on les a pris." (CV)

**lippitudo, lippitudines :** ophtalmie : "chassie des yeux qui consiste dans l'écoulement d'une humeur épaisse, visqueuse & âcre, qui suinte des bords des paupières, les colle l'une à l'autre & les enflamme" (C V)

**lochies :** évacuation sanguinolente qui suit l'accouchement, dont la couleur et la quantité diminuent insensiblement, dont la durée est illimitée et varie dans les différents sujets. (N)

**mal :** mal ou feu St Antoine, ergotisme, provoqué par la consommation de farine contaminée par l'ergot de seigle ; mal St Claude : méningite ; mal St Eutrope : hydropisie ; mal St Fiacre : gale ou hémorroïdes ; mal St Gilles : terreurs nocturnes des enfants ; danse de St Guy : chorée ; mal St Hubert : rage ; mal St Gildas : rage ; mal St Jean : épilepsie ; mal St Laurent : dermatose avec sensation de brûlure ; mal St Marcoul : écrouelles ; mal St Mathurin : folie ; mal St Maur : goutte ; mal St Méen ou Main : gale.

**marasme :** "extrème maigreur, consomption de tout le corps" (C V)

**mélancolie** désigne la bile noire ou atrabile, mais aussi "une maladie", un délire sans fièvre en rapport avec l'état de la bile noire. "C'est une rêverie ou un délire sur certains objets particuliers, sans fureur & sans fièvre, ordinairement accompagné de crainte & de tristesse, sans occasion apparente. Les Mélancoliques aiment la solitude, fuient toutes les compagnies, ont le visage pâle, abattu, maigre, la respiration lente, le pouls rare & petit, les extrémités froides. Ils rêvent continuellement à l'objet de leur délire & raisonnent assez bien sur tous les autres. Il s'en est vu d'une infinité de force. Les uns se croient Rois, Princes, Prophètes. D'autres s'imaginent être lièvres, lapins, chats, loups, chiens & tâchent d'en imiter les actions. Il y en a eû qui, se persuadant être morts, ne vouloient ni boire, ni manger. On en a remarqué qui croyoient être de verre, de cire & qui évitoient avec grand soin tout ce qui pouvoient leur être nuisible selon leur pensée. La différence de tous ces délires vient de celle du tempérament & des idées dont on s'est le plus occupé." (C V)

**morbi comitales :** épilepsies

**morbus gallicus, morbus napolitanus** : "grosse vérole", syphilis.

**naevus** *:* "une tache congénitale sur la peau" (L).

**noli me tangere :** terme latin et de Médecine qui signifie *ne me touchez pas* ; "nom donné à quelques plantes piquantes et à quelques ulcères cancéreux qu'on irrite quand on les touche" (N) ; nom donné à la balsamine des bois (*Impatiens noli-tangere* L)

**noma :** "ulcères corrosifs qui s'étendent toujours" (J. Boudot, *Dictionarium universale latino-gallicum* Paris, 1780)

**nubecula :** nubécule des yeux, synonyme de néphélion : "petite tache demi-transparente de la cornée qui laisse passer les rayons lumineux, comme à travers un nuage." (N)

**oris exulcerationes** : ulcérations de la bouche.

**passion hystérique cf. hystérie**

**peripneumonie :** "inflammation du poumon avec fièvre aigue, oppression, et difficulté de respirer, accompagnée souvent de crachement de sang." (C V)

**phrénésie** : "délire continuel et furieux, accompagné de fièvre aigue, d'insomnie et d'inflammation du cerveau et de ses membranes." (C V)

**phthisie, phtysie** : "ce terme signifie en général toute sorte de maigreur et de consomptiondu corps, de quelque cause qu'elle vienne. En ce sens, il convient avec l'*atrophie*, la *chartre*, l'*hectisie* ou *tabes*, le *marasme*.

**plexus :** "entrelacement réciproque de plusieurs branches nerveuses ou de vaisseaux d'un même ordre anastomosés." (L)

**plumbum, plomb :** "tache de couleur de plomb qui survient à l'œil (J. Boudot, *Dictionarium universale latino-gallicum* Paris, 1780), affection oculaire, marquée sans doute par la couleur de la cornée, comparable à celle du plomb mentionnée par (Pline *H N* XXV, 155)

**podagra** : "goutte qui attaque les pieds" (N)

**psora :** "gale accompagnée d'aspérités de la peau & d'une grande démangeaison." (C V) ; "nom générique des maladies vésiculeuses ou pustuleuses de la peau." (L)

**rache :** synonyme de teigne (N)

**raucitas, raucitates :** enrouements, "raucité : son particulier de la voix devenue plus grave et comme voilée dans certaines affections du larynx." (L)

**reduviae :** "petit ulcère qui vient à la racine des ongles" (J. Boudot op. cit.) : "envies aux doigts." (L).

**réseau** : "entrelacement de vaisseaux sanguins, de fibres ou de nerfs qui forment comme une espèce de filet ou de rets." (L)

**sanguinis profusiones :** hémorragies, "perte de sang de quelque partie du corps que ce soit, causée par l'ouverture, la rupture ou l'érosion des vaisseaux sanguins. On la distingue en critique, qui est avantageuse au malade, et symptomatique qui lui est nuisible." (C V)

**sanie :** "pus séreux qui sort des ulcères, particulièrement de ceux des jointures, parce qu'elles sont abreuvées d'une synovie qui se convertit facilement en sérosité purulente & âcre. La sanie est différente du véritable pus qui est plus épais & plus blanc." (C V).

**scabiosa**, cf. gale.

**scabritie :** synonyme de "gale, rogne, farcin ; croute qui se forme sur une plaie" (J. Boudot *op. cit.*) ; "conjonctivite granuleuse" (L).

**scabies :** "Maladie de la peau. Éruption de petites pustules entre les doigts, aux mains, aux poignets, aux bras, aux jarrets, aux cuisses, aux jambes, & souvent par tout le corps, excepté le visage. Ces pustules sont précédées & accompagnées d'une grande démangeaison." (C V)

**scirrhe, schirre :** "tumeur dure, indolente, pesante, qui se forme & croît lentement dans les parties molles du corps, tant internes qu'externes, sans inflammation & sans changement de couleur."

**sphacelismus** ou **sphacelus :** "Mortification entière de quelque partie du corps, causée par l'interception de la circulation du sang & des autres humeurs & par la corruption des parties sphacélées. Le sphacèle ne diffère de la gangrène que du plus au moins. Le sphacèle est une mortification totale, la gangrène n'en est que le commencement." (C V)

**struma** peut désigner les tuméfactions les plus diverses, de petites tumeurs superficielles bénignes de la peau, les scrofules ou encore le plus souvent, les écrouelles.

**sudamina :** "échauboulures, petites élevures rouges (*i e* vésicules) qui viennent sur la peau, causent un picotement ou une démangeaison vive et mordicante, et sont ordinairement l'effet de la sueur en été." (N).

**suffusio,** synonyme de cataracte : "petite taie ou pellicule qui se forme dans l'humeur aqueuse. Cette petite peau se place derrière la prunelle ; elle ferme le trou, comme une espèce de rideau & empêche de voir". (C V)

**tabes :** "maladie de consomption, phtthisie, atrophie, héctisie, marasme." (C V)

**tenesme :** "épreintes douloureuses qu'on sent au fondement, avec des envies continuelles et presque inutiles d'aller à la selle, sans rendre tout au plus que quelques glaires muqueuse, quelquefois sanguinolentes, ou purulentes." (C V)

**tophus :** "dépôt de substances dures, qui se forme dans l'intérieur des organes ou aux en virons des articulations, et qui est composé dans le premier cas de phosphate de chaux ; dans le second, d'urate de soude (goutte)." (L)

**tubercule :** petite saillie arrondie d'un volume variable, siégeant à la surface d'un organe ou dans la profondeur des tissus.

**ungues scabros** : ongles raboteux, âpres et rudes au toucher.

**urinae stillicidia** : stranguries.

**vertigo :** "vertige, maladie du cerveau dans laquelle il semble que tous les objets tournent, & qu'on tourne soi-même.il y a deux espèces ou deux degrés de vertige, l'un simple, l'autre ténébreux. Le simple ne consiste que dans un tournoyement apparent des objets externes, sans que la vue en soit obscurcie. Le ténébreux (*vertigo tenebricosa* appelé autrefois *scotomia*) est celui dans lequel non seulement le malade s'imagine que tout ce qu'il voit autour de lui tourne, mais aussi ses yeux s'obscurcissent comme s'ils étoient couverts de nuages & il tombe par terre avec des palpitations du cœur. Ce vertige est ordinairement l'avant-coureur de l'épilepsie & de l'apoplexie." (C V)

**vitiligo** *:* "affections cutanées, caractérisées par l'apparition de plaques blanches, lisses, luisantes, entourées d'une aréole brune sur la peau des parties génitales, des mains, de la face, du cou, et parfois d'une grande étendue sur la surface du corps." (L)

## ANNEXE 8. Des poids et mesures utilisés en pharmacie

Les formules des remèdes proposés par les auteurs d'ouvrages de Médecine charitable précisent les quantités des différentes substances qu'il faut associer dans leur préparation. Celles-ci sont exprimées en poids et mesures qui ne sont pas sans soulever de difficultés à leurs utilisateurs. En effet, leurs valeurs varient d'une province à l'autre, d'une ville à l'autre et par ailleurs certains poids de Marchand et certains poids de Médecine qui portent le même nom correspondent à des quantités différentes. Or, l'absence de précision des formules des remèdes ne permettent pas de lever ces difficultés.

### 1. Les poids

**– Baumé**

"La livre de médecine est composée de douze onces, mais celle qui est d'usage à Paris est composée de seize onces ou de deux marcs d'orfèvre. La demi livre vaut huit onces, l'once vaut huit gros, la demi-once quatre gros, le gros ou dragme vaut trois scrupules ou soixante-douze grains, le scrupule contient vingt- quatre grains le grain est la soixante douzième partie du gros." (*Eléments de Pharmacie*, p 18)

– **N. Lémery**, d'ailleurs intégralement recopié par Dom Alexandre (op. cit. p434), se veut plus précis :

"Les poids dont il se sert dans sa Pharmacopée sont la livre, le quarteron, l'once, la dragme, le scrupule et le grain.

La Livre marchande est de seize onces, qui font deux marcs des orfèvres, mais la livre de médecine n'est que de douze onces.

Le quarteron, poids de Marchand est de quatre onces et poids de Médecine de trois onces.

Il faut remarquer que les livres marchandes des différentes villes de France ne sont pas toujours d'une égale pesanteur, car, par exemple, la livre de Rouen pèse plus que celle de Paris et celle de paris pèse plus que celle du Languedoc, de la Provence, du Dauphiné, du Lyonnais.

L'once est toujours la seizième partie de la livre poids de marchand et la douzième partie de la livre poids de Médecine ; ainsi l'on ne doit pas admettre deux sortes d'onces, une de poids de marchand et l'autre de poids de médecine, comme quelques-uns font. Car l'once de la livre du poids de médecine est égale à celle du poids de Marchand.

La dragme est la huitième partie d'une once ; elle est composée de trois scrupules ; on appelle aussi la dragme un gros et les poids d'un écu d'or.

Le scrupule est la troisième partie d'une dragme.

Le grain est la vingt-quatrième partie d'un scrupule." (*Pharmacopée Universelle*, p 57)

– **Arnault de Nobleville** donne les mêmes indications au début de son *Manuel des Dames de Charité* qu'il complète ainsi : "On compte encore les Ingrédients solides par Manipules ou Poignées, par Pincées, par Paires et par

Nombre. La Manipule est tout ce qu'on peut prendre à la fois avec la main. La Pincée est tout ce qu'on peut prendre des trois premiers doigts, en commençant par le pouce."

**2. Les mesures**

**– Selon Baumé :**

"Les mesures ne doivent être employées dans la Pharmacie que pour l'eau ou pour toutes les liqueurs qui ont à peu près la même pesanteur, comme les infusions, les tisanes, etc. et pour les choses seulement où la dernière exactitude n'est pas absolument nécessaire ; mais pour les choses importantes, et qui ont des pesanteurs différentes sous le même volume, on doit toujours avoir recours à la balance. Par exemple, une pinte d'eau ne pèse pas autant qu'une pinte de syrop ; une pinte d'eau pèse plus qu'une pinte d'huile ; ainsi des autres choses où les pesanteurs spécifiques varient : il faut de nécessité les doses en poids et non en mesure.

La pinte de Paris contient deux livres ou trente-deux onces d'eau froide, la température à dix degré au-dessus de la glace, au mercure divisé en en quatre-vingt depuis la glace fondante jusqu'au terme de l'eau bouillante. La chopine contient seize onces ; le demi-septier contient huit onces, le poisson contient quatre onces, le demi-poisson deux onces. On ordonne quelquefois un verre de médecine, un verre de tisane, etc.il doit contenir quatre onces. La cuillerée est encore ordonnée assez souvent : dans les formules magistrales pour doser les syrops et les liqueurs elle doit contenir environ une demi-once." (*Eléments de Pharmacie*, p 18)

– **N. Lémery** se montre tout aussi prudent :

"On ne peut guère établir de règles générales à l'égard des mesures, parce qu'elles diffèrent en grandeur et en nom dans les différentes Villes ; les Apothicaires ne doivent s'en servir qu'après avoir pesé ce qu'elles peuvent contenir ; encore, ne sera-ce que pour mesurer les liqueurs ordinaires comme l'eau, les décoctions, les tisanes, l'huile d'olives, afin de n'être pas obligés d'avoir toujours des balances à la main, pour des choses où l'on n'a pas besoin d'une régularité de poids tout à fait exact ; mais pour les autres liqueurs il vaut mieux que les Apothicaires qui doivent être très exacts dans les doses, emploient les poids que les mesures ; car ces liqueurs étant de nature différente, plus ou moins raréfiées et légères, ou plus ou moins fixes et pesantes, et par conséquent tenant des volumes différents en des poids égaux, on se tromperaient aisément par les mesures."

Et Lémery donne en exemple la valeur des mesures dont on se sert à Paris, qui apparait d'ailleurs différente de celle donnée par Baumé….!

"Les mesures dont nous nous servons à Paris sont la pinte, la chopine, le demi-setier, le poisson, le demi-poisson. La pinte contient trente et une onces d'eau, la chopine contient quinze onces et demie. Le demi-setier contient huit onces d'eau, le poisson quatre onces et une dragme d'eau, le demi-poisson deux onces et une demi-dragme d'eau." (*Pharmacopée Universelle*, p 57)

Dans son Manuel des Dames de Charité, Arnault de Nobleville ne donne que quelques indications très imprécises et incomplètes : "Les mesures ordinaires des Ingrédients liquides sont la Pinte, la Chopine, le demi-Setier de Paris égal à peu près au Setier d'Orléans, le Poisson de Paris égal à peu près au Demi-Setier d'Orléans, le Demi-Poisson et la Goutte."

Une telle disparité de la valeur des poids et mesures selon les provinces rend particulièrement difficile leurs conversions en unités du système métrique. On trouvera dans les tableaux suivants celles qui sont traditionnellement retenues pour les poids et capacités en usage à Paris.

**Les mesures des poids**

| Anciennes mesures | | | | | | | Correspondance en grammes |
|---|---|---|---|---|---|---|---|
| Livre | 1 | | | | | | 489, 503 |
| Marc | 2 | 1 | | | | | 244, 752 |
| Once | 16 | 8 | 1 | | | | 30, 594 |
| Gros ou dragme | 128 | 64 | 8 | 1 | | | 3, 823 |
| Denier ou scrupule | 384 | 192 | 24 | 3 | 1 | | 1, 274 |
| Grain | 9216 | 4608 | 576 | 72 | 24 | 1 | 0, 0531 |

**Les mesures de capacité**

| Anciennes mesures | Correspondance en litres |
|---|---|
| Une pinte ou 2 chopines | 0, 931 |
| Une chopine ou ½ pinte | 0, 466 |
| Un demi -setier ou 2 poissons | 0, 233 |
| Un canon | 0, 200 |
| Un poisson ou 1/8 de pinte | 0, 116 |

**ANNEXE 9.**

# Album de la Flore de la Charité

INTRODUCTION

Nous avons retenu pour illustrer les plantes qui composent la Flore de la Charité, les planches gravées par François-Alexandre de Garsault (1693 – 1778) qui furent publiées en 1764 pour compléter le Traité de Matière Médicale d'Étienne-François Geoffroy (1672 – 1731), sous le titre Figures des plantes et animaux d'usage en Médecine, décrits dans la Matière médicale de M. Geoffroy, Médecin. Ce recueil contient les dessins de 719 plantes et 34 animaux décrits par Geoffroy. Ceux-ci furent également publiés dans le Dictionnaire des plantes usuelles (8 volumes in 8), 1773, Paris, Didot, dont l'auteur est Jean Goulin (1728 – 1799).

"Source gallica.bnf.fr/Bibliothèque nationale de France"

Nota : Les gravures des plantes réunies dans cet Album sont extraites de l'ouvrage de Garsault publié en 5 volumes et numérisé par Gallica.bnf.

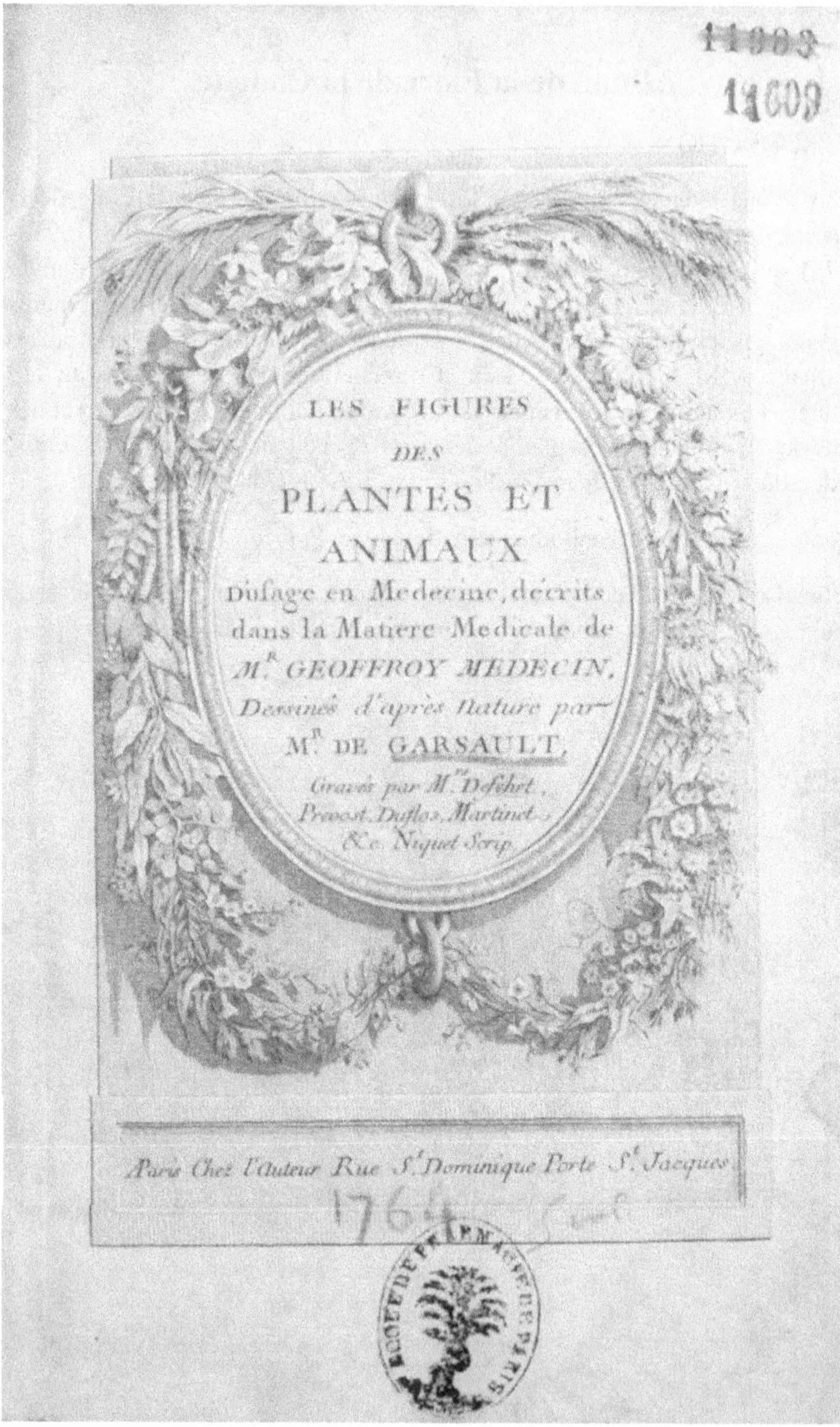


François-Alexandre de Garsault, Figures des Plantes et Animaux d'usage en Médecine

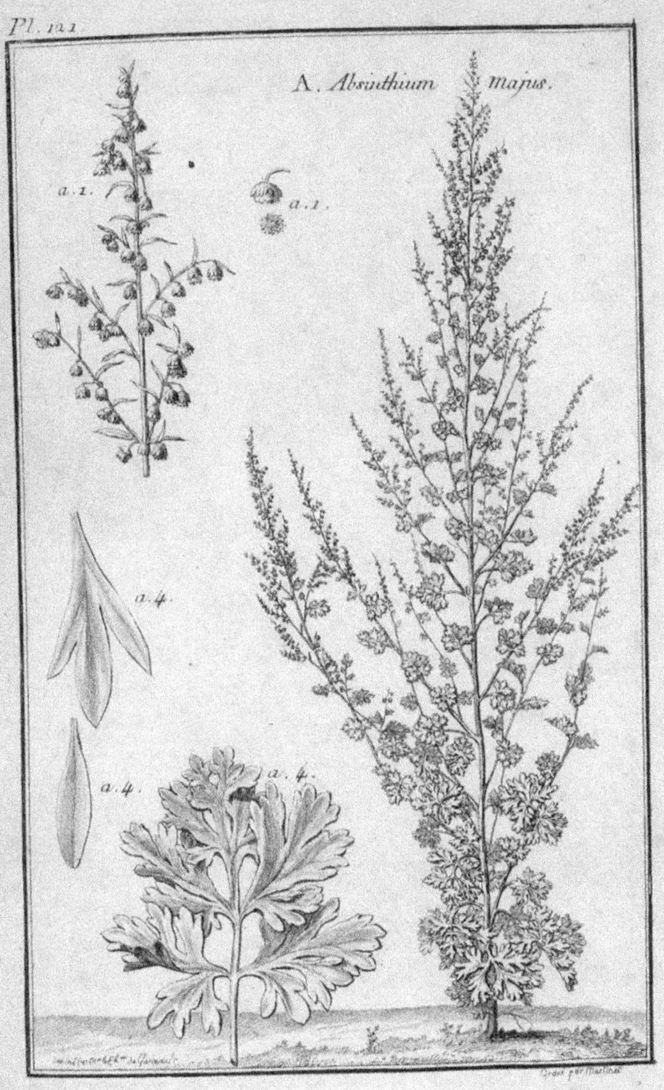
Pl. 121.
A. Absinthium majus.
a.1.
a.1.
a.4.
a.4.
a.4.

Pl. 132.

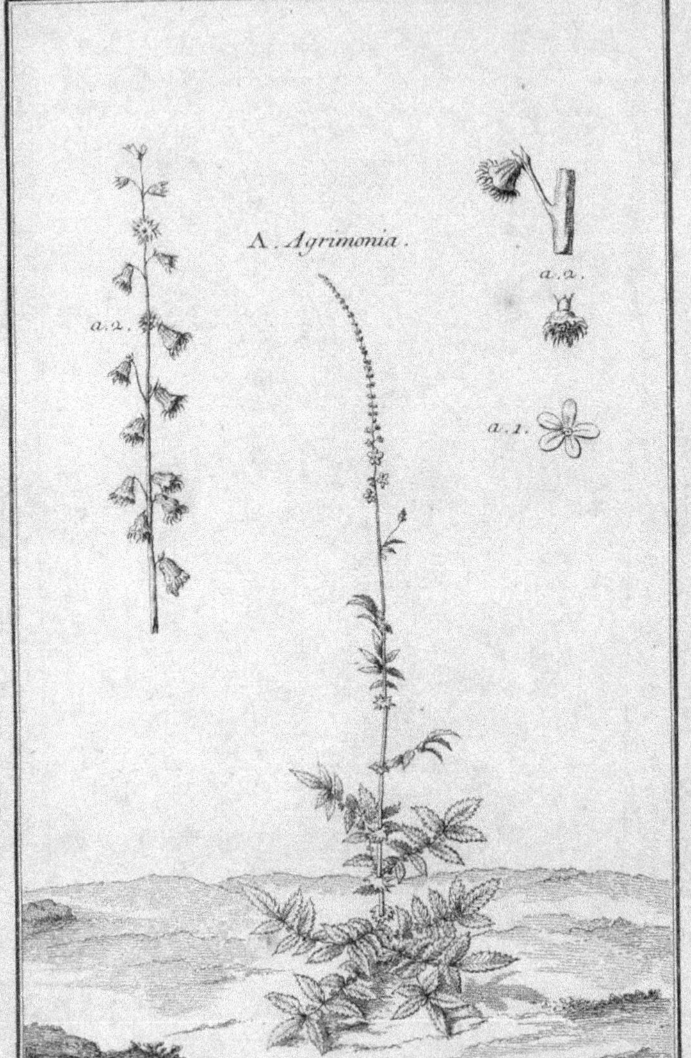

Pl. 136.

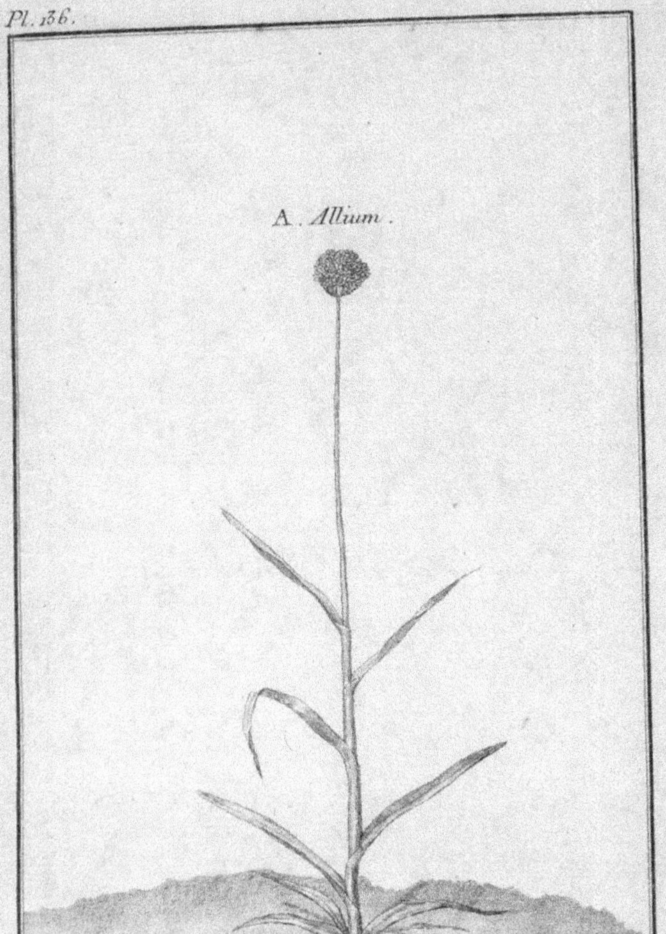

Pl. 135.

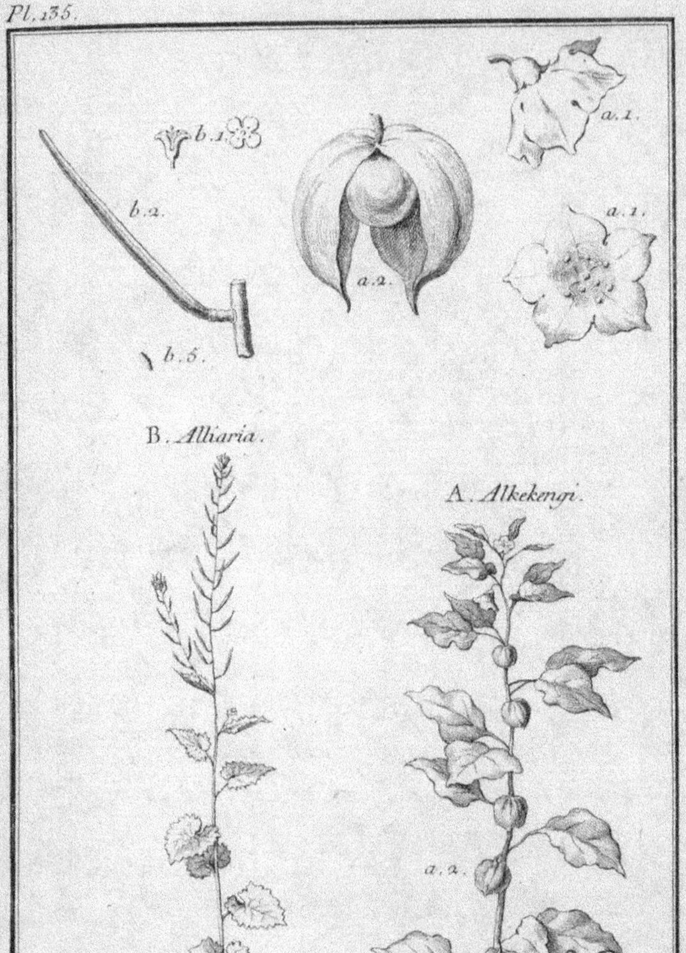

*Pl. 154.*

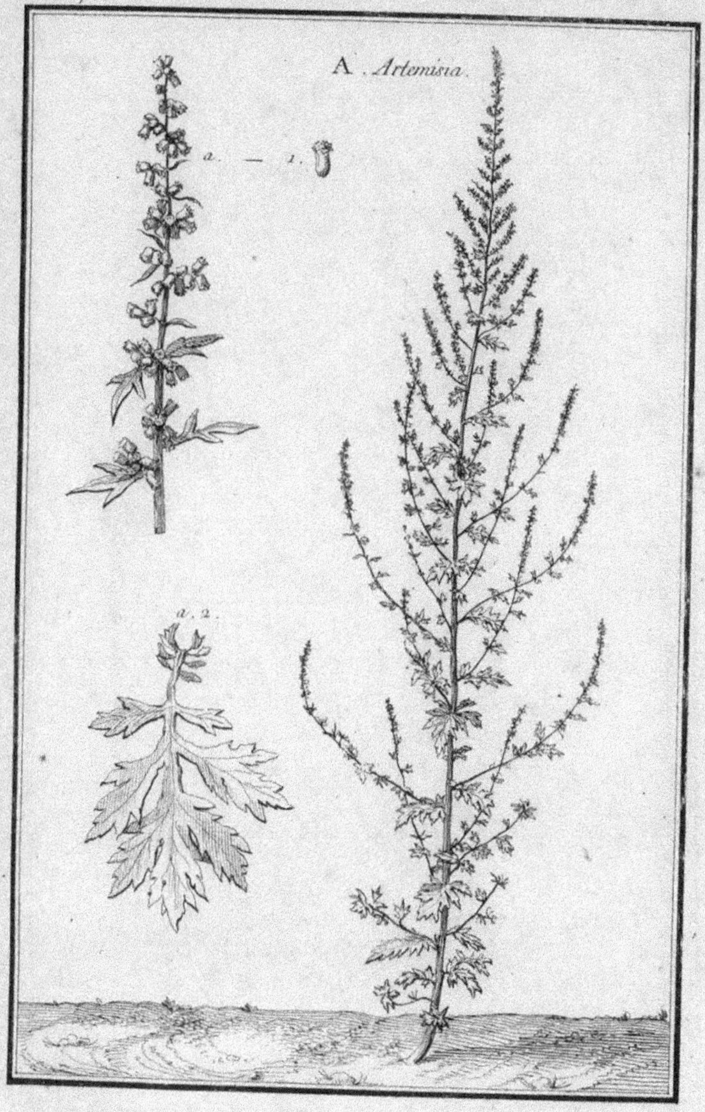

Pl. 267

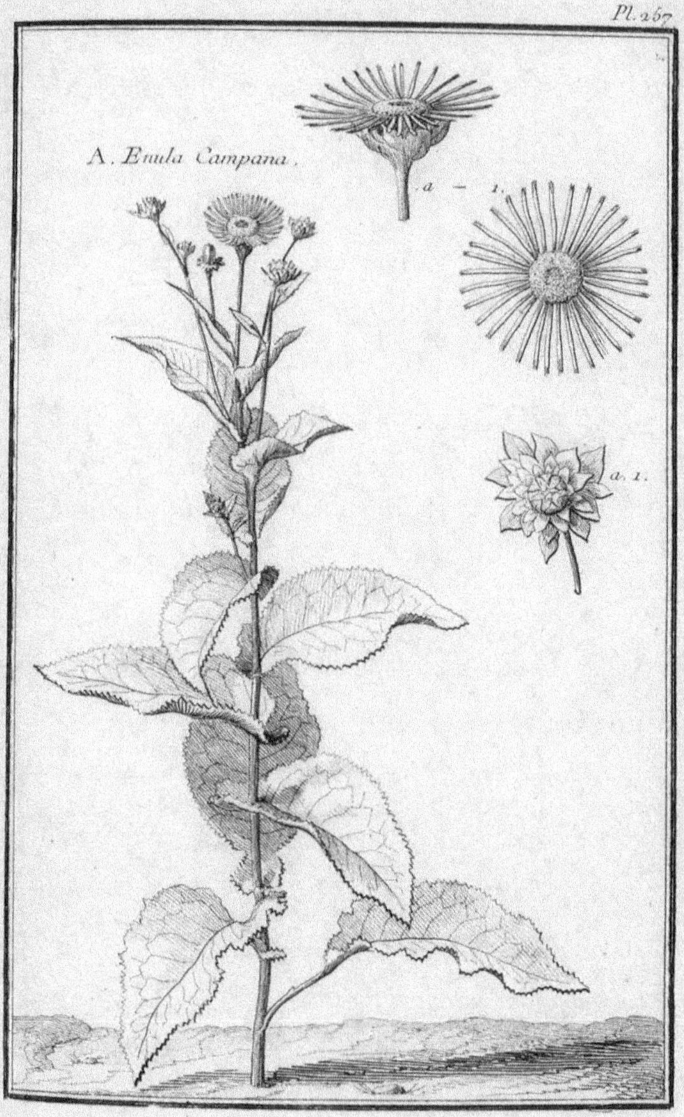

Pl. 164.

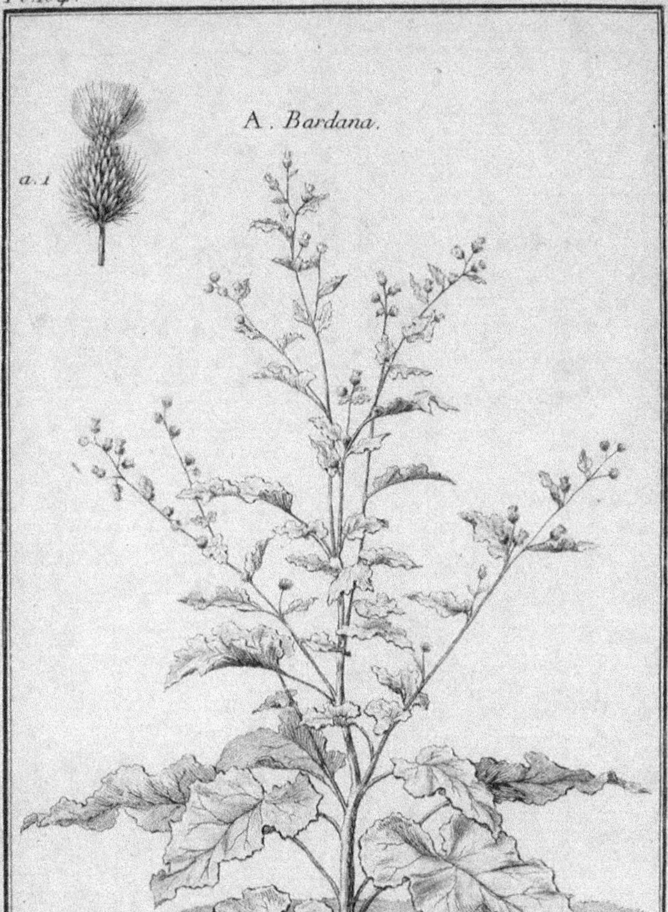

Pl, 201.

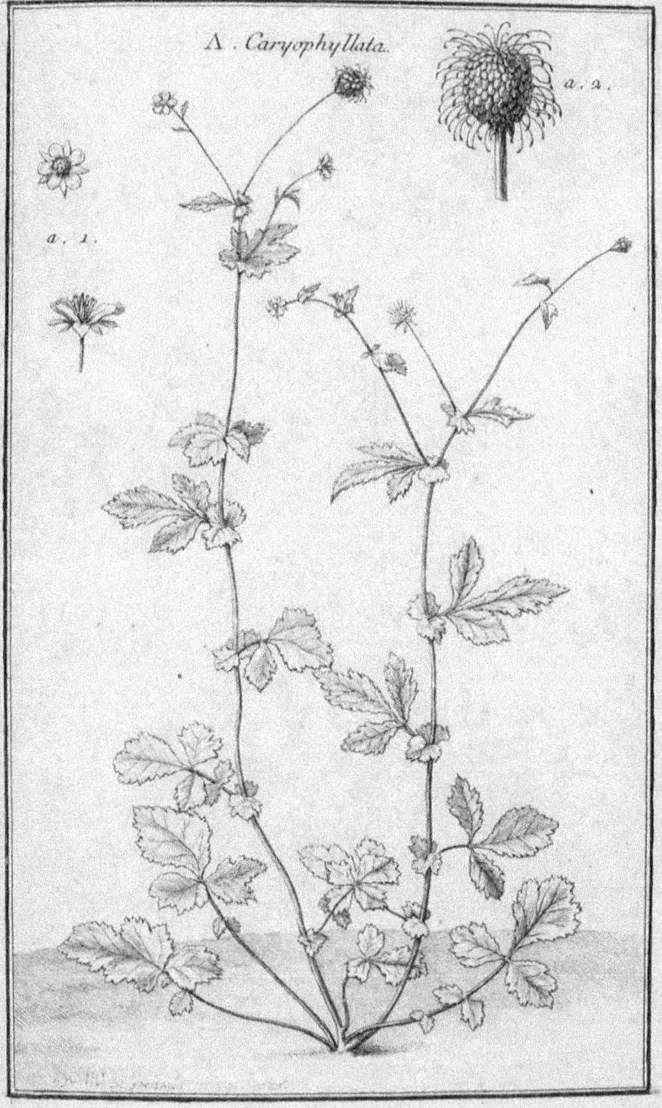

Pl. 171.

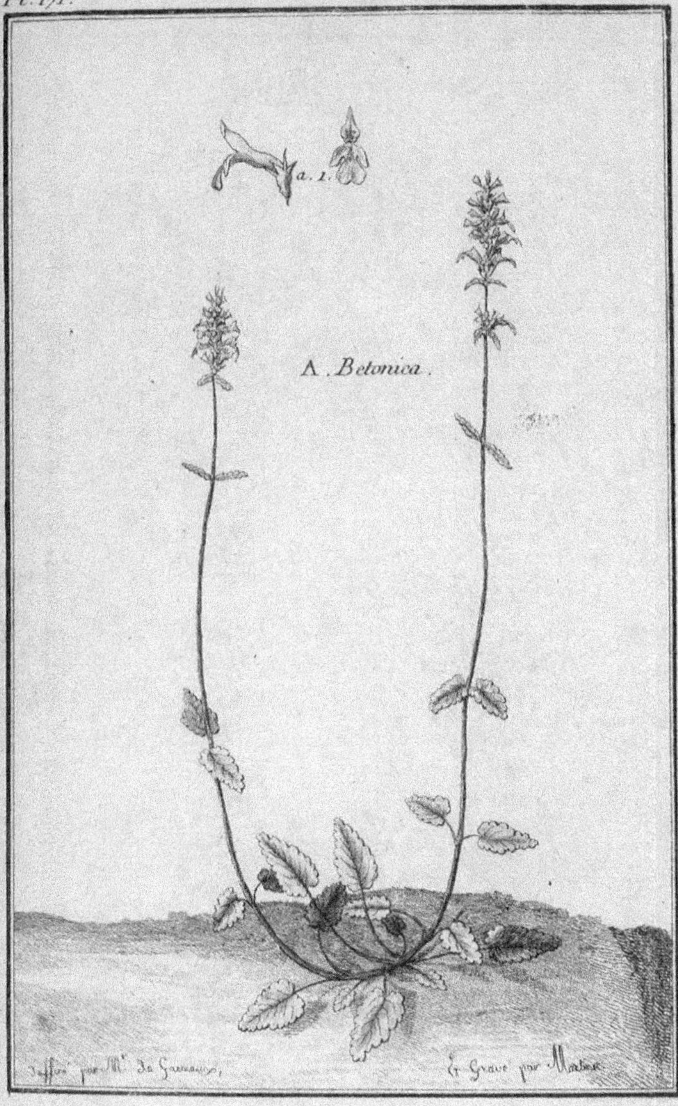

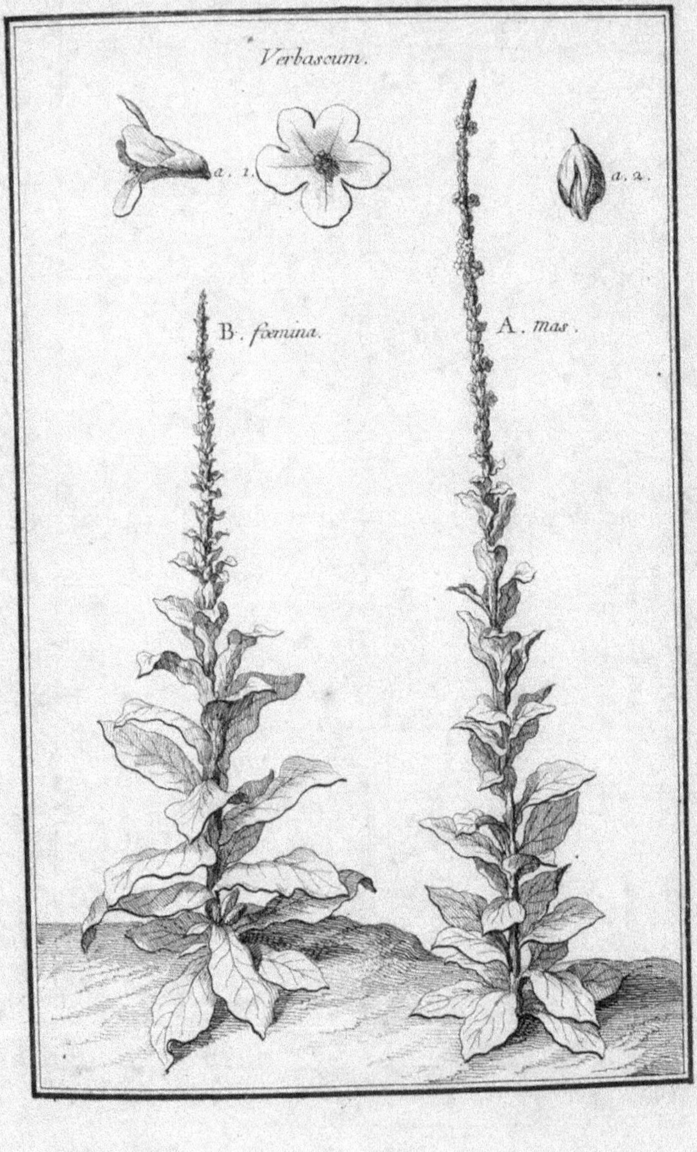
Verbascum.
a. 1.
a. 2.
B. foemina.
A. mas.

Pl. 176.

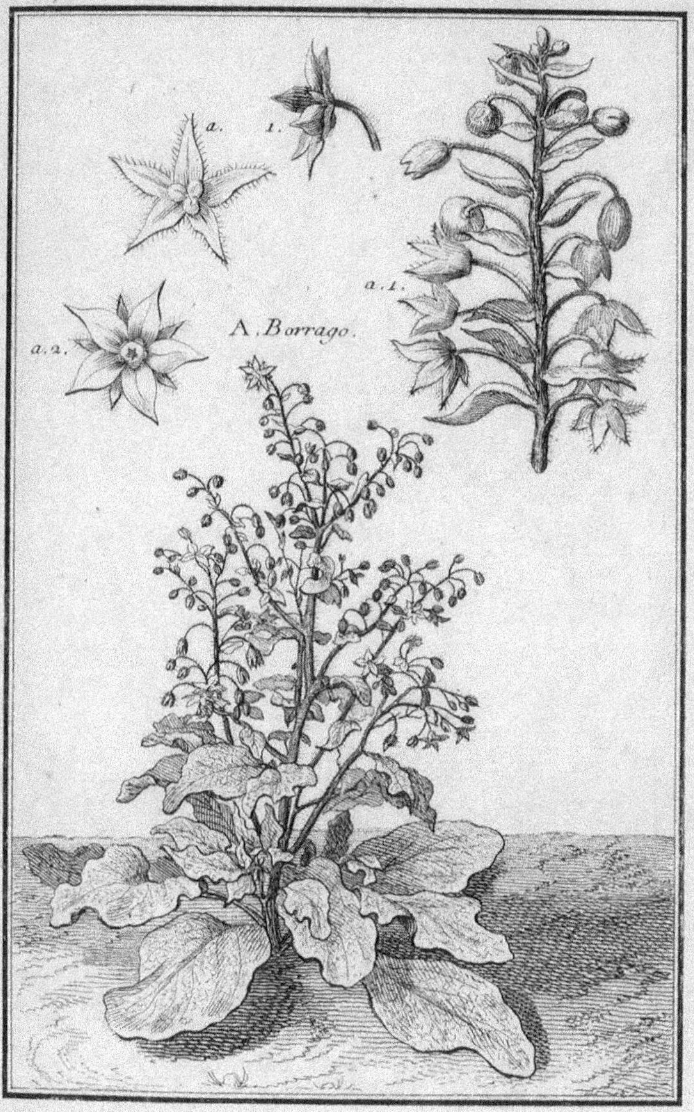

Pl. 185.

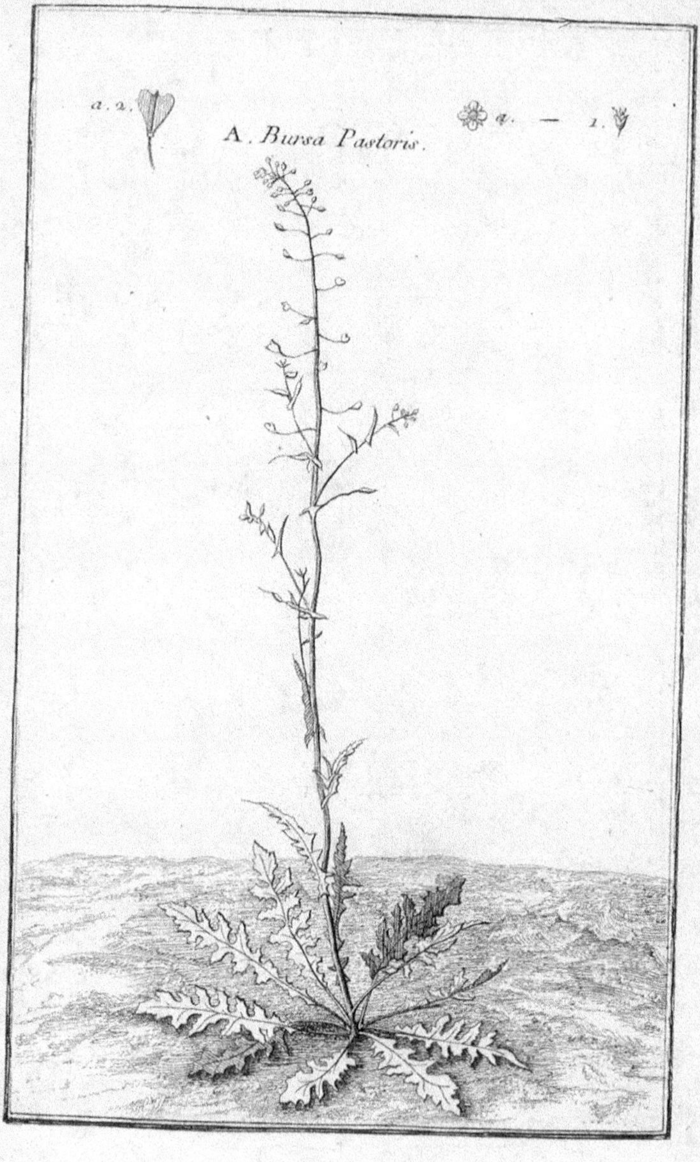

Pl. 184.

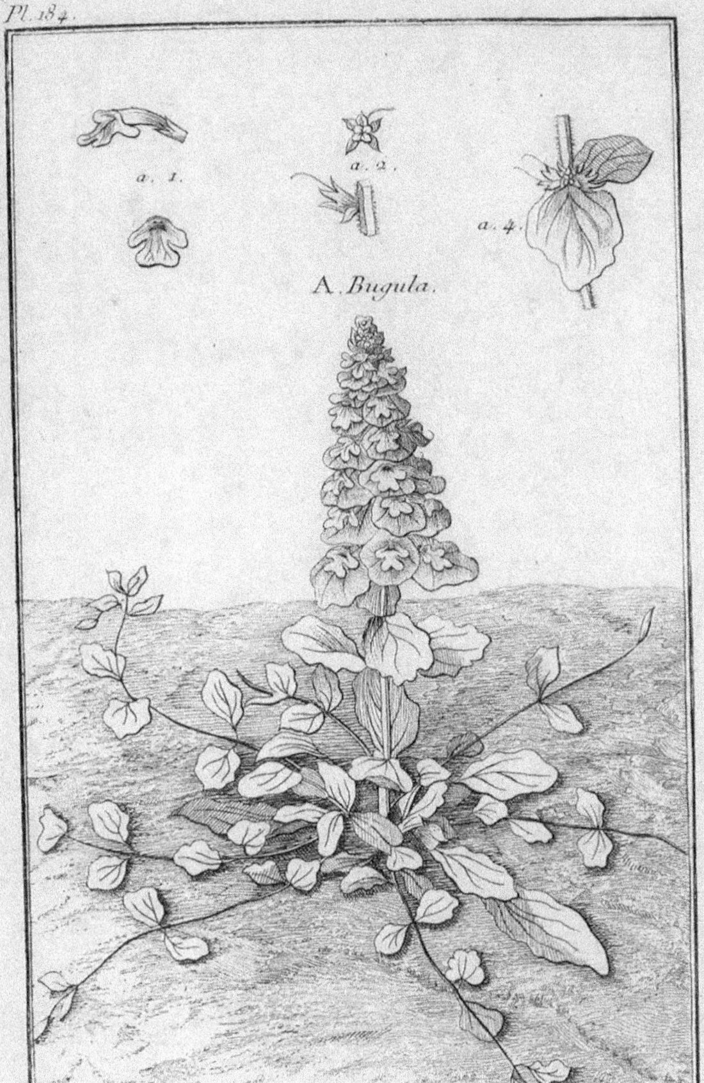

Pl. 183.

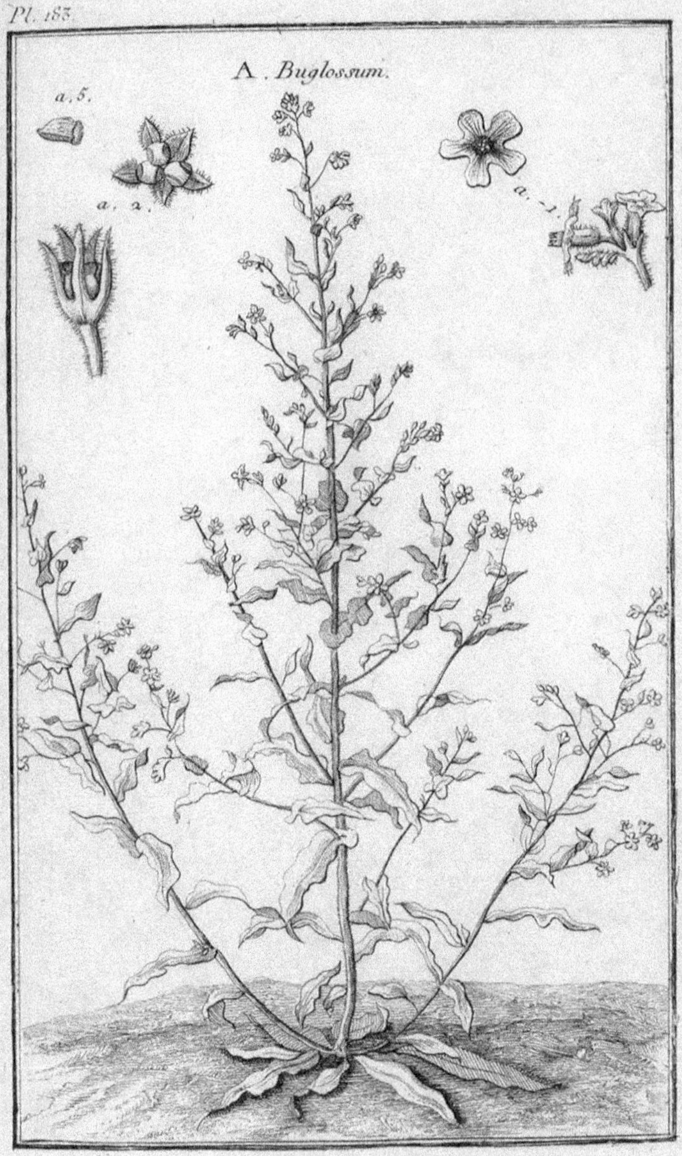

Pl. 166.

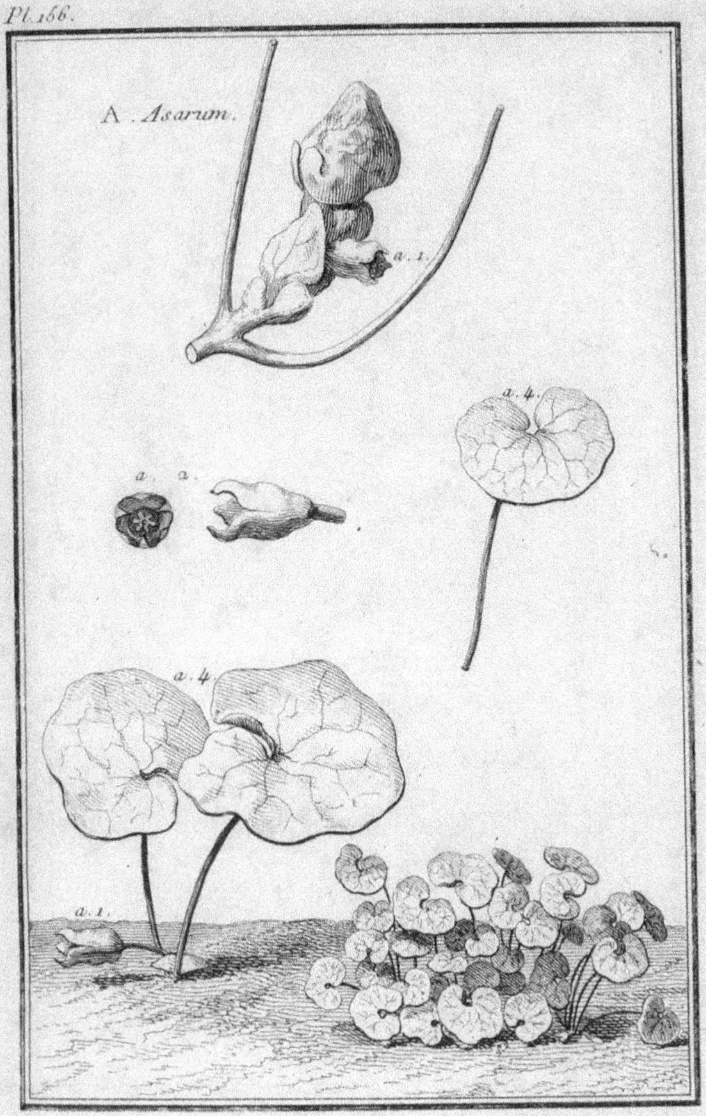

Pl. 215.

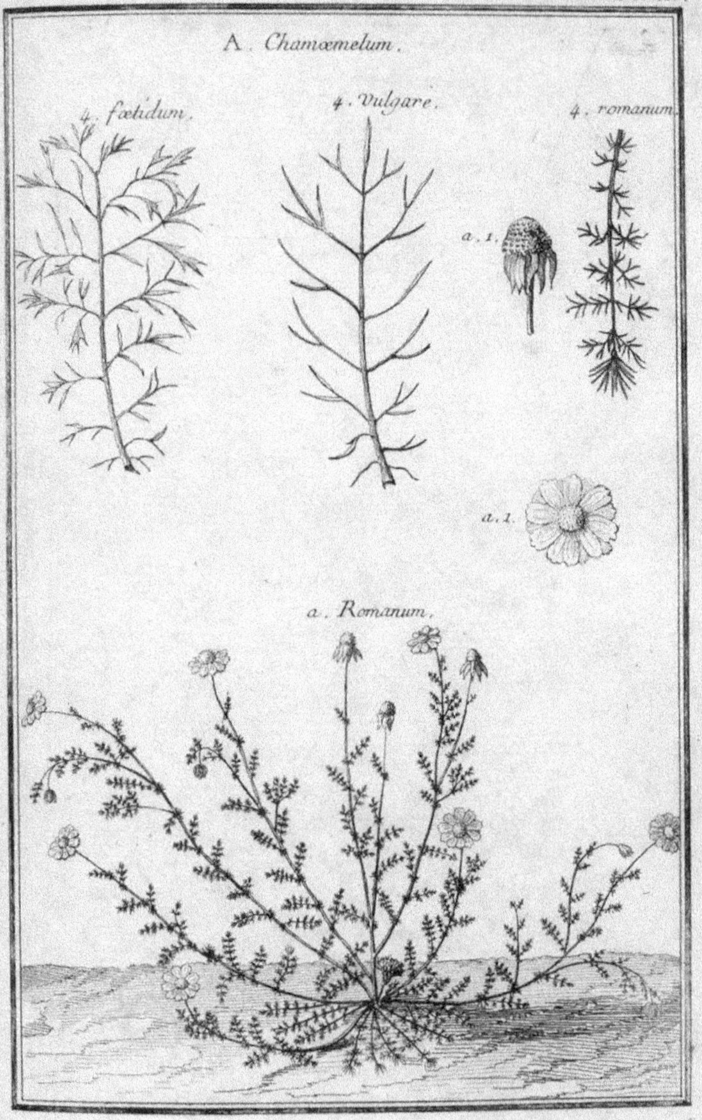

Pl. 125.

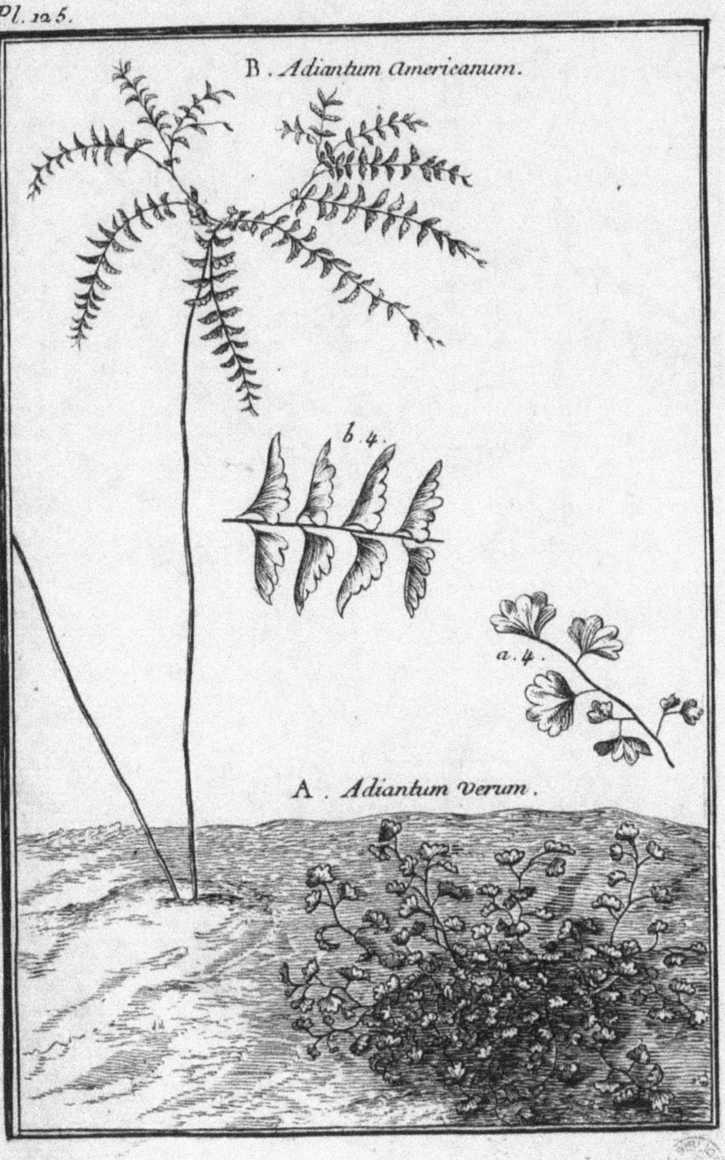


Numérisé par Google

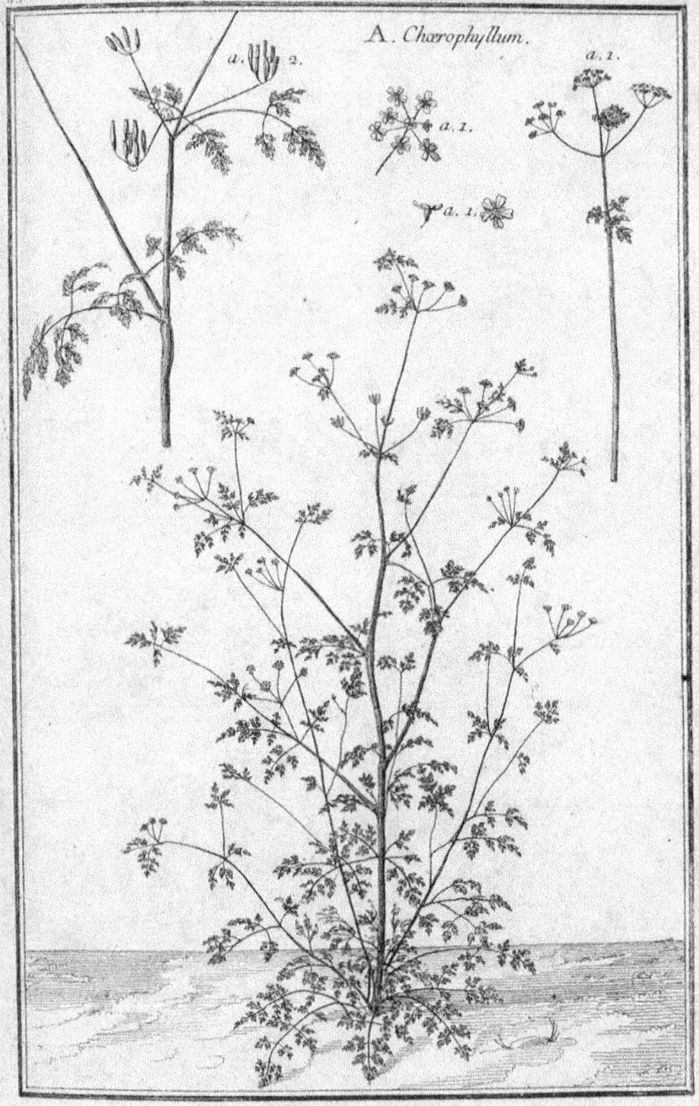
A. Chærophyllum.
a. 2.
a. 1.
a. 1.
a. 1.

*Pl. 198.*

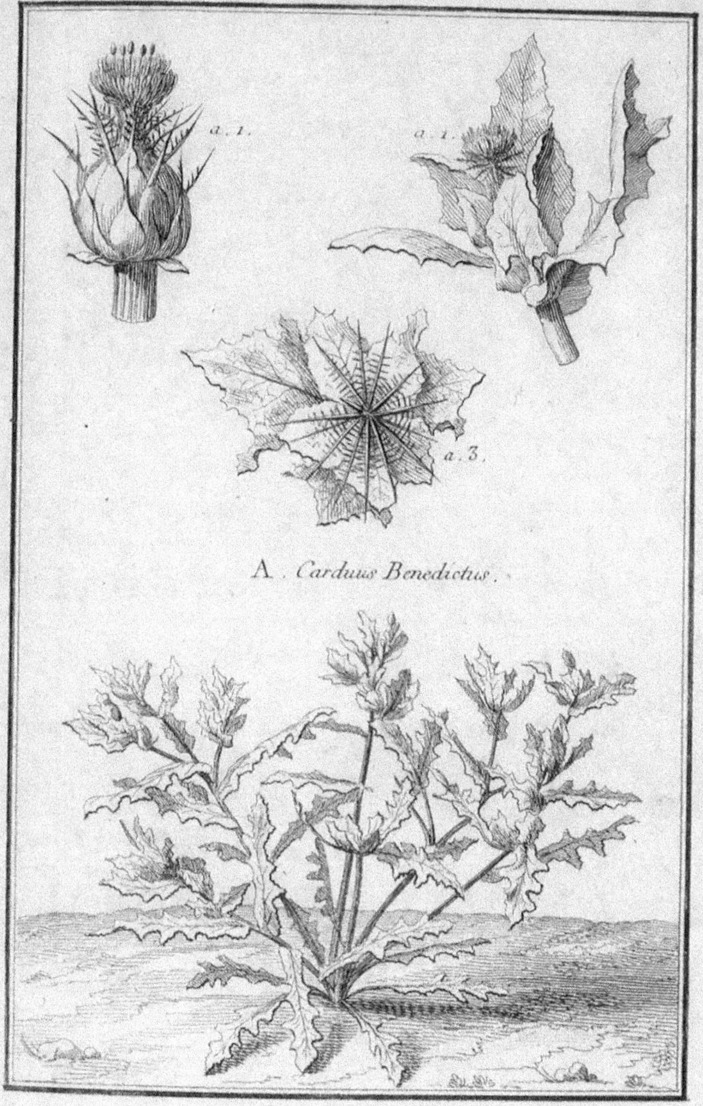


A. *Carduus Benedictus.*

a. — 1.
a. 1.
a. 1.
A. Eryngium Off.
Dessiné par Mlle de Garcault
Gravé par Martinet

Pl. 219.
a. 2.
a. — 1.
a. 2.
A. Chelidonium majus.
a. — 2.
a. 1.

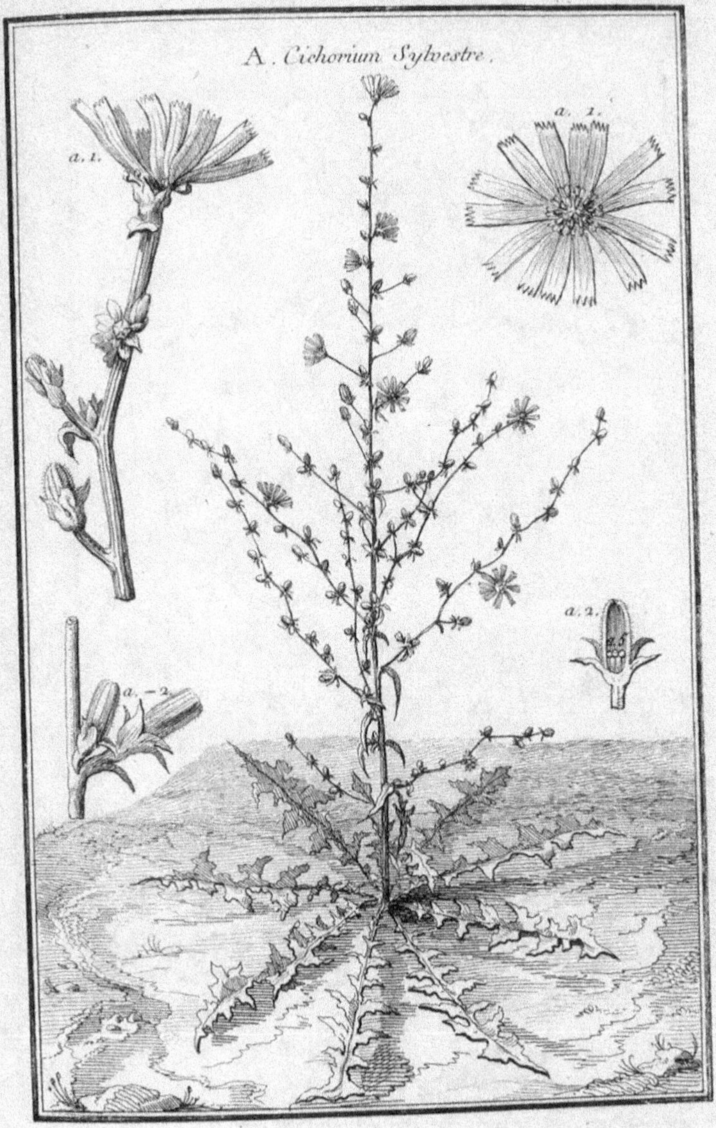
A. Cichorium Sylvestre.
a. 1.
a. 1.
a. 2.
a. 2.

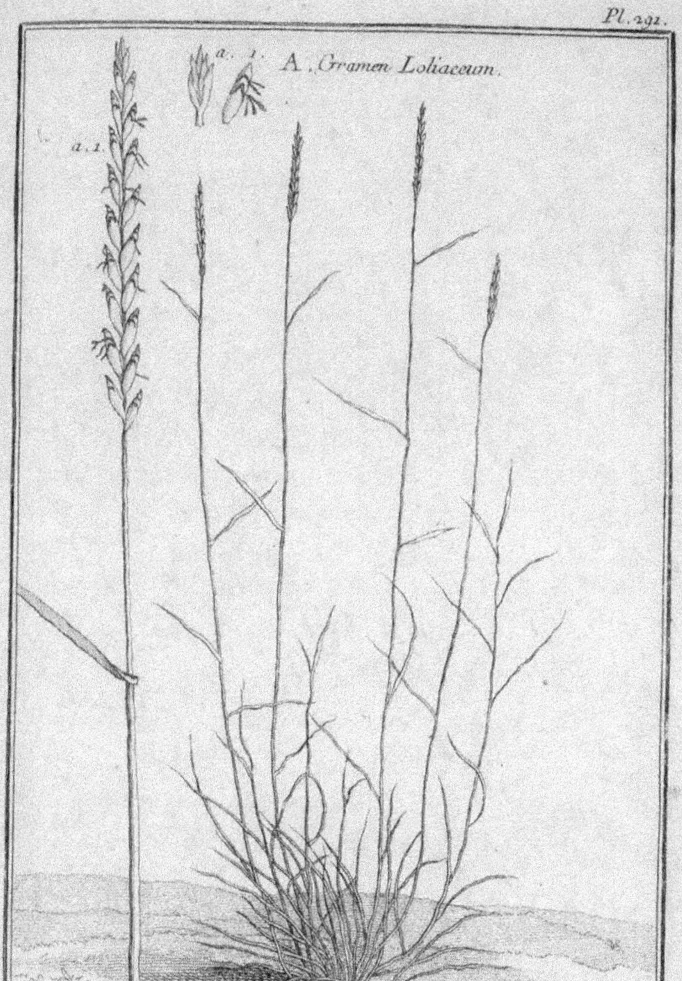
Pl. 291.
a. 1.
A. Gramen Loliaceum.
a. 1.

*Pl. 178.*

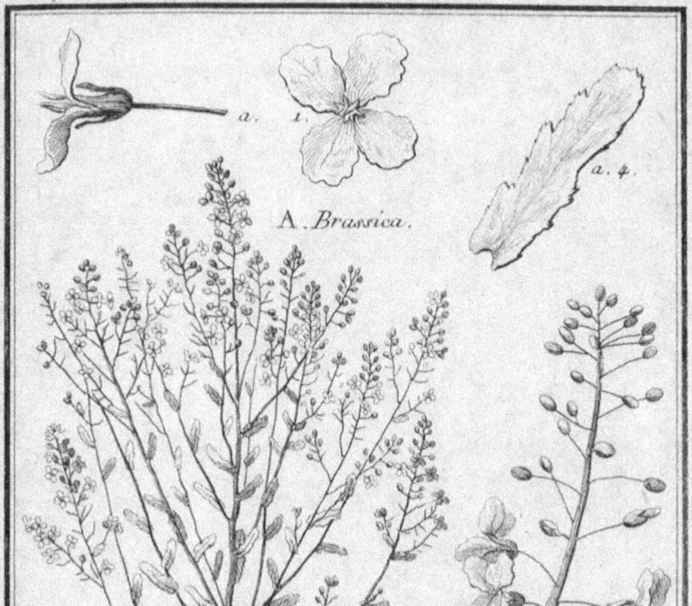

Pl. 224.

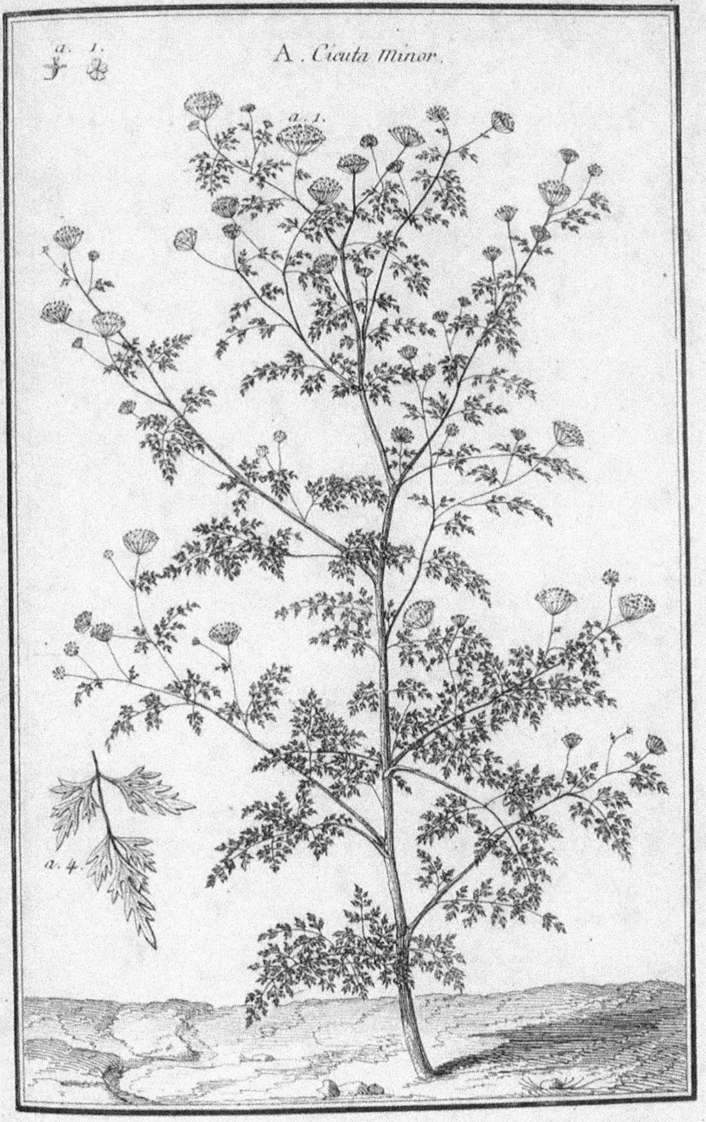

Pl. 234.

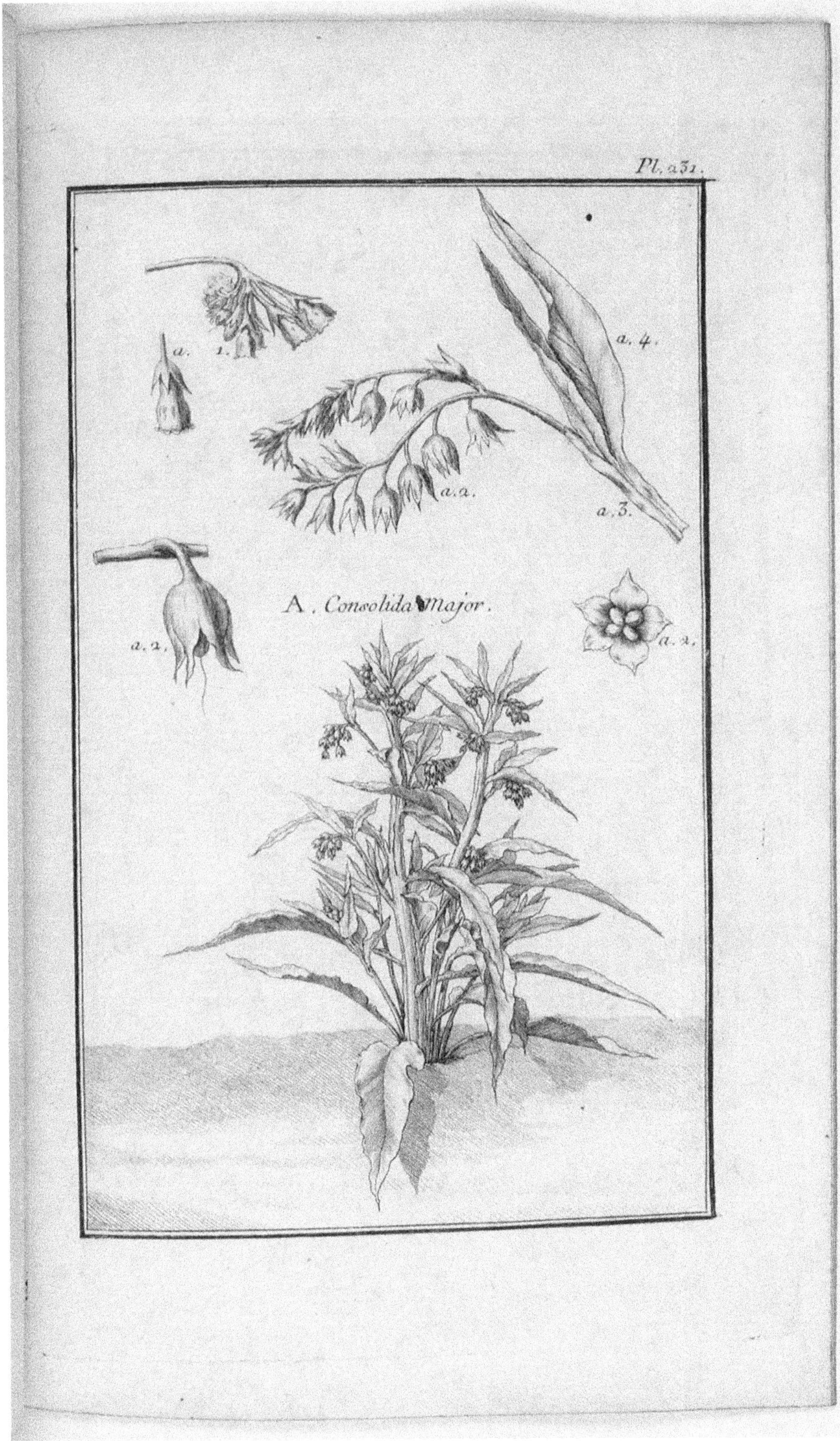
Pl. 231.
a.
1.
a. 4.
a. 2.
a. 3.
A. Consolida Major.
a. 2.
a. 2.

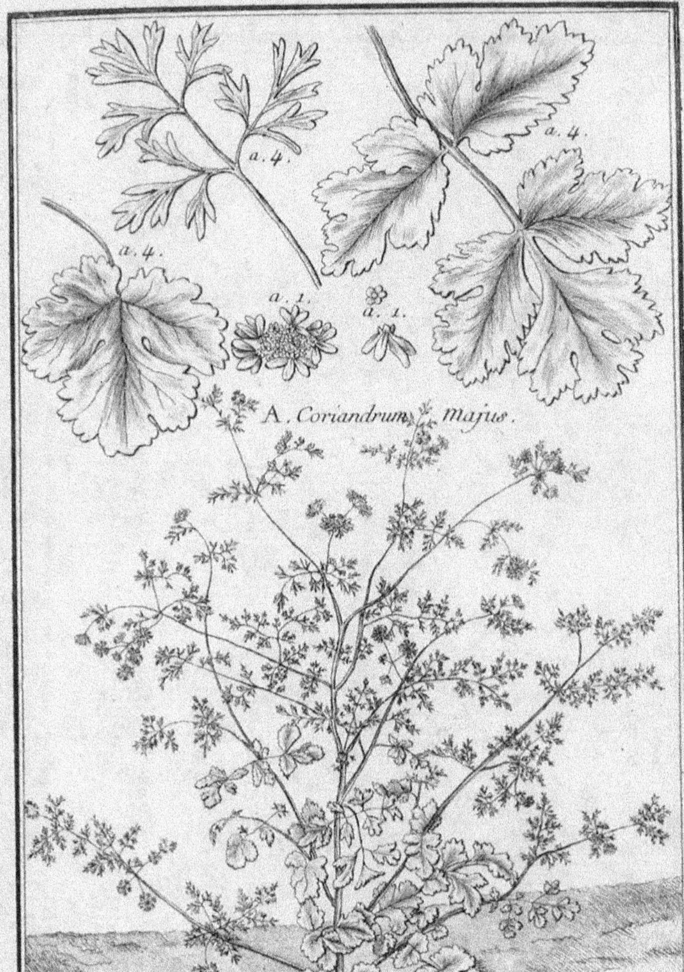
a. 4.
a. 4.
a. 4.
a. 1.
a. 1.
A. Coriandrum majus.
Dessiné par M. de Garsault
Gravé par Martinet

Pl. 181.

Pl.496.
A. Cynorrhodos.
a. 1.
a. 2.
a. 2.
a. 3.
a. 5.

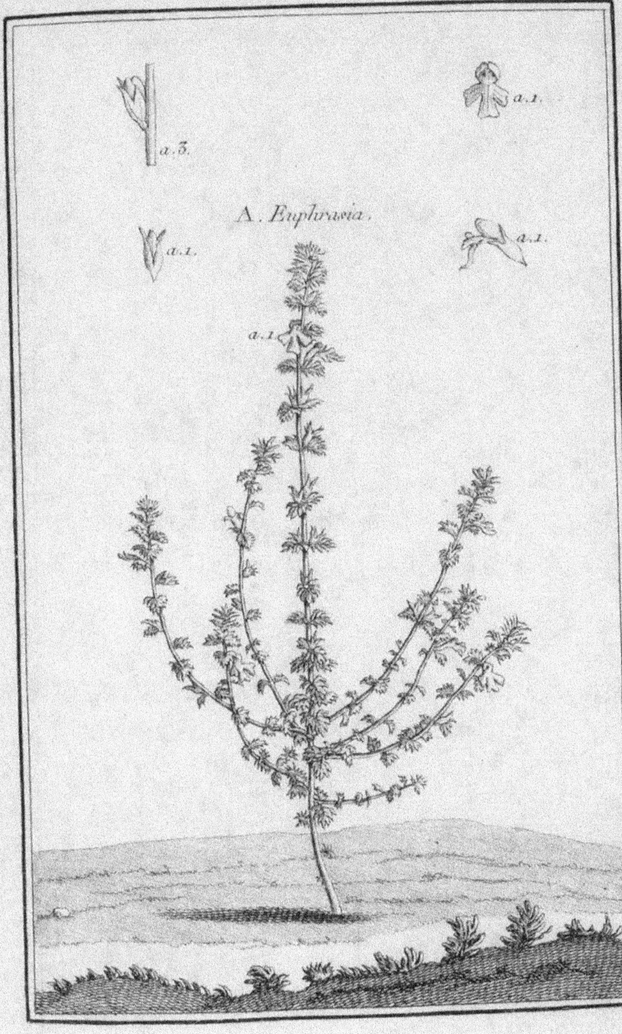
A. Euphrasia.
a.3.
a.1.
a.1.
a.1.
a.1.

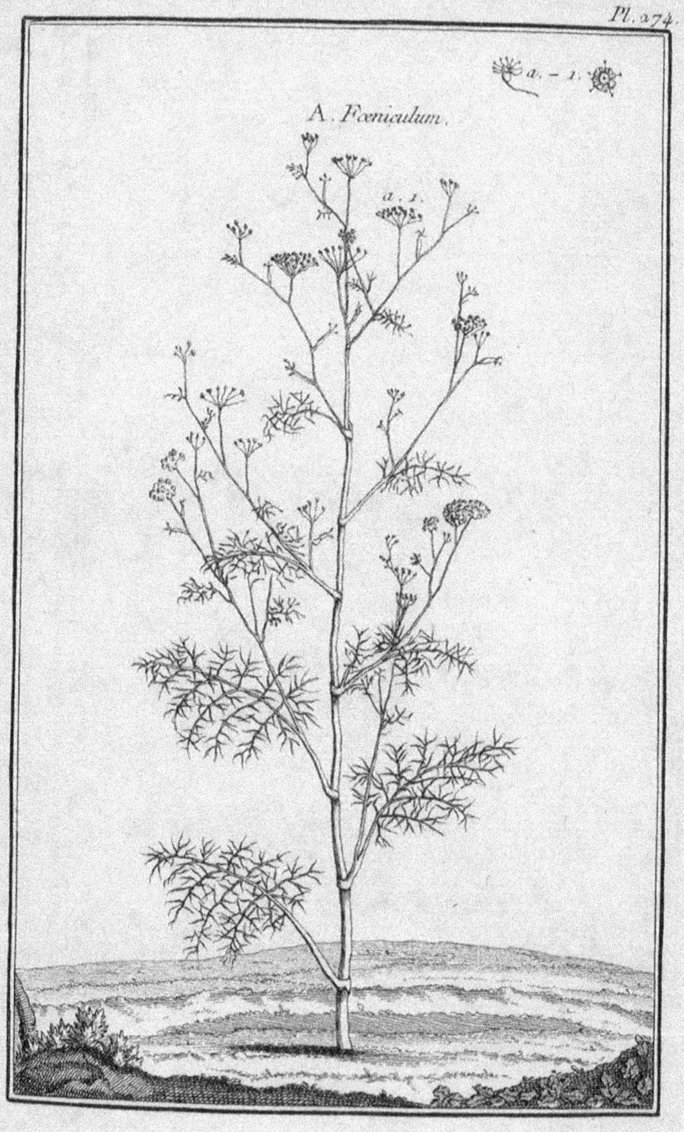
Pl. 274.
a. - 1.
A. Fœniculum.
a. 1.

Pl. 50.

C. Ficus.
c. 4.
c. 2.
a. 1.
b. 2.
A. Passulæ damascenæ.
B. Passulæ corinthiacæ.

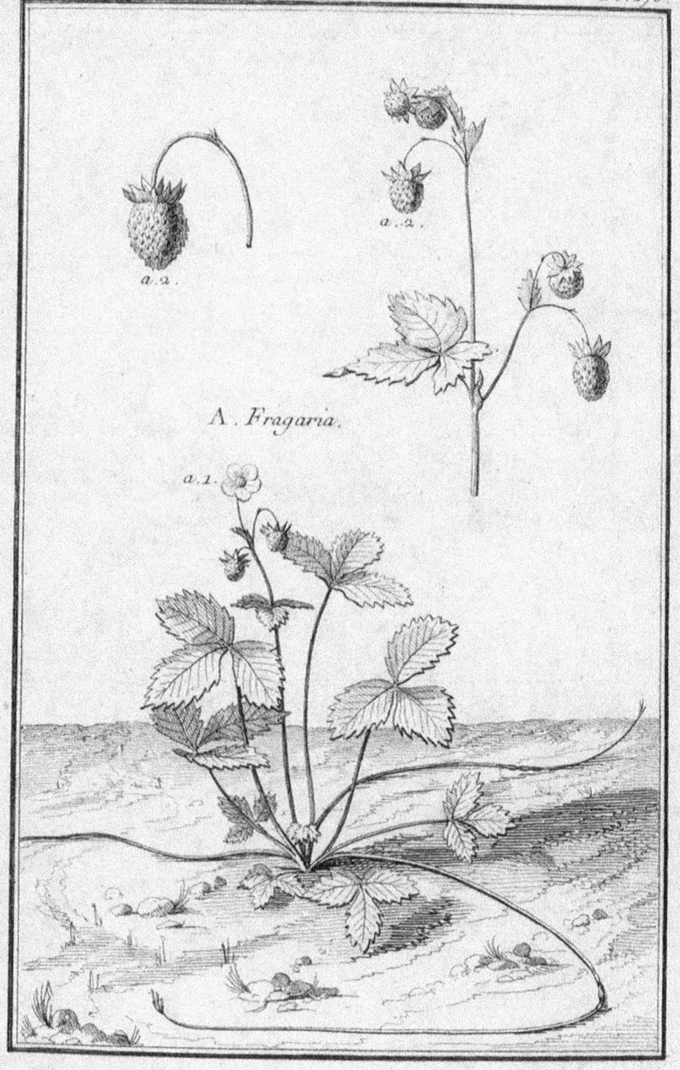
Pl. 276.
a. 2.
a. 2.
A. Fragaria.
a. 1.

Pl. 88.

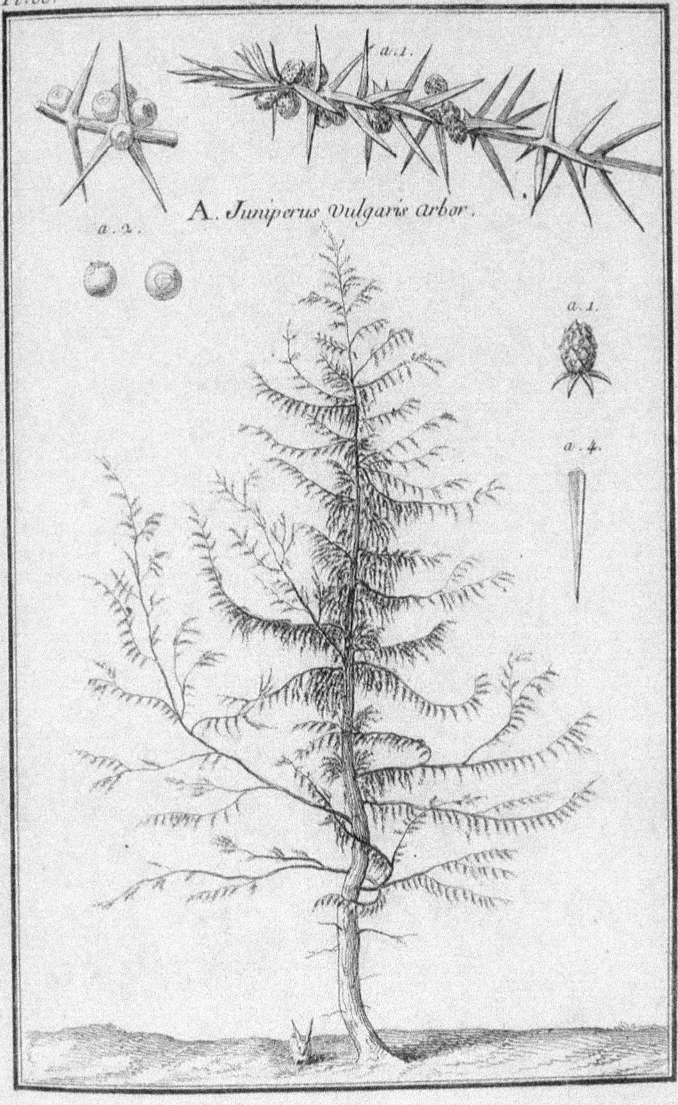

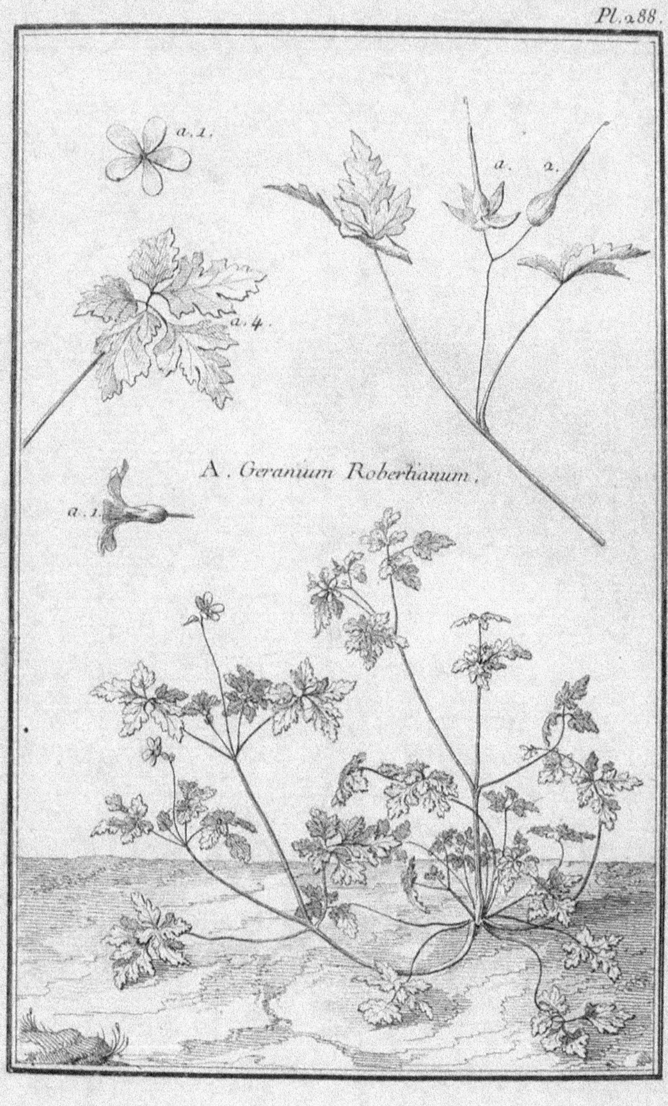
Pl. 288.
a. 1.
a.
2.
a. 4.
A. Geranium Robertianum.
a. 1.

Pl. 140.

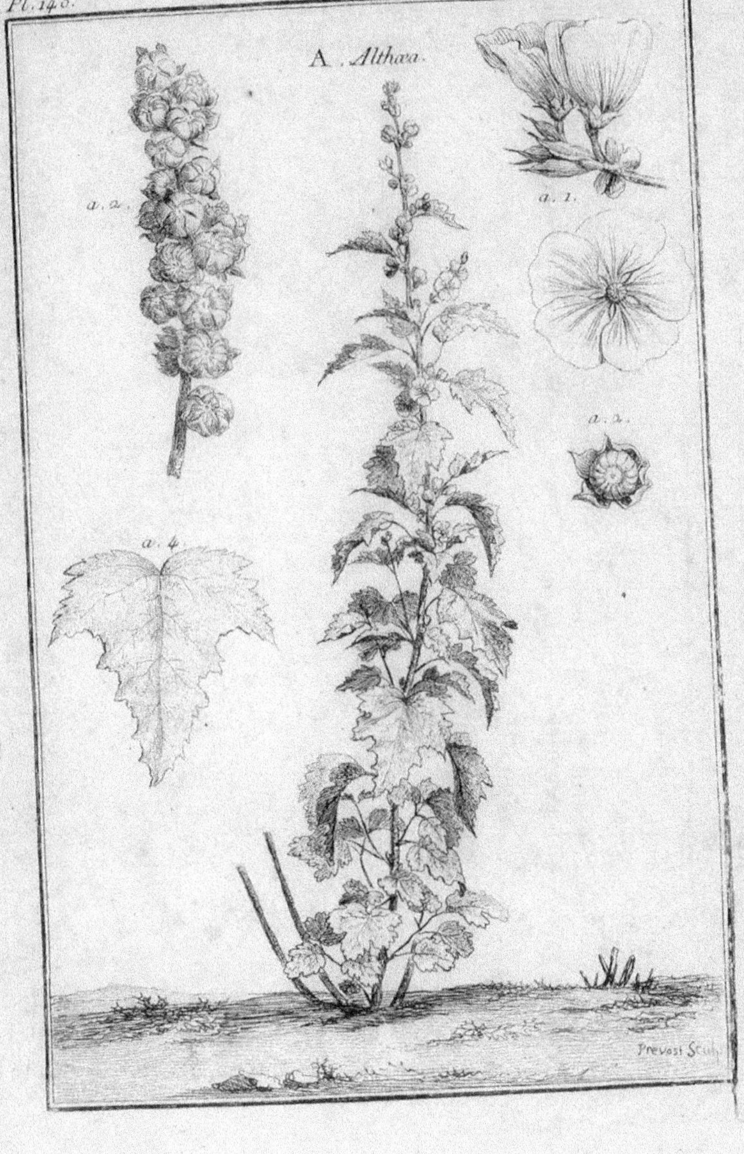

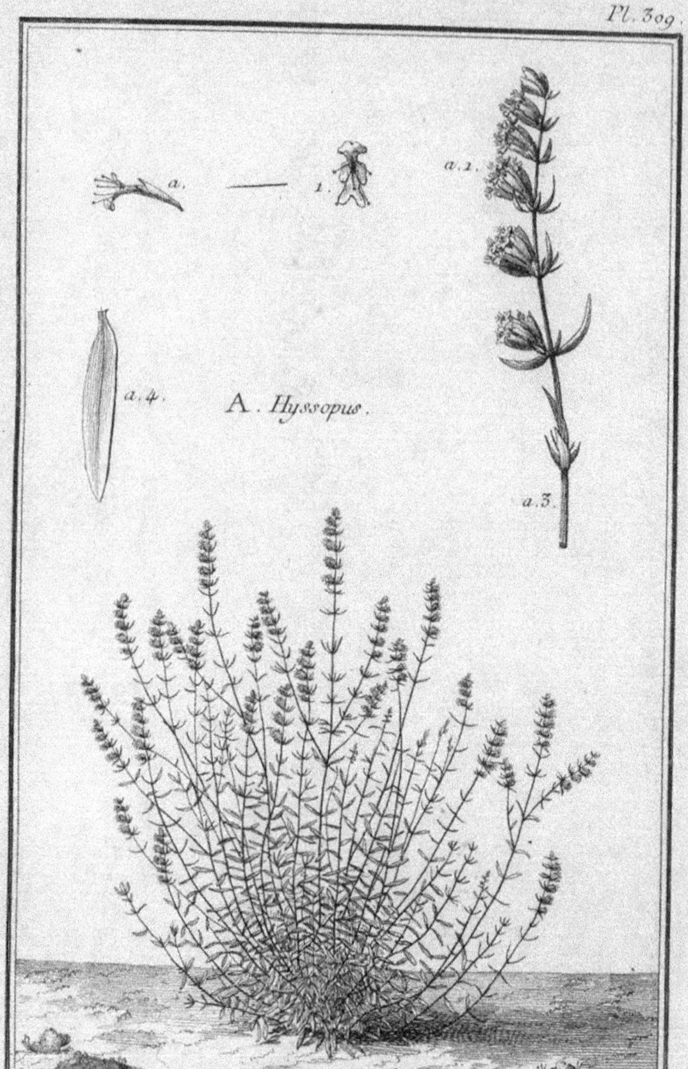
Pl. 309.
a.
1.
a.1.
a.4.
A. Hyssopus.
a.3.

Pl. 85.

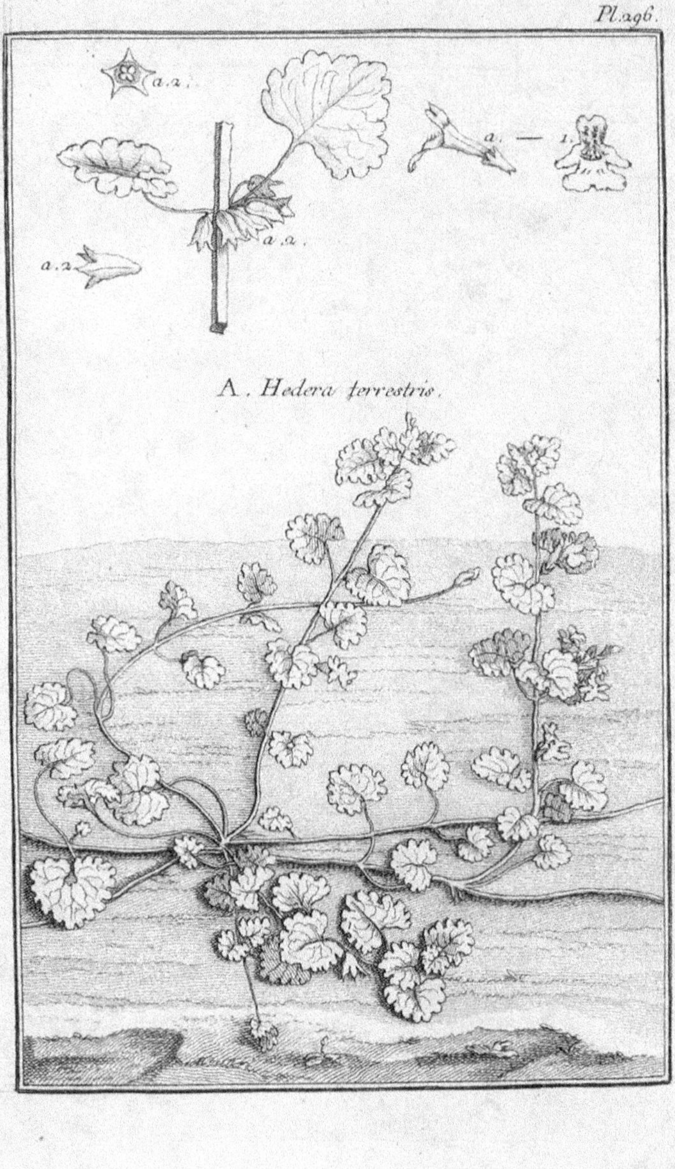
Pl. 296.
a. 2.
a. — 1.
a. 2.
a. 2.
A. Hedera terrestris.

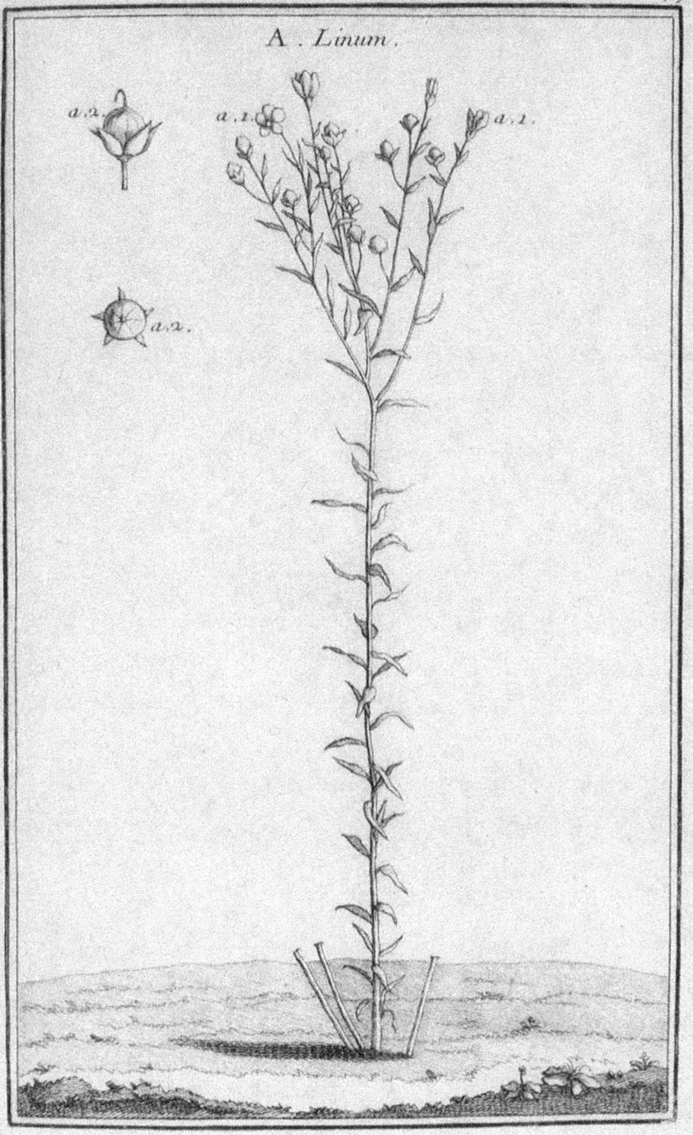
A . Linum.
a.2.
a.1.
a.1.
a.2.

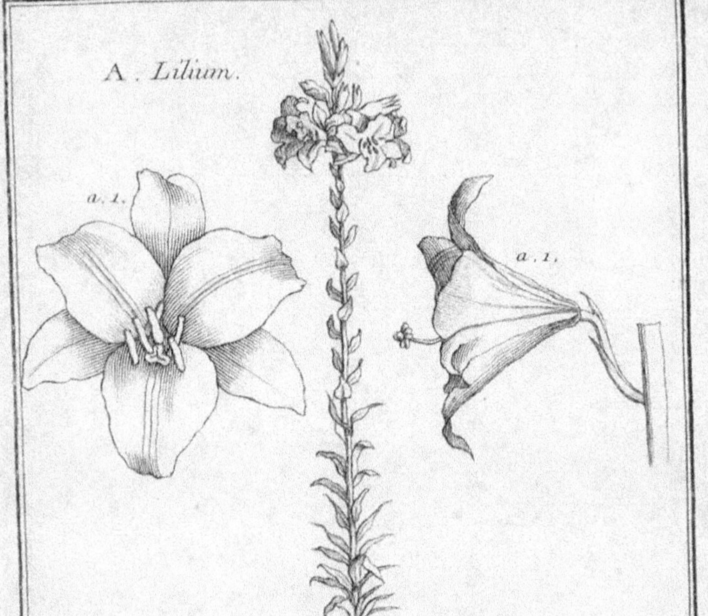
A . Lilium.
a. 1.
a. 1.

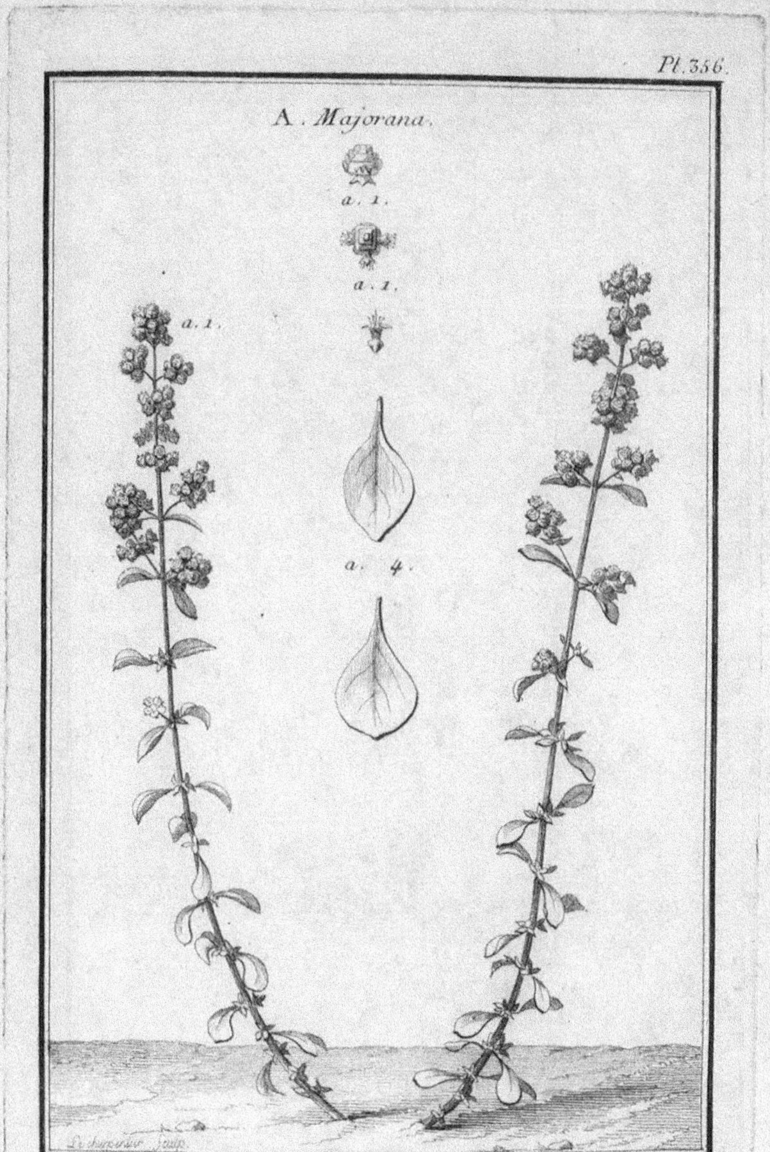
Pl. 356.
A. Majorana.
a. 1.
a. 1.
a. 1.
a. 4.

Pl. 364.

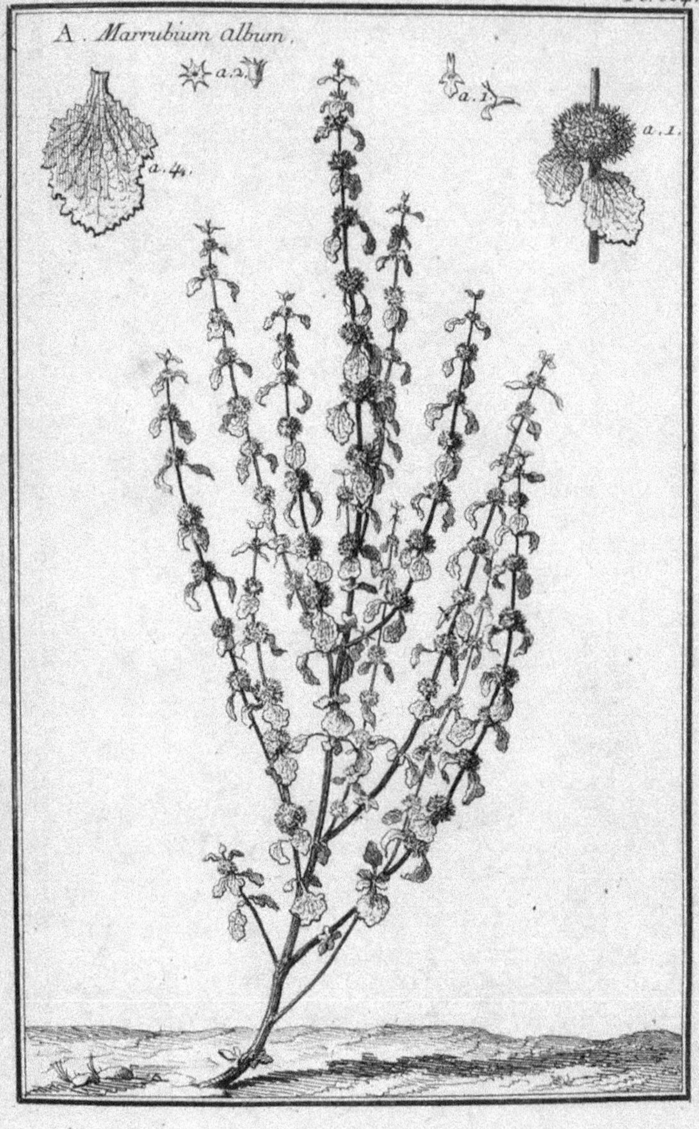

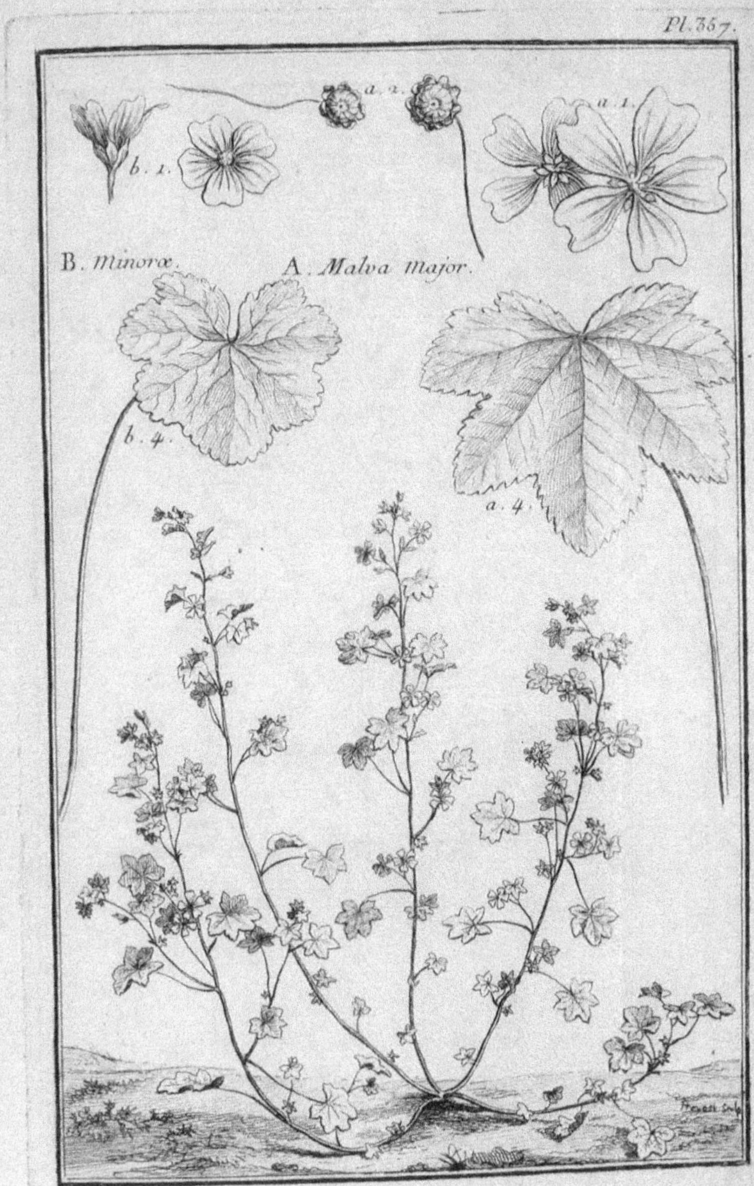
Pl. 357.
a. 2.
a. 1.
b. 1.
B. Minorœ.
A. Malva Major.
b. 4.
a. 4.

Pl. 370.

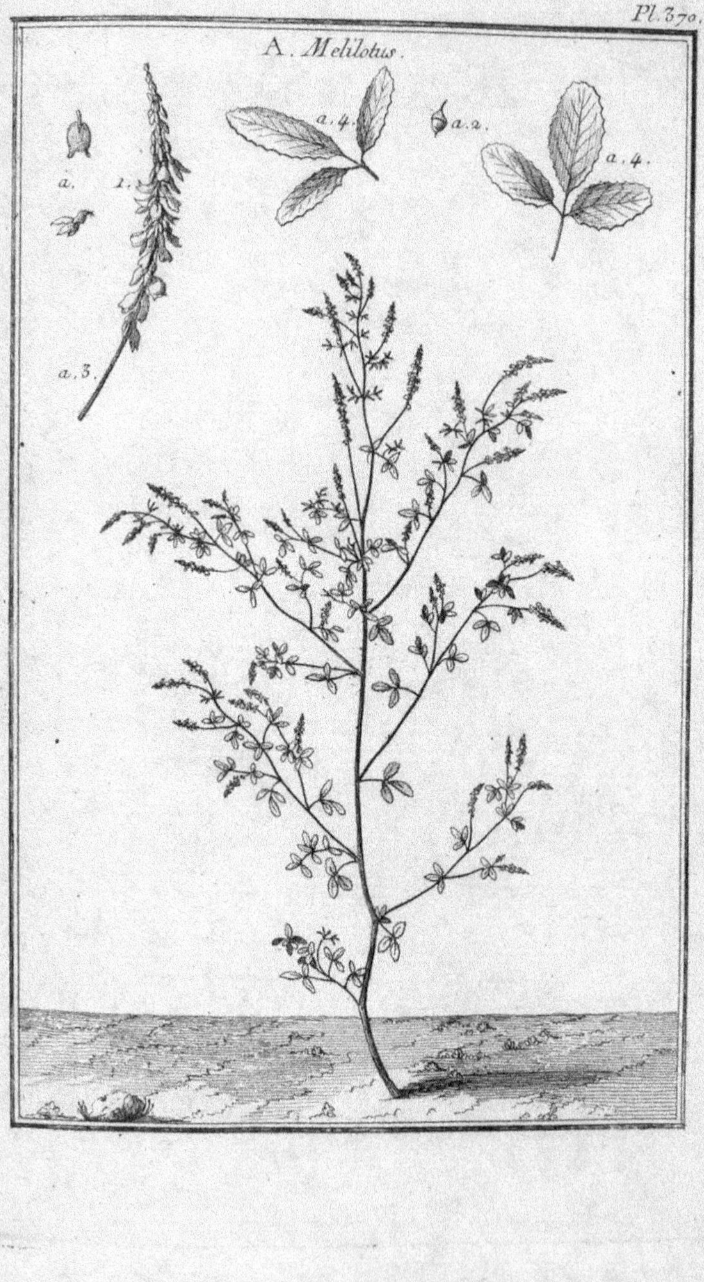

Pl. 371.

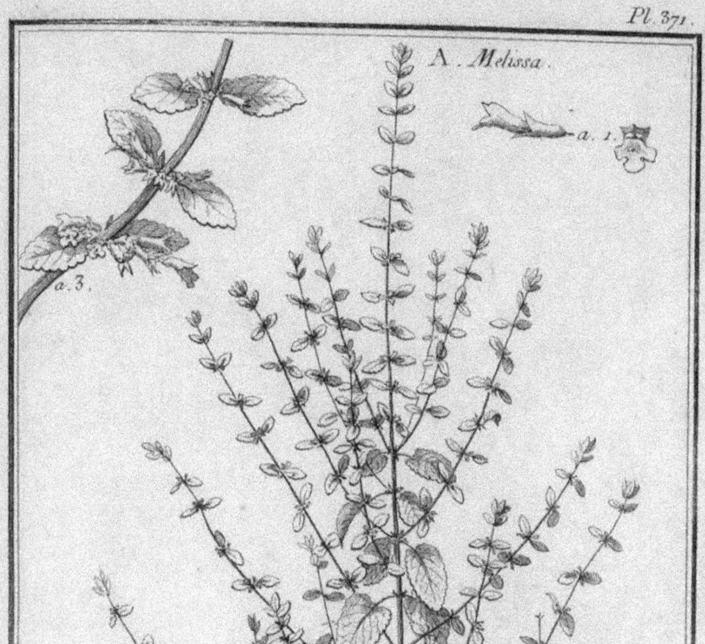

*Pl. 376.*

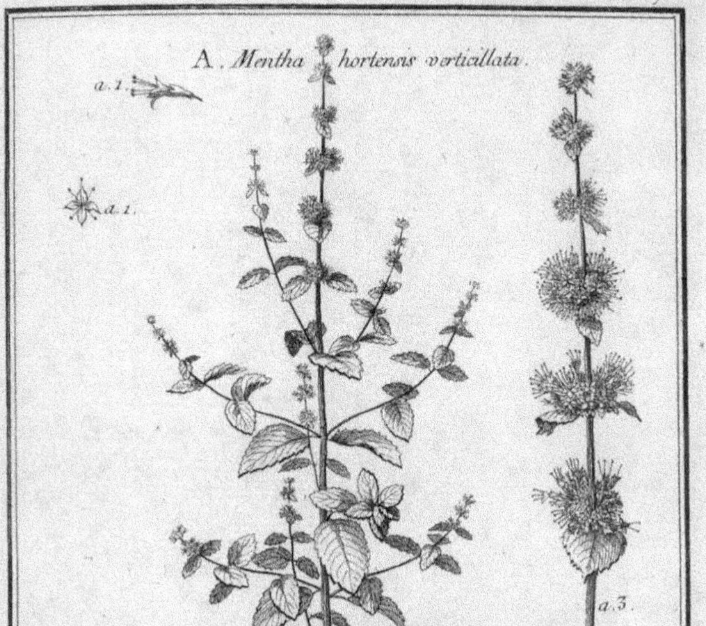


A. *Mentha hortensis verticillata.*

Pl. 382.

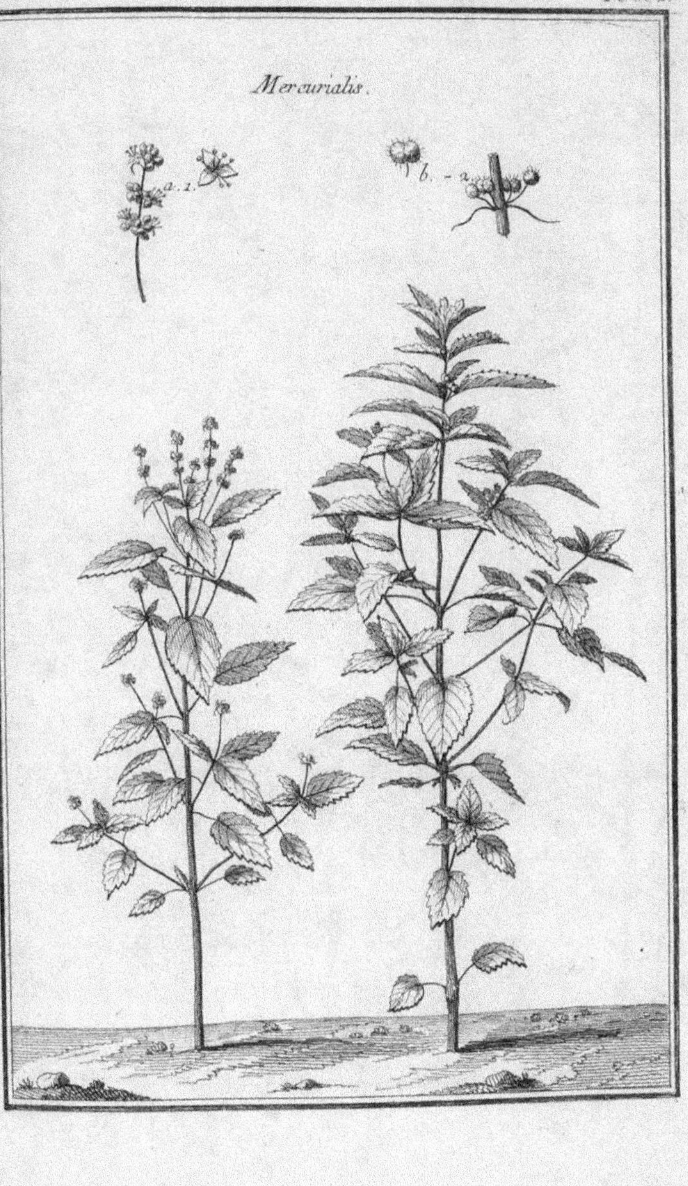

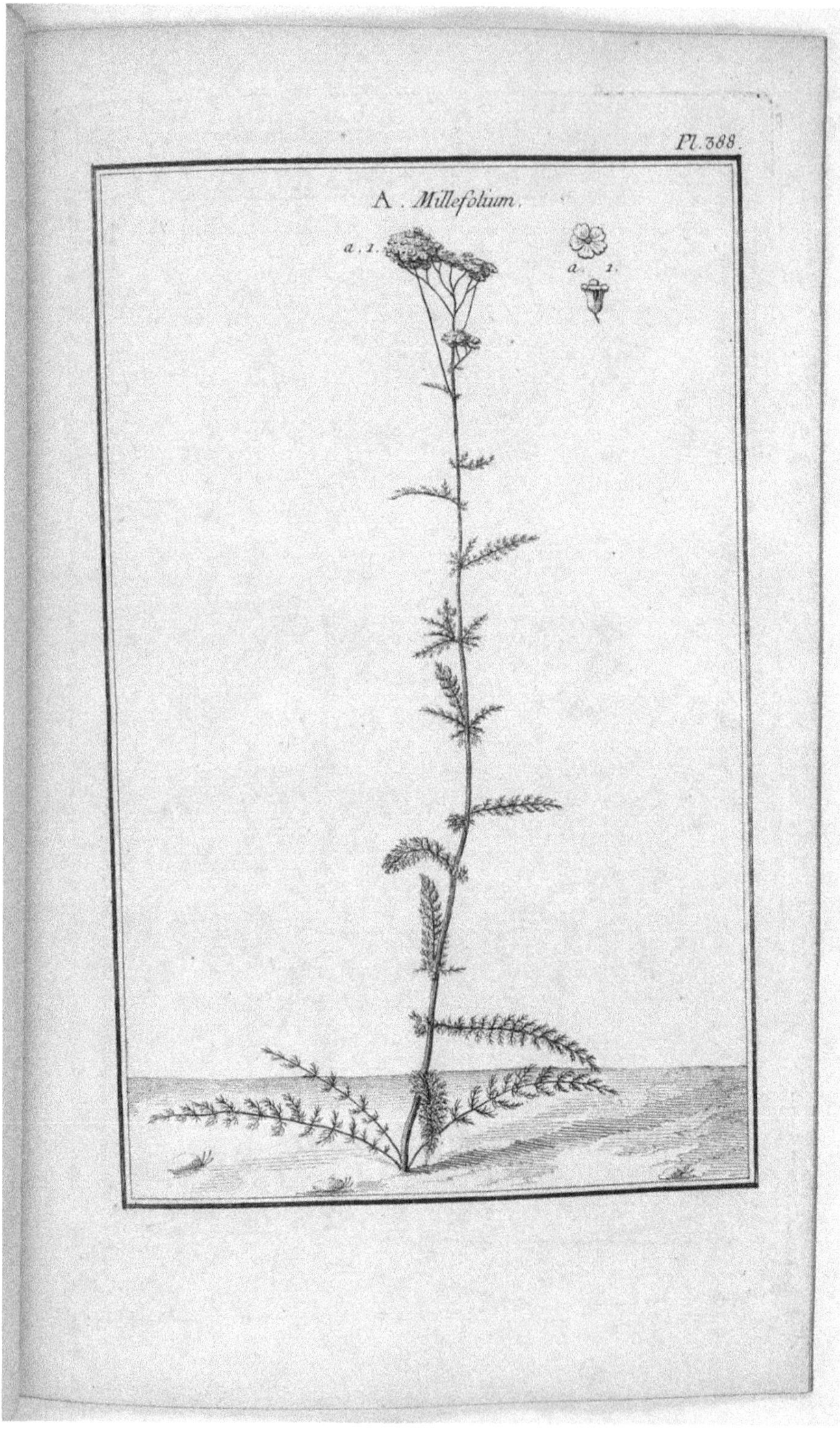
Pl. 388.
A. Millefolium.
a. 1.
a. 1.

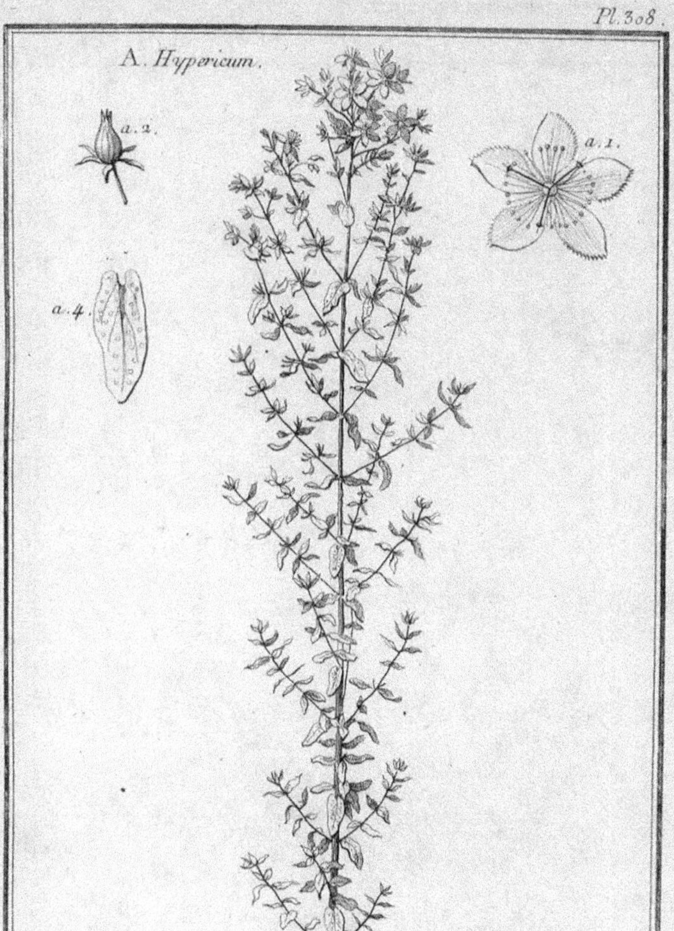
Pl. 308.
A. Hypericum.
a. 2.
a. 1.
a. 4.

Pl. 561.

Pl. 144.

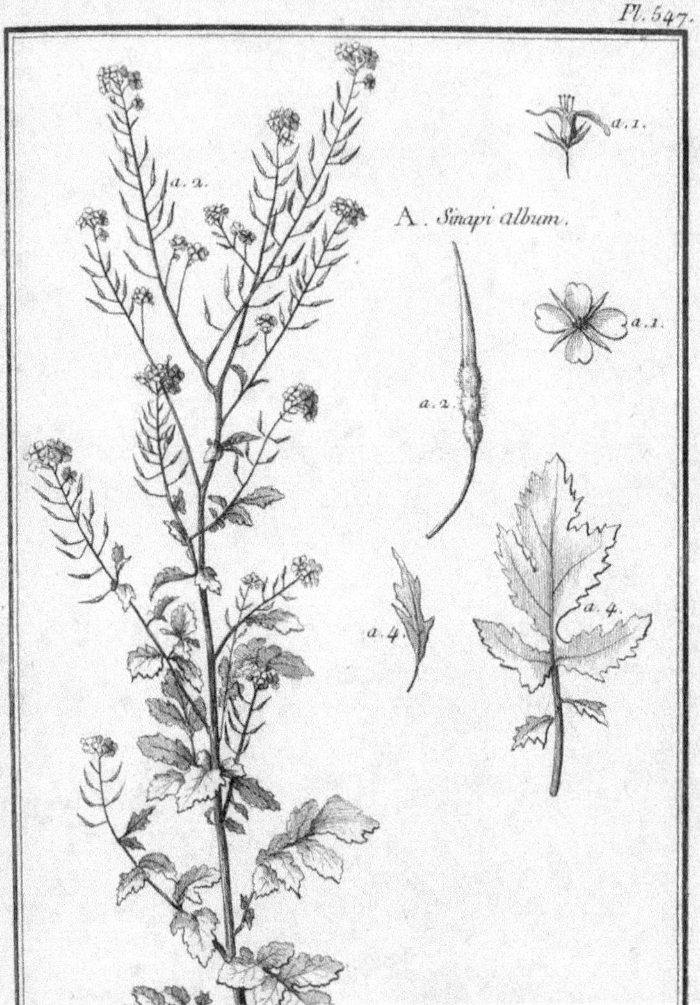
Pl. 547.
a. 1.
a. 2.
A . Sinapi album.
a. 1.
a. 2.
a. 4.
a. 4.

Pl. 207.

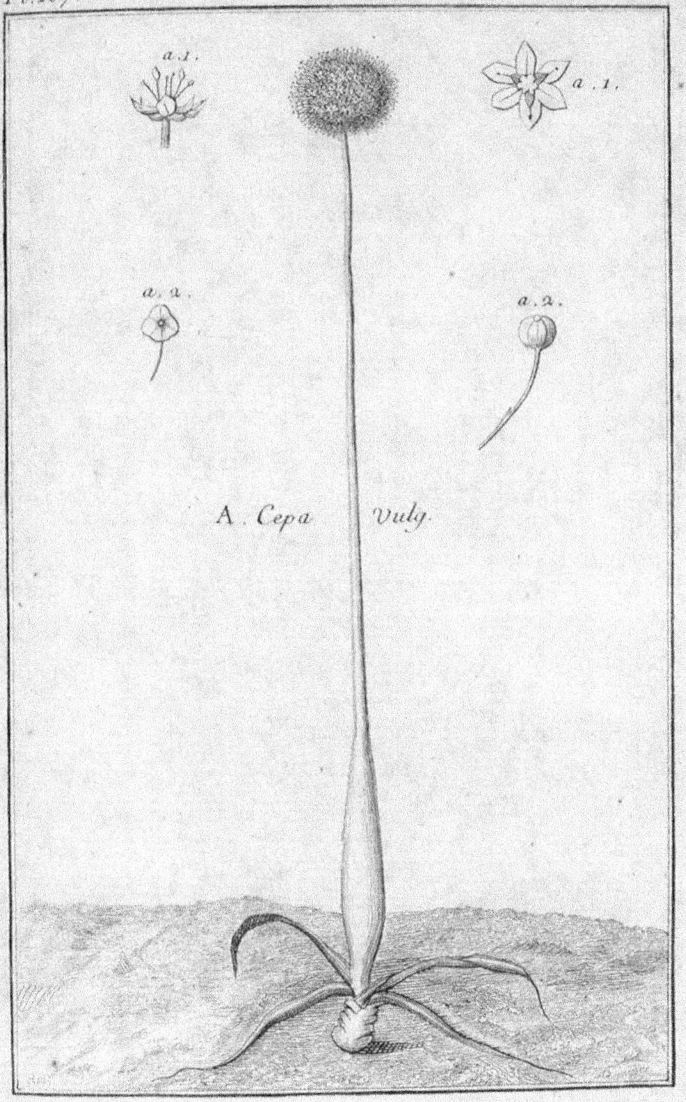

Pl. 637.

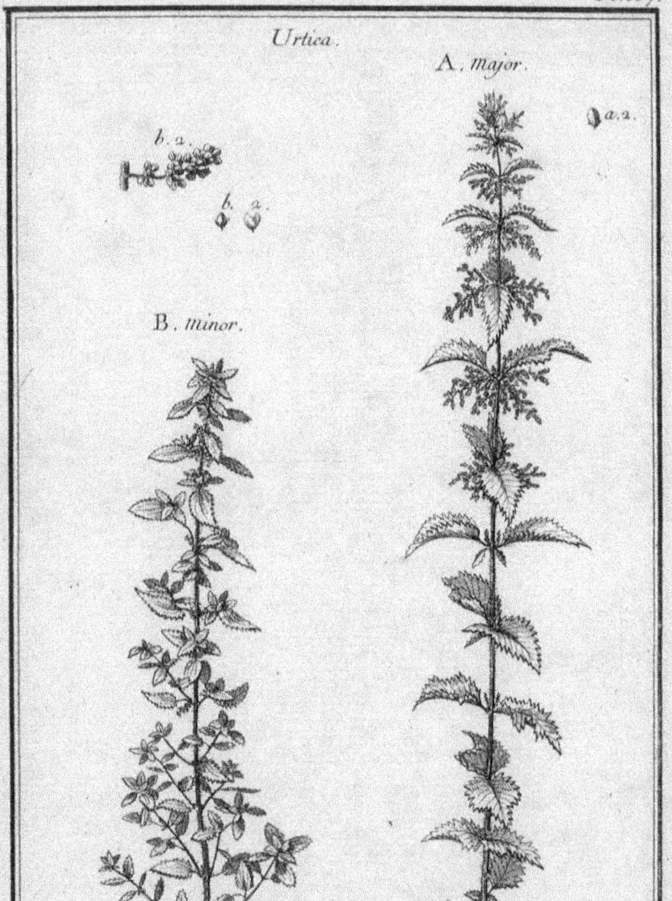

Pl. 317.
a. — 1.
A. Lamium archangelica.
a. 1.

Pl. 124.

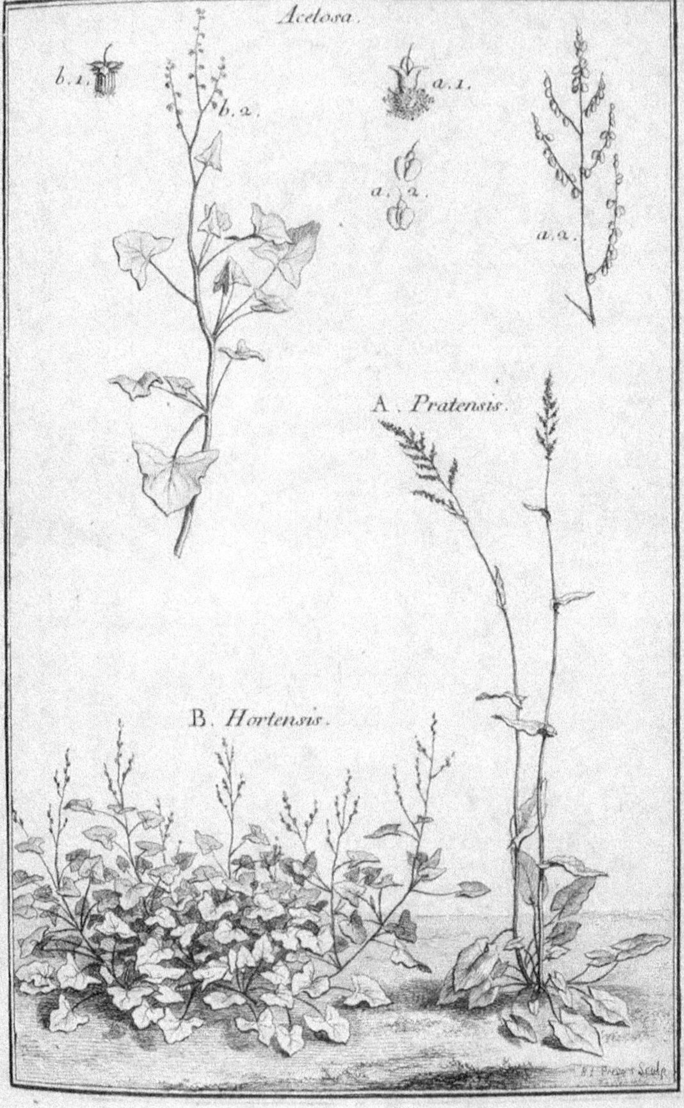

Pl. 441.

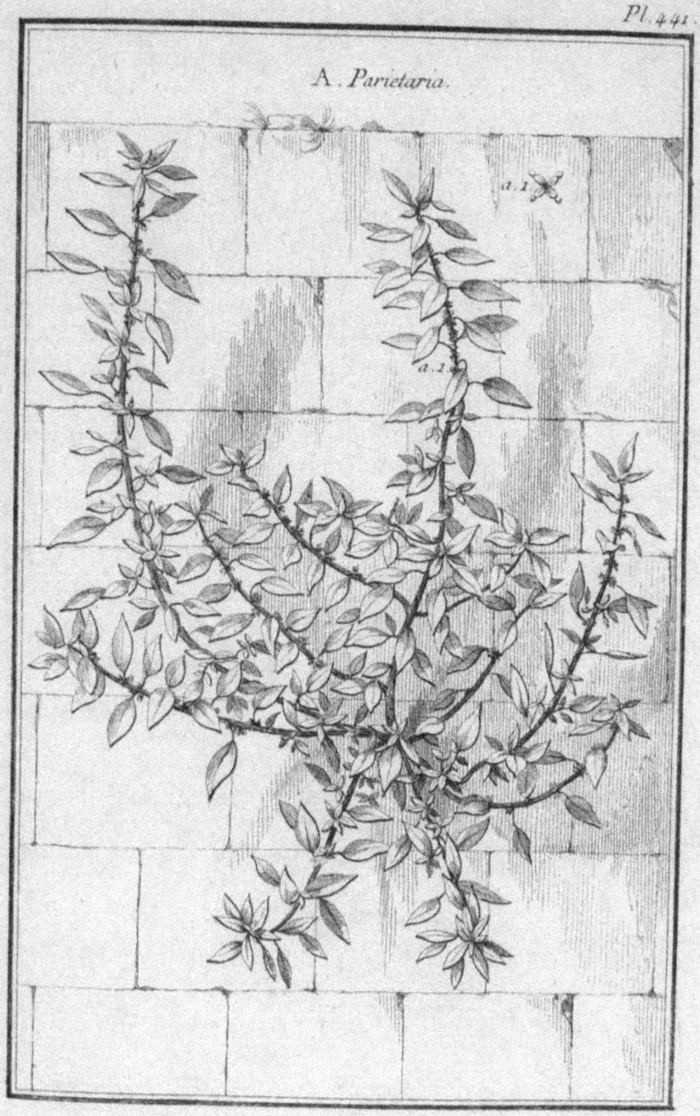

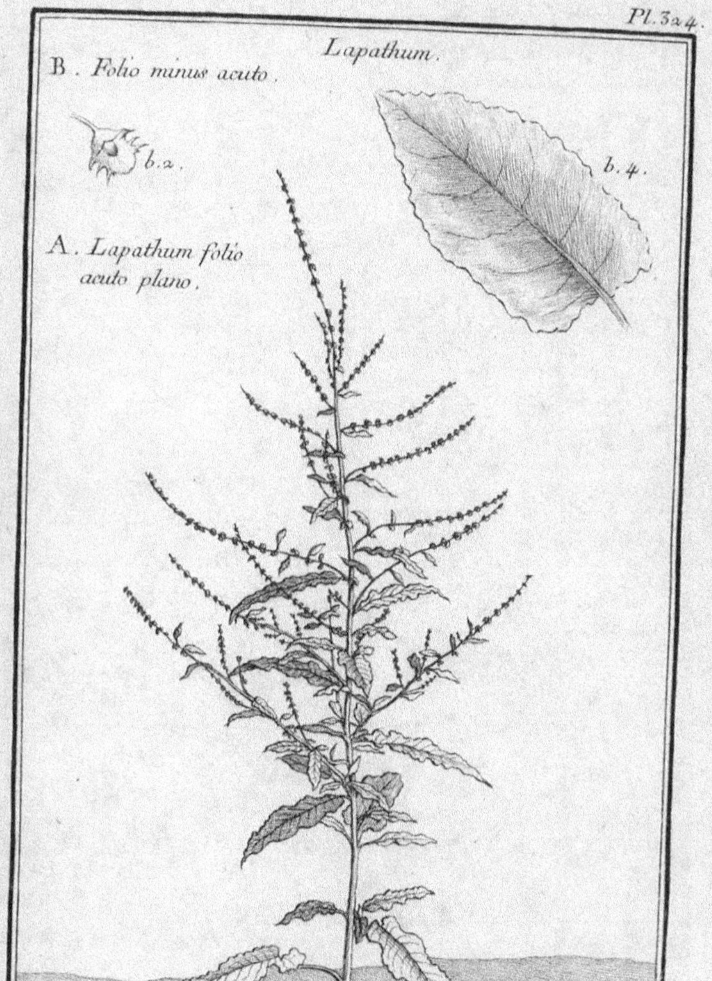
Pl. 324.
Lapathum.
B. Folio minus acuto.
b.2.
b.4.
A. Lapathum folio
acuto plano.

Pl. 106.

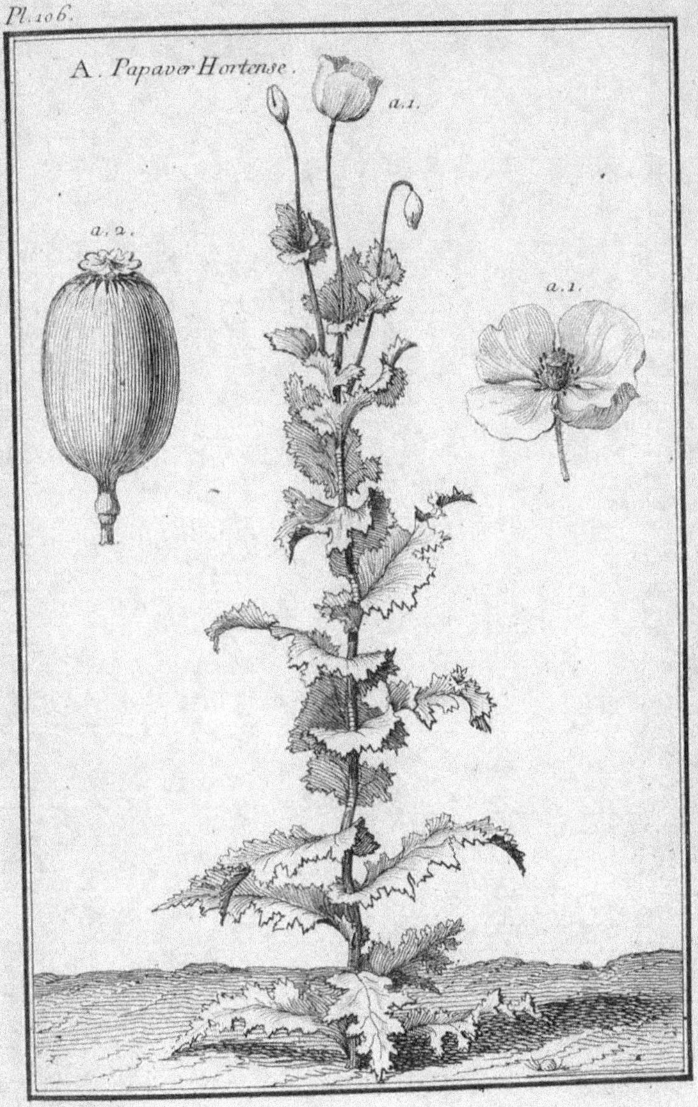

Pl. 439.

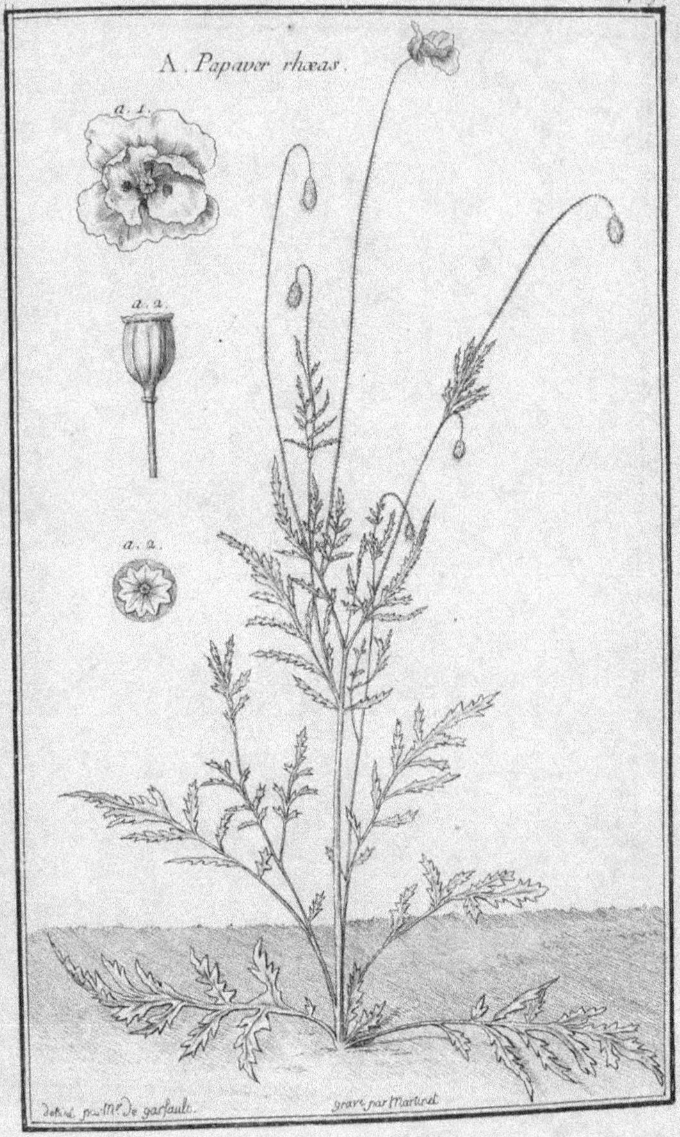

Pl. 360.

Pl. 446.

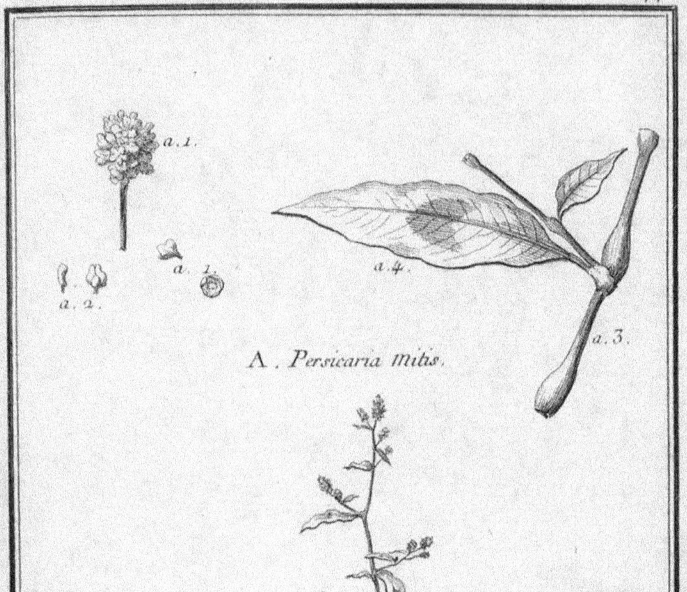

Pl. 450.

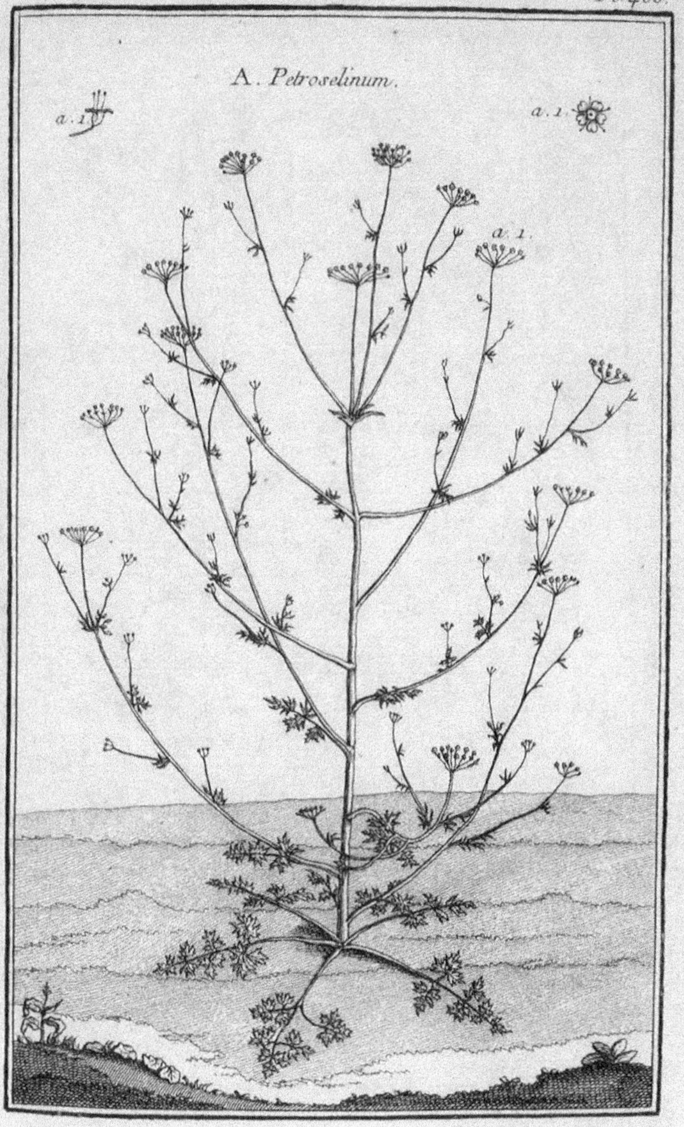

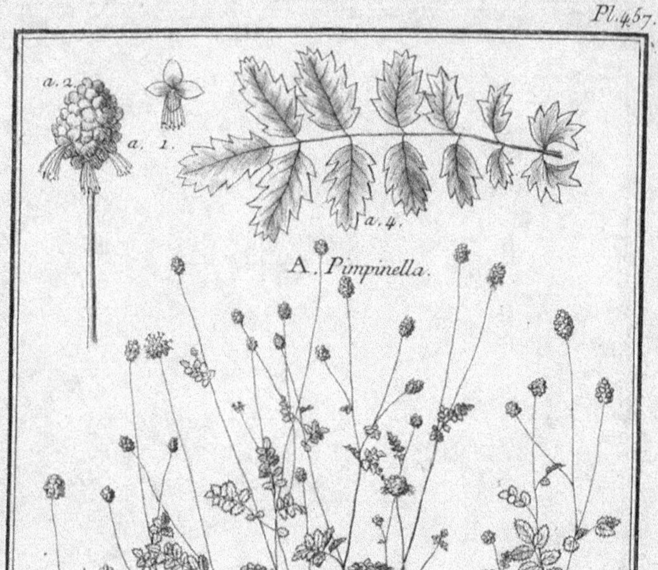
Pl. 457.
a. 2.
a. 1.
a. 4.
A. Pimpinella.
Dessiné par Mr de Garsault
Gravé par Martinet

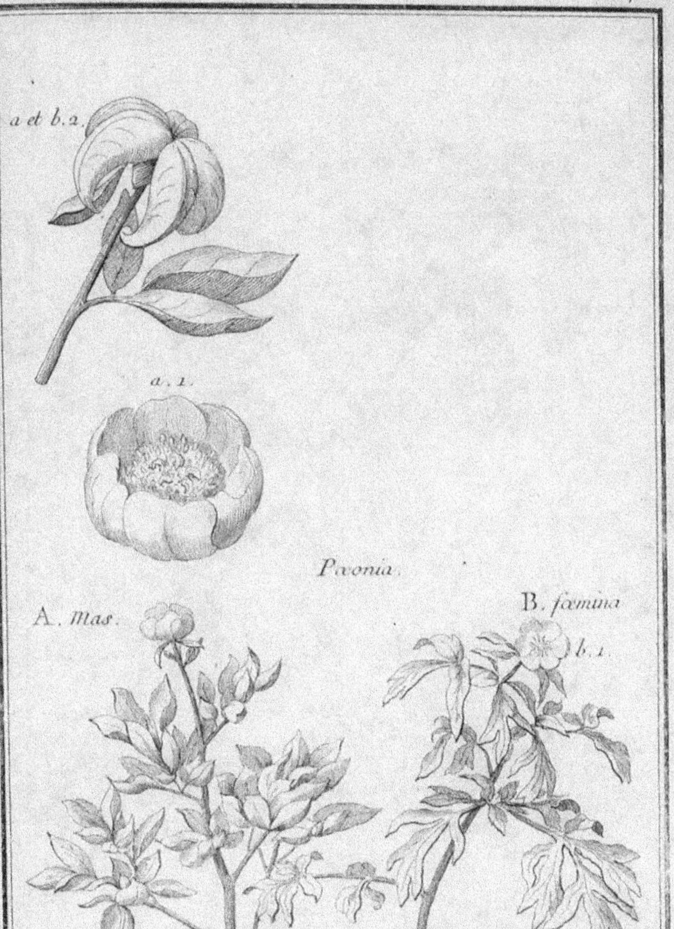
a et b. 2.
a. 1.
Pœonia.
A. mas.
B. fœmina
b. 1.

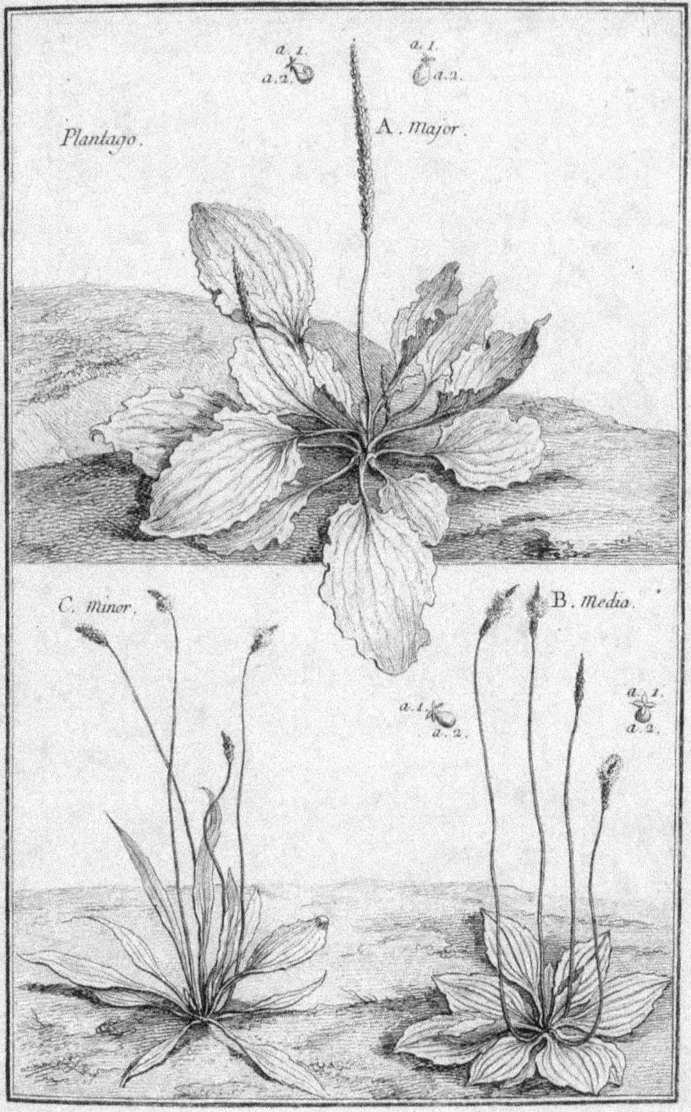
Plantago.
A. major.
a. 1.
a. 2.
B. media.
C. minor.

Pl.360.

Pl. 481.

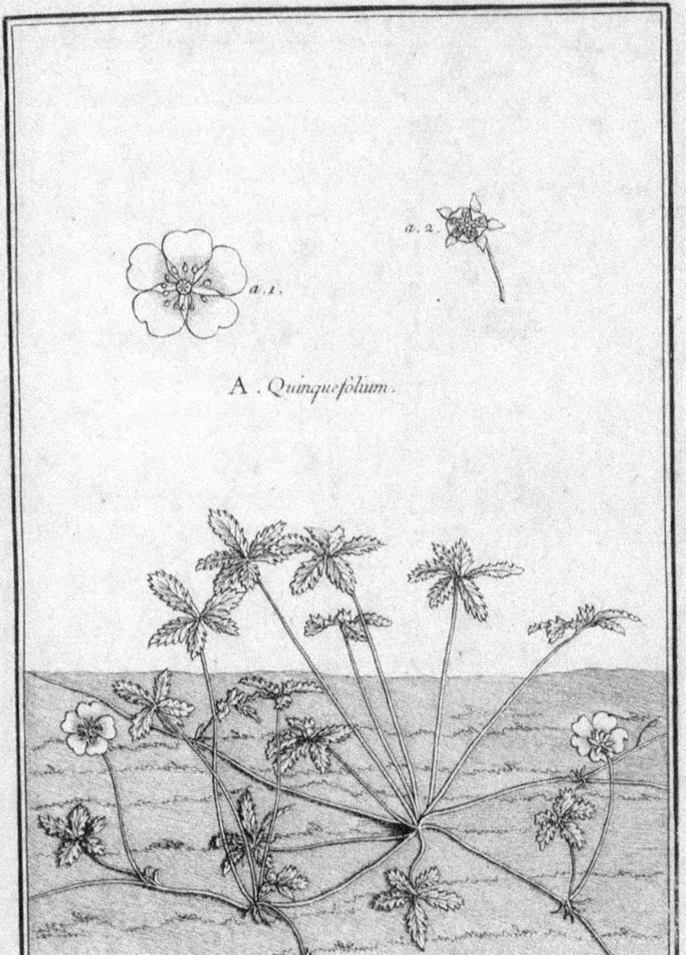

Pl. 488.

Pl. 486.

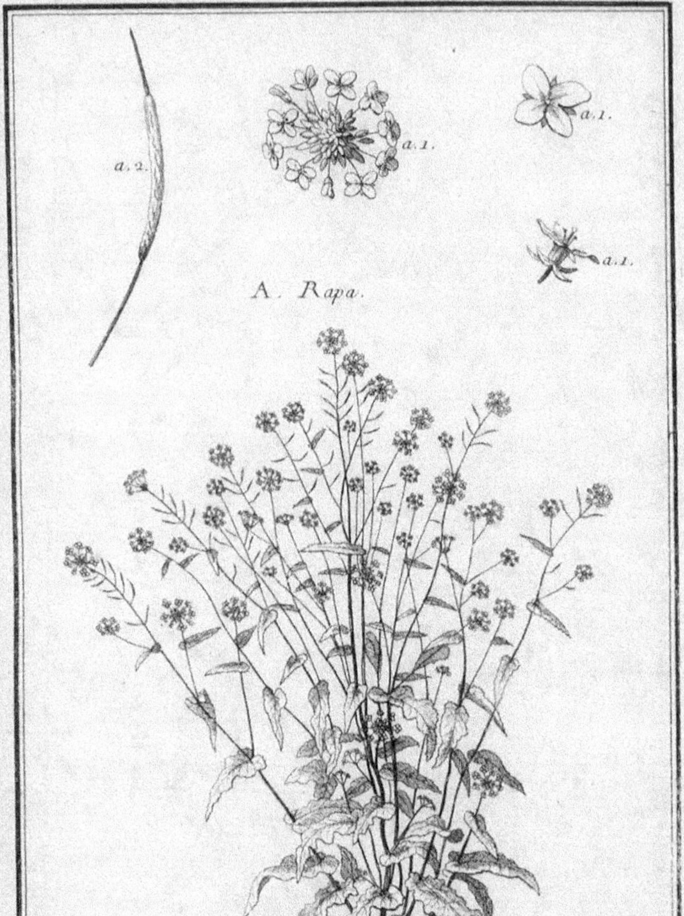

Pl. 17.

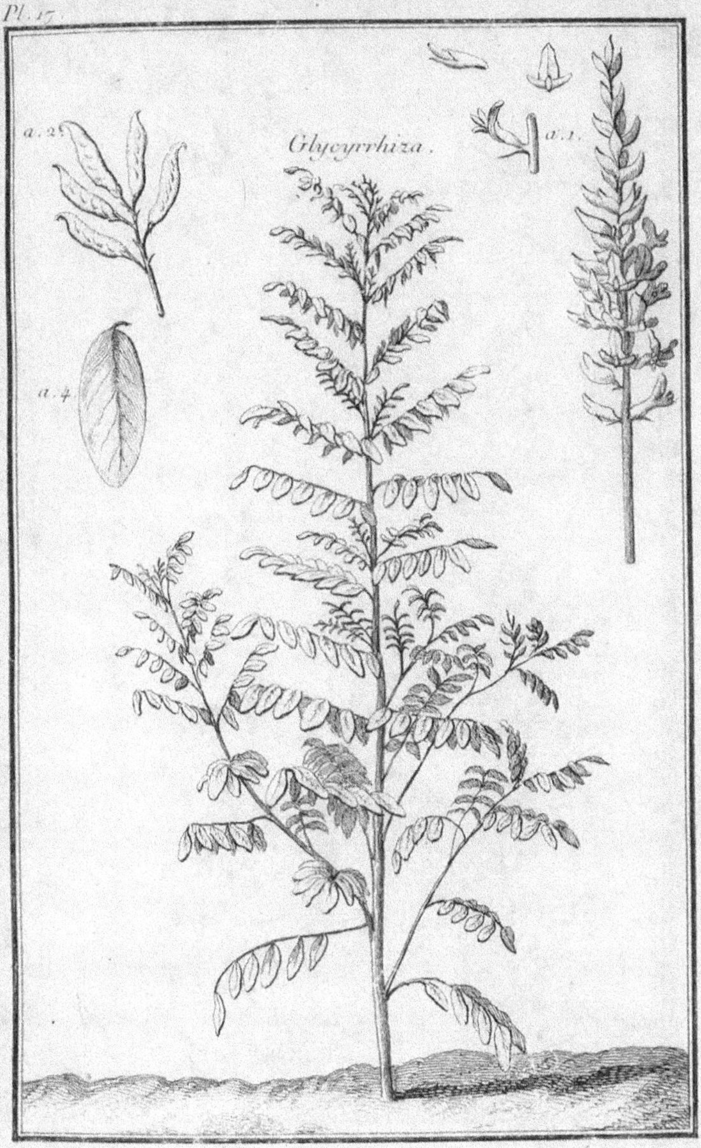

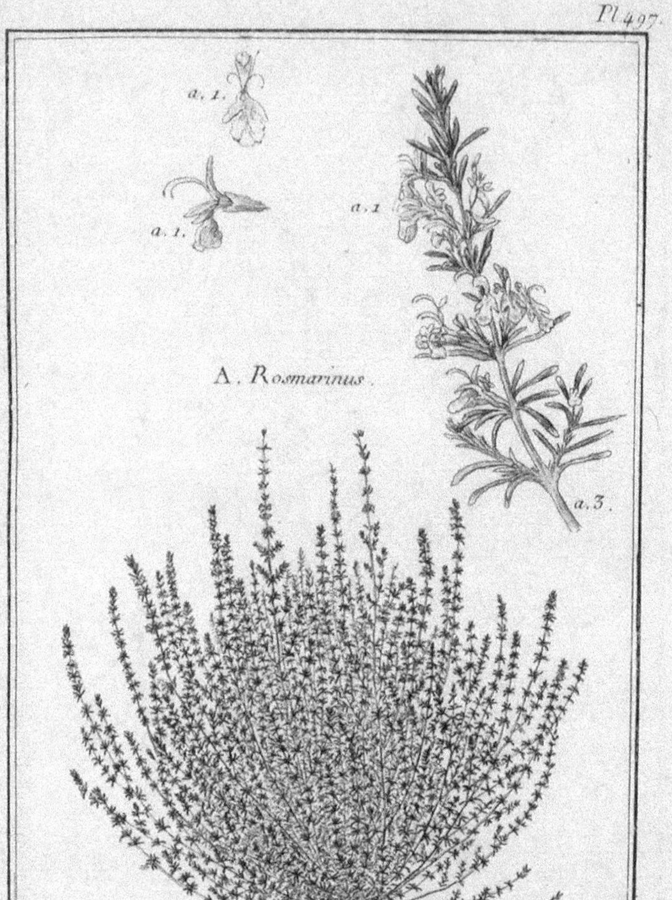
Pl 497.
a. 1.
a. 1.
a. 1
A. Rosmarinus.
a. 3.
Dessiné par Mr de Garsault

Pl. 494.

Pl. 505.
a. 1
a. 1.
a. 1.
a. 3.
A. Ruta.

Pl. 46.

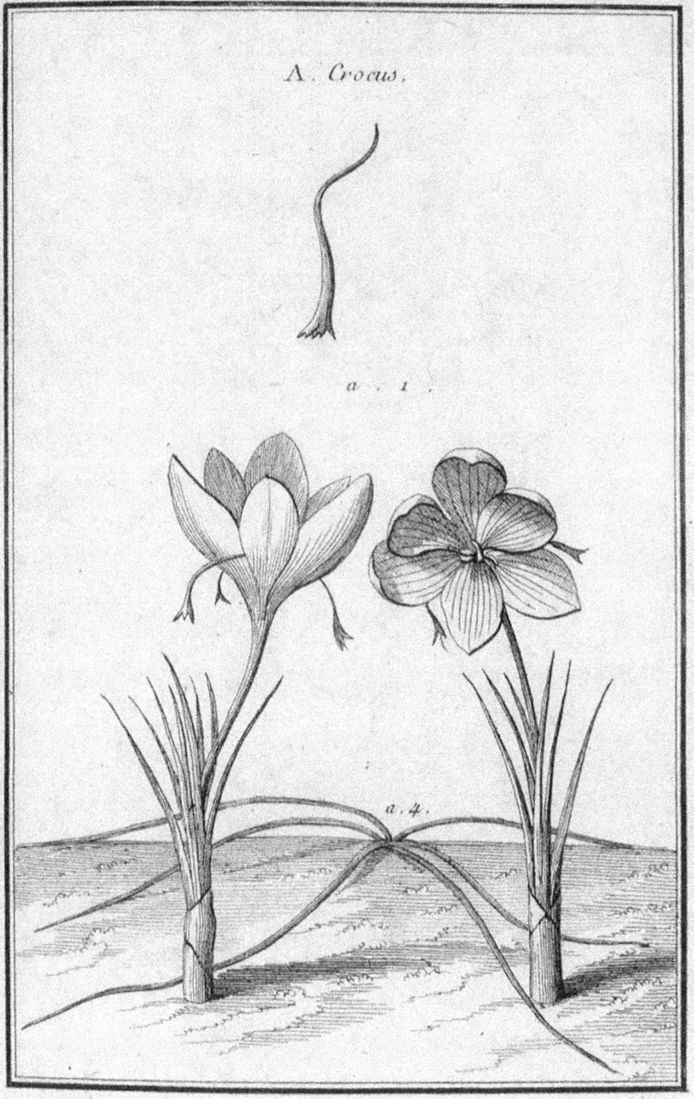

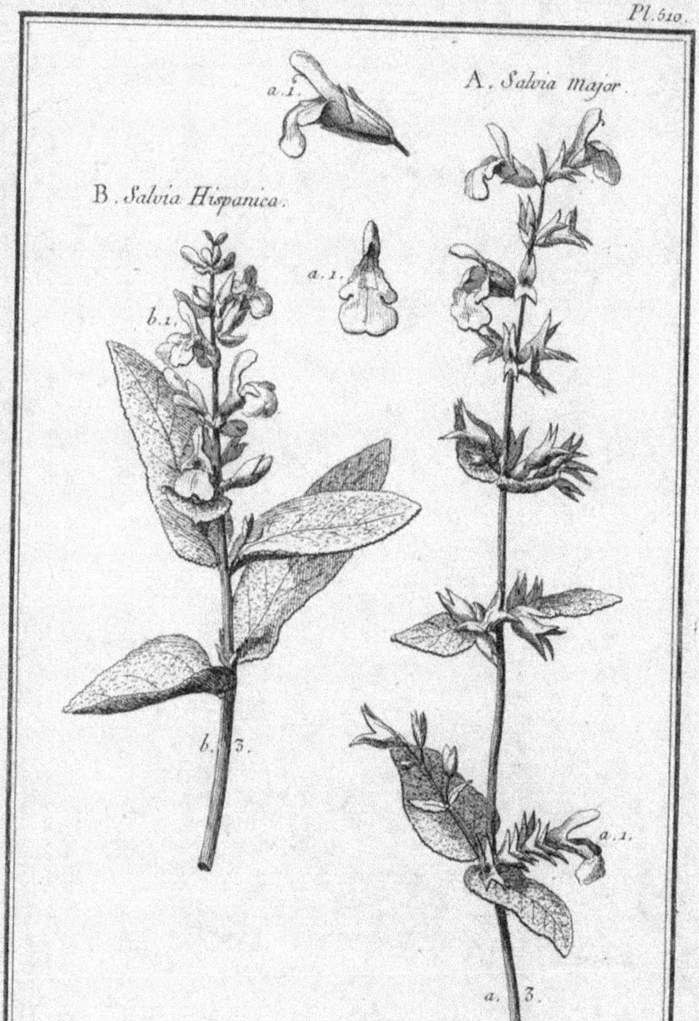
Pl. 510.
A. Salvia major.
B. Salvia Hispanica.
a. 1.
a. 1.
b. 1.
b. 3.
a. 1.
a. 3.

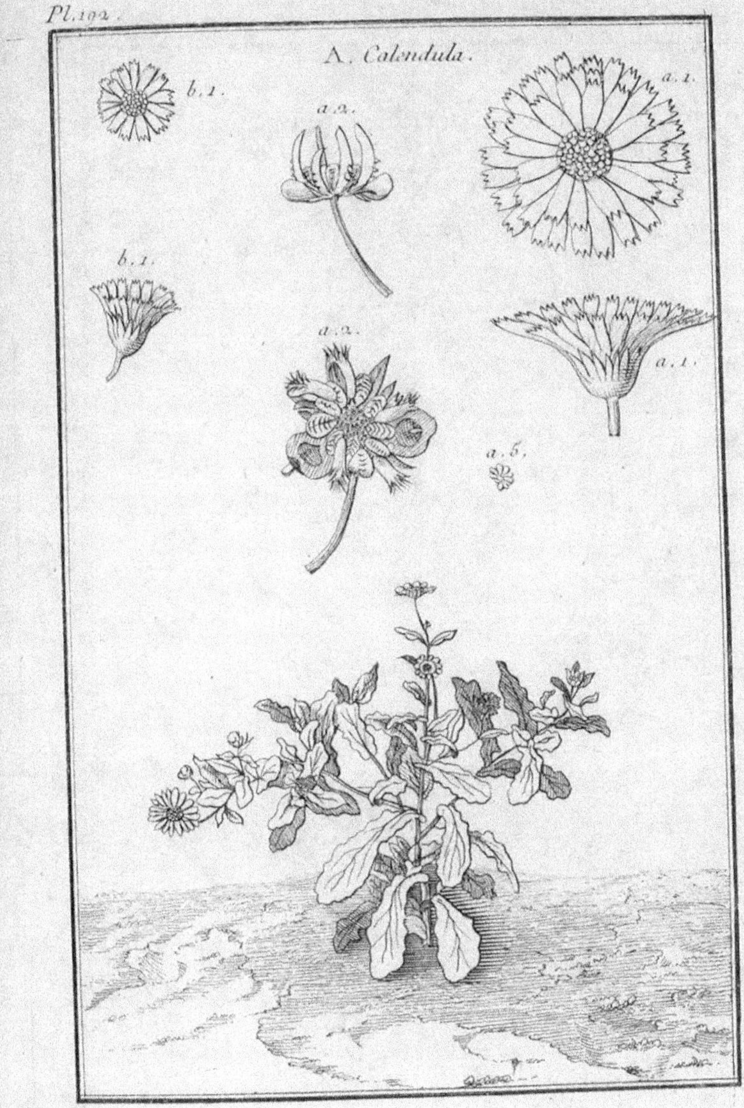
Pl.192.
A. Calendula.
b.1.
a.2.
a.1.
b.1.
a.2.
a.1.
a.5.

Pl. 512.

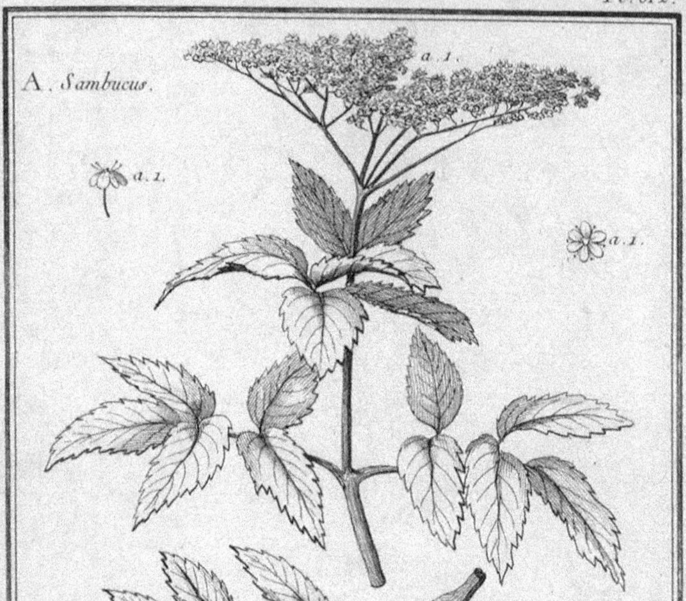

Pl. 407.

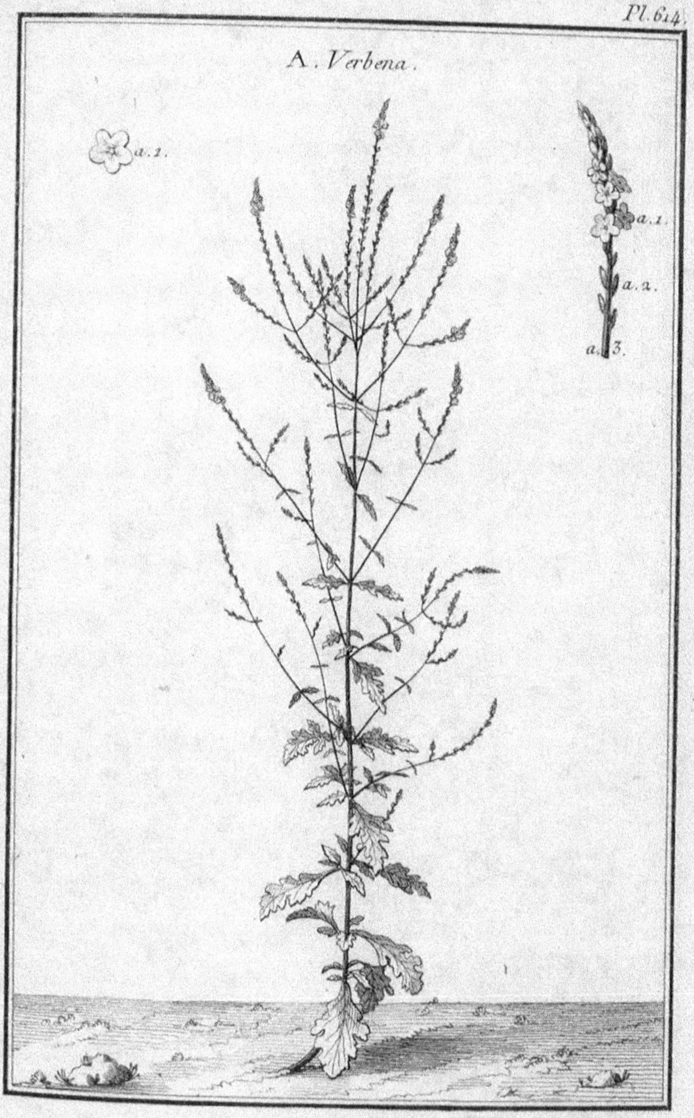
Pl. 614.
A. Verbena.
a. 1.
a. 1.
a. 2.
a. 3.

Pl. 622.

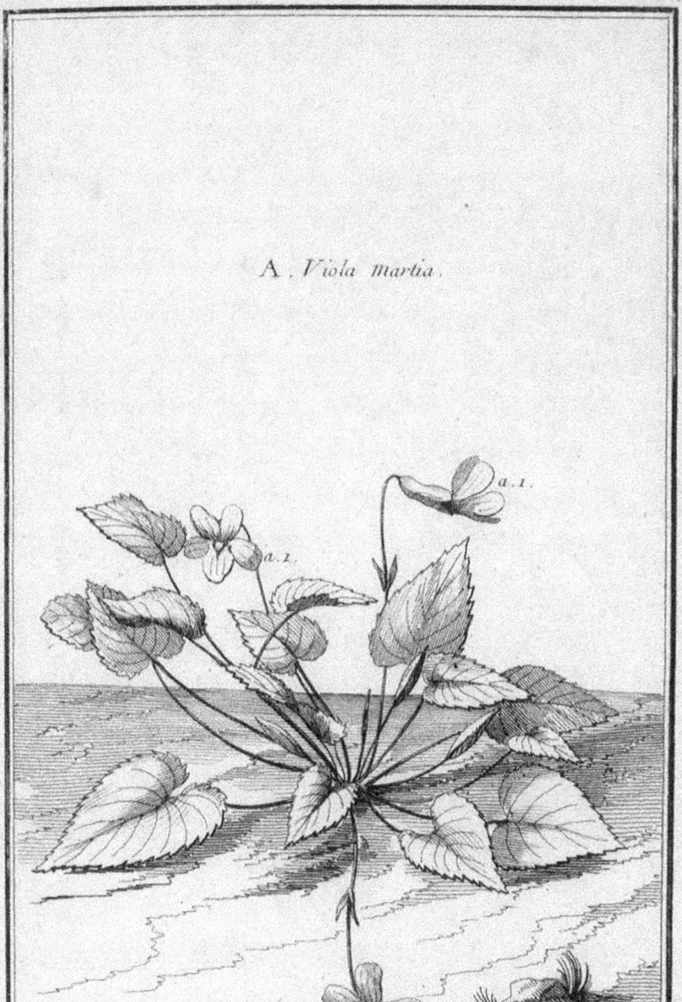

# LISTE DES GRAVURES DE L'ALBUM DE LA FLORE DE LA CHARITÉ

N. B. : Nous avons noté entre parenthèses
les noms des plantes figurant sur les gravures.

# BIBLIOGRAPHIE


Adelon, N. P., Béclard P-A, Biett L-Th., *Dictionnaire de Médecine ou Répertoire général des Sciences médicales,* (21 vol.), 1832 -1846, Paris, Béchet.

Adelon, N. P, Chaumeton F. P., Mérat de Vaumartoise F. V. *Dictionnaire des Sciences médicales*, (58 vol), 1782-1862, Paris, Panckoucke

Albou, Ph., *Histoire des "Œuvres charitables" de Philibert Guybert*, in Histoire des Sciences médicales, XXXII, N°1, 1998

Alexandre (Dom Nicolas), *Dictionnaire botanique et pharmaceutique*, 1716, Paris, Veuve Le Conte ; *La Médecine et la Chirurgie des Pauvres*, 1714, Paris, Laurent Le Conte.

Alletz, Pons Augustin, *L'Albert moderne ou Nouveaux Secrets éprouvés et licites*, 1769, Paris, chez la Veuve Duchesne

Amir, M., *Les cueillettes de* confiance, 1998, Mane, Les Alpes de Lumière ; *Vieux Remèdes de nos Grands-Mères*, 2010, Rennes, Ouest France

Anton, R., Wichtl, M., *Les Plantes thérapeutiques*, 2003, rééd. 2017, Paris, Éditions Tec et Doc, Lavoisier.

Ardissone, L., *Nos bonnes herbes de la Saint Jean*, Marseille, s d, Les Presses Universelles.

Arnauld de Villeneuve, Le *Trésor des* pauvres selon Maitre Arnauld de Villeneuve, Gérard de Solo, et autre docteurs en Médecine de Montpellier, 1518, Lyon

Arnault de Nobleville, *Description Abrégée des Plantes usuelles*, 1767, Paris, Debure Père ; *Manuel des Dames de Charité*, Paris, Debure l'Aîné, 1755.

Auvergne (Anne Marie d'), *Recueil de Secrets touchant à la Médecine*, 1668, 1692, Paris, Michel Vaugon.

Bachot, G., *Erreurs populaires touchant la Médecine et régime de Santé*, 1626, Lyon

Bain E. et Thomassin P., *Des plantes et des hommes dans le Mercantour*, 2013, Puget-Rostang, Roudoule Ècomusée

Barbereau, *Les Remèdes souverains et incomparables heureusement découverts*, 1770, Paris, chez l'Auteur

Baridon (Michel), *Les jardins*, 1998, Paris, Robert Laffont

Bastien, J. F., *Dictionnaire botanique et pharmaceutique*, 1802, Paris, Ouvrage collectif édité par J.F. Bastien

Baudelocque, J-L, *Principes sur l'art des accouchements par demandes et réponses, en faveur des sages-femmes de la campagne,* 1775, réédité et complété plusieurs fois, Paris, Méquignon.

Baumé M., *Éléments de Pharmacie théorique et pratique*, Paris, 1773, chez Samson.

Benezet, J-P., *Pharmacie et Médicaments en Méditerranée occidentale*, 1999, Paris, Campion

Beynon, É., *Le Samaritain charitable*, traduit de l'Allemand en François, par Louys Franc, 1665, Genève, Widerholdt ; Suite *au Samaritain charitable*, 1673 Genève, Widerholdt.

Blégny, N. de, *Secrets concernant la beauté et la santé*, (2 vol.), 1688, Paris, Laurent d'Houry et chez la veuve Denis Nion.

Blay, M. et Halleux, R., *La Science classique XVI^e - XVIII^e siècle*, 1998, Paris, Flammarion.

Bloch, C, *L'Assistance et l'État en France à la veille de la Révolution* 1908, Paris, Picard.

Bollème, G., *Almanachs populaires aux XVII^e et XVIII ^e siècles*, 1969, Paris, Mouton ; *La Bible bleue,* 1975, Paris, Flammarion, *La Bibliothèque bleue*, 1976, Paris, Julliard.

Bonnelle C., Nouallet, J-C., *Des Hommes et des Pantes*, 1993, Parc naturel régional du Vercors

Bonnemain, H., *Remèdes secrets*, in : Revue d'histoire de la pharmacie, 89^e année, N. 332, 2001. pp. 471-476.

Borello, C., *Les œuvres protestantes en Europe*, 2013, Presses universitaires de Rennes.

Boudot, J., *Dictionarium universalis latino-gallicum,* 1780, Paris, Barbou

Boullard, B., *Plantes médicinales du Monde*, 2001, Paris, Éditions Estem.

Boutaudonn L. P., *Recueil des propriétés des plantes*, 1760, Auteur, Éditeur et Imprimeur, Clermont- Ferrand.

Bouteiller, M., *Médecine populaire d'hier et d'aujourd'hui*, 1966, Paris, Maisonneuve et Larose.

Brejon de Lavergnée, M., *Histoire des Filles de la Charité*, 2005, Paris, Champion.

Brice, F., *Les Mots de la Botanique*, 2011, Arles, Actes Sud.

Bruhier d'Ablaincourt, J. J., *Secrets utiles et éprouvés dans la pratique de la Médecine et de la Chirurgie* Paris, 1771, chez Humaire.

Bruneton J., *Pharmacognosie. Phytochimie, Plantes Médicinales*, 1993, rééd. 2017, Paris, Éditions Tec et Doc, Lavoisier ; *Plantes toxiques*, 1996, rééd. 2005, Paris, Éditions Tec et Doc, Lavoisier ; *Phytothérapie, Les données de l'évaluation*, 2002, rééd. 2012, Éditions Tec et Doc, Lavoisier.

Buchan, W, *La Médecine domestique* 1770, Édimbourg, trad en français par J.D. Duplanil (5 Volumes) 1775, Paris, chez G. Desprez.

Buchoz, P-J, *Médecine rurale et pratique... ou Pharmacopée végétale et indigène*, 1768, Paris, Lacombe.

Bulliard, P., *Herbier de la France, ou Collection complète des plantes indigènes de ce Royaume* (7 volumes), 1780-1793, Paris, chez l'auteur, Didot le jeune, Debure et Belin.

Busser, C. et E., *Les plantes des Vosges, Médecine et Traditions populaires*, 2005, Strasbourg, La Nuée Bleue.

Camus, D. *La sorcellerie en France aujourd'hui*, 2001, Rennes, Ouest-France.

Candille, M., *Les mots hôpital et hospices dans la terminologie du XVIII^e siècle* in L'Hôpital *et l'aide sociale à Paris*, 1964, Paris n° 30.

Cartheuser, J.F., *Matière Médicale*, (4 vol.), 1755, Paris, chez Briasson

Cazin, F J., *Traité pratique et raisonné des plantes médicinales indigènes,* 1868, Paris, Asselin

Chabert, A., *Plantes médicinales et comestibles de Savoie*, 1986, Challes les Eaux, Curanda
Charas, M., *Pharmacopée royale galénique et chimique*, 1676, Paris, D'Houry
Chast, F., *Histoire contemporaine des médicaments*, 2002, Paris, Éditions La Découverte.
Chaumeton F. P., Chamberet et Poiret, J.L.M., *Flore médicale*, (8 vol), 1814 - 1820, Paris, Panckoucke. Col de Vilars, E., *Dictionnaire François-Latin des Termes de Médecine et de Chirurgie*, 1753, Paris, Le Mercier.
Commission E : *The Complete German Commission E Monographs : Therapeutic Guide to Herbal Medicines*, 1998, édité sous la direction de Mark Blumenthal par The American Botanical Council, États-Unis.
Compain, M., *Guide de l'Herboriste-Droguiste*, 1939, Limoges, Éditions Compain.
Constant, J., *Le Médecin françois charitable*, 1673, Lyon, Certé ; *Le Chirurgien françois charitable*, 1683, Lyon, Certé ; *L'Apothicaire françois charitable*, 1683, Lyon, Certé.
Cosson, G., *Guérir par les saints*, Paris, 2000, Éditions du Cerf.
Coste, H, *Flore descriptive et illustrée de France*, 3 volumes, 1901-1906, Paris, Paul Klincksiek, rééd.1963, Paris, A. Blanchard. (complétée par sept suppléments (1984-1990).
Coste, P., *Le Grand Saint du Grand Siècle, Monsieur Vincent*, (3 vol.), 1932, Paris, Desclée de Brouwer et Cie.
Crosnier C., *La cueillette des Savoirs*, 1998, Parc naturel régional du Morvan
Dehaut, A., *Manuel du Docteur Dehaut*, 19010, Paris, J. B. Baillière, *Dictionnaire des Plantes médicinales*, 1919, Paris, J. B. Baillière.
Delaveau, P., *Histoire et renouveau des plantes médicinales*, Paris, A. Michel.
Devaux, J., *Le médecin de soi-même*, 1682, Leyde, chez Claude Jordan.
*Dictionnaire de l'Académie Françoise,* 1694, Paris, chez la veuve Jean-Baptiste Coignard.
*Dictionnaire portatif des Arts et Métiers*, (2 vol), 1767, Paris, chez Lacombe.
*Dictionnaire portatif de Chirurgie à l'usage non seulement des Étudiants en Chirurgie, mais même des Personnes charitables de Province, qui voudront être utiles aux pauvres*, 1783, Paris, chez Delalain.
*Dictionnaire portatif des Herborisants* (2 vol.), 1772, Paris, chez A. Didot.
Didelot, N., *Avis aux gens de la campagne*, 1772, Paris, chez Merlin
Diderot D., et d'Alembert J. *Encyclopédie ou Dictionnaire raisonné des Sciences et des Métiers*, comprenant (avec les Suppléments et les volumes de planches) 35 volumes publiés chez différents éditeurs entre 1751- 1780.
Dinet-Lecomte, M-Cl, *Les sœurs apothicaires en France aux XVII^e^ et XVIII^e^* siècles, in: Revue d'histoire de la pharmacie, 84e année, N. 312, 1996 ; *Les sœurs hospitalières en France aux XVII^e^ et XVIII^e^* siècles. 2005, Paris, Champion ; *Les hôpitaux sous l'Ancien Régime* : des *entreprises difficiles à gérer ? in* Histoire, économie et société. 1999, 18e année, n°3. pp. 527-545.
Dodin, A., *Saint Vincent de Paul et la Charité*, 1960, Paris, Seuil.
Dolivo, A., *Pantes médicinales du monde,* 2010, Lausanne, Rossolis, Musée botanique cantonal. Dorveaux, P., L'Antidotaire *Nicolas publié d'après les manuscrits de la Bibliothèque Nationale*, 1896, Paris, H. Welter ; *Les Pots de pharmacie : leur historique suivi d'un dictionnaire de leurs inscriptions*, 1923, Toulouse : Librairie Marqueste.

Dubé, P, *Le Chirurgien des pauvres*, 1669, Paris, Edme Couterot ; *Le Médecin des pauvres*, 1671, Paris, Edme Couterot.

Dubé, J-C, *Le Père des pauvres: Paul Dubé, Médecin à Montargis au XVIIe siècle*, 2007, Ottawa, Les Presses de l'Université d'Ottawa.

Dubois, J. (dit Sylvius), *La pharmacopée qui est la manière de bien choisir et préparer les simples*, 1574, trad.1580, Lyon, Louis Cloquemin.

Dubuisson, M. J., *Plantes usuelles indigènes et exotiques décrites ou indiquées par Chomel* (dessinées au nombre de 650), 1802, Paris Duprat-Duverger.

Ducerf, G., *Plantes Bio-indicatrices (*3 vol), 2005 - 2013Briant, Éditions Promonature

Du Chesne, J., Recueil *des plus curieux et rares secrets tirés des manuscrits de feu Mr Joseph Du Chesne, Sieur de la Violette,* 1648, Paris, chez Simeon Piget.

Duhau, I., Laget, P-L, Laroche Cl. (dir.) *L'Hôpital en France, Histoire et Architecture*, Cahier du patrimoine 2012, n° 99, Lyon, Lieux-Dits.

Dumontverd, R, *Les Fleurs et Secrets de Médecine*, 1602, Rouen, chez Jean Osmont.

Du Port, F., *La Décade de Médecine ou le Médecin des Riches & des Pauvres*, 1694, Paris, Laurent d'Houry. Dura, M., *Guide des contre-indications des Plantes Médicinales*, 2010, Saint-Paul, Éditions Lucien Souny.

Erresalde, P, Nouveaux *secrets rares et curieux contenant divers remèdes éprouvés*, 1602, Jean Baptiste Loyson, Paris

Estienne, Ch., *Praedium rusticum,* 1554, Paris, L'Agriculture *et Maison rustique de Charles Estienne et Jean Liebault*, 1564, Paris, chez Jacques Du Puys.

Ferrari, J-P, *Les plantes médicinales de notre flore,* 1987, Jardins botanique de la ville de Marseille. Fleurentin, J., *Les plantes qui nous soignent Traditions et Thérapeutique*, 2007 ; *Plantes médicinales, Traditions et Thérapeutique*, 2008 ; *Des plantes toxiques qui soignent*, 2011 ; *Du bon usage des plantes qui soignent*, 2017, Rennes, Ouest France.

Fontenelle (Julia de) et H. Tollard, *Manuel complet de l'herboriste*, (2 vol.), 1828, Paris, Roret.

Fouquet (Madame), *Recueil de receptes choisies, expérimentées et approuvées contre quantité de maux fort communs, tant internes qu'externes, invétérés et difficiles à guérir.* 1675, *Villefranche*, Pierre Grand'Aigne. De nombreuses rééditions jusqu'en 1765, chez des éditeurs différents.

Fournier, P., *Le Livre des Plantes médicinales et vénéneuses de France,* (3 volumes), 1947, Paris, Le Chevalier. Friley J., *Les simples et autres plantes médicinales* 2001, Conservatoire National des Plantes à Parfum, Médicinales, Aromatiques et industrielles de Milly-la-Forêt

Furetière, A., Dictionnaire *universel*, (4 volumes), 1690, La Haye,

Garnier B., Hocquet J.C., Woronoff D., 1989. *Introduction à la Métrologie historique* Economica.

Garnier G. Bézanger -Beauquesne L. Debraux G., *Ressources médicales de la Flore Française* (2 vol), 1961, Paris, Vigot Frères

Garsault, *Les figures des plantes et animaux d'usage en Médecine décrites dans la Matière Médicale de M Geoffroy dessinées d'après nature par M de Garsault*, s d, Paris, Chez l'auteur.

Geoffroy E. F., *Traité de La Matière Médicale,* (10 vol.), 1757, Paris, Desaint et Saillant.

Gerth van Wijk, H. L., 1909 -1916, rééd. 1971, *A Dictionary of Plant-Names*, Amsterdam, Asher.

Gigon, F., *La vérité sur ces plantes qui soignent*, 2009, Paris, L'Express.

Gilibert, J.E., *Histoire des Plantes d'Europe ou Élémens de Botanique pratique,* (3 vol), 1798, Lyon, chez Amable Leroy

Girard des Bergeries, *Le Gouvernement de la Santé, L'Apothicaire charitable, Le Chirurgien charitable*, Le *Médecin charitable, Harangue de la Goutte à Messieurs ses Hostes*, 1673, Genève, J., H., Widerhold.

Geoffroy, E, Traité *de Matière Médicale*, (10 volumes), 1757 et suivantes, Paris, Desaint et Saillant.

Girre, L., *Nouveau Guide des vieux remèdes naturels*, Rennes, 1985, Ouest France.

Goubert, J-P., *Art de guérir, Médecine savante et médecine populaire dans la France de* 1790, in Annales. Économies, Sociétés, Civilisations. 32e année, N. 5, 1977, p. 908-926.

Goulin, J, *Dictionnaire des plantes usuelles* (8 volumes) Paris, An II chez Lamy.

Guillaumin, E. *La vie d'un simple*, 1904, rééd. 1943, Paris, Stock, (voir en particulier les pages 116 à 119, 149, 194, 199, 216)

Gutton, P, *La Société et les pauvres en Europe (XVI^e s.- XVIII^e s.)*, 1774, Paris, PUF.

Guybert, Ph., *Les œuvres Charitables de Philibert Guybert*, 1629, Paris, chez Jean Jost.

Guyot, J., *Dictionnaire Médecinal Portatif*, 1763, Paris, chez D'Houry.

Halleux, R. et Opsomer, C., *L'insaisissable médecine populaire* in *La transmission des savoirs au M A et à la Renaissance*, 2005, Vol .1, PUF de Franche Comté, p. 331 à 348.

Hecquet, Ph., *La Médecine, la Chirurgie et la Pharmacie des pauvres*, 3 volumes. 1740, Paris, chez la Veuve Alix.

Helvétius, J-A, *Traité des Maladies les plus Fréquentes et des Remèdes spécifiques pour les guérir*, 1703, Paris, Laurent d'Houry & Pierre-Auguste Le Mercier.

Hispanus Petrus, *Le Trésor des pauvres*, 1567, Lyon, Olivier Arnousset.

Imbert, J, *Histoire des hôpitaux en France*, 1982, Toulouse : 1982, Privat.

Jadelot, N., *Pharmacopée des Pauvres ou Formules des Médicaments les plus usuels dans le traitement des maladies du Peuple*, 1784, Nancy, chez H.Hæner

Jedrzejewski, F., *Histoire universelle de la mesure*, 2002, Paris, Ellipses.

Jeorger, M, *La structure hospitalière de la France sous l'Ancien Régime*, Annales. Économies, sociétés, civilisations. 32^e année, N. 5, 1977. pp. 1025-1051.

Joubert, L., *Erreurs populaires au fait de la médecine et régime de santé*, 1578, Bourdeaus (Bordeaux), par S. Millanges. *Pharmacopée*, 1578 (en latin), 1581 (en français), Lyon, A de Harsy.

Labrude, P. et Didelot, N., *La Pharmacopée des pauvres du professeur Nicolas Jadelot à Nancy en 1784-1785*, in Histoire des Sciences Médicales 2010, Tome XLIV - N° 2. Lafont, O., *Des médicaments pour les pauvres, Ouvrages charitables et santé publique aux XVII^e et XVIII^e siècles*, 2010, Paris, Pharmathèmes.

Laget, M.et C. Luu, *Médecine et chirurgie des pauvres au XVIII^e siècle*, 1984, Toulouse, Privat.

Lagriffe, L., *Vieux remèdes du temps présent,* 1970, Paris, Maloine.

La Martinière, Pierre Martin de, *Le Naturaliste charitable* 1666, Paris, l'auteur éditeur.

Lamarck, J-B, *Encyclopédie Méthodique, Botanique* (8 volumes) 1783-1788, Paris, Panckoucke.

Laplantine, F., *La médecine populaire des campagnes françaises aujourd'hui*, 1977, Paris, I P Delage éditeur. Larrère R., Martin de la Soudière, 1987, *Cueillir la Montagne,* Lyon, La Manufacture. J-F Lavoisien J-Fr., *Dictionnaire portatif de médecine, d'anatomie, de chirurgie, de pharmacie, de chymie, d'histoire naturelle, de botanique et de physique,* 1793, Paris, chez Th Barrois

Lebrun, F., *Se soigner autrefois, Médecins, saints et sorciers aux XVII^e^ et XVIII^e^ siècles*, 1983, Paris, Le Seuil. *Médecins et empiriques à la cour de Louis XIV,* Histoire, économie & société, Année 1984, n° 3-4, pp. 557-566.

Leclerc, H., Précis de Phytothérapie, 1927, Paris, Masson.

Le Clerc, *La Médecine aisée... avec une petite Pharmacie*, 1696, Paris, Estienne Michallet.

Legrand d'Aussy, *Voyage fait en 1787 et 1788 dans la ci-devant Haute et Basse Auvergne par le citoyen Legrand aujourd'hui départemens du Puy-de-Dôme, du Cantal et partie de celui de la Haute-Loire*, An III de la République (1794) (3 volumes), Paris, Chez le Directeur de l'Imprimerie des Sciences et Arts.

Lémery, N., *Cours de chymie*, 1675, *Pharmacopée universelle*, 1697 ; *Dictionnaire universel des drogues simples*, 1698, Paris, chez D'Houry. Ouvrage revu et largement complété par Simon Morélot : *Nouveau Dictionnaire général des Drogues Simples et Composées de Lémery* en 2 volumes (Paris, 1807).

Lémery ou L'Emery (?), N, *Nouveau Recueil des plus beaux Secrets de Médecine*, 1694, Paris, chez Thomas Guilain.

*Le Médecin Herboriste*, Auteur, anonyme, 1802, Paris, Chez Serviere.

Levy-Valensi, J., La *Médecine et les Médecins français au XVII^e^ siècle*, 1933, Paris, Baillière. Leclerc H., *Précis de Phytothérapie*, 1927, Paris, Masson.

Liebault, J., *Thresor des remedes secrets pour les maladies des femmes. Pris du latin & faict François*, 1585, Paris, chez Jacques du Puys, la Samaritaine, *Trésor universel des Pauvres et des Riches, ou Recueil de Remèdes faciles...*, 1651, Paris, chez Gervais Clausier.

Lieutaud, J., *Précis de la Médecine pratique,* 1760, Paris, Vincent, réédition en 2 volumes, 1776, Paris, chez Théophile Barrois.

Lieutaghi, P., *Les simples entre Nature et Société*, 1983, Mane, Epi, *L'herbe qui renouvelle*, 1986, Paris, Éditions de la Maison des sciences de l'homme, *La plante compagne*, 1991, Genève, Conservatoire et Jardin botanique de la ville de Genève, *Le Livre des Bonnes herbes*, 1996 ; *Le Livre des arbres, arbustes et arbrisseaux*, 2004 ; *Badasson*, 2009, Arles, Acte Sud.

Liger, L., Benier, H., et Bastien J.F., *Œconomie générale de la campagne ou Nouvelle Maison Rustique*, 1ère édition (2 vol.) 1700, Paris, Charles de Sercy, 13ème édition

La *Nouvelle Maison Rustique* (3 vol.), 1804, Paris, Déterville.

Littré, E., *Dictionnaire de Médecine*, 1884, Paris, J. B. Baillière.

Maghami, P. *Culture et cueillette des plantes médicinales*, 1979, Pris, Hachette, *Manuel des Dames de Charité*, cf. Arnault de Nobleville.

Mandrou, R., *De la culture populaire aux XVII^e^ et XVIII^e^ siècles*, 1964, Paris, *Magistrats et Sorciers en France au 17 ème siècle,* 1968, Paris, Plon.

Mangin, H. et Millot, G., *Les remèdes familiaux*, 1963, Paris, Éditions Médicis

Macquer, Ph., *Dictionnaire portatif des Arts et Métiers*, (2 vol), 1766, Paris, chez Lacombe réédité et complété par l'abbé Jaquer (5 volumes), Paris, Didot.

*Le Médecin désintéressé*, 1695, Paris, chez Pierre Aubouyn.

*Le Médecin des campagnes,* 1791, Paris, chez Guyénot, Secrétaire de la Société des Médecins de Paris.

*Le Médecin herboriste,* 1802, Paris, chez Servière.

Mérat de Vaumartoise F.V. et de Lens A.J., *Dictionnaire universel de Matière Médicale et de Thérapeutique générale*, 1831, Paris, J-B. Baillière, Méquignon-Mauvis.

Meurdrac, M., *La Chymie charitable et facile en faveur des Dames,* 1666, Paris, chez L. d'Houry.

Michelet, J., *La sor*cière, 1862, Paris, Hachette, rééd. 1966, G F Flammarion.

Millepierres, F., *La vie quotidienne des Médecins au temps de Molière*, 1965, Paris, Hachette. Mizauld, A., Le *jardinage d'Antoine Mizauld contenant la manière d'embellir les jardins, les préserver de toute vermine, et en tirer remède propre aux maladies des hommes*, 1578, Genève, Jean Lertout, Le *Jardin médicinal enrichi de plusieurs et divers remèdes et secrets.* 1578, Genève, Jean Lertout.

Morel, J.M., *Traité pratique de Phytothérapie*, 2008, Paris, Grancher.

Mozzani, E., *Le Livre des Superstitions*, 1995, Paris, R. Lafont.

Nysten, P-H., *Dictionnaire de Médecine et des Sciences accessoires à la Médecine*, 1814, Paris, chez J-A Brosson.

Palaiseul, J., *Nos grands-mères savaient,* 1972, Paris, Robert Lafont.

Paris R., R., Moyse H., *Matière Médicale*, 1971, Paris, Masson. Paume, M-P, *Sauvages et comestibles,* 2005, *Sauvages et médicinales,* 2007, *Sauvages et toxiques*, 2009, Saint-Rémy de Provence, Edisud.

Peter, J-P., *Une enquête de la Société royale de médecine : malades et maladies à la fin du XVIII*[e] *siècle*, in Annales. Économies, Sociétés, Civilisations. 22e année, N. 4, 1967, pp. 711-751.

Petiteau, S, *Manuel de Droguerie, Herboristerie,* 1929, Paris, J B Baillière.

Picard, J D., *Voyage vers les Apothicaireries françaises,* 2004, Paris, Les Éditions de l'Ama.teur.

Pharmacopée française, 2016, Paris, ANSM.

Pomet, P., *Histoire générale des Drogues*, 1696, Paris, chez J-B Loyson et A. Pillon, rééd. en 2 vol 1735.

Potier, P., *Le magasin du Bon Dieu*, 2001, Paris, J C Lattès.

Pourrat, H., les sorciers du canton, 1933, Paris, Gallimard.

Raynaud, M., Les *médecins au temps de Molière*, 1862, Paris, Didier.

Reclus, M., *Guide de l'Herboriste,* 1915, Paris, Baillière.

Regnault, N.F., La *Botanique mise à la portée de tout le monde*, paru en fascicules de 1769 – 1781, Paris, chez l'auteur.

*Règlemens généraux pour Messieurs de la Compagnie de Charité*, 1658 Paris, chez Louis de La Fosse.

Renou, Jean de, Œuvres pharmaceutiques, 1637 ; Lyon, Chez N. Gay.

Rey, R., *La vulgarisation médicale au XVIIIe siècle : le cas des dictionnaires portatifs de santé*, in Revue d'histoire des sciences. 1991, Tome 44 n°3-4. pp. 413-433.

Rivière-Sestier, M., *Remèdes populaires en Dauphiné*, 1943, Largentière, Mazel, rééd. 1984, Presses Universitaires de Grenoble.

Roret, A., Bouret, D., *Culture des Plantes médicinales,* 1919, Paris, J.R. Baillière et Fils.

Rousseau, Abbé, *Secrets et remèdes éprouvez*, 1708, Paris, chez Claude Jombert .

Rolland E., *Flore populaire ou Histoire naturelle des plantes dans leurs rapports avec la linguistique et le folklore*, 1896-1914 (11 vol.), rééd. 1967, Paris, Maisonneuve et Larose

Roussel, C-Y et Gallozi, A, *Jardins botaniques de la Marine en France*, 2004, Spézet, Coop Breizh. Schauenberg, P. Paris F., *Guide des plantes médicinales*, 1977, Paris, Delachaux et Niestlé.

Sebillot, P, *Le Folklore de France*, Tome 3, La Faune et la Flore,1905, rééd. 1968, Paris, Éditions G-P Maisonneuve et Larose.

Serres, Olivier de, *Théâtre d'Agriculture et mesnage des champs*, 1600,

Sonnini de Manoncourt, Ch-N-S, *Nouveau Dictionnaire d'Histoire Naturelle*, (36 volumes), 1816-1819, Paris, chez Deterville

Tenon, J, *Mémoires sur les hôpitaux de Paris*, 1788, Paris, Imprimerie Ph.- D. Pierres.

Teyssou, R., *Nouveau Dictionnaire mémorable des remèdes d'autrefois*, 2018, Paris, L'Harmattan

Thévenin T., *Les plantes sauvages*, 2009, Lucien Souny éditeur ; *Plaidoyer pour l'herboristerie, comprendre et défendre les plantes médicinales*, 2013, Domaine du Possible, Actes Sud.

Thiers, J-B., *Traité des superstitions*, 1679, Paris, A. Dezallier.

Tison J. M. et de Foucault, B., *Flora Gallica*, 2014, Mèze, Biotope Éditions.

Tissot, S.A, *Avis au Peuple sur sa Santé*, 1761, Lausanne, J. Zimmerli, nombreuses rééditions.

Trépardoux, F., *Les médicaments de la Cour, chronologie, mise en œuvre et résultats humanitaires* in: Revue d'histoire de la pharmacie, 84e année, N. 312, 1996. Actes du XXXI^e^ Congrès International d'Histoire de la Pharmacie (Paris, 25-29 septembre 1995) pp. 374-377.

Trévoux, *Dictionnaire universel* 1704 -1771, (6 volumes), Paris, Giffart

Trinquier, P, *Les herbes d'Oc et leurs vertus,* 1997, Nîmes, C. Lacour éditeur

Turrel, D, *Une identité imposée : les marques des pauvres dans les villes des XVI^e^ et XVII^e^ siècles*, 2003, Cahiers de la Méditerranée n° 66.

Valmont de Bomare J. C., *Dictionnaire raisonné universel d'Histoire naturelle*, (5 volumes), 1764, Paris, Didot ; dernière édition (15 volumes), 1791, Lyon, chez Buste.

Valnet J., *Phytothérapie*, 1972, rééd. 1983, Paris, Maloine.

Vandermonde, Ch-A., *Dictionnaire Portatif de Santé*, 1759, Paris, chez Vincent.

Van Gennep, A., *Manuel de Folklore français contemporain*, Tome IV, Bibliographie méthodique, Médecine populaire, p 596 à 620, 1937, Paris, Éditions Auguste Picard.

Vanopdenbosch, Y., *Saints et Simples, plantes médicinales entre terre et Ciel*, 2014, Bruxelles, Éditions Amyris.

Variétés historiques et littéraires, 1856, Paris, Tome 5 p. 127. *Ordre à tenir pour la visite des pauvres.*

Viard, G., *Bureaux des pauvres et confréries de charité en Champagne méridionale* (XVI^e^-XVII^e^ siècles), in Histoire, économie et société, 1991, 10^e^ année, n°3. Prières et charité sous l'Ancien Régime, p. 317-330.

Vidal édit., (ouvrage collectif), *Phytothérapie, La Santé par les Plantes*, 2010, Bagneux, Sélection du Reader's Digest.

Vinet, E., Mizauld, A., *La Maison Champestre et Agriculture d'Elie Vinet xaintongeois et Antoine Mizauld de Mollusson divisée en cinq parties* » (Paris, 1607)

Vitet, L., *Matière Médicale réformée ou Pharmacopée médico-chirurgicale*, 1780, Lyon, chez les Frères Perisse.

Vivès, J.L., *De subventione pauperum*, 1526, trad. J. Girard, 1553, Lyon,

Wecker, J-J, *Les secrets et merveilles de nature*, 1653, Lyon, chez Simon Rigaud.

Ysabeau, A, *Connaissance et Description botanique des plantes usuelles utiles ou nuisibles à divers titres*, 1870, Paris, Paul Dupont éditeur.

--------------- . -------------

Des mises à jour sur les connaissances des propriétés thérapeutiques des plantes sont disponibles sur différents sites du Web :

- le site de l'Agence nationale de sécurité du médicament et des produits de santé (ANSM) (http://www.ansm.sante.fr) où sont publiées les "monographies françaises des substances d'origine végétale " ainsi que listes A et B des plantes médicinales.
- le site de l'European Medicines Agency (http://www.ema.europa.eu) où sont publiés les avis du Comité spécifique pour les médicaments à base de plantes (Committee on Herbal Medicinal Products (HMPC) qui portent sur un certain nombre de plantes sous la rubrique Herbal medicines for human use.
- les Monographies de la Commission E allemande – qui portent sur 360 plantes - peuvent être consultées à partir du site suivant : buecher.heilpflanzen-welt.de (en allemand) ainsi que sur le site de l'American Botanical Council (en anglais) : http://cmsherbalgram.org/commissione
- l'Encyclopédie en ligne de la Phytothérapie (www.wikiphyto.org/wiki/accueil) fondée par le Dr Michel Morel.

# TABLE DES MATIÈRES

## Structures éditoriales du groupe L'Harmattan

**L'Harmattan Italie**
Via degli Artisti, 15
10124 Torino
harmattan.italia@gmail.com

**L'Harmattan Hongrie**
Kossuth l. u. 14-16.
1053 Budapest
harmattan@harmattan.hu

---

**L'Harmattan Sénégal**
10 VDN en face Mermoz
BP 45034 Dakar-Fann
senharmattan@gmail.com

**L'Harmattan Cameroun**
TSINGA/FECAFOOT
BP 11486 Yaoundé
inkoukam@gmail.com

**L'Harmattan Burkina Faso**
Achille Somé – tengnule@hotmail.fr

**L'Harmattan Guinée**
Almamya, rue KA 028 OKB Agency
BP 3470 Conakry
harmattanguinee@yahoo.fr

**L'Harmattan RDC**
185, avenue Nyangwe
Commune de Lingwala – Kinshasa
matangilamusadila@yahoo.fr

**L'Harmattan Congo**
67, boulevard Denis-Sassou-N'Guesso
BP 2874 Brazzaville
harmattan.congo@yahoo.fr

**L'Harmattan Mali**
Sirakoro-Meguetana V31
Bamako
syllaka@yahoo.fr

**L'Harmattan Togo**
Djidjole – Lomé
Maison Amela
face EPP BATOME
ddamela@aol.com

**L'Harmattan Côte d'Ivoire**
Résidence Karl – Cité des Arts
Abidjan-Cocody
03 BP 1588 Abidjan
espace_harmattan.ci@hotmail.fr

**L'Harmattan Algérie**
22, rue Moulay-Mohamed
31000 Oran
info2@harmattan-algerie.com

**L'Harmattan Maroc**
5, rue Ferrane-Kouicha, Talaâ-Elkbira
Chrableyine, Fès-Médine
30000 Fès
harmattan.maroc@gmail.com

---

## Nos librairies en France

**Librairie internationale**
16, rue des Écoles – 75005 Paris
librairie.internationale@harmattan.fr
01 40 46 79 11
www.librairieharmattan.com

**Lib. sciences humaines & histoire**
21, rue des Écoles – 75005 Paris
librairie.sh@harmattan.fr
01 46 34 13 71
www.librairieharmattansh.com

**Librairie l'Espace Harmattan**
21 bis, rue des Écoles – 75005 Paris
librairie.espace@harmattan.fr
01 43 29 49 42

**Lib. Méditerranée & Moyen-Orient**
7, rue des Carmes – 75005 Paris
librairie.mediterranee@harmattan.fr
01 43 29 71 15

**Librairie Le Lucernaire**
53, rue Notre-Dame-des-Champs – 75006 Paris
librairie@lucernaire.fr
01 42 22 67 13

www.ingramcontent.com/pod-product-compliance
Lightning Source LLC
LaVergne TN
LVHW021142061026
849535LV00002B/327